苏州大学研究生优秀教材建设资助项目

现代仪器分析

屠一锋　严吉林
龙玉梅　张钱丽　编著

科学出版社
北京

内 容 简 介

本教材主要介绍在化学及材料科学、生命科学、环境科学等研究和应用领域中常用的现代仪器分析方法，包括传感器技术、电子显微、表面分析、质谱、电分析及纳米分析、现代分离科学及光谱技术等内容，涉及物质成分分析、性能分析、结构分析、表面分析、显微形态分析等，以及用于研究物质的转化、代谢及其动力学过程等规律的技术．研究对象不仅有化学物质，也包括各种新材料、纳米物质、生物(大、小)分子、环境物质等．教材内容有较大的覆盖面，重点介绍各种方法的原理、仪器结构与各部件功能、所能获得的信息及能解决的问题，有较强的可读性和参考价值．

读者对象为化学相关专业以及材料、环境、生命科学等专业研究生．

图书在版编目(CIP)数据

现代仪器分析/屠一锋等编著．—北京：科学出版社，2011

ISBN 978-7-03-031298-3

Ⅰ.①现…　Ⅱ.①屠…　Ⅲ.①仪器分析　Ⅳ.①O657

中国版本图书馆 CIP 数据核字(2011)第 102244 号

责任编辑：刘凤娟／责任校对：陈玉凤

责任印制：吴兆东／封面设计：耕者设计工作室

科学出版社出版

北京东黄城根北街 16 号

邮政编码：100717

http://www.sciencep.com

北京天宇星印刷厂印刷

科学出版社发行　各地新华书店经销

*

2011 年 6 月第 一 版　开本：B5(720×1000)

2024 年 1 月第七次印刷　印张：26

字数：509 000

定价：78.00 元

前　言

“现代仪器分析”课程是化学类及相关学科硕士研究生主要学位课程之一，该课程在化学及相关专业“仪器分析”课程基础之上，主要讲授在化学研究及材料科学、生命科学、环境科学等研究和应用领域中常用的现代仪器分析方法，内容包括传感器技术、电子显微、表面分析、质谱、电分析及纳米分析、现代分离科学及光谱技术等内容，这些仪器分析方法对开展化合物及材料表征、研究，以及生命科学和环境科学的研究工作都有重要的作用，是不可缺少的手段. 相关专业研究生在开展毕业论文科研工作和今后的科研以及实际应用中，会经常使用到其中的分析方法，这些方法为科学研究和生产实践提供最主要的物质构成和性能信息. 对于化学相关专业以及材料、环境、生命科学等专业硕士生而言是必须掌握的基础知识和技术.

国内出版的有关现代仪器分析的教材主要有两种类型，一是根据所在学科特点介绍部分技术，覆盖面不够宽；二是针对性讲授某种技术，理论深度较大，主要用于从事某一专门分析技术的研究人员参考. 本教材主要考虑解决上述问题，用适当的篇幅比较全面地介绍这些重要的现代仪器分析方法，教材内容有较大的覆盖面，使学生对该学科领域有较全面的了解并掌握基本的知识基础，重点介绍各种方法的原理、仪器结构与各部件功能、所能获得的信息及能解决的问题，倾向于形成以定性讨论和叙述为特点的编写风格，力求避免过于深奥的公式推导和理论分析，使教材有较强的可读性和参考价值，拓宽思路，以帮助硕士研究生在今后的科研工作中能灵活地应用这些方法解决具体问题. 教材内容主要涉及物质成分分析、性能分析、结构分析、表面分析、显微形态分析等，所涉及的研究对象不仅涉及化学物质，也包括各种新材料、纳米物质、生物 (大、小) 分子、环境物质等，以及用于研究物质的转化、代谢及其动力学过程等规律的技术.

本教材由屠一锋教授制定写作大纲，第 1 章由龙玉梅副教授负责编写，第 2 章由张钱丽副教授负责编写，第 3、6 章由严吉林副教授负责编写，第 4、5 章由屠一锋教授负责编写，全书由屠一锋教授修改并统稿，由任贺强工程师协助绘制书中插图，对所有参加编写人员的努力工作表示感谢.

由于涉及面宽，作者对各种方法的掌握也不尽完善，一定还存在很多不妥和疏漏之处，请读者批评指正.

作　者

目　录

绪　论

仪器分析是分析化学学科的一个重要组成部分, 而分析化学作为化学学科的一个重要分支有其独特的地位, 和传统的基础化学学科的不同在于分析化学既引进了大量非化学的手段, 又在很大程度上服务于化学以外的学科, 因此, 在当今十分强调学科交叉的背景下, 分析化学学科自然而然扮演了学科交叉中一个重要的角色.

我们都很强调物理原理在分析化学中应用而形成的所谓仪器分析方法, 这是分析化学与物理学交叉所取得的最初阶段的成功, 以此为契机, 各种光学的、电化学的、其他谱学的技术以及分离技术蓬勃发展, 极大地推动了分析化学学科的进步, 有许多过去难于解决的分析化学任务得以迎刃而解, 如快速高通量分析, 成为现代分析科学领域一个重要的发展方向; 同时, 物理技术的应用, 使得分析技术获取信息的能力大为加强, 从过去以单一数据获取发展为二维乃至三维数据的获取, 目前更是提出了图像学解决方案以及高维数据获取及分析的要求; 在分析测试的实施上, 从过去主要面对孤立样品的实验室静态测定发展到在线、在体、连续乃至活体以及动态的分析; 从空间上看, 分析测试也从常规实验室尺度发展到微纳水平空间上的分析, 如芯片实验室及单个细胞的分析等, 以及在宏观空间上的如遥感分析或基于无线通信网络的区域性检测系统, 这些方面的发展无不得益于物理技术的介入. 当然, 分析化学学科的发展中也包括信息科学技术发挥的巨大作用, 计算机在现阶段毫无疑问已经成为分析测试过程的一个重要组成部分, 因为随着分析测试过程所获得的信息越来越丰富, 信息的复杂性也不断提高, 因此只有借助计算机技术才可能实现对分析信息的有效处理; 自动化的控制也基本已经成为分析仪器操作的标准模式, 而计算机技术则是现代自动化控制的核心. 分析科学技术发展同样也得益于电子技术的快速发展, 从早期笨重而体积庞大的分析仪器发展到现阶段轻便、高性能的设备, 其主要的进步来源就是电子线路的高度集成化和数字化, 所以很多的分析仪器逐步朝便捷化的方向发展, 而且各种技术之间的联用也变得更为简单和易于实施, 这在很大程度上又促进了分析测试技术的功能、效率和性价比的提高.

从另外一个方面看, 在分析化学技术提高到目前水平的同时, 其发挥的作用也远远超出了我们能够想象的范畴. 实际上, 用化学这一概念已经很难包容分析化学学科的最新应用, 实际上分析技术已经并且将在更大程度上服务于化学以外的学科领域. 同时, 我们也充分认识到, 分析化学科学所形成的一系列技术方法也有助于分析科学自身成为独立的研究领域, 来解决其他学科领域尚未能很好解决的科学和技术问题, 分析科学自身正在朝着一个独立的学科体系快速地发展. 众所周知, 早期的分析化学技术主要应用于化学成分的定性和定量检测, 而现代分析科学则将物质成分、结构、形态、性质、分布、变化等几乎所有信息都作为分析的目标, 而且, 所研究的对象也完全打破了传统的化学成分的界限, 几乎所有以物质材料为对象的研究工作都离不开分析化学, 包括能源、资源、食品 (天然产物和加工食品、合理的和滥用的添加剂等)、药品 (医药、农药、兽药及违禁和滥用药品等)、各种化学品 (化工原料、中间体、产品、日化品等)、健康 (进化、发育、疾病、衰老和死亡的化学基础、诊断、药物敏感性、新药开发、运动和体育等)、环境 (污染类型、程度、机理、治理工程控制等)、军事和国防、航空航天航海、商品贸易 (包括进出口)、生态保护、社会公共安全 (包括刑侦、司法等) 等人民生活涉及的所有方面, 几乎没有不需要分析科学技术给予支撑的, 因此, 从这一点上说, 分析化学科学已经成为国家政治、国民经济和人民社会生活的一个重要的组成部分, 可以毫不夸张地说, 人类文明发展的每一个阶段、一个民族的兴盛和衰败、每个人从出生到死亡, 都是和分析化学密切相关的.

从上述分析可以获知, 而且许多直接的经验也给予证实, 在自然科学和工程技术领域, 只要所面临的研究对象是客观的物质对象而非抽象的理论概念, 则或多或少都会和分析测试发生直接或间接的联系, 因此, 凡从事物质研究的各个学科领域的研究和应用技术人员, 了解和掌握相关的分析科学知识、具备应用分析科学知识解决问题的能力, 将是其工作中非常必需和重要的一个方面, 尤其是在与化学、材料、生命、环境等学科相关的研究领域的专业人员, 分析科学知识的重要性更为凸显, 因此在相关专业的教学体系中都安排了分析化学 (包括化学分析和仪器分析) 的教学内容, 但本科阶段的教学内容覆盖面相对还比较窄, 所介绍的主要还是相对经典的方法, 内容上也相对着重于方法基本原理的阐述, 对实践应用的指导意义也不够充分. 随着现代分析科学技术的快速发展, 新的仪器分析方法不断涌现, 一些经典方法也不断革新并获得新的应用, 同样很多仪器分析方法的应用面不断拓展、性能不断提高, 这些发展要求我们不断拓展对新的分析原理、方法、技术的理解和把握, 从而能够更好地利用这些方法技术为科学研究和生产实践提供重要的保障和支撑, 本教材即是以此为出发点, 在本科分析化学的基础上, 为各个相关学科的研究生介绍具有潜在应用的各种现代仪器分析方法.

本教材的覆盖面较宽, 所涉及对象从无机、有机、高分子到生物分子, 技术方法涵盖了传感器技术、光谱技术、电化学技术、分离技术、质谱技术、波谱技术、表面分析技术、微分析系统、表面形貌表征等多种类型, 研究的物质对象可以是液体、气体、离子、化合物、纳米材料、块体材料、生物材料等各种形式, 内容十分丰富, 同时, 在传统仪器分析范畴内讨论较为缺乏的物理传感器、光学显微、电子显微等技术, 由于其越来越展现出在现代分析科学研究与应用中的重要价值, 也作为重点介绍的内容, 因此, 如何处理好内容和篇幅之间的关系, 也是本教材编写中要解决的一个重要问题,我们力求以浅显易懂的文字来讨论各种分析方法的原理,尽可能减少纯粹的数学推导,而是从方法原理上来阐明各种分析方法获得检测信号的机理,讨论信号与本质特性之间存在的客观关系,着重解决如何利用检测信号完成分析目的,并在一定程度上对各种分析方法的技术应用给予了介绍,以期对实际使用有所帮助.

第 1 章　现代传感技术

所谓传感技术, 是指具备感知特定信息能力的技术方法, 从物理范畴讨论, 传感技术的实现主要依赖于其硬件的功能, 这样的硬件就被称为传感器. 顾名思义, 传感器是指对特定信息具有感知和转换作用的检测元件. 事实上我们对传感器并不陌生, 在自然进化的过程中, 生物体本身即进化发展了多种类型的传感元件, 比如我们的五官, 能够有视觉、味觉、嗅觉和听觉等, 就是因为在这些器官内存在各种功能的传感器件, 甚至包括我们的皮肤, 也具有对温度、湿度的感知功能和灵敏的触觉功能. 人们对传感器的研究和应用从一开始就充满了期待, 希望能够制造出对自然世界各种信息具备传感能力的检测器件. 较早的传感器以物理器件居多, 而且所能传感的信号也以物理信号为主, 如力、光、热、磁等传感器. 之后, 人们对利用传感器实现对化学物质的检测产生了浓厚的兴趣, 因此便有了化学传感器的快速发展. 随着人们对生命运动理解的不断深入, 发现生命过程中所发生的很多行为具有超乎想象的特异性能, 如酶催化反应、免疫反应、基因、受体等都能够提供极高的选择性, 并且反应效率极高, 而这些正是在传感器研究中所期待的性能, 从而生物传感器便应运而生. 然而人们对传感器的兴趣并没有就此结束, 我们都知道犬类的嗅觉特别灵敏, 因此我们便产生了仿造动物器官实现传感的想法, 这就是所谓的仿生传感器, 如电子鼻等, 这些研究都在快速的发展中. 对于仪器分析技术而言, 传感器也是不可或缺的一个重要组成部分. 其一, 传感器配合适当的能量提供和信号记录设备即可构成专门装备以完成所期待的分析检测目的; 其二, 许多传感器件是目前常用分析仪器内部的核心检测元件, 如光电传感元件几乎是所有光学式分析仪器完成分析工作必不可少的; 其三, 现代分析仪器自动化程度越来越高, 而对设备进行自动化控制的基本前提就是基于传感信号反馈的程序控制. 传感器早已渗透到工业生产、宇宙开发、海洋探测、环境保护、资源调查、医学诊断、生物工程甚至文物保护等极其广泛的领域, 毫不夸张地说, 从茫茫太空到浩瀚海洋, 以至各种复杂的工程系统, 几乎每一个现代化项目, 都离不开形形色色的传感器, 传感器在现实世界中的作用和价值是不可估量的.

1.1　传感器概论

虽然传感器的传感原理、传感对象等分别属于物理、化学、生物和仿生等不同范畴, 它们之间仍然具有密不可分的内在联系, 可以用很多相同的概念来界定传感器的技术特征, 同样也可用很多相同的技术指标来衡量其性能.

1.1.1 传感器及传感技术

国家标准 GB7665—87 对传感器的定义是：能感受规定的被测量并按照一定的规律转换成可用信号的器件或装置, 通常由直接响应于被测量的敏感元件和产生可用信号输出的转换元件构成. 传感器是一种检测装置, 能感受到被测量的信息, 并能将检测感受到的信息按一定规律变换成为电信号或其他形式的信息输出, 以满足信息的传输、处理、存储、显示、记录和控制等要求. 它是实现自动检测和自动控制的首要环节, 由敏感元件、转换元件、信号调节转换电路和其他辅助电路组成, 如图 1-1 所示.

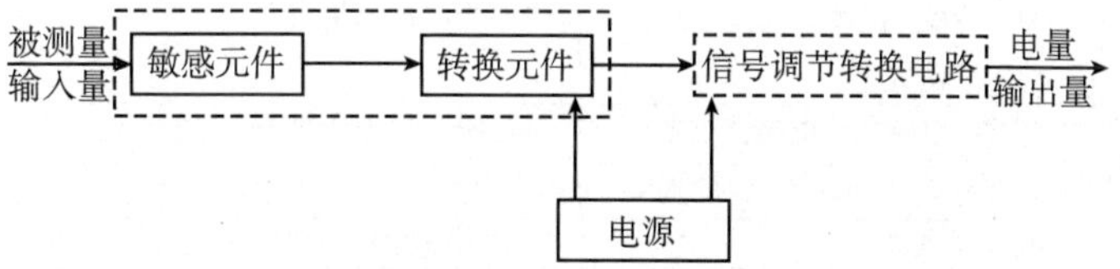

图 1-1 传感器组成框图

敏感元件是指能够灵敏地感受被测量并作出响应的元件, 其中有许多可兼做转换元件. 转换元件实际上就是将敏感元件感受的被测量转换成电参数的元件, 如果敏感元件本身就能直接将被测量变成电参数, 那么该敏感元件就具有了敏感和转换两个功能.

传感器技术是利用各种功能材料实现信息检测的一门应用技术, 它是传感原理、材料科学、工艺加工、性能和应用等的综合技术. 传感原理是指传感器工作时所依据的物理、化学和生物反应等机理. 各种功能材料则是传感器发展的物质基础, 从某种意义上说, 传感器就是能感知外界各种信号的功能材料. 就研究发展的历程看, 传感器基于其响应原理, 主要可分为物理传感器, 指将物理量如位移、运动、力、流量、光、电、热、磁等信号转换为可测电信号输出的装置或器件; 化学传感器, 指能够响应物质化学信号的传感装置或器件, 如离子选择性电极、化学修饰电极、气体传感器等; 生物传感器和仿生传感器, 如酶传感器、微生物传感器、免疫传感器、组织传感器等. 但这些传感器又相互关联, 尤其是化学、生物和仿生传感器往往是建立在物理传感器的基础上.

根据能量转换关系, 传感器可分为能量转换型和能量控制型传感器. 能量转换型传感器是由传感器输入量的变化直接引起能量的变化, 一般不需外部电源或外部电源只起辅助作用, 所以又称自源型传感器. 基于压电效应、热电效应、光电动势效应等的传感器即属于此类传感器. 能量控制型传感器是指其变换的能量是由外部电源供给的, 而传感器输入量的变化只起到控制的作用, 所以又称外源型传感器.

基于应变电阻效应、磁阻效应、光电效应、霍尔效应、热阻效应等的传感器则属于此类传感器.

传感器的种类繁多, 一种被测量可以用不同的传感器来测量, 而同一原理的传感器通常又可以测量多种被测量, 因此分类方法各不相同. 一般常见的分类方法如表 1-1 所示.

表 1-1　传感器的分类

分类依据	传感器名称	说明
按响应原理分类	物理传感器 化学传感器 生物传感器	基于物理效应 (光、电、声、热、磁) 基于化学效应 (选择、吸附性化学反应) 基于生物效应 (酶、抗体、激素等的分子识别和选择功能)
按输入量分类	压力、温度、湿度、位移、黏度、流速、气体等	传感器以被测量命名
按工作原理分类	电容式、电感式、电磁式、光电式、热电式、压电式、应变式等	传感器以工作原理命名
按输出信号分类	模拟式传感器 数字式传感器	输出为模拟量 输出为数字量
按能量关系分类	能量转换型 (自源型) 能量控制型 (外源型)	传感器工作无需外部电源或外部电源只起辅助作用 传感器工作需外部电源
按使用的敏感材料分类	半导体传感器、光纤传感器、陶瓷传感器、金属传感器、高分子材料传感器、复合材料传感器	传感器以使用的敏感材料命名

1.1.2　传感器的基本特性

传感器的特性主要指其转换信息的能力和性质, 对传感器的响应特性通常可用静态特性和动态特性描述.

1. 静态特性

静态特性表示传感器在被测输入量的各个值处于稳定状态时的输入–输出关系. 通常要求传感器在静态情况下的输入–输出关系保持线性. 实际上, 其输出量和输入量之间的关系 (不考虑迟滞及蠕变效应) 可由下列方程式确定:

$$Y = a_0 + a_1X + a_2X^2 + \cdots + a_nX^n \tag{1-1}$$

式中, Y 为输出量; X 为输入量; a_0 为零位输出; a_1 为传感器的线性灵敏度; $a_2, a_3, \cdots, a_n$ 为非线性项待定常数. 在理想情况下, 式 (1-1) 给出的是线性关系, 但在实际工作中, 由于非线性 (高次) 项的影响和随机变化量等因素的影响, 不可能是线性关系. 所以, 衡量传感器静态特性的主要指标包括线性度、迟滞、重复性和灵敏度等.

1) 线性度

线性度又称非线性误差, 是在规定条件下, 表征传感器输入–输出量与校准曲线之间吻合或偏离程度的指标, 如图 1-2 所示. 通常用相对误差表示其大小

$$e_{\mathrm{L}} = \pm \frac{\varDelta_{\max}}{Y_{\mathrm{FS}}} \times 100\% \tag{1-2}$$

式中, $\varDelta_{\max}$ 为输出量和输入量实际曲线与拟合直线之间的最大偏差; Y_{FS} 为理论满量程输出.

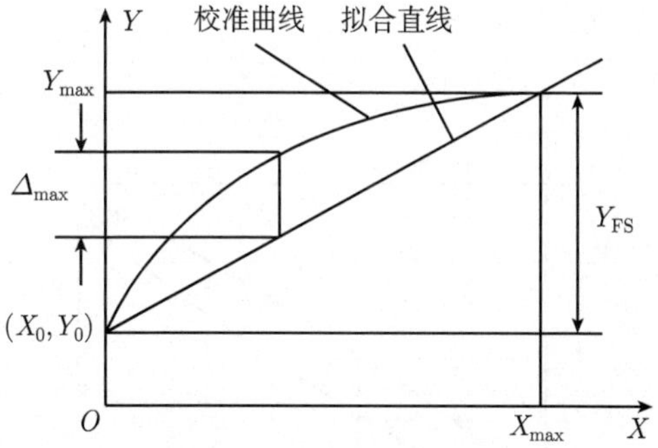

图 1-2 传感器的线性度

2) 灵敏度、灵敏阈与检出限

传感器的灵敏度指到达稳定工作状态时输出变化量与引起此变化的输入变化量之比, 即

$$S = \frac{\Delta Y}{\Delta X} = \frac{\mathrm{d}Y}{\mathrm{d}X} \tag{1-3}$$

显然, 对于线性传感器, 灵敏度是拟合直线的斜率; 对于非线性传感器, 灵敏度不是常数, 应以 $\mathrm{d}Y/\mathrm{d}X$ 表示 (图 1-3). 灵敏度反映了传感器对输入信号的敏感程度. 通常, 灵敏度越高越好, 但灵敏度越高, 测量范围往往越窄, 稳定性越差.

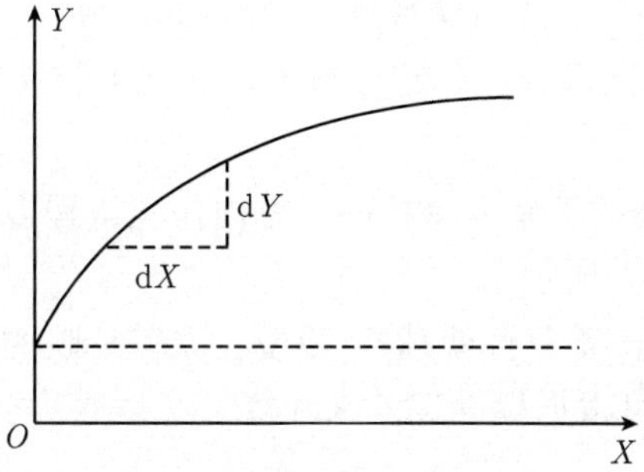

图 1-3 传感器的灵敏度

灵敏阈是指传感器能够区分出的最小变化量. 从物理含义看, 灵敏度是广义的增益, 而灵敏阈则是死区或不灵敏度.

检出限是衡量灵敏度的另一种指标, 国际纯粹与应用化学联合会 (IUPAC) 于 1998 年发表的《分析术语纲要》中规定:"检出限以浓度 (或质量) 表示, 是指由特定的分析步骤能够合理地检测出的最小分析信号求得的最低浓度 (或质量)." 简而言之, 它代表了某检测方法 (在此即指传感器) 能测知的最低被检测量.

3) 迟滞

迟滞是反映传感器正 (输入量增大)、反 (输入量减小) 行程过程中, 输入–输出曲线的不重合程度, 如图 1-4 所示.

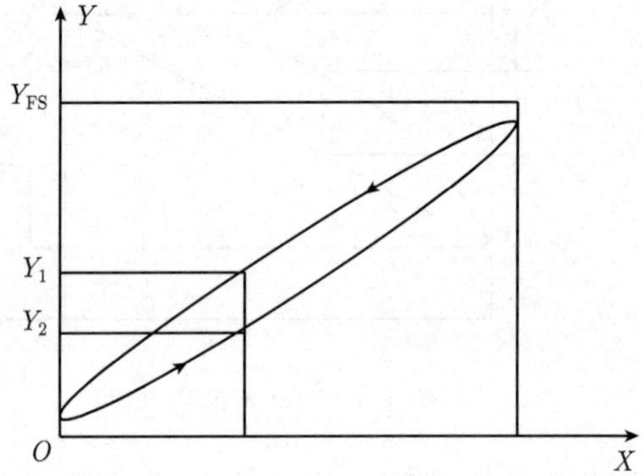

图 1-4　迟滞特性

通常用正反行程中输出的最大偏差量 $\Delta_{\max}(\Delta_{\max} = Y_2 - Y_1)$ 与满量程输出 Y_{FS} 之比的百分数来表示, 即

$$e_H = \frac{\Delta_{\max}}{Y_{FS}} \times 100\% \tag{1-4}$$

各种材料的物理性质是产生迟滞现象的原因. 如把应力加于某弹性材料时, 弹性材料产生变形, 应力虽然取消了但材料不能完全恢复原状. 又如, 铁磁体、铁电体在外加磁场、电场作用下均有这种现象. 迟滞也反映了传感器机械部分不可避免的缺陷, 各种各样的原因混合在一起导致了迟滞现象的发生.

4) 重复性

重复性是衡量传感器输入量按同一方向作全量程多次测试时, 所得特性曲线不一致的程度, 如图 1-5 所示.

特性曲线越重合, 重复性就越好. 重复性误差反映的是校准数据的离散程度, 属于随机误差, 因此, 可根据标准偏差来计算

$$e_R = \pm\frac{a\sigma_{\max}}{Y_{FS}} \times 100\% \tag{1-5}$$

式中, $\sigma_{\max}$ 为各校准点正、反行程输出值的标准偏差的最大值; a 为置信系数, $a=2$ 时, 置信概率为 95.4%; $a=3$ 时, 置信概率为 99.7%.

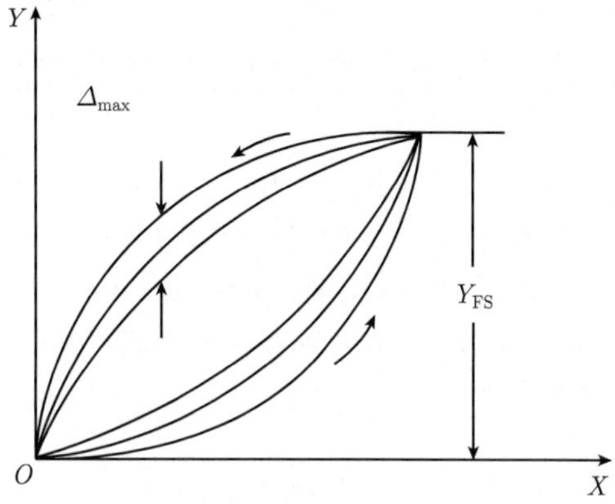

图 1-5 传感器响应的重复性

5) 稳定性

理想的情况是, 不管什么时候传感器的灵敏度等特性参数不随时间变化. 但实际上, 随着时间的推移, 大多数传感器的特性会改变. 这是因为传感元件或构成传感器的部件的特性随时间发生变化, 产生一种经时变化的现象.

稳定性有短期稳定性和长期稳定性之分. 对于传感器, 常用长期稳定性来描述, 即传感器在相当长的时间内仍保持其原性能的能力. 稳定性一般指在室温条件下, 经过规定的时间间隔后传感器的输出与起始标定的输出之间的差异. 有时, 也用标定的有效期来表示传感器的稳定程度.

6) 漂移

漂移是指在一定的时间间隔内, 传感器的输出存在与被测输入量无关的、不需要的变化. 漂移通常包括零点漂移和灵敏度漂移. 零点漂移和灵敏度漂移又可分为时间漂移 (时漂) 和温度漂移 (温漂). 时漂是指在规定的条件下, 零点或灵敏度随时间有缓慢的变化; 温漂是指由周围温度变化所引起的零点或灵敏度的变化.

2. 动态特性

动态特性是指传感器对随时间变化的输入信号的响应特性. 动态特性好的传感器, 其输出量随时间变化的规律 (输出变化曲线) 应与相应输入量随同一时间变化的规律 (输入变化曲线) 相同或近似. 但实际上, 输出信号与输入信号不会具有完全相同的时间函数, 这种输入与输出间的差异称为动态误差.

为了分析传感器的动态特性, 可建立动态数学模型. 动态数学模型是指传感器在动态信号作用下, 其输出和输入信号的一种数学关系, 对于任意线性系统, 可以

用下列常系数线性微分方程表示:

$$\begin{aligned} & a_n \frac{\mathrm{d}^n y(t)}{\mathrm{d}t^n} + a_{n-1} \frac{\mathrm{d}^{n-1} y(t)}{\mathrm{d}t^{n-1}} + \cdots + a_1 \frac{\mathrm{d}y(t)}{\mathrm{d}t} + a_0 y(t) \\ = {} & b_m \frac{\mathrm{d}^m x(t)}{\mathrm{d}t^m} + b_{m-1} \frac{\mathrm{d}^{m-1} x(t)}{\mathrm{d}t^{m-1}} + \cdots + b_1 \frac{\mathrm{d}x(t)}{\mathrm{d}t} + b_0 x(t) \end{aligned} \tag{1-6}$$

式中, $y(t)$ 为输出量; $x(t)$ 为输入量; $a_0, a_1, \cdots, a_n, b_0, b_1, \cdots, b_m$ 是取决于传感器结构参数的常数. 对于传感器, 除 $b_0 \neq 0$ 外, 一般 $b_1 = b_2 = \cdots = b_m = 0$.

对于常见的传感器, 其动态模型通常忽略高阶 ($n = 3$ 以上), 而用零阶 ($n = 0$)、一阶 ($n = 1$) 或二阶 ($n = 2$) 的常微分方程来描述, 分别称为零阶环节、一阶环节和二阶环节, 其数学模型如下:

零阶环节

$$a_0 y(t) = b_0 x(t) \tag{1-7}$$

一阶环节

$$a_1 \frac{\mathrm{d}y(t)}{\mathrm{d}t} + a_0 y(t) = b_0 x(t) \tag{1-8}$$

二阶环节

$$a_2 \frac{\mathrm{d}^2 y(t)}{\mathrm{d}t^2} + a_1 \frac{\mathrm{d}y(t)}{\mathrm{d}t} + a_0 y(t) = b_0 x(t) \tag{1-9}$$

零阶环节在测量上是个理想环节, 即输入量无论随时间如何变化, 其输出量的幅值总是与输入量存在确定的比例关系, 在时间上也不滞后, 是一种与频率无关的环节, 故又称为比例环节或无惯性环节. 严格来讲, 这种零阶传感器是不存在的, 只有在一定工作范围内, 某些高阶传感器系统可近似地看成是零阶环节.

对式 (1-6) 进行拉普拉斯变换求解得传递函数 $H(s)$ 为

$$H(s) = \frac{(b_m s^m + b_{m-1} s^{m-1} + \cdots + b_1 s + b_0)}{(a_n s^n + a_{n-1} s^{n-1} + \cdots + a_1 s + a_0)} \tag{1-10}$$

式 (1-10) 右边各项仅与系统结构参数有关, 反映输出和输入的关系, 是一个描述传感器信息传递特性的函数, 即传感器动态特性的表达式.

1.2 物理传感器

物理传感器是检测物理量的传感器, 它是利用某些物理效应, 把被测量的物理量转化成为便于处理的能量形式的信号的装置, 其输出的信号和输入的信号有确定的关系.

1.2.1 电学式传感器

1. 电阻应变传感器

应变式传感器是利用电阻应变效应制成的传感器, 是常用的传感器之一. 应变式传感器的核心元件是电阻应变计, 也称应变计或应变片, 是一种能将机械构件上的应变的变化转换为电阻变化的传感元件.

1) 电阻应变效应

长为 l、截面积为 A、电阻率为 ρ 的金属或半导体丝, 电阻为

$$R = \rho \frac{l}{A} \tag{1-11}$$

设电阻丝为圆形截面, 直径为 d, 若导电丝在轴向受到应力的作用, 其长度变化 Δl, 截面积变化 ΔA, 电阻率变化 $\Delta\rho$, 而引起电阻变化为 ΔR, 则可求得

$$\frac{\Delta R}{R} = \frac{\Delta l}{l}(1+2\mu) + \frac{\Delta\rho}{\rho} = k_0 \frac{\Delta l}{l} \tag{1-12}$$

式中

$$k_0 = \frac{\Delta R/R}{\Delta l/l} = 1 + 2\mu + \frac{\Delta\rho/\rho}{\Delta l/l} \tag{1-13}$$

k_0 为单根导电丝的灵敏系数, 表示当发生应变时, 其电阻变化率与其应变的比值. k_0 的大小受两个因素的影响: 一项是由导电丝的几何尺寸的改变所引起, 由 $(1+2\mu)$ 项表示, 另一项是由导电丝受力后, 材料的电阻率 ρ 发生变化而引起, 由 $(\Delta\rho/\rho)/(\Delta l/l)$ 项表示. 这些是材料发生形变时, 自由电子的活动能力和数量发生变化的结果, 因为难以用解析式表达, 所以 k_0 只能依靠试验求出.

用金属电阻材料制成的金属丝应变片和金属箔应变片, 其灵敏系数主要取决于第一项, $\mu = 0.25 \sim 0.5$, 故 $k_0 = 1 + 2\mu \approx 1.5 \sim 2$. 对半导体而言, $\dfrac{\Delta\rho/\rho}{\Delta l/l} \approx 50 \sim 100$, 比 $1+2\mu$ 大得多, 故 $(1+2\mu)$ 可以忽略不计. 可见, 半导体灵敏度要比金属大 50~100 倍.

2) 应变计的类型和结构

应变计有很多品种系列, 尺寸上从几百毫米到 0.2mm; 从结构形式上看有单片、双片、应变花和各种特殊形状的图案; 就使用环境上有高温、低温、水、核辐射、高压、磁场等; 而安装形式则有粘贴、非粘贴、焊接、火焰喷涂等. 根据材料的不同, 应变计分为金属式和半导体式两大类. 金属电阻应变计常见的形式有丝式、箔式、薄膜式等, 其结构见示意图 1-6.

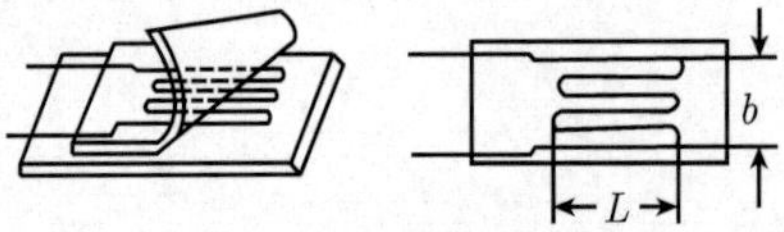

(a) 电阻丝式应变片

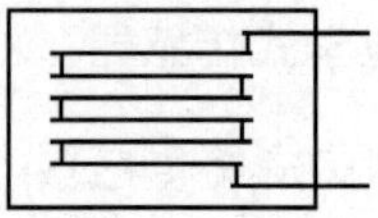

(b) 短接式丝式应变片

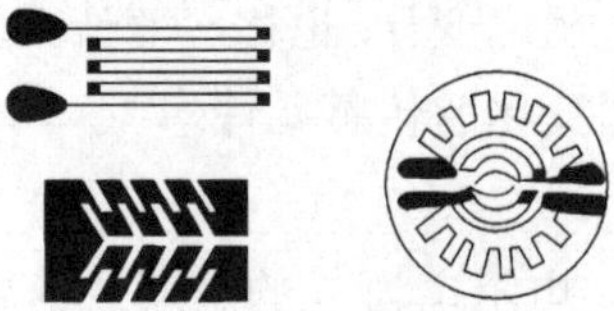

(c) 箔式应变片

图 1-6　金属电阻应变计结构

丝式应变计是最早应用的品种. 金属丝弯曲部分可作成圆弧、锐角或直角. 弯曲部分作成圆弧 (U) 形是最早常用的一种形式, 制作简单但横向效应较大. 直角 (H) 形两端用较粗的镀银铜线焊接, 横向效应相对较小, 但制作工艺复杂, 将逐渐被横向效应小、其他方面性能更优越的箔式应变计所代替. 箔式应变计是将金属电阻材料通过特殊的碾压得到厚度 $0.003 \sim 0.01\text{mm}$ 的极薄的膜, 加上绝缘底基以后, 再通过光刻、腐蚀等工艺将电阻箔刻成所需的栅状电阻丝, 然后再将箔栅加上覆盖层和引出线就构成了箔式应变片. 由于这种应变片中的电阻材料被制成了箔, 所以它与被粘贴的零件表面的接触面积比丝式应变计大得多, 这样它能更好地“跟随”应变零件的变化; 并且它的散热条件好, 在相同截面情况下能通过较大电流, 故灵敏度较高. 薄膜式应变计是采用真空溅射或真空沉积技术, 在薄的绝缘基片上蒸镀金属电阻薄膜 (厚度在零点几纳米到几百纳米), 再加上保护层制成. 其优点是灵敏度高, 允许通过的电流密度大, 工作温度范围广, 可工作于 $-197 \sim 317°\text{C}$, 也可用于核辐射等特殊情况下.

体型半导体应变计是将晶片按一定取向切片、研磨、再切割成细条, 粘贴于基片上制作而成; 薄膜型半导体应变计是利用真空沉积技术, 将半导体材料沉积于绝缘体或蓝宝石基片上制成的; 扩散型半导体应变计是将 P 型杂质扩散到高阻的 N 型硅基片上, 形成一层极薄的敏感层制成的; 外延型半导体应变计是在多晶硅或蓝宝石基片上外延一层单晶硅制成的. 半导体应变计有如下优点: ① 灵敏度高, 比金属应变计的灵敏度大 50~100 倍. ② 体积小, 耗电省. ③ 具有正、负两种符号的应力效应 (即在拉伸时 P 型硅应变计的灵敏度系数为正值; 而 N 型硅应变计的灵敏度系数为负值). ④ 机械滞后小, 可测量静态应变、低频应变等.

3) 应变计的主要特性及应用

应变计是一种重要的敏感元件. 首先, 它在实验应力分析中是测量应变和应力的主要传感元件; 其次, 某些其他类型的传感器, 如膜片式压力传感器、加速度计、线位移传感器等, 也经常使用应变计作为机电转换元件或敏感元件, 广泛地应用于工程测量和科学实验中.

应变式力传感器主要用作各种电子秤与材料试验机的测力元件, 也可用于发动机的推力测试、水坝坝体承载状况的监视和切削刀具的受力分析等. 应变式力传感器利用弹性元件把被测荷重或力的变化转换成应变量的变化, 弹性元件上粘贴有应变片, 再把应变量的变化转换成应变片的电阻变化. 弹性元件的形式多种多样, 要求具有较高的灵敏度和稳定性, 在力的作用点稍许变化或存在侧向力时, 对传感器的输出影响小, 粘贴应变片的地方应尽量平整或曲率半径大, 所选结构最好能有相同的正、负应变区等.

应变式压力传感器主要用于流体和气体压力的测量, 其弹性元件有筒式、膜片式和组合式等形式. 当被测压力较小时, 多采用筒式弹性元件, 圆柱体内有一盲孔, 在圆筒外表面的筒壁和端部沿圆周方向各粘贴一个应变片. 当被测压力进入筒腔内时, 筒体空心部分发生变形, 圆筒外表面沿圆周方向产生环向应变, 端部粘贴的应变片不产生应变, 只起温度补偿作用. 筒式压力传感器一般用来测量机床液压系统的管道压力和枪炮的膛内压力等; 组合式压力传感器的应变片不是直接粘贴在压力感受元件上, 而是由某种感压元件 (如膜片、膜盒、波纹管) 通过传递机构将感压元件的位移传递到贴有应变片的弹性元件上. 这种传感器的尺寸和材料选择适当时, 可制成灵敏度较高的压力传感器, 但固有频率较低, 不适于瞬态测量.

应变式加速度传感器主要由应变片、悬臂梁、质量块和壳体等组成. 质量块固定在悬臂梁的一端, 梁的上下表面粘贴应变片, 测量时将壳体与被测对象刚性连接. 当被测对象以加速度运动时, 质量块得到一个与加速度方向相反、大小与加速度成正比的惯性力使悬臂梁变形, 从而使应变片产生与加速度成比例的应变值, 利用电阻应变仪即可测定加速度. 应变式加速度传感器的频率范围有限, 一般不适于高频以及冲击、宽带随机振动等测量, 常用于低频振动测量.

2. 半导体固态压阻式传感器

半导体固态压阻式传感器又称为半导体应变式传感器, 是指以半导体材料作为换能元件而制作的传感器, 它主要是利用半导体材料的本征带隙随外加应力的改变而发生变化, 从而在材料的电阻性能上得到体现. 半导体的导电能力介于导体和绝缘体之间, 如硅、锗、硒等, 它们的电阻率通常为 $10^{-2} \sim 10^{-9}\Omega\cdot$cm. 半导体之所以得到广泛应用, 是因为它的导电能力受外界环境 (如应力、掺杂、温度和光照等) 的影响十分显著. 其中半导体材料的电阻率在外加机械应力作用下发生变化的现象称为压阻效应, 其与金属电阻的应变效应有着根本的区别. 晶体在应力作用下, 晶格间的载流子 (空穴、电子) 的相互作用发生了变化, 从能量的角度来看, 原子结构中的导带和价带之间的禁带宽度发生了变化, 这就影响了导带中载流子数目, 同时又使载流子的迁移率发生改变, 因此晶体的电阻率发生变化. 半导体晶体所具有的各向异性, 导致半导体晶片的压阻效应显示很强的方向性.

1) 固态压阻式传感器工作原理

半导体电阻率的变化率可由下式表示:

$$\frac{\mathrm{d}\rho}{\rho} = \pi T \tag{1-14}$$

$$T = E\varepsilon \tag{1-15}$$

式中, π 为压阻系数 $(\mathrm{m^2/N})$; T 为应力 $(\mathrm{N/m^2})$; E 为弹性模量 $(\mathrm{N/m^2})$; ε 为轴向应变, 则其电阻变化可表示为

$$\frac{\mathrm{d}R}{R} = \pi T + \varepsilon + 2\mu\varepsilon = (\pi E + 1 + 2\mu)\varepsilon = k_{\mathrm{s}}\varepsilon \tag{1-16}$$

k_{s} 称为半导体的灵敏系数. 实际上, 半导体材料的 πT 比 $(1+2\mu)\varepsilon$ 大得多, 因而电阻的相对变化为

$$\frac{\mathrm{d}R}{R} = \frac{\mathrm{d}\rho}{\rho} = \pi T \tag{1-17}$$

式 (1-17) 说明, 半导体材料受力后电阻的变化率 $\mathrm{d}R/R$ 主要是由 $\mathrm{d}\rho/\rho$ 引起的, 利用这种效应制成的传感器可用于测量力、加速度、载荷和扭矩等参量.

2) 固态压阻式传感器结构和应用

固态压阻传感器结构见示意图 1-7.

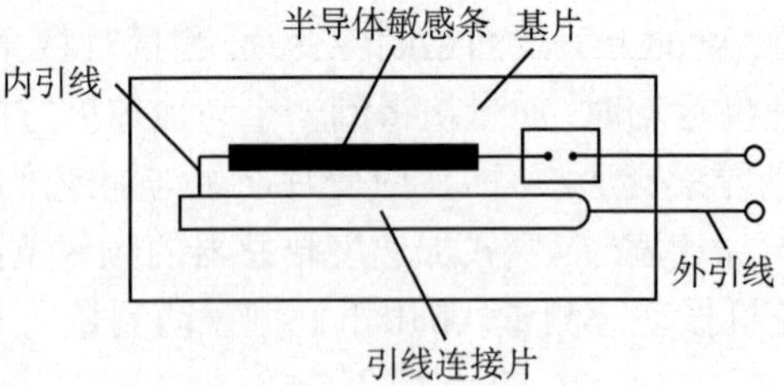

图 1-7　固态压阻传感器结构

利用半导体压阻应变元件制成的传感器, 具有灵敏度高、动态响应快、测量精度高、稳定性好、工作温度范围宽、无活动部件、易于小型化和批量生产及使用方便等特点, 因此在航天、航空、航海、石油、化工、生物医药工程、地质等方面得到了广泛的应用. 压阻式传感器可用作压力、拉力、压力差、液位、质量、应变、流量、加速度等物理量的测量.

3. 电感式传感器

电感式传感器是一种建立在电磁感应基础上, 利用线圈的自感 L 或互感 M 的变化来实现测量的一种装置. 测量时被测的物理量引起线圈的自感或互感变化, 再

由测量电路转换成电压或电流的变化量输出, 它可以用来测量位移、压力、振动、流量、应变等多种物理量.

电感式传感器的优点是结构简单可靠、输出功率大、抗干扰能力强、对工作环境要求不高、分辨率较高 (如在测量长度时一般可达 0.1μm)、稳定性好、示值误差一般为示值范围的 0.1%~0.5%, 缺点是频率响应低, 不宜用于快速动态测量.

电感式传感器种类很多, 有利用自感原理的自感式传感器, 有利用互感原理的差动变压器式传感器, 以及利用电涡流原理的电涡流式传感器.

1) 自感式传感器

自感式传感器由线圈、铁芯和衔铁三部分组成, 见图 1-8.

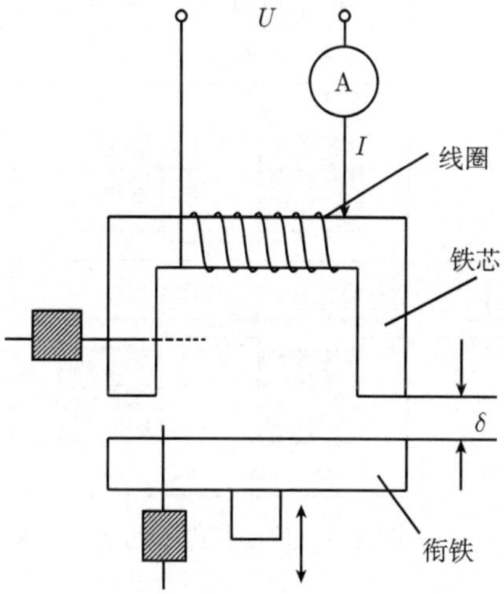

图 1-8 自感式传感器结构

铁芯和衔铁都是由导磁材料制成, 如硅钢片或坡莫合金. 在铁芯或活动衔铁之间有气隙, 气隙宽度为 δ, 传感器的运动部分与衔铁相连, 当衔铁移动时, 气隙宽度 δ 发生变化, 导致电感线圈的电感值改变, 然后通过测量电路测出其变化量, 由此判别被测位移量的大小. 可由电感的定义写出电感值的表达式为

$$L=\frac{W^2}{R_\mathrm{m}}\approx\frac{W^2\mu_0A}{2\delta} \tag{1-18}$$

式中, W 为线圈的匝数; R_m 为磁路的总磁阻; μ_0 为空气的磁导率, $\mu_0=4\pi\times10^{-7}\mathrm{H/m}$; A 为气隙横截面面积 (m^2).

自感式传感器有如下几个特点:

(1) 灵敏度比较好, 目前可测 0.1μm 的直线位移, 测量范围比较小, 适用于测量较小位移;

(2) 输出信号较大, 信噪比较好, 存在非线性;

(3) 具有较大的电磁吸力, 消耗功率较大 (尤其是单极电感式传感器);

(4) 工艺条件不高, 容易加工.

自感式传感器是被广泛采用的一种电磁机械式传感器, 除了可以直接用于测量直线位移、角位移的静态和动态量外, 还可以它为基础, 做成多种用途的传感器, 用以测量力、压力、转矩等物理量.

2) 互感式传感器

互感式传感器是指将测量的非电量变化转换为线圈间互感系数的变化, 进而使副线圈输出电势随之变化的传感器, 这种传感器根据变压器的基本原理制成, 多采用差动形式, 故又称为差动变压器式传感器.

以气隙差动变压器式传感器为例, 图 1-9 显示了其典型的结构原理.

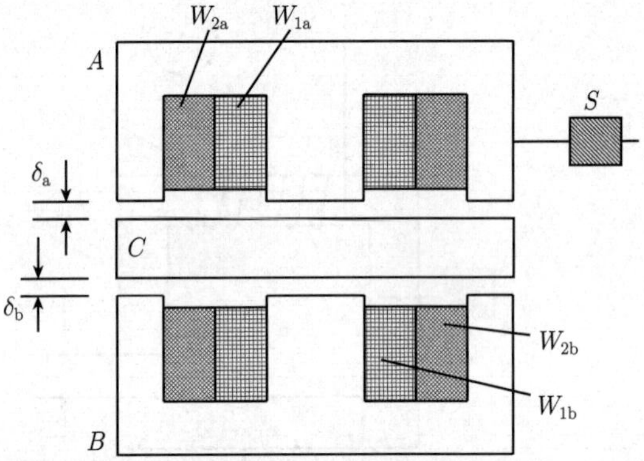

图 1-9　差动式电感传感器结构

在没有非电量输入时, 衔铁 C 和铁芯 A、B 的间隔相同, 即 $\delta_{a0} = \delta_{b0}$, 则绕组 W_{1a} 和 W_{2a} 间的互感 M_a 等于绕组 W_{1b} 和 W_{2b} 间的互感 M_b. 当衔铁的位置改变 ($\delta_a \neq \delta_b$) 时, 则 $M_a \neq M_b$, 此互感的差值即可反映被测量的大小. 为反映差值互感, 将两个一次绕组的同名端顺向串联, 并施加交流电压 U, 而两个二次绕组的同名端反向串联, 同时测量串联后的合成电动势 E_2, E_2 可表示为

$$E_2 = E_{2a} - E_{2b} \tag{1-19}$$

式中, E_{2a} 为二次绕组 W_{2a} 的互感电动势; E_{2b} 为二次绕组 W_{2b} 的互感电动势. 其中 E_2 值的大小决定于被测位移的大小, E_2 的方向决定于位移的方向.

3) 电涡流式传感器

在变化磁场中的金属导体内会产生感应电流, 称为电涡流或涡流, 这种现象称为涡流效应. 而利用涡流效应制成器件来传感相应的物理量的变化则称之为电涡流式传感器. 通常依据传感器所反映物理参数的不同可将电涡流式传感器分为变间隙型、变面积型和螺线管型三种类型, 它们的传感原理是一样的.

电涡流式传感器的基本原理可用图 1-10 来解释.

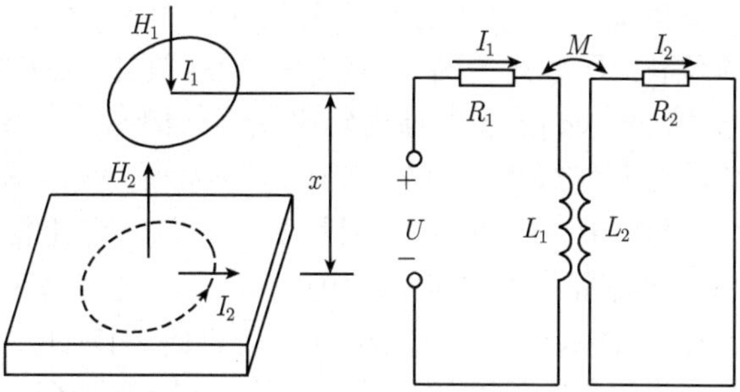

(a) 原理图 (b) 等效电路

图 1-10 电涡流式传感器

对于一个施加交变电流 I_1 的传感器线圈, 由于电流的变化, 在线圈周围会产生一个交变磁场 H_1, 当被测金属置于该磁场范围内时, 金属导体内便产生涡流 I_2, 涡流也将产生一个新磁场 H_2. H_1 和 H_2 方向相反, 因而抵消部分原磁场, 从而导致线圈的电感量、阻抗和品质因素发生变化.

线圈与金属导体之间存在磁的联系, 若把导体看作一个线圈, 那么其间的关系可用图中的等效电路来表示. 根据基尔霍夫定律, 可列出电路方程, 其等效电阻和等效电感分别可表示为

$$R = R_1 + R_2\omega^2 M^2/(R_2^2 + \omega^2 L_2^2) \tag{1-20}$$

$$L = L_1 - L_2\omega^2 M^2/(L_2^2 + \omega^2 L_2^2) \tag{1-21}$$

式 (1-20) 和式 (1-21) 中, R_1 和 L_1 分别为通电线圈的电阻值和电感值; R_2 和 L_2 分别为金属导体的电阻值和电感值; ω 为角速度, $\omega = 2\pi f$.

线圈的品质因素为

$$Q = \frac{\omega L}{R} \tag{1-22}$$

与其他传感器相比, 涡流式传感器具有结构简单、体积小、抗干扰能力强、不受油污等介质的影响、可进行非接触测量、灵敏度高等特点, 可测位移量程一般为 0.8mm. 除了测量位移外, 还可用于测量厚度尺寸、物体表面的光洁程度、无损探伤等, 在工业生产中获得了广泛应用.

4. 声表面波传感器

1) 晶体的压电效应和声表面波

1880 年居里兄弟皮尔 (P. Curie) 与杰克斯 (J. Curie) 发现了压电效应 (piezoelectric effect), 当某些晶体沿一定方向伸长或压缩时, 在其表面上会产生电荷 (束缚电荷), 晶体的这一性质称为压电性, 具有压电效应的晶体称为压电晶体. 压电效应是可逆的, 即晶体在外电场的作用下要发生形变, 这种效应称为逆压电效应. 压

电现象理论最早是李普曼 (Lippmann) 在研究热力学原理时发现, 在非晶方性晶体中, 施一外力使晶体变形, 由于晶格中电荷的移动造成晶体内局部性不均匀电荷分布, 而产生电荷位移. 居里兄弟的实验证明了这个理论, 且建立了压电性与晶体结构的关系. 1894 年, W.Voigt 更严谨地定出晶体结构与压电性的关系. 利用压电效应和逆压电效应, 可制作成声表面波 (surface acoustic wave, SAW) 器件. 声表面波是英国物理学家瑞利 (Rayleigh) 在 19 世纪 80 年代研究地震波的过程中偶尔发现的一种能量集中于地表面传播的声波. 1949 年, 美国贝尔电话实验室发现了当时具有最好压电效应的 $LiNbO_3$ 单晶. 1965 年, 美国的怀特 (R.M.White) 和沃尔特默 (F.W.Voltmer) 取得了声表面波技术的关键性突破, 研制了在压电材料表面激励声表面波的金属叉指换能器 IDT(inter-digital transducer), 大大加速了声表面波技术的发展, 相继出现了许多各具特色的声表面波器件, 使这门年轻的学科逐步发展成为一门新兴的、声学和电子学相结合的边缘学科. 这种声表面波元件除应用于电子线路技术外, 也可研发成传感元件.

2) 声表面波传感器 (SAW)

(1) SAW 传感器的基本原理.

在压电材料表面形成叉指换能器, 构成 SAW 振荡器或谐振器, 适当设计 SAW 振荡器或谐振器, 使其对微细的待测量敏感. 一般是使待测量作用 SAW 的传播路径, 引起 SAW 的传播速度发生变化, 从而使振荡频率发生变化, 通过频率的变化检测待测量. 由于是频率输出, 很容易转换成有利于高精度测量的数字形式.

(2) SAW 叉指换能器.

SAW 的发射和接收是靠 SAW 叉指换能器来实现的. 叉指换能器是由若干条淀积在压电材料衬底上的金属膜电极组成, 这些电极条互相交叉配置, 两端由汇流条连接在一起, 其形状如同交叉平放的两排手指, 故称为叉指电极, 该种换能器称为叉指换能器 (IDT). IDT 是利用压电材料的压电效应来激励和接收 SAW 的. IDT 是可逆的, 既可用作发射换能器, 用来激励 SAW, 又可用作接收换能器, 用来接收 SAW, 其结构示意图见图 1-11.

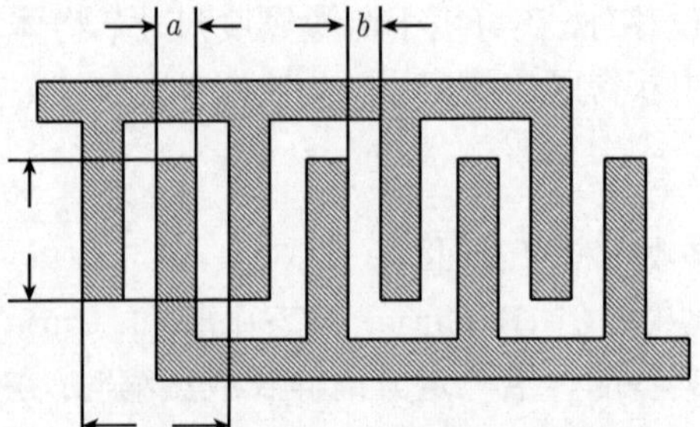

图 1-11 SAW 叉指换能器

(3) SAW 振荡器.

SAW 传感器的核心是 SAW 振荡器, 有延迟线 (DL) 型和谐振 (R) 型两种. SAW 延迟线振荡器由一组 SAW 发射、接收 IDT 和反馈放大器组成. 由发射换能器发射的表面波经介质延迟被接收换能器接收. 接收的信号经放大器放大, 再反馈到发射换能器构成振荡回路. 当放大器的增益可以补偿延迟线的损耗, 同时又满足一定的相位条件时, 振荡器就可以起振, 如图 1-12(a) 所示. 如图 1-12(b) 所示为谐振型 SAW 振荡器, 由发射、接收叉指换能器和一对反射栅阵列组成. T_1 激发 SAW, T_2 接收 SAW, 反射栅构成谐振腔. 当 SAW 在压电基片上传播时, 反射栅将产生相干反射, 适当设计反射栅的长度和位置, 即选择谐振腔长度, 在谐振腔内可形成驻波, 能量将被封闭在腔体内. 若以某种方式从腔体内取出能量, 就可得到单一频率的谐振波.

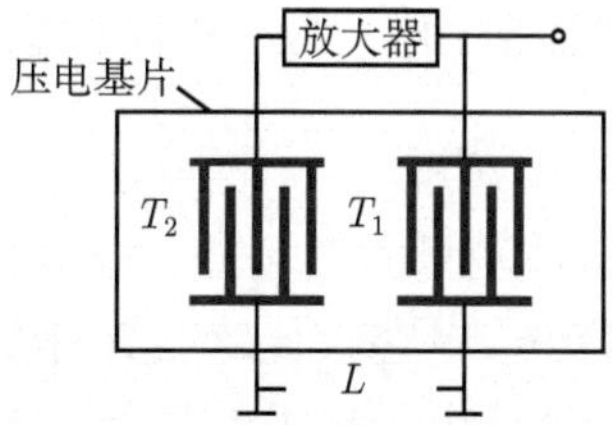

(a) 延迟线型SAW振荡器

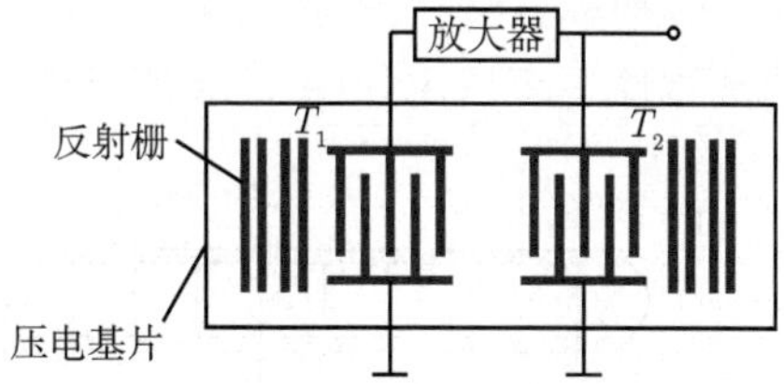

(b) 谐振型SAW振荡器

图 1-12　SAW 振荡器

(4) SAW 压力传感器.

SAW 压力传感器延迟线的基片很薄, 在压力作用下, SAW 传播路径的长度以及 SAW 的波速都要发生变化, 二者的变化都会引起振荡频率的偏移, 由偏移量的大小就可检测出基片所受压力的大小.

一般压电材料都有一定的温度系数, 温度变化引起的频偏往往超过压力变化引起的频偏, 必须对温度变化引起的频偏进行补偿. 一种较简便的解决办法是采用双振荡器结构, 两振荡器输出馈入混频器, 得到差频, 经低通滤波器输出. 由于两振荡器的结构和材料相同, 故温度变化引起的两振荡器的频偏相同, 在混频器中可以互相抵消, 从而补偿了温度变化. 使用时其中一个振荡器基片与待测压力接触, 因此压力的大小可通过差频的改变来测量.

(5) SAW 气敏传感器.

在 SAW 气敏传感器中, 除 SAW 延迟线振荡器之外, 关键是要有对待测气体有特殊选择性的吸附膜. SAW 器件的输出一般与大气中各种成分的含量无关, 要使 SAW 器件对某些特殊气体敏感, 需要在延迟线的两个叉指换能器之间即声表面波的传播路径上敷设一层具有特殊选择性的吸附膜, 该吸附膜只对所需敏感的气体有吸附作用. 吸附膜吸收了环境中的某种特定气体, 使基片表面性质发生变化, 导致 SAW 振荡器振荡频率发生变化, 通过测量频率的变化就可检测特定气体成分的含量. SAW 气敏传感器的敏感机理随吸附膜的不同而不同. 当薄膜是绝缘材料时, 它吸附气体引起密度的变化, 进而引起 SAW 延迟线振荡器频率的偏移; 当薄膜是导电体或金属氧化物半导体膜时, 主要是由于电导率的变化引起 SAW 延迟线振荡器频率的偏移. 目前选择性的吸附膜主要有三乙醇胺薄膜 (SO_2 敏感)、Pd 膜 (H_2 敏感)、WO_3 膜 (H_2S 敏感)、酞菁膜 (NO_2 敏感) 等.

5. 电容式传感器

电容式传感器是将被测量的变化转换成电容量变化的一种装置, 实质上就是一个具有可变参数的电容器. 电容式传感器具有结构简单、动态响应快、易实现非接触测量等突出的优点. 随着电子技术的发展, 它所存在的易受干扰和分布电容影响等缺点不断得以克服, 而且还开发出容栅位移传感器和集成电容传感器. 因此它广泛应用于压力、位移、加速度、液位、成分含量等测量之中.

电容式传感器的基本原理可以用如图 1-13 所示的平板电容器来说明.

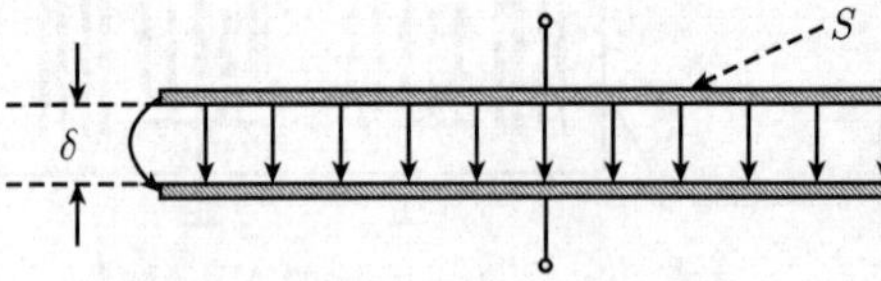

图 1-13　电容式传感器

当忽略边缘效应时, 其电容为

$$C = \frac{\varepsilon S}{\delta} = \frac{\varepsilon_r \varepsilon_0 S}{\delta} \tag{1-23}$$

式中, C 为电容 (F); δ 为两极板间的距离 (m); S 为两极板间相互遮盖面积 (m^2); ε 为两极板间介质的介电常数 (F/m), $\varepsilon = \varepsilon_0\varepsilon_r$($\varepsilon_0$ 为真空中的介电常数; ε_r 为两极板间的相对介电常数). δ 和 S 的变化可以反映线位移或角位移的变化, 也可以间接反映压力、加速度等的变化; ε_r 的变化则可反映液面高度、材料厚度等的变化.

由式可知, 式中 ε_r、S 和 δ 中的某一项或几项有改变时, 就改变了电容 C. 实际应用时, 常常仅改变 ε_r、S 和 δ 之中的一个参数来使 C 发生变化, 所以电容式传感器可分为三种基本类型：变极距 (变间隙)(δ) 型, 变面积型 (S) 型和变介电常数 (ε_r) 型.

1) 变极距型传感器

由电容表达式可知, 当电容式传感器极板间距 δ 因被测量变化而变化 $\Delta\delta$ 时, 电容变化 ΔC 为

$$\Delta C=\frac{\varepsilon S}{\delta-\Delta\delta}-\frac{\varepsilon S}{\delta}=C_0\frac{\Delta\delta}{\delta-\Delta\delta} \tag{1-24}$$

式中, $C_0=\varepsilon S/\delta$ 为初始电容量. 该类型电容式传感器存在着原理非线性, 所以实际中常常做成差动式来改善其非线性.

2) 变面积型电容传感器

变面积型电容传感器中, 平板形结构对极距变化特别敏感, 测量精度容易受到影响; 而圆柱形结构受极距径向变化的影响很小, 成为实际中最常采用的结构, 其中线位移单组式的电容量 C 在忽略边缘效应时为

$$C=\frac{2\pi\varepsilon l}{\ln(r_2/r_1)} \tag{1-25}$$

式中, r_2、r_1 分别为外圆筒内半径和内圆柱外半径.

当两圆筒相对移动 Δl 时, 电容变化量 ΔC 为

$$\Delta C=\frac{2\pi\varepsilon l}{\ln(r_2/r_1)}-\frac{2\pi\varepsilon(l-\Delta l)}{\ln(r_2/r_1)}=\frac{2\pi\varepsilon\Delta l}{\ln(r_2/r_1)}=C_0\frac{\Delta l}{l} \tag{1-26}$$

与变极距型相比, 变面积型电容式传感器测量范围大, 可测较大的线位移或角位移. 在此基础上发展起来的容栅式传感器是一种很有前途的传感器, 现已应用于数显卡尺、测长机等数显量具.

3) 变介质型电容传感器

变介质型电容传感器大多用来测量电解质的厚度、液位、位移及液量, 还可根据极间介质的介电常数随温度、湿度、容量的改变而改变来测量介质材料的温度、湿度等及容量. 电容式湿度计利用高分子聚合膜材料作为电容介质, 由于高分子材料的介电常数随相对湿度变化, 因此电容值随相对湿度变化, 从而达到测量湿度的目的.

忽略边缘效应, 设平行板面积为 $S=L\times b$, 则平板形线位移传感器的电容量与被测量的关系为

$$C=C_0+\frac{(\varepsilon_1-\varepsilon_0)\delta_1C_0}{(\varepsilon_1d_0+\varepsilon_0\delta_1)L}x \tag{1-27}$$

利用变介质电容传感还可以制作成液位传感器, 其结构见图 1-14.

如图所示, 该传感器由两个同心圆筒构成, 当溶液处于该传感器的某一位置时, 可以看成该传感器由两个电容并联而成, 两个电容的值分别为

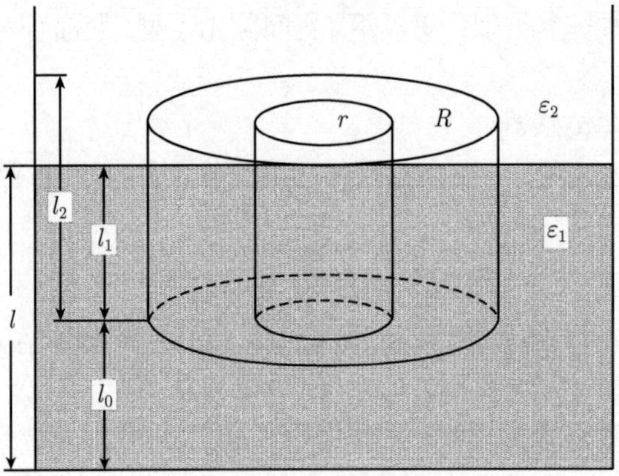

图 1-14　电容式液位计

溶液淹没部分

$$C_1 = \frac{2\pi l l_1 \varepsilon_1}{\ln(R/r)} \tag{1-28}$$

暴露于空气中部分

$$C_2 = \frac{2\pi l(l_2 - l_1)\varepsilon_2}{\ln(R/r)} \tag{1-29}$$

由此可得总的电容值为

$$C = \left[\frac{2\pi\varepsilon_2 l_2}{\ln(R/r)} + \frac{2\pi l_0(\varepsilon_2 - \varepsilon_1)}{\ln(R/r)}\right] - \frac{2\pi(\varepsilon_2 - \varepsilon_1)}{\ln(R/r)} \times l \tag{1-30}$$

前一项和斜率项均为常数, 故可知该液位传感器的电容值与液位之间为一线性响应关系, 通常电容值可由交流电桥测量获得. 该液位传感器可设计为长条状, 尤其适合于密封容器内液位的测定.

1.2.2　光电式传感器

光电式传感器是一种以光电器件作为转换元件, 将被测量通过光量的变化转换成电量进行检测的传感器. 光电式传感器一般由光源、光学元件和光电元件三部分组成. 光源发射出一定通量的光线, 由光电元件接收, 在检测时, 被测量使光源发出的光通量发生变化, 因而使接收光通量的光电元件的输出电量也发生相应的变化, 最后用电量来表示被测量的大小.

光电式传感器可用于检测直接引起光量变化的非电量, 如光强、光照度、辐射测量、气体成分分析等; 也可用于检测能转换成光量变化的其他非电量, 如直径、表面粗糙度、应变、位移、振动、速度、加速度以及物体形状、工作状态的识别等. 光电式传感器具有结构简单、精度高、响应快、非接触、性能可靠等优点. 光电转换元件的工作原理主要基于光电效应, 其类型主要包括光敏电阻、光敏晶体管和光电效应器件.

1. 光电效应

光电式传感器的物理基础是光电效应, 光电效应可分为内光电效应和外光电效应.

1) 内光电效应

内光电效应按其工作原理又可分为光电导效应和光生伏特效应. 基于内光电效应原理工作的光电器件有光敏电阻、光敏晶体管和光电池等.

(1) 光电导效应. 入射光改变物质电导率的物理现象, 叫光电导效应, 这种效应几乎所有高电阻率半导体都有. 这是由于在入射光作用下, 电子吸收光子能量从价带激发到导带并过渡到自由态, 同时价带也因此形成空穴, 致使导带的电子和价带的空穴浓度增大, 引起材料电阻率减小. 为使电子从价带激发到导带, 入射光子的能量 E_0 应大于禁带宽度 $E_{\rm g}$, 即光的波长应小于某一临界波长 λ_0.

(2) 光生伏特效应. 光生伏特效应是指半导体材料吸收光能后在 PN 结上产生电动势的效应.

2) 外光电效应

在光照射下, 电子逸出物体表面向外发射的现象称为外光电效应, 也称光电发射效应, 它是在 1887 年由德国科学家赫兹发现的. 基于这种效应的光电器件有光电管、光电倍增管等.

众所周知, 每个光子具有的能量为

$$Q = h\nu \tag{1-31}$$

逸出功 A(也称功函数) 是一个电子从金属或半导体表面逸出时克服表面势垒所需做的功, 其值与材料有关, 还和材料的表面状态等有关. 若逸出电子的动能为 $\frac{1}{2}mv_0^2$, 则由能量守恒定律有

$$h\nu = \frac{1}{2}mv_0^2 + A \tag{1-32}$$

式中, m 为电子的静止质量, $m = 9.1091 \times 10^{-31}\text{kg}$; v_0 为电子逸出物体时的初速度. 式 (1-32) 即为爱因斯坦光电效应方程式, 由该式可知:

(1) 光电效应能否产生取决于光子的能量是否大于该物质表面的电子逸出功. 这意味着每一种物质都有一个对应的光频阈值, 称为红限频率 (对应的光波长称为临界波长). 光的频率小于红限频率, 光子的能量不足以使物体的电子逸出, 因而小于红限频率的光其光强再大也不会产生光电发射. 反之, 入射光频率高于红限频率, 即使光强微弱也会有电子发射出来.

(2) 若入射光的光频为 ν, 光功率为 P, 则每秒钟到达的光子数为 $P/h\nu$. 假设这些光子中只有一部分 (η) 能激发电子, 则入射光在光电面激发的光电流密度为

$$i_{\rm P} = \frac{\eta e P}{h\nu} \tag{1-33}$$

式中, η 为量子效率, 定义为光强生成的载流子数与入射光子数之比, 它是波长的函数, 并与光电面的反射率、吸收系数、发射电子的深度、表面的亲和力等因素有关, e 为电子电荷量.

(3) 光电子逸出物体表面具有初始动能, 因此光电管即使未加阳极电压, 也会有光电流产生. 为使光电流为零, 必须加负的截止电压, 而截止电压与入射光的频率成正比.

2. 光敏电阻

1) 光敏电阻的结构原理

光敏电阻的结构如图 1-15 所示.

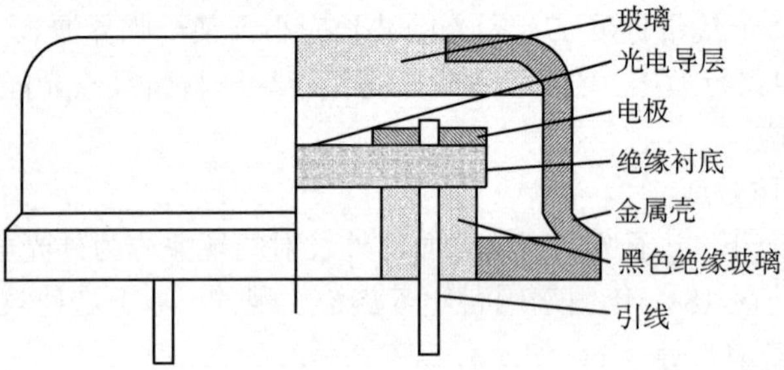

图 1-15　光敏电阻结构图

光敏电阻的工作是基于光电导效应, 在无光照时, 光敏电阻具有很高的阻值, 在有光照时, 当光子的能量大于材料禁带宽度, 价带中的电子吸收光子能量后跃迁到导带, 激发出可以导电的电子–空穴对, 使电阻降低, 光线越强, 激发出的电子–空穴对越多, 电阻值越低, 光照停止后, 自由电子与空穴复合, 导电性能下降, 电阻恢复原值. 制作光敏电阻的材料常为硫化镉 (CdS)、硒化镉 (CdSe)、硫化铅 (PbS)、硒化铅 (PbSe) 和锑化铟 (InSb) 等.

由于光电导效应只限于光照表面的薄层, 一般都把半导体材料制成薄膜, 并赋予适当的电阻值, 电极构造通常做成梳形, 这样, 光敏电阻电极之间的距离短, 载流子通过电极的时间 T_c 少, 而材料的载流子寿命 τ_c 又比较长, 于是就有很高的内部增益 G, 从而可获得很高的灵敏度.

2) 光敏电阻的基本特性和主要参数

(1) 暗电阻和暗电流.

室温条件下, 光敏电阻在全暗后经过一定时间测得的电阻值称为暗电阻, 此时在给定工作电压下流过光敏电阻的电流称为暗电流. 光敏电阻在某一光照下的阻值, 称为该光照下的亮电阻, 此时流过的电流称为亮电流. 亮电流与暗电流之差称为光电流.

(2) 光照特性.

光敏电阻的光电流与光强之间的关系, 称为光敏电阻的光照特性. 不同类型的光敏电阻光照特性不同, 但多数类似于图 1-16 的曲线形状.

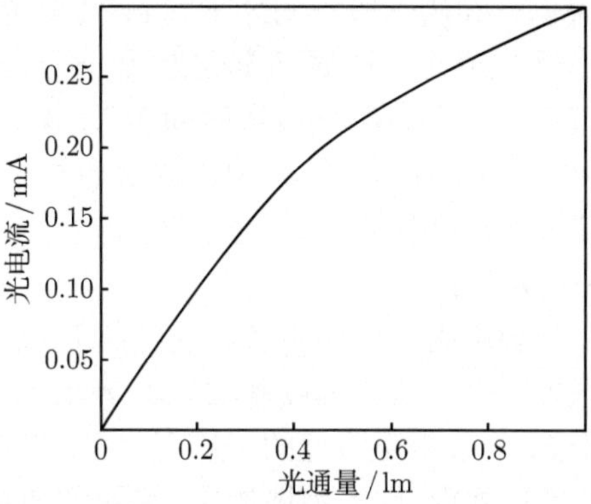

图 1-16 光敏电阻的光照特性

(3) 光谱特性.

光敏电阻对不同波长光的灵敏度不同, 而且不同种类光敏电阻峰值波长也不同. 光敏电阻的光谱灵敏度和峰值波长与所采用材料、掺杂浓度有关. 在选用光敏电阻时, 应当把元件的光谱特性与光源的类型结合起来考虑才能获得良好的效果.

(4) 伏安特性.

在一定照度下, 光电流与光敏电阻两端所加电压之间的关系称为伏安特性. 硫化镉光敏电阻的伏安特性曲线如图 1-17 所示.

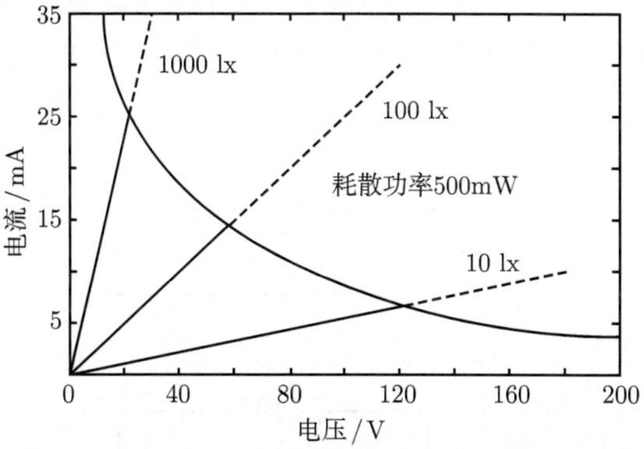

图 1-17 光敏电阻的伏安特性

由曲线可知, 在给定的偏压下, 光照度越大, 光电流也越大, 在一定的光照度下, 电压越大, 光电流越大, 且没有饱和现象. 但是不能无限制地提高电压, 任何光敏电阻都有最大额定功率、最高工作电压和最大额定电流. 超过最大工作电压和最大额定电流都可能导致光敏电阻永久性损坏. 光敏电阻的最高工作电压是由耗散功率决定的, 而光敏电阻的耗散功率与面积大小以及散热条件等因素有关.

(5) 响应时间和频率特性.

在阶跃脉冲光照射下, 光敏电阻的光电流要经历一段时间才达到最大饱和值, 光照停止后, 光电流也要经历一段时间才下降到零, 这是光电导的弛豫现象, 通常用响应时间来描述. 多数光敏电阻时间常数为 10^{-6} ~1s 数量级, 而且光敏电阻的响应时间与前历时间有关, 即在暗处放置时间越长, 响应时间越长, 同时响应时间也与照度有关, 照度越大响应时间越短. 在光电器件中, 光敏电阻的响应速度最慢, 因此, 如利用其作开关元件则仅适用于低频条件.

(6) 温度特性和稳定性.

当温度升高时, 光敏电阻的暗电阻和灵敏度都下降, 因此光电流随温度升高而减小. 光敏电阻的温度特性一般用温度系数 α 来表示. 温度系数定义为：在一定光照下, 温度每变化 1°C, 光敏电阻阻值的平均变化率. 初制成的光敏电阻, 光电性能不稳定, 需进行人工老化处理, 即人为地加温、光照和加负载, 经过一至两个星期的老化, 使其光电性能趋向稳定. 人工老化后, 光电性能就基本上不变了.

3. 光敏晶体管

1) 光敏二极管 (光电二极管) 和光敏三极管 (光电三极管)

光敏晶体管包括光电二极管和光电三极管, 工作原理同样是基于内光电效应, 但是半导体的 PN 结参与了光电转换过程. 光电二极管是利用 PN 结单向导电性的结型光电器件, 结构与一般二极管类似. PN 结安装在管的顶部, 便于接受光照. 外壳上面有一透镜制成的窗口以使光线集中在敏感面上. 为了获得尽可能大的光生电流, PN 结的面积比一般二极管要大. 为了光电转换效率高, PN 结的深度较一般二极管浅. 光电二极管电路原理如图 1-18 所示. 大多数情况下光电二极管工作在反向偏置状态.

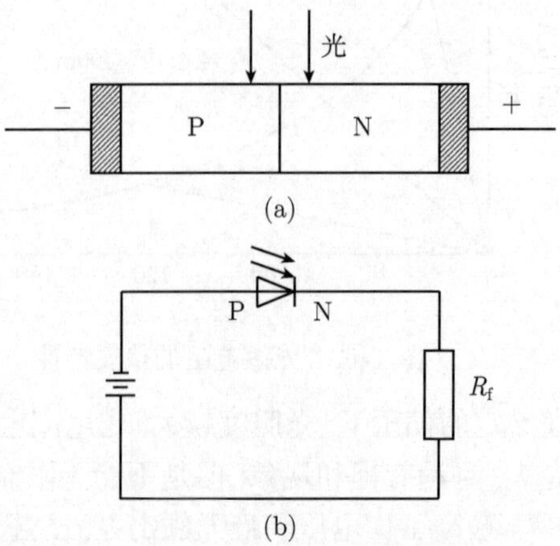

图 1-18　光电二极管结构原理图

光电三极管与光电二极管相似, 不过内部有两个 PN 结, 类似一般三极管也有 PNP 型和 NPN 型. 和一般三极管不同的是它的发射极一边尺寸很小, 以扩大光照面积, 如图 1-19(a) 所示. 它可以等效看作一个光电二极管和一只晶体三极管的结合, 如图 1-19(b) 所示. 当基极开路时, 基极集电极处于反偏, 有光照时形成的光电流 I_{CO} 作为基极电流被晶体管放大, 其放大原理与一般晶体三极管相同, 这样 I_{CO} 被放大 β 倍, 一般放大倍数 β 为几十, 因此光电三极管的灵敏度比光电二极管的灵敏度高几十倍.

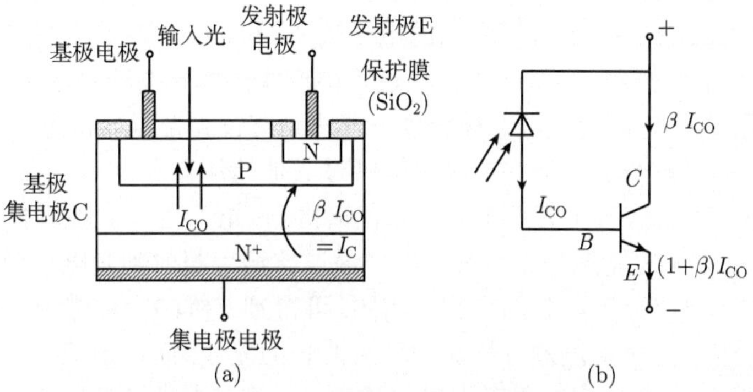

图 1-19 光电三极管结构原理图

光敏晶体管在恒定电压作用和恒光通量照射下, 光电流与入射光的关系称为光敏晶体管的光谱特性. 光敏晶体管的光谱特性在光敏晶体管的设计应用中有着重要意义, 应根据光谱特性选择光敏器件和光源. 光敏二极管其光照特性的线性较好, 适合做检测元件, 光敏三极管在照度小时, 光电流随照度增加较小, 且在大电流时有饱和现象, 因此, 光敏三极管不适于弱光和强光的检测.

2) 光电二极管阵列

光电二极管阵列检测器的核心是二极管阵列元件, 它由蚀刻在硅片上的一系列光敏二极管组成, 每个二极管宽约几十微米. 二极管阵列元件的工作原理如图 1-20 所示.

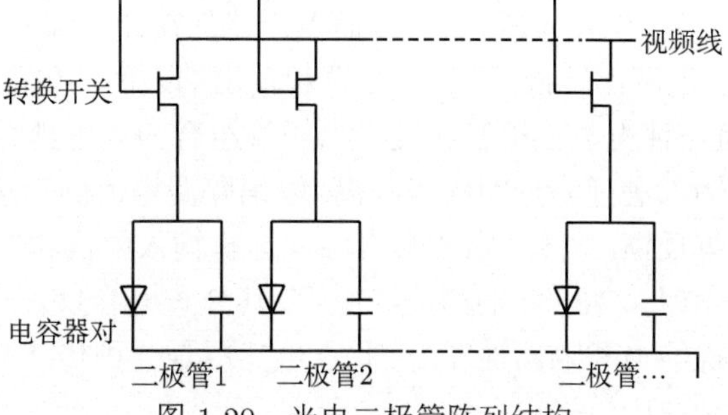

图 1-20 光电二极管阵列结构

当光照射到二极管阵列上时, 受到光照的光敏二极管便产生光电流, 光电流使与光敏二极管并联的电容器放电, 光越强产生的光电流越大, 电容器放电越快, 放电后的电压就越低. 电容器再充电电流值正比于电容器放电前后的电压差, 因此也正比于光强, 所以充电电流可以代表待测的光强值. 按照移位寄存器所确定的顺序, 通过测量电容器的充电电流, 可以连续获得照射到光敏二极管上的光强值.

常用的光电二极管有平面型、PIN、肖特基和雪崩型四种类型, 前三种没有本征增益, 需要外部放大器, 雪崩光电二极管有 100~1000 的本征增益. 缺少固有增益意味着光电二极管产生可探测到的电子数所需的光子比光电倍增管所需的光子要多, 因而灵敏度较弱, 导致光电转换过程中产生的噪声与产生的电子数的平方根成反比关系, 这一特性使光电二极管成为那些具有较高光强度和需要最佳信噪比的应用所选择的检测器的性能在许多方面胜过其他检测器.

光电二极管阵列主要用于光谱和色谱检测, 光源经一系列光学反射后进入检测池, 透过检测池的光经分光系统色散并通过狭缝后照射到光电二极管阵列上, 数据收集系统实时记录下组分的吸收光谱图, 可得到三维的立体谱图. 光电二极管阵列检测器实现了同时检测透过样品的所有波长的光线, 而不是某一个或几个波长, 和普通的紫外–可见分光检测器不同的是进入检测池的光不再是单色光而是复合光. 它具有的优点包括: ① 在用作为色谱检测器时, 可得任意波长的色谱图, 极为方便. ② 可得任意时间的光谱图, 相当于与紫外–可见光谱联用. ③ 可用来实现色谱峰纯度鉴定、光谱图检索等功能, 可提供组分的定性信息. 同样光电二极管阵列也可作为荧光或发光分析的检测元件.

3) 光电耦合器件

光电耦合器件是一种光电结合的器件. 从结构上看, 就是将发光元件和受光元件完全封装起来, 并将外部光线加以遮断的元件. 常用硅光电三极管作受光部分, 砷化镓发光二极管作发光部分. 发光二极管 (LED) 也是一种光电元件, 但不属于传感器范畴, 它是一种电驱动的发光元件. LED 的发光是靠注入 PN 结的载流子自发跃迁产生的自发辐射发光的, 发射的是相干光, 波长在可见光或红外光区域. LED 的开启电压为 $1 \sim 2\text{V}$, 发光亮度与流过的电流密度有关. 光电耦合器件工作时, 在输入端接入电信号, 使发光器件发光, 而受光器件在此光辐射的作用下输出光电流. 通过电–光、光–电两次转换, 进行输入端和输出端之间的电的耦合.

图 1-21 为一种光电三极管和发光二极管组合的光电耦合器件的结构. 这种器件能将输出和输入进行完全的电气隔离, 以消除漏电流的影响, 同时还可以使输入和输出完全没有反馈. 另外, 它还具有独立选择输入阻抗和输出阻抗的优点. 输入与输出之间有 $10^{11} \sim 10^{12}\Omega$ 的高绝缘电阻, 其分布电容只有几皮法, 这就大大增强了器件的抗干扰能力和隔离性能, 因此它虽然不是一种传感装置, 但在高性能电子设备和自动控制中广泛采用.

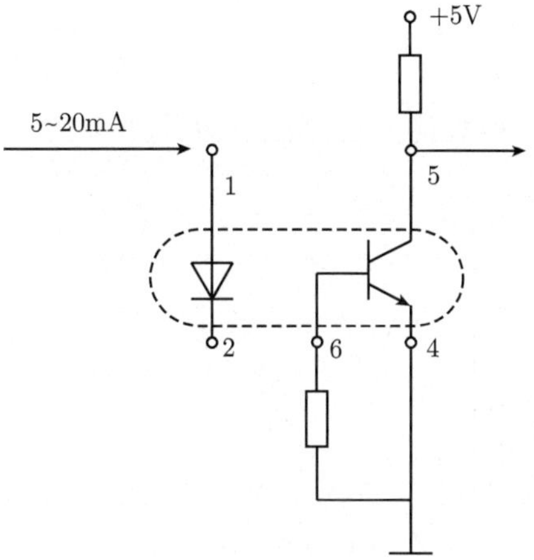

图 1-21 一种光电耦合器件的结构

4. 光电池

光电池的工作原理基于光生伏特效应. 光电池的种类很多, 有硒光电池、氧化亚铜光电池、锗光电池、硅光电池、砷化镓光电池等. 其中硅光电池的光电转换效率高、寿命长, 适合红外波长工作, 是最受重视的光电池.

1) 光电池工作原理

硅光电池是在 N 型硅片中掺入 P 型杂质形成一个大面积的 PN 结, 如图 1-22 所示.

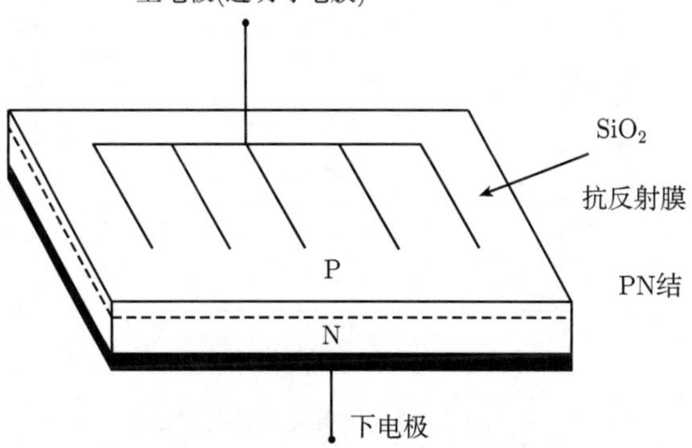

图 1-22 硅光电池结构示意图

光电池的结构类似于光电二极管, 区别在于硅光电池用的衬底材料的电阻率低, 为 $0.1 \sim 0.01\Omega\cdot\text{cm}$, 而硅光电二极管衬底材料的电阻率约为 $1000\Omega\cdot\text{cm}$. 上电极为栅状受光电极, 下电极为衬底铝电极. 栅状电极能减少电极与光敏面的接触电阻, 增加透光面积. 当光照射到 PN 结上时, 如果在两电极间串接负载电阻, 则电路中便产生了电流.

2) 光电池的基本特性

(1) 光谱特性.

光电池的光谱特性如图 1-23 所示. 从图中可知, 不同材料的光电池峰值波长不同.

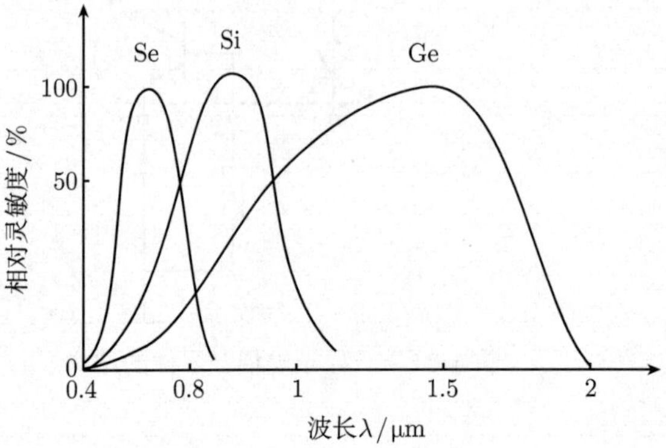

图 1-23　光电池的光谱特性

(2) 光照特性.

硅光电池的光照特性如图 1-24 所示. 由图可见, 硅光电池的短路电流与光照有较好的线性关系, 而开路 (负载电阻 R_L 趋于无限大时) 电压与照度的关系是非线性的 (呈对数关系), 而且在光照度为 2000lx 时就趋向饱和了.

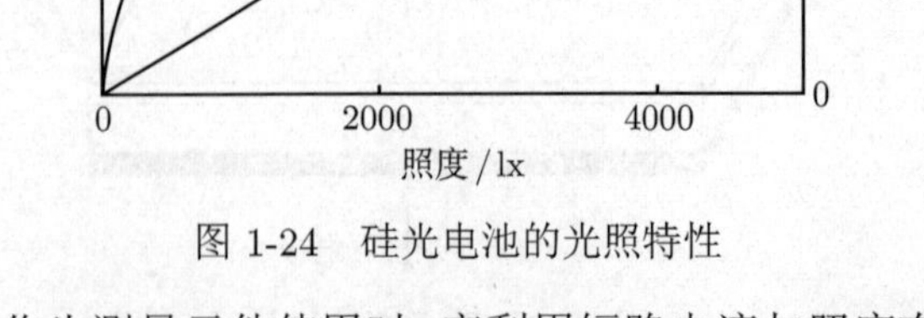

图 1-24　硅光电池的光照特性

因此, 光电池作为测量元件使用时, 应利用短路电流与照度有较好线性关系的特点, 可当作电流源使用, 而不宜当作电压源使用. 所谓短路电流是指外接负载电阻远小于光电池内阻时的电流. 负载越小, 光电流与照度之间的线性关系越好, 而且线性范围越宽. 负载在 100Ω 以下, 线性比较好.

(3) 频率特性.

光电池的频率特性是指相对输出电流与光的调制频率之间的关系. 所谓相对输

出电流是指高频输出电流与低频最大输出电流之比. 在光电池作为测量、计算、接收器件时, 常用调制光作为输入. 硅光电池具有较高的频率响应, 而硒光电池则较差, 因此在高速计数的光电转换中, 一般采用硅光电池.

(4) 温度特性.

光电池的温度特性是指开路电压 U_{OC} 和短路电流 I_{SC} 随温度变化的关系. 开路电压随温度上升下降很快, 但短路电流随温度的变化较慢. 温度特性影响应用光电池的仪器设备的温度漂移, 以及测量精度或控制精度等重要指标. 当其用作测量器件时, 最好能保持温度恒定或采取温度补偿措施.

(5) 伏安特性.

所谓伏安特性, 是在光照一定的情况下, 光电池的电流和电压之间的关系曲线. 图 1-25 为受光面积为 1cm^2 的硅光电池的伏安特性曲线.

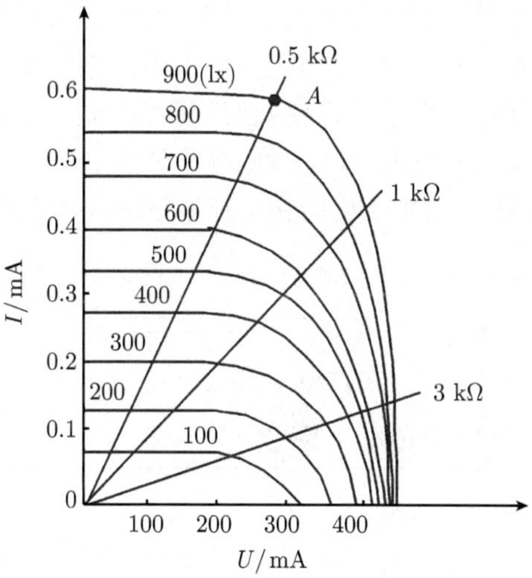

图 1-25 硅光电池的伏安特性曲线

(6) 稳定性.

当光电池密封良好、电极引线可靠、应用合理时, 光电池的性能是相当稳定的, 使用寿命也很长. 硅光电池的性能比硒光电池更稳定. 光电池的性能和寿命除了与光电池的材料及制造工艺有关外, 在很大程度上还与使用环境条件有密切关系. 如在高温和强光照射下, 会使光电池的性能变坏, 而且降低使用寿命.

5. 光电管及光电倍增管

1) 光电管

光电管是一种已有较长使用历史的光电传感器, 是一个装有光电阴极和阳极的真空玻璃管, 当光电阴极受到适当波长的光线照射时发射光电子, 在中央带正电的阳极吸引下, 光电子在光电管内形成电子流, 在外电路中便产生光电流.

当光通量一定时, 阳极电压与阳 (阴) 极电流的关系, 叫光电管的伏安特性曲线. 当入射光比较弱时, 由于光电子较少, 只用较低的阳极电压就能收集到所有的光电子, 而且输出电流很快就可以达到饱和. 当入射光比较强时, 要使输出电流达到饱和需要较高的阳极电压. 光电管的工作点应选在光电流与阳极电压无关的饱和区域内. 由于这部分动态阻抗 ($\mathrm{d}U/\mathrm{d}I$) 非常大, 以致可以看作恒定电流源, 能通过大的负载阻抗取出输出电压. 光电管光电特性曲线的斜率称为光电管的 (光电) 灵敏度. 同一光电管对于不同频率的光灵敏度不同, 这就是光电管的光谱特性. 因此, 对不同波长范围的光, 应选用不同材料的光电阴极.

2) 光电倍增管

用光电管对微弱光进行检测时, 光电管产生的光电流很小, 由于放大部分所产生的噪声比决定光电管本身检测能力的光电流散粒效应噪声大得多, 检测极其困难. 在这种情况下, 即使光电流能被放大, 噪声也与信号同时被放大了, 因此光电管较难实现高灵敏的光电转换检测, 而更多地采用光电倍增管.

光电倍增管是利用二次电子释放效应, 将光电流在管内进行放大. 所谓二次电子释放效应是指高速电子撞击固体表面, 再发射出二次电子的现象. 图 1-26 为光电倍增管工作原理示意图, 它由光电阴极、若干倍增极和阳极三部分组成.

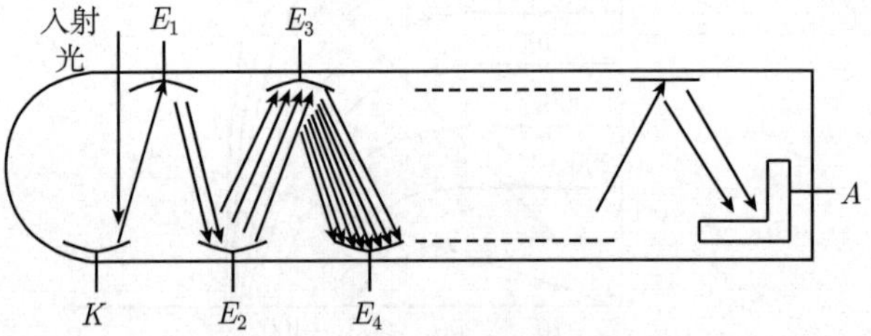

图 1-26　光电倍增管示意图

倍增极的形状和位置设计得正好能使前一级倍增极发射的电子继续轰击后一级倍增极. 从阴极开始及在每个倍增极间依次加上加速电压. 设每级的倍增率为 δ, 经过 N 个倍增极后, 光电倍增管的光电流倍增率将为 δ^N. δ 称为二次电子发射比, 不仅与物质的种类和表面状态有关, 而且随着一次电子能量以及光的入射角的不同有很大的差异. 一个光子在阳极上产生的平均电子数称为光电倍增管的总灵敏度. 光电倍增管的灵敏度非常高, 因此不能受强光照射, 否则将会损坏. 光电倍增管的光谱特性与相同材料阴极的光电管的光谱特性相似.

光电倍增管的应用非常广泛并具有重要价值, 由于光电倍增管增益高和响应快, 它被广泛使用在天体光度测量和天体分光光度测量中, 其优点是测量精度高, 可以测量比较暗弱的天体, 还可以测量天体光度的快速变化. 在现代光学通信技术中, 光电倍增管也扮演着不可或缺的角色. 同样, 它也是现代分析仪器中一种重要检测元件, 尤其是对光谱式分析仪器而言, 广泛应用于光子计数、极微弱光探测、化学发光、生物发光研究、极低能量射线探测、分光光度计、旋光仪、色度计、照度计、尘埃计、浊度计、光密度计、热释光量仪、辐射量热计、扫描电镜、生化分析仪等仪器设备中.

6. 电荷耦合器件 (CCD) 传感器

近年发展非常迅速的光电图像传感技术为现代科技进步提供了极为有效的技术手段. 图像传感器是利用光电器件的光–电转换功能, 将其感光面上的光像转换为与光像呈相应比例关系的电信号. 与光敏二极管、光敏三极管等 “点” 光源的光敏元件相比, 图像传感器是将其受光面上的光像分成许多小单元, 并将其转换成可用的电信号的一种功能器件. 通过现代计算机技术, 传感器上获得的电信号又可转换成数字信号并在计算机上还原为图像, 这种传感装置是数字化图像的技术基础, 同样, 它也可有效地应用于光学测量相关的各个领域, 已经有许多光学式分析仪器开始采用图像传感元件作为检测装置使用. 固态图像传感器主要有五种类型: 电荷耦合器件 (CCD)、电荷注入器件 (CID)、金属氧化物半导体 (MOS) 器件、电荷引发器件 (CPC) 和叠层型摄像器件, 其中以 CCD 应用最为普遍.

电荷耦合器件 (charge coupled devices, CCD) 是贝尔实验室的 W.S.Boyle 和 G.E.Smith 于 1970 年发明的, 是在 MOS 集成电路技术基础上发展起来的新型半导体传感器, 它具有质量小、集成度高、功耗低、超低噪声、响应线性度好、高动态范围、高测光精度、宽光谱响应范围、高几何稳定性、可靠性和耐用性等优点, 并具有图像获取、信号处理和信息存储、延时和将电信号按顺序传送等功能.

CCD 图像传感器是按一定规律排列的 MOS(金属–氧化物–半导体) 电容器组成的阵列, 在 P 型或 N 型硅衬底上生长一层很薄的 (约 120nm) 二氧化硅, 再在二氧化硅薄层上依次序沉积金属或掺杂多晶硅电极 (栅极), 形成规则的 MOS 电容器阵列, 再加上两端的输入及输出二极管就构成了 CCD 芯片.

图 1-27 中所示为 64 位 CCD 结构. 每个光敏元 (像素) 对应有三个相邻的转移栅电极 1、2、3, 所有电极彼此间离得足够近, 以保证使硅表面的耗尽区和电荷的势阱耦合及电荷转移. 所有的 1 电极相连并施加时钟脉冲 φ_1, 所有的 2、3 也是如此, 并施加时钟脉冲 φ_2、φ_3, 这三个时钟脉冲在时序上相互交叠.

MOS 电容器和一般电容器不同的是, 其下极板不是一般导体而是半导体. 假定所用半导体是 P 型硅, 其中多数载流子是空穴, 少数载流子是电子. 若在栅极上加正电压, 衬底接地, 则带正电的空穴被排斥离开 Si–SiO_2 界面, 带负电的电子被吸引到紧靠 Si–SiO_2 界面. 当电压高到一定值, 形成对电子而言的所谓势阱, 电子一旦进入就不能复出. 电压越高, 产生的势阱越深, 可见 MOS 电容器具有存储电荷的功能. 如果衬底是 N 型硅, 则在电极上加负电压, 可达到同样目的.

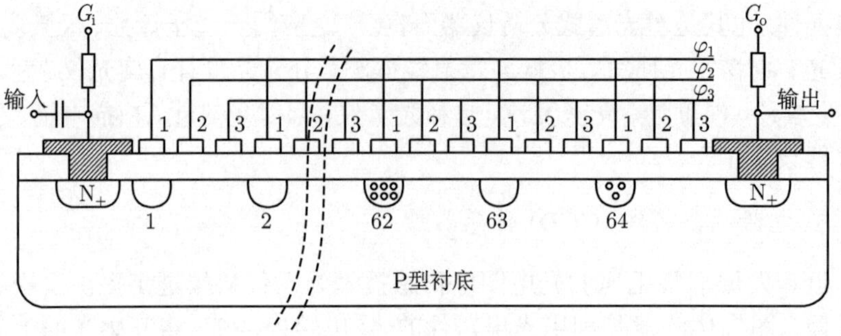

图 1-27　CCD 芯片的构造

CCD 的电荷 (少数载流子) 的产生有两种方式：电压信号注入和光信号注入. 作为图像传感器, CCD 接收的是光信号, 即光信号注入法. 当光信号照射到 CCD 硅片上时, 会产生电子–空穴对 (光生电荷). 在栅极电压的作用下, 多数载流子 (空穴) 将流入衬底, 而少数载流子 (电子) 被吸引存储在势阱中. 入射光强则光生电荷多, 弱则光生电荷少, 无光照的光敏元则无光生电荷, 形成信号电荷存储起来. 这样高于半导体禁带宽度的那些光子, 就能建立起正比于光强的存储电荷. 若停止光照, 电荷在一定时间内也不会损失, 可实现对光照的记忆.

转移栅实行转移的工作原理是, t_1 时刻 φ_1 是高电平, 于是在电极 1 下形成势阱, 并将少数载流子 (电子) 吸引至聚集在 Si-SiO_2 界面处, 而电极 2、3 却因为加的是低电平, 形象地称为垒起阱壁. 如图 1-27 所示的情况是, 第 62、64 位光敏元受光, 而第 1、2、63 位等单元未受光照. t_2 时刻, φ_1 的高电平有所下降, φ_2 变为高电平, 而 φ_3 仍是低电平. 这样在电极 2 下面势阱最深, 且和电极 1 下面势阱交叠, 因此储存在电极 1 下面势阱中的电荷逐渐扩散漂移到电极 2 下的势阱区. 由于电极 3 上的高电平无变化, 所以仍高筑势垒, 势阱里的电荷不能往电极 3 下扩散和漂移. t_3 时刻, φ_1 变为低电平, φ_2 为高电平, 这样电极 1 下面的势阱完全被撤除而成为阱壁, 电荷转移到电极 2 下的势阱内. 由于电极 3 下仍是阱壁, 所以不能继续前进, 这样便完成了电荷由电极 1 下转移到电极 2 下的一次转移, 如图 1-28 所示. CCD 也可在输入端用电形式输入被转移的电荷, 或用以补偿器件在转移过程中的电荷损失, 从而提高转移效率. 电荷输入的多少, 可用改变二极管偏置电压, 即改变 G_i 来控制.

CCD 输出经由输出二极管, 输出二极管加反向偏压的大小由输出栅控制电压 G_o 来控制.

光注入方式有三种, 实用中常采用正面照射方式和背面照射方式. 正面照射时, 光子从栅极向透明的 SiO_2 绝缘层进入 CCD 的耗尽区; 背面照射时, 光从衬底射入, 这时需将衬底减薄, 以便于光线入射. 还有一种是在每个单元的中心电极下开一个很小的孔, 入射光直接照射到硅片上.

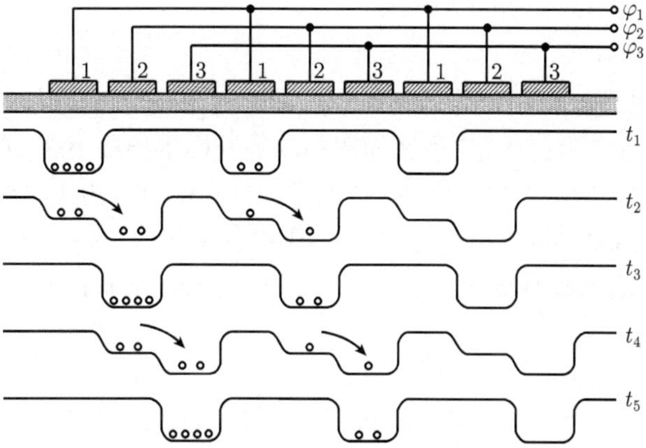

图 1-28 完成一次转移的过程

随着器件本身的发展和信号处理技术的进步, CCD 图像传感器在各领域得到广泛的应用. 在军事应用方面, 用于目标定位、空间遥感、精确制导、导弹寻的、侦察与微光夜视等; 在天文物理学方面, 用于对星体的观察和对宇宙射线的探测; 在空间卫星方面, 气象卫星、资源卫星、环境卫星等利用 CCD 成像仪进行气象、地球资源和环境等信息获取; 在工业、民用产品方面, CCD 摄像机广泛用于工业监控、精密测量和检测、扫描仪、医学诊断、科学实验、家用摄像机、数码照相机等, 目前民用数码相机、摄像机就是 CCD 图像传感器最普及的应用典型.

1.2.3 热、磁传感器

1. 热传感器

热量及与之相关的温度是人类生活中关系最为密切的物理量, 也是人类研究最早、检测方法最多的物理量之一. 自古以来, 许多测量方法已为人们所熟知. 随着社会的发展与进步, 温度检测的重要性日益提高, 温度传感器的应用范围也日益扩大. 在工业、农业、交通运输、防灾、医疗、空间及海洋开发、家用电器等各个领域中都离不开温度传感器.

热敏传感器是一种将温度变化转换为电量变化的元件, 它利用温度检测元件的电磁参数随温度变化的特性, 通过一定的测量电路, 可以由这些电量的变化来表示所测温度的变化. 常用的温度检测元件有热电阻、热敏电阻、热电偶、热晶体管等.

1) 热电阻

热电阻是指电阻值随温度变化而变化的金属导体材料, 它具有测量精度高、测量范围大的特点, 易于在自动测量和远距离测量中使用. 热电阻由热电阻丝、绝缘骨架、引出导线等组成, 其中热电阻丝是热电阻的主体. 目前, 广泛使用的热电阻丝材料有铂、铜、镍、铁等, 主要用于测量 $-200 \sim 500°C$ 范围内的温度, 而应用最广的铂和铜, 已制成标准测温热电阻.

2) 热敏电阻

热敏电阻是一种用半导体材料制成的、电阻随温度变化而显著变化的敏感元件. 典型的热敏电阻是稳定、致密而粗糙的陶瓷样半导体小珠, 或者是由金属氧化物粉料按一定的比例混合烧结而成. 按物理特性一般可分为正温度系数 PTC(positive temperature coefficient) 热敏电阻、负温度系数 NTC(negative temperature coefficient) 热敏电阻和临界温度系数 CTR(critical temperature resistor) 热敏电阻三类, 见图 1-29.

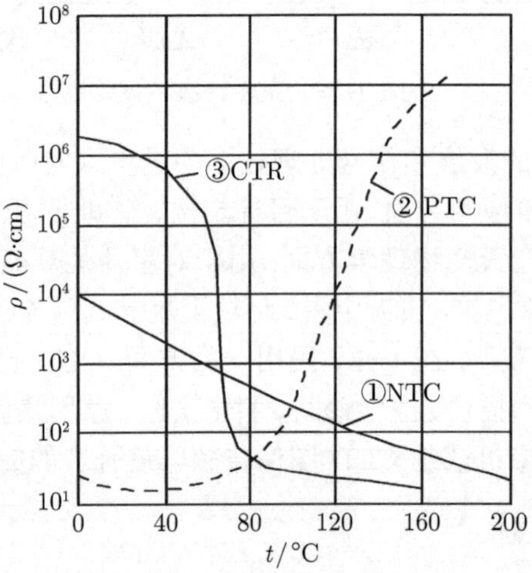

图 1-29　热敏电阻温度系数

PTC 型热敏电阻是由在 $BaTiO_3$ 和 $SrTiO_3$ 为主的成分中加入少量 Y_2O_3 和 Mn_2O_3 构成的烧结体, 其特性曲线是随温度升高而阻值增大, 其色标标记为红色. 开关型正温度系数热敏电阻在居里点附近阻值发生突变, 有斜率最大的区段, 通过成分配比和添加剂的改变, 可使其斜率最大的区段处在不同的温度范围里, 如加入适量铅其居里温度升高; 若将铅换成锶, 其居里温度下降. 如果用 V、Ge、W、P 等的氧化物在弱还原气氛中形成半玻璃状烧结体, 还可以制成 CTR 热敏电阻, 它是负温度系数型, 但在某个温度范围里阻值急剧下降, 曲线斜率在此区段特别陡峭, 灵敏度极高, 其色标标记为白色. 此特性可用于自动控温和报警电路中.

NTC 型半导体热敏电阻研究最早, 生产最成熟, 是应用最广泛的热敏电阻之一, 通常是一种氧化物的复合烧结体, 特别适合于 $-100 \sim 300°C$ 的温度测量, 其色标标记为绿色. 其阻值与温度的关系为

$$R = A\mathrm{e}^{\frac{B}{T}} \tag{1-34}$$

式中, R 为温度 T 时的阻值 (Ω); T 为温度 (K); A、B 为取决于材质和结构的常数, 其中 A 的量纲为 Ω, B 的量纲为 K.

由上面的关系式不难得到下式:

$$R = R_0 \exp\left[B\left(\frac{1}{T} - \frac{1}{T_0}\right)\right] \tag{1-35}$$

式中, R 为任意温度 T 时热敏电阻的阻值; T 为任意温度 (K); R_0 为标准温度 T_0(K) 时的阻值; B 称为负温度材料系数也称为 B 常数.

实验表明, 无论是用氧化物还是用单晶做成的热敏电阻, 在不太宽的温度范围内 ($< 400°\mathrm{C}$) 都能用式 (1-35) 描述. 这里应该指出, B 常数不是固定值, 是温度 T 的函数, 即 $B = f(T)$, 不同厂家生产的热敏电阻 B 值都不一样.

NTC 型热敏电阻主要由 Mn、Co、Ni、Fe 等金属的氧化物烧结而成, 通过不同材质组合, 能得到不同的电阻值 R_0 及不同的温度特性. 与热电阻相比, 其优点是电阻温度系数大、灵敏度高, 约为热电阻的 10 倍; 结构简单、体积小, 可以测量点温度; 电阻率高, 适用于动态和静态测量及远距离测量, 在温度测量及控制、温度补偿、火灾报警和红外探测等方面有广泛应用. 缺点是电阻温度特性的分散性大, 非线性严重, 在电路上要进行线性补偿, 互换性较差, 因而限制了其应用领域.

3) 热电偶

作为最早出现的基本热传感器, 热电偶是最广泛应用的器件. 它是一种热电探测器件, 其工作原理是温差电效应. 当把两种不同的导体或半导体材料 A 和 B 组成闭合回路, 若两端接点温度不同, 则回路中将产生电流, 相应的电动势称为热电动势, 构成这种热电变换的元件称为热电偶 (图 1-30). 该电动势是由接触电动势和温差电动势两部分组成, 其大小和方向与该接点处的两种不同的材料的性质及两接点处的温差有关, 这种现象称为温差电效应或塞贝克 (Seebeck) 效应.

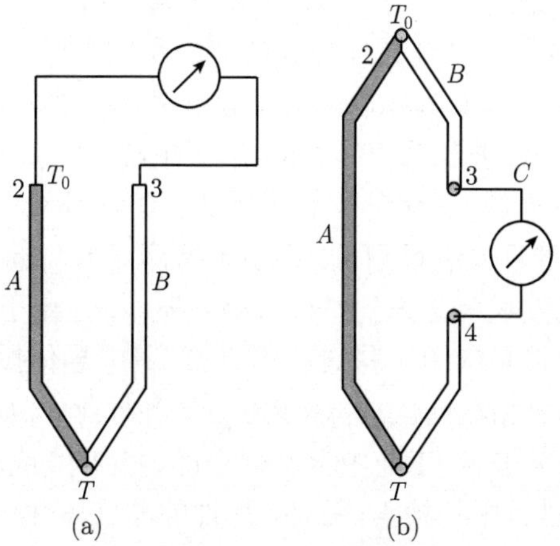

图 1-30 热电偶结构

导体 A 和 B 称为热电极, 通常把两热电极的一个端点固定焊接, 用于对被测介质进行温度测量, 这一接点称为测量端或工作端, 俗称热端. 两热电极另一接点处通常保持为某一恒定温度或室温, 被称作基准点或参考端, 俗称冷端. 实验和理论都表明, 在 A、B 间接入第三种材料 C, 只要结点 2、3 温度相同, 则和 2、3 直接连接时的热电动势一样, 这为热电偶测量时连接测量引线带来方便. 这种由两种不同导体组成的热电偶的热电动势一般情况和两端点温度 T、T_0 都有关. 若使 T_0 为给定的恒定温度, 则热电动势仅为 T 端 (称为测量端) 温度 T 的单值函数.

大部分金属的塞贝克系数很小, 仅为 10^{-8}V/K, 而半导体的塞贝克系数大得多, 对适当掺杂的半导体, 塞贝克系数可以达到 $10^{-4} \sim 10^{-3}$V/K. 由于多晶硅可作互联, 这使得掺杂半导体很适合做集成的热电偶电路.

4) PN 结型热敏器件

利用半导体二极管、晶体管、可控硅等的伏安特性与温度的关系, 可做出温敏器件. 它与热敏电阻一样具有体积小、反应快的优点. 此外线性较好, 常用于进行温度补偿, 特别适合对电子仪器等的过热保护, 也常用于简单的温度显示和控制. 不过由于 PN 结受耐热性能和特性范围的限制, 只能用来测量 150°C 以下的温度.

5) 非接触式测温传感器

任何物体处于绝对零度以上时, 因其内部带电粒子的运动, 都会以一定波长电磁波的形式向外辐射能量, 只是在低温段这种能量很微弱. 非接触式测温传感器就是利用物体的辐射能量随其温度而变化的原理制成的. 在测量时, 只需把温度传感器的光学接收系统对准被测物体, 而不必与物体接触, 因此可以测量运动物体的温度并不会破坏物体的温度场. 另外由于感温元件只接收辐射能, 从理论上讲测量上限是没有限制的, 因此可测高温. 目前常用的非接触测温传感器有光学高温计、辐射温度计、光纤温度传感器和红外温度传感器等.

红外温度传感是最常用的非接触式温度传感技术. 凡是存在于自然界中的物体, 都会辐射出红外线, 只是其红外线的波长不同而已. 如人体温度为 36 ~ 37°C, 所辐射的红外线波长为 9 ~ 10μm(属于远红外区), 当物体被加热到 400 ~ 700°C 时, 其所辐射的红外线波长为 3 ~ 5μm(属于中红外区). 红外传感器通过检测物体的红外辐射来实现测量, 其优势主要表现为: ①红外线 (指中、远红外线) 不受周围可见光的影响, 可昼夜进行测量. ②由于待测对象自辐射红外线, 故不必设光源. ③大气对某些特定波长范围内的红外线吸收甚少, 适用于遥感技术.

红外检测技术最早应用于科研和军事, 随着半导体技术及新型材料的发展, 各种廉价的红外传感器相继问世, 并逐步应用于各行业中, 如航空航天红外系统搜索、跟踪制导、非接触引信等; 工业中自动化仓库、生产线或输送带上对所传送物体探测; 热处理和加工过程中的检查; 铸件、焊件的非破坏性检验; 各种加工过程中的发热和热分布的监测等; 安全保卫中红外探测和报警; 医学上红外线图像诊断; 红外气体分析等.

红外传感器分为热电型和量子型两类. 热电型红外传感器包括热电偶式、电阻式、电容式、热释电式, 具有较宽的红外波长响应范围, 但一般灵敏度低、响应慢. 量子型红外传感器包括光电导式、光生伏特式、光电磁式、肖特基势垒式, 可直接把红外光能转换成电能, 灵敏度高、响应快, 但其红外波长响应范围窄, 有时还需在低温条件下才能使用. 利用量子红外光敏器件组成的红外探测器广泛应用在遥测、遥感、成像、测温等方面.

(1) 热释电效应.

当一些晶体受热时, 在晶体两端将会产生数量相等而符号相反的电荷, 这种由于热变化产生的电极化现象称为热释电效应, 是热电效应的一种. 如在钛酸钡一类的晶体上, 上下表面设置电极, 在上表面加以黑色膜, 若有红外线间歇地照射, 其表面温度升高 ΔT, 其晶体内部的原子排列将产生变化, 引起自发极化电荷 ΔQ, 设元件的电容量为 C, 则元件两极的电压为 $\Delta Q/C$.

红外线光敏元件的材料能产生热释电效应的晶体称为热释电体, 又称热电元件. 热电元件常用材料有单晶、压电陶瓷及高分子薄膜等. 常用的有钽酸锂 ($LiTaO_3$)、硫酸三甘肽 (LATGS) 及钛锆酸铅 (PZT) 和高分子薄膜聚偏二氟乙烯 (PVF_2) 等. 需注意的是, 热释电效应产生的表面电荷不是永存的, 只要一出现, 很快便会被空气中的各种离子所中和. 因此, 用热释电效应制成红外传感器, 往往在它的元件前面加机械式的周期遮光装置, 以使此电荷周期地出现.

(2) 热释电红外传感器.

热释电红外传感器主要由外壳、滤光片、热电元件 PZT、结型场效应管 FET、电阻、二极管等组成, 并向壳内充入氮气封装起来. 其中滤光片设置在窗口处, 组成红外线通过的窗口. 滤光片为 6μm 多层膜干涉滤光片, 它对 5μm 以下短波长光有高反射率, 而对 6μm 以上人体发射出来的红外线热源 (10μm) 有高穿透性, 阻抗变换用的 FET 管和电路元件放在管底部分. 敏感元件用红外线热释电材料 PZT(或其他材料) 制成很小的薄片, 再在薄片两面镀上电极, 构成两个反向串联的有极性的小电容. 这样, 当入射的能量顺序地射到两个元件时, 由于是两个元件反相串联, 故其输出是单元件的两倍; 由于两个元件反相串联, 对于同时输入的能量会相互抵消. 由于双元件红外敏感元件具有上面的特性, 可以防止因太阳光等红外线所引起的误差或误动作; 由于周围环境温度的变化影响整个敏感元件产生温度变化, 两个元件产生的热释电信号互相抵消, 起到补偿作用.

6) 其他电测量的热传感器

(1) 热开关.

温度开关或热开关可以看作是一种具有非连续调节信号 (开或关) 功能的热传感器, 它并不是测量器件, 而是一种控制器件. 最常用的热开关是双金属片, 它由两种具有不同热膨胀系数的金属片经过机械结合而成, 由温度变化差异引起的应力差异使双金属片弯曲, 从而具有控制功能. 现在已能制造微机械热开关, 它们大都是固态器件. 实际上, 微机械热开关是一种具有由温度引起电阻急剧变化性能的半导体热电阻.

(2) 热量计.

热量计是通过温度变化来测量物体释放或吸收热能量的器件, 而温度则通常是通过半导体热敏电阻或热电偶来测量的. 其基本原理是, 化学或生化反应可以产生或消耗热, 从而造成系统自由能的变化, 在绝热环境中, 温度的变化即可反映这个自由能的变化.

(3) 催化气体传感器.

热传感器主要应用于分析可燃气体, 特别是那些存在于空气混合物中的气体, 如甲烷和一氧化碳, 也可用于可挥发的可燃液体. 此技术虽然是非选择性的, 但能用于单一气体存在时的情况, 如矿物中甲烷或化学工厂中挥发的液体. 所有这些传感器依据的原理是气体在空气中燃烧, 然后测量所排放出的热量. 使用这种传感器要注意控制可燃气体在空气中的燃烧及定量地测量燃烧过程中所放出的热.

以甲烷气体传感器为例, 其反应按照以下方式进行：

$$\mathrm{CH_4 + O_2 \xrightarrow[\Delta H = -800\mathrm{kJ/mol}]{} CO_2 + 2H_2O}$$

为了加速此过程, 需应用催化剂如铂. 用一铂丝线圈作为加热器来维持气体混合物处在燃烧温度, 而铂丝的电阻也起到对应温度变化的作用. 将电流通过铂丝线圈对它加热, 从而将气体加热到燃烧温度, 放出的热使铂丝温度升高, 于是可以测量其电阻. 对于甲烷来说, 其放出的热相当大, 故此方法对甲烷是一种非常灵敏的分析方法, 这种传感器装置被命名为非等温的操作模式. 另一种方法是应用反馈电路来减小电流, 以便补偿反应中所放出的热量而保持铂丝的温度恒定. 这是众所周知的等温操作模式, 通过测量电流的变化并与气体燃烧所放出的热相关联, 从而可测定所存在的气体量.

(4) 热导装置.

这些装置用于测量气体的导热系数并一般都用于气相色谱. 由钨、钨/铼合金或镊/铁合金构成的细丝用电加热到约 250°C, 热被散发到环境中, 散热速度与环境气体的导热系数有关. 可以用与其他量热传感器相同的方法测定细丝的电阻变化来测定其温度的变化, 这种装置不能用于测量化学反应, 主要用于惰性环境中检测各种气体, 也能够用于测定惰性气体本身, 如氮、氩、氦或二氧化碳等.

2. *磁传感器*

磁传感器是最古老的传感器, 指南针是磁传感器最早的一种应用. 磁传感器是一个既能传感磁场又能从中获取信息的固体器件. 作为现代的传感器, 为了便于信号处理, 需要磁传感器能将磁信号转化成为电信号输出. 用来实现磁传感器的原理非常多, 如霍尔效应、磁阻效应、巨磁电阻效应、巨磁阻抗效应、超导量子干涉器、磁弹性效应和磁致伸缩效应等. 应用最早的是根据电磁感应原理制造的磁电式的传感器, 这种磁电式传感器曾在工业控制领域作出了杰出的贡献.

1) 霍尔效应

在一个 N 型半导体薄片 (霍尔元件) 相对两侧面通过控制电流 I, 在薄片垂直方向加以磁场 B, 则在半导体另两侧面会产生一个大小与控制电流 I 和磁场 B 乘积成正比的电势 U_H, 见图 1-31.

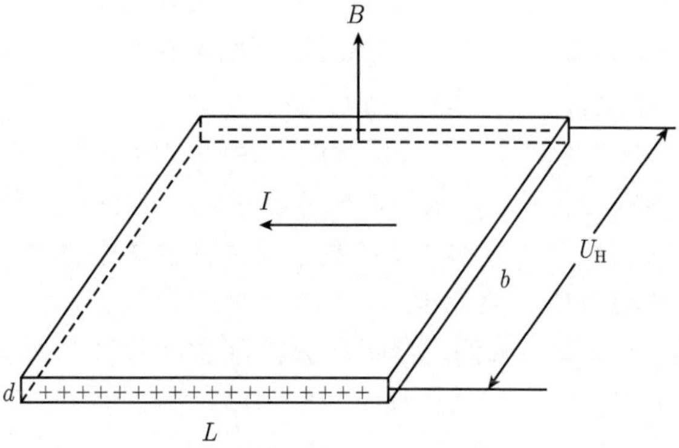

图 1-31 霍尔效应

这一现象叫做霍尔效应, 是磁电效应的一种, 这一现象是美国物理学家霍尔 (A.H.Hall) 于 1879 年在研究金属的导电机理时发现的, 由此产生的电势 U_H 叫做霍尔电势

$$U_H = k_H IB \tag{1-36}$$

如磁场和薄片的法线有夹角 α, 则所得霍尔电势为

$$U_H = k_H IB\cos\alpha \tag{1-37}$$

式中, k_H 为灵敏度, 其值为 $R_H/d, d$ 为霍尔元件的厚度, $R_H = 1/ne$ 称为霍尔系数, 决定于材料的物理性质, 金属材料中自由电子浓度 n 很高, 因此霍尔响应小, 不宜作为霍尔元件, 半导体材料内部载流子浓度较低, 适合于制作霍尔元件. 因电子迁移率大于空穴迁移率, 所以多用 N 型半导体材料制作霍尔元件. 同时可以看出, 霍尔元件越薄, 其灵敏度越高, 所以一般霍尔元件均加工得很薄, 最薄的达到 1μm.

霍尔式传感器是一种利用霍尔效应进行工作的传感器. 霍尔式传感器广泛应用于工业测量、自动控制等领域, 有三种应用方式：当控制电流不变时, 传感器输出正比于磁感应强度, 因此, 凡能转换成磁感应强度变化的物理量均可测量, 如位移、加速度、角度和转速等, 也可直接测量磁场; 当磁感应强度不变时, 传感器输出正比于控制电流, 可用来测量电流以及可转换为按电流变化的物理量; 当控制电流与磁感应强度都为变量时, 传感器输出与两者乘积成正比, 可用来测量能转换为乘法运算的物理量, 如功率等.

2) 霍尔式传感器

(1) 霍尔式位移传感器. 在两块极性相反、磁场强度相同的永久磁铁中放置一块霍尔元件, 当控制电流恒定不变时, 磁感应强度 B 在一定范围内沿 x 方向的变化率 (梯度) 为一常数. 当霍尔元件在两块永久磁铁的中间位置时 ($x=0$), 磁感应强度 $B=0$, 霍尔电势 $U_{\mathrm{H}}=0$. 当霍尔元件沿 x 方向移动时, 霍尔电势 $U_{\mathrm{H}}\neq 0$, 在一定范围内霍尔电势 U_{H} 与位移量 x 成正比. 实验证明：磁场梯度越大, 霍尔元件的灵敏度越高; 磁场梯度越均匀, 则线性度就越好. 霍尔式位移传感器一般用于测量 $1\sim 2\text{mm}$ 的小位移, 分辨率可达到 1μm.

(2) 霍尔式压力传感器. 用弹簧管的自由端固定霍尔元件, 其作用是感受被测压力并把压力转换成位移. 霍尔元件放置在由永久磁铁产生的恒定梯度磁场中, 弹簧管在压力作用下将产生位移并带动霍尔元件在磁场中移动, 由霍尔元件输出的霍尔电势即可获知被测压力的大小.

(3) 霍尔式加速度传感器. 将永久磁铁固定在与被测对象刚性连接的壳体上, 当被测对象在垂直方向上加速运动时, 质量块在惯性力的作用下使霍尔元件产生相对位移, 从而引起霍尔电势的变化. 加速度在 $\pm 1.4\times 10^{-2}g$(g 为重力加速度) 范围内, 输出霍尔电势与加速度之间具有良好的线性关系.

(4) 霍尔式振动传感器. 霍尔元件固定在非磁性材料制成的平板上, 平板固定在测杆上, 测杆通过测头与被测对象接触, 并随其做机械振动. 霍尔元件在磁场中按被测振动频率往复运动, 输出霍尔电势反映了被测振动的频率和幅值.

(5) 霍尔式转速传感器. 当被测轴旋转时, 磁路的磁阻发生周期性变化, 使霍尔元件输出信号的频率与转速成正比, 测量其频率即可获得被测转速.

(6) 霍尔式电流传感器. 当被测导线中有电流时, 在导线周围产生磁场, 钳形导磁铁芯起着集中磁力线的作用, 变成一个暂时性的磁铁. 电流越大, 霍尔元件所处的磁感应强度越强, 输出的霍尔电势就越大.

(7) 霍尔式磁场传感器. 霍尔元件的最早应用就是磁场测量. 用霍尔元件测量磁场时, 测头结构简单, 体积小, 能检测狭小缝隙磁场及其分布, 且频率范围宽、测磁范围大, 分辨率可达 10^{-11}T.

1.2.4 其他物理传感器

物理传感器除已经讨论过的电、光、热、磁等转换方式外, 还发展出了许多有特定结构性能和应用途径的传感器类型, 如光纤传感器、流量传感器等.

1. 光纤传感器

1) 光纤结构及性能

光纤的结构如图 1-32 所示, 中心圆柱体称为纤芯, 由某种类型的玻璃或塑料制成. 环绕纤芯的是一层圆柱形套层, 称为包层, 由特性与纤芯略有不同的玻璃或塑料制成, 纤芯的折射率略大于包层的折射率. 最外面通常由一层护套包覆. 光纤的导光能力取决于纤芯和包层的光学性能, 而纤芯的强度则由护套来维持. 根据光纤在传感器中的作用不同, 可分为功能型 (传感型) 和非功能型 (传光型) 光纤. 功能型光纤不仅是传光媒介, 也是敏感元件, 光在光纤内受被测量调制; 非功能型光纤仅起传光作用.

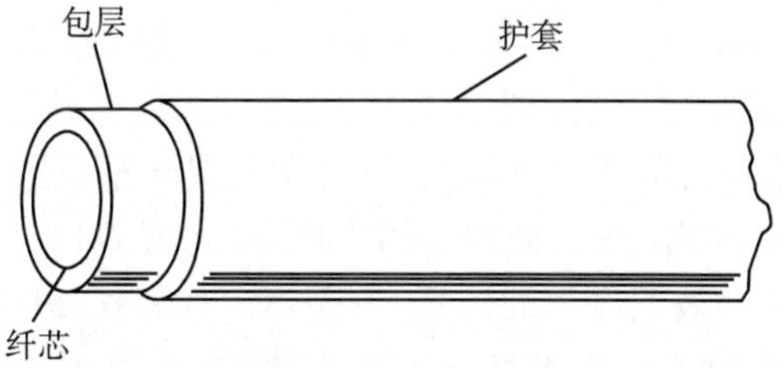

图 1-32 光纤结构

光在光纤中传播的基本原理可以用光线或光波的概念来描述. 光线的概念是一个简便的近似的方法, 可以用它来导出一些重要概念, 如全内反射概念、光线截留概念等. 然而, 要进一步研究光的传播理论, 光的射线理论就不够了, 必须借助波动理论. 即要考虑到光是电磁波动现象以及光纤是圆柱形介质波导等, 才能研究光在圆柱波导中允许存在的传播模式, 并导出经常要提到的波导参数 (V 值) 等概念.

当光纤的直径比光的波长大得多时, 可以用几何光学的方法讨论光在光纤中的传播. 根据斯涅耳定律, 光线在两种不同介质的界面上会产生折射现象, 折射定律为

$$n_1 \sin\alpha = n_2 \sin\beta \tag{1-38}$$

式中, α、β 分别为入射角和折射角; n_1 和 n_2 分别为介质 1 和介质 2 的折射率 (介质的折射率定义为光线在真空中的传播速度与光线在该介质中的传播速度之比. 介质的折射率越高, 则光线在该介质中传播得越慢). 根据全内反射原理, 设计光纤纤芯的折射率 n_1 要大于包层的折射率 n_2. 图 1-33 中所示的两根光线, 其中一根代表掠射角 (入射角的余角)$\theta > \theta_{\rm c}$(临界角) 的一些光线, 这些光线由于从纤芯折射到包层中, 不能传播很远; 另外一根代表掠射角 $\theta < \theta_{\rm c}$(临界角) 的一些光线, 这些光线每当光入射到纤芯–包层分界面时, 都发生全反射, 所以这些光线一直被截留在

光纤中, 在界面上产生多次的全内反射, 以锯齿形的路线在纤芯中传播. 在理想情况下, 将无损耗地通过光纤纤芯传输, 直到它到达光纤的端面为止.

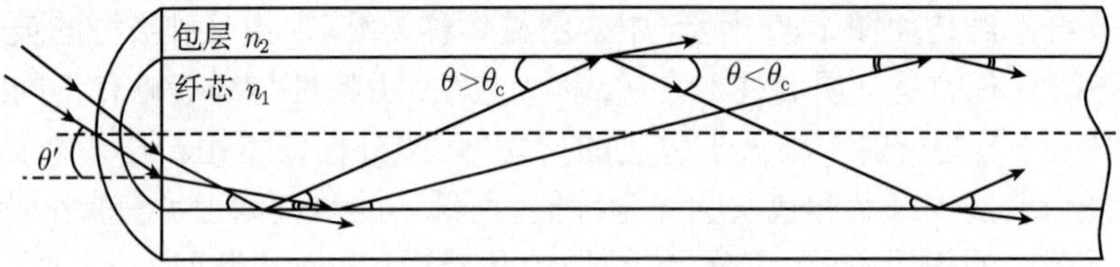

图 1-33　光纤中光传输示意图

2) 典型的光纤传感器

光纤传感器是基于光导纤维为传输介质的一类传感技术, 它利用光导纤维的传光特性, 测试时插入待测试液或气体中, 光源经入射光纤送入末端固定有敏感试剂的调制区, 被测物质与敏感试剂相互作用, 引起光学量 (强度、相位、偏振态、频率、波长) 的改变, 这些变化成为被调制的光信号, 再经输出光纤送入光探测器和信号处理装置, 从而获得被测物质的信息, 其基本工作原理如图 1-34 所示. 它的优点包括：①很高的灵敏度; ② 频带宽、动态范围大; ③ 可根据实际需要做成各种形状; ④ 可以用很相近的技术基础构成传感不同物理量的传感器, 这些物理量包括声场、磁场、压力、温度、加速度、转动 (陀螺)、位移、液位、流量、电流和辐射等; ⑤ 便于与计算机和光纤传输系统相连, 易于实现系统的遥测和控制; ⑥ 可用于高温、高压、强电磁干扰、腐蚀等各种恶劣环境; ⑦ 结构简单、体积小、质量小、耗能少.

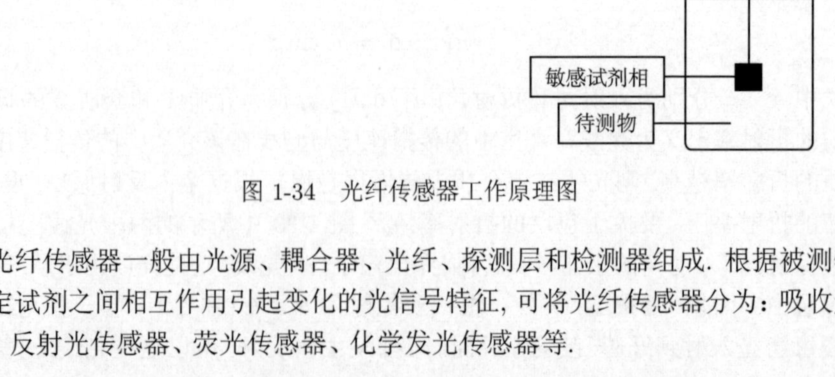

图 1-34　光纤传感器工作原理图

光纤传感器一般由光源、耦合器、光纤、探测层和检测器组成. 根据被测物质与固定试剂之间相互作用引起变化的光信号特征, 可将光纤传感器分为：吸收光传感器、反射光传感器、荧光传感器、化学发光传感器等.

(1) 吸收光传感器.

基于光吸收的光纤传感器是常用的类型, 它是根据光纤探头附着的对待测物质敏感的薄膜引起光吸收的变化来进行检测的. 最早出现且最典型的光纤传感器是基于光吸收的光纤 pH 传感器, 其敏感部分使用一种可逆反应剂 —— 染料指示剂, 如酚红染料试剂, 它具有两种变态形式, 并表现出不同的光吸收. 这种变态形式是基本形式 (绿色吸收) 和酸化形式 (蓝色吸收), 两种吸收的相对比值随着 pH 而变化. 图 1-35 给出了以吸收值为基础的 pH 传感器的探头结构. 两根直径为 0.15mm 的光纤并排插入具有半渗透膜的套管中, 套管内装有一种与聚丙烯酰胺微球共价结合的酚红和起散射作用的聚苯乙烯微球 (呈粉末状) 的混合物. 有吸收作用的只是酚红, 细小颗粒状的聚丙烯酰胺是为了保持酚红有固定的位置, 而不致在套管内随便流动. 聚苯乙烯微球能将光散射, 使光与酚红试剂充分接触, 产生较强的吸收作用, 提高检测灵敏度. 光纤与试剂接触, 探头前部用胶密封, 以避免试剂与待测物混合. 这类传感器探头结构简单, 抗干扰能力强, 可装在注射针头内, 插入血管测定生理范围的 pH. 这类传感器还有测定 CO_2 分压的传感器、测量血氨的传感器和基于燃料吸收的 SO_2 传感器.

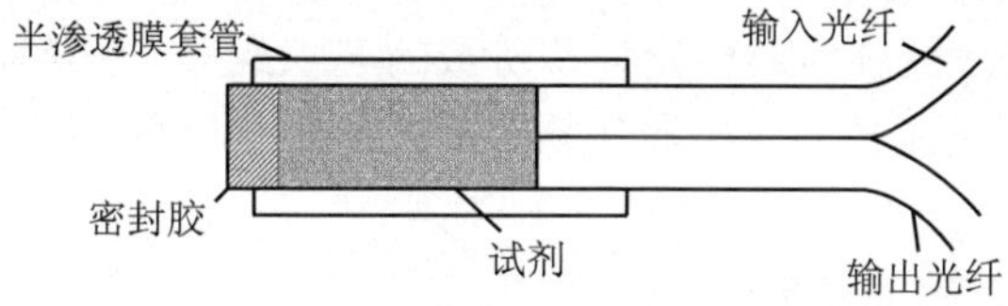

图 1-35 pH 传感器的探头结构

(2) 反射光传感器.

利用反射光可测量反应时伴有颜色变化的情况. 通过反射光强度可用来测定固定试剂相的颜色, 为多数光纤对固定在固态支持体上的试剂相不能得到理想的透射光开辟了一条可行之路. 已报道有基于光反射原理测定水中的油, 通过反射光传感器可以不经萃取, 直接测定分散在水中的芳香族化合物、原油等. 类似的还有测定血浆中氧含量的传感器.

(3) 荧光传感器.

荧光分析法是一种高灵敏度的分析方法, 荧光信号特别适用于光纤传感器的测定, 光纤传感器和普通的荧光池不同, 它可以在开放的透光场合下进行测定. 荧光传感器有基于荧光强度检测和荧光寿命及猝灭检测的传感器, 以前者应用居多. 荧光寿命检测通常用短脉冲激发, 测定发光强度随时间的衰减. 还有相调制方法用正弦调制光激发, 对激发光和发射光正弦函数的相变进行测定. 荧光传感器可采用双波长测定, 荧光与激发光不在同一波长, 故可采用单根光纤, 将探头做得很小, 可用于生物体内测试等.

(4) 化学发光传感器.

基于化学发光的光纤传感器是通过化学发光试剂 (如鲁米诺等) 和待测样品的化学发光反应来进行检测的. 最典型的一种化学发光传感器是将氧化酶用聚丙烯酰胺固定在光纤上, 用于检测过量鲁米诺存在条件下过氧化物的浓度. 反应的机理是根据过氧化酶对鲁米诺与过氧化氢反应的催化作用. 该方法的优点是省略了光源, 只需要检测光纤即可.

2. 流量传感器

在工业生产和日常生活中, 常需对流体 (气体或液体) 进行计量和控制, 测量流体的速度或流量, 因此流量是需要经常测量和控制的重要参数之一. 所谓流量, 是指单位时间内流过管道某截面流体的体积 (称为体积流量) 或质量 (称为质量流量), 在一段时间内流过的流体量就是流体总量, 即瞬时流量对时间的积分. 流量传感器 (流量计) 通常由安装于流体导管内部或外部的传感元件根据与流体相互作用的物理定律产生一个与流量有确定关系的信号, 此信号被测量仪表转换成流量输出信号或显示信号. 按流量传感器测量原理分类, 有利用流体流过管道中的阻力件时产生的压力差测量流量的差压式, 也有通过测量管道截面上流体平均流速来测量流量的速度式, 还有记录流体流经一定体积份数的容积式等, 比较常用的是差压式流量传感器. 差压法测量流量的传感器包括节流式流量传感器、靶式流量传感器、转子流量传感器等.

1) 节流式流量传感器

节流式流量传感器由节流装置、测量静压装置和测量仪表三部分构成. 所谓节流装置为管道中安装的一个直径比管径小的节流件, 如孔板、喷嘴、文丘里管等. 当充满管道的单相流体流经节流件时, 由于流道截面突然缩小, 流体会在节流件处形成流束收缩, 流体的平均速度加大, 使动压力加大, 而静压力减小, 从而在节流装置前后形成静压差, 而静压差的大小 Δp 与流过管道的流体体积流量 Q_V 之间的关系为

$$Q_V = \alpha\varepsilon S_0\sqrt{\frac{2\Delta p}{\rho}} \tag{1-39}$$

式中, α 为实验方法所确定的流量系数; ε 为流体膨胀校正系数 (可压缩流体 $\varepsilon < 1$, 不可压缩流体 $\varepsilon = 1$); S_0 为节流装置收缩最大处的截面面积 (m^2); ρ 为流体密度 ($\mathrm{kg/m}^3$). 只要能够测得节流装置前后的静压差 Δp, 则可测得流体的体积流量 Q_V, 这就是节流式流量传感器的测量原理, 其结构见图 1-36.

2) 靶式流量传感器

靶式流量传感器由测量装置和力转换器两大部分组成. 力转换器有电动和气动两种结构形式. 在测量管的截面中心设置一个圆板形 “靶”, 它与流体的方向垂

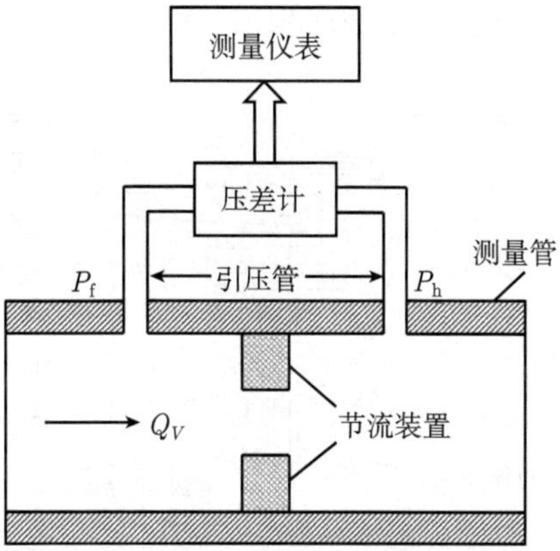

图 1-36 节流式流量传感器结构原理

直, 流体的流动对靶产生一定的作用力, 力的大小与流过靶所在测量管的流量有确定的对应关系, 可表示为

$$Q_V = 1.253\alpha D\frac{1-\beta}{\beta}\sqrt{\frac{F}{\rho}} \tag{1-40}$$

式中, Q_V 为体积流量 (m^3/s); β 为直径比, $\beta = d/D$; D 为测量管内径 (m); d 为靶直径 (m); ρ 为流体密度 (g/m^3); F 为靶受到的力 (N); α 为流量系数, 由实验确定. 测量时通过杠杆机构将靶上所受的力引出, 按照力矩平衡方式转换为相应的电信号. 靶式流量传感器与节流式相比结构简单, 见图 1-37, 不需要安装引压管和其他辅助管件, 压力损失一般低于节流式流量传感器, 可用于测量液体、气体和蒸汽的流量, 尤其可用于测量高黏度的液体.

3) 转子流量传感器

转子流量传感器由从下到上内径逐步扩大的锥形管和在锥形管内可自由上下运动的转子构成. 转子流量传感器与管道连接且垂直安装, 被测流体在锥形管的下端流入、上端流出. 当流体由下向上流动时在转子上产生压力差, 当压力差大于转子的重力和流体对转子的浮力差时, 转子上升, 在转子上升的过程中, 转子与锥形管之间的间隙增大, 则流体在转子上产生的压力差逐步减小, 直到压力差与转子的重力和流体对转子的浮力差相平衡时, 转子便停留在锥管内某一位置, 因此转子在锥形管内的位置 (高度) 与被测流体的体积流量有关, 它们的关系可表示为

$$Q_V = \frac{1}{\xi}\pi d_f H \tan\theta\sqrt{\frac{2g(\rho_f-\rho)}{\rho S_f}} \tag{1-41}$$

式中, ξ 为转子对流体的阻力系数; d_f 为转子的最大直径 (m); H 为转子高度 (m); θ 为锥形管的锥角 (rad); g 为重力加速度; ρ_f 为转子的密度 (kg/m^3); ρ 为流体的密

度 (kg/m^3); S_{f} 为转子最大的横截面积 (m^2).

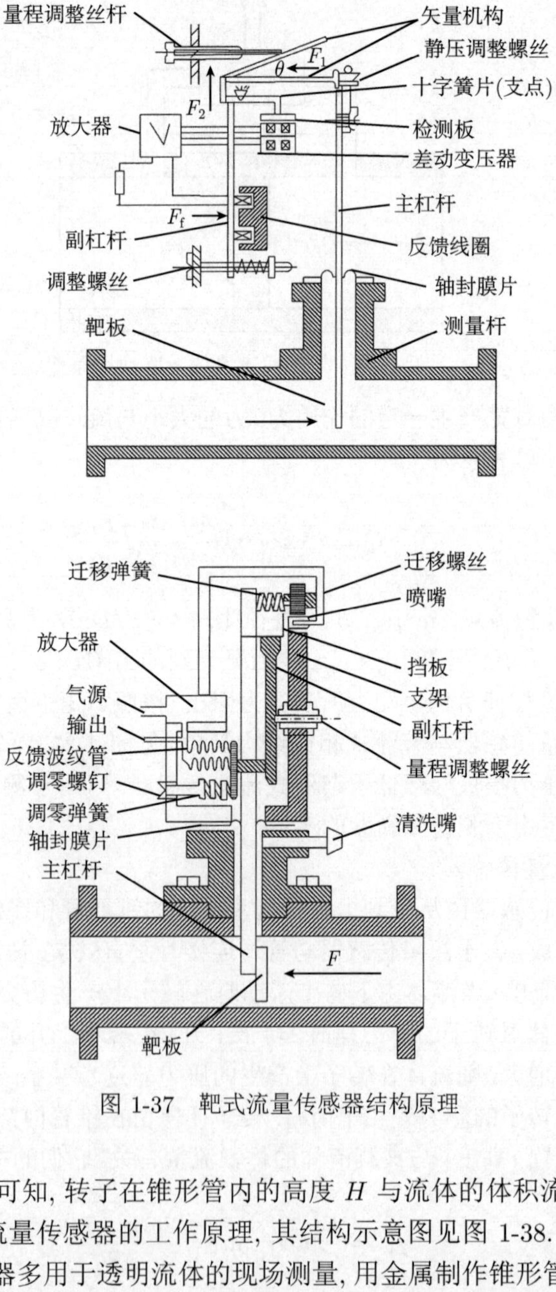

图 1-37 靶式流量传感器结构原理

由式 (1-41) 可知, 转子在锥形管内的高度 H 与流体的体积流量 Q_V 呈线性关系, 这就是转子流量传感器的工作原理, 其结构示意图见图 1-38. 采用玻璃管制作的转子流量传感器多用于透明流体的现场测量, 用金属制作锥形管的转子流量传感器有就地指示型和电气信号远传型两种, 测量时将转子的位移进行传感变换后可直接用于就地指示, 也可转换为电信号进行远传及显示.

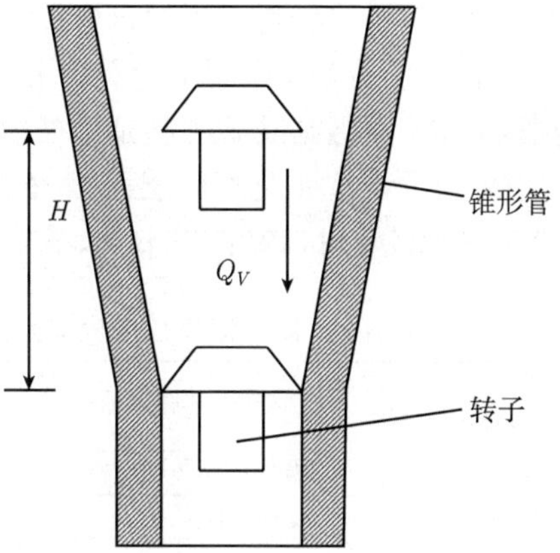

图 1-38　转子流量传感器结构原理

1.3　化学传感器

1.3.1　离子选择性电极

离子选择性电极 (ion selective electrode, ISE) 是一种电化学传感器, 由敏感膜、内参比电极和内参比溶液等部分组成, 其典型结构一般可由图 1-39 表示. 它的电位与溶液中给定离子的活度的对数呈线性关系, 服从能斯特响应, 对某些离子的测定灵敏度可达 10^{-9} 数量级, 选择性好. 离子选择性电极能直接测定液体试样, 溶液的颜色和浊度一般不影响测试结果; 对复杂样品无须预处理; 所需仪器设备简单, 操作方便, 有利于连续与自动分析, 因此发展迅速. 目前已有较多种商品化离子选择性电极, 在临床分析、环保、空间探测、生命科学、自动化装置、食品和药物分析等多个领域得到广泛应用.

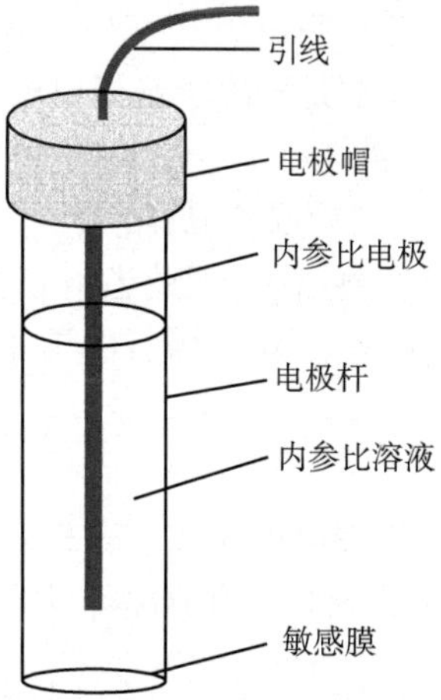

图 1-39　离子选择性电极的典型结构

按国际纯粹与应用化学协会 (International Union of Pure and Applied Chemistry, IUPAC) 推荐的分类方法, 离子选择性电极可分为原电极和敏化电极 (表 1-2). 离子选择性电极的电位响应主要来自于界面上离子交换所导致的界面电荷分布和膜电位的改变, 一般不涉及电子得失和氧化还原反应. 测量过程中, 将离子选择性电极与参比电极组成一个原电池, 在零电流条件下测量原电池电动势, 该电动势与溶液中待测离子活度的关系满足能斯特方程的定量关系. 离子选择性电极最典型的应用是玻璃 pH 电极, 现在已经成为 pH 测定首选和最可靠的方法, pH 电极属于分类中的刚性基质 (硬质) 电极, 原因是其敏感膜是由玻璃制作的, 有关玻璃 pH 电极的响应机理主要通过玻璃表面形成水化凝胶层而对 H^+ 离子具有交换作用来解释, 与此类似, 通过改变玻璃的成分, 可以制作出 pNa、pK 等离子选择性电极.

表 1-2　离子选择性电极类型

离子选择性电极	原电极	晶体膜电极	均相晶体膜电极	单晶	如 LaF_3
				混晶	如 $AgCl\text{-}Ag_2S$
			非均相晶体膜电极		如 Ag_2S- 硅橡胶
		非晶体膜电极	刚性基质电极	玻璃	如 pH 电极
			流动载体电极	正电荷载体	如 NO_3^- 电极
				中性载体	如钾电极
				负电荷载体	如 Ca 电极
	敏化电极	气敏电极			如氨电极
		酶电极			如尿素电极

1. 离子选择性电极主要种类和性能

1) 晶体膜电极

晶体膜电极 (crystalline-membrane electrode) 的敏感膜由难溶盐晶体组成, 其中最典型的是氟离子选择电极. 该电极的敏感膜由掺杂了 0.1%~0.5%EuF_2 和 1%~5% CaF_2 的 LaF_3 单晶片制成. 由于掺杂作用使 Eu^{2+} 或 Ca^{2+} 代替了晶格点阵中的 La^{3+}, 导致晶格缺陷, 有一定数量的 F^- 未能完全形成其晶体结构, 容易从晶体结构上游离出来, 因此当将膜电极插入待测离子的溶液中, 随待测离子浓度的不同会通过扩散出入膜相而在晶体膜与溶液界面上建立双电层结构, 产生相界电位

$$\varphi = 常数 - \frac{RT}{F}\ln a(F^-) \tag{1-42}$$

这种电极对 F^- 有良好的选择性, 一般阴离子除 OH^- 外均不干扰电极对 F^- 的响应. OH^- 的干扰可以解释为当 OH^- 存在时将发生下列反应:

$$LaF_3 + 3OH^- \rightleftharpoons La(OH)_3 + 3F^-$$

释放出来的 F^- 将使电极响应的表观 F^- 浓度增大. 也可认为 OH^- 与 F^- 有近乎相等的离子半径, 因此 OH^- 可以占据晶格中 F^- 所处位置, 与 F^- 一样参与扩散过程. 在酸性溶液中因 F^- 能与 H^+ 生成 HF 或 HF_2^-, 降低了 F^- 的活度, 也会导致测定的误差, 一般适用的 pH 范围为 $5 \sim 7$.

难溶盐 Ag_2S 和 AgX(X^- 为 Cl^-、Br^-、I^-) 以及 Ag_2S 和 MS(M^{2+} 为 Cu^{2+}、Pb^{2+}、Cd^{2+}) 也可制成电极. 这些电极不用单晶而以难溶盐沉淀的压片作薄膜. 压

片是将沉淀的粉末在每平方厘米 10t 以上压力下, 压成致密的薄片. 这类电极膜内电荷的传递是依靠 Ag^+. 它们的检测下限和选择性系数常与各自难溶盐的溶度积 K_{sp} 有关.

2) 流动载体电极 (液膜电极)

流动载体电极 (electrode with a mobile carrier) 的敏感膜由电活性物质 (载体)、溶剂 (增塑剂)、基体 (微孔支持体) 构成, 所谓载体是指对敏感物质有作用的某种有机液体离子交换剂, 在膜中载体是可流动的, 但不能离开膜, 而离子可以自由穿过膜. 敏感膜将试液与内充液分开, 膜中的液体离子交换剂与被测离子结合, 并能在膜中迁移. 这时溶液中该离子伴随的电荷相反的离子被排斥在膜相之外, 结果引起相界面电荷分布不均匀, 在界面上形成膜电位. 响应离子的迁移数大, 电极的选择性就好. 电活性物质在有机相和水相中的分配系数决定电极的检测下限, 分配系数大, 检测下限低.

流动载体膜也可制成类似固态的“固化”膜, 如聚氯乙烯 (polyvinylchloride, PVC) 膜电极. 它是将一定比例的离子交换剂先溶于一定量的有机溶剂 (起增塑作用) 后, 再加入 PVC 粉末, 混匀后溶于四氢呋喃中并在玻璃板上浇铸, 待四氢呋喃挥发后形成薄膜. 与一般的流动载体膜相比, 这种薄膜的稳定性和寿命有很大的提高.

3) 气敏电极

气敏电极 (gas-sensing electrode) 的结构如图 1-40 所示, 电极端部装有透气膜, 气体可通过透气膜进入其内部. 气敏电极的内部是 pH 玻璃复合电极, 即 pH 电极 (一般是平头形式的) 和外参比电极 (Ag/AgCl) 的组合. 透气膜和 pH 电极玻璃敏感膜之间充有厚度极薄的电解质溶液, 试样中的气体通过透气膜进入其中, 引起电解质溶液中离子活度的变化, 这种变化由复合电极进行检测. 如 CO_2 气敏电极, 电解质溶液为 0.01mol/L 碳酸氢钠, 二氧化碳透过对它有选择性作用的透气膜后溶于电解质溶液产生 H^+ 从而引起其 pH 的变化, 因此用 pH 玻璃电极来指示氢离子活度, 所测得的氢离子活度与 CO_2 的分压成正比. 需要说明的是, 气敏电极实际上已经构成了一个电池, 这是它与一般电极的不同之处. 根据同样的原理, 可以制成 NH_3、NO_2、H_2S、SO_2 等气敏电极, 所不同的只是需要的透气膜对不同气体具有选择性.

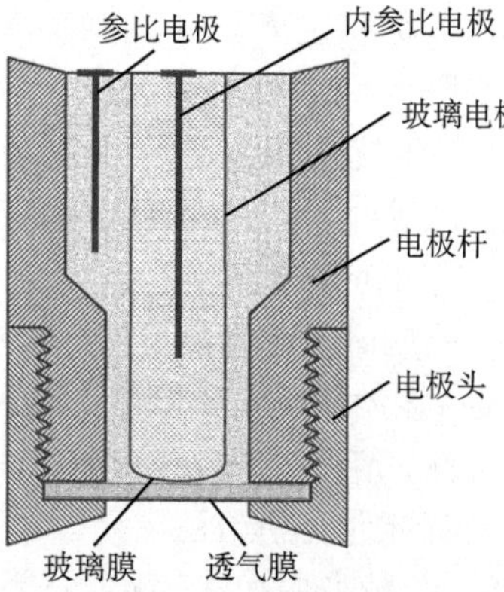

图 1-40 气敏电极结构

2. 离子选择电极的性能参数与定量分析方法

1) 能斯特响应、线性范围与检测下限

以离子选择电极的电位对响应离子活度的对数作图 (图 1-41), 所得曲线称为校准曲线. 若这种响应变化服从于能斯特方程, 则称它为能斯特响应. 此校准曲线的直线部分所对应的离子活度范围称为离子选择电极响应的线性范围, 该直线的斜率即为电极的灵敏度. 当活度较低时, 曲线逐渐弯曲, CD 和 FG 延长线的交点 A 所对应的活度 a_i 称为检测下限.

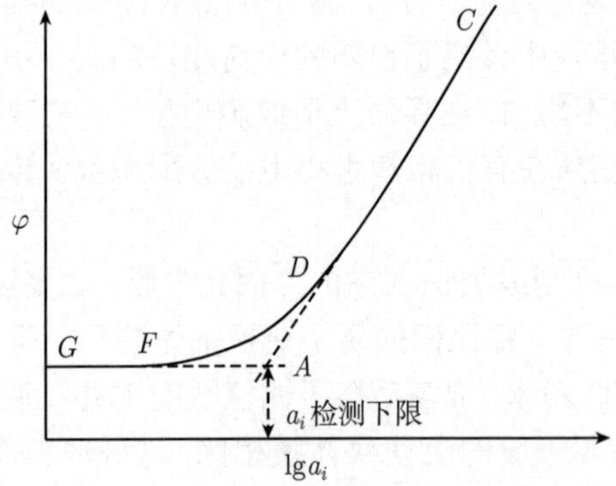

图 1-41　离子选择性电极的响应特性

2) 选择性系数

离子选择电极除对某特定离子有响应外, 若溶液中共存离子对电极电位也有贡献, 则电极电位为

$$\varphi = 常数 \pm \frac{2.303RT}{z_iF}\lg[a_i + K_{i,j}^{\mathrm{pot}}(a_j)^{z_i/z_j}] \tag{1-43}$$

式中, i 为特定离子; j 为共存离子; z_i 为特定离子的电荷数. 第二项正离子取 +, 负离子取 −. K_{ij}^{pot}, 称为选择性系数 (selectivity coefficient), 该值越小, 表示 i 离子抗 j 离子干扰的能力越大. 选择性系数一般通过实验测定, 测定方法有等活度法、等电位法等.

3) 响应时间

响应时间是指离子选择电极和参比电极一起从接触试液开始到电极电位变化稳定 (波动在 1 mV 以内) 所经过的时间. 该值与膜电位建立的快慢、参比电极的稳定性、溶液的搅拌速度等有关, 通常通过搅拌溶液来缩短响应时间.

4) 定量分析方法

(1) 校准曲线法. 配制一系列含有不同浓度的被测离子的标准溶液, 其离子强度用惰性电解质 (总离子强度调节缓冲剂, TISAB) 进行调节. 用选定的 ISE 和参比电极插入以上溶液, 测得电动势 E. 作 E-lg$C$ 或 E-pM 图, 在一定范围内它是一条直线. 待测溶液进行离子强度调节后, 用同一对电极测量它的电动势, 从 E-lg$C$ 图上找出与 E_x 相对应的浓度 C_x. 由于待测溶液和标准溶液均加入离子强度调节液, 调节到总离子强度基本相同, 它们的活度系数基本相同, 所以测定时可以用浓度代替活度. 由于待测溶液和标准溶液的组成基本相同, 又使用同一套电极, 液接电位和不对称电位的影响可通过校准曲线校准.

(2) 标准加入法. 如待测溶液的成分比较复杂, 难以使它与标准溶液相一致, 可采用标准加入法克服. 先测定体积为 V_x、浓度为 C_x 的样品溶液的电池电动势, 然后在待测溶液中加入体积为 V_s、浓度为 C_s 的标准溶液, 并用同一对电极再测电池的电动势. 因为加入标准溶液的量很少, 体积变化很小, 可以近似地看作体积不变, 而标准溶液加入后离子强度基本不变, 组成也无太大变化, 则

$$C_x = \Delta C(10^{n\Delta E/S} - 1)^{-1} \tag{1-44}$$

ΔC、ΔE 由实验数据可得, 即可求得 C_x.

3. 离子选择性电极的应用

和其他仪器分析方法比较, 离子选择性电极测定试样简单又快速, 适合测定一些用其他方法难以测定的离子, 如氟离子、硝酸根离子、碱金属离子等, 并能用于气体分析. 例如, 氟离子的测定以往是先采用蒸馏法、沉淀法等将氟从干扰组分中分离出来, 然后以滴定法或比色法测定, 手续冗繁、灵敏度低, 且操作方法难以掌握. 用氟离子电极进行测定, 由于省去了冗长的分离步骤, 数分钟就能测一个试样, 已实际应用于自来水或工业废水、岩石、氧化物中或气体中氟的测定. 电极对欲测离子有一定的选择性, 一般常可避免麻烦的分离干扰离子的步骤. 对有色、混浊液和黏稠液也可直接进行测量. 测定所需试样量很少, 适用的浓度范围宽, 能达几个数量级, 能制成微型电极, 甚至做成超微型电极, 用于单细胞及活体监测. 电位法反映的是离子的活度, 因此适用于测定化学平衡的活度常数, 如解离常数、络合物稳定常数、溶度积常数、活度系数等, 并能作为研究热力学、动力学、电化学等基础理论的手段.

4. 离子敏感场效应晶体管

场效应晶体管 (field effect transistor, FET) 简称场效应管, 是利用电场效应来控制输出电流大小的半导体器件. 其理论由 Lilienfeld 于 1930 年提出, 20 多年后才由 Shockley 研制出场效应管. Bergveld 等发明了离子敏感场效应晶体管 (ion selective field effect transistor, ISFET), ISFET 是一种微电子离子选择性敏感元件, 与离子选择电极相比, ISFET 的优点包括: ①输入阻抗高、输出阻抗低, 兼有信号放大的功能, 可避免外界感应与次级电路干扰作用, 灵敏度高、响应快; ② 采用集成电路工艺, 适于批量生产, 并具有微型化、集成化的发展潜力; ③全固态结构, 机

械强度大, 在化工、食品、医药、环境监测及科学研究中有广阔的应用前景; ④ 易于与外电路匹配, 使用方便, 并可与计算机连接, 实现在线控制.

1) 离子敏场效应晶体管响应原理

场效应晶体管结构及工作原理如图 1-42 所示, 其基本响应原理是漏极电流受栅极电位控制, 只要在栅极上产生电位响应, 即可通过对漏极电流的测量完成. 利用场效应晶体管的这一响应原理可以开发一系列传感器件.

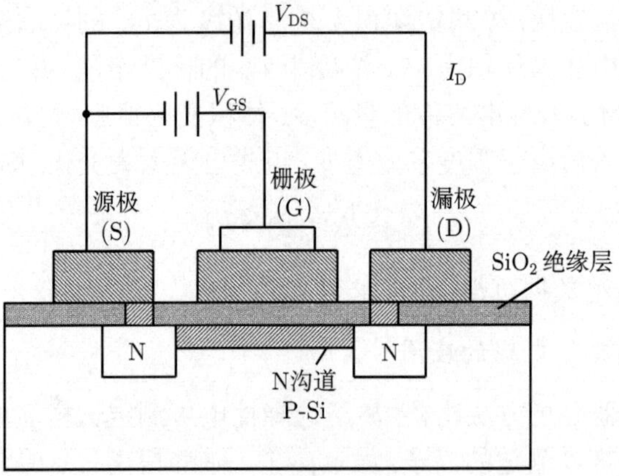

图 1-42 场效应晶体管结构和工作原理

目前主要用金属氧化物半导体 (MOS) 来制作场效应晶体管 (MOSFET). 场效应晶体管的特性是, 当栅极 (G) 上没有加电压时 (V_{GS}=0), 即使在源极 (S) 和漏极 (D) 上加上电压 V_{DS}, 也因为源极和漏极是相互绝缘的因而没有电流通过, 如果在栅极上加一个正电压 V_{GS}, 在栅极下面的二氧化硅绝缘层中, 就会形成一个电场. 在此电场的作用下, P 型硅衬底内的电子被吸引到二氧化硅层下面的硅表面, 形成一个有一定电子浓度的薄层. 这个薄层与衬底的 P 型硅的导电类型相反, 称为反型层, 它像一条沟道, 将 N 型源区 (S) 与 N 型漏区 (D) 连接起来, 故又称为 N 型沟道. 在这种情况下, 如果在源极和漏极之间加上一个电压 V_{DS}, 就会产生漏电流 I_D. 显然, 通过改变栅极电压 V_{GS} 的大小, 可以改变 N 型沟道的宽度, 从而控制漏电流 I_D 的大小. 增强型 MOSFET 的栅极电压 V_{GS} 和漏电流 I_D 间的关系如图 1-43 所示.

由图可见, 只有在栅极电压 V_{GS} 高于临界值 V_T 后, 才会有漏电流 I_D 在 N 沟道中通过. 电压 V_T 表示场效应晶体管导通的临界栅电压, 称为阈值电压. 阈值电压 V_T 与 MOS 结构的表面状态、界面状态等关系密切, 其阈值电压的表达式为

$$V_T = \psi_{MS} - \frac{Q_{SS} + Q_B}{C_{ox}} + 2\psi_F \tag{1-45}$$

$$C_{ox} = \frac{\varepsilon\varepsilon_0}{d} \tag{1-46}$$

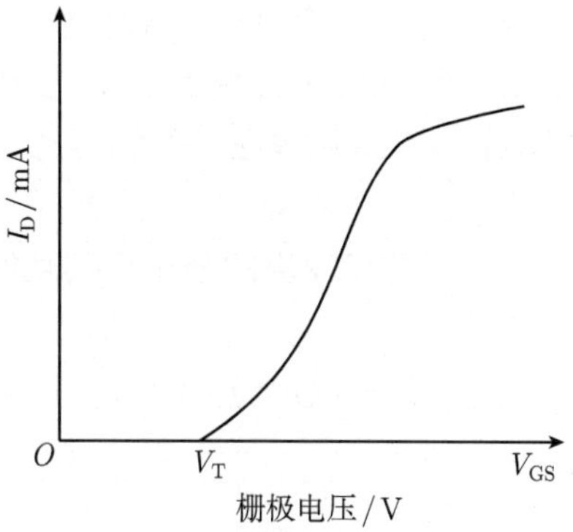

图 1-43 增强型 MOSFET 栅极电压和漏电流间的关系

式中, ψ_{MS} 为金属和半导体之间的功函数差; Q_{SS} 为硅和氧化层界面处固定的表面电荷密度; Q_B 为强反型时耗尽区的电离受主电荷密度; ψ_F 为衬底材料的费米势; d 为 SiO_2 绝缘层的厚度; ε 为 SiO_2 的介电系数.

对于 ISFET, 用一层化学敏感膜、电解质溶液和一个参考电极取代了 MOS 管的金属栅极, 由于其栅压是离子敏感膜和地之间的电位, 因此被测溶液中的离子浓度改变将导致敏感膜界面电荷变化, 从而使膜电位发生改变, 这种电位改变引起漏电流的变化, 然后通过后置放大电路读出信号并加以测量. 理论上, 凡是可以引起 pH 变化或氧化还原电位变化的物质都可以用 ISFET 来测量. 离子敏感膜是 ISFET 器件的关键, 一般 ISFET 传感器栅绝缘体应具备以下性质: 钝化硅表面, 以减少界面态和固定电荷; 具有抗水化和阻止离子通过栅材料向半导体表面迁移的特性; 对所监测离子具有灵敏度和选择性. 由于一种材料不可能同时满足以上所有要求, 所以 ISFET 一般采用双层或多层栅敏感膜.

ISFET 的一大突出优势是可以采用 CMOS-IC 工艺批量制作, 对工艺要求较低. ISFET 与普通 MOSFET 的差别只在于栅介质. 在制作好栅氧化层的基础上, 如 Si_3N_4 膜, 可采用 LPCVD 法沉积; 若是 Al_2O_3, 则采用溅射工艺. 为防止沟道区 N 型硅表面反型而产生漏电流, 可采用 P^+ 保护环把漏区包围起来. ISFET 的参考电极一般是与它集成在同一个芯片上. ISFET 除栅介质敏感层暴露在外, 其余部分都加绝缘保护.

2) ISFET 的类型和敏感膜

ISFET 按照敏感膜的不同, 其检测功能和机理也有所不同, 主要有以下几种:

(1) 无机离子 FET, 其敏感膜一般为无机绝缘栅、固态膜或有机高分子 PVC 膜, 用于检测 Na^+、Ca^{2+}、NH_4^+、Br^- 等无机离子.

(2) 酶 FET, 在敏感栅表面固定一层酶膜, 通过待测底物与酶之间的反应生成物引起酶膜局部 pH 变化加以测量. Janata 在 1976 年提出了将 ISFET 与酶相结合的构想, 并于 1980 年发表了第一篇关于场效应管生物传感器的论文. 他将青霉素酶固定在 ISFET 上, 成功地测定了青霉素. 自此以后, 人们采用各种方法固定不同的生物功能物质, 制备了一系列场效应管生物传感器, 使这方面的研究不断向前发展.

(3) 免疫 FET, 由 FET 和免疫反应的分子识别功能膜所构成, 其中包括标记免疫 FET 和非标记免疫 FET.

(4) 微生物 FET, 将具有分子识别能力的微生物与 ISFET 相结合构成生物传感器.

1.3.2　气体传感器

随着近代工业的进步, 特别是石油、化工、煤炭、汽车等工业部门的迅速发展, 使人类的生活以及社会活动都发生了相应的变化. 被人们所利用的和在生活、工业上排放的气体种类、数量都日益增多. 这些气体中, 许多都是易燃、易爆 (如氢气、煤矿瓦斯、天然气、液化石油气等) 或者对于人类有毒害的 (如一氧化碳、氟利昂、氨气等). 它们如果泄漏到空气中, 就会污染环境、影响生态平衡, 甚至发生爆炸、火灾、中毒等灾害性事故. 为了保护人类赖以生存的自然环境, 防止不幸事故的发生, 需要对各种有害、可燃性气体在环境中存在的情况进行有效的监控.

气体敏感元件就是能感知环境中某种气体及其浓度的装置或者器件. 气体传感器能将气体种类及其浓度有关的信息转换成电信号 (电流或者电压), 根据这些电信号的强弱就可以获得与待测气体在环境中存在情况有关的信息, 从而可以进行检测、监控、报警; 还可以通过接口电路与电子计算机或者微处理机组成自动检测、控制和报警系统. 气体敏感元件的主要类型如表 1-3 所示. 随着科学技术的迅速发展、人民生活水平的不断提高, 目前的气体传感器除了检测易燃、易爆气体之外, 还在环境保护、节约能源、保健卫生等方面有所应用. 表 1-4 列出了气体传感器的一些应用领域.

表 1-3　气体传感器的主要类型和敏感元件

	主要物理特性	类型	检测气体	气敏元件
电阻型	电阻特性	表面检测型	可燃性气体	SnO_2、ZnO 等的烧结体、薄膜、厚膜
		体控制型	酒精	MgO、SnO_2
			可燃性气体	氧化钛 (烧结体)
			氧气	T-Fe_2O_3
非电阻型	二极管整流特性	表面控制型	氢气	铂–硫化硒
			一氧化碳	铂–氧化钛
			酒精	金属–半导体烧结二极管
	晶体管特性		氢气 硫化氢	铂栅、钯栅 MOS 场效应管

表 1-4 气体传感器的典型应用

分类	检测对象	应用
易燃易爆气体	城市煤气、天然气、沼气、氢气以及液化石油气、甲烷等	家庭及矿山
有毒有害气体	一氧化碳、硫化氢、氨气、甲醛等	家庭及一些特殊场所
环境气体	臭氧、大气污染物 (SO_x、NO_x、汽车尾气、氡气等)、氧气 (防止缺氧)、水蒸气 (调节湿度、温度, 防止凝露)	家庭及社会公共场所、电子设备、汽车、温室
工业气体	烟气、氧气 (调节空气燃料比)、水分 (食品加工等)	企业
其他	烟雾、呼出气体中的酒精等	消防报警、交警检查醉酒驾驶等

为了适应各种特殊的应用, 20 世纪 80 年代以来, 气体敏感元件除了表 1-3 所列之外, 还开发研制了表面波气体敏感元件、液晶气体敏感元件、红外线吸收型气体敏感元件等新型气体敏感元件.

按构成气敏传感器的材料, 可分为半导体和非半导体两大类, 目前实际使用最多的是半导体气敏传感器. 半导体气敏器件大体上可分为电阻式和非电阻式两大类. 电阻式又可分成表面电阻控制型和体电阻控制型, 非电阻式又可分为利用表面电位的、二极管整流特性的和晶体管特性的三种.

1. 电阻型半导体气敏器件

电阻型半导体气敏传感器是利用气体在半导体表面的氧化和还原反应导致敏感元件阻值变化而制成的, 适宜制作半导体气敏传感器的材料主要是氧化物. 由于半导体材料的特殊性质, 气体在半导体材料颗粒表面的吸附可导致材料载流子浓度发生相应的变化, 从而改变半导体元件的电导率. 由氧化物半导体粉末制成的气敏元件具有很好的疏松性, 有利于气体的吸附, 因此其响应速度和灵敏度都较好. 通常所指的氧化物半导体气敏传感器, 就是由粉末状氧化物经烧结或沉积而制成的. N 型材料有 SnO_2、ZnO、TiO_2 等, P 型材料有 MoO_2、Cr_2O_3 等. 气敏材料与气体的作用方式有表面吸附控制型和体电阻型两大类.

电阻型半导体气敏传感器通常由气敏元件、加热器和封装体三部分组成. 气敏元件从制造工艺来分有烧结型、薄膜型和厚膜型三类 (图 1-44).

烧结型气敏元件的制作是以多孔质 SnO_2、ZnO 等氧化物为基体材料, 添加不同物质, 采用传统制陶方法进行烧结, 形成晶粒集合体, 因此被称为半导体导瓷, 简称半导瓷. 根据加热元件位置可分为直热式和旁热式两种, 直热式传感器是将加热元件与测量电极一同烧结在氧化物材料及催化添加剂的混合体内, 加热元件直接对氧化物敏感元件加热. 旁热式传感器是采用陶瓷管作为基底, 将加热元件装入陶瓷管内, 而测量电极、氧化物材料及催化添加剂则烧结在陶瓷管的外壁, 加热元件经陶瓷管壁均匀地对氧化物敏感元件加热.

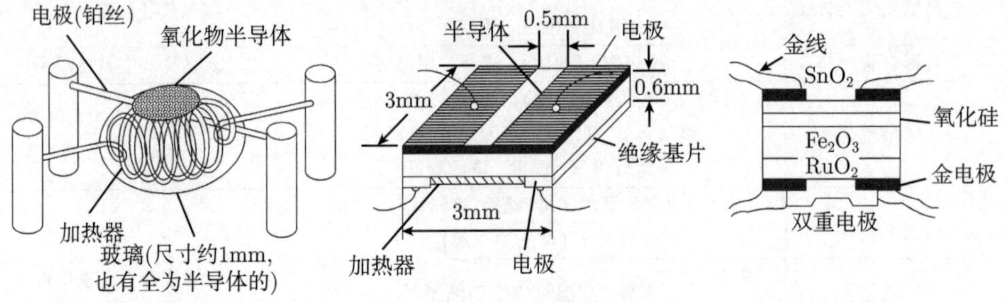

图 1-44　电阻型半导体气敏传感器的结构

薄膜型气敏元件的制作通常是以石英或陶瓷为绝缘基片, 在基片的一面印上加热元件, 如 RuO_2 厚膜, 在基片的另一面镀上测量电极及氧化物半导体薄膜. 在绝缘基片上制作薄膜的方法很多, 包括真空溅射、先蒸镀后氧化、化学气相沉积、喷雾热解等.

厚膜型气敏元件是将 SnO_2、ZnO 等氧化物材料与 3%~15%(质量分数) 的硅凝胶混合, 并加入适量的催化剂制成糊状物, 然后将该糊状混合物印刷到事先安装有铂电极和加热元件的 Al_2O_3 基片上, 待自然干燥后于 400~800°C 烧结制成.

2. 非电阻型半导体气敏器件

非电阻型气敏器件也是半导体气敏传感器之一, 它是利用 MOS 二极管的电容–电压特性的变化以及 MOS 场效应晶体管 (MOSFET) 的阈值电压的变化等特性而制成的气敏元件. 由于这类器件的制造工艺成熟, 便于器件集成化, 因而其性能稳定且价格便宜. 利用特定材料还可以使器件对某些气体特别敏感.

1) 金属氧化物半导体场效应晶体管 (MOSFET) 型气敏元件

MOSFET 在 ISFET 中获得了成功的应用, 同样, 利用 MOSFET 也可制作气敏传感器. MOSFET 气敏元件具有产品一致性好、体积小、质量小、可靠性高、气体识别能力强、便于大批量生产、与半导体集成电路有较好的工艺相容性等许多优点, 日益受到人们的重视.

MOSFET 气敏元件是 1975 年利用阈值电压 V_T 对栅极材料表面吸附的气体非常敏感这一特性而发展起来的, 是一种新型气敏元件. 如前所述, MOSFET 有栅、源、漏三个极, 是一种电压控制元件. 在漏电压 V_{DS} 一定时, 改变栅电压 V_{GS} 的大小来控制漏电流 I_D. 对于增强型 MOSFET, 只有当 $V_{GS} > V_T$ 时, 才能形成漏电流 I_D. 利用这一特性, 当栅极吸附被测气体后, 栅极 (金属) 与半导体的功函数和表面状态发生改变, 从而使阈值电压 V_T 相应改变. 这样, 就可以由阈值电压变化情况来测定被测气体的性质和浓度.

2) Pd–MOSFET 氢敏元件

开发较早的 MOSFET 型氢敏元件, 是在普通的 MOSFET 器件中, 将原来的铝栅改为对氢有较强吸附能力的钯栅, 并将沟道的宽长比 (W/L) 增大到 50~100. 这种氢敏元件, 又称为钯栅场效应晶体管. 在 Pd–MOSFET 氢敏元件中, 吸附氢后其阈值电压的变化值 ΔV_T 与环境中的氢分压 P_{H_2}(mmHg, 1mmHg=1.33322×10^2Pa) 之间有以下关系:

$$\Delta V_T = \Delta V_{T_m}\frac{K\sqrt{P_{H_2}}}{1+K\sqrt{P_{H_2}}} \tag{1-47}$$

式中, ΔV_{T_m} 为 Pd-SiO_2 界面吸附氢原子达到饱和时 ΔV_T 变化的最大值; K 为氢分子离解的平衡常数.

3) 其他 MOSFET 型气敏元件

氨的检测在许多领域中都是非常重要的. 例如, 在食品工业、制备尿素、肥料和亚硝酸等工业中, 都需要对环境中的氨气含量进行检测. 纯净的金属钯对氨分解的催化活性很低, 用普通的 Pd–MOSFET 气敏元件检测氨气, 其灵敏度并不理想. 如果在制作钯栅之前, 先在作为绝缘层的 SiO_2 上淀积一层 d 轨道未被填满的过渡金属作为衬底层 (厚度约为 30Å), 然后再形成钯栅, 就可以使氨在钯栅表面的分解速度增大, 氨分解产生的氢原子, 透过栅极扩散进入到下面的 Pd–SiO_2 界面, 使 Pd 的功函数下降, 从而可以实现氨的检测. 一氧化碳气体的检测也相当重要, 在钯栅上制作一些约 20nm 的小孔, 一氧化碳通过小孔被吸附在 Pd-SiO_2 界面上, 当 Pd 膜较薄时, 吸附在 Pd 上的一氧化碳产生偶极层, 使金属和半导体的功函数差发生变化, 从而引起阈值电压的改变. 由于 Pd-MOSFET 对于氢气有较高的灵敏度而对一氧化碳的灵敏度较低, 为改善其选择性, 可在带孔的 Pd 栅区蒸镀一层厚度约 20nm 的铝作为防护层, 结果使器件对氢气的灵敏度大大降低, 而对一氧化碳的灵敏度却降低较小. 铝防护层不但对氢气, 而且对甲烷和丁烷的干扰都具有抵抗能力, 从而提高了一氧化碳气敏传感器的选择性.

3. 固态电解质气体传感器

固态电解质是一类介于普通固体与液体之间的特殊固体材料, 由于其粒子在固体中具有类似于液体中离子的快速迁移特性, 因此又称快离子导体或超离子导体. 目前研发的固体电解质气体传感器主要以无机盐类化合物如 LaF_3、ZrO_2、K_2CO_3、Y_2O_3 等为固体电解质, 其工作原理一般为电化学电位式, 即利用电化学电池的电动势来检测待测气体的体积分数, 此类传感器主要用于高温下 O_2、H_2、SO_x、NO_x 以及卤素等的检测.

ZrO_2 氧传感器是最具代表的固体电解质气体传感器, 它利用稳定的二氧化锆陶瓷在 650 °C 以上的环境中产生的氧离子导电特性而设计的. 在一定的温度条件下, 如果在二氧化锆块状陶瓷两侧的气体中分别存在着不同的氧分压 (即氧浓度) 时, 二氧化锆陶瓷内部将产生一系列的反应和氧离子的迁移. 此时通过二氧化锆两侧的引出电极, 可测到稳定的毫伏级信号, 即氧电势, 它服从能斯特方程. 可见, 当温度一定时, 若参比气体为空气 (氧气分压已知) 时, 通过测量的氧电势即可求出待测气体的氧含量或氧分压值. 二氧化锆氧传感器能在各种高温环境下使用, 故广泛应用于各类煤燃烧、油燃烧、气燃烧等炉体的气氛控制领域, 在冶金、化工、汽车等工业部门也得到比较广泛的应用.

1) 电位型氧传感器

该氧传感器由圆片状固体电解质 (钇稳定化 ZrO_2、YSZ)、工作电极 (常用 Pt) 及参比电极 (常用 Pt) 组成 [图 1-45(a)]. 工作电极处氧气压强为 P_s, 参比电极处氧气压强为 P_r(参比气体为空气), 一般 $P_r > P_s$, 氧离子的迁移如下：

(1) 在参比电极一侧. $O_2 \rightarrow 2[O]$([O] 代表氧原子), 氧原子迁移至参比电极和 YSZ 界面, 在界面处 $[O]+2e \longrightarrow O^{2-}$.

(2) 氧离子 (O^{2-}) 进入 YSZ 晶体的氧离子空位, 由于存在氧离子浓度差, 因此氧离子向 YSZ 另一侧定向扩散.

(3) 在 YSZ 另一侧与工作电极界面处 $2O^{2-}-4e \longrightarrow O_2$, 导致在参比电极处产生多余正电荷, 而在工作电极处产生多余负电荷, 从而形成氧浓差电池, 其电动势可由能斯特方程求出

$$\varphi = \frac{RT}{4F}\ln\left(\frac{P_r}{P_s}\right) \tag{1-48}$$

当温度一定时, 可由式 (1-48) 测出工作电极处的氧浓度.

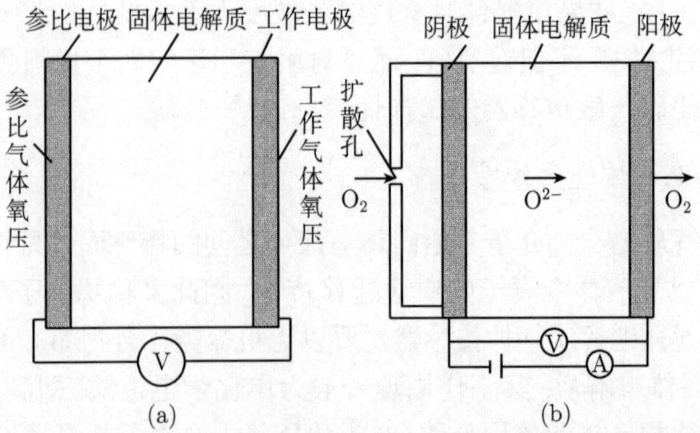

图 1-45　电位型氧传感器 (a) 与极限电流型氧传感器 (b) 结构示意图

电位型氧传感器, 由于能斯特方程中的对数关系, 在 $P_r \gg P_s$ 时灵敏度较高, 适于低浓度氧的测定; 而当两者接近时, φ 值较小, 不易测定, 需采用极限电流型氧传感器来测定.

2) 极限电流型氧传感器

该氧传感器由固体电解质 (YSZ 等)、阳极 (常用 Pt) 及阴极 (常用 Pt) 组成 [图 1-45(b)]. 在阴极/阳极间加上外电压, 用小孔控制 O_2 进入速度, 氧离子迁移过程如下:

(1) 进入小孔的 O_2 在阴极处得到电子: $O_2+4e \longrightarrow 2O^{2-}$;

(2) O^{2-} 在 YSZ 晶体中扩散;

(3) O^{2-} 在阳极处失去电子: $2O^{2-}-4e \longrightarrow O_2$.

整个过程相当于一台氧泵, 将氧从阴极一端输向阳极一端, 小孔 (或多孔陶瓷) 用作扩散屏障, 限制氧气向阴极的扩散速度, 从而获得稳定的极限电流.

如图 1-46 所示为 YSZ 氧传感器在不同氧分压下的极限电流与外加电压之间的关系. 可以看出, 随着氧分压增大, 极限电流也成比例增加, 因此, 可根据极限电流区的电流来确定氧浓度.

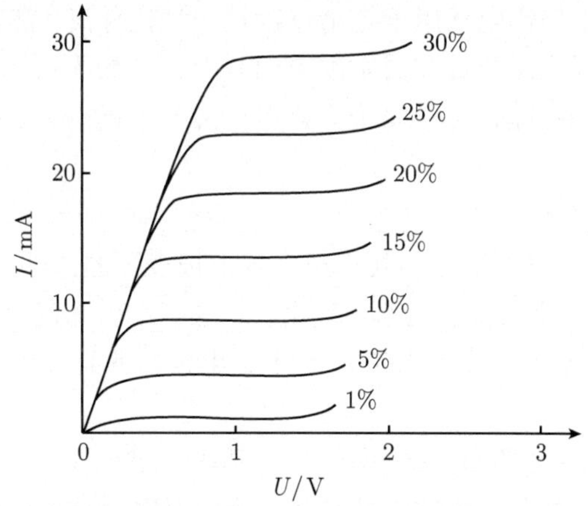

图 1-46 不同氧分压下极限电流与外加电压关系曲线

极限电流型氧传感器与电位型氧传感器相比具有不需参比电极、对氧响应灵敏度高和响应快速等特点.

1.3.3 化学修饰电极、微/纳米电极和阵列

1975 年 Watkins 和 Moses 分别独立地报道了按人为设计对电极表面进行化学修饰的研究, 标志化学修饰电极的正式问世. Murray 小组研究出用共价键合进行电极表面修饰的通用方法, 并首次提出 “化学修饰电极 (chemically modified electrode,

CME)” 的概念, 对这一领域的早期研究产生了强烈的影响. 他们的实验说明, 电极表面可按设计进行人工修饰、赋予电极更优良或特定的功能, 从而使电化学分析方法的研究和应用获得了具有重大意义的进展.

化学修饰电极是利用化学和物理的方法, 将具有优良化学性质的分子、离子、聚合物固定在电极表面, 以此来达到催化和选择性等目的, 它可以理解为电极表面经过分子设计、其表面被进行了人工改性. 这种修饰电极包括了对电极界面区的化学改变, 因此它所呈现的性质与电极材料本身任何表面上的性质不同.

化学修饰电极的基底材料主要是碳 (石墨、热解石墨和玻碳等)、贵金属和半导体. 这些固体电极在修饰之前必须进行表面的清洁处理. 用金刚砂纸, α-Al_2O_3 粉末在粒度降低的顺序下机械研磨、抛光, 再在超声水浴中清洗, 得到一个平滑光洁的、新鲜的电极表面.

1. 化学修饰电极的制备

人们把通过共价键合、吸附、聚合、电化学沉积或自组装等手段, 有目的地将功能性的物质引入电极表面, 赋予电极新的、特定功能的过程称为电极表面的化学修饰. 它把电化学技术同化学的、结构的, 以及修饰层的一些优势有机地结合起来. 从本质上看, 化学修饰电极用于定量分析是一种把分离、富集和测定三者合而为一的理想体系, 在提高选择性和灵敏度方面具有裸电极无可比拟的优越性.

按修饰的方法不同, 化学修饰电极可分成共价键合型、吸附型、聚合物型和沉积型等.

1) 共价键合法

通过化学反应将修饰试剂共价结合到电极表面的方法, 叫做共价键合法. 修饰的一般步骤为：电极表面预处理 (氧化、还原等), 引入键合基, 然后再通过键合反应接上功能团. 这类电极较稳定, 寿命长. 电极材料有碳电极、金属和金属氧化物电极.

对石墨、玻碳电极, 先将表面的含氧基团与酰氯试剂反应, 再与胺类 (R-NH_2) 作用生成肽键来固定 R 化学活性基团. 也可将电极表面的羧基与 $LiAlH_4$ 试剂作用, 使之转变为 —OH 基, 然后与含有化学活性基团 R 的有机硅化合物作用, 通过生成硅氧基 (—Si—O—R) 引入活性基团 R. 如果电极表面含羧基较多, 可以通过促进剂双环己基碳二亚胺 (DCC) 的促进作用生成肽键来固定化学活性基团 R. 金属及其氧化物电极的表面一般有较多的羟基, 可以先与有机硅化合物作用, 把含 R 化学活性基团的物质键合到电极表面, 再利用电活性基团与化学活性基团 R 作用, 将电活性基团修饰到电极上去, 如图 1-47 所示.

共价键合的单分子层只有数十纳米厚, 修饰后的电极导电性好, 官能团连接较牢固, 但修饰步骤复杂费时, 连接的官能团的覆盖量较低.

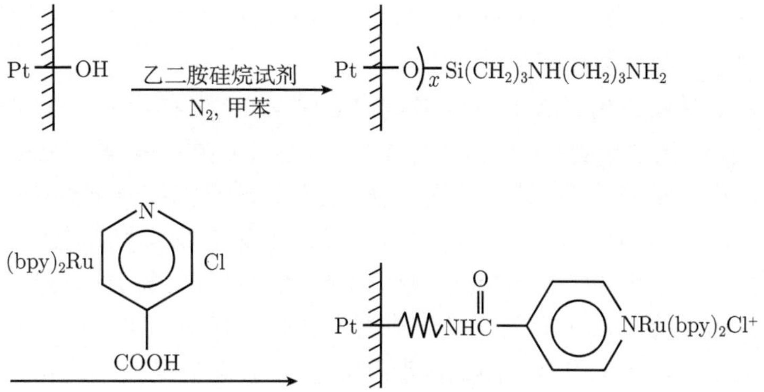

图 1-47 共价键合修饰的模型

2) 吸附法

吸附法是通过非共价作用将修饰试剂固定在固体基质表面.

化学吸附法中石墨基体表面碳原子可以通过共轭大 π 键电子和含有大的共轭体系的有机基团作用而实现不可逆吸附. 若该物质无电活性, 则可利用它与电活性物质反应达到修饰目的, 也可以先两者结合再修饰, 有机基团起定系基的作用. 通常含有两个苯环以上的有机物是良好的定系基, 如菲醌、乙烯基吡啶等.

自组装膜法是构膜分子通过分子间及其与基体材料间的物理化学作用而自发形成的一种热力学稳定、排列规则的单层或多层分子膜. 以这种方式修饰电极的方法叫做自组装膜法. 常用的构膜材料有：含硫有机物、脂肪酸、有机硅、烷烃及二磷脂等. 研究表明构膜含硫有机物在 Au 表面自组装成膜分为两个步骤：第一步吸附过程很快, 膜的自组装已完成绝大部分, 受有机物活性基团与基体材料表面的反应速度控制; 第二过程为表面膜的重整过程, 从无序态到规则排列, 形成二维膜, 需时间较长, 与组装膜的混乱度、链上的不同基团及其在基体材料表面的移动性能有关.

涂渍法是将溶解在适当溶剂中的聚合物涂覆于电极表面, 待溶剂蒸发干固后, 生成涂膜结合在电极表面, 达到化学修饰的目的. 具体方法可以将电极浸入修饰液中, 取出后使附着于电极表面的溶液干固成膜; 或者用微量注射器把一定已知量的修饰液滴加到电极表面, 然后干固成膜; 还可以将电极在修饰液中旋转, 使其溶液附着于电极表面, 然后干固成膜. 将聚合物与电活性物质同时制成涂膜液, 用该法制备化学修饰电极, 用途极广, 可将具有氧化还原中心的聚合物、具有离子选择性和透过性的聚合物、配位分子、高分子电解质、具有光敏效应的聚合物、导电性共轭高分子、黏土类无机高分子等涂渍于电极上.

3) 电化学聚合法

将预处理好的电极放入含有一定浓度的单体和支持电解质的体系中, 通过电化学氧化还原引发, 使电活性的单体就地在电极表面发生聚合, 生成聚合物膜, 达到修饰目的的方法称为电化学聚合法.

由于化学修饰电极表面有许多氧化还原中心, 又称为氧化还原聚合物化学修饰电极. 在电化学聚合法中, 恒电流法应用较广, 因可根据聚合过程中的聚合电量估算聚合物薄膜的厚度, 结果重现性好; 恒电位法不能控制电聚合的速度, 影响到电极的重现性; 循环伏安法 (CV) 能获得良好的聚合物膜修饰电极, 并能根据连续 CV 图现场观察聚合物膜的形成, 便于了解聚合过程. 随着循环扫描圈数的增加, 伏安图上相应峰电流不断变化是形成聚合物膜的特征. Diaz 在 1979 年首次报道了电化学氧化吡咯在电极表面形成聚吡咯 (PPy), 随后又在电极表面修饰了聚噻吩 (PTh)、聚苯胺 (PAn) 及其相应的衍生物等. Oyama 等曾制得聚 4-乙烯基吡啶、季碱化聚 4-乙烯基吡啶修饰电极, 并利用聚合物中配位基团的吡啶部分, 通过配位取代反应再把配阴离子或配阳离子结合上去. 这类电极又称为离子交换型聚合物化学修饰电极.

4) 电化学沉积法

电化学沉积法是制备配合物及一般无机物化学修饰电极的通用方法. 该法要求在进行电化学氧化还原时, 能在电极表面产生难溶物薄膜. 这种膜在进行电化学及其他测试时, 中心离子和外界离子氧化态的变化不导致膜的破坏. 聚普鲁士蓝修饰电极是较有代表性的采用电沉积方法制备的修饰电极.

5) 掺入法

掺入法是制备碳糊修饰电极的常用方法. 制备时, 将一定量的修饰剂、石墨粉及黏合剂混合, 研磨均匀并填充于电极管中制成化学修饰电极. 1969 年 Adams 首创碳糊电极 (CPE) 以来, 用各种修饰物修饰的 CPE 获得了快速的发展.

此外还有催化诱导沉积法、化学沉积法、等离子体聚合法、γ 射线聚合法、离子注入法等.

2. 化学修饰电极的应用

1) 选择性富集与分离

当电极表面修饰有对待测物质有选择性反应的化学基团时, 化学修饰电极将与待测物质发生反应或者提供了合适的微环境, 达到分离、富集的目的.

2) 电催化

电催化也是化学修饰电极重要的研究课题之一. 有许多物质在电极表面反应较慢, 因而用电化学检测难于获得高的灵敏度, 主要是因为较高的超电位或者和电极之间交换电子的速率较低, 通过化学修饰后可以较好地解决这方面的问题, 可以选择合适的修饰物质以达到加速电化学反应的目的, 而且在很多时候可以降低超电位, 这同时也有利于避免共存物质的干扰.

3) 媒介作用

任何酶电极, 其电极反应一般都包括酶化学反应和异相电子转移反应. 如何将电子从反应中心快速转移到电极表面形成响应电流是一个关键问题. 选择使用电子媒介体是一种解决办法. 所谓电子媒介体是指能将酶反应过程中产生的电子从酶反应中心转移到电极表面, 从而使电极产生响应变化的分子导体.

目前使用的电子媒介体可分为有机小分子媒介体和高分子媒介体. 有机小分子媒介体主要有: 二茂铁及其衍生物、有机染料、醌及其衍生物、四硫富瓦烯 (TTF)、富勒烯和导电有机盐等. 高分子媒介体主要包括变价过渡金属离子螯合型高分子媒介体、氧化还原型高分子媒介体、单体聚合型媒介体和包络型高分子媒介体.

4) 电化学传感器

与传统电极相比, 化学修饰电极开创了从化学状态上人为控制电极表面结构的领域. 通过对电极表面的分子剪裁, 可按意图赋予电极预定的功能, 以便在其上有选择地进行所期望的反应, 在分子水平上实现了电极功能的设计. 研究这种人为设计和制作的电极表面微结构和其界面反应显示出的催化、光电、电色、表面配合、富集和分离、开关和整流、立体有机合成、分子识别、掺杂和释放等效应和功能, 很大程度上推动了电化学分析和电化学传感研究的快速发展.

3. 微/纳米电极和阵列

超微电极是 20 世纪 70 年代末开始发展起来的电化学和电分析化学的前沿领域, 超微电极包括一维尺寸为微米 (10^{-6}m) 级和纳米 (10^{-9}m) 级的两类电极, 当电极的一维尺寸从毫米级降低至微米级甚至纳米级时, 表现出许多不同于常规电极的优良的电化学特性. 超微电极固有的很小的时间常数 (RC) 使之可以用来对快速、暂态电化学反应进行研究, 超微电极上小的电流降低了体系的欧姆 (iR) 降, 使之可以用于高阻抗体系中, 包括低支持电解质浓度甚至无支持电解质溶液、气相体系、半固态和全固态体系, 超微电极上的传质速度极快, 可以用稳态伏安法测定快速异相速率常数, 同时超微电极小的尺寸确保在实验过程中不会改变或破坏被测物体, 使超微电极可以应用于生物活体检测.

1) 超微电极的基本原理和分类

在物质传输原理上, 超微电极和常规电极相类似. 如果在电解质溶液中存在电活性物质, 那么在发生氧化还原反应时, 在电极/溶液界面上就会产生异相电荷转移, 如在发生还原反应过程时, 电子将会从电极向电活性物质转移. 同时, 反应物质在电极表面的浓度发生改变, 导致了电极表面和本体溶液中的物质扩散.

在常规电极体系中, 通常情况下电化学反应中的物质扩散接近于半无限的平面扩散. 随着电极尺寸的减小, 物质的扩散变得与电极的大小和几何形状有关, 在伏安图中呈现稳态的电流–电位曲线, 这种改变是源于物质的扩散由在常规电极上的一维扩散转变为在超微电极上的多维扩散. 在超微电极体系中, 除了存在平常的轴向扩散外, 平行于电极表面的径向扩散也起着重要的作用. 超微电极上的扩散传质速率与其几何尺寸成反比, 尺寸越小, 扩散传质速率越大, 因此电极上可获得比常规电极更大的电流密度.

在电化学过程中, 电极表面双电层发生变化而产生充电电流 i_{c}, 模拟充电电流最简单的办法是运用等效电路, 其中包括对应于溶液电阻的元件 R 和与之并联的、对应于双电层电容的元件 C_{d}. 当电极电位发生阶跃变化时电极表面双电层所导致的充电电流 i_{c} 与时间 t 的关系如公式 (1-49) 所示：

$$i_{\mathrm{c}} = \frac{\Delta E}{R} \exp\left(-\frac{t}{RC_{\mathrm{d}}}\right) \tag{1-49}$$

式中, ΔE 表示阶跃电位的幅度; R 为电解池内阻; 双层电容量为 C_{d}; t 为阶跃电位持续时间, i_{c} 与 t 呈指数衰减关系. 由于 C_{d} 与电极面积呈正比关系, 因此充电电流也与电极的面积呈指数关系. 电极的半径越小, 则 i_{c} 的衰减就越快. 超微电极的电流在短时间内即能达到稳态, 适用于各种暂态电化学方法, 如方波伏安法、脉冲伏安法、阶跃电位法、快速扫描伏安法等. 而在循环伏安反应中, 由于电位在不断地变化, 充电电流可分为暂态和稳态两个部分

$$i_{\mathrm{c}} = VC_{\mathrm{d}} + \left[\left(\frac{E}{R} - VC_{\mathrm{d}}\right) \exp\left(-\frac{t}{RC_{\mathrm{d}}}\right)\right] \tag{1-50}$$

式中, V 为电位扫描速率; E 为电极电位. 由式 (1-50) 可知, 在循环伏安曲线中, i_{c} 始终存在, 因为循环伏安曲线给出的是法拉第电流和充电电流的加和, 所以充电电流妨碍对法拉第过程的研究. 在超微电极体系中, 充电电流的电流密度与电极半径无关, 且与扫速成正比, 而法拉第电流密度与电极半径成反比, 且与扫速的平方根成正比, 所以法拉第电流密度与充电电流密度的比值随着电极半径和扫速的减小而增加, 因此超微电极可有效地将循环伏安曲线中的法拉第电流组分与充电电流组分区别开, 有利于低浓度电活性物质的电化学研究.

在任何有电流产生的电化学反应中, 因为存在体系的电阻, iR 降也随之产生, 体系中阻抗越高、电流越大, iR 降的影响也就越大. 如果伴随法拉第电流存在较大的充电电流, iR 降的影响将特别明显, 甚至导致伏安曲线的严重变形, 无法有效地对伏安曲线进行合理解释. 在使用常规电极时, 考虑到 iR 降的影响, 扫速不能过快, 如果体系的阻抗较大, 对扫速的限制将更大. 而超微电极的使用可有效地降低体系的 iR 降, 这使得它可应用于高阻抗的体系. 在平面扩散体系中, iR 降与电极半径成正比, 超微电极的半径越小, 就越适用于高扫速的电化学测量.

超微阵列电极是指由多个电极集束在一起所组成的外观单一的电极, 与单个超微电极具有相同的基本原理. 因电流具有加和性, 即总电流等于各个超微电极的电

流之和, 故能获得较大的电流强度, 提高测量的灵敏度. 阵列电极的等效阻抗相当于单个超微电极阻抗的并联, 对于由 n 个超微电极组成的阵列电极, 其等效电路中的总电容扩大了 n 倍, 总电阻减少到 $1/n$, 因而具有与单个超微电极相同的时间常数, 同样能进行暂态研究和高速测量.

按电极的制作材料可将超微电极分为超微碳纤维电极、超微铂电极、超微金电极、超微银电极、超微钨电极以及碳纳米管超微电极等, 按电极的形状, 超微电极可分为超微圆盘电极、超微圆环电极、超微圆柱电极、超微球形电极、超微半扁球电极、超微带状电极、超微阵列电极及超微叉指阵列电极等.

2) 超微电极与超微阵列电极的制作

超微圆盘电极因为其构造和制备相对简单, 是实验中最常用的电极. 超微圆盘电极的制备通常把细金属丝、碳纤维封入拉制好的玻璃管或嵌入塑料管中, 这种导线末端的平面作为电极的表面. 纤维与铜丝焊接, 封入玻璃毛细管, 露出 1cm 尖端, 在煤气灯下将玻璃毛细管尖端烧熔使碳纤维密封于毛细管内, 将碳纤维在煤气灯上继续进行火焰蚀刻, 可制成超微圆盘碳纤维电极, 电极尖端直径可达到纳米级. 也可简单地用环氧树脂等将纤维封固入玻璃毛细管中, 待环氧树脂干固后切割抛光即可使用.

以硅片 (也可用陶瓷、玻璃等) 为基体, 采用光刻技术可制作微阵列电极. 微阵列电极一般包括金属和碳材料电极. 金属电极的制作包括涂胶、光刻、金属溅射、起撬、氮化硅层的沉积、光致抗蚀图形成和活性离子腐蚀等过程. 碳电极的制作包括光致抗蚀图形成、抗蚀剂涂覆、抗蚀剂高温固化、氧等离子体侵蚀、碳膜沉积、抗蚀剂去除等步骤. 近年来, 还发展了沉积法、薄膜法、烧制法和镶嵌法等. 几种较典型的纳米电极制作方法如下:

(1) 纳米压印–起离法.

纳米压印–起离法 (nanoimprint-lift-off) 实质上是现代微电子工业中一种重要的工艺手段, 1995 年 Stephen 等运用纳米压印方法制得单元直径为 25nm 的 Ti/Au 金属点阵列, 使得压印法制备纳米微电极成为可能. 设计好图案的阴模压印在铺展于适当基底上的热塑性聚合物膜上, 升高温度达到高于热塑性聚合物膜的玻璃化温度并施加足够的压力, 此时聚合物是黏流体, 能够与阴模相吻合, 所以可压制出所设计的形状. 纳米压印结束后, 取走阴模并用氧活性分子刻蚀法 (reactive ion etching) 进行刻蚀以确保压印处没有聚合物残留, 然后在该表面上蒸镀上一层金属, 将其浸泡在丙酮中溶解去除聚合物 (包括其上的金属镀膜), 而压印处蒸镀上的金属膜不会被丙酮溶解, 即可制得纳米阵列电极, 用该方法制得的组合电极的单元特征尺寸可小至 10nm.

(2) 等离子轰击法.

采用等离子轰击法已成功制得电极尖端直径为纳米级的碳纤维电极和金电极,

尺寸可以控制, 最小尖端直径可达 30nm.

(3) 刻蚀–涂层法.

刻蚀–涂层法 (etch-coating) 一般采用两步来制备纳米微电极, 首先将金属丝用电化学或火焰烧蚀法刻蚀成锐利的尖, 然后涂上一层绝缘物 (玻璃或聚合物), 通过升高温度使绝缘层收缩、固化, 恰好将金属丝的最尖端露出来. 通过一两次重复的涂层和固化操作控制金属丝尖端的有效面积, 从而得到预期的电极尺寸, 已由该法成功制得尖端直径为纳米级的铂电极、铂铱合金电极、碳纤维电极等.

(4) 模板法.

模板法是以一些具有特定纳米结构的物质作为模板, 通过对这些物质的结构进行复制和转录, 从而获得具有特定纳米结构材料的方法. 对所获纳米结构材料进行处理进而可以制得纳米微电极. 模板法通常又分为电沉积法和化学镀法, 即分别采用电沉积和化学镀的方法在模板上获得特定的纳米结构材料. Martin 等分别采用电化学沉积法和化学镀法在聚碳酸酯模板上制备半径为纳米级的铂、金纳米盘阵列电极, 有很高的应用价值.

3) 超微电极与超微阵列电极的应用

(1) 体内和细胞内检测.

细胞是有机体结构与生命活动的基本单位, 具有多种维持细胞生物活性的电化学活性物质. 细胞的体积极小, 所要测定的物质又是微量的, 细胞内的生化反应时间是毫秒级, 所以细胞分析技术需满足样品体积小、高选择性、高灵敏度、响应速度快等要求, 而超微电极可以置于细胞周围环境也可以插入细胞内部, 在基本不损伤细胞又不影响细胞生理功能的情况下实时定量地监测单个细胞内的电活性物质及其变化. Adams 等曾用碳纤维超微电极插入鼠体内, 与脑脊髓相接触, 通过电刺激神经通道和药物注射, 改变脑脊髓中神经递质多巴胺代谢产物的量, 使用超微电极检测到电刺激和药物注射前后一种电活性物质量的改变, 并通过高效液相色谱验证了超微电极所检测的电活性物质为多巴胺代谢产物. Tamanushi 等运用铂超微电极插入到活体巨藻细胞中研究了各种物质穿透细胞膜的能力, 通过差分脉冲法测定细胞内有无电活性物质的透入, 结果表明带有正电荷的物质可穿透细胞膜, 而带有负电荷的物质则不能透过细胞膜, 物质穿透细胞膜的速率与细胞膜内外的浓度差和光照条件有关, 在光照下, 浓度差越大, 物质穿透细胞膜的速率越大.

(2) 超微修饰电极.

修饰电极是通过对电极表面的分子剪裁按意图赋予电极预定的功能, 以便在其上有选择地进行所期望的反应. 在分子水平上实现电极功能的设计, 是当前电化学、电分析化学方面十分活跃的研究领域. 超微修饰电极结合了超微电极和化学修饰电极的优点, 拓展了其在电化学和电分析化学领域的应用. 如在超微电极上修饰 Nafion 膜, 可有助于排除其他生物物质的干扰, 对神经递质多巴胺进行选择性的测定, 同时借助超微电极的特性, 降低检测限, 将生物物质分析提高到细胞水平.

近来氧化还原蛋白质和酶的直接电化学研究得到了迅速的发展, 这些研究对于了解生命体内的能量转换和物质代谢, 了解生物分子的结构和物理性质, 探索其在生物体内的生理作用及作用机制, 开发新型的生物传感器均有重要的意义. 但由于蛋白质和酶在金属电极上的氧化还原通常是不可逆的, 且浓度很低, 用常规电极难以有效地进行研究. 而在超微修饰电极表面修饰一层媒介体, 可加速氧化还原蛋白质和酶与电极间的电子转移, 提高测定的选择性, 同时在超微修饰电极上扩散速度快, 电极表面电流密度高, 测定的信噪比高, 可提高测定的灵敏度. 因此, 超微修饰电极已成为直接研究生物大分子电化学的有力的手段.

(3) 超微电极用于单分子分析.

用电化学方法研究单分子是近年来提出的一种新的检测技术, 可以测定半反应电势、自由能、扩散系数和动力学参数等. 1989 年 Bard 小组研制了新型的分析仪器–扫描电化学显微镜 (scanning electrochemical microscopy, SCEM), 该系统可表征电化学界面, 为单分子检测提供了重要的手段. SCEM 以超微电极作为针尖, 通过针尖靠近浸泡在溶液中的基底时所产生的流经探针和基底之间的电流来研究和了解基底的结构特性. 通过垂直于基底方向的扫描, SCEM 可以探索基底表面扩散层中的电化学行为. 以半径 10~20nm 的 Pt 圆盘电极为探针, TiO_2 作基底, SCEM 可研究单分子的电化学行为. 电活性分子以扩散的形式在探针和基底之间穿梭, 发生氧化还原反应, 产生电流, 该电流可用于检测在针尖与基底之间被捕获的电活性分子.

利用超微电极与超微阵列电极为基体制作传感器, 有利于传感器的微型化、集成化, 便于进行实时、原位、在体连续监测、活体细胞检测、临床疾病诊断、药理研究等, 可以为细胞工程、酶工程等研究提供新的工具和手段.

1.3.4 压电传感与石英晶体微天平

Curie 兄弟于 1880 年发现的石英等一些晶体的压电现象及其后证实的逆压电效应在物理学上是一个重大的发现, 尤其是利用压电石英晶体 (PQC) 的机电谐振特性制成的压电晶体振荡器广泛用于通信、计时、数字电路中, 是 IT 产品的核心之一. 利用压电效应制作了多种物理传感器, 到 1959 年, 压电石英晶体传感技术在真正意义上被引入到化学领域, 和压电物理传感技术的不同在于, 物理传感主要基于声表面波 (SAW), 而化学传感则主要着重于体声波 (bulk acoustic wave, BAW). 真正将 BAW 作为化学传感器用于分析实践始于 King 在 20 世纪 60 年代所做的一系列工作, 他主要将 BAW 用于水汽、烃和卤代烃等气相组分的检测. 80 年代初, Konash 和 Nomura 同时分别独立地使压电晶体单面触液振荡成功, 开始了 BAW 在液相中的应用. 1985 年 "姚 - 周方程" 的提出修正了 Nomura 等的经验方程, 建立了压电晶体振荡频率与溶液黏度、密度、电导率和介电常数的完整关系式.

1. 压电传感器的传感理论

1959 年 Sauerbrey 首先提出厚度剪切模式晶体频率与晶体表面沉积物质量的关系

$$\Delta f = -\frac{2f_0^2\Delta M}{\sqrt{\mu_q\rho_q}A} \tag{1-51}$$

式中, f_0 为晶体的谐振基频; μ_q 为晶体的弹性模量 [2.947×10^{11}g/(cm·s^2)]; ρ_q 为晶体的密度 (2.648g/cm^3); A 为石英晶体的有效面积; ΔM 为薄层外来物的质量. 代入常数并令 $\Delta m = \Delta M/A$ 得

$$\Delta f = -2.26\times10^6 f_0^2\Delta m \tag{1-52}$$

由式 (1-52) 可以得知 Δf 与 Δm 之间有线性关系, 从方程可估算直径 6mm 的 9MHz 晶体的质量灵敏度可达 0.65Hz/ng, 所以这是一种非常灵敏的质量响应器, 其检测下限很容易达到纳克级, 故也称为纳克天平. 但是式 (1-52) 的导出是先假定均匀沉积的涂层薄膜等效于增加同样质量的一层石英, 即忽略了涂层相对于石英的弹性和密度的差异, 而且该方程的成立仅适用于固态膜和刚性材料, 且涂层对晶体的相对质量比 $\Delta M/M$(M 为晶片质量) 小于 2%.

1995 年 Schneider 和 Martin 基于扰动理论建立了压缩声波传感模型, 导出频移与电感的关系式. 基于牛顿液体的 Navier-Stokes 方程和阻尼波传播波动方程, Thompson 等研究了界面边界条件、液体黏度和密度对频率响应的影响, 建立了四层结构界面理论, 讨论了可测量液体性质 (黏度、密度、表面张力、接触角) 与频率响应的关系, 以及使用阻抗分析法研究晶体在溶液中的振荡行为. 20 世纪 90 年代以来, 一些新型压电传感器被相继开发出来, 其中以电极脱开式压电传感器 (ESPS) 和串联式压电传感器 (SPQC) 最为成功. 前者是在 PQC 的一侧平行放置一块电极作为激励电极, 样品待测液置于该电极和压电晶体之间. 较之于经典的压电传感器, ESPS 具有更灵敏的阻抗响应特性. SPQC 由 PQC 串联一个电导电极组成, PQC 于真空中振荡, 仅电导电极与溶液接触. 与经典的触液式 PQC 相比, SPQC 仅对溶液电导率和介电常数的变化有响应而对溶液黏密度的变化几乎无响应.

2. 压电传感器的应用

压电石英晶体传感器响应信号的测量方法可分为主动法和被动法. 主动法常称振荡器法, 在这种测量方法中, 石英晶体作为振荡电路的一部分, 连接在振荡器放大电路输入端和输出端之间, 通过引入正反馈电路产生自激振荡, 并采用频率计数器测定此时的振荡频率. 这种方法常用 TTL 电路, 测定的频率是石英晶体的零相移频率. 主动法的优点是仪器简单, 可自行按需设计制作、操作方便、测定简单

快速. 迄今为止 PQC 的绝大多数应用仍在使用振荡器压电传感技术. 主动法的主要缺陷是只能提供压电晶体的部分特性, 即串联谐振频率, 其振荡行为受振荡电路类型和电气元件参数的影响, 操作条件难于控制, 晶体难以在高黏、高密度液体中稳定振荡.

被动法又称阻抗网络分析法. 在阻抗网络法中, 压电晶体作为外部元件接在电学测量仪器 (如阻抗分析仪) 的测量端, 测定加在晶体上的电压与流过晶体电流的比值即阻抗. 阻抗网络技术可给出多个参数, 较全面地表征传感器的响应. 这些参数包括石英晶体等效电路的元件参数 (包括动态电阻、动态电感、动态电容和静态电容) 和石英晶体的各种特征频率 (包括最大、最小阻抗频率和串、并联谐振频率) 以及相移等. 其中等效电路的各个元件参数均有各自的物理意义, 动态电阻代表能量损耗, 与本体溶液黏度、密度有关, 动态电感与压电振子的质量成正比, 动态电容与压电晶体的柔度成正比, 静态电容与界面介电性质有关. 被动法能提供有关压电晶体的诸多电学参量, 获取较全面的动态信息. 但使用的仪器较为昂贵, 且信号也不像振荡器法那样直观.

压电石英晶体传感器主要的应用包括以下几个方面.

1) 气相传感应用

压电质量传感应用于分析化学领域始于 1964 年 King 开创性地将 PQC 用于气相色谱系统中烃的检测. 此后近 20 年, PQC 作为灵敏的石英晶体微天平广泛应用于气相测定, 如真空中镀膜厚度的在线监测, 大气与环境污染物和有机磷化合物、有机氯化合物、氟烷、甲苯和甲醛等有机挥发性物质的监测等. 1983 年 Guilbault 首次将生物修饰 PQC 用于气相测定, 他将酶修饰于 PQC 表面测定了甲醛. Ngeh-Ngwainbi 等提出了基于抗对硫磷抗体修饰的气相免疫传感, 建立了更深层次的 PQC 酶传感及免疫传感等生物传感概念. 这些发展集中在用有机化合物或生物物质修饰晶体表面, 并与特定的气体底物键合方面.

2) 在液相中的应用

利用 BAW 传感器灵敏的响应性能在分析化学方面的应用主要有：

(1) 吸附分析. 将待测物直接吸附于电极表面或与电极涂层材料作用, 产生晶体表面质量变化, 由频移来获得待测物含量信息.

(2) 根据反应过程中反应物或产物的物理、化学变化, 由 BAW 作出的信号响应实现待测物的检测.

(3) 电解沉积分析. 将 BAW 传感器结合应用电解沉积法可测溶液中金属离子含量, 该法又分为控制电位电解和恒电流电解.

(4) 萃取频移法. 将有机药物用萃取法处理后, 使用涂层电极进行检测.

3) 在生命科学中的应用

(1) 免疫测定. 一般基于固定在晶体上的抗体/抗原对溶液中抗体/抗原或带有

抗原的细菌和细胞等的特异性吸附引起的频移响应. Davis 用 Protein A 作涂层测定了免疫球蛋白 G(IgG), 用相应抗体/抗原修饰 PQC 测定了人血清白蛋白、内毒素、肝炎病毒 A 和 B、HIV 抗体、沙眼衣原体等.

(2) 酶的测定. 如用体声波黏度压电传感技术监测了羧甲基纤维素酶催化纤维素的水解过程和紫外光固化技术固定 α- 淀粉酶的催化淀粉水解过程, 并估计了酶促反应的动力学参数. Saum 等将底物修饰在 PQC 表面, 用交流阻抗分析法测定了酶的活力.

(3) 核酸的测定. Okahata 等用寡聚核苷酸修饰 PQC 研究了 DNA 杂交过程动力学, 测定了 bZIP 56-mer 肽与 DNA 结合过程的结合量以及动力学参数, Wang 等设计的基于肽核酸硫醇衍生物的 PQC 传感器可区分不匹配的单个核苷酸碱基.

(4) 微生物的测定. Muramatsu 等于 1986 年最早提出压电微生物测定方法, 他们测定了白色念珠菌. 随后, 人们将测定对象扩展到更多的细菌、病毒以及其他细胞个体, 如沙门氏菌、假单胞杆菌、大肠杆菌、粒性白细胞等.

压电传感器在液相中的非质量效应也得到了广泛应用, 如基于 PQC 的振荡频率或动态电阻对介质黏弹性的响应, 可用于生物凝胶反应和其他黏弹流变过程的监测和相关分析. Muramatsu 等对内毒素与鲎试剂的凝胶反应进行了监测, 获得了凝胶形成时间信息, 测定了低至 1pg/mL 的内毒素. 相关的研究工作还包括通过监测凝血酶原与纤维蛋白原间的凝胶反应所获得的时间信息测定了 50~500mg/L 的纤维蛋白原和血小板的吸附, 利用压电传感测定了风湿病因子, 葡萄糖发酵过程的在线监测, 在线监测血凝过程和肌动球的解聚作用, 基于明胶培养基的液化和凝固测定表皮葡萄球菌和奇异变形杆菌等. Shana 从理论上阐述了压电传感器进行黏度监测的原理. 基于对材料刚性、黏弹性的灵敏响应, 可实现对物质性能变化过程的监测, 如 LB 膜的形成、干燥、溶胀和相转变等过程的研究, 液晶、自组装膜和高分子膜的相似研究等. 基于对溶液阻抗的传感分析, 采用频移滴定法测定了血清中总盐量, 对阿司匹林和水杨酸进行同时测定等.

3. 石英晶体微天平

石英晶体微天平 (quartz crystal microbalance, QCM) 是基于石英晶体的压电和逆压电效应, 在电位作用下发生振荡, 是压电传感的一种工作模式, 其核心为一石英振荡晶体, 结构原理见图 1-48. 基于其振荡频率变化与晶体表面的质量变化成正比的原理, 可以进行纳克级的质量检测, 具有灵敏度高、选择性好、成本低、装置简单、易于实现现场连续检测等优点. 实现 QCM 检测的主要技术手段是敏感膜的制备, 只要敏感膜对待测物质有选择性作用 (如吸附、离子交换、键合或亲和作用等), 则由于质量增加导致晶体振荡频率的改变而实现检测. 但是石英晶体微天平作为一个高灵敏的检测装置, 并且将要成为一个应用非常广泛的检测平台, 其测试过程中极易受到各种干扰信号的影响, 其抗噪性能和稳定性仍然是需要认真解决的问题.

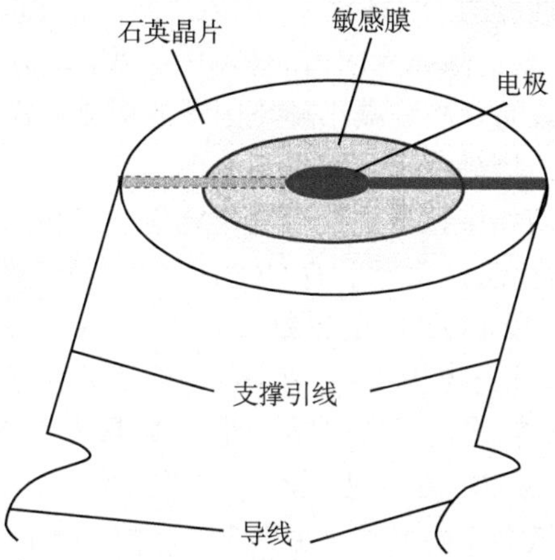

图 1-48 石英振荡晶体结构

由于能陷效应的存在, QCM 元件的振荡主要集中在电极区. 然而, 电极表面的质量、黏度以及 QCM 的内部应力等都对谐振频率产生影响. 当 QCM 元件在气相中时, QCM 频率的改变值仅与其自身质量的改变值成正比, 即前述的 Sauerbrey 方程, 较少受到震动等因素的影响. 而当 QCM 元件与液体接触时, 其谐振频率的变化量实际上由表面质量、黏度及内部应力引起的频率改变量三部分组成

$$\Delta f = \Delta f_{\mathrm{m}} + \Delta f_{\eta} + \Delta f_{\mathrm{p}} \tag{1-53}$$

式中, Δf_{m}、Δf_{η} 分别为对应于表面质量及黏度的频率变化量; Δf_{p} 为由 QCM 元件应力引起的频率变化量. 由于装卡时不可避免地会在 QCM 元件内部产生应力, 因此后者包括两部分, 即

$$\Delta f_{\mathrm{p}} = \Delta f_{\mathrm{s}} + \Delta f_{\mathrm{d}} \tag{1-54}$$

式中, Δf_{s} 为装卡时产生的初始静态应力导致的频率变化; Δf_{d} 为由于溶液中的微小波动导致的动态应力变化产生的频率偏移. 由于 Δf_{s} 的存在, 其初始频率值可能存在差异, 而单次装卡应力导致的 Δf_{s} 基本维持不变, 因此对安装完成的检测池而言, 可以不考虑由于装卡导致的频率变化. 但溶液池中的溶液压力导致的 Δf_{s} 是一个与溶液池的结构及溶液体积紧密相关的量, 仍然需要关注, 当溶液中发生微小波动时, Δf_{d} 的影响不可忽略.

对液相中测量产生显著影响的另一重要因素来自于溶液表面张力的影响, 包含 Δf_{η} 和 Δf_{d} 项, 这两项与黏度引起的表面张力及与接触相关的内部应力相关, Δf_{η} 不仅导致水溶液体系的初始频率显著不同于气相, 而且由于水溶液黏度显著大于空气, 其表面张力较大, 且由于检测池材料与水之间表面张力差异较大, 因此当采用小量水溶液时, 轻微的震动即可导致水溶液液面与检测池接触状况的显著变化, 从而导致晶片应力相关的 $\Delta f_{\rm d}$ 的显著变化.

因此要实现高性能的 QCM 测量, 电磁屏蔽、防震以及尽可能消除晶片应力的影响是主要的关键. 要消除晶片应力的影响, 主要从两方面考虑：一是减小 $\Delta f_{\rm d}$, 二是减小 $\Delta f_{\rm s}$. 最有效的办法是减小环境因素的变化从而使检测池中的溶液几乎呈静止状态而且溶液的接触状态不发生变化.

压电传感器在液相中振荡成功后与电化学技术相结合形成了一个十分重要的分支 —— 电化学石英晶体微天平 (EQCM) 技术, 与光谱电化学相结合形成了压电光谱电化学. EQCM 以 PQC 的金属激励电极 (如 Au、Ag、Pb、Pt) 为工作电极, 和对电极、参比电极构成三电极系统. 有关的研究主要包括金属欠电位沉积、电沉积、电溶出、腐蚀和金属氧化膜形成过程的研究, 电极表面单分子层气体吸附、表面活性剂的吸附和解吸、生物大分子吸附动力学研究等. Bruckenstein 用 EQCM 研究了金电极上单分子层氧的吸附机理、监测成膜过程、测定电沉积膜的表观摩尔质量、研究膜的质量传输, 如氧化还原过程中离子和溶剂分子在聚合膜中的传输、电化学过程中离子在膜内的流动、导电聚合膜电化学掺杂过程的原位测定等, Gabrielli 等用 EQCM 对电极表面氢气泡的形成作了探讨, Yamamoto 研究小组和 Grasjo 研究小组用 EQCM 研究了水及重水的电解. 电极表面粗糙程度及形态变化研究、电化学中电极/溶液界面电荷零点电位测定的成功也都显示了 EQCM 的潜在魅力.

1.4 生物传感器

生物传感器 (Biosensor) 的概念来源于 1962 年 Clark 和 Lyons 对酶电极 (enzyme electrode) 这个术语的描述, 他们使用透析膜将葡萄糖氧化酶包埋在氧电极表面, 并提出氧浓度的下降与溶液中葡萄糖浓度相关. 此后, 各种类型的生物传感元件和相关的报道快速增长. 1990 年首届世界生物传感器学术大会将生物传感器定义为 “由生物活性材料与相应的换能器结合, 能测定特定化学物质的装置”. 著名的国际学术期刊《生物传感器与生物电子学》(*Biosensors & Bioelectronics*) 对生物传感器的最新描述为 “生物传感器是一类分析器件, 它将一种生物材料 (如组织、微生物细胞、细胞器、细胞受体、酶、抗体、核酸等) 或生物衍生材料、生物模拟材料, 与物理化学传感器或传感微系统密切结合或联系起来, 行使其分析功能, 这种换能器或微系统可以是光学的、电化学的、热学的、压电的或磁学的”. Turner 将其简化定义为：“生物传感器是一种精致的分析器件, 它结合一种生物的或生物衍生的敏感元件与一只理想换能器, 能够产生间断的或连续的数字电信号, 信号强度与被分析物成比例. ”

生物传感器是分析生物技术中的一个重要领域, 是一个典型的多学科交叉产物. 它融生物学、化学、物理学、信息科学及相关技术于一体, 能够对所需检测的物质进行快速分析和追踪, 是发展生物技术必不可少的一种先进的检测方法和监控手段, 也是物质分子水平的快速、微量分析方法. 在未来 21 世纪知识经济发展中, 生物传感技术必将是介于信息和生物技术之间的新增长点, 在临床诊断、工业控制、食品和药物分析、环境保护以及生物技术、生物芯片等研究中有广泛的应用前景.

1.4.1 生物传感器概述

生物传感器是生物活性材料与相应的换能器的结合, 对测定目标进行选择性识别, 将生物分子发生的各种化学或物理变化转化为相应的电信号并进行放大输出, 从而得到所需的检测信息.

1. 生物传感基本原理和功能单元

生物传感器由生物敏感膜和换能器两部分组成, 它能将被测物的浓度与可测量的物理或化学信号关联起来, 其传感原理如图 1-49 所示. 被测物扩散进入固定化生物敏感膜层, 经过分子识别, 发生生物学反应, 产生的信息继而被相应的物理或化学换能器转换成可定量和可处理的物理信号, 如电信号、光信号或者声波信号等, 再经检测放大器放大并输出, 从而可以得到被测物的浓度信息. 生物敏感膜为其中的分子识别元件, 是生物传感器的关键部分, 直接决定传感器的功能与质量. 生物敏感膜所含生物组分可以是酶、抗体/抗原、组织、核酸、微生物等, 用于制备生物敏感膜的生物活性材料如表 1-5 所示.

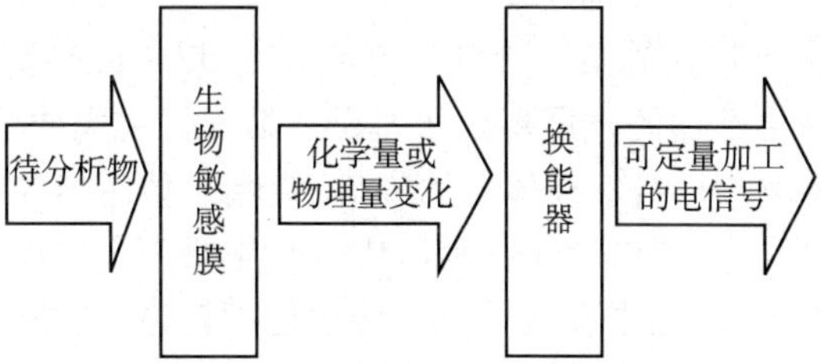

图 1-49 生物传感器的传感原理

表 1-5 生物传感器的分子识别元件

分子识别元件	生物活性材料
酶	各种酶类
全细胞	细菌、真菌、动植物细胞
组织	动植物组织切片
细胞器	线粒体、叶绿体
免疫物质	抗体、抗原、酶标抗原等
核酸	寡聚核苷酸
具有生物亲和能力的物质	配体、受体
模拟酶	高分子聚合物

生物学反应过程以及所产生的信息是多种多样的, 而微电子学和传感技术的发展使得设计生物传感器时选择换能器有更大的空间. 生物传感器的信号转换器件主要有电化学电极、光学检测元件、热敏检测元件、场效应晶体管、压电石英晶体及表面等离子共振器件等. 可作为生物传感器的信号转换器件见表 1-6.

表 1-6 生物学反应信息和信号转换器件的选择

生物学反应信息	信号转换器
离子变化	离子选择性电极
电阻、电导变化	阻抗计、电导仪
质子变化	场效应晶体管
气体分压变化	气敏电极
热焓变化	热敏元件
光学变化	光纤、光敏管、荧光计
颜色变化	光纤、光敏管
振动频率变化	表面等离子体共振
质量变化	压电晶体等
电子转移	电化学电极

2. *生物传感器发展历程*

生物传感器的发展经历了不同的阶段, 尤其是在生物传感器研究领域占主导地位的电化学式生物传感器的发展更具有鲜明的阶段性, 依据传感原理上的本质性变化, 可以划分成三个不同的阶段.

20 世纪六七十年代的第一阶段为起步阶段, 以 Clark 型酶电极为代表, 从理论和实践上为生物传感器的发展奠定了基础. 第一代生物传感器采用共价交联法有效地减少或消除敏感材料从载体上的脱落, 提高了传感器的稳定性. 天然介体氧气直接参与酶催化反应, 通过电子在反应中心与电极表面之间的传递, 实现生化反应信号向电信号的转换, 由于直接的电子传递过程较慢, 传感器对底物敏感性不够理想, 而且传感器容易受到环境氧浓度的影响. 此外, 在电极反应的过程中, 需要较高的极化电位, 试样中共存的其他电活性物质, 可能给测定带来干扰, 因此该方法的灵敏度和选择性相对较差. 与这一代酶电极几乎同步发展的还有另外一类酶电极, 其传感原理建立在 pH 电极电位响应的基础上, 利用脱羧酶、脱氨酶等的作用, 使底物 (酶催化反应的对象) 分子上的羧基或氨基脱离而生成 CO_2 或 NH_3, 由此导致内部 pH 电极的电位产生响应而测定底物的浓度.

在 20 世纪 70 年代末至 80 年代, 生物传感器的研究进入第二阶段, 大量的学科交叉出现各种不同原理和技术的生物传感器, 尤其 80 年代中期是生物传感器发展的一个高潮, 其代表之一是介体型酶电极, 它不仅开辟了酶电子学的新研究方向, 还为酶传感器的商品化奠定了重要基础. 第二代酶生物传感器在酶电极的基础电极上增加了化学修饰层, 扩大了基体电极检测化学物质的范围, 同时也提高了测定的灵敏度. 基体电极经过修饰后, 可以看成是一个经过改进的信号转换器, 这种修饰剂称为电子转移媒介体, 它可以促进电子传递过程, 降低工作电势, 以排除其他电活性物质的干扰. 常见的媒介体主要有二茂铁及其衍生物、有机染料、有机介体、四硫富瓦烯、苯醌、对苯二酚和甲苯胺蓝等.

酶生物传感器的第三个发展阶段始于 20 世纪 90 年代, 有两个象征：一是生物传感器的市场开发获得显著成绩; 二是生物亲和传感器的技术突破, 以表面等离子体和生物芯片为代表, 成为生物传感器发展的又一个高潮. 第三代生物传感器既不需要氧分子的参与, 也不需要化学媒介体分子作为电子传递体, 通常还不需要固定化载体, 而是将酶分子直接吸附固定到电极表面, 使酶的氧化还原活性中心与电极直接 "交流", 能够更快地进行电子传递, 从而使酶生物传感器的响应速度更快、灵敏度更高, 真正成为 "无试剂分析".

生物传感器的发展目标是利用生化反应的专一性, 高选择性地分析目的物. 但是由于生物单元的引入, 生物物质固有的不稳定性、易变性导致生物传感器的实用还存在一些问题, 因此人们一直致力于提高生物传感器的性能. 如在选择性上, 一是改善生物单元与信号转换器之间的联系以减少干扰, 二是选择、设计新的活性单元以增加其对目标分子的亲和力; 在稳定性方面, 可以采用对生物单元具有稳定作用的介质、固定剂来克服生物单元结构的易变性, 增加其稳定性; 在灵敏度方面, 对一些特定的分析对象, 已发展了能大幅度降低检测限的技术.

3. 生物传感器的类型

生物传感器一般可根据生物分子识别元件上的敏感物质的不同而分为酶传感器、微生物传感器、组织传感器、细胞传感器、免疫传感器、DNA 传感器等.

或根据传感器输出信号的产生方式而分为：① 生物亲和性生物传感器. 此类传感器利用免疫试剂对之间专一性的识别或键合性质检测抗原、半抗原或抗体, 它检测的是热力学平衡的结果. ② 代谢性或催化性生物传感器. 此类生物传感器利用固定到电极表面的酶的专一性和催化性, 在接近中性和室温条件下对特定底物产生作用, 直接检测酶催化产物的电化学信号或通过电子媒介获取响应信号, 它检测的是整个反应动力学过程的总效应.

还可根据生物传感器的信号转换器不同而分为：① 电化学生物传感器. 按测量信号不同, 电化学生物传感器又可分为电流型、电位型和电导型. ② 光化学生物传感器. 此类传感器以光学信号变化量为测定信息, 包括光吸收、反射、散射、荧光、磷光、化学发光、表面等离子体共振等. ③ 压电生物传感器. 现在研究的较多的就是石英晶体微天平, 根据负载物质后的频率变化来检测分析物的质量. ④ 热传导生物传感器. 通过特殊的量热设备来测量由于化学和生物反应导致的反应体系的热量变化, 此变化值大小与分析物浓度相关.

随着生物传感器技术的发展和新型生物传感器的出现, 近年来又出现了新的分类方法, 如直径在微米级甚至更小的生物传感器统称为微型生物传感器; 凡是以分子之间特异识别并结合为基础的生物传感器统称为亲和生物传感器, 以酶压电传感器、免疫传感器为代表; 由两种以上不同的分子识别元件组成的生物传感器称为复合生物传感器, 如多酶传感器、酶–微生物复合传感器; 能同时测定两种以上指标或综合指标的生物传感器称为多功能传感器, 如味觉传感器、嗅觉传感器、鲜度传感器、血液成分传感器等.

1.4.2　生物识别机理

生物传感器的分子识别元件主要指来源于生物体的生物活性物质, 具有对靶分子 (待测物质) 特异的识别功能. 分子识别常常是生物体进行各种简单或复杂反应的基础, 包括生理生化、遗传变异和新陈代谢等一切形式的生命活动. 生物传感器研究的任务就是如何将生物反应与传感技术有机结合.

1. 酶反应

1) 酶的催化作用

酶生物传感器主要是利用其具有选择性识别待测物质和催化的能力. 酶是生物体内产生的具有催化活性的蛋白质, 它与生命活动息息相关. 新陈代谢是由无数复杂的化学反应组成的, 这些反应大多在酶的催化下进行. 与一般催化剂相比, 酶催化具有如下特点：

(1) 高度专一性. 一种酶只能作用于某一种或某一类物质 (底物), 促进一定的化学变化, 并生成一定的产物, 因而有 “一种酶, 一种 (类) 底物” 之说, 也可形容为一种 “锁–钥” 关系.

(2) 高效催化性. 每分钟每个酶分子转换 $10^3 \sim 10^6$ 个底物分子, 以分子比为基础, 其催化效率是其他催化剂的 $10^7 \sim 10^{13}$ 倍.

(3) 酶的催化一般在温和条件下进行, 极端的环境条件 (如高温、酸碱) 会使酶失活.

(4) 有些酶 (如脱氢酶) 需要辅酶或辅基. 若从酶蛋白分子中除去辅助成分, 酶便不具有催化活性.

(5) 酶在体内的活力常常受多种方式调控, 包括基因水平调控、反馈调节、激素控制、酶原激活等.

2) 酶促反应动力学

酶促反应动力学是研究酶促反应速度及各种影响因素的科学, 这些因素主要有温度、pH、底物浓度、酶浓度、激活剂与抑制剂等. 当研究某种因素对酶促反应速度影响时, 反应体系中其他条件保持不变. 此处所指的酶促反应速度是指反应的初速度, 因反应初速度与酶浓度呈正比, 可避免反应产物及其他因素的影响.

(1) 温度的影响. 温度对酶促反应速度的影响有两个方面. 对一般化学反应来说, 温度升高 10°C, 反应速度增加 2~3 倍, 酶促反应在一定范围内 (0 ~ 40°C) 也服从这一规律; 另一方面, 酶是蛋白质, 温度升高会引起变性, 可使酶活性降低甚至丧失. 一般在 50 ~ 60°C 时已开始变性, 在 80°C 以上大多数酶的活性丧失, 酶的最适温度是指表现出最大酶促反应速度的温度范围, 人体内酶的最适温度为 37°C 左右. 低温一般不破坏酶活性, 当温度回升后, 酶活性可恢复. 临床上低温麻醉就是利用低温降低酶活性, 以减慢细胞内代谢速度, 便于手术. 根据这一原理, 可在低温下储存酶制剂、疫苗和菌种.

(2) pH 的影响. 因为酶是蛋白质, 酶催化反应介质的 pH 能影响酶活性中心上必需基团的解离程度, 也影响底物与辅酶的解离度, 从而影响酶与底物的结合. 每种酶都有一个最适合的 pH, 在此 pH 下催化反应的速率具有最大值. 人体内酶的最适 pH 为 6.5~8.0, 但也有例外, 如胃蛋白酶的最适 pH 为 1.8, 胰蛋白酶的最适 pH 为 7.7. 酶的最适 pH 常受到底物浓度、缓冲液的种类和浓度等因素的影响, 溶液的 pH 高于或低于最适 pH 时, 都会使酶活性降低, 远离最适 pH 时, 甚至导致酶变性失活, 在测定酶活性时, 应选择最适宜的 pH 缓冲液, 以保持酶活性的相对稳定.

(3) 酶浓度的影响. 在底物浓度饱和以及一定的温度和 pH 条件下, 酶的浓度与酶催化反应速度呈正比关系.

(4) 底物浓度的影响. 在酶催化反应体系中, 温度、pH 和酶的浓度恒定时, 底物浓度对酶催化反应速度的影响表现为一等轴双曲线, 见图 1-50.

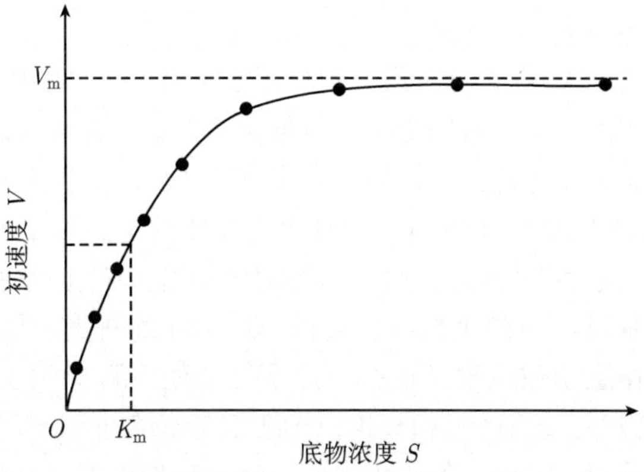

图 1-50 米氏方程曲线

当底物浓度较低时, 反应速度随底物浓度增加而加快并与底物浓度成正比 (一级反应), 当底物浓度较高时, 增加底物浓度, 反应速度也随之加快, 但反应速度与底物浓度不成正比, 当底物增加至一定高的浓度时, 反应速度不再继续随底物浓度增加而增加, 表现为零级反应. 据此, Michael 和 Menten 根据中间产物学说, 推导出一个酶催化反应速度与底物浓度关系的基本公式, 即米氏方程式

$$v = \frac{V_{\max} + [S]}{K_{\mathrm{m}} + [S]} \tag{1-55}$$

式中, v 为酶促反应速度; $V_{\max}$ 表示酶促反应最大速度; $[S]$ 表示底物浓度; K_{m} 为米氏常数, 其值为当 $v = 1/2V_{\max}$ 即酶催化反应速度达最大速度一半时的底物浓度. 米氏常数可用 Lineweaver-Burk 方法即双倒数作图法准确测得. K_{m} 在酶学研究中是一个重要的特性常数, 可表示酶和底物的亲和力, K_{m} 值越小, 酶与底物的亲和力越大; 反之亦然.

(5) 抑制剂和激活剂的影响. 抑制剂通过与酶活性中心上的结合基团或催化基团相结合而引起酶活性降低. 使酶蛋白变性失活的因素如强酸、强碱、加热等因素不属于抑制剂. 根据抑制剂与酶作用的方式, 抑制剂可分为可逆抑制与不可逆抑制两类. 能提高酶活性的物质称酶的激活剂, 如大多数金属离子 K^+、Na^+、Ca^{2+}、Zn^{2+}、Mn^{2+} 等及少数阴离子如 Cl^-、HPO_4^{2-} 等. 激活剂一般为酶的辅助因子, 可使酶的活性增强.

2. 微生物反应

微生物反应是利用生长微生物进行生物化学反应的过程, 即微生物反应是将微生物作为生物催化剂进行的反应, 酶在微生物反应中起最基本的催化作用. 然而, 每个微生物细胞都是一个极其复杂的完整的生命系统, 众多的酶在系统中高度协调地完成微生物反应.

1) 微生物反应特性

微生物反应与酶催化反应具有以下共性: ① 同属生化反应, 反应条件温和; ② 凡是酶能催化的反应, 微生物也可以催化; ③ 催化速度接近, 反应动力学模式近似. 微生物反应又具有自身的特殊性: ① 微生物细胞的膜系统为酶反应提供了天然的适宜环境, 细胞可以在相当长的时间内保持一定的催化活性; ② 在多底物反应时, 微生物自身包含多种酶, 显然比单种酶更适宜作催化剂; ③ 酶促反应所需要的各种辅酶和辅基可以由微生物细胞提供; ④ 微生物细胞比酶的来源更方便. 但是, 在利用微生物作生物敏感膜时也有一些不足之处: ① 微生物反应通常伴随自身生长与死亡, 不易建立反应的分析标准; ② 细胞是多酶系统, 许多代谢途径并存, 难以排除不必要的反应; ③ 环境条件变化会引起微生物生理状态的复杂化, 导致复杂的反应.

2) 微生物反应类型

微生物反应主要有以下几种类型:

(1) 同化与异化. 微生物代谢可分为同化作用和异化作用. 在微生物反应过程中, 细胞同环境不断地进行物质和能量的交换, 其方向和速度受各种因素的调节, 以适应体内外环境的变化. 细胞将底物摄入并通过一系列生化反应转变成自身的组成物质, 并储存能量, 称为同化作用或组成代谢; 反之, 细胞将自身的组成物质分解以释放能量或排出体外, 称为异化作用或分解代谢.

(2) 自养与异养. 根据微生物对营养的要求, 微生物反应又可分为自养型与异养型. 自养微生物以 CO_2 作为主要碳源, 无机氮化物作为氮源, 通过细菌的光合作用或化能合成作用将无机物制造成有机物, 并且获得能量. 具有代表性的例子是硝化细菌、红色硫细菌、铁细菌等. 异养微生物以有机物作碳源, 无机物或有机物作氮源, 通过氧化有机物获得能量. 绝大多数微生物种类都属于异养型.

(3) 好氧性与厌氧性. 根据微生物反应对氧的需求与否, 可以分为好氧反应和厌氧反应. 微生物反应生长过程中需要氧气的称为好氧反应, 好氧微生物如枯草杆菌、青霉菌、假单胞菌等, 它们以分子氧作为电子受体或质子的受体, 受到氧化的物质转变为细胞的组分, 如 CO_2、H_2O 等; 反之, 生长过程中不要氧气, 而需要 CO_2 的称为厌氧反应, 厌氧微生物如巴氏菌、破伤风菌等, 它们在氧化底物时利用某种有机物代替分子氧作为氧化剂, 其反应的产物是不完全的氧化产物. 同时还存在既能好氧生长又能厌氧生长的兼性微生物, 如大肠杆菌、链球菌、葡萄球菌等.

3. 免疫学反应

免疫是指机体对病原生物感染的抵抗能力, 可分为自然免疫和获得性免疫. 自然免疫是非特异性的, 即能抵抗多种病原微生物的损害. 获得性免疫一般是特异性的, 在微生物等抗原物质刺激后才形成 (免疫球蛋白等), 并能与该抗原产生特异性反应. 在免疫过程中, 抗原与抗体的反应是最基本的反应.

(1) 抗原. 抗原 (antigen) 是能够刺激动物体产生免疫反应的物质. 从广义的生物学观点看, 凡是具有引起免疫反应性能的物质都可称为抗原. 抗原有刺激机体产生免疫应答反应以及与相应免疫反应产物发生异性结合两种功能. 前一种性能称为免疫原性, 后一种性能称为反应原性. 抗原分为天然抗原和人工抗原, 前者来源于微生物和动植物, 包括细菌、病毒、血细胞、花粉、可溶性抗原毒素、类毒素、血清蛋白质、糖蛋白、脂蛋白等, 后者为经化学或其他方法变性的天然抗原, 如碘化蛋白、偶氮蛋白和半抗原结合蛋白以及合成抗原, 合成抗原是化学合成的多肽分子.

抗原的物理性状主要包括其相对分子质量及分子构型. 完全抗原相对的分子质量较大, 通常相对分子质量在 1 万以上. 相对分子质量越大, 其表面积相应扩大, 接触免疫系统细胞的机会增多, 因而免疫原性也就增强. 抗原均具有直线或立体的分子构型, 一般认为环状构型比直线构型的分子免疫性强, 聚合态分子比单体分子的免疫性强. 自然界中绝大多数抗原都是蛋白质, 可以是纯蛋白也可以是结合蛋白, 后者包括脂蛋白、核蛋白、糖蛋白等. 此外, 还有血清蛋白、微生物蛋白、植物蛋白和酶类. 近年来证明核酸也有抗原性. 抗原决定簇是抗原分子表面的特殊化学基团, 抗原的特异性取决于抗原决定簇的性质、数目和空间排列. 不同种系的动物血清白蛋白因其末端氨基酸排列的不同, 而表现出各自的种属性特异.

(2) 抗体. 抗体 (antibody) 是由抗原刺激机体产生的具有特异性免疫功能的球蛋白, 又称免疫球蛋白 (immunoglobulin,Ig). 人类免疫球蛋白有五类, 即 IgG、IgM、IgA、IgD 和 IgE.

免疫球蛋白都是由一至几个单体组成, 每一个单体由两条相同的分子量较大的重链和两条相同分子量较小的轻链组成, 链与链之间通过非共价键或二硫键相连接. 抗体早已用于免疫检测, 其与相应抗原之间的连接甚至比酶与其底物之间的连接更强. 虽然缺乏像酶那样的催化活性, 但免疫反应大多是超灵敏的, 并经常以标记形式应用.

(3) 抗原–抗体反应. 抗原–抗体结合时将发生凝聚、沉淀、溶解反应和促进吞噬抗原颗粒的作用. 在溶液中, 抗原和抗体两个分子的表面电荷与介质中离子形成双层离子云, 内层和外层之间的电荷密度差形成静电位和分子间引力. 由于这种引力仅在近距离上发生作用, 抗原与抗体分子结合时对位应十分准确, 其条件一是结合部位的形状要互补于抗原的形状, 二是抗体活性中心带有与抗原决定簇相反的电荷. 抗原与抗体结合是稳定的也是可逆的, 调节溶液的 pH 或离子强度可以促进可逆反应, 某些酶也能促进逆反应的发生, 抗原抗体复合物解离时仍保持其原有特性.

1.4.3 生物活性材料固定化技术

使用生物活性材料为生物敏感膜, 必须研究如何使生物活性材料固定在载体 (或称基质) 上, 即所谓固定化技术. 固定化的目的是将酶等生物活性物质限制在一定的结构空间内, 但又不妨碍底物的自由扩散及反应. 研制传感器时, 关键是将生物活性材料在载体上固定化形成生物敏感膜. 固定化生物敏感膜应具有以下特点: ① 性能稳定, 可以反复使用并长期保持其生理活性; ② 对被测物质选择性好、专一性好; ③ 使用方便.

将生物敏感材料固化在膜材料中或借助于膜固化在基体上是制备生物敏感膜的关键技术. 近年来固定化技术发展很快, 常用的固定化方法有以下几种.

1. 夹心法

将生物活性材料封闭在双层滤膜之间, 形象地称为夹心法 (sandwich), 如图 1-51(a) 所示. 依据生物活性材料的不同, 选择不同孔径的滤膜. 这种方法的特点是操作简单, 不需要任何化学处理, 固定生物量大, 响应速度快, 重复性好, 尤其适用于微生物和组织膜的制作. 商品 BOD 传感器的膜就是采用这种方法制作的, 但用于酶膜制作时稳定性较差.

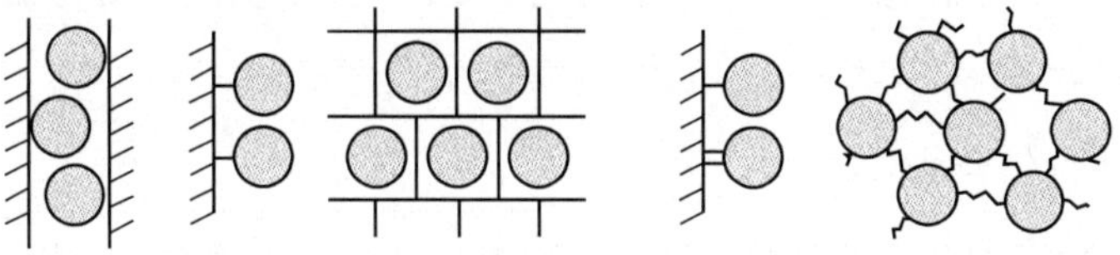

(a) 夹心法 (b) 吸附法 (c) 包埋法 (d) 共价连接法 (e) 交联法

图 1-51 酶的固定化方式

2. 吸附法

用非水溶性固相载体物理吸附或离子结合使蛋白质分子固定化的方法称为吸附法 (adsorption), 如图 1-51(b) 所示. 物理吸附法主要通过极性、氢键、疏水力或 π 电子的相互作用将生物组分吸附在不溶性的惰性载体上, 是一种较为简单的固定化技术. 离子交换吸附法选用具有离子交换性质的载体, 在适宜的 pH 条件下, 使生物分子与离子交换剂通过离子键结合, 形成固定化层. 吸附法主要用于制备酶和免疫膜, 吸附过程一般不需要化学试剂, 对生物分子活性影响较小, 但对溶液的 pH 变化、温度、离子强度和电极基底状况较为敏感, 生物分子容易脱落, 因此常与其他固定方法结合使用, 如吸附交联法. 与其他固定化技术相比, 生物组分的寿命较短.

3. 包埋法

把生物活性材料包埋并固定在高分子聚合物三维空间网状结构基质中称为包埋法 (entrapment), 如图 1-51(c) 所示. 此方法可采用温和的实验条件及多种凝胶聚合物, 大多数生物组分可以很容易地掺入聚合物中, 对生物分子活性影响较小, 膜的孔径和几何形状可任意控制, 被包埋物不易渗漏, 底物分子可以在膜中任意扩散. 缺点是分子量大的底物在凝胶网络内扩散较困难, 响应速度较慢以及在聚合物形成过程中产生的自由基对生物组分可能产生去活化作用.

溶胶–凝胶 (sol-gel) 技术固定生物组分可明显改善去活化作用. 溶胶–凝胶技术指有机或无机化合物经过溶液、溶胶、凝胶而固化, 再经过热处理而制得氧化物或其他化合物固体的方法, 通常由金属或半金属醇盐在水、互溶剂 (一般为醇) 及催化剂 (酸或碱) 的存在下, 发生水解和缩聚反应, 形成二维或三维金属氧化物凝胶网络, 经过陈化、室温干燥或加热得到固化凝胶. 在溶胶胶凝前, 控制一定的条件, 可以得到所需的薄膜、纤维或各种形状的固态玻璃体基质, 生物组分被包埋于干凝胶内. 溶胶–凝胶膜的网络结构中含有大量的孔隙水, 可为生物分子提供一个水溶液微环境, 可以较好保持蛋白质表面微观结构的整体性和方向均一性, 减小对组分活性和稳定性的损伤. 溶胶–凝胶法制备的传感器具有响应快、稳定性好等优点. 溶胶–凝胶的另一个显著特点是光学透过性强且本身的荧光度低. 酶、抗体及蛋白质等一些生物分子在溶胶–凝胶中成功地固定, 为光学型生物传感器的发展奠定了基础.

4. 共价键合法

使生物活性分子通过共价键与固相载体结合固定的方法称共价键合法(covalent binding), 或称载体结合法, 如图 1-51(d) 所示. 蛋白质分子中能与载体形成共价键的基团有氨基、羧基、巯基、酚基和羟基等. 载体包括无机载体和有机载体. 共价键合法通常要求在低温 (0°C)、低离子强度和生理 pH 条件下操作, 并常加入酶的底物以防止酶的活性部位与载体发生键合. 通常包括三个步骤: 基底电极表面的活化、生物分子的耦联、剩余价键的封闭及除去键合疏松的组分.

共价键合法多用于酶膜和免疫分子膜的制作, 此方法的特点是结合牢固, 生物活性分子不易脱落, 载体不易被生物降解, 使用寿命长. 缺点是固定化过程麻烦, 酶活性可能因发生化学修饰而降低, 制备具有高活性的固定化酶比较困难.

5. 化学交联法

依靠双功能团试剂 (bifunctional reagent) 使蛋白质结合到载体表面或蛋白质分子彼此交联成网状结构称为化学交联法 (cross linking), 如图 1-51(e) 所示. 双功能试剂具有两个功能基团, 能与蛋白质分子中的氨基、酚基、巯基、咪唑基等发生共价交联. 常用的交联剂有戊二醛、双环氧乙烷、N,N-乙烯马来亚胺、双重氮联苯胺等. 当酶量较少时, 可加入惰性蛋白质如牛血清白蛋白 (BSA) 以代替部分活性物质. 惰性蛋白质浓度不宜过大, 否则会使反应底物扩散阻力增大, 响应变慢. 戊二醛是最常用的交联剂, 但浓度不宜过高, 以防酶活性基团失活. 这种方法广泛应用于酶膜和免疫分子膜制备, 操作简单、结合牢固. 缺点是实现固定化时需严格控制 pH, 并应小心调整交联剂浓度, 否则易使蛋白质中毒, 在交联反应中, 酶分子将会部分失活.

6. LB 膜技术

LB(langmuir-blodgett) 膜技术是将具有脂质疏水端和亲水基团的双亲分子溶于挥发性的有机溶剂中, 铺展在气/液界面上形成水不溶性液态单分子膜, 横向压缩其表面积, 使液态膜逐渐过渡到一个分子厚度的拟固态膜. 通过微米位移系统使基体电极在单分子膜界面做升降运动可将单分子膜转移到固体电极表面, 得到 LB 膜修饰电极, 重复操作可得多层分子膜. LB 膜的制备过程见图 1-52.

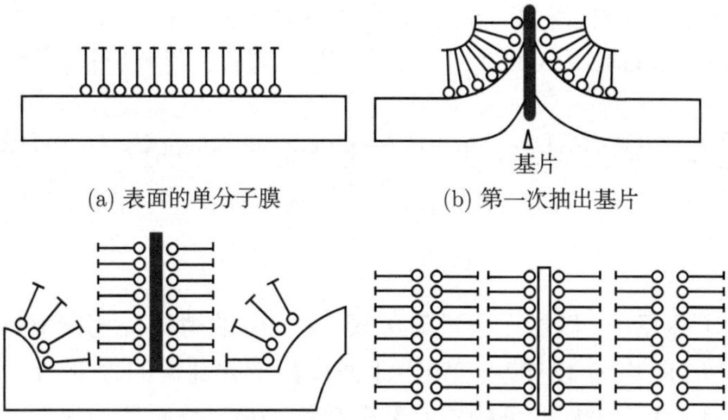

(a) 表面的单分子膜　(b) 第一次抽出基片

(c) 第二次插入基片　(d) 第二次抽出基片

图 1-52 LB 膜制备过程

利用 LB 膜技术制备生物敏感膜时, 把酶溶于水溶液中, 在水面上展开的脂质单分子膜将吸附水中的酶分子, 随着 LB 膜转移至电极时可将酶同时固定于电极表面. 利用 LB 膜技术制作酶膜主要有两个优点, 一是酶膜可以制得很薄 (数纳米厚), 厚度和层数可以精确控制; 二是可以获得高密度酶分子膜, 由此可以协调响应速度与响应活性之间的矛盾. 需要解决的问题是酶分子多为水溶性, 难以在水相中成膜, 可以先将双功能试剂与酶分子轻度交联, 使其在水面悬浮展开后再施加压力形成单分子膜或者在脂质单分子层上嵌入酶蛋白分子来制备 LB 酶膜.

1.4.4 生物传感机理及应用

1. 酶生物传感器

酶生物传感器 (enzyme biosensor) 是应用固定化酶作为敏感元件, 通过各种物理、化学换能器捕捉目标物与敏感元件之间的反应所产生的与目标物浓度成比例的可测信号, 实现对目标物定量测定的生物传感器.

根据换能器的类型不同, 酶传感器大致分为酶电极、酶场效应管、酶热敏电阻、酶光纤传感器等. 对酶电极而言, 根据输出信号方式的不同又分为电流型和电位型两种. 电流型是通过测量电流来确定与催化反应有关的各种物质浓度, 如氧电极、过氧化氢电极等. 电位型是通过测定敏感膜电位来确定反应物浓度, 如 NH_3 电极、CO_2 电极等.

1) 电流型酶电极

酶催化反应产生的有关物质会在电极上发生氧化或还原反应. 电流型酶电极是利用氧化或还原反应所得的电流来确定反应物的浓度, 其基础电极可采用氧气敏电极或铂、钯和金电极等.

电流型酶电极传感器代表了生物传感器发展的各个发展阶段, 尤以葡萄糖氧化酶 (glucose oxidase, GOD) 电极最具有代表性, 其响应机理可由以下反应方程表示：

$$\mathrm{GOD(FAD)+glucose \longrightarrow gluconolactone+GOD(FADH_2)}$$

$$\mathrm{GOD(FADH_2)+O_2 \longrightarrow GOD(FAD)+H_2O_2}$$

$$\mathrm{H_2O_2 \longrightarrow O_2+2H^+ +2e^-}$$

根据上述反应, 显然可通过氧电极 (测 O_2 的消耗)、过氧化氢电极 (测 H_2O_2 的产生) 和 pH 电极 (测酸度变化) 来间接测定葡萄糖的含量. 因此, 只要将 GOD 固定在上述电极表面, 即可构成测葡萄糖的 GOD 传感器, 这就是第一代酶电极传感器的响应机理. 第二代酶传感器是采用氧化还原电子媒介体取代氧分子在酶的氧化还原活性中心与电极之间传递电子, 可由以下反应方程表示：

$$\mathrm{GOD(FAD) + glucose \longrightarrow gluconolactone + GOD(FADH_2)}$$

$$\mathrm{GOD(FADH2)+Med_{ox} \longrightarrow GOD(FAD)+Med_{red}}$$

$$\mathrm{Med_{red} \longrightarrow Med_{ox}+nH^+ + ne^-}$$

可应用的酶介体有很多种, 最常用的有二茂铁及其衍生物、染料分子、Ru、Os 的化合物、有机导电盐、金属卟啉、酞菁等. 如果把人工合成的媒介体掺入酶层中, 便能够实现无试剂测量, 为活体检测提供了方便. 作为酶生物传感器最新阶段的第三代酶传感器, 即酶的氧化还原活性中心和电极表面直接交换电子 (直接电化学) 的酶传感器, 与氧或其他电子受体无关, 无须引入外加媒介体, 因此固定化相对简便, 是最为理想的生物传感器. 理论上第三代酶生物传感器的响应机理可表示为

$$\mathrm{GOD(FAD) + glucose \longrightarrow gluconolactone + GOD(FADH_2)}$$

$$\mathrm{GOD(FADH_2) \longrightarrow GOD(FAD) + ne^-}$$

葡萄糖氧化酶直接电化学传感已有报道, 但多数情况下仍需在检测溶液中添加媒介体以改善测定性能, 较为典型的第三代酶传感器还有基于过氧化物酶直接电化学来检测过氧化氢及与过氧化氢有关的双酶传感器.

以氧化还原蛋白质直接电化学为基础的第三代生物传感器是目前研究的热点, 溶液中的氧化还原蛋白质一般很难在裸电极上表现出电化学活性, 这主要是由于蛋白质的分子量较大, 结构复杂, 其电活性基团被深埋在其多肽链的内部, 与电极表面距离较远, 因此很难与电极表面直接交换电子. 同时, 溶液中的大分子杂质在电极表面上的吸附或蛋白质本身的吸附变性可能阻碍其与电极间的直接电子转移. 研究热点主要集中在对蛋白质氧化还原的促进作用和电极表面修饰实现蛋白质的

直接氧化还原. 第三代生物传感器可望克服前两代电化学生物传感器由于氧气的介入和引入媒介体而给电极反应带来的复杂性和局限性, 因而可在选择性、灵敏度和测量范围等方面都有新的突破.

2) 电位型酶电极

电位型酶电极是将酶反应所引起的物质变化转换成电位信号输出. 电位信号的大小与底物浓度的对数之间有线性关系, 其基础电极有 pH 电极、气敏电极等. 电位型酶电极的适用范围主要取决于基础电极的检测限. 如尿素电极是一种属于水解酶体系的酶电极, 在医学临床上, 用于分析患者的血清和体液中的尿素, 对肾功能进行诊断. 另外, 对尿毒症患者进行人工透析时, 确定透析次数和透析时间, 必须依靠尿素的定量分析. 尿素在脲酶作用下发生水解反应

$$CO(NH_2)_2 + H_2O \xrightarrow{\text{脲酶}} 2NH_3 + CO_2$$

尿素的含量可用氨气敏电极或二氧化碳电极等基础电极测定, 在实际应用中常用氨气敏电极, 其灵敏度高、线性范围宽.

2. 免疫传感器

免疫测定法是根据抗体 (免疫球蛋白) 与抗原反应来测定有关物质的. 因为抗体对相应的抗原具有识别和结合的双重功能, 所以抗体对抗原具有很强的选择性. 免疫传感器就是利用抗体与相应抗原的识别和结合功能而设计的一种检测装置.

1) 免疫标记与非标记传感

免疫传感器的检测方法主要有标记法和非标记法. 免疫标记也是其他免疫化学方法中最常采用的措施, 免疫标记方法的引入为免疫传感提供了多样的检测方法选择. 通常采用酶、荧光物质、电活性化合物等进行标记, 抗体–抗原反应通过电化学、光学等手段来实现对目标物的高灵敏检测. 主要包括以下方法:

(1) 夹心法. 样品中的抗原与固化在传感界面上的抗体结合后再加入已标记的抗体, 使其与固相上的抗原相结合, 把抗原夹在固定抗体和标记抗体中间, 形成夹心结构, 洗去未结合的标记抗体, 通过测定标记物的量而实现对抗原的检测. 夹心法适用于测定高分子量的抗原.

(2) 竞争法. 将抗体固定在传感界面上, 用已知量的标记抗原与样品中的抗原竞争结合至传感界面的抗体, 依据结合上的标记物的量与待测抗原的浓度成反比来进行测定.

(3) 置换取代法. 将抗体固定在传感界面上并结合上经标记的抗原, 此时传感界面上抗体的结合位点已被标记抗原占据, 当加入非标记抗原 (待测物) 时, 发生置换反应. 测量被置换下来的标记物的量, 在一定条件下, 标记物的量与待测物的浓度成正比.

非标记法是在抗体与相应抗原识别结合的同时, 把免疫反应的信息直接转变成可测信号. 在结构上可进一步分为结合型和分离型, 前者将抗体直接固定在传感器表面上, 传感器与相应的抗原发生结合的同时产生电极电势的变化; 后者用抗体制作固定化抗体膜, 当其与相应的配基反应时, 膜电势发生变化.

2) 免疫传感的换能机制

根据使用的换能器不同, 免疫传感器可分成电化学免疫传感器 (电流型、电位型、电导型、电容型)、光学免疫传感器 (标记型、非标记型)、压电晶体免疫传感器、表面等离子共振型免疫传感器等.

(1) 电化学免疫传感器.

电化学免疫传感器是以抗原–抗体反应的免疫测定为基础采用电化学电极为传感元件组合而成的用于大分子蛋白质测定的装置, 可分为标记和非标记两种类型. 标记型以酶标记为主, 利用酶的化学放大作用, 采用酶标记抗体, 通过检测酶催化反应的底物或生成物进行测定. 这类传感器种类较多, 比较典型的是以 Clark 氧电极为基础而建立起来的酶免疫传感器, 其结构简单, 将抗体膜或抗原膜固定到氧电极的聚四氟乙烯膜上便可构成. 以过氧化氢酶作为标记酶, 待测抗原和标记抗原对膜上的抗体发生竞争结合并洗去未反应的抗原后, 传感器测定含有一定量溶氧的溶液并输出溶氧量, 随后向溶液中加入定量的 H_2O_2, 标记的过氧化氢酶使 H_2O_2 分解产生 O_2 使传感器的电流值增大. 电流型非酶标记免疫传感器采用电活性物质对抗体或抗原作标记. 采用电活性物质标记抗原而进行的均相电化学免疫测定主要是根据抗原和标记抗原对定量抗体进行竞争结合, 而标记抗原与抗体结合后氧化或还原电流减少.

电位型无标记免疫传感器的特点是不用任何标记物, 抗体或抗原被固定在大分子构成的膜上或金属电极上, 当被固定的抗体或抗原与相应的配体结合时, 则电极电位或膜电位发生变化, 根据电位与被测物浓度的函数关系测定抗体或抗原的浓度. 由于这种类型的免疫传感器的分子识别和信号转换同时进行, 所以也称之为直接型电化学免疫传感器. 将离子选择性电极及气敏电极引入电位型免疫传感器, 可改进灵敏度. 电位型免疫传感器的特点是无须额外试剂, 仪器简单、操作简便、响应快速, 不足是灵敏度较低、样品需要量较大、非特异性吸附会导致假阳性等.

(2) 光学免疫传感器.

酶可以作为标记物催化生成一些产物, 这些产物能吸收光线、发出荧光或磷光, 其中磷光的灵敏度很高. 荧光基团也可做标记物, 它在被激发后可直接发出荧光. 这类光学免疫传感器, 设计简单, 但检测的光强度很低, 需要复杂的检测仪器. 为了减小传感器的体积, 简化检测仪器, 引入了光导纤维, 从而构成了光纤免疫传感器.

非标记光学免疫传感技术是利用光学技术直接检测传感器表面的光吸收、荧光、光散射或折射率的微小变化. 这类免疫传感器的原理是基于内反射光谱学, 它由两种不同折射率的介质组成, 高折射率的介质通常为玻璃棱镜, 低折射率的介质表面固定抗原或抗体. 当入射光束穿过高折射率介质射向两介质界面时, 会折射到低折射率介质, 如果入射角超过一定角度 (临界角度), 光线会在两介质界面处发生全反射, 底物中的抗体或抗原若与低折射率介质上的固定抗原或抗体结合, 会改变介质的表面结构, 使反射光强度减小, 光强度的减小反映了界面上折射率的变化, 并与样品中抗体或抗原的质量相关.

电化学发光分析是利用电解技术在电极表面产生某些电活性物质, 并通过氧化还原反应而导致化学发光, 应用光学手段测量发光光谱和强度即能对物质进行痕量检测. 与其他检测方法相比, 它具有一些明显的优势: 标记物比大多数化学发光标记物稳定, 由于是电致发光, 只有靠近电极表面并且带有标记物的部分才能被检测到. 在免疫电化学发光 (LECL) 传感器中利用的是 TBR(三氯联吡啶钌络合物)-TPA (三丙胺) 体系的电化学发光过程. 当电极的电压增加至一定水平时, TBR 和 TPA 都瞬时氧化, TPA 氧化后生成一种不稳定的、具有高度还原性的中间物质, 可与氧化的 TBR 反应, 使之进入激发态然后发射出 620nm 的光, 发光强度与 TBR 标记物的量成正比, 从而可以通过发光强度对产物进行定量测定.

(3) 压电晶体免疫传感器.

压电晶体免疫传感器也是近年来发展起来的新型免疫传感技术, 可用于: ① 微生物的检测, 如用压电免疫传感器检测食物及饮用水中的肠道细菌, 其原理是将抗肠道细菌共同抗原的单克隆抗体固定在 10 MHz 的石英晶体表面, 食物或水中的细菌浓度在一定范围内会引起石英晶体频率的明显改变, 通过频率的变化可以测出肠道细菌的数量. ②病毒的检测, 用压电免疫传感器检测艾滋病病毒 (HIV). 将 HIV 人工合成肽固定于晶体表面, 标本中若有抗 HIV 抗体, 则会与肽链发生反应, 引起晶体频率改变. ③其他免疫检测, 利用压电晶体的质量敏感性, 在晶体表面固定一层生物敏感物质进行直接检测和多种生物小分子物质的分析.

3. 微生物传感器

典型的微生物传感器即微生物电极, 是酶电极的衍生型电极, 其结构和工作原理与酶电极类似, 差别是用微生物取代酶作生物活性物质. 微生物传感器与酶传感器相比有其独到之处, 它可以克服酶的价格昂贵、提取困难及不稳定等缺点, 对于复杂反应, 还可同时利用微生物体内的辅酶. 此外, 微生物传感器尤其适合于发酵过程的测定.

1) 微生物传感器的类型

微生物传感器是以活的微生物作为敏感材料, 利用其体内的各种酶系及代谢系统来测定和识别相应底物, 它是由固定化微生物膜和电化学装置组成的. 微生物的固定方法主要有吸附法、包埋法、共价交联法等, 以包埋法应用最多, 常用的微生物有细菌和酵母菌. 转换器可以是电化学电极或场效应晶体管等. 根据微生物与底物作用原理不同, 可分为如下两类:

(1) 呼吸机能型微生物传感器. 以好氧微生物为生物活性物质, 通常与氧电极组合而成, 以细菌呼吸活性物质为基础实现被测物的测量. 它的原理是微生物与底物作用, 在同化样品中有机物的同时, 微生物细胞的呼吸活性提高, 耗氧量增大, 致使扩散到电极表面的氧量减少, 电流减小. 当有机物由试液向细菌膜扩散速度达到恒定时, 细菌耗氧量也达到恒定, 此时氧电极有一个恒定电流的响应, 此电流与试液中相关有机物的浓度成定量关系, 据此可测定有机物的浓度.

(2) 代谢机能型微生物传感器. 以厌氧微生物作为生物活性物质, 与相应的电化学电极组合, 以细菌代谢活性物质为基础实现测量待测物. 它的原理是细菌在同化有机物后, 会产生各种代谢产物, 这些代谢物中含有电活性物质, 可用相应的电极测得代谢物浓度. 若代谢产物是氢、甲酸或还原性辅酶等, 可用电流法测定; 若代谢产物是二氧化碳、有机酸等, 则可用电位法测定, 根据测得的电流或电位可检测有机物的浓度.

通常微生物对各种有机物都有同化作用, 有时单一利用微生物不能构成选择性好的传感器, 可将微生物与酶结合起来构成复合膜, 与相应的电极组成酶–微生物混合电极以改善传感器的选择性. 例如, 利用固定化肌氨酸酶或尿酶和固定化硝化细菌, 与氧电极结合构成测定肌酸酐和尿素的混合生物传感器已用于临床肾功能分析.

2) 微生物传感器的应用

微生物传感器是仅次于酶传感器的实用化生物传感器, 它已广泛用于工业生产、环境监测及医疗检测中.

(1) 葡萄糖微生物电极. 虽然测定葡萄糖可用酶电极, 但是它不能用于发酵过程中葡萄糖的测定, 在发酵过程中常用微生物电极测定葡萄糖的含量. 首先制成对葡萄糖敏感的菌膜, 如佛鲁奥森假单孢菌膜, 当菌膜与氧电极组合成测定葡萄糖的微生物电极后, 浸入葡萄糖样品中, 此时细菌开始同化样品中的葡萄糖, 随之氧被膜中的细菌消耗, 引起膜附近溶解氧浓度的减小, 导致电极电流随时间显著下降直到稳定, 即细菌消耗的氧量和从溶液扩散到膜附近的氧量达到平衡, 由电流值可求得溶液中葡萄糖的含量.

(2) BOD 微生物传感器. 生化需氧量 (BOD) 的测定是微生物传感器的一个典型应用. 传统方法测定 BOD 需要 5 天, 而且操作复杂, BOD 微生物传感器只需要 15min 即能测出结果. 该传感器由氧电极和微生物固定膜组成 (可利用的微生物有假单孢菌、活性淤泥菌、丝孢酵母菌、枯草芽孢杆菌等), 当加入有机物 (如葡萄糖) 时, 固定化的微生物分解有机物, 致使微生物呼吸作用增加, 导致溶解氧减少, 氧电极电流下降直至稳定.

(3) 燃料电池型微生物传感器. 微生物可作为燃料电池中的生物催化剂, 在对有机物发生同化作用的同时, 呼吸代谢过程中可产生电子. 通过电极上介体的氧化–还原把微生物的呼吸过程转化为电化学氧化还原过程产生电流信号并具有放大作用, 在适当条件下此信号即成为检测底物的依据. 基于这一原理, 已研制出多种燃料电池型微生物传感器. 燃料电池型微生物传感器是生物传感器中的新技术, 响应时间短, 避免了在间接法中对分析物响应过程中微生物要达到传代稳定状态的需要.

4. 基因传感器

自从建立了生物遗传基因的分子机理以来, 在分子水平上检测易感物种的基因突变, 提高对疾病的治疗及预测, 一直是人们所追求的目标. 20 世纪 90 年代以来, 人类基因组计划已取得 DNA 的分子识别、测序、突变检测、基因筛选、基因诊断等成果. DNA 探针是一段与待测的 DNA(脱氧核糖核酸) 或 RNA(核糖核酸) 互补的核苷酸序列, DNA 传感器是以 DNA 探针为敏感元件, 将 DNA 探针固定在换能器上, 将 DNA 与 DNA、RNA、药物、化合物等相互作用的生物学信号转变成可检测的光、电、声波等物理信号, 再由信号转换器转变成电信号. 根据杂交前后电信号的变化量, 推算出被检 DNA 的含量.

根据检测对象的不同, 基因传感器可分为 DNA 生物传感器和 RNA 生物传感器两大类, 目前研究的基因传感器主要为 DNA 生物传感器. 根据换能器种类, 主要有电化学型 DNA 传感器、光学型 DNA 传感器和压电晶体型 DNA 传感器等.

1) 电化学 DNA 传感器

电化学 DNA 传感器是利用单链 DNA(ssDNA) 作为敏感元件 (DNA 探针), 通过化学吸附等方法将其固定在电极 (包括金电极、玻碳电极、热解石墨电极和碳糊电极等) 表面, 与识别杂交信息的电活性指示剂 (杂交指示剂) 共同构成的检测特定基因的装置. DNA 探针一般都是由 20~40 个碱基的核苷酸组成, 包括天然的核苷酸片段和人工合成的寡核苷酸片段. 将探针 ssDNA 修饰到电极表面构成修饰电极, 由于电极上的 DNA 探针与溶液中的互补链 (即靶序列) 杂交的高度序列选择性, 使得 DNA 修饰的电极具有极强的分子识别能力. DNA 探针分子与靶序列杂交, 在电极表面形成双链 DNA(dsDNA), 从而导致杂交前后的电极表面结构发生变化, 这种变化可用杂交指示剂识别, 并借助于杂交指示剂的电流响应信号来检测. DNA 传感器除了通常的电流型传感器外, 还有电致化学发光以及基于 DNA 电导测量的传感器等.

(1) 电流型 DNA 传感器. 电流型 DNA 传感器是由固定的单链 DNA 电极和电化学活性识别元素构成. 固定在电极上的 ssDNA 与杂交缓冲溶液中的靶基因

发生选择性杂交反应. 如果样品中含有完全互补的 DNA 片段, 则在电极表面形成 dsDNA, 从而导致电极表面结构变化, 通过检测电极表面的电活性识别元素的电流信号, 达到识别和测定靶基因的目的.

(2) 电导型 DNA 传感器. 用培植法在 DNA 上覆盖金属原子形成导电 DNA 链. DNA 完全被金属覆盖, 仅起支架的作用, 不再具备选择性结合其他生物分子的特性, 由于 DNA 链是导电的, 杂交过程所引起的链删除或变化对电流均有阻碍作用, 通过测量电导的变化可识别 DNA 的异常.

(3) 电致化学发光传感器. 电致化学发光是通过对电极施加一定的电压, 促使反应产物之间或体系中某种成分进行化学发光反应, 通过测量发光的光谱和强度来测定物质的含量. 电化学发光被认为是最有潜力的芯片检测模式之一, 它不仅可以用来识别特定碱基序列的 DNA, 还可用来检测 DNA 的损伤, 以及一些药物与 DNA 的作用机理, 进行特定药物的设计合成, 在临床诊断、体外药物筛选等方面都有应用. 有文献报道采用硅烷化偶联剂将 DNA 共价固定在载玻片表面, 以辣根过氧化物酶标记的探针与之进行核酸杂交, 其检出限为 75pg, 采用透析取样、在线原位电化学富集–溶出技术和电化学发光检测手段, 实现了对家兔血液中氨基酸配合物铜代谢过程的原位、在线、实时监测.

电化学 DNA 传感器分子识别能力强, 无须放射标记, 与流动注射技术相结合后, 还可以进行实时、在线检测, 也可以进行活体检测. 作为一种新型的生物传感器不仅具有 DNA 杂交反应高度的特异性和可逆性, 又具有电化学传感器的微型化特点. 未来 DNA 的电化学研究有望在 DNA 的固定技术研究, 高灵敏度、高选择性杂交指示剂的筛选, 其他技术与电化学相结合开发更优越的检测技术, 抗癌药物在 DNA 修饰电极上的电化学机理研究为抗癌药物筛选提供依据以及将 DNA 传感器与现代信息技术结合以实现检测的自动化操作等方面进一步深入.

2) 光学 DNA 传感器

由于光学方法具有非破坏性和灵敏度高等特点, 因而在生物传感器中获得广泛应用. 根据所选光学方法和检测材料的不同, 光学 DNA 传感器也可分成许多种类. 目前研究的光学 DNA 生物传感器主要有光纤式、光波导式、表面等离子谐振 (共振) 式等类型.

光纤 DNA 生物传感器采用石英光纤作为基体传感元件, 其作用机理是利用石英表面特性, 通过连接物将 DNA 探针固定在光纤端面上, 然后与目的基因进行杂交. 杂交指示剂产生的特征光学信号 (荧光、颜色变化等), 通过光纤探头传递至光检测器, 经光电转换进而测定出杂交分子 (含目的基因) 的量. 光纤 DNA 传感器检测发生杂交反应后产生的特征性光信号选择性强, 易于排除杂交过程中非特异性吸附的干扰, 测定准确, 不需要放射性同位素标记.

3) 压电晶体型 DNA 传感器

压电晶体 DNA 传感器是把 DNA 单链固定在电极上, 测定杂交过程频率的变化, 使用阻抗分析和等效电路技术可有效消除液体黏度、表面粗糙度等因素的影响. 随着液相压电传感技术的不断发展成熟, 通过固定的 DNA 探针和互补的靶核酸在液相中的杂交反应, 可以现场实时监测杂交过程, 操作更为方便、快捷, 同时也为表面杂交过程的研究以及基因传感器的优化奠定了基础.

还有一类压电晶体 DNA 传感器是根据压电晶体的声学特性来设计的. 压电晶体表面经处理后将一段寡核苷酸固定在传感器表面, 含有互补序列的杂交液流经传感器表面, 在声波衰减长度区域内, 共振频率的变化与杂交时 DNA 依赖的黏度变化存在着一定的关系, 根据声学阻抗分析就可以推算出被测物的量.

5. 仿生传感器

仿生传感器是通过研究和利用生命有机体的分子和结构来设计和改进传感器和工艺, 使传感器具有某些生物的独特性能. 如具有仿生功能的人工眼、人工鼻、人工耳、人工舌以及人工皮肤用于人体感受器官损伤的修复和替代, 用于大气污染、工业废气、有毒和有害气体等现场环境质量进行快速检测和鉴别的电子鼻等.

1) 智能仿生感觉传感器

国际上仿生传感器研究首先是从检测和识别物理量开始的, 特别是在人工视觉、人工听觉、人工嗅觉和人工触觉的研究方面非常活跃. 仿生感觉传感器在微电子技术、计算机技术、信号处理技术、故障诊断技术、人工智能技术等多学科综合技术的基础上形成了智能仿生感觉传感器. 如人工鼻又称人工嗅觉系统, 它是由气敏传感器的阵列和模式识别系统组成的, 用来识别简单和复杂的气味, 还能够用于识别单一成分的气体、蒸汽或其混合物. 目前已开发出多种形式的人工鼻, 如用气敏传感器阵列实现的电子鼻, 用于帮助呼吸衰竭的危重病人呼吸的人工鼻, 还有用组织工程 (即 "器官克隆") 方法制成的人工鼻. 现今, 工程技术方法实现的电子鼻是利用光、机、电一体化技术做成的人工鼻.

2) 分子印迹仿生传感器

通过对抗原抗体、酶和底物反应原理的研究和理解, 科学家大胆提出了通过化学反应合成模拟抗体的设想, 开创了一项崭新的技术 —— 分子印迹技术 (molecular imprinting technique, MIT). 通过 MIT 合成的分子印迹聚合物 (molecular imprinting polymers, MIPs) 被称为 "塑料抗体", 以 "塑料抗体" 取代生物分子作为识别元件研制分子印迹仿生传感器 (MIPs 仿生传感器) 的工作, 在 20 世纪 90 年代后逐渐成为传感器领域的研究热点, 并显示了 MIPs 仿生传感器可望在将来逐步取代不够稳定的传统生物传感器的潜力.

MIPs 所具有的优势使其作为识别元件特别适合于传感器技术. 根据换能器的测量原理不同, 传感器可分为电化学式 (包括电位型、电导型、电流型)、质量式、光学式和热学式. 目前 MIPs 主要应用在前三类传感器中. 将 MIPs 引入电化学检测系统中, 当 MIPs 与溶液中的待测分子结合后, 电极的电信号会发生改变, 从而实现对待测物的检测. 压电石英晶体 (QCM) 对其表面的质量变化非常敏感, MIPs 与 QCM 结合构成能够检测特定分子的 MIPs-QCM 传感器. 化学发光法 (CL) 是利用反应物在氧化还原或发光反应过程中发射出一定波长的光, 通过测定发射光的特性, 对被测物质进行检测. CL 灵敏度高且设备简单, 在很多领域得到应用, 但因为选择性的原因, 一般用在柱后检测中. 将 MIPs 与 CL 结合, 提高 CL 选择性, 可望开发出能用于直接检测的 MIPs-CL 传感器.

从本质上讲, MIPs 与模板的识别源于它与模板在化学基团和三维空间结构上的相互匹配, 这个过程受到分子内和分子间诸多作用力的影响, 但目前在这方面定量和系统的研究较少, 大多数 MIT 研究仍停留在定性水平. 目前 MIPs 大多在有机相中聚合和应用, 这满足了部分分析要求, 但有机系统与天然分子识别系统的巨大差异, 使其很难用于对水溶性分子和生物分子的分析, 研究将 MIT 用于对水溶性分子、无机离子及蛋白质、酶等大分子物质的分析, 是 MIT 发展的主要方向.

推 荐 书 目

陈安宇. 2008. 医用传感器. 北京: 科学出版社.

董绍俊, 车广礼, 谢远武. 2003. 化学修饰电极. 北京: 科学出版社.

鞠熀先. 2006. 电分析化学与生物传感技术. 北京: 科学出版社.

林玉池, 曾周末. 2009. 现代传感技术与系统. 北京: 机械工业出版社.

刘迎春. 1997. 传感器原理、设计与应用. 长沙: 国防科技大学出版社.

吕泉. 2006. 现代传感器原理及应用. 北京: 清华大学出版社.

王化祥. 2008. 现代传感技术及应用. 北京: 化学工业出版社.

姚守拙. 2006. 化学与生物传感器. 北京: 化学工业出版社.

张先恩. 2006. 生物传感器. 北京: 化学工业出版社.

张祖训. 2000. 超微电极电化学. 北京: 科学出版社.

章吉良, 周勇, 戴旭涵. 2005. 微传感器: 原理、技术及应用. 上海: 上海交通大学出版社.

周征. 2007. 传感器原理与检测技术. 北京: 清华大学出版社, 北京交通大学出版社.

左伯莉, 刘国宏. 2007. 化学传感器原理及应用. 北京: 清华大学出版社.

第2章　现代分离科学

在分析化学的研究和应用中, 虽然建立了大量有效的方法, 但是这些方法能否解决所有的分析问题, 这一直是一个考验分析化学研究人员的重大命题. 在自然界里, 物质的存在有其必然的规律, 我们面临的往往是复杂的研究对象, 所谓复杂是指这些研究对象一般都是多个组分共存的, 而且, 就物质世界本身的规律而言, 越是容易共存的物质, 其性质上就越接近, 越难于区分. 另外, 人们为生产生活需要而人为故意地制造复杂物质, 也就是通常所谓的配方, 出于达到某种效果的需要, 可能添加的成分的范围非常广泛. 再则, 像化工生产等过程也难于避免副反应的发生, 产品中一般都含有一定量的杂质. 像这样的复杂样品对分析化学方法提出了特定的要求, 这就是我们在讨论分析化学方法时必须提出的技术指标之一, 即方法是否具有选择性. 如果方法具有很高的选择性, 那就可以在复杂组分中检测出待测组分, 整个分析过程就简单而快捷, 因此在分析化学发展的历程中, 人们开展了大量的研究工作以追求分析方法的选择性. 但是, 任何事物都不以人的意志为转移, 迄今为止, 真正意义上具有高的选择性的方法并不多, 一般的方法在测定中或多或少受到共存物质的干扰, 甚至只能测定多种物质的总量而无法分别测定, 这显然成为分析科学发展的一个重大瓶颈. 为解决这一问题, 在分析化学发展的过程中, 形成了形形色色的分离方法. 所谓分离即指将各种共存物质彼此分开, 从而达到不相互干扰测定的目的. 经典的分离方法包括沉淀、溶剂萃取、离子交换等, 这些方法一般需要比较大量的样品和试剂, 且以人工操作为主, 程序比较复杂, 对操作要求高, 效率和精度均较低. 随后, 更为有效的分离方法, 如色谱 (层析) 占据了分离方法的主流, 包括气相色谱、液相色谱等. 作为自动化的分离手段, 它获得了较高的分离效率并应用方便, 而且这些技术还可以与检测技术联用, 包括各种类型的检测装置如热学、电子、光学、电化学检测器及质谱检测器等. 这样色谱分离技术就和检测技术结合为一体同时完成了分离和分析两大任务, 因此色谱技术迅速发展成为分析科学领域一个重要的学科分支. 随着研究的不断深入和对分离工作的要求的提高, 更多的分离技术也在不断涌现, 如近些年很快发展起来的固相萃取、固相微萃取、液相微萃取等, 也为分离技术提供了更多的技术途径. 现代科学技术的发展日新月异, 分析科学技术迅速渗透到生命科学、环境科学等领域, 各种极其复杂的研究对象和特殊的样品对分离技术提出了更高的要求, 在这样的背景下, 一系列新型的分离技术迅速地发展成熟起来, 本章将重点介绍其中部分重要的技术.

2.1 现代色谱分析技术

色谱分析已经成为非常经典和实用的分离分析技术, 其基本的分离模式包括气相色谱分离和液相色谱分离, 其中气相色谱分离又包括基于吸附和分配的不同分离模式, 液相色谱分离的分离模式则更多, 除吸附和分配外, 还包括离子交换、空间排阻等. 在这些经典的色谱分离基础上, 还发展形成了各种另具特色的现代色谱分离方法.

2.1.1 高效薄层色谱法

薄层色谱 (thin layer chromatography, TLC) 是将固定相均匀涂抹在玻璃板 (或塑料板/铝制薄板) 上成膜, 用毛细管或适当的点样装置将试样点加在薄层的起始线上, 等溶剂挥发后置于展开槽内用一定的溶剂展开, 当展开到适当距离时取出, 晾干、显色后进行定性、定量分析. 薄层色谱具有操作简单、快速、不怕污染, 流动相选择范围宽, 有利于不同性质的化合物的分离与分析等特点.

薄层色谱是 20 世纪 50 年代由 Kirchner 等由经典柱色谱和纸色谱发展而来. 60 年代, Stahl 等对薄层色谱进行了标准化、规格化及扩大应用等方面的工作, 但由于自动化、分辨率及重现性等方面的不足, 其较长时间停留在定性和半定量水平上. 70 年代开始, 薄层色谱向仪器化、高效化发展, 逐步形成了高效薄层色谱, 即在高效薄层板上进行组分分离, 并用仪器代替手工操作, 得到分辨率极高的色谱图, 再配以高质量的薄层色谱扫描仪, 大大提高了薄层色谱定量结果的重现性和准确度. 目前, 高效薄层色谱已成为色谱领域不可或缺的一个分支. 样品在薄层板上被分离的原理和柱色谱类似, 按分离原理可分为吸附薄层色谱、分配薄层色谱、离子交换薄层色谱和空间排阻薄层色谱等, 其中应用最广泛的是吸附薄层色谱.

1. *薄层色谱的技术参数*

薄层色谱的分离操作过程与柱色谱不同, 其技术参数也不完全相同.

1) 定性参数

比移值 R_f

$$R_\mathrm{f} = \frac{L_1}{L_0} \tag{2-1}$$

式中, L_1 为原点中心到样品斑点中心的距离; L_0 为原点中心到溶剂前沿的距离, 如图 2-1 所示.

R_f 值和样品、固定相、展开剂的性质均有关, 可作为组分定性的参数. 由图 2-1 可知 R_f 只能为 0~1, 实际操作中一般要求 R_f 为 0.2~0.8. 由于 R_f 值受到诸多因素的影响, 不同色谱条件下很难比较, 控制色谱条件也比较有限, 因此往往用相

对比移值 R_{r} 来定性

$$R_{\mathrm{r}}=\frac{R_{\mathrm{f}_{(i)}}}{R_{\mathrm{f}_{(s)}}} \tag{2-2}$$

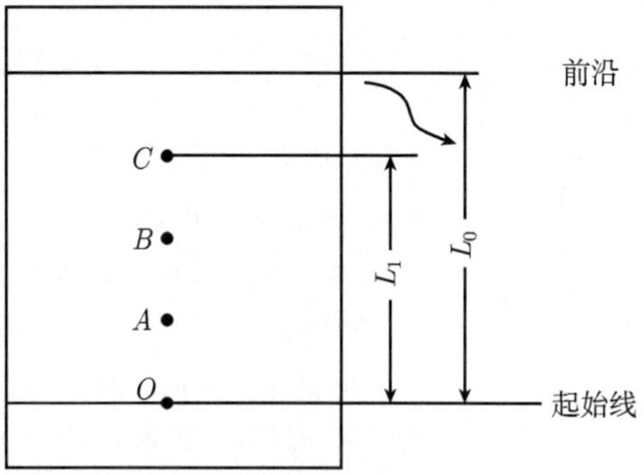

图 2-1 薄层色谱图及比移值

$R_{\mathrm{f}_{(i)}}$ 和 $R_{\mathrm{f}_{(s)}}$ 分别表示组分 i 和参考物质 s 在同一条件下测得的 R_{f} 值. R_{r} 可大于也可小于 1, 可消除系统误差, 所以重现性和可比性比 R_{f} 好. 参考物质可以是加入的纯物质, 也可以是样品中的某一已知组分.

1966 年 Gaspanri 等提出了保留常数值 R_{M} 为

$$R_{\mathrm{M}}=\lg\left(\frac{1}{R_{\mathrm{f}}}-1\right) \tag{2-3}$$

式 (2-3) 表明保留常数和化合物 R_{f} 之间或与被测化合物结构之间存在的关系, 用其可以推测同系物的 R_{M} 值或鉴定同系物.

环形展开比移值 R_{fc} 为被分离物质原点迁移的半径与溶剂由原点至前沿半径的比值. 由于直线展开时的移动距离与环形展开时的半径的平方相当, 所以

$$(R_{\mathrm{fc}})^2=R_{\mathrm{f}} \tag{2-4}$$

环形展开适用于 R_{f} 值比较小的化合物, 因为在环形展开时, 在高比移值范围内, 斑点扁平, 且较分散; 而在低比移值范围内斑点集中, 分离度好.

2) 相平衡参数

薄层色谱的相平衡参数和柱色谱相同, 用分配系数 K 和分配比 k 表示. 比移值 R_{f} 与分配系数、分配比之间的关系为

$$R_{\mathrm{f}}=\frac{1}{1+K\dfrac{V_{\mathrm{s}}}{V_{\mathrm{m}}}}=\frac{1}{1+k} \quad 或 \quad k=\frac{1-R_{\mathrm{f}}}{R_{\mathrm{f}}} \tag{2-5}$$

由式 (2-5) 可知, R_{f} 为 1 的组分, K 或 k 为 0, 表示该组分不被固定相所保留; R_{f} 为 0 的组分, K 或 k 趋于 ∞, 表示该组分不溶于流动相, 不被流动相所洗脱而停留在原点.

3) 分离参数

分离度 (resolution, R) 是薄层色谱的重要分离参数

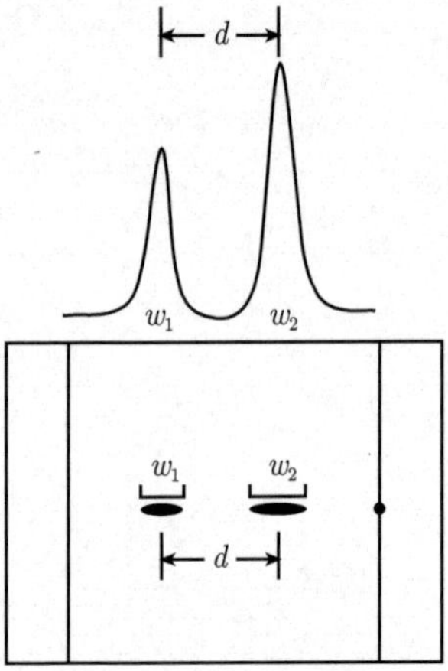

图 2-2　薄层色谱的分辨率

$$R = \frac{d}{\frac{(w_1 + w_2)}{2}} \tag{2-6}$$

式中, d 为两个斑点的中心距; w_1、w_2 分别为两个斑点的宽度, 如图 2-2 所示. 显然, 薄层色谱中相邻两斑点之间的距离 d 越大, 斑点面积越小, 分离度越大, 分离效能越好.

分离数 (separation number, SN) 是衡量薄层色谱分离容量的主要参数. SN 指相邻斑点的分离度为 1.177 时, 在 $R_\mathrm{f} = 0$ 和 $R_\mathrm{f} = 1$ 两组分斑点之间能容纳的色谱斑点数

$$\mathrm{SN} = \frac{L_0}{b_0 + b_1} - 1 \tag{2-7}$$

式中, L_0 指原点至前沿的距离; b_0 和 b_1 分别为薄层扫描所得的 $R_\mathrm{f} = 0$ 和 $R_\mathrm{f} = 1$ 的组分的半峰宽. 实际上 b_0 和 b_1 不能由薄层扫描图直接得到, 而是通过测量其他组分的 R_f 值和半峰宽, 线性回归外推得到. 经典薄层板的 SN 为 7~10, 高效薄层板的 SN 为 10~20.

4) 板效参数

薄层色谱也是用理论塔板数 (number of theoretical plate, n) 来表示分离效率的. n 主要决定于色谱系统的物理特性, 如固定相的粒度、均匀度、活度以及展开剂的流速及展开方式等

$$n = 16\left(\frac{L}{w}\right)^2 \tag{2-8}$$

式中, L 为原点到斑点中心的距离; w 为组分斑点的宽度. n 越大表明该薄层板的效能越高, 斑点越集中. 普通 TLC 的 n 通常为 600, 高效 TLC 的 n 可达 5000 或更大.

和液相色谱一样, 理论塔板高度 (height of plate, H) 也能表征分离效能

$$H = \frac{L_0}{n} \tag{2-9}$$

2. 高效薄层色谱实验技术

实现薄层色谱分析主要有两种途径, 一种途径是利用简易的实验室制备薄层板或商品薄层板采用手工或半自动方式点样、展开、显色并进行定性和半定量分析. 在实验中主要考虑的问题包括固定相和黏合剂的选择、薄层板制备与活化、点样方

式的选择、展开剂的选择以及定性和半定量的方法等. 另一种途径是采用性能优良的商品薄层板, 采用自动点样装置并利用高精度的薄层扫描仪完成分析测试工作, 达到较高的分离分析水平.

1) 薄层色谱实验技术要素

薄层色谱所用固定相和一般柱色谱相同, 但粒径较小, 分离亲脂性化合物常选用氧化铝、硅胶及聚酰胺; 分离亲水性化合物常选用纤维素、离子交换纤维素、硅藻土及聚酰胺等. 在固定相中经常需要加入黏合剂, 如煅石膏 ($CaSO_4 \cdot 2H_2O$)、羧甲基纤维素钠和淀粉等以保证固定相的稳定. 有时为了分离某些物质的特殊需要, 还可加入少量荧光剂、pH 调节剂、络合剂等物质, 制备成荧光薄层板、酸碱薄层板、络合薄层板等.

在薄层色谱技术中, 点样是造成定量误差的主要来源. 点样的一般要求是点样量合适、剂量准确、点样区带窄、重现性好. 点样可采用手动点样、半自动点样和自动点样. 高效薄层色谱展开方式有水平、上行、下行、径向和双向展开, 上行展开是薄层色谱分离最常用的方式. 对组成复杂或组分间性质较接近的试样, 一次展开难以完全分离, 可在正方形薄层板上采用双向展开方式, 两次所用的展开剂可以相同也可以不同. 展开剂的选择是一个关键的环节, 展开剂 (流动相)、被分离组分的极性和吸附剂的活性三者是相互关联相互制约的, 为了获得良好的分离, 必须正确处理这三者的关系. 图 2-3 原则性地说明了这三者之间的关系, 在实际应用中需仔细确定.

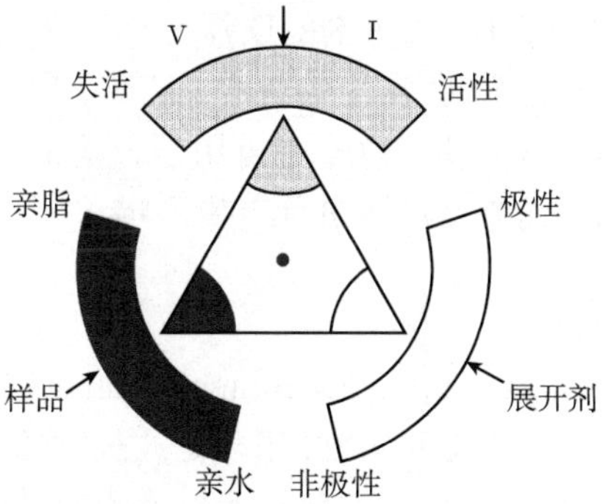

图 2-3 样品、吸附剂和展开剂性质的关系

如图 2-3 所示, 在一圆盘上标有三种刻度, 分别为分离物质的极性、吸附剂的活度 (I 级最强, V 级最弱) 和展开剂的极性. 圆盘中心有一个可转动的正三角形指针说明三者的关系, 分离中等极性的被分离物质, 用活度 II~III 级的吸附剂, 展开剂则用中等极性. 在展开剂选择中, 首选单一展开剂, 只有无法用单一展开剂或使用单一展开剂影响分离或无定性方法时, 才选择混合溶剂作为展开剂.

展开完毕后的薄层从展开剂中取出时需先标出展开剂前缘的位置. 有多种方法

确定分离斑点的位置, 有色组分本身呈现明显的斑点; 有些化合物有紫外吸收, 在紫外灯下显现不同颜色的暗点; 有些化合物可用荧光或荧光猝灭斑点定位. 光学方法检测不仅方便而且不会改变化合物的性质, 但对光敏化合物要注意避光, 并尽量缩短紫外照射时间. 除此之外, 利用一些物质的蒸气与样品作用生成不同颜色或产生荧光, 或根据分离化合物的性质选择适当的显色剂显色, 均可实现斑点的定位. 定位后斑点的位置和性质可用于对化合物的定性, 常用斑点的 R_f 值和显色特性来确定. 因影响 R_f 的因素很多, 根据一种展开剂展开得到的 R_f 值作为定性依据是不够的, 通常需要经过两种以上不同组成的展开剂得到的 R_f 值与标准品一致, 才可认定该斑点和标准品是同一化合物.

2) 薄层色谱 (半) 定量方法

薄层色谱 (半) 定量通常有目视比较、斑点面积、洗脱定量测定等方法. 目视比较半定量法通过比较展开后各斑点颜色的深浅估计组分的大概含量. 展开后薄层上斑点的面积 A 和含量 W 之间存在多种可能的线性关系, 如 $\lg W$ 与 A 呈线性关系; $\lg W$ 与 $\sqrt{A}$ 呈线性关系或 $\lg W$ 与 $\lg A$ 呈线性关系, 因此可在实验确定具体的线性相关性后通过测量斑点的面积进行定量测定. 利用该方法进行定量对薄层色谱操作要求较严格, 薄层的厚度、活度等要均匀一致; 点样量与样品斑点的大小要求一致; 展开时展开剂的液面与原点间的距离以及展开剂上升的速度和展开的距离也要求相同等. 洗脱定量测定是目前较常用方法, 其关键是洗脱的效率, 通常用合适方法将斑点部分的吸附剂取下并收集于 4~5 号砂芯漏斗中, 在减压抽滤下用适当的溶剂将被测组分洗脱. 洗脱剂的选择十分重要, 应选用既能完全洗脱被测组分, 又不干扰以后测定的溶剂, 常用的有水、乙醇、甲醇、丙酮、氯仿、乙醚等, 如果用单一溶剂洗脱得到的效果不好, 也可用混合溶剂, 洗脱完成后多采用紫外–可见分光光度法、荧光分光光度法等进行定量测定.

3. 薄层扫描法

薄层扫描法 (thin layer chromatography scanning, TLCS) 是薄层色谱技术与光学检测技术联用的一种仪器分析方法, 用一定波长和强度的光照射薄层分离后的斑点, 并进行整个斑点的扫描, 用光电转换元件检测透过、反射或是荧光强度等以达到定量测定的目的. 薄层是由许多细小颗粒涂布成的半透明物体, 但光照射到薄层表面时, 除透射光、反射光, 还有相当多的散射光, 因此, 薄层扫描和比色法不同, 样品和测定值之间并非简单的线性关系, 特别在高浓度区这种情况更为明显, 因而在定量方式上有其特殊性, 通常主要从测量信号类型、测量波长的变化及光束扫描轨迹的变化等角度考虑改善测定性能.

1) 测量方法

薄层扫描测定法可分为两类, 一类是紫外–可见吸收测定法, 另一类是荧光测定法.

(1) 紫外–可见吸收测定法.

根据对光的测定方式的不同可分为透射法、反射法、透射–反射法.

透射法中入射光和光电倍增管安装在薄层板的两侧, 入射光通过薄层板上的斑点时, 由于部分被组分吸收而使光强减弱, 透过薄板的光被光电检测器转化为电信号, 经放大后记录. 因薄层板多用普通玻璃板, 而玻璃板吸收紫外光, 所以只能用可见光对有色斑点进行透射扫描.

反射法中入射光与光电检测器安装在薄层同侧. 单色光垂直照射到薄层斑点上, 光电检测器置于 45° 角处检测反射光强度. 玻璃板对反射法测定无影响, 紫外、可见光均能用, 是薄层扫描定量中经常采用的方法.

透射–反射法是同时测定透射光及反射光, 将测得的两种光信号相加. 由于薄层较厚处, 透射光减弱而反射光相应增强; 薄层较薄处, 透射光增强而反射光减弱, 故二者之和可以补偿薄层厚度不均所造成的基线不稳, 从而灵敏度和精密度得到改善.

(2) 荧光测定法.

在激发光的照射下, 斑点中物质本身有荧光或经过荧光衍生的化合物, 可测定其发射的荧光强度而进行定量. 荧光法的光源通常是汞灯或氙灯, 若用反射法测量斑点被激发发射的荧光, 在光电倍增管前需放置二级滤光片以滤除散射的激发光; 若以透射法测量, 激发光为紫外光, 薄层板所用的玻璃可起到二级滤光片的作用. 荧光测定法灵敏度高, 因而点样量少, 相应地改善了分离效果. 由于物质浓度与荧光强度存在良好的线性关系, 斑点形状不同对测量值影响不大.

荧光猝灭使用含有荧光指示剂的薄层板, 在紫外光的照射下, 斑点中组分使荧光指示剂产生的荧光强度减弱, 借助测量荧光强度减弱的程度测出斑点中组分的含量. 荧光猝灭的测量中, 组分浓度与荧光强度没有很好的线性关系, 其定量关系需由具体实验确定.

2) 单波长和双波长扫描

(1) 单波长扫描. 使用单一波长对薄层进行扫描, 又可分为单光束和双光束. 单光束的扫描仪无法消除薄层厚度不均、显色不均的影响, 对薄层制作要求很高. 双光束扫描仪中光源发出的光经过分束器被分成两条均等的光束, 一束照在斑点部位, 另一束照在斑点邻近空白薄层上, 记录两条光束扫描所得的吸光度. 但双光束扫描仪测得的空白值并非斑点所在的部位, 故只能在一定程度上消除薄层背景不均匀的影响.

(2) 双波长扫描. 双波长扫描是采用两个不同波长的光束先后扫描所要测定的斑点, 并记录两波长吸光度之差. 两种波长的选择, 通常是选择斑点中组分的吸收峰波长作为样品测定波长, 组分无吸收的波长作为参比波长. 在双波长扫描中, 对样品扫描进行了背景扣除, 这使薄层背景的不均匀性得到补偿, 扫描曲线的基线较为平直, 测定精度得到改善.

3) 扫描轨迹

根据扫描时光束轨迹的不同, 扫描方式有直线扫描、锯齿状扫描和圆形扫描. 直线扫描是用一定面积的光束以直线轨迹扫描通过斑点, 光束应将整个斑点包括且对准斑点中心, 扫描测得的是光束在斑点各部分的吸光度之和. 由于薄层扫描中吸光度和样品含量之间不一定呈线性关系, 故对外形不规则即不呈圆形的斑点, 光束从斑点的不同方向扫描得到的吸光度积分值不同, 因此直线扫描对外形规则的斑点比较适用.

锯齿状扫描以一定大小的正方形小光点呈锯齿状轨迹扫描前进, 如图 2-4 所示. 光点的大小可随斑点面积大小进行调节, 这种扫描方式特别适合外形不规则的斑点, 从不同的方向扫描可得到基本一致的吸光度积分值.

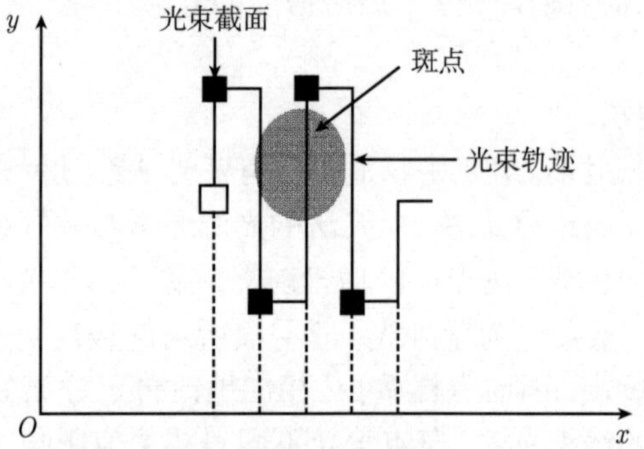

图 2-4　薄层扫描方式

圆形扫描用于圆心式或向心式展开后所得的圆形色谱的扫描测定, 可以用光束由圆心向圆周方向扫描, 也可以将光束沿一定半径的圆周方向移动, 光束长轴可与圆周一致, 也可与圆周垂直进行扫描.

4. 薄层色谱应用

薄层色谱是应用比较广泛的分离方法之一, 主要应用于以下领域.

1) 中草药和中成药的成分分析

中草药和中成药成分极为复杂, 自从薄层色谱被采用以来, 几乎成了分析中草药和中成药成分的首选方法. 长期以来, 薄层色谱在中药材中成药的质量分析方面发挥了积极的作用.

中药材品种主要靠斑点比移值、斑点颜色及薄层指纹图谱来鉴别. 由于中药材质量受产地、栽培条件、生长周期、采收季节、加工方法等因素的影响, 而中成药的药效也会受原料质量、工艺方法等因素的影响, 只靠显微鉴别、理化鉴别、含量测定等方法不足以鉴别成分复杂的中草药和中成药. 目前国际上通用的办法是采用指纹图谱的方法, 指纹图谱可以通过对体系化学成分的物理指标的表征, 将物质体系的内涵表达出来, 从而达到对体系整体性的描述, 这正好符合中医药整体综合的特点. 我国药典中收录了 101 个中药品种的多幅彩色薄层谱图, 供分析工作者参考. 薄层分离指纹图谱的建立, 为鉴别药材的真伪、产地、生长年代提供了技术手段, 也为药材种植的条件选择提供了便利.

薄层色谱在合成药物中的应用也很广泛, 如磺胺、巴比妥、抗生素、生物碱等.

2) 化工原料及化学反应进程的控制

用薄层色谱分析有机化工原料, 操作简单易行. 如各种官能团的有机物、石油产品、塑料单体、橡胶裂解产物、油漆原料、合成洗涤剂原料等均可采用薄层色谱监测原料质量. 在化学反应过程中, 反应终点可以通过定期检验反应产物中原料和目标产物的量来判断. 如果到达反应终点, 目标产物的浓度达到最大值, 原料浓度降到最小, 都可以通过薄层色谱来确定.

3) 在食品分析、毒物分析、法医化学和环境污染物分析等方面的应用

食品中的成分是蛋白质、氨基酸、糖类、油和脂肪、维生素和食用色素等, 以及可能存在的有害物质如残留农药、致癌的黄曲霉等, 都可用薄层色谱法定性和定量测得.

毒物分析和法医化学中很多也采用薄层色谱等手段, 对麻醉药、巴比妥、印度大麻、鸦片生物碱等均可分析. 另外, 很多环境污染物, 如多环芳烃、酚类物质等均可用薄层色谱进行分析.

2.1.2 凝胶色谱法

凝胶色谱法 (gel chromatography) 又称分子排阻色谱法, 是 20 世纪 60 年代初发展起来的一种快速而又简单的分离分析技术, 主要用于测定高聚物分子量及其分布. 根据分离对象的水溶性不同, 又可分为凝胶过滤色谱 (GFC) 和凝胶渗透色谱 (GPC). 凝胶过滤色谱主要以水为洗脱溶剂分离水溶性的大分子, 如多糖类化合物, 常用的凝胶是葡聚糖系列. 凝胶渗透色谱法主要用于有机溶剂中可溶的高聚物相对分子质量分布分析及分离, 常用的凝胶为交联聚苯乙烯凝胶, 洗脱溶剂为四氢呋喃等有机溶剂. 凝胶色谱不但可以用于分离测定高聚物的相对分子质量和分布, 而且已经被生物化学、分子生物学、生物工程学、分子免疫学以及医学等有关领域广泛采用以研究生物大分子.

高分子化合物的性能与其分子质量有密切的关系, 尤其是其机械性能、加工性能和溶液性能都是随分子质量而显著改变的, 同时分子质量的分布也对这些性能产生显著的影响, 因此, 研究高分子化合物的分子质量及其分布是非常重要的. 测定高分子化合物分子质量的传统方法包括端基分析、沸点上升、冰点下降、渗透压、

黏度、散射、离心等方法, 凝胶色谱是高分子化合物分子质量分析领域最先进的方法之一.

1. 凝胶色谱法基本原理

1) 分子筛效应

高分子链上的碳 — 碳单键是能转动的, 随着分子链的增长, 高分子的长链会扭曲成一个线团形状, 分子质量大的线团体积大, 分子质量小的线团体积小. 含有不同大小分子的样品溶液缓慢地流经凝胶色谱柱时, 各分子在柱内同时进行着随流动相往前的移动和无定向的扩散运动. 大分子物质由于直径较大, 不易进入凝胶颗粒的微孔, 而只能分布于颗粒之间, 所以在洗脱时向前移动的速度较快. 小分子物质除了可在凝胶颗粒间隙中扩散外, 还可以进入凝胶颗粒的微孔中, 即进入凝胶相内, 并不断从一个凝胶内扩散到颗粒间隙后再进入另一凝胶颗粒, 如此不断地进入和扩散, 所以向前移动的速度落后于大分子物质, 从而样品中分子大的先流出色谱柱, 中等分子的后流出, 分子最小的最后流出, 这种现象称为分子筛效应. 具有多孔的凝胶就是分子筛, 各种分子筛的孔隙大小分布有一定范围, 分子直径比凝胶最大孔隙直径大的, 全部被排阻在凝胶颗粒之外, 这种情况称为全排阻. 两种全排阻的分子即使大小不同, 也不会有分离效果. 直径比凝胶最小孔直径小的分子能进入凝胶的全部孔隙, 如果两种分子都能全部进入凝胶孔隙, 即使它们的大小有差别, 也不会有好的分离效果, 因此, 一定的分子筛有它一定的使用范围.

对于分子大小不同, 但同属于凝胶分离范围内的各种分子, 在凝胶柱中的分布情况也是不同的: 分子较大的只能进入孔径较大的那一部分凝胶孔隙内, 而分子较小的可进入较多的凝胶颗粒内, 这样分子较大的在凝胶柱内移动距离较短, 分子较小的移动距离较长. 同时, 凝胶本身具有三维网状结构, 大的分子在进入这种网状结构上的孔隙时阻力较大, 小分子进入时则阻力较小, 于是分子较大的先通过凝胶柱而分子较小的后通过凝胶柱, 这样就利用分子筛可将分子质量不同的物质分离, 分子质量大小不同的多种成分在通过凝胶柱时, 按照分子质量大小排队, 表现出分子筛效应. 当然凝胶色谱分离作用实际上比上述过程要复杂些, 还牵涉样品与凝胶表面及淋洗液间的分子间作用力等因素.

对凝胶色谱分离机理的理解还需要考虑以下因素:

(1) 平衡排除. 其一是所谓构象降低, 高分子化合物被理解为无规线团, 当其进入凝胶孔洞内时, 只有部分构象能够存在, 而且分子质量越大, 构象越少; 其二是立体排斥, 高分子线团在孔内的活动范围与其分子质量相关, 其减小的厚度为高分子线团的有效半径.

(2) 限制扩散. 溶质分子在凝胶柱中的分配未必会达到平衡. 因为大小不同的分子的扩散速度是不同的, 分子的扩散系数随 R/a 的增大而迅速减小 (R 为分子半径; a 为孔的截面半径). 同样条件下, 小的分子不仅能进入孔洞内, 而且可以进入孔洞的深处, 从而滞留的时间长; 而大的分子, 由于扩散慢, 只能进入孔洞的表面, 存在所谓 "有限扩散" 现象, 尤其是当流动相速率较大时, 不能达到平衡.

(3) 流动分离. 按照流体动力学理论, 流动相在孔洞中的移动存在一个抛物线形的流速场, 即中间流速大, 周围流速小, 而分子越大, 越容易被集中在流速场的中间, 从而随流动相的移动加快, 而较小的分子则分布于流速场的周围, 移动速率小.

2) 凝胶色谱柱的重要参数

(1) 柱体积. 柱体积是指凝胶装柱后, 从柱的底板到凝胶沉积表面的体积. 常用 V_{t} 表示.

(2) 外水体积. 色谱柱内凝胶颗粒间隙, 这部分体积称外水体积, 也称间隙体积, 常用 V_{o} 表示.

(3) 内水体积. 因为凝胶为三维网状结构, 颗粒内部仍有空间, 液体可进入颗粒内部, 这部分间隙的总和为内水体积, 又称定相体积, 常用 V_{i} 表示, 不包括固体支持物的体积 (V_{g}).

(4) 峰洗脱体积. 是指被分离物质通过凝胶柱所需洗脱液的体积, 常用 V_{e} 表示. 当样品的体积很小时 (与洗脱体积比较可以忽略不计), 在洗脱图中, 从加样到峰顶位置所用洗脱液体积为 V_{e}.

3) 高聚物的分子质量及其分布

高聚物的分子质量是个分散性体系, 有的分子分子质量大, 有的分子分子质量小, 这就产生了一个分子质量分布和分子质量统计方法的问题, 从理论上讲, 一个高分子样品中, 分子质量很大的分子数不会多, 同样分子质量很小的分子数也不会多, 而分子质量适中的分子数是主要的, 因此分子质量的分布应趋向于正态分布.

设高分子样品中某一小部分 i 的分子质量是相同的, 为 M_i, 其分子数目为 N_i, 质量为 W_i, 则这个样品的重均分子质量为

$$M_{\mathrm{w}} = \frac{\sum W_i M_i}{\sum W_i} \tag{2-10}$$

数均分子质量为

$$M_{\mathrm{n}} = \frac{\sum N_i M_i}{\sum N_i} \tag{2-11}$$

分子质量分布宽度为

$$D = \frac{M_{\mathrm{w}}}{M_{\mathrm{n}}} \tag{2-12}$$

M_{w} 是以不同分子质量的分子质量分数统计的样品的平均分子质量; M_{n} 是以不同分子质量的分子数目分数统计的样品的平均分子质量; 高分子的 D 值越小表

明分子质量的分散性越小. 一般分子质量测定标样的 $D < 1.1$. 凝胶色谱仪可测定 M_w、M_n 和 D 值并计算出黏均分子质量 M_η 等, 在这些数据中最重要的是重均分子质量 M_w.

2. 常用凝胶的种类及性质

1) 聚丙烯酰胺凝胶

聚丙烯酰胺凝胶是一种人工合成凝胶, 是以丙烯酰胺为单体, 由甲叉双丙烯酰胺交联, 经干燥粉碎或加工成形制成粒状, 控制交联剂的用量可制成各种型号的凝胶. 交联剂越多, 孔隙越小.

2) 交联葡聚糖凝胶

交联葡聚糖的商品名为 Sephadex, 不同规格型号的葡聚糖用英文字母 G 表示, G 后面的阿拉伯数为凝胶吸水值的 10 倍, 如 Sephadex G-25 即为 1g 凝胶膨胀时吸水 2.5g 的葡聚糖. Sephadex LH-20 是 Sephadex G-25 的羧丙基衍生物, 能溶于水及亲脂溶剂, 用于分离不溶于水的物质.

3) 琼脂糖凝胶

琼脂糖凝胶是依靠糖链之间的次级链如氢键来维持网状结构, 网状结构的疏密依靠琼脂糖的浓度. 一般情况下, 它的结构是稳定的, 可以在许多条件下使用. 琼脂糖凝胶在 40°C 以上开始融化, 也不能高压消毒.

4) 聚苯乙烯凝胶

聚苯乙烯凝胶 (styrogel) 具有大网孔结构, 可用于分离分子质量 1600~40000000 的生物大分子, 适用于有机多聚物分子质量测定和脂溶性天然物的分级, 凝胶机械强度好, 洗脱剂可用甲基亚砜.

3. 凝胶色谱仪及实验技术

凝胶色谱仪的基本结构与液相色谱类似, 如图 2-5 所示. 流动相经高压计量泵输入凝胶色谱柱, 样品经进样器注入, 被流动相带入凝胶色谱柱进行分离, 分子质量大的部分先被淋洗出色谱柱, 分子质量小的后被淋洗出色谱柱, 被分离后的样品流入示差折光检测器, 因样品的折射率的变化而产生折射差值信号, 经光电转换后的信号被放大记录.

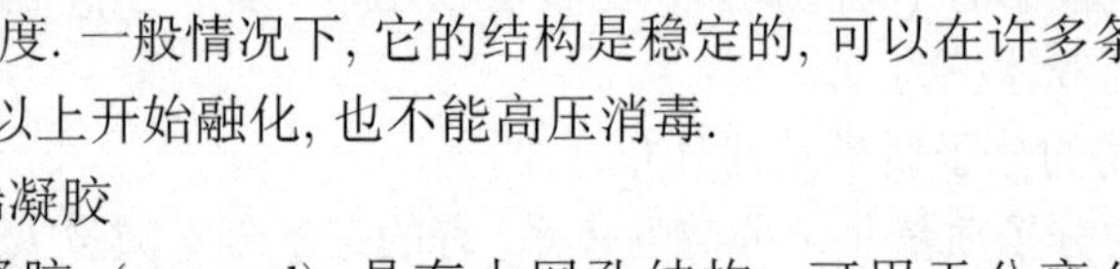

图 2-5 凝胶色谱系统结构

1) 高压流量泵

在凝胶色谱应用中, 高分子的分子质量是以出峰时间为依据进行计算的, 因此流量的稳定非常重要. 目前大多使用两个柱塞泵并联组成计量泵, 这两个并联柱塞泵往复互补以减少流量的脉动, 要求较高的泵其流量波动的相对标准偏差在 0.1% 以下.

2) 样品溶液的处理

样品溶液如有沉淀应过滤或离心除去, 如含脂类可高速离心或通过 Sephadex G-15 短柱除去. 样品的黏度不可大, 黏度高影响分离效果, 含蛋白不超过 4%.

3) 凝胶色谱柱

色谱柱的直径大小不影响分离度, 样品用量大, 可加大柱的直径, 但直径加大, 洗脱液体积增大, 样品稀释度大. 分离度与柱高的平方根相关, 但软凝胶柱过高会挤压变形阻塞. 凝胶的粒度也影响分离效果, 粒度细分离效果好, 但阻力大, 流速慢. 商品凝胶是干燥的颗粒, 根据柱体积估计所需干胶的量, 使用前在欲使用的洗脱液中膨胀. 为了加速膨胀, 可用加热法, 即在沸水浴中将湿凝胶逐渐升温至近沸, 这样可大大加速膨胀, 通常在 1~2h 即可完成. 这种方法不但节约时间, 而且还可消毒, 除去凝胶中污染的细菌和排除胶内的空气. 经常使用的凝胶, 如交联葡聚糖和琼脂糖, 都是多糖类物质, 需防止微生物的生长. 常用的抑菌剂有叠氮钠 (NaN_3)、可乐酮 [Cl_3C-$C(OH)(CH_3)_2$]、乙基汞代巯基水杨酸钠和苯基汞代盐等.

4) 检测器

示差折光检测器是凝胶色谱通用的检测器. 检测器由参比池和样品池组成, 被分离的样品流经样品池时, 样品池的折射率与参比池的折射率之间产生差值, 发出折射率改变的信号. 折射率和温度有关, 温度细微变化会引起折射率的波动, 因此检测器的温度控制要有很高的精度.

5) 分子质量的测定

用凝胶色谱法分析高分子化合物的分子质量, 要先用已知分子质量的高聚物, 如聚苯乙烯标样作工作曲线, 依据工作曲线对未知样品进行测定. 实验过程中根据不同样品的分子质量选择合适的凝胶色谱柱, 还要考虑选择合适的流动相. 典型的保留时间和分子质量之间的相关性如图 2-6 所示.

应用中需要注意以下问题:

(1) 凝胶色谱分析前, 必须完全除去样品中的粉质.

(2) 进样前要尽量除去溶剂. 常见溶剂有各自的折射率, 如果比流动相折射率低的溶剂混进样品, 会在色谱图上形成负峰; 如果比流动相折射率高的溶剂混进样品又不能很好分离的话, 会使数均分子质量明显偏低, 使分子质量分布宽度 D 值明显增大.

(3) 要获得准确的分子质量和分子质量分布, 必须注意色谱柱分子质量范围、标样分子质量范围和被测分子分子质量范围三者之间的关系. 正确的覆盖关系为: 柱分子质量范围 ⩾ 标样分子质量范围 ⩾ 被测分子分子质量. 柱的分子质量范围一定要明显高出测试样品的分子质量范围, 如分析相对分子质量为 6 万的样品, 柱的分离极限应在 30 万以上.

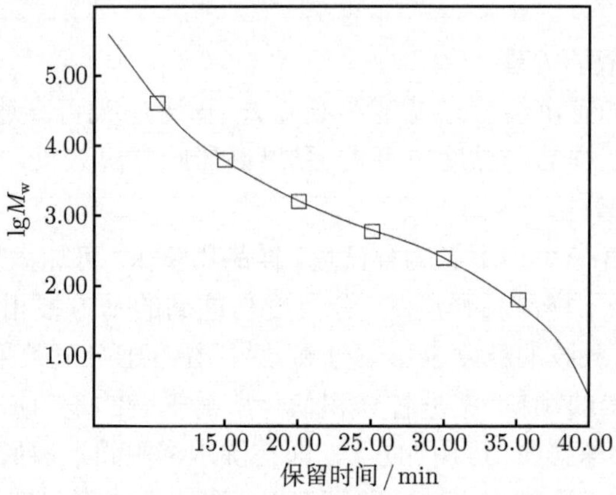

图 2-6　凝胶色谱保留时间与分子质量的关系

2.1.3　亲和色谱

亲和色谱 (affinity chromatography, AC), 是利用生物分子, 特别是生物大分子与亲和色谱固定相表面配体之间存在的生物学和生物化学过程的特效性亲和吸附作用, 来进行选择性分离生物分子的方法.

生物大分子如肽、蛋白质、核酸等有一个共同特性, 即具有以特有的高效方式去识别或键合到其他分子上的能力, 正因为如此所有生物大分子可借助亲和作用过程进行分离和纯化. 自 20 世纪 50 年代至今, 亲和色谱已在生物化学、分子生物学、基因组学、蛋白组学、生物工程、临床医学、新型高效药物研究中成为常规的分离、分析和制备的有效工具, 并且在生物大分子的结构、功能研究中, 成为一种普遍采用的方法.

1. 亲和色谱基本原理和类型

亲和色谱固定相上键合的配位体与被分离的生物活性目标分子之间的相互作用, 可用锁钥结构络合物 (lock-and-key structural complex) 的形成来表示, 如图 2-7 所示. 生物活性分子和配体之间的相互作用受范德华力、疏水作用力、静电引力、络合作用力和空间位阻效应等多种因素影响, 正是这种相互作用力的差异, 才使得不同种类的生物分子获得分离.

亲和色谱法的突出特点是可对天然生物活性物质进行高特效性的分离和纯化, 具有高的浓缩效应, 可从大量样品基体中分离、纯化出所希望获取的少量生物活性物质. 与高效液相色谱中广泛使用的仅利用疏水性差异的单一模式的反相色谱柱不同, 在亲和色谱分析中广泛使用依据不同分离模式的特效性识别柱, 这些不同类型亲和柱的使用可依据被分离目标分子的需求来决定. 研究锁钥络合物解吸过程的化学动力学是发展亲和色谱的分析应用和制备分离的关键问题.

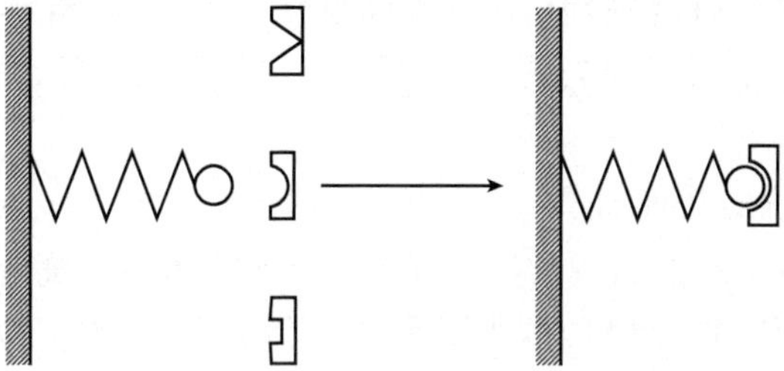

图 2-7 亲和色谱分离原理

亲和色谱已获得了巨大的进展, 依据生成锁钥结构、可逆离解配位机理的不同, 发展了多种方法. 依据亲和色谱固定相键合配位体的不同, 可将亲和色谱方法进行分类, 见表 2-1.

表 2-1 亲和色谱法的分类

方法名称	分离机理	应用对象
生物特效亲和色谱法	利用可形成锁钥结构的不同生物分子间的生物特效识别功能	生物活性物质如肽、蛋白质、核苷酸、抗原、抗体、病毒、细胞碎片等
染料配位亲和色谱法	利用生物分子与三嗪或三苯甲烷染料间的特殊性相互亲和作用	核苷、核碱、核苷酸、核酸与核酸键合的蛋白质、生物酶
定位金属离子亲和色谱法	利用生物分子与金属离子–有机试剂螯合物之间的特效性相互亲和作用	肽、蛋白质、核酸、生物酶
包合配合物亲和色谱法	利用生物分子与环糊精 (或冠醚、环芳烃) 及其衍生物之间的特效包合作用	手性氨基酸、多肽、生物酶、纤维素细胞生长因子、凝固因子、脂蛋白及多种手性药物
电荷转移亲和色谱法	利用生物分子与卟啉衍生物之间的电子给予和电子接受基团间的特殊静电吸引亲和作用	氨基酸、肽、蛋白质、核碱、核苷酸
共价亲和色谱法	利用含巯基的生物分子与含二硫桥键配位体 (2- 吡啶二硫化物) 间存在的特效亲和作用	含硫多肽和蛋白质、含汞多聚核苷酸
印迹分子亲和色谱法	利用生物分子与分子印迹聚合物之间的专一性分子识别作用, 以实现高选择性、高效率的手性分离	氨基酸、肽、蛋白质、核苷酸、辅酶
疏水作用亲和色谱法	利用在水溶液中非极性基团之间的接触结合的亲和作用	不同的蛋白质和核酸

2. 亲和色谱分离技术要素

在亲和色谱分析中, 分离、纯化对象大多为极性生物活性分子, 但从固定相上把它们洗脱下来时, 需要用 pH 接近于中性的稀缓冲液, 以保持其生物活性. 生物分子和各种亲和配位体生成的配合物一般稳定常数不大, 而且可逆, 因此在大多数情况下使用非选择性洗脱剂可实现不同组分的分离. 但当亲和作用特别强时, 必须采用特效性洗脱剂或特殊洗脱方法, 即使用含有特定组分、具有超强洗脱能力的流动相进行洗脱.

1) 影响洗脱的几种因素

(1) 锁钥络合物的离解常数. 锁钥络合物越稳定, 离解常数 K_D 越小, 一般 $K_D > 10^{-3}$mol/L 时, 亲和力太弱, 无法用于分离; 当 K_D 为 10^{-4}~10^{-3}mol/L 时, 锁钥络合物呈现可逆吸附, 亲和作用力强度适用于分离; 当 $K_D < 10^{-5}$mol/L 时, 生物分子被牢固吸附, 必须改变外界条件才能分离; 当 $K_D < 10^{-8}$mol/L 时, 亲和性很高, 洗脱可能极端困难, 仅当在变性条件下才能实现洗脱.

(2) 配体浓度. 键合配体浓度明显影响亲和固定相的有效性. 通常亲和固定相制备时, 其载体不需要键合高浓度的配体, 因为随配体浓度的增加, 键合强度和非特效相互作用也随之增大, 与此同时, 由于立体阻碍, 基体的有效性也会降低. 在大多数情况下, 配体浓度达 20μmol/mL 即可, 仅在低亲和体系时, 才使用最高可能达到的浓度. 对于具有高亲和性的配体, 如需降低配体的浓度或亲和性, 降低洗脱的难度, 可简单地将一定量载体与亲和固定相混合后再装柱就能实现.

(3) 空间阻碍作用. 当生物活性分子与配体作用生成锁钥络合物时, 会遇到一系列的空间阻碍作用：① 生物活性分子在亲和固定相上的扩散受到载体孔径和孔容的限制, 因此亲和固定相的载体必须具有大孔 (>30nm). 如能将亲和色谱与凝胶渗透色谱组合, 最适合于分离既能与配体亲和又具有不同分子质量的化合物. ② 如将小分子配体直接键合在载体上, 生物大分子与配体键合形成锁钥络合物会受到较大的空间阻碍作用, 为减少立体干扰, 增加小分子配体的柔韧性和可移动性, 小分子配体最好通过间隔臂再与载体偶联. 间隔臂在亲和固定相中十分重要, 亲和色谱的效率可借助在载体和配体之间插入不同长度的间隔臂碳链 (大多数情况下为 C6 链) 而获得显著的增强. ③ 配体通过共价定位后, 其活性作用位被其他基团阻碍, 而无法与生物活性分子相互作用, 使亲和作用大大降低.

(4) 平衡时间. 在某些情况下, 特效配体与生物大分子之间的吸附平衡以很慢的速度完成, 一方面由于与特效配体接触的生物大分子数目相当少, 另一方面蛋白质等的活性位必须紧紧对准亲和配体才能实现特效吸附. 为满足达到吸附平衡的条件, 进样后洗脱速度应尽可能低. 对弱亲和作用, 洗脱前将样品与亲和固定相平衡一段时间, 不仅可增强亲和作用, 还可提高色谱柱分离能力.

(5) 温度效应. 亲和吸附作用会随温度的升高而减小. 在色谱过程中, 随着温度的升高, 分子迁移速度加快, 有利于洗脱过程, 0~25°C 范围比较适合于亲和色谱.

2) 亲和色谱流动相的组成

亲和色谱使用的流动相皆为具有不同 pH 的缓冲溶液, 由无机和有机弱酸或弱碱与其共轭酸碱构成. 为保持生物大分子的活性, 一般在温和条件下洗脱, pH6~8 的缓冲体系较为适合. 表 2-2 和表 2-3 列出了常用的缓冲物质和 Good's 缓冲物的适用 pH 范围.

表 2-2 常用的酸、碱缓冲物质

化合物	pKa(pKb)	化合物	pKa(pKb)
草酸	1.23(pKa_1)	琥珀酸	4.19(pKa_1)
	4.19(pKa_2)		5.57(pKa_2)
磷酸	2.12(pKa_1)	柠檬酸	3.06(pKa_1)
	7.21(pKa_2)		4.74(pKa_2)
	12.32(pKa_3)		5.40(pKa_3)
亚氨基二乙酸	2.33	谷氨酸	4.32
天冬氨酸	2.90(pKa_1)	碳酸铵	6.35(pKa)
	5.70(pKa_2)		10.33(pKb)
丙二酸	2.90(pKa_1)	咪唑	7.00
	5.70(pKa_2)		
乙酸	4.74	麦黄酮	8.05
甲酸	3.74	甘氨酰胺	8.20
2- 羟基异丁酸	3.97	甘氨酰甘氨酸	8.25
吗啉	8.49	三 (羟甲基) 氨基甲烷 (tris)	8.30
硼酸	9.24	氨水	9.26

表 2-3 Good's 缓冲物的适用 pH 范围

缓冲物	缩写	pH 范围
2-(N- 吗啉) 乙基磺酸/NaOH	MES/NaOH	5.5~6.7
N-(2- 乙酰胺基) 亚氨基二乙酸/NaOH	ADA/NaOH	6.0~7.2
哌嗪 -N, N'- 双 (2- 乙基磺酸)/NaOH	PIPES/NaOH	6.1~7.5
N- 乙酸氨基 -2- 氨乙基磺酸/NaOH	ACES/NaOH	6.2~7.5
3-(N- 吗啉) 丙基磺酸/NaOH	MOPS/NaOH	6.5~7.9
N-2- 羟乙基哌嗪 -N'-2- 乙基磺酸/NaOH	HEPES/NaOH	6.8~8.2
N- 三 (羟甲基) 甲基甘氨酸/HCl	Tricine/HCl	7.4~8.8
N, N- 双 (2- 羟乙基) 甘氨酸/ HCl	Bicine/HCl	7.6~9.0
3-[N- 三 (羟甲基) 甲氨酸] 丙基磺酸/NaOH	TAPS/NaOH	7.7~9.1
2-(环己氨基) 乙基磺酸/NaOH	CHES/NaOH	8.6~10.6
3-(环己氨基) 丙基磺酸/NaOH	CAPS/NaOH	9.7~11.1

3) 洗脱方法

(1) 非选择性洗脱法.

当被分离的生物分子与配体形成稳定常数较小的络合物时, 在恒组成洗脱条件下, 使用洗脱能力较弱的、具有不同 pH 的缓冲溶液, 就可使络合物解离, 而将生物分子洗脱下来. 当被分离的生物分子除与配位体存在配位作用外, 还存在由静电引力、氢键力或疏水相互作用引起的非特异性吸附时, 必须通过以下几种方法来消除非特异性吸附, 而又不损害生物分子的生物活性和固定相的稳定性：① 改变流动相的 pH. 许多类型的亲和作用会在极端的 pH 条件下被破坏, 但利用改变 pH 变更洗脱条件时, 要注意样品分子是否会失去生物活性. ② 改变流动相的离子强度. 任何具有离子基团的亲和色谱固定相都会因产生非特异性吸附而影响洗脱, 一般可向流动相加入高浓度 NaCl(0.1~1.0mol/L) 以增加流动相的离子强度, 减轻非特异性吸附, 实现样品分子的顺利洗脱, 也可采用梯度洗脱方式进行. ③ 改变流动相的极性. 向具有一定 pH 的流动相中加入极少量的有机改性剂, 如甲醇、乙腈、四氢呋喃、乙二醇、二甲基甲酰胺等. 因改变了亲和作用周围的介质条件, 随着疏水作用的增强, 破坏了样品分子与配体之间的亲和作用, 呈现出极有效的洗脱效应. ④ 加入离子顺序试剂. 如将硫氰化钾、脲、盐酸胍、三氯乙酸等加入流动相, 这会使蛋白质等生物分子的结构发生变化, 而破坏原已存在的亲和作用. 离子顺序试剂实际上就是蛋白质变性剂, 使用 10 mmol/L 左右低浓度离子顺序试剂是实现快速洗脱, 并尽可能保持生物活性的最佳方法.

非选择性洗脱的最大优点是使用了廉价的 pH 缓冲溶液作为流动相, 此外还可克服非特异性吸附. 其缺点是, 当使用有机改性剂或离子顺序试剂来强化洗脱条件时, 常会使被分离生物分子的结构发生不可逆变化, 尤其是对高活性蛋白质时因慎重使用.

(2) 特效性洗脱.

当生物分子与固定相的配体存在强亲和作用时, 宜采用选择性强的特效性洗脱法, 即在流动相中添加另一种游离配体和被分离的生物活性分子相结合, 从柱上洗脱下来. 洗脱后可利用改变 pH 或加入变性剂的方法, 重新获得生物分子的纯品. 为增加特效洗脱的纯化效果, 可采用多次脉冲式加入流动相的方法进行, 或采用停流洗脱方式, 以增加流动相与样品分子的相互作用时间, 保证洗脱完全.

(3) 特殊洗脱方法.

当生物分子与配体间存在特别强的亲和作用时, 就需要使用特殊洗脱方法. 一种特殊洗脱方法是在某些情况下使用硼酸盐缓冲溶液作为流动相会产生特殊有效的洗脱效果. 另一种特殊洗脱方法是通过选择性地断裂固定相基体和配体之间的化学键, 如偶氮键、二硫键等, 完整地将配体–蛋白络合物释放出来. 然后再用适当的方法, 如改变 pH、加入疏水性有机溶剂和改性剂等, 将洗脱下来的络合物中的蛋白质离解出来, 并用配体重新再生固定相. 这种方法特别适用于对配体亲和力特别强, 且又需纯化的生物大分子样品.

4) 亲和色谱固定相

亲和色谱固定相是亲和色谱法对生物大分子实现高效分离的关键, 其制备方法比一般色谱固定相复杂, 由载体 (support, 又称基体 matrix)、间隔臂 (spacer 或 spacer arms) 和配体 (ligand, 又称底物 substrate) 三部分组成.

载体应适用于色谱分析, 一般用无机氧化物如 SiO_2、Al_2O_3、ZrO_2 等, 生物聚合物如琼脂糖、葡聚糖等或高分子聚合物, 如苯乙烯–二乙烯基苯共聚物、聚丙烯酰胺、甲基丙烯酸酯等. 间隔臂大多数为线性的脂肪族有机物, 具有双官能团, 一端与载体连接, 另一端与配体连接. 间隔臂的长度直接影响固定相的立体效应, 可具有疏水性或亲水性, 也可由多肽或蛋白质大分子构成, 不仅可为直线形, 还可构成星形辐射树枝状. 配体应呈现对一系列生物分子的特效性, 自身须具有能和间隔臂共价键连接的官能团.

亲和色谱固定相的制备, 实际上就是在固相载体上进行特定化学官能团的固定化反应, 一般有顺序键合法和分步键合法两种方式. 不论采用哪种方式进行固化反应, 其偶联反应条件必须十分温和, 并对反应物不会产生有害的影响, 特别是对易变性的生物特效配体.

亲和色谱固定相的制备中, 不仅涉及有机合成, 还涉及表面化学领域. 常用于对固定相制备过程进行表征和检验的分析技术有三类: ① 测定经化学键合偶联在载体上的间隔臂或配体的特征官能团或化学组成. 如紫外吸收光谱 (UV)、红外吸收光谱 (IR)、拉曼光谱、核磁共振波谱 (NMR) 以及使用软电离技术的质谱 (MS); ② 测定固相表面结构特性及试剂在固相表面分散情况的表面分析技术, 如 X 射线光电子能谱 (XPS)、俄歇电子能谱 (AES)、X 射线衍射 (XRD)、扫描电子显微镜 (SEM); ③ 其他分析方法, 如测定固相含水量、热稳定性、分解或相变温度的热分析方法 (DTA、DSC 等) 以及用化学分析法分析固相的表面积、酸碱活性作用位点、配体键合容量等.

3. 亲和色谱分析实验技术

亲和色谱分析操作技术可分为小型柱重力洗脱、低中压液相色谱分析和高压液相色谱分析三种操作方式.

1) 小型柱重力洗脱

由琼脂糖、葡聚糖等软质凝胶制备的亲和色谱固定相, 常用于小型柱重力洗脱. 对具有高特异性亲和吸附的固定相, 不一定使用色谱柱操作, 可采用 “分批吸附法”, 即将亲和性极高的特异性亲和固定相匀浆加入到生物样品粗制品中, 可从含有大量惰性蛋白质的混合物中, 将少量特异性蛋白质提取出来. 也可采用小型色谱柱装填具有特异性亲和的固定相, 将生物样品粗制品加入色谱柱, 用适当流动相冲洗掉未被吸附的惰性蛋白质, 而将特异性蛋白质保留在小型色谱柱中.

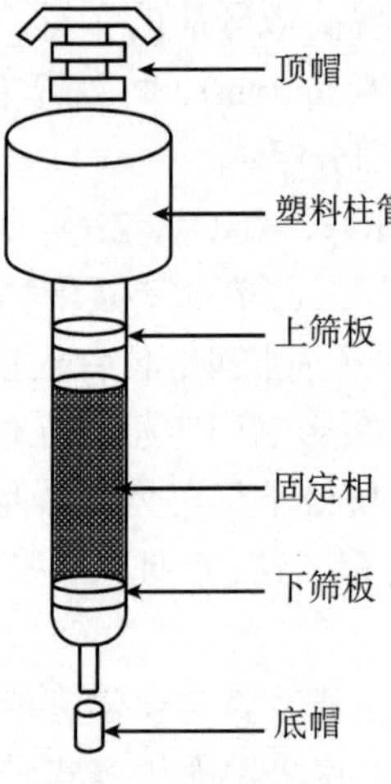

图 2-8　小型柱结构

小型色谱柱 (图 2-8) 通常可容纳 5mL 体积的软凝胶固定相. 小型柱除可用于色谱分离外, 还可在小中进行偶联、键合反应, 即把载体装柱, 加入偶联或合剂, 将小柱密封, 摇荡柱子使凝胶处于悬浮状态, 就对载体进行活化、偶联或键合反应, 只要反应液不损小柱的结构, 可反复多次利用.

2) 低中压液相色谱分析

多糖类软质凝胶亲和色谱固定相也可装填在内1~2cm、柱长 25~50cm 的色谱柱中, 凝胶固定相用水胀后再进行装填, 流动相置于柱顶溶剂储罐中利用重洗脱, 也可采用柱顶通入 0.1~0.25MPa N_2 或对柱末进行抽真空的方法来加速洗脱.

对商品提供的多糖凝胶柱, 可在专用的低中压液色谱仪上使用, 可用于分析测定, 也可用于制备. 其器流路如图 2-9 所示.

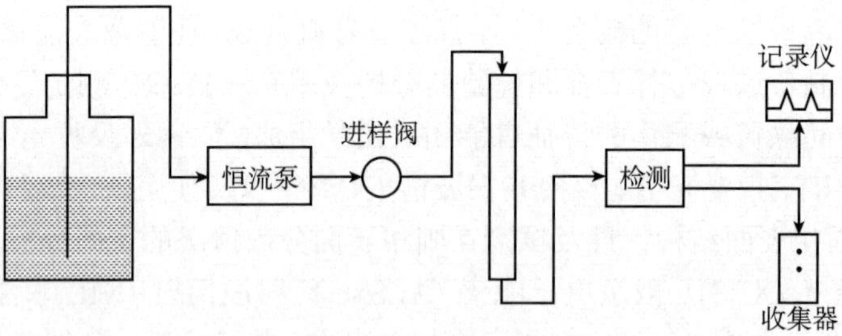

图 2-9　低中压亲和色谱结构

中压液相色谱系统可快速实现多肽、蛋白质、多核苷酸的分离、制备任务, 是专门为生物化学家需要而研制的.

3) 高压液相色谱分析

随全多孔单分散大孔硅胶的广泛应用, 高效亲和色谱固定相的种类也越来越多, 高压液相技术也更多地应用于亲和色谱. 在进行高压液相亲和色谱分析时, 生物样品非常复杂, 为提高分离的选择性, 常使用具有不同 pH 的缓冲体系. 为加速洗脱, 也会在流动相中加入高浓度的 NaCl, 或添加硫脲、尿素、KSCN 等离子试剂或表面活性剂, 这些改性剂、变性剂、表面活性剂的加入, 会对以不锈钢为主体材料的高压液相色谱系统产生腐蚀, 而溶出的金属离子可能会引起生物分子的失活, 因此要求应用于高压液相亲和色谱分析生物样品的仪器应为“全惰性”的 HPLC

系统.

4) 生物样品的制备和保存

在亲和色谱分析中使用大量生物样品, 在制备亲和色谱固定相时也要使用多种生物分子作配体, 因此正确保存生物样品或生物制剂, 或从生物活体制备所需的蛋白质、多肽、酶、核糖核酸、抗体、多糖、脂类等是亲和色谱分析中的重要环节.

生物样品或制剂的质量会受到保存环境外界条件的影响, 如空气氧化、温度变化、日光辐射、空气湿度、保存时间等因素的协同作用会加速样品的变质破坏. 因此生物样品和制剂要密闭、低温保存, 并注意干燥、避光, 有时候还可添加稳定剂保存. 如 0.002%的 NaN_3 常用作蛋白质、酶的防腐剂, EDTA 用作酶、还原性生物活性分子等的抗氧化剂.

为了制备生物样品, 对动物样品、植物样品和微生物样品要采用不同的取样方法和保存方法. 一般生物样品取样后的首要处理手段是对生物细胞进行破碎, 应根据细胞壁结构的不同, 采用不同的方法, 如机械粉碎法、研磨法、压榨法、超声粉碎法、酶解法、化学法等使细胞壁溶胀破裂并释放出细胞内的物质, 再用适当的物理方法分离细胞的核糖体、线粒体、细胞质. 常用的物理方法有超速离心、盐析沉淀、透析、超滤、吸附、凝胶过滤等.

4. 亲和色谱分析的进展

依据 "锁–钥" 相互作用原理获得迅速发展的亲和色谱已成为分离科学中最重要和最有发展潜力的分子识别分析方法. 亲和色谱技术的基础是使生物活性化合物与不同类型的配体生成多种型体的亲和配位络合物, 利用络合物的选择性和可逆性离解而应用于生物活性分子的分离、测定, 也可用于研究在络合物形成的微环境下生成的超分子的结构. 生成亲和配位络合物, 实际上蕴含着配体和生物分子特定键合活性位点的识别作用, 可用于模拟活细胞中发生的化学反应过程, 在生物医学领域有重要应用. 亲和配位络合物的可逆离解, 意味着生物活性分子能定量洗脱, 因此亲和制备色谱也得到快速发展, 已成为生物工程和制药工业中制备生物活性分子的重要手段.

然而涉及生物大分子的生化分离至今仍存在诸多问题. 首先在于不同种类的生物大分子如核酸和蛋白质, 由于它们的化学结构和存在形态上的巨大差异难以建立有序的纯化规律, 并且现已使用的分离方法均未达到最优的操作条件. 其次在生化分离中涉及的生物大分子, 其相对分子质量高至几万或几十万, 在制备过程和对最终产品的监测方面缺少简便、快速的方法, 必须采用色谱–质谱联用技术才能实现.

亲和色谱的发展主要包括研制具有稳定特效性的新型配体和对亲和色谱分离机制的深入探讨两方面, 亲和色谱方法和技术的发展是多学科研究成果交叉、组合的结果. 另外, 如果将载体上制备亲和色谱固定相的技术转移到聚合物膜或无机氧化物整体膜上, 可制备出一系列超分子器件, 如超分子光学器件、超分子电子器件、超分子光电转换器件等, 它们具有能量传递、电子转移的特殊功能, 是制备化学传感器、生物传感器的关键器件. 可见, 亲和色谱的发展对组合化学、超分子化学和传感技术的发展也起到重要的推动作用.

2.1.4　离子色谱

离子色谱 (ion chromatography) 是高效液相色谱 (HPLC) 的一种, 是分析阴离子和阳离子的一种液相色谱方法. 离子色谱由 Small 等于 1975 年提出, 并首先应用于环境样品分析. 离子色谱通常应用电导检测器, 在其发展初期, 因被测离子的电导信号被湮灭在淋洗液电导信号中而无法对低含量的被测离子进行检测, 其后在分离柱和检测器之间安装抑制器, 从而解决了此问题. 抑制器是由带有和分离柱相反电荷的离子交换树脂填充而成的小柱, 在抑制器中发生了两个简单而重要的化学反应：一是将淋洗液转变成低电导组分以降低来自淋洗液的背景电导; 二是将样品离子转变成其相应的酸或碱以增加其电导. 另外还发展了非抑制型离子色谱, 即采用低交换容量的离子交换树脂制成色谱柱, 采用弱酸及其盐类作为淋洗液对不同离子进行淋洗, 在控制一定 pH 的条件下, 背景电导比较低, 可以不加抑制器直接进行电导检测.

离子色谱最初应用于监测水环境中痕量阴、阳离子的分析, 随着离子色谱的分离技术和检测水平的提高, 离子色谱不仅可以分析无机离子, 而且还可以分析有机离子, 采用柱后衍生的方法可分析重金属和过渡元素, 采用安培检测可以分析糖类、氨基酸及抗生素等, 应用范围越来越广, 目前在电力和能源行业、电子行业、食品及饮料行业、化学工业、制药行业和生命科学领域等均有重要应用.

1. 离子色谱基本原理

离子色谱主要有离子交换色谱、离子排斥色谱和离子对色谱三种分离方式.

1) 离子交换色谱

(1) 离子交换剂.

离子交换色谱是离子色谱的最通用分离方式, 主要采用离子交换剂 (即离子交换树脂) 作为固定相实现离子的分离, 离子交换剂有高分子聚合物树脂和硅胶等类型.

苯乙烯–二乙烯苯型的交换树脂是典型的高分子聚合物树脂, 具有网状结构, 二乙烯苯的交联给予树脂一定的物理强度, 而通过化学反应引入功能基团使之成为有一定容量的离子交换树脂. 根据树脂二乙烯苯的含量 (即交联度不同), 可分为微孔型和大孔型两种. 微孔型树脂交联度较小, 为软体凝胶状, 容易产生收缩; 大孔型树脂交联度较大, 树脂为刚性结构, 内部有一定的空隙. 常用的阳离子交换树脂就是在苯乙烯–二乙烯苯的聚合物上引入磺酸基团 (强酸型)、羧酸基团或磷酸基团 (弱酸型) 构成, 阴离子交换树脂则是引入带季铵盐 (强碱型)、叔氨基或仲氨基 (弱碱型) 构成.

多孔硅胶是高效液相色谱最通用的填料, 也可用作离子交换色谱的填料. 通常在硅胶颗粒外涂一层含有季氨基的十二烷基甲基丙烯酸酯聚合物即可作阴离子交换色谱固定相. 硅胶外层涂以磺化的低分子质量的碳氟化合物的聚合物形成阳离子交换树脂. 基于硅胶的固定相主要用于非抑制型离子色谱中.

(2) 离子交换平衡和影响因素.

设用阴离子交换树脂 B^-Rx 为色谱固定相, 在树脂和淋洗液达到平衡后, 树脂上吸附的反电荷离子为 B^{x-}. 当样品阴离子 A^{y-} 进入色谱系统后即发生离子交换

$$xA^{y-} + yB^-R_x \longrightarrow yB^- + xA^-R_y$$

平衡常数为

$$K_B^A = \frac{[A^-R_y]^x[B^{x-}]^y}{[A^{y-}]^x[B^-R_x]^y} \tag{2-13}$$

淋洗液的浓度、电荷和 pH 对离子交换过程有很大影响, 淋洗液浓度越小, 保留时间越长, 而且对一价和二价阴离子的影响不同, 可通过改变淋洗液的浓度使二价离子的保留时间和一价离子的保留时间的差异增大. 淋洗液离子电荷越高, 淋洗能力越强, 离子保留时间越短. 一般情况下随着 pH 增大, 阴离子的浓度增加, 保留时间减少, 但对于多价态的弱酸根离子, 随着 pH 的增加, 阴离子主要存在的价态会升高, 保留时间反而增加.

样品离子电荷价态越高, 对离子交换树脂的亲和力越大, 保留时间随价数升高而增加, 一般说来, 淋洗三价离子需要用高离子强度的淋洗液, 二价离子用较低浓度的淋洗液, 而一价离子需要的淋洗液浓度最低. 对电荷数相同的离子, 离子半径越大越易极化, 对离子交换树脂的亲和力也越大, 即随着离子半径增加, 保留时间增长.

离子交换树脂的交联度、功能基性质及其亲水性大小等对离子分离的选择性起了很大作用, 因为它们直接影响样品离子和淋洗离子的分配平衡.

阳离子交换分离的机理和影响保留时间的因素与阴离子交换分离的情况相似. 阳离子分离柱常使用薄壳型树脂, 由于功能基只存在于树脂表面, 缩短了这些交换位置与流动相之间扩散的距离, 因此, 用较低容量的离子交换树脂可以得到高的分离效果.

2) 离子排斥色谱

离子排斥又称为高效离子排斥 (HPICE), 在 HPICE 中采用较粗的分离柱, 柱中填充粒度均匀、电荷密度大、高容量的离子交换树脂. 树脂上的功能基团导致在树脂颗粒间隙的液体和树脂微孔内吸留的液体之间形成一个 "半透膜", 强离解的组分不能透过这个膜进入树脂内孔而不被保留, 非离解组分能透过这个膜进入树脂内孔, 树脂对组分的保留是树脂内微孔体积和树脂表面积的函数, 样品离子需用大于排斥体积 (相当于填充柱的间隙体积和树脂微孔体积之和) 的淋洗液将其洗脱.

离子排斥色谱分离主要取决于组分在树脂内微孔 (固定相) 的液体和树脂间隙中的液体 (流动相) 之间的分配, 主要受以下几个因素的影响：

(1) 溶质的 pKa 和淋洗液的 pH, 当淋洗液的 pH 大于溶质的 pKa, 溶质离解而被排斥, 不能进入树脂内的微孔. 同一 pH 条件下, pKa 越大, 越不容易离解, 能进入树脂内微孔, 保留时间越长. 在 HPICE 中, 虽然存在吸附现象, 但选择性主要与被测离子的 pKa 有关, 除淋洗液 pH 以外, 其他淋洗条件的改变对 HPICE 选择性影响不大.

(2) 溶质的浓度, 这一点对弱电解质很重要, 因为其离解度是浓度的函数.

(3) 树脂的性质, 树脂的交联度影响树脂内的微孔体积, 交联度越高, 微孔体积越小, 对组分的分离就越差. 当阳离子交换树脂的交联度降低时, 电荷密度也随之降低, 而后者决定树脂对阴离子的排斥力. 因此, 用低交联度的阴离子交换树脂能改善在高交联度的阳离子树脂上被完全排斥的离子的分离度.

(4) 温度和流速, 温度升高会增加溶质的离解, 因而减少保留时间. 因分离程度受扩散控制, 要求用较低的流速, 一般小于 1mL/min.

3) 离子对色谱

离子对色谱又称为流动相离子色谱 (MPIC), 它以疏水性树脂为固定相, 如聚苯乙烯–二乙烯苯、键合相硅胶等, 用含有离子对试剂的亲水性溶剂为流动相, 所以又常称为反相离子对色谱 (RPIPC), 可用于多种阴阳离子特别是疏水性大分子阴阳离子的分离, 如洗涤剂和其他一些化学制造品中的离子态表面活性剂、脂肪族的季铵盐离子等, 还可用于化妆品中添加剂如链烷醇胺的分析和药品工业中一系列无紫外吸收的离子态物质的分析.

离子对色谱分离的选择性主要由流动相决定, 水相中两种主要成分是离子对试剂和有机溶剂, 由这两种组分的类型和浓度的变化来完成分离. 离子对试剂是一种大离子态分子, 它带有被测物的相反电荷, 往往含有一个亲脂区域与固定相相吸, 有一个电荷区域与被测物作用.

关于离子对色谱的分离机理有离子对形成、动态离子交换、离子间作用三种理论. 在离子对形成理论中, 被测离子和离子对试剂间形成一种中性 "离子对", 然后在流动相和固定相之间进行分配. 保留值可通过改变流动相中有机溶剂的浓度来控制, 类似于传统的反相色谱. 在动态离子交换理论中, 认为离子对试剂的亲脂端吸附在固定相上, 形成一层动态的离子交换表面, 被测物保留在这一表面, 就像传统离子色谱一样. 此时, 流动相中的有机溶剂可以改变离子对试剂在固定相中的作用力, 从而进一步改变色谱柱容量. 在离子间作用理论中, 离子对试剂参与固定相的形成, 即载入一个辅助的对离子, 在这种模式中被测离子的保留特性取决于几个因素的组合.

影响离子对色谱分离的因素有以下几点.

(1) 离子对试剂的类型.

为了使样品离子能被非极性的固定相保留, 必须使其有足够的疏水性. 为此在淋洗液中加入一种具有和样品离子相反电荷的平衡离子与样品离子生成中性疏水的离子对. 离子对色谱的分离取决于这种中性离子对在亲水流动相和疏水固定相之间的分配. 由于柱填料为非离子交换的中性大孔树脂, 只要选择适当的离子对试剂, 这种柱子就可用于阴离子或阳离子的分离, 以及疏水性或亲水性组分的分离.

离子对试剂亲水性或疏水性的选择主要取决于被分析离子以及样品基体中其他离子的疏水性. 一般规律是, 对亲水性的样品离子选择疏水性的离子对试剂, 而疏水性的样品离子, 如长链的烷基磺酸盐或其硫酸盐, 所需离子对试剂的疏水性就较小. 另外, 选择相对分子质量较小的离子对试剂往往有利于分析.

常用的阳离子分离的离子对试剂为脂肪族的磺酸, 与样品相反电荷的离子对试剂和样品离子形成中性的离子对, 当其到达中性树脂表面时, 由于相似相容原理吸附于其表面. 离子对的疏水性越强, 吸附越强, 即固定相对离子对的保留越强. 用于阴离子分离的离子对试剂主要是氢氧化季铵化合物, 包括氢氧化四甲铵、氢氧化四乙铵、氢氧化四丙铵、氢氧化四丁铵和氢氧化十六烷基三甲烷.

(2) 离子对试剂浓度.

离子对在疏水性固定相中溶解度越大, 其保留特性就越强. 所以当离子对试剂的浓度增加时, 保留时间也相应增加, 但当其浓度增加到所有离子对都生成之后, 其浓度的增加就不再影响保留时间. 对某些离子, 当离子对试剂浓度大于某一最大值时, 保留时间反而减少, 其原因是离子对试剂在高浓度时, 发生胶束化作用, 使离子对在流动相中的浓度增加.

(3) 有机改进剂的类型和浓度.

在淋洗液中加入有机改进剂可增加淋洗剂的疏水性, 从而改变离子对和固定相的亲和力、减少保留时间和改进分离的选择性. 有机改性剂的作用方式有两种: ① 阻止固定相上吸附离子对试剂, 从而降低色谱柱容量; ② 减少流动相极性, 影响离子对进入固定相.

有机改性剂的最优浓度取决于离子对试剂的亲脂性. 亲脂性强的离子对试剂往往需要比较强的有机改性剂. 对强保留物质, 有机改性剂对峰形有明显的改善.

常用的有机改性剂有乙腈、甲醇和异丙醇. 理论上, 大多数阴离子都可用不同类型和不同浓度的离子对试剂和有机改性剂来分离.

(4) pH 和温度的影响.

当 pH 变化时, 要使被测离子处于离子状态, 否则不能形成离子对而不能分离. 通常使用硼酸来降低淋洗液的 pH. 温度升高加快了传质, 一般可缩短保留时间, 而且由于流动相黏度减少, 使柱效增加, 有时还可改善分离.

2. 离子色谱硬件系统

离子色谱仪器一般由淋洗液输送系统、进样系统、分离系统、抑制或衍生系统、检测及数据处理系统等几部分组成, 其结构 (图 2-10) 与常规的高效液相色谱极为相似, 差别在于离子色谱中淋洗液为酸或碱, 流路一般采用 PEEK(聚醚醚酮) 材料, 且离子色谱检测器之前有抑制器.

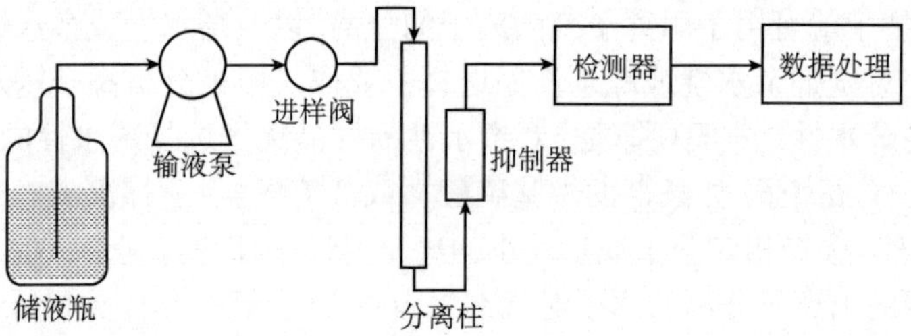

图 2-10　离子色谱系统结构

1) 淋洗液输送系统

淋洗液输送系统包括储液罐、高压输液泵、梯度淋洗液发生装置等. 淋洗液储液罐一般采用 HDPE(高密度聚乙烯) 材料制成. 因为色谱柱是带压力操作的, 在流路中易释放气泡, 尤其是当流动相中含有有机溶剂时, 气泡造成检测器噪声增大, 基线不稳, 所以离子色谱中流动相必须脱气, 常用的方法有超声脱气、低压脱气等, 新型的离子色谱仪在高压泵上带有在线脱气装置, 可自动对淋洗液进行在线脱气.

输液泵将淋洗液均匀地、无脉冲地送到分离系统, 在色谱柱前通过进样系统将样品送入色谱柱. 输液泵的种类很多, 如低压蠕动泵、往复柱塞泵、螺旋传动注射泵等, 目前离子色谱输液体系基本上采用的是往复柱塞泵. 往复柱塞泵有单柱塞、双柱塞之分, 一般说来双柱塞泵流量更平稳、脉动小. 离子色谱的泵体采用全塑系统, 从而对酸、碱、盐有抗污染的性能, 并保证了对金属离子测定的准确性.

梯度淋洗技术可以提高分离度、缩短分离时间、降低检测限, 它对复杂混合物, 特别是保留强度差异很大的混合物的分离, 是极为重要的手段. 离子色谱梯度洗脱可分为低压梯度、高压梯度及特殊的淋洗液发生器三种.

低压梯度是一种目前离子色谱中应用较为广泛的梯度洗脱装置, 可进行四元梯度淋洗, 它通过控制电磁比例阀的开关频率, 可得到一任意混合浓度的淋洗液, 并在程序的设定下得到不同时间的不同淋洗液浓度. 高压梯度由两台高压输液泵、梯度程序控制器、混合器等部件所组成, 两台泵分别将两种淋洗液输入混合器, 经充分混合后, 进入色谱分离系统, 因此又称为泵后高压混合形式, 此混合器必须具备容积小、死体积小、清洗方便、混合效率高等性能, 才能获得重复的、滞后时间短的梯度淋洗效果. 淋洗液发生器是一种新型的梯度淋洗装备, 只要加入纯水并通过控制电流的大小就能自动生成不同浓度的淋洗液, 达到梯度淋洗的目的, 实现了单泵梯度的新模式, 极大地提高了仪器的性能.

2) 进样系统

离子色谱的进样有手动、气动和自动等进样方式. 手动进样采用六通阀, 工作原理与 HPLC 中的六通阀相同, 进样量比 HPLC 大, 一般为 50μL. 气动进样采用氦气或氮气气压作动力, 通过两路四通加载定量管后, 进行取样和进样. 自动进样是由电脑操作的自动取样、进样、清洗等一系列操作, 操作者只需将样品按顺序装入样品盘中即可. 先进的自动进样装备还具有在线处理样品的能力, 如过滤、稀释、混合、渗析等功能.

3) 离子色谱柱

与 HPLC 一样, 离子色谱柱是离子色谱仪的 “心脏”, 离子色谱柱的研究是离子色谱领域的一个热点. 离子色谱柱填料粒度一般为 5~25μm, 内径一般为 4mm 或 4.6mm, 长度为 100~250mm. 较先进的仪器特别是阳离子色谱柱一般采用聚四氟乙烯材料, 防止金属对测定的干扰. 随着离子色谱的发展, 细内径柱受到人们的重视, 2mm 柱不仅可以使溶剂消耗量减少, 而且对于同样的进样量, 灵敏度可提高 4 倍.

4) 抑制系统

对于抑制型的离子色谱, 抑制系统是极其重要的一部分, 也是离子色谱区别于 HPLC 的重要标志. 抑制器的发展经历了多个发展时期, 有多种不同的抑制手段.

(1) 树脂填充抑制柱. 采用高交换容量的阳离子树脂填充柱作阴离子的抑制柱. 这类抑制柱抑制容量不高, 需要定期再生, 而且死体积比较大, 改进型的可自动再生.

(2) 纤维抑制器. 采用阳离子交换中空纤维作为阴离子抑制器, 外通硫酸作再生液, 可连续对淋洗液进行再生, 这种抑制器的死体积比较大, 抑制容量也不够高.

(3) 微膜抑制器. 这种阴离子抑制系统采用阳离子交换平板薄膜, 中间通过淋洗液, 而外两侧通硫酸再生液, 这种抑制器的交换容量比较高, 死体积很小, 可进行梯度淋洗.

(4) 电解抑制器. 采用阳离子交换平板薄膜抑制阴离子, 通过电解产生的 H^+ 对淋洗液进行再生. 结合微膜抑制器原理, 对电解抑制器进行改进, 只要用淋洗液自循环或去离子水电解就可能实现再生, 抑制容量可通过改变电流的大小加以控制, 而且死体积很小.

(5) 抑制胶抑制器. 这种阴离子抑制器结构有点类似于连续树脂填充抑制器, 其特点是采用可抛弃式抑制树脂, 定期更换抑制胶, 无须再生.

一些其他类型的抑制器如柱膜混合型抑制器和电再生树脂抑制器也各有特点.

5) 衍生系统

常见无机离子可通过抑制电导直接检测, 但抑制反应使重金属和过渡元素离子生成不溶的氢氧化物而不能电导检测. 1974 年 Fritz 等提出柱后衍生光度法检测, 取得了很好的效果. 柱后衍生膜反应器及其相关色谱柱的研制成功, 使离子色谱成为应用较广的多元素分析方法, 尤其对金属价态的分析有独特的优势.

较常见的柱后衍生是采用膜反应器, 在反应器中, 一根可渗透试剂的特殊空心纤维管绕在柱后衍生器的轴上, 从分离柱出来的洗脱液在纤维管内从上往下流动, 柱后反应试剂在管外. 由于管壁的特殊性及管外的压力高于管内, 反应液不断渗入纤维管内, 由于纤维管细而长, 整个过程显色剂的浓度不变, 显色试剂与样品离子之间的反应速度快而完全. 这种柱后衍生可以分析重金属离子、氨基酸、多元胺、多聚磷酸盐和 EDTA 等.

6) 检测系统

电导检测是离子色谱检测方式中最重要的一种. 由于电导池中等效电容的影响, 施加到电导池上的电压和电流之间的关系是非线性的, 这给电导测量带来很大困难. 另外流动相中本底电导很高, 从较大的背景值中准确测量待测组分的信号, 也是电导检测中的重要问题. 目前采用较多的方法有双电极脉冲化学抑制型电导检测和五电极电导检测技术.

双电极脉冲化学抑制型电导检测采用可变频率双电极脉冲化学抑制型电导检测方式, 是通用的离子色谱电导检测器. 该检测方式有效地抑制了电导池等效电容和流动相背景电导的影响, 测定灵敏度高, 线性范围宽, 稳定性好.

五电极电导检测技术能有效地消除双电层电容和电解效应的影响, 在高背景电导下仍能获得极低的噪声水平, 是适合于非化学抑制型的电导检测器. 其结构特点是在流路上设置四个电极, 在电路设计中维持两测量电极间电压恒定, 不受负载电阻、电极间电阻和双电层电容变化的影响. 因此, 两测量电极间的电流变化, 可从负载电阻两端取出信号进行放大和显示. 第五电极为屏蔽电极, 它有助于提高测量的稳定性.

此外, 离子色谱还可以采用安培、紫外可见、二极管阵列、荧光、质谱等常用检测器, 其检测原理与常规 HPLC 检测基本一致.

3. 离子色谱的应用和发展

1) 离子交换色谱的应用

(1) 无机阴离子分析. 采用阴离子交换法, 抑制电导或非抑制电导可以解决大量易电离无机阴离子的分析. 一般只要被测离子所对应的酸的 pKa 小于 5 均可用于抑制电导检测, 而非抑制电导可采用间接检测法测定一些弱电离的无机酸根离子. 采用紫外检测可测定一些具有紫外吸收的阴离子化合物, 而间接紫外检测可测定大量不同的阴离子. 采用电化学检测可以用于一些易发生氧化还原的阴离子检测.

(2) 有机物分析. 应用抑制电导、非抑制电导、紫外、间接光度等检测, 阴离子交换分离可以分离大量小分子量的有机酸. 低分子脂肪胺类和醇胺类化合物的电离度比较大, 因此它们可采用抑制电导检测. 由于这类胺类化合物结构相似, 易于与阳离子保留重叠, 因此要用高效的阳离子色谱柱. 芳香胺类化合物由于它们本身的电离很弱, 一般不用抑制电导检测, 但此类化合物有一定的紫外吸收, 而且容易发生氧化反应, 因此可采用紫外或安培检测.

(3) 碱金属、碱土金属、铵离子和过渡金属离子分析. 阳离子交换分离、抑制电导或非抑制电导均可用于碱金属、碱土金属和铵离子的分析. 过渡金属容易与氢氧根离子发生沉淀, 一般不能用抑制电导检测, 而采用非抑制电导检测, 可将各过渡金属与碱金属、碱土金属和铵离子在阳离子交换后同时分离和检测.

(4) 糖类及相关化合物的分析. 糖醇、单糖、双糖、低聚糖及一些糖衍生物如氨基糖、磷酸单糖等, 其羟基在高 pH 下有一定的电离度, 因此可在高 pH 的淋洗液条件下用阴离子交换分离. 用金电极的催化氧化、脉冲安培检测是目前色谱分析糖类最灵敏的方法.

(5) 氨基酸的分析. 氨基酸是两性离子, 不同 pH 条件下具有不同的形态. 传统的氨基酸分析方法为在酸性条件下用阳离子交换分离, 柱后衍生紫外或荧光检测. 新型的离子色谱法则在碱性条件下阴离子交换分离氨基酸, 然后直接用积分脉冲安培检测, 具有很高的灵敏度和选择性.

2) 离子排斥色谱的应用

在离子排斥色谱柱上, 无机强酸因受到排斥而不被保留, 一些 pKa 大于 5 的弱酸根离子, 如碳酸、硼酸、硅酸等有较大保留. 离子排斥色谱的抑制电导特别适合于强酸条件下弱酸根离子的测定. 由于有机酸类化合物均为弱电离酸, 因此离子排斥色谱可以有效地分离有机酸, 特别适合大量无机强酸中的有机酸的分离. 离子排斥测定有机酸可采用电导检测, 也可采用低波长紫外检测或示差折光检测.

由于醇类化合物均为极弱酸化合物, 低分子量醇和糖醇也可以用离子排斥色谱分离, 这类化合物一般采用脉冲安培、示差折光及紫外等检测手段. 若离子排斥色谱和离子交换色谱联用, 由于强酸等化合物无法在离子排斥色谱柱上保留, 因此可先用离子排斥色谱分离强酸和弱酸 (有机酸), 将最初收集的离子排斥色谱馏分再用离子交换色谱分析, 可有效测定弱酸中的强酸离子.

3) 离子对色谱的应用

(1) 无机阴、阳离子. 由于离子对色谱通过改变离子对试剂种类、浓度及有机改进剂等, 可以方便地调节被测离子的保留时间, 而且此保留时间与常规离子交换有一定差异, 因此可用离子对色谱抑制电导检测分析阴、阳离子. 紫外、安培等检测器也可用于一些特定的无机阴、阳离子的分析.

(2) 离子型表面活性剂. 由于离子对色谱对烷基链长的表面活性剂保留值会有很大的差异, 因此离子对色谱分离不同链长的表面活性剂是最理想的分离手段. 大部分离子型表面活性剂没有紫外吸收, 可利用离子对色谱抑制电导来分离检测离子型表面活性剂.

(3) 生物碱和维生素的分析. 大量水溶性可电离化合物, 包括生物碱、水溶性维生素等均可采用离子对色谱分离, 用抑制电导或紫外光度检测分析.

4) 离子色谱的进展

(1) 电化学技术的应用. 近年离子色谱的发展重点之一是电化学技术的应用, 主要涉及以水的电解技术为基础的分离方法和应用脉冲安培检测技术. 通过电解水产生氢离子和氢氧根离子, 一系列新技术出现在离子色谱领域, 包括电解抑制器、电解淋洗液发生器、离子回流、连续再生捕获柱、无试剂离子色谱等. 安培检测是对易于氧化还原的物质进行电化学测定, 糖类、氨基酸及含硫化合物在一些贵金属表面会产生电化学催化氧化 (特别是在碱性条件下), 可以直接用金电极或铂电极测定, 但是这类化合物的氧化中间产物会聚集在电极表面, 严重干扰测定, 而脉冲安培检测是在施加一个常规的电压对样品进行检测外, 再施加一个比较高和一个比较低的电位对电极进行清洗而有效解决电极钝化问题.

(2) 新型固定相技术. 理论上认为氢氧根离子是阴离子分析中最理想的淋洗液, 但实际上以氢氧根为淋洗液的离子色谱一直到最近才真正发展起来. 制约其发展的因素是: ① 氢氧根淋洗液配制过程中极易带进二氧化碳, 从而形成碳酸盐, 对分析结果产生不利影响; ② 氢氧根只是一价离子, 同时洗脱不同价态的离子, 对固定相要求较高; ③ 氢氧根的洗脱能力相对较弱, 因此要用较高浓度进行洗脱, 对抑制器的要求也就更高. 随着近年来离子色谱技术的发展, 特别是无试剂离子色谱和更高水平的抑制技术的提出, 羟基选择性离子色谱固定相成为离子色谱固定相发展的一个新方向.

静电离子色谱又称为两性离子色谱, 它是在反相离子色谱固定相上覆盖两性离子, 利用固定相具有阴阳离子两性的特征而分离. 传统意义上的静电离子色谱在分离和检测上并没有明显优势, 而涂覆型色谱柱的稳定性和 pH 适用范围, 使静电离子色谱在实际推广上受到很大限制. 近年来, 静电离子色谱技术向涂覆生物活性材料方向发展, 模拟生物膜的交换体系, 可望成为仿生离子色谱技术.

整体式液相色谱柱是近 10 年液相色谱的一个新热点, 它的高效、高速、低压把传统的液相色谱、毛细管电泳及毛细管电色谱又推向一个新的高度. 整体式离子色谱柱可在很低的压力下实现分离, 可将离子色谱的流速和效率大大提高, 在不改变离子色谱稳定性前提下, 使灵敏度和分离时间达到毛细管电泳的水平.

芯片离子色谱固定相具有体积小、分离速度快、柱压低和灵敏度高的特点, 但芯片的制作及芯片上的检测还有很多问题亟待解决.

(3) 研究生命科学中的分析对象.

离子色谱分离常规的无机阴阳离子已经是被广泛认可的分析方法, 随着离子色谱固定相水平的提高、检测技术的完善, 离子色谱分析对象必将更多地转向生命科学, 如生物可电解物质、糖类和氨基酸、抗生素和维生素、蛋白质和多肽等.

2.1.5 超临界流体色谱

超临界流体色谱 (supercritical fluid chromatography, SFC) 是以超临界流体为流动相, 以固体吸附剂或键合到载体上的高聚物为固定相的色谱分离模式. 混合物在 SFC 上的分离机理和 GC 及 LC 一样, 是基于各化合物在两相间的分配系数不同而得到分离. SFC 始于 20 世纪 60 年代, 直到 80 年代成功开发了空心毛细管柱式 SFC, 使 SFC 的应用领域逐步拓宽. SFC 因其流动相的特殊性而有非常广泛的应用, 既可分离 GC 不适用的高沸点、低挥发性的样品, 又比 HPLC 具有更快的分离速度和柱效, 可作为 GC 和 HPLC 的重要补充技术.

1. 超临界流体色谱基本原理

1) 超临界现象和超临界流体的性质

图 2-11 给出了纯物质的相图, 1-2 线表示气固平衡线, 2-3 线表示液固平衡线,2-C 线表示气液平衡线, 三条曲线的交点为三相点, C 为临界点, 其对应的温度 T_c 和压力 P_c 分别称为临界温度和临界压力. 物质处于其临界温度和临界压力以上的

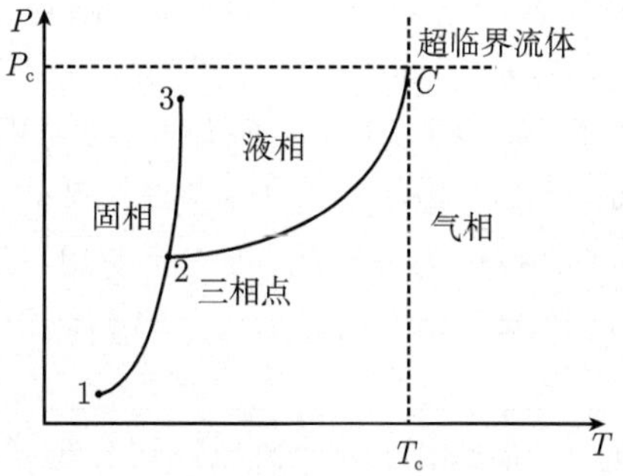

图 2-11 纯物质相图

状态时, 是单一相态 — 超临界流体 (SF), SF 具有和液体相近的密度, 其黏度和气体接近, 扩散系数却比液体大近 100 倍.

SF 的密度既是温度的函数又是压力的函数, 无论是改变温度还是压力都可以使 SF 的密度发生变化, 而溶质的溶解度和所用 SF 的密度密切相关, 这就为 SFC 的过程控制提供了方便, 增加了过程控制的可调变量.

2) 超临界流体色谱的特点

SFC 出现以前, 色谱分离都采用气体或液体作为流动相. 由于气体的溶解能力有限, 只能分离那些能在载气中挥发的物质, 事实上大约有 80%的物质由于挥发度不够或热不稳定等原因不能用 GC 进行分离分析. 液体溶剂的溶解能力很强, 但溶质在流动相中的扩散速度比在气相中低几个数量级, 因而液相色谱分析速度慢. 超临界流体的密度和常用溶剂相近, 使其溶解能力高于气体, 黏度又与气体相近, 使其流动性能优于一般普通溶剂, 扩散系数比液体大 100 倍, 使其传质性能优于普通溶剂, 因而兼有 GC 和 LC 两者的优点, 能分离高沸点、低挥发性样品, 柱压降较低而使理论塔板数提高, 分离效率和检测灵敏度远高于 HPLC, 其物理参数如溶解度、扩散系数和黏度等都是密度的函数, 可改变流体的密度使其性质在较大范围内得以调整.

3) 流动相及改性剂

SFC 的分析对象很多, 但主要分离那些在流动相中有一定溶解度的样品, 因此流动相的选择和优化是 SFC 研究中的关键. 理论上任何一种在其临界点以上热稳定的物质均可作为 SFC 的流动相, 但实际上既要考虑在临界条件下流动相的溶剂强度、溶剂的选择性以及流动相的化学活性等因素, 又要考虑其在操作温度下的稳定性. 常用的 SFC 流动相可分为临界温度 T_c 小于 190°C 和大于 190°C 两类, 前者在常温下大部分为气体, 如 CO_2、乙烷、乙烯、丙烯等, 它们通常用于分离热稳定性差的物质, 后者常温下为液体, 如正戊烷、正己烷、异丙醇等, 它们通常用于分离挥发度低、分子量大的化合物.

CO_2 是最常用的 SFC 流动相, 临界条件适中 (T_c = 31.3°C, P_c = 72.9atm) (1atm=101325Pa), 特别适合于分离热敏性物质, 缺点是不利于极性物质和与其化学反应的物质的分离. 氧化氮是除 CO_2 以外被研究最多的 SFC 流动相, 惰性气体氙也被研究用作 SFC 的流动相, 超临界氨是对分离分析极性物质很好的流动相, 但氨气的化学性质活泼, 对固定相的要求十分苛刻, 目前仅有正辛基和正壬基的聚硅氧烷柱能够使用. 为了寻找更为理想的 SFC 流动相以满足分离分析极性和大分子量化合物的要求, 目前普遍采用的方法是在 CO_2 流体中加入第二组分即改性剂来改变 CO_2 的极性.

在用超临界 CO_2 作流动相分离分析极性化合物或高分子量化合物时, 可加入有机改性剂如甲醇、乙腈等以改善流动相对极性样品的溶解能力, 扩大样品的适用范围. 作为改性剂除了要求有较强的极性外, 还要求与 CO_2 的互溶性好, 在实验条件下稳定. 最常用的改性剂是甲醇, 其他常用的改性剂及 CO_2 添加改性剂后和检测器匹配的情况见表 2-4. 在采用改性剂时, 改性剂的加入量是一个需要重点优化的参数.

表 2-4 改性剂及其匹配的检测方法

改性剂	检测方法	改性剂	检测方法
甲醇	UV、MS、FID	二甲亚砜	UV
脂肪醇	UV、MS	乙腈	UV、MS
四氢呋喃	UV、MS	二氯甲烷	UV、MS
2-甲氧基乙醇	UV	二硫化碳	UV、MS、FID
脂肪醚	UV	水	UV、MS、FID

注：MS—— 质谱检测器; UV—— 紫外检测器; FID—— 氢火焰离子化检测器.

4) 色谱柱和固定相

液相色谱填充柱及毛细管柱常用于 SFC, 填充柱具有较高选择性, 为强极性分子的拆分提供了可能, 由于超临界流体黏度低, 可使用细而长、填料粒度小的高效分离柱, 也可将不同类型的色谱柱串联起来, 以获得高的立体选择性和柱效, 在毛细管 SFC 中, 柱内径和柱效成反比, 柱内径降低有利于分离, 但会导致压差的大幅度增加.

化学键合的固定相或各种固体吸附剂如硅胶、氧化铝和分子筛等在 SFC 中普遍使用, 而气相色谱中常用的涂布方法不适用于 SFC, 因为液膜很容易被溶解在超临界流体中被带走. 在 SFC 中, 使用最多的固定相是甲基聚硅氧烷、苯基聚硅氧烷、乙烯基聚硅氧烷等. 分离分析手性对映体是近年来 SFC 应用的一个热点. SFC 的手性固定相是在 HPLC 和 GC 手性固定相的基础上发展起来的, 也出现了专为 SFC 所设计的手性固定相. 通常手性固定相的类型有酰胺类、环糊精类和聚糖类, 除冠醚类和蛋白类, 绝大多数手性固定相都可直接用于 SFC, 而不需要任何预处理.

2. 超临界流体色谱仪

SFC 应用的许多问题都来源于仪器, 这些问题阻碍了 SFC 在 20 世纪 80 年代的应用. 直到 90 年代上述问题才得以解决, SFC 仪主要包括三大功能模块, 即 SFC 流动相输送系统、SFC 分离系统和 SFC 检测系统.

1) SFC 流动相输送系统

流动相输送系统是 SFC 的重要组成部分, 其主要部件是流体输送泵. SFC 对泵的设计要求相当严格, 包括无脉冲、精密控压、快速升压、对超临界流体适用范围广等. 在 SFC 仪器的更新换代中, 泵的研究一直为人们所关注, 几乎每一次泵性能的改进都对 SFC 产生重大影响.

2) SFC 分离系统

SFC 分离系统包括柱温箱、色谱柱、限流器及连接器等. 色谱柱是仪器的核心部件, 目前广泛使用的是石英弹性柱, 内径为 5~100μm, 柱型为交联、键合型的聚硅氧烷固定相.

一般 GC 柱温箱可以满足 SFC 的需要, 在 SFC 中柱温对组分的保留性质影响复杂, 在低温区 (小于 100°C) 组分的保留值随柱温的增加而增加, 故对宽沸程样品分析要求用程序降温进行分析; 在高温区 (大于 100°C), 组分的保留值随柱温的增高而降低, 则要求用程序升温进行分析. 此外, 超临界流体的密度与柱温密切相关, 而密度又决定 SF 的溶剂化能力, 所以需精确控制柱温.

SFC 中必须保证流动相在整个色谱分离过程中始终保持在超临界流体状态, 当用 FID、MS 等检测器时会在色谱柱出口与检测器之间接入一个流量限制器, 以保证柱子的出口压力缓慢降至常压. UV 可在高压下检测, 当用 UV 检测器时可在检测器出口处接限流器, 限流器的种类很多, 常用的有直管型限流器、小孔型限流器和多孔型限流器.

3) SFC 检测系统

SFC 的优点之一是可以兼容多种检测器. HPLC 和 GC 所用的检测器几乎均适用于 SFC. 氢火焰离子化检测器 (FID) 是 CO_2 作流动相时最为普遍采用的检测器, 其对大多数有机分子均有响应, 检测灵敏度高, 线性范围宽, 还能承受程序升压. 紫外检测器 (UV) 同样是普遍采用的检测器, 质谱 (MS) 检测器相对于其他检测器有较高灵敏度, 在鉴别未知化合物或确定某一类化合物方面具有强大功能. 由于超流体的特殊性质, 将 SF 引入 MS 要比将液体导入 MS 容易, SFC 与 MS 联用技术应用已经非常广泛, 常见的接口方式有直接流体导入式接口、传输带式接口、喷雾式接口等. 另外, 电子捕获等专属检测技术同样被应用于 SFC.

3. 超临界流体色谱的应用

SFC 的应用领域非常广泛, 可用于分离分析热敏性物质、非挥发性高分子、生物大分子、极性物质和手性对映体等.

1) 糖类分析

很多色谱方法都可用于糖类的分析, 但都存在一定的局限性. 例如, 毛细管电泳 (CE) 的分离效率高而且所需样品少, 但一般要对样品进行衍生化. 用 LC 分离糖类物质时因该类化合物中含有低聚或多聚体, 一般要采用梯度洗脱, 技术要求较高. 用 SFC 分离分析糖类物质相对容易得多, 一般无须进行衍生化处理, 并有很高的分离选择性. 由于糖类是极性较强的化合物, 用 SFC 分离时, 通常需要在 CO_2 中加入改性剂, 以提高流动相对样品的溶解能力.

2) 甾类化合物

甾类化合物是含有羟基的极性异构体混合物, 其性质极为相似, 用其他的分离技术较难分离, 而用 SFC 则相对容易. 用纯 CO_2 作为流动相, 分离的主要是极性较低的甾酮类, 如在流动相中添加改性剂, 则可分离极性更强的甾类化合物.

3) 药物

药物制备及分析领域中 SFC 应用的发展十分迅速, 分析速度快和减少溶剂的使用是 SFC 明显优于 HPLC 之处. 用 CO_2 作主流动相, 加入一定量的甲醇作为改进剂, 几乎可以对所有的极性化合物进行分离分析. 低浓度 (小于 0.1%) 的改性剂, 如三氟代乙酰酸、醋酸、三甲基胺及异丙胺等常被用于改善强极性化合物 SFC 的峰型.

4) 手性对映体

随着生命科学的发展, 手性对映体的分离日益引起人们的关注. HPLC、GC、SFC 等技术在手性对映体分离领域均发挥着重要作用. 1985 年 Mourier 等首次用 SFC 实现手性对映体的分离, 最近 Gerald 等对 SFC 在手性对映体的分离领域中的应用进行了详细的综述, 认为几乎所有现行用 GC 和 HPLC 分离的对映体都可用 SFC 代替, 并且比 GC 和 HPLC 更有优势.

超临界流体色谱技术是一种重要的分离分析工具, SFC 虽不能完全取代 HPLC 和 GC, 但它较 HPLC、GC 具有分离效率高、分析速度快及易于和检测器匹配等优点, 在分离分析非挥发性大分子、生物分子、手性对映体及其他生物工程下游产物等领域有广阔的应用前景. SFC 以其流动相的特殊性而在分离分析领域中占有一席之地, 然而由于 SFC 的理论研究还不够深入和透彻, 使其应用缺少相应的理论指导, 所以对 SFC 中物质的保留性质以及相应的热力学和动力学因素对分离效率的影响的研究, 将是今后 SFC 的研究重点.

2.2 毛细管电泳

毛细管电泳 (capillary electrophoresis, CE) 是以毛细管为分离通道, 以高压直流电场为驱动力, 以样品的多种特性 (电荷、大小、等电点、极性、亲和行为、相分配特性等) 为分离机理的液相微分离分析技术. 电泳是分离科学领域继高效液相色谱之后的又一重大进展, 使分离科学从微升水平进入纳升水平, 使单细胞分析、单分子分析成为可能, 使长期困扰人们的生物大分子如蛋白质的分离分析出现了新的契机.

电泳行为即带电粒子在外加电场下的定向移动, 电泳的分析研究始于管式 (U 形管) 电泳术, 早期困扰电泳分离的主要问题是分离效率低下. 1974 年, Virtanen 提出必须使用细孔毛细管才能提高分离效率. 1981 年, Jorgenson 和 Lukacs 使用

75μm 内径的熔融石英毛细管实现了毛细管区带电泳, 结合荧光检测, 在 30 kV 电压下产生了 4×10^5 的理论塔板数, 成为毛细管电泳发展史上的一个里程碑. 其后, 毛细管凝胶电泳、毛细管等电聚焦电泳、胶束毛细管电泳等相继得到发展. 至今毛细管电泳已成为一种相当普遍的微量分离分析的方法, 在多个前沿领域得到广泛应用, 如 DNA 与 RNA 的分析、复杂药物分析、环境分析、医学研究 (特别是代谢组学与临床医学)、蛋白组学和单细胞分析等. 随着应用研究的深入, 发展高速或高通量的毛细管电泳分离方法并对峰进行有效鉴定以适应各种组学研究的需要显得尤为迫切.

阵列毛细管电泳具有巨大的高通量发展潜力, 是当今 DNA 测序的主要方法. 阵列毛细管电泳和芯片技术结合, 形成以微流控为特征的芯片式阵列电泳有望在蛋白组学、糖组学等研究中起关键作用, 是电泳发展的又一重要里程碑. 和阵列电泳同步发展起来的还有多维电泳, 多维电泳不仅可以大幅度提高分离技术的峰容量, 还可以用于峰的鉴定, 很可能成为毛细管电泳继续发展并发挥更大作用的一个关键突破点. CE-MS、CE-NMR、CE- 拉曼等联用技术通常是解决毛细管电泳定性的最佳方法, 当然还有大量的问题需要研究解决.

2.2.1 毛细管电泳基本原理

1. 毛细管结构和特性

标准毛细管 (弹性聚酰亚胺涂层熔融石英管) 外径 375μm, 内径为几百纳米至几百微米水平, 结构如图 2-12 所示, 其特性主要表现在容积小、侧面/截面积比大、散热快、可加高电场 (100~1000 V/cm)、可使用自由溶液或凝胶等支持介质、驱动力电渗流为平头峰等, 因此毛细管电泳具有如下优点：① 高效, 一般分离效率为 10^5~10^6 塔板数; ② 快速, 几十秒至十几分可完成分离; ③ 微量, 进样体积在微升水平, 消耗体积为 1~50nL; ④ 多模式, 可根据需要选择区带电泳、胶束电泳、等速电泳等分离模式; ⑤ 样品对象广, 可用于无机离子、生物大分子、细胞等的分析, 具有 “万能” 分析潜力; ⑥ 经济、自动化和洁净, 毛细管电泳是目前自动化程度最高的分离方法之一.

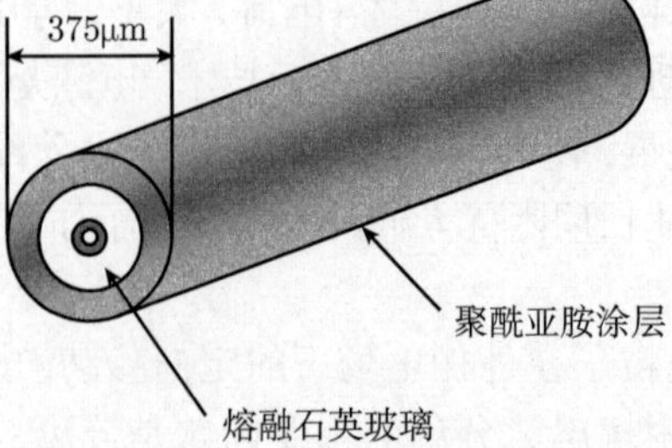

图 2-12 熔融石英毛细管

2. 毛细管电泳分离过程

所有的分离方法都是混合这一自发过程的逆过程, 需要能量或外力的推动, 各种已实现的分离技术均建立在差速运动过程基础之上, 利用速度差别进行物质的分离和纯化是现代分离科学的基础. 毛细管电泳是典型的差速分离过程, 即各种分子因自身的速度不同, 逐渐分成不同的区带, 时间和距离越长, 区带数目越多, 分离越好, 并在分离通道的末端实现检测. 因此凡影响迁移速度的因素都会影响分离过程, 这为控制和优化分离提供了根本依据, 同时也可能发展出各种毛细管电泳模式.

设组分沿轴向的速度为 $v(t)$, 则在一定时间 t 内所迁移的距离 L 可表示为

$$L=\int_0^{t_{\rm R}} v(t)\mathrm{d}t \tag{2-14}$$

在毛细管电泳中, 很多情况下速度 $v(t)$ 近似为常数, 因此可直接积分得

$$t_{\rm R}=\frac{L}{v} \tag{2-15}$$

毛细管电泳中的介质分为连续介质 (毛细管等速电泳) 和不连续介质 (除毛细管等速电泳以外的分离模式), 样品迁移速度和介质相互制约, 共同影响分离结果.

3. 毛细管电泳主要技术参数

1) 电泳、淌度、绝对淌度和有效淌度

带电粒子在电场作用下于一定介质中所发生的运动即电泳, 单位电场下的电泳速度称为淌度或电迁移率 ($\mu_{\rm em}$), 在无限稀释溶液中测得的淌度称为绝对淌度 ($\mu_{\rm em}^0$).

带电粒子在电场中运动受到电场力 $F_{\rm E}$ 和溶剂阻力 $F_{\rm f}$ 的共同作用, 一定时间后 (小于 10^{-11}s) 两种力达到平衡, 离子做匀速运动, 电泳进入稳态. 物理学和流体力学研究表明, 电场力为电荷 (q) 和电场强度的乘积

$$F_{\rm E}=qE \tag{2-16}$$

流体力学溶剂阻力 $F_{\rm f}$ 和离子有效半径 r、运动速度 v 和溶剂的黏度 η 成正比

$$F_{\rm f}=6\pi\eta rv=6\pi\eta r\mu_{\rm em}^0 E \tag{2-17}$$

所以

$$\mu_{\rm em}^0=\frac{q}{6\pi\eta r}=\frac{ze}{6\pi\eta r}=\frac{2\varepsilon\zeta}{3\eta} \tag{2-18}$$

式中, ε 和 ζ 分别为溶液的介电常数和离子在无限稀释时的电动势.

实际溶液中, 多种离子共存, 离子活度和酸碱度的不同会引起解离度和实际电荷的变化, 这时的淌度称为有效淌度 $\mu_{\rm em}$

$$\mu_{\mathrm{em}} = \sum_i \alpha_i \gamma_i \mu_{\mathrm{em}}^0 \tag{2-19}$$

式中, α_i 为分子的第 i 级离解度; γ_i 为活度系数.

以上讨论表明离子所带电荷越多、解离度越大、体积越小、溶液的黏度越小, 电泳的速度就越快, 这是电泳分离及其条件选择的核心依据.

2) 电渗、电渗率及合淌度

电渗是毛细管中溶剂因轴向直流电场作用而发生的定向流动, 其起因于定域电荷. 定域电荷是指牢固结合在管壁上, 在电场作用下不能迁移的电荷, 根据电中性要求, 定域电荷必定吸引反号离子, 在固液界面上形成双电层, 从而使靠近管壁的溶液层出现高出本体的"自由"离子, 它们在电泳过程中通过碰撞等作用给溶剂分子施加单向的推动力并通过黏滞阻力使溶剂流动, 构成电渗. 显然, 电渗可看成一种特殊形式的电泳, 即毛细管壁的定域电荷的电泳被溶剂的反向运动所取代, 由此得出以下结论: ① 电渗的方向和毛细管表面电荷所具有的电泳方向相反; ② 电渗的强度和定域离子的数量成正比, 与流路通道孔径有关; ③ 任何影响毛细管壁电荷解离的因素, 如毛细管洗涤过程、电泳缓冲液组成、尤其是 pH、黏度、温度等都会影响和改变电渗. 电磁场以及许多能和毛细管表面作用的物质, 如表面活性剂、蛋白质等, 也可以对电渗产生巨大的影响, 利用这些影响可控制电渗.

研究表明, 如果固液界面双电层厚度 δ 小于 10nm, 且毛细管两端开放, 则管内的电渗为平头塞状, 即电渗流在管截面方向上不变, 可由下式计算电渗率:

$$\mu_{\mathrm{os}} = \frac{v_{\mathrm{os}}}{E} = \frac{\varepsilon \zeta_{\mathrm{os}}}{\eta} \tag{2-20}$$

式中, v_{os} 为电渗速度; ζ_{os} 为管壁的电动势, 可表示为

$$\zeta_{\mathrm{os}} = \frac{\delta \Theta}{\varepsilon} = \sqrt{\frac{\varepsilon RT}{2cF^2}} \frac{\Theta}{\varepsilon} \tag{2-21}$$

式中, δ 为双电层厚度; R 为气体常数; T 为热力学温度; c 为离子浓度 (mol/L); F 为法拉第常量; Θ 为管壁上定域电荷的面密度, 所以

$$\mu_{\mathrm{os}} = \frac{\varepsilon}{\eta} \frac{\delta \Theta}{\varepsilon} = \frac{\delta \Theta}{\eta} = \sqrt{\frac{\varepsilon RT}{2cF^2}} \frac{\Theta}{\eta} \tag{2-22}$$

当毛细管内含有颗粒填充物时, 只要流路孔径足够大 (孔径与双电层厚度比大于 20), 电渗的平头流形状可以维持不变, 利用平头电渗流, 可以克服由机械泵推动所产生的抛物面流对区带的展宽作用, 如图 2-13 所示.

在多数水溶液中, 石英和玻璃毛细管表面因硅羟基解离产生负的定域电荷, 许多材料如聚四氟乙烯、聚苯乙烯也会因为残留的羧基而产生负的定域电荷, 从而产

生指向负极的电渗. 当把样品引入以上材料的毛细管时, 不同符号的离子按不同速度向负极迁移, 见表 2-5.

(a) 电渗的塞状流　　(b) 泵推动的抛物流

图 2-13　毛细管内的液流

表 2-5　不同离子的迁移速度

	合淌度	合速度
正离子	$\mu_{\rm H}=\mu_{\rm em}+\mu_{\rm os}$	$\nu_{\rm H}=\nu_{\rm em}+\nu_{\rm os}$
中性分子	$\mu_{\rm H}=\mu_{\rm os}$	$\nu_{\rm H}=\nu_{\rm os}$
负离子	$\mu_{\rm H}=\mu_{\rm os}-\mu_{\rm em}$	$\nu_{\rm H}=\nu_{\rm os}-\nu_{\rm em}$

在石英毛细管电泳中, 电渗速度可比电泳速度大一个数量级, 所以能实现正负离子的同时分离, 因为中性分子总和电渗同速, 所以中性分子在区带电泳中无法分离. 如果特意在毛细管内引入另一相 P(如胶束、高分子团等准固定相或真的色谱固定相), 样品有机会在溶剂相和 P 相之间进行分配, 这会改变其速度和淌度, 从而使中性分子和电渗的淌度不同, 使中性分子的分离成为可能. 引入的 P 相在电场中可静止不动, 也可迁移, 运动方向可正可负, 这和色谱不同.

3) 分析窗口

分析窗口即组分的出峰时间段, 在正常情况下, 电渗指向负极, 当样品从正极引入毛细管, 在负极端检测时,

正离子的分析窗口：$0\sim t_{\rm os}$;

负离子的分析窗口：$t_{\rm os}\sim\infty$, 当 $v_{\rm os}-v_{\rm em}\leqslant 0$ 时无峰;

中性分子的分析窗口：$t_{\rm os}\sim t_{\rm os}$, 重叠为单峰.

由此可知负离子的分析窗口最大, 正离子次之, 中性组分最小 (为 0), 一般而言, 分析窗口越大, 越有利于分离.

4) 分离效率及影响因素

(1) 分离效率.

与色谱相同, 毛细管电泳的分离效率一般也用塔板高度 H 和塔板数来表示

$$N=\frac{L}{H}=5.54\left(\frac{t_{\rm R}}{W_{1/2}}\right)^2 \tag{2-23}$$

有时, 毛细管电泳的 N 很大但分离并不理想, 此时最好用分离度 R 来衡量分离效果

$$R_s = \frac{2(t_{R_2} - t_{R_1})}{W_2 + W_1} = \frac{(t_{R_2} - t_{R_1})}{4\sigma} \tag{2-24}$$

(2) 峰加宽因素.

毛细管电泳区带的加宽来自于进样、分离和检测过程. 如果是柱上检测, 其引起的峰加宽主要取决于检测记录系统电子线路的响应时间, 其影响较小.

毛细管电泳多采用虹吸、压力和电迁移等进样方法, 可近似为塞状进样, 进样引起的峰加宽必须不大于轴向扩散加宽. 研究表明, 毛细管电泳的分离效率随初始区带长度的增加而呈指数下降, 下降速度随扩散系数变小和毛细管变短而加快. 一般地, 为使毛细管电泳的分离效率高于 20 万理论塔板, 初始区带长度必须小于 1mm, 不可超过 3mm, 当初始区带长度小于 0.2mm 时, 其影响可忽略.

分离过程的加宽包括轴向扩散、径向扩散、焦耳热、相分配、电场畸变等复杂因素, 毛细管电泳中, 轴向扩散、径向扩散和相分配引起的峰加宽和色谱中情况相似. 在理想情况下, 焦耳热加宽和电场畸变效应很小, 相分配又远快于迁移过程, 所以毛细管电泳分离峰加宽主要决定于轴向扩散. 这种仅由轴向扩散控制的电泳效率称为极限电泳效率, 用塔板数 N 表示

$$N = \frac{L_{\text{eff}}}{2L}\frac{\mu V}{D} \tag{2-25}$$

式中, L_{eff} 和 L 分别表示毛细管有效迁移长度和总长; μ 为加权平均淌度; V 为外加电压; D 为扩散系数. 式 (2-25) 表明, 电压越高、样品离子体积越大 (D 越小), 极限电泳效率越高. 在多数情况下, 毛细管区带电泳最容易逼近极限效率, 显示出毛细管电泳比色谱更适合于大分子的分离分析. 与极限电泳效率对应的分离度 R_s 表示为

$$R_s = \frac{\mu_1 - \mu_2}{4\sqrt{2}}\sqrt{\frac{VL_{\text{eff}}}{LD(\mu_1 + \mu_2)/2}} = \frac{\Delta\mu}{4\sqrt{2}}\sqrt{\frac{VL_{\text{eff}}}{LD\overline{\mu}}} \tag{2-26}$$

式中, 1 和 2 表示任意两个相邻峰. 式 (2-26) 表明, R_s 也能通过条件优化来进行调节, 利用分离度来评价毛细管电泳的分离效果或条件优化指标是比较合理和可信的.

2.2.2 毛细管电泳硬件系统

毛细管电泳仪的基本结构包括进样、填灌/清洗、电流回路、毛细管/温度控制、检测记录和数据处理系统, 如图 2-14 所示.

1. 进样系统

毛细管电泳中分离通道十分细小, 样品消耗不过几纳升, 所以进样系统死体积越小越好. 有一种简单的办法可实现无死体积进样, 即让毛细管直接和样品接触, 用重力、电场力或其他动力来驱动样品流入毛细管, 进样量可通过改变驱动力的大小

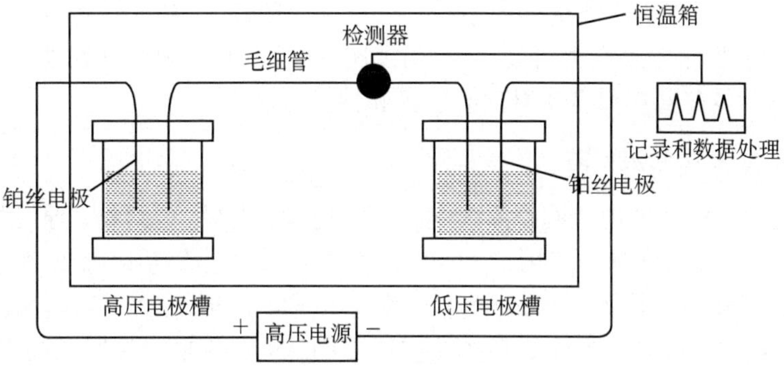

图 2-14　毛细管电泳系统

或时间长短控制. 对应地进样系统必须包含动力控制、计时控制、电极槽或毛细管位置控制等机构. 位置控制用来改变毛细管的状态, 便于毛细管插入样品溶液中或恢复到电泳位置. 商品仪器一般通过转动和升降电极槽的方法实现位置控制. 目前, 毛细管电泳中常用的进样方法为电动法、压力法和扩散法.

把毛细管的进样端伸入样品溶液中并加上电场时, 组分就会迁移入毛细管内. 通过电场强度 E 和进样时间来控制进样量, 电场强度 E 是进样动力, 取值多为 1~10kV/60cm, 进样时间取值通常为 1~10s. 电动进样对毛细管内的填充介质没有特别要求, 属于普适性方法, 能实现自动化操作. 不过电动进样存在进样歧视, 即 v_{H} 大者多进、小者少进甚至不进, 这会降低分析的准确性和可靠性.

压力进样要求毛细管中填充流动性的介质, 即将毛细管的两端置于不同压力环境中时, 管内的溶液流动将样品带入毛细管. 通常有三种方法产生毛细管两端的压力差：正压、负压 (管尾抽吸) 和重力 (虹吸), 压差一般在 ±3500Pa, 进样时间多为 1~5s. 利用压缩空气可以实现正压进样, 并能与毛细管清洗系统共享. 负压进样需要特别精密的控制设计, 容易因泄露等原因出现不重现进样. 压力进样没有偏向问题, 但选择性差, 样品及其背景都引入到毛细管中, 对后续分离产生较大影响.

利用浓差扩散原理同样可将样品引入毛细管. 扩散进样动力属于不可控制参数, 进样量仅由扩散时间控制. 扩散进样时间为 10~60s, 用简单的定时器可达到比较精密的控制. 扩散进样对毛细管内介质没有任何限制, 属于普适性进样方法. 扩散进样具有双向性, 即在样品分子进入毛细管的同时, 毛细管中的背景物质也向管外扩散. 由此可得到畸变程度较小的初始区带, 从而抑制背景干扰, 提高分离效率. 同时扩散进样不存在进样歧视, 可提高分离分析的可靠性.

2. 毛细管清洗和缓冲液的填灌

装填缓冲液是毛细管电泳分离的基本要求, 对毛细管进行清洗则是保持毛细管电泳高效和重现分离的条件之一. 采用正、负压助推流动是毛细管填灌或冲洗的基本方法. 采用正负压清洗要求系统有一定的密闭性, 一般负压可由水泵、小型蠕动泵或注射器 (抽) 来产生, 正压一般用钢瓶气、空气压缩机或注射器 (推) 来施加, 注射器是许多实验室都容易得到的加压和抽空方法.

3. 电源及电流回路

毛细管电泳的电流回路系统包括高压电源、电极、电极槽、导线和电解质缓冲溶液等. 毛细管电泳一般用 0~±30kV 连续可调的直流高压电源, 理想的电源应具备：① 能输出单极 (另一端接地) 直流高压; ② 电压、电流、功率输出模式任意可选; ③ 能进行电压、电流或功率的梯度控制; ④ 电压输出精度应高于 1%. 高压电源接地端可使用普通导线, 高压端要用专门的耐高压导线, 否则容易出现放电现象并产生臭氧. 毛细管电泳的电极通常由 0.5~1mm 的铂丝制成. 电极槽通常是带螺口的小玻璃瓶或塑料瓶, 但要便于密封. 缓冲液内含电解质, 充填于电极槽和毛细管中, 通过电极、导线和电源连通, 是分离室的导体.

毛细管电泳实验中必须注意高压安全保护问题, 高压容易放电, 尤其是在湿度高的地方, 可用干燥、隔离或适当降低分离电压的方法防止高压放电.

4. 毛细管及其温度控制

毛细管是毛细管电泳分离的核心部件, 理想的毛细管必须是电绝缘、紫外/可见光透明和富有弹性的. 目前, 普遍使用的是弹性熔融石英毛细管, 还可以使用塑料管和玻璃管等. 由熔融石英拉制得到的毛细管很脆、易折断, 经外涂聚酰亚胺后富有弹性. 由于聚酰亚胺涂层不透明, 所以检测窗口部位的外涂层必须剥离除去, 剥离长度为 2~3mm, 剥离的方法有硫酸腐蚀法、灼烧法和刀片刮除法等.

硫酸腐蚀法是将外涂层和浓硫酸接触、过夜, 再用水、甲醇或丙酮依次冲洗干净. 灼烧法是用小火焰灼烧毛细管外涂层, 完全碳化后, 用丙酮清洗. 灼烧法的缺点是灼烧宽度很难控制, 将毛细管放在一根拉直的电热丝或烧红的铁丝上转动, 能控制灼烧宽度. 灼烧法不适合于内有键合涂层或已填充的毛细管. 用锋利的刀片可将外涂层刮除, 手动操作时一般先将欲刮除部分涂黑, 以便于定位和观察.

在毛细管电泳中, 毛细管内会因焦耳热效应而产生径向温度梯度, 引起迁移速度分布, 降低分离效率; 另外, 气温的变化也会使分离不重现. 因此需将毛细管置于温度可调的恒温环境中. 温度控制系统主要采用风冷和液冷两种方式. 风冷控温包括制冷单元、风扇和温度显示等部分, 系统容易制作, 不影响分离操作, 但控温效果不理想. 液冷控温是将毛细管置于一恒温的液体中以实现比较精确的温度控制, 一般 20kV 以下的电泳用水作为冷却介质, 20kV 以上时用煤油或氟代烷烃作冷却介质. 冷却介质由专门的制冷系统冷却或恒温, 通过流路进行循环. 显然, 液冷对毛细管和仪器设计有比较高的要求, 需要很好的系统密闭性、电绝缘性和安全保护设计.

5. 检测系统

毛细管电泳有很多检测方法, 如光吸收法、电化学法、电导法、化学发光、磷光、荧光和质谱法等. 其中紫外吸收检测非常成熟, 是最多使用的检测手段. 荧光检测可提高检测的灵敏度, 但属于非普适性方法. 以激光作为荧光的激发光源形成的激光诱导荧光 (LIF) 检测方法能达到单分子检测水平. 质谱作为检测手段也日渐成熟, 但目前尚没有毛细管电泳专用的质谱检测器, 均以联用方式在柱后实现检测. 电导检测器适用于无机离子等的检测, 但检测系统的制作加工和重现性还有待改进. 化学发光也是一种极灵敏的检测方法, 不过发光试剂系统不稳定, 检测需要混合过程, 使用不方便. 电化学检测可以达到很高的灵敏度, 但重现性还有待进一步提高.

2.2.3 毛细管电泳分离条件选择策略

1. 毛细管电泳模式

如前所述, 毛细管电泳有许多不同的分离模式, 见表 2-6. 在分离样品前必须很好地选择分离模式, 以达到最佳的分离效果. 选择原则有简单性、目的性、普适性、选择性和样品特异性等. 简单性原则是毛细管电泳模式选择的一般依据, 其要求分离模式的操作、条件优化、分离控制等必须是最简单和最容易的, 而且富于后续变化. 因此首先应该考虑自由溶液分离模式, 最后才考虑填充形式的分离模式.

表 2-6 毛细管电泳的分离模式

类型	缩写	说明
毛细管区带电泳 (capillary zone electrophoresis)	CZE	毛细管和电极槽内有相同的缓冲液
毛细管等速电泳 (capillary isotachophoresis)	CITP	使用两种不同的 CZE 缓冲液 *
毛细管等电聚焦 (capillary isoelectric focusing)	CIEF	毛细管内装有 pH 梯度介质
胶束电动毛细管色谱	MEKC	在 CZE 缓冲液中加入一种或多种胶束
微乳液毛细管电动色谱	MEEKC	在 CZE 缓冲液中加入水包油微乳液
高分子离子交换毛细管电动色谱	PICEC	在 CZE 缓冲液中加入可微观分相的高分子离子
开管毛细管电色谱	OTCEC	使用固定相涂层毛细管, 分正、反相和离子交换等
亲和毛细管电泳	ACE	在 CZE 缓冲液中加入亲和作用试剂
非胶毛细管电泳	NGCE	在 CZE 缓冲液中加入由高分子构成的动态筛分网络
毛细管凝胶电泳	CGE	管内填充凝胶介质, 用 CZE 缓冲液
填充毛细管电色谱	PCCEC	毛细管内填充色谱填料, 分正、反相和离子交换等

在分离生物样品时, 通常需要根据分离目的来选择分离模式. 如需测定样品分子的尺寸, 就选择非胶毛细管电泳 (NGCE) 或毛细管凝胶电泳 (CGE), 偶尔也可

选用毛细管区带电泳 (CZE) 或胶束电动毛细管色谱 (MEKC), 要测定样品的等电点, 则选用毛细管等电聚焦 (CIEF), 要进行亲和作用研究时, 则选择亲和毛细管电泳 (ACE).

实际工作中分析目的可能不是单一的, 此时分离模式的选择要注意考虑其通用性. 一般 CZE、MEKC 和毛细管电色谱 (CEC) 的通用性和可调节性都比较大, 根据简单性原则, 以 CZE 或 MEKC 为优先. 实际样品性质各异, 分离模式的选择是可变和灵活的, 这种灵活性正好和毛细管电泳模式的易互换性相吻合.

2. 基本操作条件的选择

毛细管电泳基本操作条件包括电泳电压、电泳温度、进样方法等.

1) 电泳电压

实验和理论表明电泳电压对分离效率的影响存在极大值. 极大电压可以由理论效率方程通过求极值的方法得到, 但理论计算过程很繁琐, 而且也不可靠, 所以一般通过实验测定的方法来确定工作电压. 在电泳条件下改变电压测定对应的电流, 作电压–电流曲线, 取线性关系中的最大电压作为分离电压. 在毛细管凝胶电泳实验中, 电场强度应控制为 150~400V/cm, 否则容易导致凝胶的破坏. 另外还要考虑电压施加方式, 大多数分离采用瞬间升压的恒压工作方式, 实际上采用恒流的工作方式有利于提高分离的重现性, 在没有很好恒温控制的系统上进行电泳时恒流方式更为适用.

2) 电泳温度

电泳温度控制主要是指毛细管外表温度的控制, 温度选择应考虑热效应控制、重现性控制、分离效率控制和分离介质对温度的限制等因素. 热效应控制主要在于避免毛细管内溶液过热而出现气泡或沸腾现象; 重现性控制主要是避免温度波动; 分离效率控制以提高分离度为目标, 由实验测定; 分离介质对温度的限制如凝胶电泳不宜频繁变换温度, 也不宜在过高或过低的温度下实验, 常规电泳多将温度恒定为 20~30°C.

3) 进样和聚焦进样

如前所述, 毛细管电泳中电动进样和扩散进样是普适性的进样方式, 而压力进样只适合于自由溶液电泳模式. 普通进样方法的选择相对简单, 但浓缩进样能大幅度提高进样量和检测灵敏度而保持分离效率不变. 浓缩进样可分为电聚焦、pH 聚焦和色谱浓集.

离子从高电场突然进入低电场时, 会因减速而堆积在电场交界处, 导致区带缩短、浓度提高, 进而提高分离效率和检测灵敏度. 电聚焦通常利用电解质浓度梯度等构建电场梯度, 分为简单电聚焦、增强电聚焦和整管进样聚焦等方法. 简单电聚焦是用水或低浓度缓冲液配置样品, 进行电动进样时, 电场基本加在样品和管口之间, 这样样品会快速迁移到管口并突然减速堆积, 此法可提高灵敏度 2~10 倍. 增强电聚焦是先用压力法进一段水区带, 然后正常电动进样, 因为纯水区带的电导趋于 0, 在电动进样时承受所有的电场, 而管内其他部位的电场趋于 0, 这样不产生电渗, 而是仅一种电荷的离子可迁入管内并迅速穿过水区带, 浓集于它的前沿. 如想同时分离正负离子, 需要用正负电场顺序进样各一次. 增强电聚焦成功的关键在于水区带和样品区带长度比的控制, 一般水区带不要长于 2mm, 电动进样时间控制在 1min 内. 在优化条件下, 可提高灵敏度 100 倍以上而不损失分离效率. 当样品溶液很稀时可将样品灌满整根毛细管进行整管进样聚焦. 先施加反向电压至电流上升到正常值的 95%, 然后改变电压反向进行正常电泳分离, 在反向电压下, 电渗将缓冲液从毛细管出口泵入引起此部位电场突降, 这时逆电渗而动的离子会在逾越突降面时减速、堆积, 同时又被电渗推回, 此过程连续不断, 直到缓冲液到达毛细管的进口才强行停止. 本聚焦方法具有方向性, 如毛细管提供从正到负的电渗, 只浓集负离子, 相反只浓集正离子.

pH 聚焦其实是电场聚焦的特例, 适用于弱解离样品, 特别是两性样品. 这类样品在经过 pH 突变界面时, 会因解离度的变化引起迁移速度甚至迁移方向的突变, 产生堆积现象, 尤其适用于生物体液样品. 利用色谱原理让样品先在柱头吸着, 再进行在线洗脱分离可以大幅度提高毛细管电泳的进样体积, 可在进样端键合一段色谱固定相或填充一段色谱填料, 也可以将填充好的色谱小柱拼接到毛细管头上.

3. 分离介质的选择

分离介质的选择包括缓冲试剂、添加剂、溶剂、pH、分配相等, 并与分离模式密切相关.

1) 毛细管区带电泳 (CZE) 分离介质的选择

毛细管区带电泳是毛细管电泳分离最基本的方式, 其介质的选择也是其他分离模式的基础. 区带电泳缓冲液的选择包括 pH 与缓冲试剂选择、添加剂选择和溶剂选择等.

pH 的选择是决定分离效果好坏的关键, 缓冲试剂的选择主要由 pH 决定. 一般可通过实验优化来选择最佳 pH, 常用磷酸盐缓冲液为基础, 初步确定最佳 pH, 再对比同样 pH 的其他缓冲试剂进行优化, 常用的缓冲体系还有硼酸、硼砂等.

如果缓冲体系各参数经优化后分离效果仍不理想, 可考虑使用添加剂. 最简单的添加剂是无机电解质, 如 NaCl、KCl 等, 可以压缩区带、抑制蛋白质等分子的吸附, 但浓度大, 容易导致过大的焦耳热, 反而使分离效率下降. 实验中经常用两性有机电解质代替无机电解质克服过热问题. 另外还有几类重要的添加剂, 如非电解质高分子添加剂 (如纤维素、聚乙烯醇、多糖、Triton X-100 等)、荷电表面活性剂 (十二烷基硫酸钠、十二烷基季铵盐等) 和功能添加剂 (手性冠醚、环糊精、胺、动态网络形成剂等), 这些添加剂通过分子间各种复杂的相互作用来影响样品的淌度.

毛细管电泳的缓冲液一般用水配制, 但也可加入少量的有机溶剂来改善分离度或分离选择性, 并使许多难溶的样品可以用毛细管电泳分析. 常用的有机溶剂主要是挥发较小的极性有机物, 常用的有甲醇、甲酰胺和乙腈等.

2) 胶束毛细管电泳 (MEKC) 介质的选择

MEKC 是在区带电泳的缓冲液被高于胶束临界浓度的表面活性所修饰的结果. 表面活性剂的种类、性质及浓度是 MEKC 条件选择的关键. 原则上只要能在水或极性有机溶剂中形成胶束的物质, 都可以用于 MEKC, 但在实际工作中受到毛细管分离效率及检测等方面的限制, 可供选择的表面活性剂种类并不多, 主要考虑是否易溶于水、对检测有无明显干扰和能否形成稳定的胶束. 碳链较短的阴离子表面活性剂 SDS 是优先选择对象, 其效果不好时再考虑其他表面活性剂. 阳离子表面活性剂可能会改变电渗方向, 此时需要反向电泳, 在正极一端检测, 得出峰顺序相反的谱图.

添加金属离子可改变胶束表面的电荷量进而改变分离选择性, 使用混合表面活性剂可调节分离度或峰的分布, 在表面活性剂中引入手性中心可对手性分子进行选择分离. 在 MEKC 中, 除表面活性剂形成的胶束相外, 还可以设法增加其他相, 比较常用的多相体系如水–胶束–环糊精, 这一体系包含了相分配和超分子化学原理, 在分离光学异构体及两亲分子时很有用处.

3) 毛细管凝胶电泳 (CGE) 和非胶毛细管电泳 (NGCE) 介质选择

毛细管凝胶电泳实际上是增加了凝胶支持介质的区带电泳. 所用的凝胶主要是聚丙烯酰胺和琼脂糖凝胶, 包括各种修饰和改性胶. 凝胶主要依据样品的尺寸来选择, 如在分离小片段 DNA 或进行 DNA 测序时, 通常使用 5%T~10%T 的交联或线性聚丙烯酰胺凝胶, 若分离大片段 DNA、双链 DNA 或某些蛋白质时采用琼脂糖凝胶.

在毛细管中灌注凝胶介质有很大难度, 所以非胶毛细管电泳应用也很广. 其介质是一些亲水线性或枝状高分子, 如线性聚丙烯酰胺 (PLA)、甲基纤维素 (MC)、羟丙基甲基纤维素 (HPMC)、羟乙基纤维素 (HEC)、聚乙烯醇等. 这些物质溶于水后, 当浓度大到一定程度时会自动形成动态网络. 关于非胶介质体系的选择, 目前尚无明确的规律, 只能通过对不同种类、浓度和配比效果的研究才能确定.

4) 其他模式的介质选择

微乳液毛细管电动色谱 (MEEKC) 所用的微乳液是一种光学透明、热力学稳定的水包油型分散剂, 通常由缓冲液、不溶于水的有机液体 (油) 和乳化剂构成. 缓冲液的选择和区带电泳相似, 有机液体常用丁烷、戊烷等, 乳化剂包括表面活性剂和助表面活性剂等. 通过改变油和乳化剂的组成, 可以改变峰容量、分离效率和分离选择性.

毛细管电动色谱 (CEC) 可以看成区带电泳的毛细管被色谱固定相涂布或填充的结果, 是毛细管区带电泳和液相微色谱的综合. 在 CEC 中首先考虑固定相和柱子的选择性, 然后才考虑流动相的选择. 固定相的选择主要依据 HPLC 的理论和经验. 流动相选择主要考虑淋洗强度、电导大小、pH、散热能力和背景吸收等.

自由溶液离子交换毛细管电色谱是在区带电泳的缓冲液中加入离子化高聚物来引入离子交换机制. 离子型高聚物的选择遵循和待测样品带相反电荷和分子质量尽量大两条基本原则, 多数离子化糖类是优先考虑对象. 特别要注意的是, 为了增强离子交换效果, 要选择一 pH 使样品和高聚物都带上足够的电荷.

在区带电泳缓冲液、凝胶或固定相中引入抗原或抗体可以用于研究和分析抗体或抗原, 也可以用这种方法对电泳峰进行特异性定性. 亲和试剂可以作为添加剂加入到缓冲液中, 也可以通过涂布技术结合到毛细管壁上.

等电聚焦电泳实际上是 pH 梯度区带电泳, 毛细管先灌入含有样品和两性电解质的分离样液, 正极端通常用 20~50mmol/L 磷酸, 负极端用 10~50mmol/L NaOH. 加上电压后, 管内很快就会在两性电解质作用下建立 pH 梯度, 样品按等电点迁移到各自的位置上.

2.2.4 毛细管电泳联用技术

联用是一个很广泛的概念, 可以涉及不同的组合, 如分离–检测、分离–分离、分离–鉴定、样品处理–分离–检测等, 对于毛细管电泳而言, 分离–分离 (多维电泳) 和分离–鉴定 (电泳和质谱、核磁共振等联用) 是两类关键联用技术.

1. 二维电泳 (2DCE)

目前多维电泳已经成为提高峰容量和分析通量的主要策略. 二维电泳是多维分离的基础, 其核心是接口技术. 有许多潜在的理论方法可以连接不同的 CE 模式, 如同管动态连接、阀门接口、断口对接、套接等.

同管动态连接是指将分离介质分段按顺序引入到同一根毛细管中, 然后进样分离的一种方法. 样品首先在第一段介质中按一种机理进行分离, 等此介质消散或样品迁出该背景后, 直接转入第二段介质中, 执行第二种机理的分离. 如动态等电聚焦 (tCIEF)–毛细管区带电泳 (CZE)、动态等速电泳 (tITP)–毛细管区带电泳 (CZE) 等, 这两种联用技术的分辨率虽不是很高, 不能大幅度地提高峰容量, 但却能够浓缩样品组分, 是一种有用的提高检测灵敏度的技术.

阀门接口是将两根毛细管接入一个微量阀, 通过变换阀门连通通路, 先让某一段毛细管执行一种电泳分离, 再让另一段毛细管执行另一种电泳分离. 其优点是两维的速度可以不必非常匹配, 利用阀门和储样环将第一维分离出来的区带分别收集, 等待下一轮的分离. 因为毛细管电泳是纳升级的分离方法, 所以阀门的死体积必须在纳升级, 否则分离效果很差而难以实用化.

为了尽可能消除接口的死体积, 比较可行的方法是将两管对接, 接缝不仅可以隔离分离介质, 也可用于样品的转移和电流的导通. 对接技术有简单套接、微透孔套接、T 形套接、端口对接、刻孔技术 (对毛细管进行局部的化学刻蚀) 等.

等电聚焦电泳–区带电泳、非胶毛细管电泳–胶束电动毛细管色谱、等电聚焦电泳–毛细管凝胶电泳是研究得比较多的二维电泳分离技术.

2. 毛细管电泳和质谱的联用

1987 年首次报道的毛细管电泳和质谱联用是毛细管电泳发展史上的一个重大事件. 在这个过程中除研究目标更注重于发展基于微流控的各种整体或集成分析系统的联用研究上外, 其应用也从分散对象更多地集中于蛋白质组学等重大项目.

联用的模式包括毛细管区带电泳 (CZE)、毛细管等速电泳 (CITP)、毛细管电色谱 (CEC)、毛细管凝胶电泳 (CGE)、胶束电动毛细管色谱 (MEKC)、毛细管等电聚焦 (CIEF)、亲和毛细管电泳 (ACE) 和非胶筛分毛细管电泳 (NACE) 等电泳分离技术和磁质谱、四级杆、离子阱、飞行时间、激光辅助基质解吸、傅里叶变换离子回旋共振 (FT-MS) 等质谱技术联用. 其中 CZE 与三重四级杆质谱的联用工作最多, 两者的结构和操作都比较简单, 灵敏度达 amol 或更低的水平. FT-MS 分析速度不快, 而且昂贵, 但其分辨率和灵敏度极高, 可进行多级质谱研究, 在蛋白质等研究中有很大发展潜力.

在线 CE-MS 一般可表示成如图 2-15 所示的结构, 关键部位在接口处, 接口和离子化方法有关, 如电喷雾 (ESI)、热喷雾、声喷雾、连续流动快原子轰击、基质辅助激光解吸离子化 (matrix-assisted laser desorption ionization, MALDI) 等, 其中 MALDI 和 ESI 可以在大气环境下操作, 是一种柔和的离子源. 电喷雾特别适合于与 CE 联用, 它和 CE 接口的核心是如何保证在不干扰电泳的条件下, 向喷嘴施加喷雾电压, 让电泳出口和喷雾共用电极是主流的设计理念, 据此设计了鞘流和无鞘流两类接口.

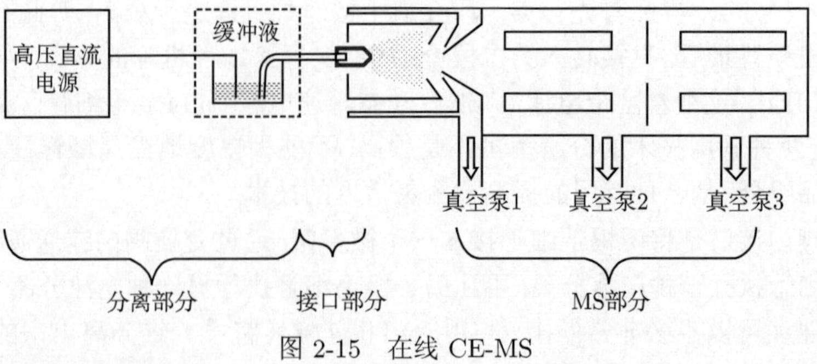

图 2-15　在线 CE-MS

无鞘流接口又分液体和非液体导通两类技术. 非液体导通是在喷口及附近的导电涂层施加电压, 通过接一小段金属毛细管喷嘴, 或在管内直接安置电极来实现. 研究表明在毛细管出口端简单地贴上电极或用铅笔涂抹也可实现电喷雾. 这种接口方法结构简单经济, 而且不存在稀释效应. 液体导通是让毛细管出口的一部分出现漏洞, 以形成导电通路. 该方法和二维电泳接口类同, 其中微渗析连接能用于毛细管电泳缓冲液的脱盐, 可提高 MS 的检测灵敏度或提升 CE 的分离能力. 利用毛细管的环形化学腐蚀多孔结构或局部腐蚀多孔结构制作无死体积接口有利于提高 MS 的灵敏度和分辨率、消除记忆效应. 鞘流式接口就是管套管结构, 在管与管之间注入液体即形成鞘流, 可将分离毛细管及其流出物包覆起来, 并在管口混合喷射. 为了稳定喷雾, 还可以再套一层管并注入气体, 形成气体鞘流. 鞘流接口的喷雾比较稳定, 但对样品有严重的稀释效应, 会引起灵敏度的下降.

虽然在线 CE-MS 有许多优势, 如能减少样品损失、操作容易自动化、可以选择性检测、能直接给出总离子流图或给出特定离子的电泳图和质谱数据, 但也存在一些问题, 如限制了离子源的使用, 仅电喷雾等有限几种方法可选; 限制了 CE 缓冲液的使用, 使 CE 不能充分发挥优势; 因为 CE 出峰很快, 欲进行二级质谱的时间往往不够, 会限制质谱结构鉴定能力的发挥, 因此离线联用技术也受到普遍的关注. 离线联用的核心技术是 CE 分离区带的高效收集. 理想的收集技术应具备结构简单、易于自动化、电压切换次数少或没有、无稀释效应、没有样品损失、没有分离效率损失和不引入溶剂等优势.

利用类似于无鞘流的电喷雾接口将毛细管出口和收集介质接触, 就可以收集到比较纯净的区带. 如果让收集介质连续移动, 就可以不间断地收集 CE 中流出物质, 形成一条收集线. 利用在线光学检测信号或利用显色技术可找到样品位置然后进行质谱测定, 可获得灵敏的质谱信息. 各种纤维素膜、某些高分子膜如 PVDF 等常被用作收集介质. 也有报道将毛细管出口磨成斜面并涂上导电胶, 在电渗的驱动下样品沿斜面流出, 形成样滴, 将其直接收集在质谱进样器上进行常规质谱分析.

3. 毛细管电泳与核磁共振联用

作为一种结构鉴定技术, 核磁共振 (NMR) 和 MS 一样被看成高效分离方法的一种优良联用检测手段. CE-NMR 是从 LC-NMR 中移植过来的方法, 两者有很多相似点, 甚至共用 NMR 系统. NMR 灵敏度不高, 在 CE-NMR 中通常采用停流检测方式以累积核磁共振信息, 虽然会降低分析速度、使分离峰展开, 但其丰富的结构信息仍具有极大的诱惑力.

CE-NMR 的仪器结构并不复杂, 图 2-16 是一种装置示意图, 通常是将毛细管插入合适的样品探头, 然后放入磁场, 样品探头是用来在磁场中定位放置样品管或流通池的关键器件. 要注意防止强磁场的影响, 一般将高压直流电源、辅助检测器等放置在离磁铁 3m 以外的地方, 一些部件如电极槽等可用有机玻璃、PEEK 塑料等来制作. 实验中还要注意克服 CE 分离条件的引入和改变对 NMR 测定的影响.

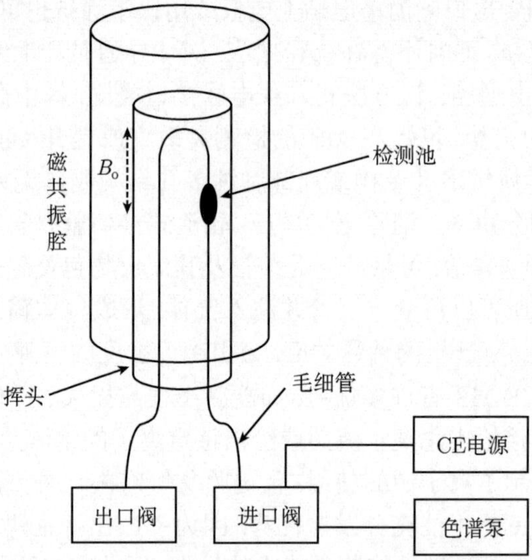

图 2-16 CE-NMR

当然, 毛细管电泳分离目前尚存在一些不足, 例如: ① 制备能力比较差; ② 光程太短, 需要高灵敏度的检测器; ③ 毛细管内壁有吸附现象, 易导致电渗流变化, 使分离的重现性受到一定影响, 一些生物大分子如蛋白质等样品的分离效率下降; ④ 需要专门的技术来制备包含凝胶等不流动介质的毛细管.

2.3 微流控芯片实验室

微型化和集成化代表了现代科技文明的高端水平, 科技进步创造了体积越来越小、功能越来越强的许多技术奇迹. 微流控芯片实验室完美体现了微型化和集成化的发展趋势, 于 2004 年被列为“改变世界” 的七种技术之一. 微流控芯片实验室通常又简称为微流控芯片 (microfludics) 或芯片实验室 (lab-on-a-chip), 它把化学和生物等领域中所涉及的样品制备、反应、分离检测、细胞培养、分选和裂解等基本操作单元集成到一块很小的芯片上, 由微通道形成网络, 以可控流体贯穿整个系统, 以实现常规化学或生物实验室的各种功能. 一般微通道的尺度为几十到几百微米, 承载 10^{-9}~10^{-18}L 的微流体.

容易和微流控芯片相混淆的几个概念是微全分析系统、生物芯片和微阵列芯片等. 微全分析系统 (micro total analytical system, μTAS) 是 20 世纪 90 年代由瑞士科学家 Manz 和 Widmer 提出的, 它是以样品分析为最终目标的一类微流控芯片, 即在芯片上集成样品预处理、分离和检测等分析化学领域通常采用的各种操作单元. 在微流控芯片发展初期, 由于认识水平有限, 微全分析系统和微流控芯片实验室经常被混用, 实际上微全分析系统只是微流控芯片的一个重要分支.

生物芯片是以生物分子间的静态杂交和高密度点阵为特征的芯片, 生物芯片先于微流控芯片问世, 专一应用于某一生物领域. 如今微流控芯片已经广泛应用于生物领域, 具有很强的生物功能, 因此从某种意义说称"生物芯片"为"杂交点阵芯片"应该更为合适, 它可以看成微流控芯片中操作单元只有亲和和杂交一种、而且流体速度为零的特例.

微阵列芯片是指一种平行集成了多个相同或基本相同的操作单元或单元群的芯片, 其基本特征是具有高通量. 如果操作单元或单元群之间有流体相通, 这样的微阵列芯片就是高度集成的微流控芯片; 如果操作单元或单元群之间没有流体相通, 芯片具有微阵列特征, 而不是微流控意义上的微阵列. "生物芯片"其实就是微阵列芯片的一种, 只是此处被集成的操作单元是一种简单的点状杂交反应器, 而且每个操作单元之间没有连接, 没有流体流动.

微流控芯片实验室最基本的特征是多种单元技术在整体可控的微小平台上的灵活组合和规模集成. 从理论上讲, 微流控芯片可以应用于任何涉及流体的学科, 其中最直接的是化学、生物学和医学, 同时它也已经渗透到一些传统观念不太涉及流体的学科如光学、信息学等. 微流控芯片在如疾病诊断、药物筛选、环境监测、食品安全、司法鉴定、体育竞技、反恐、航天等事关人类生存质量的方方面面均可应用. 微流控芯片实验室带来的直接好处是大幅度缩短样品处理时间、显著提高检测灵敏度以及大幅度降低能耗和成本. 其更为深远的意义还在于, 微流控芯片极有可能使实验室的整体设备小型化、家用化, 最终普及到个人, 从根本上改善人类的生存质量.

2.3.1 微流控芯片

1. 芯片材料

芯片是微流控芯片实验室的核心, 芯片的设计和制作是微流控芯片研究工作的基础. 选取合适的芯片材料是微流控芯片制作的关键, 要求芯片材料与芯片实验室工作介质 (微流体) 之间有良好的化学和生物相容性; 芯片材料要有良好的绝缘性、散热性和光学性能; 芯片材料表面有良好的可修饰性; 制作工艺简单. 常用于制作微流控芯片的材料有单晶硅片、石英、玻璃和高分子聚合物, 它们各有优缺点.

单晶硅有良好的化学惰性和热稳定性, 可使用光刻技术、整体和表面微加工技术高精度地复制二维或三维图形, 并可用制备集成电路的成熟工艺进行加工和批量生产, 但硅晶片易碎、价格昂贵、不透光、电绝缘性不够好, 而且硅表面化学行为较复杂. 目前一般利用其良好的光洁度和成熟的加工工艺制作微泵和微阀等, 也用于制作模具来制作聚合物芯片.

玻璃和石英有很好的电渗性质和优良的光学性能, 而且其表面吸附和表面反应能力有利于表面修饰改性, 利用光刻和刻蚀技术可将微结构刻在玻璃和石英上, 因此玻璃和石英已经被广泛用于制作微流控芯片, 石英尤其适合用于紫外分光光度法检测的微流控芯片的制作.

高分子聚合物具有种类多、可供选择的余地大、加工成型方便等特点, 特别适合大批量制作一次性微流控芯片. 用于微流控芯片制作的高分子聚合物主要有: ① 热塑性聚合物如聚甲基丙烯酸甲酯 (polymethylmethacrylate, PMMA)、聚碳酸酯 (polycarbonate, PC) 和聚乙烯等; ② 固化型聚合物如聚二甲基硅氧烷 (polydimethylsiloxane, PDMS)、环氧树脂和聚氨酯等; ③ 溶剂挥发型聚合物如丙烯酸、橡胶和氟塑料等三类. 弹性体 PDMS, 又称硅橡胶是众多聚合物中用得较多的一种, 它能透过 250nm 以上的紫外光, 能用塑模法高保真地复制微流控芯片, 能与自身或玻璃、硅、二氧化硅和氧化型多聚物可逆封合, 其表面可进行多种修饰改性, 而且无毒、耐用, 有一定的化学惰性.

2. 硅芯片、玻璃芯片和石英芯片的制作

制作硅、玻璃和石英芯片一般需要在洁净室中采用特定的光刻 (lithography) 和刻蚀 (etching) 微加工技术完成, 这些技术已经广泛用于半导体和集成电路芯片的制作. 光刻和刻蚀技术由薄膜沉积、光刻及刻蚀和封接三个工序组成.

1) 薄膜沉积

在洁净基片上利用直接生成方式 (直接转移) 或间接生长方式 (通过化学反应形成) 构建一层薄膜, 经图形加工后起不同作用. 按性能可分为工作区外延层、掩蔽膜 (限制区域扩张)、绝缘介质膜 (起保护、钝化和绝缘作用) 和导电金属膜 (用作电极引线). 常见的薄膜材料有二氧化硅、氮化硅、导电金属、光刻抗蚀胶和难溶金属等.

2) 光刻

(1) 光刻掩膜. 光刻掩膜的质量直接影响光刻的质量, 要得到好的精细图形必须要有良好的光刻掩膜板. 光刻掩膜板的基本功能是当受到光束照射时, 图形区和非图形区产生不同的光吸收和透过能力, 理想情况是图形区将光完全吸收, 非图形区则让光完全透射, 或与之相反. 常规的制版采用照相制版法进行, 先按绘图、刻图的方法制大图, 再用初缩和精缩照相机得到所要求尺寸的图形, 用照相制版法得到超微粒掩膜母版. 母版制作困难、周期长、价格贵, 一般不直接用作光刻掩膜, 而用铬板复印, 并用类似光刻工艺的方法制得铬板光刻掩膜. 使用简易设备也可制造掩膜, 用 CAD 计算机图形软件设计微通道, 用高分辨率打印机 (大于 1200dpi) 将图形打印于透明塑料薄膜上用作掩膜, 此方法能满足线宽和线距大于 20μm 的芯片对掩膜的要求.

(2) 光刻. 光刻技术一般由预处理、涂胶、前烘、曝光、显影及坚膜等基本工艺过程构成. 为了使光刻胶在基片表面有良好的黏附, 基片要用脱脂、抛光、酸洗、水洗等方法进行净化. 涂胶是指在涂胶机上用旋转涂敷法在处理好的基片表面均匀涂一层 5μm 左右的光刻胶 (在精细图形的光刻中一般为 1μm). 涂胶使用数千转/min 的涂胶机, 且要求环境十分洁净, 湿度应小于 40%.

前烘是在一定温度下使光刻胶中溶剂挥发以增强光刻胶和基片之间的黏附及胶膜的耐磨性, 增加胶膜耐显影液浸泡能力, 保证曝光时能进行充分的光化学反应. 前烘的合适温度和时间与光刻胶的种类和厚度有关, 通常由实验确定. 前烘一般在电热恒温箱或热空气中进行, 有时也采用红外热源, 但要注意避免光刻胶见光.

曝光时将掩膜置于光源和光刻胶之间, 用紫外光等透过掩膜对光刻胶进行选择性照射, 受到光照的地方, 光刻胶发生化学反应, 改变了感光部位胶的性质. 曝光是光刻中的关键工序, 通常以短时间 (几秒到几十秒) 强曝光为好, 最佳的曝光时间和强度应通过实验确定. 光刻胶对波长为 300~500nm 的光敏感, 最常用的光源是汞灯.

显影是用显影液除去曝光后基片上的部分光刻胶, 而获得和掩膜相同 (正光刻胶) 或相反 (负光刻胶) 的图形. 显影液的选择和显影时间视不同的光刻胶而定, 显影时间一般以 1~3min 为宜. 常用的 SU-8 光刻胶是一种负性的近紫外光刻胶, 其主要成分是环氧树脂 SU-8, 所用的溶剂是环戊酮及少量的光引发剂. 光刻时, 曝光部分的光引发剂产生强酸, 使 SU-8 产生交联反应不能溶于显影剂, 而未曝光部分不发生反应可溶于显影剂, 从而产生图形.

光刻的最后一道工序是坚膜, 在一定温度下 (150~200°C) 烘烤清洗好的显影后基片, 以除去残留在胶膜中的溶剂或水分, 使胶膜与基片紧紧黏附, 并增强胶膜的抗蚀能力.

3) 刻蚀、封接

刻蚀是以坚膜后的光刻胶为掩蔽层, 通过化学或物理的方法腐蚀基片以得到所期望的图形. 根据刻蚀剂的状态分为湿法刻蚀和干法刻蚀. 湿法刻蚀采用化学刻蚀液, 大多为各向同性刻蚀, 其选择性高、均匀性好, 几乎适用于所有金属、玻璃和塑料等材料, 但图形的保真度不高, 刻蚀图形的最小线宽受限制. 干法刻蚀利用高能束, 能实现各向异性刻蚀, 图形保真度高, 但设备价格昂贵, 较少用于微流控芯片的制造. 刻蚀结束后, 光刻胶就完成了其使命, 需要设法去除, 主要的去胶方法有溶剂去胶、氧化去胶和等离子去胶.

经过上述工艺, 带有微通道的微流控基片就制作完成了, 打孔并和盖片封接即可使用. 在硅、玻璃和石英芯片上打孔可采用金刚石打孔、超声波打孔和激光打孔等方法. 芯片封接前, 需要对基片和盖片进行严格的化学清洗, 以除去芯片制作和打孔过程中所残留的小颗粒、有机物和金属物等, 并产生亲水表面, 封接通常采用热封接、阳极键合、低温黏接等方法. 制备好的微流控芯片可用扫描电镜和微通道横截面轮廓曲线图等手段进行表征.

3. 高分子聚合物芯片的制作

制作高分子聚合物芯片一般需要用光刻和刻蚀微加工技术制备模具, 再根据高分子聚合物的性质, 选用热压法、模塑法和注塑法制作芯片. 针对高分子聚合物也发展了 LIGA 技术、激光烧蚀和软光刻等方法制作微流控芯片.

1) 热压法

热压法是将聚合物基片如 PMMA 或 PC 和模具对准加热并施加一定压力得到具有微结构的芯片, 是一种广泛采用的快速复制微结构的芯片制作技术. 50μm 以下的金属丝可以用作模具, 来制作简单的十字微通道, 因通道交叉点在同一平面压制而呈不规则形状, 不利于进样和分离. 利用有凹凸微通道的硅、镍或镍钴合金阳膜可大批量地生产复杂的聚合物微通道基片.

2) 模塑法

模塑法是将聚合物单体与固化剂混合, 倒在阳膜上控制一定温度固化一定时间, 脱模而得微流控芯片. 高分子聚合物以 PDMS 为主, 还可以是环氧树脂、聚脲和聚丙烯酸等. 阳膜可以用环氧 SU-8 光胶、硅、玻璃等材料制作.

3) 注塑法

注塑法是将原料置于注射机中, 加热使之变为流体压入阴模中, 冷却脱模制得芯片的一种方法. 模具的制作是整个工艺流程的关键步骤, 其技术要求高、制作周期长. 一个好的模具可生产 30 万 ~50 万张聚合物芯片, 其重复性好、生产周期短、成本低廉, 适宜于已成型的芯片生产.

4) LIGA 技术

LIGA 是德文 lithographie(X 射线深层光刻)、galanoformung(微电铸) 和 abformung(微复制) 的缩写, 即通过 X 射线深刻及电铸制作精密模具, 再大量复制微结构的工艺流程.

5) 激光烧蚀法

激光烧蚀法利用掩膜或根据计算机 CAD 的设计数据和图形, 通过 xy 方向精密控制激光位置在塑料、陶瓷等材料上加工微通道. 此法制得的微通道深宽比大、壁垂直、对掩膜依赖性小, 缺点是不能批量生产, 而且紫外激光器价格昂贵, 有一定的危险性.

6) 软光刻

软光刻技术用弹性模代替硬模产生微结构, 相对于传统光刻, 软光刻所需设备较为简单, 能制造复杂的三维结构, 能应用在多种材料上, 是一种便宜方便, 适于一般实验室使用的技术. 软光刻的核心是弹性模印章, 可通过光刻蚀和塑模方法制得, PDMS 是软光刻中最常用的弹性模印章.

高分子聚合物芯片硬度一般较小, 打孔可采用钻孔、模具 (放置空心管) 和空心管切割等方法. 封接方法也因高分子聚合物材料不同而不同, 常见的方法有热压法、热或光催化黏合剂黏合法、有机溶剂黏接法、等离子氧化封接法、紫外照射法和交联剂调节法等.

2.3.2 微流控芯片实验室系统集成

微流控芯片实验室是样品制备、反应、分离和检测等基本单元的集成系统, 主要包括微流体驱动和控制系统、进样及样品前处理、样品预处理、微混合器和微反应器、微分离系统和检测系统等功能结构.

1. 微流体驱动和控制

微流控的基本要点之一就是对微尺度下的流体进行驱动和控制. 在芯片实验室中微流体驱动和控制一般分由微泵和微阀机械驱动控制的和非机械驱动控制的两类.

1) 机械驱动和控制

可以进行微流体机械驱动和控制的微泵和微阀有气动微阀和微泵、压电微泵、离心泵、转矩控制微阀、相变阀、热膨胀阀、凝胶阀等. 气动微阀是以外部气体为动力的一类微阀, Quake 等用多层软光刻技术制备了 PDMS 气动微阀.

芯片分三层, 上层为含有控制通道 (宽 100μm, 深 10μm) 的 PDMS 薄片, 中间层为厚度为 30μm 左右的 PDMS 薄膜, 下层为含微通道 (宽 100μm, 深 10μm) 的 PDMS 薄片, 控制通道和微通道层交叉构型放置. 在常规状态下阀门敞开, 微流体通道流畅. 当控制通道内施加气体压力时, PDMS 发生形变, 堵塞微流体通道, 阀门闭合. 压力撤销, PDMS 薄膜在自身弹力作用下恢复原状, 流体通道恢复通畅, 多个这样的微阀可以组成气动微泵. 利用这个原理, Quake 等设计了一种用于循环 PCR 微流控芯片和血液 DNA 提取微流控芯片的循环泵和一种微流控记忆存储芯片. 同样采用这种气动隔膜阀的原理, Mathies 等报道了两种适合于玻璃芯片的气动微阀.

压电微泵是利用压电效应产生形变作为流体的驱动泵, 通常由泵腔、一个单向进口阀和一个单向出口阀组成, 活动部件是压电晶体和金属电极. 在电压作用下, 压电晶体发生形变, 泵腔压力升高, 进口阀关闭, 出口阀打开, 液体经出口阀流出. 电压撤除, 泵腔压力下降, 进口阀打开, 出口阀关闭, 液体从进口阀吸入泵腔. 改变压电隔膜的振动频率可控制液流的流速和脉动特性. Smits 和 Wallmark 用三个压电制动器制成了蠕动型压电微泵, 在 15 Hz 的频率下, 最大流速可达 100mL/min, 最大泵压为 60kPa.

离心力驱动泵设备简单, 单一电机即可驱动数百个独立结构单元, 符合高通量的要求, 但由于驱动过程中芯片的高速旋转增加了液流控制和检测方面的难度. Duffy 等报道了一种集成了 48 个酶分析单元的离心力驱动微流控芯片, 将试剂置于近圆心的储液池中, 芯片旋转产生的离心力使液体流向芯片外围, 依次完成酶分析所需的试剂混合、反应和检测等过程.

2) 非机械驱动和控制

非机械驱动和控制包括电渗驱动和控制、重力驱动等, 其突出特点是系统本身没有活动的机械部件. 电渗是非机械驱动和控制的重要形式之一, 也是微流控芯片中应用最为广泛的一种流体驱动和控制方式. 电渗驱动和控制流体操作方便、系统构架简单、流型扁平、没有脉动, 但电渗容易受到微通道表面性质、电场强度和微流体性质等因素的影响, 稳定性较差, 而且仅适用于电解质溶液的驱动和控制, 一般在 0.06~15mm 的微通道上施加 5~40V 电压可获得 0.01~0.14mL/s 的流速.

2. 进样及样品前处理

1) 进样系统

应用微流控芯片实验室的第一步是进样, 即将气态、液态或固态样品引入微通道. 微流控芯片实验室的研究对象以液体样品居多, 固体样品可以先转化为液体样品后再实施进样. 输送液体样品的驱动力主要为电动力和压力 (由微泵产生或调节液面高度产生). 如果液态样品是分散在液态基质中的细胞, 一般采用低压驱动防止细胞破裂; 如果液态样品是均一溶液, 则对驱动力没有特殊要求, 通用型的方法是将样品先引入和样品处理微通道直接相连的芯片储液池, 进样时对样品施加压力或电动力.

(1) 单通道辅助进样.

一般而言, 储样池容易向样品处理微通道提供连续样品流, 如要输出样品区带则需要辅以其他手段. 十字交叉进样是一种常用的手段, 即在样品处理微通道的垂直方向上设置一条辅助通道使样品区带在其交叉口形成. 十字交叉进样分成上样和取样两步进行, 上样指样品从储样池进入上样通道, 并充满十字交叉口; 取样指利用电动力或压力将十字交叉处样品区带引入样品处理通道 (见图 2-17). 根据驱动力的不同, 十字交叉进样又分为电动进样、压力进样和压力电动进样.

① 电动进样.

电动进样以电动力为驱动力, 包括电泳力和电渗力. 在微通道表面基本不变的前提下, 电动进样主要受外电场的影响. 外电场容易实现精确控制, 但在一定程度上存在电歧视效应. 依据电压施加策略的不同分为简单进样、悬浮进样、压缩进样、门进样和 T 形进样等.

简单进样在上样时对上样通道施加电压, 样品处理通道 (可为分离通道) 保持

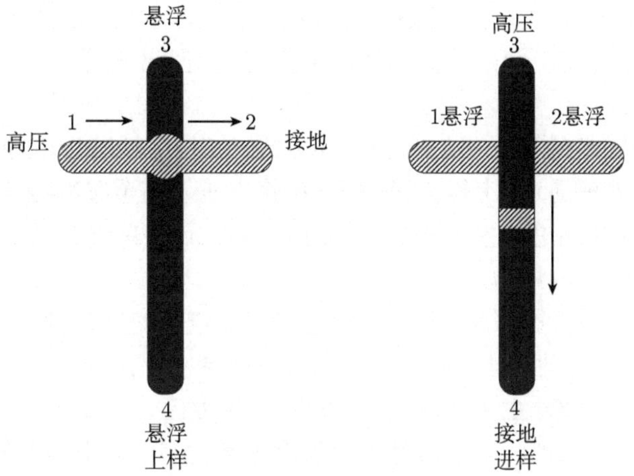

图 2-17 十字进样示意图

悬浮 (电极不施加电压), 取样时则相反. 该进样方法简单易行, 但上样时十字交叉处的样品带会向样品处理通道扩散, 取样时十字交叉口两侧上样通道内残留的样品会泄漏到样品处理通道.

悬浮进样的上样过程和简单进样一样, 但取样时在缓冲液池施加高压, 样品池、样品废液池和缓冲液废液池同时接地. 相对于简单进样, 悬浮进样因在取样时样品池和样品废池接地, 电压将十字交叉口两侧残留的样品分别 "推" 回样品池和样品废液池而不存在泄漏, 但上样时的扩散并没有解决. 生物大分子的扩散系数比小分子的扩散系数小很多, 同时上样时间很短, 样品扩散可忽略, 因此悬浮进样广泛应用于生物大分子的分离分析.

压缩进样上样时, 样品废液池接地, 样品池、缓冲液池、缓冲液废液池分别施加一定电压, 使上述三个储液池中的液体一并流向样品废液池. 显然, 样品流在十字交叉口会被两侧缓冲液压缩而不会向样品处理通道扩散. 取样时, 缓冲液废液池接地, 其余三个储液池分别施加一定电压使缓冲液同时流向其余三个储液池而不存在样品泄漏. 压缩进样方式的进样量仅和样品流在十字交叉口被压缩的程度有关, 而和上样时间无关, 通过调节上样通道和样品处理通道的电场强度比可有效调节进样量.

门进样泛指一大类由 "门" 的开闭控制进样的方法, 包括电动门进样、压力电动门进样、静压力门进样和光门进样等类型. 以电动门进样为例, 所谓 "门" 指从缓冲液池到样品废液池的电致缓冲液流. 上样前, 施加电场使缓冲液从缓冲液池流向样品池, 此时 "门" 被关闭, 样品只能沿 "L" 形上样通道从样品池流向样品废液池. 上样时, 缓冲液池和样品废液池切换为悬浮, "门" 开启, 样品在电场作用下进入样品处理通道. 门开启一段时间后恢复关闭状态, 此时一段样品带被导入样品处理通道, 即为取样. 门进样的进样量取决于门的开启时间, 进行样品处理或分离时, 样品在门外, 可在不间断分离的情况下直接实施下一轮进样, 具有能快速连续进样的特点.

T 形进样是最早提出的一种进样方式. 在样品池和废液池间的电场作用下样品进入样品处理通道, 上样一段时间后, 将电压切换至缓冲池和废液池之间实施取样. T 形进样样品进样量依赖于进样时间, 其设计简单, 仅需三个电极, 在芯片阵列电泳中显示较大的潜力.

因检测灵敏度的限制, 芯片电泳有时需要较大的进样量, 将十字交叉通道改成双 T 通道可满足此要求. 在芯片分离时有时会观察到峰型变差、迁移时间不稳定和基线漂移等现象, 主要归因于电动歧视、压力流、电渗不均、温度和黏度变化等因素, 其中电动歧视和压力流是主要影响因素. 分析过程中溶液离子强度的变化和因电极附近缓冲液电解而引起微流体 pH 的漂移可加剧这种歧视. 要减少电歧视需注意以下几点: 样品和缓冲液的 pH 和离子强度不应过大, 而且需匹配; 加入适当内标; 芯片需对称设计. 在门进样中除了淌度电歧视外, 还存在弯角电歧视, 弯角电歧视指由于样品各组分电动淌度不同, 在经过弯角时转弯半径不同引起的歧视效应, 因此门进样一般不用作复杂样品的定量分析的进样方法.

压力流是指因芯片上微流体的定向流动而造成储液池液面高度差导致的溶液流动. 多次进样后, 压力流逐渐增大, 会导致样品区带前沿的抛物线化、样品溢入分离通道, 所得的电泳谱图的基线因此发生漂移. 减小压力流的方法包括减小通道宽度、扩大储液池直径、避免进样时间过长及尽量处理通道为亲水表面等.

② 压力进样.

压力进样可使用气压和液压, 一般由泵产生. 泵致压力精确可控, 所产生的样品区带有良好的重现性, 而且压力作用下流体的行为与样品组成、微通道表面状况等基本无关, 样品区带可真实反映样品成分, 但向微通道内施加压力的操作复杂, 其应用主要集中于芯片液相色谱等.

③ 压力电动进样.

压力电动进样是利用压力驱动上样和电动力完成取样的进样方法. 压力驱动上样, 消除上样过程中的电歧视, 使样品区带能够代表样品中各组分的真实组成, 采用电动取样可与芯片电泳、电色谱等重要芯片实验室单元操作兼容. 与压力进样一样, 压力电动进样也受限于压力上样的技术门槛. 压力电动进样有静压力电动进样、注射泵压力电动进样和气动微泵压力电动进样等.

(2) 多通道辅助进样.

如果要在芯片实验室进样系统中对样品区带实施更为精细的调节, 十字交叉型的单通道辅助是不够的, 此时需要设置多条辅助通道. 典型的多通道辅助有双十字静压力进样法、双十字电动进样法和多 T 电动进样法.

以上讨论的是样品区带进样, 在芯片有机合成、液液萃取和细胞培养等领域连续进样则是一项基础技术. 理论上只要样品源和微通道相通, 施加持续的驱动力就可实现连续进样, 但如何方便快捷的实现持续、稳定、自动化的连续进样仍是一个挑战. 缺口型连续进样系统和基于 “表面张力–蒸发” 平衡效应的连续进样系统在此方面有出色的表现.

2) 样品预处理系统

溶解、过滤、萃取和膜分离等传统样品预处理技术在芯片上实施时会因微型化而具有效率更高、消耗更少、更易在线偶联后续操作单元等优点, 这些也是芯片实验室实用化、产业化的必要条件, 是微流控芯片实验室研究的重要组成部分和热点.

(1) 萃取. 萃取是利用物质在两相中保留行为不同对物质进行提取富集的一种方法, 包括液液萃取和固相萃取. 固相萃取分上样、吸附、清洗和洗脱四步, 即将样品引入萃取区域, 随着样品持续流过萃取区域, 被分析物不断被特异性吸附在固相基质上, 同时伴随少量杂质的非特异性吸附, 将固定相上非特异性吸附的物质洗去, 随后利用特异性的洗脱液将固定相基质上的被分析物洗脱, 如果洗脱液体积小于上样体积, 则可产生样品富集效应. 固定相是固相萃取的核心, 固定相比表面积越大, 吸附被分析物的特异性越强, 萃取效率和富集倍率就越高. 芯片固相萃取有开管柱、填充柱和整体柱三种不同的形式.

开管柱的固定相存在于通道壁, 常用涂渍法制备, 即将溶有固定相的溶液注入通道, 通过键合、交联或物理吸附等方法将其中的固定相结合到内壁, 最后去除残液、清洗管道. 常见的固定相有聚硅氧烷和经硅烷偶联剂偶联的其他类型固定相.

填充柱的固定相以微颗粒的形式充满微通道, 制备时先在柱端形成固定微颗粒的塞子, 然后填充固定相颗粒. 柱塞的制备是关键, 一般用原位加工技术, 即通过微加工技术直接在微通道中相应的位置形成柱塞. 理想的柱塞应为高强度、小流阻和强化学惰性. 柱塞可为单围堰式、栅栏式或双围堰式.

整体柱制备有两种方法, 在微通道内直接加工形成含有氧化硅涂层的方形微柱阵列或原位合成多孔有机聚合物.

液液萃取是将分析物从一种液体中提取到另一种与之不相溶的液体中, 两相间的充分接触和萃取完成后两相的完全分离是完成液液萃取的基本条件. 在微流控芯片上, 利用两相在微通道内的 “反向层流”(laminar countercurrent flow) 可以实现高效的液液萃取.

(2) 过滤. 过滤常用来除去液体样品中颗粒状干扰物. 如果采用导管引入样品, 在样品源和微通道之间加一个滤头即可对样品进行过滤. 如果以储液池方式引入样品, 则需在储液池内加工出微柱阵列实现对样品的过滤.

(3) 膜分离. 膜分离采用选择性透过膜, 依靠外界能量 (压力、离心力、电位差等) 和化学势差 (浓差) 将样品中的分子按相对分子质量进行分离. 依靠外界能量的称为膜过滤, 依靠化学势差的称为渗析.

与围堰式、栅栏式和阵列式等只能截留较大颗粒或细胞微过滤器相比, 膜过滤器可通过控制膜孔的大小实现分子水平的分离. 在微流控芯片上引入膜过滤器可借助于商品化的微孔滤膜, 也可通过精细加工技术直接在微通道内加工出多孔膜.

渗析是指小分子在半透膜两侧溶液浓度梯度驱动下从半透膜一侧扩散到另一侧, 大分子因不能通过半透膜而被截留在原溶液中, 从而使原溶液中的大小分子得以分离的一项技术. 渗析膜通常由纤维素酯或再生纤维素等材料制成. 在微流控芯片上集成渗透膜常采用 "三明治" 手段, 即在两片带微通道的芯片间夹入一片渗透膜, 通过机械固定或其他手段使之对齐并紧密封接在一起.

3. 微混合器和微反应器

反应是化学和生物实验室中非常重要的操作单元, 混合是反应的必经步骤, 因此微混合器和微反应器是微流控芯片实验室的主要组成部分, 其有快速、高效、易于控制、易于集成的特点.

1) 微混合器

混合是一个实现不同组分均一分布的物理过程, 有对流传质和扩散传质两种机理. 根据输入能量的不同, 微混合器分为被动式微混合器和主动式微混合器.

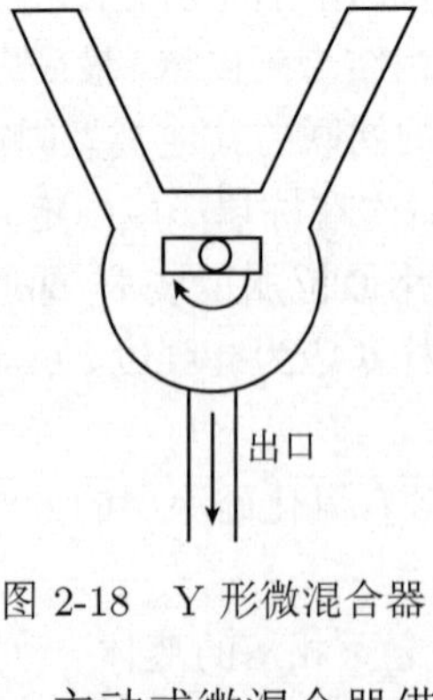

图 2-18　Y 形微混合器

并行叠片微混合器是一种最常见的被动式微混合器, 最简单的并行叠片微混合器是 T 形和 Y 形微混合器 (图 2-18), 它们需要较长的混合通道, 混合效果也不十分理想. 为了缩短混合距离, 增强混合效果, 人们设计了流动聚集和 3D 交互式并行叠片微混合器. 除了并行叠片微混合器, 人们还发展了串联叠片、混沌对流和液滴等被动式微混合器. 被动式微混合器单纯利用几何形状或流体特性产生混合效果, 因此, 其微通道结构较为复杂, 容易发生阻塞, 而且混合的位置和时间不容易准确调控.

主动式微混合器借助磁力、电场力和声场等外力实现混合, 混合效率高, 也可以灵活地调控通道内混合的部位和时间. 将含有微磁力搅拌棒的混合器集成在聚对二甲苯芯片通道中, 以外部旋转磁场驱动微磁力棒即可实现磁力驱动的液体混合.

2) 微反应器

微反应器是一种单元反应界面尺度为微米的微型反应系统, 通过并行微反应器可实现反应的规模放大、快速和高通量筛选等. 微反应器主要分为微化学反应器和微生物反应器.

(1) 微化学反应器. 按反应体系涉及的相, 微化学反应器可分为均相和非均相反应器. 均相液相反应器是最常见的均相反应器, 相对于固相合成反应, 液相合成具有组合灵活、可实时在线检测的优点. 均相反应器中, 两种反应液以层流方式在微通道中平行向前移动, 化学反应只能依靠界面上的浓度梯度通过扩散效应进行. 要想使反应快速高效进行, 反应物的充分混合是前提. 如均相反应器将反应液流分裂成多个薄层, 则反应液能高效混合, 反应效率得到极大提高.

非均相反应器指反应物之间有相界面, 通常包括两相或三相如液–液、气–液、气–液–固等反应器. 液–液非均相反应器中, 有机相和水相由各自的通道进入共同通道形成有界面的两相液流, 反应在界面上进行. 气–液微反应器中为增大反应物的接触面积需要高效的方法分散液流中的气体. 气–固–液多相反应器中除了把气体有效分散到液相外, 还要增加固体的比表面积及固体和气液两相的总接触面积而尽量不增加通道压降. 网筛式微反应器即可用于气–液微反应也可用于气–液–固微反应, 它由三层结构组成, 上下层为玻璃盖片, 中间层用电化学方法在底板上沉积镍和铜形成孔穴, 孔穴的上方腔室充满反应气体, 其余部分充满反应液, 在孔穴附近的表面气液接触的面积体积比很大, 反应效率极大提高.

按样品衍生和分离的顺序可将微反应器分为柱前反应器和柱后反应器, 以柱前反应器居多. 衍生反应指使分析物带上特定基团以增强检测信号的一类反应, 通常是化学反应, 也可以是一些酶反应. 很多蛋白质或氨基酸本身不具有荧光或电化学活性, 就需要通过衍生反应引入生色基团或电化学活性基团来满足检测的要求. 芯片上集成衍生反应器大大简化了操作, 具有很多常规操作难以具有的优势. 在典型的柱前衍生反应器中, 样品和衍生试剂在电渗流驱动下在反应室的上游通道汇合, 进入反应室进行衍生反应, 产物在电场力的驱动下进入下游分离通道实现分离和检测, 包括进样、衍生、分离和检测的整个分析过程仅为几十秒时间. 柱后衍生反应是分离完成后为提高检测灵敏度而进行的, 不要求衍生反应进行得非常完全、衍生物非常稳定, 但要求衍生反应能快速进行, 而且衍生试剂本身背景信号低.

除上述常规微反应器外, 还有一些特殊微化学反应器, 如电化学反应器、光化学反应器、高温氢燃料电池反应器和高通量微反应器等.

(2) 微生物反应器. 微流控芯片用作微生物反应器的主要应用对象有聚合酶链反应 (PCR)、免疫反应、各类酶反应及 DNA 杂交反应等.

PCR 反应是一种在体外模拟自然 DNA 复制过程的核酸扩增技术, 其具有灵敏度特异性高、操作简便快速、反应体系设计简单、应用方式多等优点, 是目前分子生物学研究的最重要技术之一. PCR 扩增是一个在热循环条件下的酶催化过程, 通过高温变性 (90~96°C)、低温退火 (50~65°C) 和酶催化 (70~75°C) 三个过程循环进行, 即双链 DNA 模板在热作用下氢键断裂形成单链 DNA, 当系统温度降低,引物和 DNA 模板结合, 形成局部双链, 然后在 Taq 酶的作用下, 合成与模板互补的 DNA 链. 每循环一次, DNA 含量理论上增加一倍. PCR 扩增过程中减少 PCR 反应液的体积可缩短循环时间、提高扩增产物的含量并减少昂贵生化试剂的消耗, 因此利用微加工技术在硅、玻璃、高聚物等材料上加工一系列微通道、微反应室, 再集成微泵微阀、微加热器和温度传感器等控制单元, 实现芯片上快速、自动、高通量的 PCR 扩增已成为芯片实验室研究中的一个重要分支.

免疫反应指由抗原、抗体或半抗原参加的反应. 在微流控芯片上开展免疫反应的优势包括：反应体积小至纳升或皮升级, 适用于血液、尿样等复杂样品中痕量物质的分析; 反应动力学过程加快, 反应时间短; 实验设计更为灵活, 检测手段更为丰富; 可以集成多种不同单元, 易于实现高通量、微型化和自动化. 按作用介质是否均一, 微流控芯片上的免疫反应分为均相免疫反应和非均相免疫反应.

电泳分离型免疫反应和扩散型免疫反应都属于均相免疫反应. 电泳分离型免疫反应是利用毛细管通道将混合、反应、进样和分离等各个单元联系起来, 依靠电渗作为驱动力, 完成免疫反应全过程. 一般抗体的分子质量是抗原的十多倍, 抗原在溶液中的扩散速率是抗体的十多倍, 利用抗原抗体扩散的特性可建立抗原和抗体的结合完全依赖于溶液的扩散力的扩散型免疫反应.

非均相免疫先将抗原 (或抗体) 固定在固相载体表面, 然后通过特异性免疫反应将所需的抗体 (或抗原) 结合在固相表面形成抗原–抗体的复合物. 酶联免疫吸附分析 (ELISA) 是最常见的非均相免疫分析方法, 在生物医学领域应用极为广泛. 在芯片上实现非均相免疫反应时, 可直接在微通道表面或通过修饰固载抗原或抗体, 也可以在微通道内固定微珠、离子交换树脂等固载抗原或抗体, 从而实现在微流控芯片实验室上的 ELISA 检测.

4. 微分离系统

微流控芯片实验室的研究工作是从芯片电泳开始的, 目前几乎所有的电泳分离模式和很大一部分色谱分离模式都已经在芯片上实现, 以电泳分离为主体的分离技术已经成为微流控芯片实验室中发展最快、成熟度最高的一类技术单元. 和常规电泳相比, 芯片电泳的优点包括：① 芯片材料丰富, 可以为石英、玻璃、硅和各种高聚物; ② 易于实现各种分离模式, 过程控制简单; ③ 作为微流控芯片系统众多功能单元中的一个, 可以和其他操作单元灵活组合、规模集成, 大幅度扩展应用范围.

1) 一维芯片电泳

一维芯片电泳和传统毛细管电泳没有本质区别, 不同的分离模式可以看成因微通道内分离介质不同而造成分离机理和对象的不同.

(1) 区带电泳. 区带电泳是在开管柱中直接利用物质的质荷比不同实现分离的一种电泳模式, 它是各种电泳分离中最基本的一种, 影响因素相对较少, 容易在芯片上实现. 各种材料芯片均可用于各种生物小分子、糖和糖肽、氨基酸等的电泳分离.

(2) 介质筛分芯片电泳. 介质筛分芯片电泳是利用生物大分子和筛分介质 (高分子溶胶和凝胶) 之间的动态交缠作用把被分离物质按照分子质量大小分开的一种技术. 该分离模式可应用于临床实际样品如基因、PCR 产物等的分离和分析.

(3) 芯片电色谱. 芯片电色谱是芯片电泳和液相色谱在某种程度上的结合, 用于一些强疏水物质的分离, 可充分利用微加工技术的高精确度、设计灵活等优势, 包括开管电色谱、填充电色谱和整体电色谱三种模式. 开管芯片电色谱直接在微通道表面制备固定相, 不需要固定相的聚合或填充, 相对比较简单, 但固定相交换容量有限, 对样品的浓度、进样体积有很大限制. 芯片填充电色谱可采用微加工技术将柱塞一次性地加工在芯片上, 提高填充电色谱的重现性. 整体电色谱是将单体、交联剂、致孔剂和光引发剂等混合后充入微通道, 在紫外光照射下聚合得整体柱, 其容量大, 可在微通道内精确定位, 不需要加工塞子, 但聚合条件比较苛刻, 柱和柱之间的重现性比较差.

(4) 芯片胶束电动色谱. 当缓冲液中加入浓度足够大的表面活性剂时形成胶束作为固定相, 被分析物质在缓冲溶液水相和胶束固定相上的保留行为不同而分离, 此即胶束电动色谱. 胶束电动色谱常在毛细管中实现, 芯片胶束电动色谱是这种分离形式的芯片化.

2) 多维芯片电泳

多维分离是将不同分离原理的方法集成, 用于复杂样品分离的一种方法, 二维电泳是目前比较常见的多维分离模式. 与一维分离模式相比, 多维分离可极大提高分辨率和峰容量, 能便捷地调整分离选择性, 减少峰重叠, 提供更多的样品信息. 在芯片上构建多维分离系统可使不同分离模式之间的连接和切换更容易实现.

5. 检测系统

检测是常规化学或生物实验室不可或缺的核心环节, 同样是微流控芯片实验室实现化学或生物检测的主要功能单元, 而且微流控芯片实验室对检测系统的要求更高. 在微流控芯片运行过程中, 可供检测物质的体积微小, 检测区域一般也非常小, 要求检测器具有更高的灵敏度. 由于芯片微通道尺寸较小, 许多混合反应及分离过程往往在很短的时间内完成, 要求检测器具有更快的响应速度. 芯片实验室最终的目的是将各种功能单元集成在同一块芯片上, 因此还要求检测器具有较小的体积, 最好能直接集成在芯片上.

有十余种技术被应用于微流控芯片检测. 由于芯片电泳是微流控芯片早期的主要形式, 因此毛细管电泳检测系统在很大程度上被微流控芯片检测采用, 如激光诱导荧光、化学发光和紫外吸收等. 各种电化学检测器因结构简单、体积小, 在和芯片集时成具有其他检测器无法比拟的优势, 因此也得到广泛应用. 另外, 质谱检测器因具有强大的分辨和鉴定能力, 在微流控蛋白质组学研究中有着难以替代的作用.

1) 激光诱导荧光检测

激光诱导荧光 (laser induced fluorescence, LIF) 是目前最灵敏的检测方法之一, 它以特定频率的激光作为激发光源使检测物质发出荧光, 检测限一般可达到 10^{-9} ~10^{-13}mol/L. 用于微流控芯片的激光诱导荧光检测器多采用共聚焦型光路设计, 见图 2-19. 由激光器发射出的激光经滤波后被分色镜反射, 由一显微镜物镜聚焦到芯片微通道中, 以激发被检测物质产生出荧光, 荧光由同一物镜收集, 透过二色分光镜后由发射光滤光片滤去杂色光, 最后进入光电倍增管 (PMT) 或电感耦合器件 (CCD) 中检测.

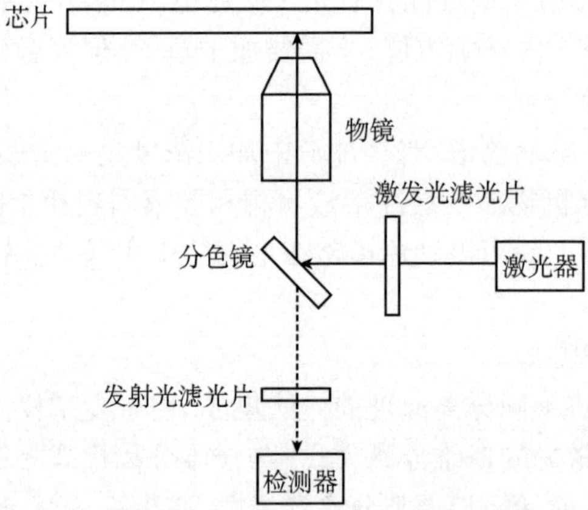

图 2-19 激光诱导荧光检测

2) 紫外吸收光度检测

激光诱导荧光检测器在检测没有荧光性质的物质时需要进行荧光标记, 这不仅费时费力而且在很多实验中不能确保被测物质的性质在荧光标记后不发生变化, 因此激光诱导荧光检测的应用受到一定的限制. 相比较而言, 紫外吸收光度检测是一种更为通用的检测器, 其结构见图 2-20.

但因为芯片微通道一般仅几十微米, 可提供的吸收光程很有限, 加上紫外吸收对芯片材料有一定要求, 所以紫外吸收光度法在微流控芯片中的应用远不如在高效液相色谱和毛细管电泳中广泛. 要提高芯片紫外吸收光度法的灵敏度, 主要方法是采用紫外吸收小的芯片材料、尽可能增加吸收光程、进行样品预富集等.

适合于紫外吸收光度法检测的芯片材料为石英、PDMS, 要想增加吸收光程, 一般是努力实现在芯片通道水平方向检测, 其中光的水平入射和出射是关键, 常采用光纤耦合芯片通道两侧刻蚀的波导管来实现, 通过检测窗的多级反射也可增加检测的光程. 通过样品富集可大幅度增加流进检测窗口样品浓度也可提高紫外检测的灵敏度.

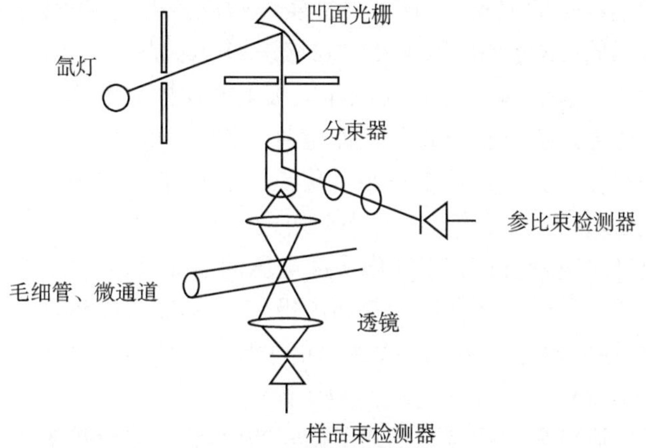

图 2-20 紫外吸收检测

3) 化学发光检测

化学发光检测的灵敏度和激光诱导荧光相当, 而且不需要光源也不需要复杂的分光和滤光设备, 仪器设备简单, 更易于微型化和集成化, 比较适于用作微流控芯片的检测器. 微流控芯片化学发光检测系统一般是在微通道反应池附近放置一个光检测元件来完成化学发光信号的采集, 常用的检测元件是光电倍增管和 CCD, 因此微流控芯片化学发光检测系统关键是检测池结构的设计, 既要使试剂和样品高效混合、充分反应, 又要考虑反应体系是否对芯片系统产生不利的影响, 如放出气体等.

单通道芯片化学发光检测器 (即单点检测) 实现起来比较简单, 一般将光电检测器直接置于反应通道的正下方, 由于化学发光反应的选择性较差, 多数情况下需和芯片电泳分离结合, 为避免发光试剂对电泳分离过程的不利影响, 一般采用柱后发光反应的方式. Mangru 等最早在微流控芯片上实现了化学发光检测, 他们将电泳分离与柱后酶催化化学发光反应器集成在玻璃芯片上, 采用 Y 形反应通道, 以鲁米诺 - 过氧化氢体系测定了鼠 IgG. 电化学发光检测结合了化学发光检测的高灵敏度和电化学技术的可控性等优点, 发光试剂在电极表面通过电极反应在线生成, 发光反应就发生在电极附近, 是一种新近发展起来的有效的检测方法, 设计中主要需考虑电极的制作和排布. 阵列微流控芯片的发展对设计多通道同时检测的化学发光检测器提出了要求, 构建多通道的化学发光检测器一般采取单点扫描和 CCD 成像等.

4) 电化学检测

电化学检测是通过电极将溶液中的待测物质的化学信号转变成电信号实现待测组分检测的一类方法. 电化学检测灵敏度高、选择性好、装置简单、成本低, 具有微型化和集成化的前景, 是最有可能实现微流控实验室概念的检测方式之一. 根据检测原理不同, 电化学检测主要有安培法和电导法.

(1) 安培检测法. 安培法是在工作电极上施加恒定电位使被测物质在工作电极上发生氧化还原反应而输出氧化还原电流, 此电流和待测物质的浓度成正比. 安培法具有操作简便、背景噪声电流小等优点. 1998 年由 Woolley 等首次在芯片电泳上实现, 现已发展成为微流控芯片中应用最多的一种电化学检测方式. 安培法的选择性一般通过对电极材料和工作电极的电压的选择而得以实现, 安培检测中常用的电极有碳电极、金属电极和化学修饰电极. 另外, 安培检测要求被测物质具有电化学活性, 如果没有电化学活性则需通过衍生反应产生具有电化学活性的基团或在溶液中加入具有电化学活性的物质而间接检测.

芯片分离通道内一般有几到几十微安的电流, 而安培检测的工作电极上产生的电流一般在纳安级甚至更小, 所以安培检测的关键问题是如何减小甚至隔离分离电压对检测的影响. 柱端安培检测、柱内安培检测和柱后安培检测是目前常用的方法. 当分离通道的内径小于 25μm 时, 通道内电解质电阻很大, 分离电压在通道末端可降低到几乎为零, 工作电极可直接集成在距离通道出口几十微米的地方构成柱端安培检测. 柱端安培检测存在的不足包括：① 分离电压在检测池中接地, 其对工作电极的影响难以完全消除; ② 分离通道和工作电极之间有一定距离, 导致分析物的扩散, 降低分离效率. Martin 等提出用柱内安培检测的方法减小峰展宽, 由于采用了绝缘恒压电位器, 工作电极可直接放置在通道内, 在分离效率和峰对称性方面接近激光诱导荧光检测器. 柱后安培检测中电极放置方式和柱内安培检测相似, 通过集成电压去耦器实现分离电压在分离通道的末端接地, Osbourn 和 Lunte 等在芯片上集成一种醋酸纤维素电压去耦器, 实现了较低的检出限.

(2) 电导检测法. 电导检测是一种通用检测方式, 根据主体溶液与被测物区带溶液电导率差而进行定量, 电导率差别越大, 灵敏度越高, 适合于检测无机离子、氨基酸和药物等, 其中对无机离子的研究较多, 检测限一般在 10^{-6}～10^{-8}mol/L. 电导检测装置是一个两电极系统, 根据电极是否与溶液接触分为接触式和非接触式. 接触式电导检测根据电极放置的位置分为柱端检测和在柱检测, 柱端检测将一支电极直接放在通道的出口处, 另一支电极放置在距离第一支电极很近的地方; 在柱检测是在芯片的分离通道上钻出两个微孔, 将两支电极放入. 现在大部分接触式电导检测法的研究工作都是在柱检测, 因为在柱检测制作简单、扩散小、峰型好、分离效率高. 非接触式电导检测是将电极直接放置在具有分离通道的芯片外表面, 因为电极和电解质溶液不接触, 消除了电极污染问题, 背景噪声也降低了很多, 所以可以获得更低的检测限.

5) 质谱检测

质谱不仅在化学分析中展示极高的性能和广泛的应用, 也是现代生化分析中的重要检测技术, 它能提供试样组分中生物大分子的基本结构和定量信息, 已显示出作为微流控芯片检测器的巨大前景, 特别是在涉及蛋白质组学的研究中具有难以替代的作用. 在微流控光学和电化学检测中, 微流体始终是在芯片上运行, 并不需要进入检测器, 但质谱检测器要求分析对象离开微芯片进入离子源中离子化, 因此芯片质谱检测系统中芯片和质谱之间的接口装置是研究的关键. 电喷雾电离 (ESI) 和基体辅助激光解吸电离 (MALDI) 促进了当代生物质谱的发展, ESI-MS 和 MALDI-MS 也成为微流控分析系统中主要用到的质谱检测器, 其中 ESI-MS 应用更为广泛, 因为其与芯片的接口相对简单, 可以在芯片出口处外接一段毛细管作为喷头或直接在芯片通道末端加工喷头结构.

6) 其他类型检测器

在微流控芯片实验室研究中, 除上述几种检测器外, 等离子体发射光谱检测器、热透镜检测器、核磁共振及各种生物传感器等也获得了一定的应用. 电感耦合等离子体–原子发射光谱法 (ICP-AES) 是无机分析领域中最灵敏的检测方法之一, 将其与微流控芯片技术结合, 是解决环境分析中诸如元素形态分析等难点课题的一个重要发展方向. 和质谱一样, 微流控芯片和 ICP-AES 联用必须有合适的接口装置, 微通道中液体流速一般在每秒纳升级, 而 ICP 的样品抽提速率为 0.1~1mL/min, 这种流速上的不匹配使得这种接口设计存在更大的挑战. 热透镜显微镜 (thermal lens microscopy, TLM) 是一种非常灵敏的光热转换检测技术, 其检测灵敏度可达或接近激光诱导荧光的水平, 而且是一种通用的检测方法, 不需对样品进行衍生, 比较适合用作微流控芯片系统的检测器, 但选择性相对较差, 不能分辨不同分析物所引起的温度和光强变化, 不能用于复杂体系的分析检测, 而且检测器结构过于精密和复杂. 近年来, 生物传感作为一种检测途径, 由于其专一、快速、易于微型化和自动化等特点而被用作微流控芯片系统的检测单元, 随着微加工技术和纳米技术的进步, 未来的生物传感将趋于微型化, 向体内检测、在线检测方向发展, 同时将趋于和微流控芯片融为一体, 实现与微芯片系统的集成化.

推 荐 书 目

陈义. 2005. 毛细管电泳技术及应用. 北京：化学工业出版社.

方肇伦. 2003. 微流控分析芯片. 北京：科学出版社.

何丽一. 2005. 平面色谱方法及其应用. 北京：化学工业出版社.

林秉承, 秦建华. 2006. 微流控芯片实验室. 北京：科学出版社.

牟世芬, 刘克纳. 2000. 离子色谱原理及其应用. 北京：化学工业出版社.

施良和. 1980. 凝胶色谱法. 北京：科学出版社.
苏立强, 邓永杰. 2009. 色谱分析法. 北京：清华大学出版社.
孙毓庆, 王延琮. 2005. 现代色谱法及其在药物分析中的应用. 北京：科学出版社.
童国忠. 2006. 现代涂料仪器分析. 北京：化学工业出版社.
严拯宇. 2009. 中药薄层色谱分析技术与应用. 北京：中国医药科学技术出版社.
于世林. 2008. 亲和色谱方法及应用. 北京：化学工业出版社.
朱岩, 王少明, 施超欧. 2006. 离子色谱仪器. 北京：化学工业出版社.

第 3 章　现代光谱分析

光谱分析方法是现代仪器分析中一类极其重要的技术手段，光谱分析信号不仅包含物质量的信息，同样还包含物质组成、结构和性能的信息. 无论是原子还是分子，都可以通过对其光谱的解析进行定性和结构分析，或通过对光谱信号幅度的测定进行定量分析. 对光谱分析的统一的定义可以描述为基于对能量与物质相互作用过程中产生的可用信号的检测而形成的分析方法. 能量可以有多种形式，电磁辐射、热能和化学能等常用于光谱分析. 电磁辐射的范围可以从伽马射线到无线电波，作用的对象可以是晶体、分子、原子、原子核、电子等，作用的方式可以是吸收、发射、反射、衍射等，因而形成了众多的分析方法. 原子光谱、分子光谱等是光谱分析常见的应用形式，这些方法主要研究核外电子在能量作用下所发生的变化并随之而获得可测的信息. 如原子光谱包括原子吸收、原子发射和原子荧光等，其研究的对象是原子核外电子，以热能促使电子激发并产生光辐射则形成原子发射光谱分析；以光辐射作用于原子，当核外电子被激发时吸收光辐射则形成原子吸收光谱；被一定能量的电磁辐射激发后产生的再辐射则为原子荧光光谱分析，这些方法均可用于元素的定性和定量分析. 分子光谱较常见的形式包括紫外–可见吸收光谱和红外吸收光谱，均为价电子吸收能量发生能级跃迁的过程，不同之处在于所吸收的能量范围不同，电子发生跃迁的能级也不同. 紫外–可见吸收光谱和红外光谱较多用于分子结构的研究，紫外–可见光谱也是比较有效的定量分析手段，如在绝大多数的液相色谱检测中都采用紫外–可见检测器，因为大多数分子在紫外–可见光谱范围均有吸收，所以这种检测技术有较好的通用性；红外光谱则较少用于定量分析，但并不是说红外光谱没有定量的能力，在上述讨论到的这些技术中，实际上有一个重要的共同点，即能量与物质的作用共同遵守朗伯–比尔 (Lambert-Beer) 定律，所以红外吸收和物质存在量之间也是有定量关系的，只是这种方法灵敏度较低，一般不作为定量分析方法来使用. 随着科学技术的不断进步，更多形式的光谱分析方法不断涌现，包括一些原来利用较少的电磁辐射波段的应用以及光源和能量提供方式上的发展，形成了许多新的光谱分析方法，如近红外光谱、激光光谱、拉曼光谱以及多种发光分析方法等.

3.1　近红外光谱分析

近红外光的发现始于 19 世纪初对太阳光谱的认识，天文学家在将太阳光经棱镜分光后, 研究各种光谱成分的热效应, 发现在超过可见光红光区的部分能够引起温度的迅速增加, 该波段被称为红外光, 根据红外光的波长及其应用范围又可将其分成近红外 (near infrared, NIR, 780～2526nm)、中红外 (middle infrared, MIR, 2526～25000nm) 和远红外 (far infrared, FIR, 25000～1000000nm) 三个波段. 这三个波段在光谱分析领域都有应用, 其中中红外光谱又被简称为红外光谱, 其能量对应着分子的振动和转动吸收, 因此能够反映分子特别是有机分子的结构特性, 被广泛应用于有机分子的结构鉴定. 近红外波段则是红外光中比较靠近可见光的部分, 但在 20 世纪 50 年代之前, 由于缺乏相应的仪器设备, 其作为一种分析手段并没有获得太多实际应用. 60 年代美国 Karl Norris 等最早将近红外光谱用于实际样品分析, 早期的近红外光谱仪的组成和使用与其他的光谱仪器类似, 由于近红外光谱在这一区域谱带重叠现象严重, 而且样品中的水分对谱图产生严重干扰, 同时在灵敏度等方面存在不少技术难点, 因此发展缓慢. 在 80 年代之后, 由于计算机技术的发展, 同时得益于化学计量学方法的发展和推广以及相关基础研究工作的开展和深入, 近红外光谱作为一种新的分析技术发展迅速, 在工业、农业、医药等众多领域获得全面的应用, 具有非常好的经济和社会效益.

3.1.1　近红外光谱分析原理

介于可见光与中红外之间的近红外波段, 根据其波长的不同又可进一步分为短波长近红外区 (SW-NIR：780～1100nm) 和长波长近红外区 (1100～2526nm).

1. 分子振动与辐射吸收

当一束含有不同波长的连续辐射照射到样品上时, 其中一部分被吸收, 转换为分子的振动和转动能量, 从而在连续波谱上出现相应的吸收谱带. 在光谱分析中常用的 (中) 红外吸收技术, 主要涉及官能团的基频吸收, 而在近红外区主要对应的是能量更高的合频或是倍频吸收, 这主要是由于在分子振动中存在谐性振动和非谐性振动.

将双原子分子的两原子简单看成 m_1 和 m_2 的两小球, 连接两原子的化学键看成一弹簧, 这样分子的振动可以视为简谐振动, 从经典力学的推导可以获得该振动的频率

$$\nu = 1/2(k/\mu)^{1/2} \tag{3-1}$$

式中, k 为键力常数; μ 为折合质量

$$\mu = \frac{m_1 m_2}{(m_1 + m_2)} \tag{3-2}$$

量子力学证明, 分子振动的总能量为

$$E_v = (v + 1/2)h\nu \tag{3-3}$$

不同的振动量子数 $v\,(v=0,1,2,3)$ 表示处于不同的振动能级状态 (图 3-1). 通常分子处于基态状态 ($v=0$), 吸收特定辐射到达第一振动激发态 ($v=1$), 即 $\Delta v=1$, 则该过程中能量变化

$$\Delta E = h\nu \tag{3-4}$$

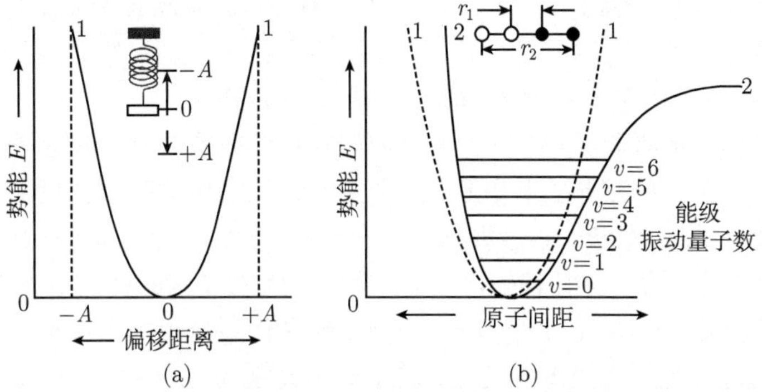

图 3-1 弹性小球振动模式及振动的非谐性

对于分子简谐振动吸收来讲, 跃迁符合跃迁规律, 即对应表示振动能级的振动量子数 v, 跃迁过程中变化为 $\Delta v=\pm 1$, 对应官能团的基频吸收.

在实际体系中, 由于分子振动并不完全符合简谐振动模式, 存在非谐性振动的情况, 即从最低振动能级, 不仅可以向第一振动激发能级跃迁 (谐性), 还可以向第二激发、第三激发甚至更高的激发能级跃迁, 由此产生倍频吸收峰. 另外, 如果某光子的能量正好等于两个或者两个以上基频跃迁的能量总和, 该辐射也有可能被吸收, 同时引起相应的多重跃迁, 由此对应的为合频吸收峰. 除此之外, 当某一基频与另一基频的合频或是倍频能量相等时, 产生两个吸收带, 其中一个吸收带强度高于基频, 而另一个比合频低, 这种现象称之为费米共振 (Fermi resonance) 吸收.

(中) 红外光谱主要对应分子中官能团的谐性振动吸收, 与此不同近红外光谱则主要对应由于分子振动非谐性而产生的从基态向高振动能级跃迁时的倍频和合频吸收, 主要包括 C-H、N-H、O-H、S-H、P-H 等振动. 由于不同基团或同一基团在不同化学环境中的吸收波长和吸收强度有着明显的差别, 所以近红外光谱能够反映丰富的结构和组成信息.

2. 近红外光谱的测量原理

与普通光谱技术相比, 近红外技术有其相似及特殊之处. 一方面与其他方法相似, 近红外光谱测量首先要有相应的硬件支撑, 即精密的光谱仪器, 一般根据分光系统及测量原理的不同分为滤光片型、分光型、傅里叶变换型等几种, 或者根据测量光的类型可以分为漫反射型、透射测量型及漫透射型仪器. 近红外光谱

分析另一个重要的方面是需要相应的软件支持, 即对数据进行化学计量学处理以解析所需信息的软件, 这是近红外测量区别于其他绝大多数光谱技术的一个重要特征.

1) 近红外光谱的透射测量

近红外的透射测量原理与 (中) 红外技术类似, 样品置于光源与检测器之间, 样品吸收特定辐射后导致光的强度减弱. 如果样品为溶液, 则该方法与紫外可见吸收光谱分析类似, 关系比较简单, 符合朗伯–比尔定律.

相对于其他吸收光谱技术, 由于非谐性振动吸收属跃迁禁阻类型, 因此其出现概率要低于谐性的基频吸收跃迁, 样品在近红外区域的吸收强度 (以摩尔吸光系数 ε 大小表示) 通常较低, 一般要比中红外吸收低 1~2 个数量级, 比紫外–可见吸收则要小得更多. 为了弥补该缺陷, 可以使用长吸收光程的样品池来提高检测的灵敏度, 样品池可达 1~10cm 厚, 但随之而来, 样品使用量也大大增加. 近红外测量使用的样品池材料可用石英或氟化钙, 透光范围分别为 0.18~3.8μm 及 0.12~12μm. 需要注意的是近红外测量过程中溶剂的选择比较有限, 使用较多的溶剂为四氯化碳 (CCl_4) 和二硫化碳 (CS_2), 其分子结构中仅含有 C—Cl 及 C—S 键, 而近红外光谱主要考察的 C—H、N—H、O—H 键等在其中不出现. 如有特殊要求必须用到含有 C—H 等官能团的溶剂, 可使用相应的氘代试剂, 由于氘原子量大, 可使吸收带位置出现较大偏移, 从而避免对测定的干扰.

2) 近红外光谱的漫反射测量

不同于中红外吸收, 漫反射测量是近红外中特有的测量方式, 该方式主要应用于固体或粉末样品. 当光照射到样品表面时, 除了部分光线直接经镜面反射离开外, 有部分在样品内部经反复的反射、吸收、衍射等过程重新从表面逸出, 形成漫反射光. 由于该过程包含了样品对近红外的吸收, 因此漫反射光包含了与样品物质结构、形态等相关的样品吸收光谱信息, 通过对漫反射光的采集与分析可以获得相应的信息. 从漫反射测量的形式可以看出, 其样品的制备要比透射方式要简单得多, 这也是近红外光谱技术的一大优势.

3.1.2 近红外光谱测量与化学计量学

1. 近红外光谱测量仪器

1) 光源

最常见的近红外光源有溴钨灯、发光二极管等. 溴钨灯光辐射强度高、光谱覆盖范围广、使用寿命长. 近红外发光二极管是非常高效的光源, 具有体积小、功耗低、使用寿命长、价格低廉等优势, 特别是对于专用型及小型便携型仪器, 有着广泛的应用. 除此之外, 近红外激光二极管作为一种光源, 由于其在光源强度、方向性等方面的优势, 近些年在近红外仪器上也得到越来越多的应用.

2) 分光系统

色散型仪器中分光系统的作用是将连续发射光源变成单色光, 并按确定的方向投射到样品上, 其要求单色光波长定位准确、单色性及方向性好. 分光一般采用光栅, 具有较高的光谱分辨率. 色散型根据检测模式的不同又可进一步细分为色散扫描型与固定光路多通道型.

色散扫描型使用机械装置在测量过程中逐渐改变入射光波长, 其扫描范围宽, 但有活动部件, 存在机械磨损问题, 使用过程中易产生误差, 同时系统组成复杂, 光谱扫描测量速度慢, 且测定的波长范围有限, 测量精度不高.

固定光路多通道型用固定的光栅进行分光, 然后聚焦到装有阵列检测器的检测焦面上 (图 3-2). 目前应用较多的是以中阶梯光栅作为分光元件将不同波长的辐射投射到检测器焦面上, 通过阵列检测器中不同的单元对各波长的光吸收进行测定, 由此可以一次性获得整个光谱范围内的吸收信息. 这种仪器分析速度快, 在 1s 之内即可完成多次的光谱测定, 通过累加操作可以获得较高的信噪比及检测灵敏度, 同时没有了活动装置, 避免了仪器分光扫描过程中的机械运动, 仪器的可靠性和耐用性也得以保证, 非常适合于现场分析、在线分析及与分离技术 (如色谱等) 的联用分析等场合.

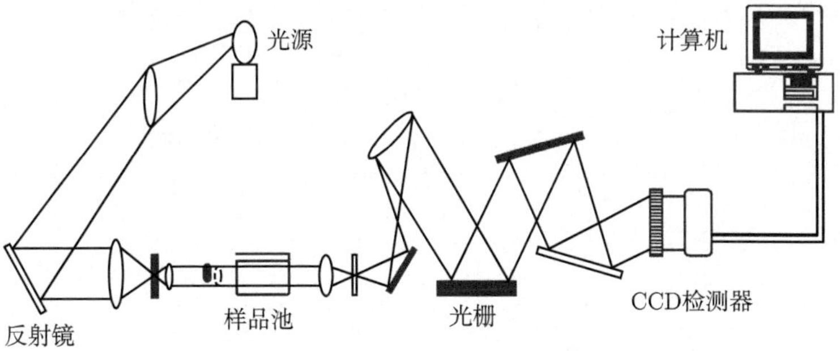

图 3-2 CCD 近红外光谱仪示意图

3) 滤光片

滤光片型近红外光谱仪中使用滤光片作为分光系统, 具有结构简单、成本低、可靠耐用等优势. 其缺点也很明显, 经简单滤光产生的光谱带较宽、单色性差、不能进行波长选择、通用性不强, 目前较多地应用在一些专用及便携型仪器上. 仪器整体结构与其他滤光片型吸收光谱仪器 (红外、紫外可见等) 类似. 在很多仪器上, 使用多个小型光源及滤光片, 可以根据检测要求进行选择, 从而扩展仪器的应用范围.

4) 傅里叶变换

傅里叶变换型是 20 世纪 80 年代以后的近红外仪器的主导, 主要是应用了干涉技术, 一般采用迈克耳孙干涉仪. 因为舍弃了分光系统, 这类仪器的特点是光通量高、波长精度高、波长范围广、仪器分辨率和检测灵敏度高、分析速度快. 迈克耳孙干涉仪是基于干涉原理的一种仪器, 与 (中) 红外光谱中应用的类似, 在干涉仪上产生干涉信号以获得时域干涉图谱, 谱图解析需要结合傅里叶变换技术, 将获得的干涉图谱转换成普通的频域图谱.

2. 近红外光谱测量技术

1) 样品的放置

近红外仪器中液体样品使用与紫外–可见吸收中类似但光程更长的吸收池, 固体样品需要做漫反射测试则需要采用球积分仪或特定的漫反射载样装置.

2) 积分球

积分球是进行近红外反射测量的有效工具, 其结构如图 3-3 所示. 积分球为具有高反射率内表面的球体, 一般使用白色的硫酸钡, 其反射率高达 96%以上. 当激发光束照射到样品上, 被样品散射的光经过球体内部的多次反射最终到达检测器, 作为样品检出信号. 同时改变激发光角度使其不进入样品而直接射在球内面, 则此时测得的为背景信号, 两者相减可以对背景信号进行扣除, 通过此操作可以实现在普通仪器上要复杂得多的双光束设置才能完成的操作.

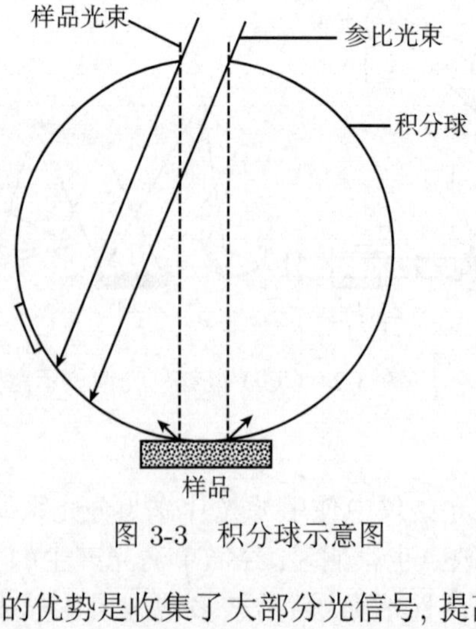

图 3-3　积分球示意图

采用积分球最突出的优势是收集了大部分光信号, 提高了信号采集率, 从而使信噪比大大提高, 同时还可以消除光反射、散射等杂散信号的干扰, 降低了由于入射光的形状和入射角度所带来的信号变化, 另外由于样品空间分布的不均匀所导致的信号差异也得以抑制, 检测的重现性提高.

3) 光纤传感

近红外光另一个突出的优点是可以使用光纤技术加以传导至任意所需的位置,

光纤装置可以对样品进行定位分析. 另外根据检测的需要可以使用长光纤, 对远距离样品进行实时测量, 对于一些不适合近距离操作的环境, 如毒害、易爆等危险的复杂环境具有特别意义.

4) 近红外信号检测

近红外信号检测采用光敏元件, 常用的是锑化铟 (InSb) 检测器, 其在低温下工作, 噪声小、灵敏度高. 根据工作原理的不同又分为光电导型、光伏型和电磁型三种, 前两者应用较多, 需要在液氮 (77K) 冷却下工作. PbSe 检测器也常用于近红外检测, 同样需要在低温下 (195K 或是 77K) 使用.

硫酸三甘肽 (TGS) 是典型的热电型检测器, 在中红外中就有着广泛的使用. TGS 波长响应曲线平坦, 而且室温下就可以使用. 缺点是响应速度偏慢、灵敏度不高. 目前使用最广泛的是氘代 TGS(DTGS), 其热电系数小于 TGS.

相比较紫外或是可见光, 近红外光光子能量较低, 不足以激发一般光电器件产生光电子, 而一些半导体材料具有较低的激发能级, 为量子化检测器, 可以适用于近红外光检测. 典型的如碲化镉汞 (MCT), 具有优于 TGS 的响应速度和检测灵敏度, 但需要液氮冷却.

前面提到的扫描型与多通道型仪器, 相对应的检测器的工作模式也有不同. 单通道式只有一个检测单元, 在扫描型仪器中使用, 多通道式由许多检测单元排列组成, 通过与检测面上各波长对应信号的检测, 可对光谱各部分同时进行测定, 避免扫描操作, 速度大大提高. 常见的多通道检测器有光电二极管阵列 (photodiode array, PDA) 和电荷耦合器件 (charge-coupled device, CCD), 特别是后者可以形成非常高密度的阵列, 从而对应光谱上的高分辨率.

5) 近红外光谱采集

现代近红外测量仪器已经高度计算机化, 仪器控制和数据采集均由计算机完成. 广泛使用的近红外光谱仪均采用傅里叶变换技术, 优点与其他基于傅里叶变换的光谱技术类似, 分析速度快、分辨率高、波长定位准确、光通量和灵敏度高.

在近红外技术中, 检测的完成仅仅是分析过程的第一步. 近红外光谱吸收产生于特定官能团的振动倍频及合频, 虽然从理论上来讲可以根据吸收峰位置及强度来判断有机物的组成和性质, 但是由于分子振动倍频及合频吸收出现概率较基频吸收要低得多, 因此在该区域内含氢基团化学键振动的吸收强度很弱, 直接获得的灵敏度相对较低, 而且这些吸收带较宽且重叠严重, 依靠传统的建立工作曲线方法来进行定量分析十分困难, 这也是早期严重制约近红外光谱分析技术应用发展的一个根本原因. 近红外光谱技术的发展普及很大程度上得益于除了仪器硬件之外的另一组成部分, 也就是化学计量学和相应软件技术的发展.

3. 近红外光谱的化学计量学处理

物质的近红外光谱包含了组成与结构等丰富信息, 而性质参数也与这些组成、结构相关, 因此, 在样品的近红外光谱和其性质参数间必然存在着一些内在的联系. 使用化学计量学的目的就是用数学方法对两者进行关联, 从而确立这两者间的定量或定性关系, 即建立校正模型. 模型建立后, 只要测量未知样品的近红外光谱, 再通过软件自动对模型库进行检索, 选择正确模型, 根据校正模型和样品的近红外光谱就可以预测样品的性质参数. 整个近红外光谱分析方法包括了校正和预测两个过程, 因此近红外光谱分析又可以被视作一种间接测量技术. 近红外光谱化学计量学处理包括以下步骤.

1) 光谱数据预处理

在检测获得的数据中, 除了感兴趣的光谱信息外, 同时由于一些与待测样品无关的散射杂散光及仪器响应的影响, 导致许多干扰信号, 因此需要对获得信号进行预处理. 信号的预处理方法较多, 比较常见的有平滑处理、导数算法、傅里叶变换等技术.

平滑处理是一种非常有效的滤除噪声的手段, 其基本假设是光谱含有的噪声为零均随机白噪声 (white noise), 若多次测量取平均值可降低噪声提高信噪比. 常用的信号平滑方法有移动平均平滑法和 Savitzky-Golay 卷积平滑法. Savitzky-Golay 的卷积平滑法的实质是一种加权平均法, 更强调中心点的作用.

近红外光谱测量的是样品振动的倍频及合频等吸收, 样品的背景颜色和其他因素常可导致所测光谱出现明显位移和漂移. 导数法可以消除基线漂移或平缓背景干扰的影响, 提供比原光谱更高的分辨率和更清晰的光谱轮廓变化. 对光谱求导一般也有直接差分法和 Savitzky-Golay 求导两种方法. 对于分辨率高、采样点多的光谱, 直接差分法求取的导数光谱与实际相差不大, 但对于低分辨率、采样点少的光谱, 该方法所求的导数则存有较大误差, 可采用 Savitzky-Golay 卷积求导法计算. 导数光谱的缺陷是会引入噪声, 检测的信噪比下降.

漫反射测量时, 由于样品颗粒大小分布不均匀, 即使相同的样品在多次测量中光谱也会出现差异, 即光散射现象. 多元散射校正 (multiplicative scatter correction, MSC) 可消除颗粒分布不均匀及颗粒大小产生的散射影响. 首先要求建立一个待测样品的 “理想光谱”, 即光谱的变化与样品中成分的含量满足直接的线性关系, 以该光谱为标准对所有其他样品的近红外光谱进行修正, 其中包括基线平移和偏移校正. 在实际应用中, “理想光谱” 是很难得到的, 由于该方法只是用来修正各样品近红外光谱间的相对基线平移和偏移现象, 所以可以取所有光谱的平均光谱作为一个理想的标准光谱.

傅里叶变换 (Fourier transform) 同样是一种重要的信号处理技术, 它可以把原光谱分解成许多不同频率的正弦波的叠加和, 根据需要可通过傅里叶变换对原始光谱数据进行平滑、插值、滤波、拟合及提高分辨率等运算. 在近红外光谱分析中, 傅里叶变换可用来对光谱进行平滑去噪、数据压缩以及信息的提取, 傅里叶变换可以在保证准确度的同时大大缩短运算时间.

除了以上的一些方法外, 较常见的处理工具还有小波变换 (wavelet transform)、净分析信号算法 (net analyte signal) 及正交信号校正 (orthogonal signal correction) 等.

2) 定量模型的建立

模型的建立在近红外分析中起着非常关键的作用, 直接影响到近红外光谱分析的工作效率以及获得分析结果的质量. 实际工作中, 模型的建立需要大量的运算来完成, 人工操作近似不可能, 目前均由化学计量学软件来实现.

定量校正是根据所获数据建立物质浓度与仪器响应之间的定量关联关系, 是近红外分析的关键步骤. 对于多元线性体系方法很多, 包括多元线性回归、主成分回归、偏最小二乘法等. 对于非线性模型, 包括人工神经网络、拓扑、支持向量机方法等. 线性回归适用于线性关系好、各分量之间没有相互干扰的体系, 是定量校正模型中较简单的一种方法, 其结果计算简单, 数学含义清楚, 缺陷是适用面比较窄, 不能解决光谱矩阵共线的问题. 主成分回归 (principal component regression, PCR) 对混合物光谱量测矩阵进行分解, 然后选取其中的主成分来进行多元线性回归分析, 主成分回归的核心是主成分分析 (PCA), 而主成分分析方法的核心是将数据降维, 将原变量进行转换, 用少数几个新变量取代原变量的线性组合, 同时, 这些新变量要尽可能多地表征原变量的数据特征而不丢失信息. 经转换得到的新变量是相互正交的, 以消除众多信息共存中相互重叠的部分. 主成分回归方法突出的优点是能够充分利用原始谱图数据, 利用相应的平均效应, 提高模型的抗干扰能力, 适用于复杂分析体系, 不需要知道干扰组分的存在就可以预测被测组分. 偏最小二乘法 (partial least squares regression, PLS) 是一种基于因子分析的多变量校正方法, 在主成分回归中, 只对光谱矩阵进行分解, 而在偏最小二乘法处理中, 光谱和含量的处理同时进行, 并将含量信息引入光谱数据分解过程, 使两者之间相关联.

人工神经网络 (artificial neutral networks, ANN) 或简称神经网络是在现代生物学研究人脑组织的基础上提出的, 它利用由大量简单的处理单元广泛连接而组成的复杂网络, 来模拟大脑的神经网络结构和行为. 人工神经网络方法是模拟人脑细胞 (神经元) 的工作原理来建立模型进行分类与预测的一种化学计量学方法. 反向传播网络 (back propagation network, BPN) 是人工神经网络中应用得最多也是最成功的一种方法, 它是由输入层、输出层以及若干隐含层节点间互连而成的一种多层网络. 采用误差反向传播算法, 人工神经网络的实质就是不断修改各节点间的连接权, 使网络不断朝误差减小的方向进行变化, 直到获得期望输出. BP 网络具有分布式信息存储方式, 适用于大规模的并行处理, 具有较好的自学习和适应能力, 同时系统稳健性和容错能力强. ANN 可以有效地对数据模式进行解析和分类, 适合处理原因和结果关系不确定的非线性测量数据, 而众多化学问题正是具有这种不确定性, 因此, 它在多个化学领域中得到了成功的应用.

近红外光谱拓扑法 (TP) 是一种基于拓扑学 (模式识别) 基础之上的非回归方法. 拓扑法应用于近红外光谱分析是基于 “光谱相同, 则样品相同; 样品相同, 则性质相同” 的原理. 拓扑法的关键之处在于从每一个样品的近红外光谱提取特征信息变量, 据此确定每一个样品的编码. 实际操作中, 对于大量的拓扑库样品, 如果逐一比较所有波长处的吸光度, 一方面增加了计算量, 另一方面光谱中一些无用的信息影响了最后的结果. 所以需要对光谱进行合适的处理, 提取其中有效地反映各个样品组成的信息. 在预测未知样品性质时, 首先根据建立的编码原则, 由近红外光谱提取特征变量进行编码, 然后通过一定的检索方法在拓扑数据库中寻找最为接近的库样品, 直接给出待测样品的性质和组成, 从而避免了回归计算以及多次建模的问题, 它在近红外中也得到了一定的应用.

3.1.3 近红外分析步骤、特点和应用

1. 近红外分析步骤

一般说来, 完整的近红外分析按照以下步骤进行:

1) 合理选择样品, 建立校正样品集

为了克服近红外光谱复杂与变化的高背景, 校正样品集中的各个样品必须包括后续一系列待测样品中的全部背景, 利用该校正样品集建立的数学模型, 就能够校正样品中各种复杂的背景, 该数学模型也只能适用于包括这些背景的样品. 可以按光谱特征或浓度来选择校正样品集.

2) 准确扫描校正样品集中各个样品规范的近红外光谱

为了防止近红外光谱测定的不稳定性, 必须对包括制样、装样、测试条件、仪器参数等测量参数在内的测量条件进行严格控制, 同样利用该校正样品集建立的数学模型, 也只能适用于按这个测量条件所测量光谱的样品.

3) 对样品集中各样品的各种待测成分或性质 (称为化学值) 进行准确测定

这些值测定的精确度是近红外光谱运用数学模型进行定量分析精确度的理论值, 在测定结果中, 需要对异常值进行剔除, 建立校正样品集 (标样集). 对有可能由于某种随机原因引起较严重的失真, 需要予以舍弃, 从而保证所建数学模型的可靠性.

4) 对校正样品集中样品光谱进行预处理, 并选择分析所用的谱区

光谱预处理的方法包括求导、数字滤波、傅里叶变换与小波变换滤波等, 可以降低系统背景与随机背景. 谱区的选择一般应根据样品的特点而定, 较大谱区可以

增加对光谱信息采集的范围, 提高信息量, 但同时每个光谱的数据点也包含了测量误差, 因此数学模型所利用的数据点越多, 则包含的测量误差也越大. 合理的谱区选择应避开光谱中信息量小、失真大的部分谱区, 以避免这些谱区的测量误差影响到数学模型的稳定性.

5) 选择算法, 确定模型的参数, 建立、检验与评价数学模型

常用的算法如前面提到的回归分析、偏最小二乘法、主成分回归分析等. 这些算法的基本出发点是采用近红外光谱的全光谱信息, 从而解决近红外光谱的谱峰重叠与复杂背景的影响. 对于不同组分, 虽然在某一谱区可能存在重叠, 但在全光谱范围内不可能完全相同, 因此使用全光谱的信息可以对不同组分加以区分.

6) 用内部交叉证实法确定数学模型所用的最佳维数

内部交叉证实法是评价确定数学模型的一种有效方法, 具体操作是, 每次从校正样品集中取出一个或几个样品, 然后用剩余的样品建立数学模型, 并用数学模型对取出的一个或几个样品进行预测, 作为对数学模型的检验. 反复进行上述步骤, 将校正样品集中的每个样品都进行预测检测. 为了评价数学模型, 将使用数学模型预测计算的校正集中各样品的化学值与各样品的实际值作线性相关, 计算相关系数和校正标准差, 并用相关系数与校正标准差来评价数学模型的预测效果. 如果内部交叉证实的方法确定数学模型预测的效果较好, 则可以运用外部证实法进一步检验和评价数学模型, 否则需重复前述四个步骤以优化数学模型.

7) 使用外部证实法确定模型的稳定性

操作中一般选用几批独立的、待测量已知的检验样品集, 用数学模型预测计算检验集中各样品的待测值, 对实际值与预测值作线性相关, 并用相关系数和预测标准差来表示预测效果. 为了检验数学模型在时间、空间上的稳定性, 需要用数学模型对不同时间和空间的检验样品集进行预测, 检验预测标准差是否都能得到稳定的结果. 如果外部证实的方法确定数学模型预测的效果好, 可以考虑应用这些数学模型, 否则须重复前述操作以优化数学模型.

8) 数学模型修正与维护

如果测定的样品在时间和空间条件上有一些新的变化, 原有的数学模型已不适合此新条件, 则需重新建立有代表性的校正样品集 (可以在原有的样品集中增加一些新的样品类型, 以使新的校正样品集能代表新的样品类型), 然后再按照前述各步骤对数学模型进行修正与维护.

2. 近红外光谱分析特点

近红外光谱分析速度快, 测量过程为 1~2min, 通过建立模型可以获得样品的化学成分或是性质, 同时通过光谱的测量而建立的多个定标模型, 可以对样品的多种成分进行同时分析. 分析过程非破坏性、不损伤样品, 对于生产流程分析、活

体分析等方面有着特殊的意义, 同时分析成本低、无污染、制样简单. 红外光具有很好的穿透及散射效应, 根据样品物态的不同可以选择透射或是漫反射方式进行测试, 测试重现性好, 可以通过光纤等实现远程监控, 用于特殊条件下的样品分析.

近红外光谱的不足首先是灵敏度不高, 因此近红外不适用于特别低含量样品的测试, 一般要求含量大于 0.1%才可以使用. 近红外光谱的分析需要选取大量的代表性样品进行分析, 提供组成及性质数据用于模型建立及维护, 需要大量的技术支持, 对于分析人员素质要求也较高. 由于近红外技术是一种基于建立模型的分析技术, 模型是基于相同或近似同类样品中的共性而形成, 对于组成变化大或是含量数据离散程度高的样品分析适用起来困难. 对于随机的偶然样品, 使用近红外光谱来进行检测困难较大, 且成本偏高, 从测量准确程度、方法的效率和经济程度来讲近红外光谱法都不是优选的检测手段.

3. 近红外光谱分析法的应用

从对近红外光谱分析技术的优势和劣势的分析来看, 其适用范围应该是具有相对稳定组成、具体测量目标已知的样品, 而且待分析样本的数目越大, 越能体现近红外方法的优越性. 生产生活中的很多场合下, 存在着这种类型的样品.

1) 近红外光谱定量分析

近红外方法的目的是通过相关的化学信息和近红外光谱数据建立模型, 确定模型参数, 然后根据建立的模型定量预测浓度等信息. 由于近红外光谱在采样、检测效率、成本等方面的优势, 目前其定量分析已经在工农业、医疗、日常生活等众多领域获得应用.

2) 农产品分析

近红外光谱技术在农产品分析中应用较早、分析的种类很多, 比较典型的有谷物产品的缺陷和污染分析、作物年龄测定、木材和棉花等的等级测定、烟草品质测定. 对于这些繁多的测试项目, 近红外分析可以大大缩短分析时间和测试费用, 具有非常显著的实用和经济效益.

近红外光谱分析可以快速测定谷物中的蛋白、脂肪及水分含量. 例如, 采用近红外光谱仪可对谷物蛋白、豆类蛋白、油脂含量等进行快速测定, 可以替代传统的凯氏定氮法及油脂抽提分析方法, 分析效率极大地提高.

3) 在医药学领域的应用

不同于其他分析手段, 近红外光谱技术突出的优点就是无损, 对于医学检测, 其吸引之处在于不需要做任何样品预处理准备工作, 在检测过程中对人体无伤害. 一些可实现的检测项目包括血色素分析、体液成分分析、血清分析等. 近红外光谱检测对活体进行无损伤分析, 对从基础生命科学研究到临床检验等广泛的领域都有着重要意义. 比较典型的应用如无损血糖分析, 通过血糖浓度与其近红外光谱的线性关系建立相关校正模型, 通过模型可以实现对人体血糖浓度的快速检测. 结合光导纤维、漫反射采样, 可以实现非侵入式检测, 避免了疼痛和医疗污染的问题.

4) 工业生产流程的检测

在工业生产流程中经常需要对生产线上产品的某些表征产品品质的参数进行测定, 以适当调整生产工艺参数. 这类检测中待检测项目固定, 参数分布范围相对均一, 因此非常适合采用近红外建模的方式进行估算. 近红外技术属无损检测, 检测速度快, 可与生产流程相匹配, 建立在线检测模式.

一些常见的使用近红外光谱技术进行分析的项目如表 3-1 所示.

表 3-1 近红外光谱技术应用领域

应用领域	分析对象	分析指标
食品	酒类	乙醇、含糖量、淀粉、有机酸、麦芽糖等
	软饮料	咖啡因、糖分、酸度
	乳制品	蛋白质、氨基酸、脂肪、乳糖
	食用油	脂肪酸、水分、蛋白质、过氧化值
	肉类	蛋白质、脂肪、水分、氨基酸、脂肪酸、新鲜程度
	烘焙食品	蛋白质、脂肪、水分、淀粉、面筋
农产品	谷类、豆类、甘薯类	脂肪、蛋白质、水分、纤维含量, 产地, 成熟程度, 品质等级
	水果、蔬菜	糖分、水分、酸度、纤维含量、硬度
	烟草	尼古丁、水分、多酚、总氯、添加物、品质等级分类
	茶叶	氨基酸、茶多酚、水分、老嫩程度、品质等级
石油及石油产品	原油	密度等
	汽油	辛烷值、密度, 芳烃、烯烃、乙醇含量, 馏程
	柴油	十六烷值、密度、芳烃组成
	石脑油	POINA、密度、馏程、结焦指标
	润滑油	族组成、黏度、添加剂
高分子材料	原料	纯度、水分、羟基含量
	加工流程	聚合度、热力学及动力学性质、添加剂使用量
	产品	组成、分子质量, 密度, 参与单体, 添加剂含量, 粒度分布, 熔融指数
化工及制药	原料	纯度、洁净状态, 粒径、密度, 等级
	加工流程	混合均匀程度, 水分, 反应进行程度
	产品	主要成分及副产物含量
其他	油漆、墨水	原料、溶剂纯度, 色素品质
	环境监测	污染源鉴定, 有机物含量, pH, BOD, COD
	造纸	纸浆木素含量, 纸张水分, 涂层含量
	刑事及公共安全	毒品, 爆炸物, 伪钞鉴定
	纺织	棉纤维还原糖, 纤维外有, 棉织物丝光度, 纤维类别, 混纺中各组分含量
	临床医学	血红蛋白载氧量, pH, 脂肪酸、胆固醇、蛋白质、尿素、葡萄糖含量, 组织含氧量, 氧饱和度, 血流动力学

3.2 激光光谱分析

激光 (light amplification by stimulated emission of radiation, LASER) 是人类科学技术史上一项重要的发明. 1917 年, 爱因斯坦提出了受激辐射理论, 1954 年, 美国物理学家 Townes 研制成功波长为 1.25cm 的氨分子振荡器 —— 受激辐射微波放大器, 1958 年, Schawlow 和 Townes 发表了重要研究成果《红外线和光的微波激器》, 1960 年, Maiman 制成了世界上第一台激光器 —— 红宝石激光器, 激光的出现在很大程度上改变了人类的科学研究方法和生产生活方式.

对于分析技术, 激光提供了一种优质的激发源, 使很多原先难以实现的分析方法成为可能, 一些原有的分析技术在激光技术得到应用后, 检测的灵敏度可以获得数量级的提高. 广义的激光光谱技术包含了各种使用激光器作为激发光源的方法, 如激光诱导荧光、激光拉曼光谱等, 而有些技术则几乎完全依赖于激光光源, 如激光光声光谱与激光击穿光谱.

3.2.1 激光及其特性

激光器可从工作物质、激励方式、输出波长和输出频率特性等不同角度进行分类, 如按工作物质可分为气体激光器、固体激光器、半导体激光器、染料激光器、光纤激光器、自由电子激光器、生物微腔激光器、纳米激光器等, 输出波长可从近红外直至 X 射线, 输出方式可以是脉冲激光或连续激光. 有些激光器的波长是固定的, 也有些激光器的波长是连续可调的.

激光最重要的特征在于高度的单色性、同相位和同方向. 对分子而言, 分子外层电子在实现不同能级之间跃迁时, 以辐射的形式释放相应的能量. 在一般的发光体系中, 这种能量释放是随机的, 所释放的光子没有相同的特性. 当外加能量以特殊的方式, 如电能、光能、化学能等方式注入一个能级系统并被吸收, 可导致电子受到激发, 实现从低能级向高能级的跃迁. 当自发辐射产生的光子碰到这些因外加能量而跃上高能级的电子时, 这些高能级的电子会因受诱导而跃迁到低能级并释放出光子 (即受激辐射), 受激辐射具有跟原来的自发辐射相一致的光学特性, 如频率、相位、前进方向等, 这些受激辐射的光子碰到其他因外加能量而跃上高能级的电子时, 又会再产更多同样的光子, 最后光的强度越来越大 (即光强被放大了), 所有的光子都有相同的频率、相位及前进方向, 这就是激光产生的机理及所具有的特点.

1. 激光的高方向性和平行性

激光的光束发散角 (2α) 约为 10^{-2}mrad, 相比较而言, 探照灯的发散角为 35mrad.

2. 激光的高强度和高亮度

一台普通的红宝石激光器发出的激光亮度比太阳亮度高 8 个数量级, 连续激光器的功率可在几毫瓦至几万瓦, 脉冲激光器单脉冲能量可在毫焦耳至几万焦耳. 作为时间、空间都得到压缩的激光光源, 其功率密度比会聚的太阳光可以高几十亿倍.

3. 激光的单色性

通常用激光辐射峰的半峰宽 $\Delta\lambda$ (图 3-4) 或 $\Delta\lambda/\lambda$ 来衡量其单色性.

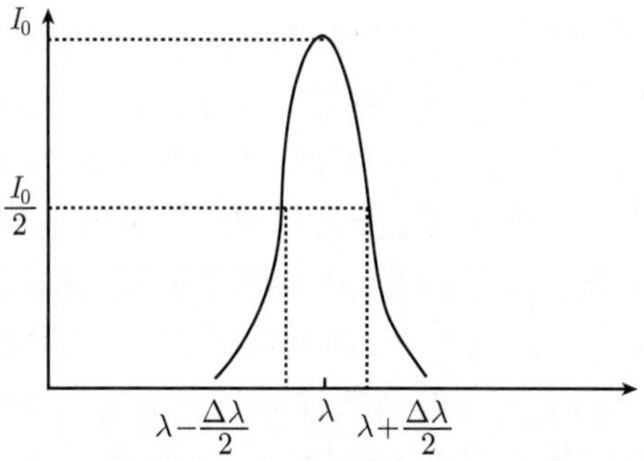

图 3-4 激光谱线的单色性

普通氦氖激光为 10^{-12}, 相比而言, 普通光源中能辐射最窄谱线之一的氪灯为 10^{-6}.

4. 激光的相干性

单色性越好, 相干长度越长, 正是由于激光的单色性好, 所以相干长度可达 10^5km, 而对普通光源而言只有几厘米.

3.2.2 激光光声光谱

当用光辐射照射某种物质时, 物质吸收光子能量而产生温度上升, 温度升降的过程引起吸收物的体积胀缩, 从而产生超声波. 光声信号的产生不仅与光源有关, 还与被照射物体的热学及光学特性有关, 而光声信号的传播则与介质的声学特性有关, 所以光声信号能够很好地反映被照射物的特性, 作为一种光谱检测技术而获得应用. 光声光谱技术 (photoacoustic spectroscopy, PAS) 正是利用 "光吸收 — 诱导光声信号 — 超声探测" 这一流程进行测量的技术.

光声光谱的起源最早可以追溯到 1880 年 Bell 发现的固体中的光声效应, 随后科学家陆续发现气体和液体中的光声效应. 20 世纪 40 年代, 前苏联学者提出将光声效应应用于分析研究, 但由于缺乏对测量结果定量分析的方法, 以及高灵敏度声波探测器研究的滞后, 这一技术在之后的一段时间并没有获得实质性的发展. 60 年代末, 激光器的出现和电子检测技术的提高, 重新激发了这项技术的活力. 大功率、单色性好的激光, 高灵敏度音频采集器以及相位敏感的锁相检测方法的出现极大地提高了光声光谱的检测灵敏度, 光声光谱技术的应用研究得以展开和推广. 目前光声光谱技术已广泛应用于波谱研究、化学研究、表面分析、生物研究和医学研究等许多领域, 已经发展成为一门独立的学科分支. 与其他光谱技术相比, 激光光声光谱技术采用激光为激发光源, 检测灵敏度高, 样品无须预处理, 同时还具有样品无损和可测光谱范围广等特点.

1. *光声光谱原理*

当使用高强度光对样品进行照射, 样品吸收光能后, 受激样品有三种能量释放途径, 即无辐射弛豫、辐射 (发光) 弛豫和化学反应. 在没有化学变化发生的条件下, 只有前两个过程发生. 对气体分子来说, 如果使用红外波段的辐射进行激发, 分子吸收光能实现的是振动能级的跃迁, 之后通过无辐射弛豫形式将多余的能量转化为平动能, 由于红外光激发频率较低, 通过辐射退激的概率很小. 对于紫外可见光区的激发, 引起的是电子能级的跃迁, 激发电子态通过辐射形式退激的概率较高.

使用经调制的入射光照射装有气体样品的密闭光声池, 如果光的波长与气体的吸收波长相一致, 则气体吸收光子能量而处于激发态, 分子间的相互碰撞使一部分受激分子通过无辐射弛豫过程而返回基态, 激发能弛豫转化为平动能, 宏观上体系的温度升高. 由于体系处于封闭的光声池中, 温度的升高直接导致池内气压的增大. 若入射光的强度被调制, 则池内压力也相应地周期性起伏, 即产生声波, 声波信号可由微音器检测. 如果入射光的波长与气体分子的吸收线不同, 不发生辐射吸收现象, 也就没有气体分子被激发及压强波动等一系列变化, 微音器端无信号输出. 如果连续改变调制的入射光的波长, 同时记录微音器信号, 便可测得气体分子吸收哪些波长的辐射及产生相应的声波信号的强度, 获得反映样品吸收性质的光声光谱.

1) 光声信号的产生原理

产生光声信号的第一步是被检测气体吸收一定调制频率的光能量, 被吸收的能量在气体中形成一个周期性变化的热源, 同时也是声源.

光强为 $I(r,t)$, 频率为 ν 的光束, 受频率 ω 调制后入射到装有某种气体的密闭光声池上, 该频率的光正好与气体的共振频率一致, 则其中部分光能被气体吸收, 从而使气体分子从基态 E_0 跃迁到激发态 E_1. 设某一时刻气体分子浓度为 N (单位体积内的分子数), 处于激发态的分子浓度为 N_1. $\mathrm{d}N_1$ 表示 N_1 随时间的变化, 其满足如下公式:

$$\frac{\mathrm{d}N_1}{\mathrm{d}t} = -N_1(B_{10} + \tau_\mathrm{c}^{-1} + \tau_\mathrm{r}^{-1}) + (N - N_1)B_{10} \tag{3-5}$$

式中, τ_c 为分子离开 E_1 的碰撞 (或无辐射) 弛豫时间, 是激发态无辐射弛豫概率的倒数; τ_{r} 为分子离开 E_1 的辐射弛豫时间, 是激发态辐射弛豫概率的倒数. B_{10} 为分子由 E_0 到 E_1 或 E_1 到 E_0 的受激辐射爱因斯坦系数, 表示自发跃迁概率和受激发吸收跃迁概率或受激发射跃迁概率与外部辐射场单色能量密度的比例系数

$$B_{10} = \frac{S}{\pi h\nu\Delta\nu}I \tag{3-6}$$

式中, S 为 E_1 和 E_0 能级之间跃迁的谱线强度; $\Delta\nu$ 为跃迁的谱线宽度.

在只存在辐射跃迁的条件下, 如果光强的调制频率 ω 很低, 满足 $\omega \ll 2\,(B_{10} + \tau_{\mathrm{c}}^{-1} + \tau_{\mathrm{r}}^{-1})$, 则分子数目能级分布变化很慢, 近似地成立 $\mathrm{d}N_1/\mathrm{d}t = 0$, 得到

$$N_1 = B_{10}\frac{N}{(2B_{10} + \tau_{\mathrm{c}}^{-1} + \tau_{\mathrm{r}}^{-1})} \tag{3-7}$$

从式 (3-7) 可看出, 当入射光 $I(r,t)$ 满足 $2B_{10} \gg \tau^{-1}$ (τ 为激发态寿命, $\tau^{-1} = \tau_{\mathrm{c}}^{-1} + \tau_{\mathrm{r}}^{-1}$) 时, $N_1 = N/2$, 也就是高低能级分子分布数目相等, 吸收出现饱和现象, 无法产生连续吸收. 忽略这种情况, 而使入射光强度 $I(r,t)$ 满足 $2B_{10} \ll \tau^{-1}$, 则式 (3-7) 可以表示为

$$N_1 = B_{10}\frac{N}{(\tau_{\mathrm{c}}^{-1} + \tau_{\mathrm{r}}^{-1})} \tag{3-8}$$

该式称为激发态的分子浓度方程.

处于激发态 E_1 的分子可以以几种不同的途径返回到基态 E_0, 其中无辐射 (或碰撞) 弛豫返回基态将使 E_1 与 E_0 之间的能量差转换为平移动能, 即导致碰撞分子速度增加. 这种平移动能在光声腔中形成一热功率密度源 $H(r,t)$, 可表示为

$$H(r,t) = N_1 h\nu/\tau_{\mathrm{c}} \tag{3-9}$$

由前两式和 B_{10} 的表达式可以得到

$$H(r,t) = N\frac{S}{\pi\Delta\nu}(1 + \tau_{\mathrm{c}}/\tau_{\mathrm{r}})^{-1}I(r,t) \tag{3-10}$$

引入参数分子吸光截面值 σ, $\sigma = \dfrac{S}{\pi\Delta\nu}(1 + \tau_{\mathrm{c}}/\tau_{\mathrm{r}})^{-1}$, 其对于特定波长为常数, 则有

$$H(r,t) = N\sigma I(r,t) \tag{3-11}$$

式 (3-11) 在符合以下两个条件的情况下成立:

(1) 入射光强 $I(r,t)$ 足够小, 以至于吸收跃迁是非饱和的;

(2) 入射光强随时间的变化率 ω 要远远低于吸收能到热能的转化率.

对此进行傅里叶变换, 将时域转换成频域, 则有

$$H(r,\omega) = N\sigma I(r,\omega) \tag{3-12}$$

从式 (3-12) 可以看出, 当光强 $I(r,t)$ 受频率 ω 调制后, 热功率密度源 $H(r,t)$ 也以同样的频率变化, 且 $H(r,t)$ 与气体分子浓度 N 成正比.

2) 光声信号的激发及其与物质组成的关系

由气体定律可知, 在密闭光声池内, 周期性变化的热功率密度源 $H(r,t)$ 将使腔内气体压力发生周期性变化, 产生声压 p. 声压压强可以表示为 $p = P - P_0$, 其中 P 为总压强, P_0 为平均压强. 该声压导致在微音器上产生输出信号 S

$$S = CP_{\mathrm{L}}N\sigma c \tag{3-13}$$

式中, P_{L} 为光源功率; σ 为气体吸收截面积; c 为气体浓度; N 为气体分子密度; C 为光声池常数, 是由品质因数 Q 值、γ、微音器的灵敏度以及光声池的几何形状和材料等因素决定.

激发光源的功率和调制频率是进行光声光谱检测的重要参数. 光声信号强度与光源功率成正比, 但当光源功率增强到气体对光的吸收呈现饱和时, 信号幅值不再随之提高而出现相反的趋势. 当调制频率过低时, 光声信号强度并不正比于气体浓度, 而是呈现出非线性, 并且会增大许多低频噪声而使得检测误差增大, 当调制频率高于吸收光能向热能转化率时, 光声信号的相位会滞后于光的调制相位, 甚至出现相位翻转的动力学冷却现象. 因此合适的设定这两个参数对于成功的检测至关重要.

当使用光声光谱法检测多组分气体时, 如果气体分子受光的激发产生的振动动能在光源的一个调制周期内经无辐射弛豫转变为碰撞分子间的平动动能, 那么光声信号相位与光的调制相位相同. 光声信号和各组分气体浓度间的关系可以表示为

$$S(\lambda) = C_{\mathrm{cell}}P(\lambda)N\sum_{k=1}^{n} c_k\sigma_k(\lambda) \tag{3-14}$$

式中, $S(\lambda)$ 为光声信号; C_{cell} 为光声池常数; $P(\lambda)$ 为光强度; N 为气体分子密度; c_k 为第 k 组分气体的浓度; σ_k 为第 k 组分气体的吸收截面积. 理想情况下, 用光源的所有谱线分析 n 组分气体时, 可以得到 n 条谱线下的光声信号, 可以根据其建立方程组, 求解该方程组即可得到各组分气体的浓度.

多组分气体的光声光谱分析虽然从理论上可以进行, 但是实际上用该方法计算各组分气体的浓度时存在很大误差. 由于不同气体吸收截面积不同, 同一气体在不同谱线下吸收截面积也不相同, 并且其还与环境温度、压强等因素有关, 可通过修正加以解决.

3) 光声信号的归一化处理

由公式 $S = CP_{\mathrm{L}}N\sigma c$ 可知光声信号强度与入射光强成正比, 若入射光强变化将使得信号检测出现较大的误差, 为此需采用专用的光声功率计对入射光强进行

同步检测并进行归一化处理, 可有效消除入射光强度变化对光声信号检测带来的影响.

光声光谱同样适用于固体和液体的分析, 傅里叶变换光声光谱仪能对样品提供丰富的结构信息, 光热偏转光谱法、光声拉曼光谱法、光声显微镜、激光热透镜法及热波成像技术等都在迅速发展.

2. 激光光声光谱检测

1) 光声光谱仪基本结构

光声光谱仪基本结构如图 3-5 所示, 主要包含光源、斩波器、光声池、微音器前置放大器、锁相放大器及计算机等部件.

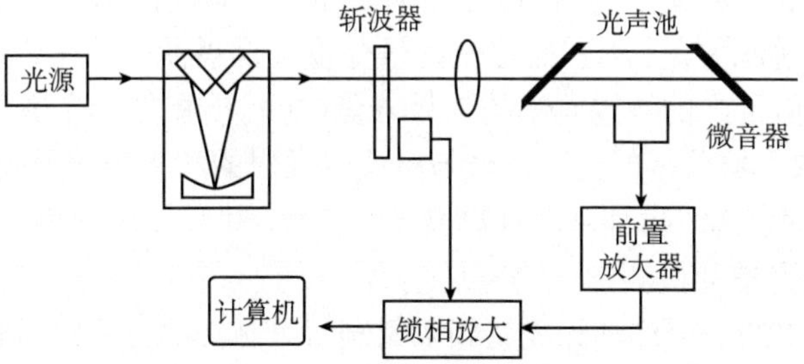

图 3-5 光声光谱仪结构

(1) 光源. 因为需要在测量中对波长进行扫描, 所以光源要用可调谐激光器, 要求具有较宽的调谐范围和较窄的谱线宽度, 发射波长在近红外到中红外区. 在众多激光器中, 以 CO_2 波导激光器最为常用, 其可提供 200 条以上的谱线供选择, 并可利用压力展宽效应在较宽的范围内实现连续调谐. 除 CO_2 外, 其他激光器包括钛宝石激光器、染料激光器等. 除激光之外, 一些普通光源如氙灯也可用于一些特殊的场合, 如制作紧凑型的便携仪器, 一般经滤光片或单色器滤光后使用, 由于在光源强度、光谱线宽方面的差距, 其检测性能要劣于激光光源.

(2) 斩波器. 斩波器的作用是对激光光源进行调制, 使光源发出的连续光以特定频率 (调制频率) 脉冲的形式施加到光声池. 同时斩波器的调制信号还被送入锁相放大器用于锁相运算.

(3) 光声池. 光声池是光声光谱仪器的核心部件. 一方面作为样品容器, 同时又装置了声波检测器件用于声信号的检测. 在检测过程中, 从激光激发到获得光声信号, 一系列过程都在光声池中发生, 其中经历了光能 - 热能 - 声波能这样的能量转换. 光声池的质量与获得的检测信号密切相关. 光声池通常分为共振型与非共振型两类, 对于共振型光声腔, 谐振频率由腔体的尺寸决定, 光声信号的强度与腔的 Q 值成正比. 当光的调制频率低于声频共振频率时, 光声池工作于非共振状态, 光声池内的信号相同. 对于在光学和声学上都没有谐振的光声池称为非谐振式光声池, 固体光声测量一般采用非共振式光声池.

(4) 检测器 (微音器). 微音器一般采用声敏元件, 其功能是将光声信号转换成电信号, 常见的声敏元件包括麦克风, 用于气体样品的检测. 对于液体及固体样品, 多采用基于压电效应的压敏元件, 材料包括钛酸钡、锆钛酸铅、氧化锌压电膜等.

(5) 锁相放大器. 锁相放大器又称锁相分析仪, 实际上是一个模拟的傅里叶变换器. 锁相放大器的输出是一个直流电压, 正比于输入信号中某一特定频率 (参数输入频率) 的信号幅值, 而输入信号中的其他频率成分将不能对输出电压构成任何贡献. 两个正弦信号, 频率一致, 存在 90° 相位差, 用乘法器相乘得到的结果是一个有直流偏量的正弦信号, 也就是说只有与参考信号频率完全一致的信号才能在乘法器输出端得到直流偏量, 其他信号在输出端都只有交流信号. 此时在乘法器的输出端加一个低通滤波器, 所有的交流信号分量全部被滤掉, 剩下的直流分量, 其大小正比于输入信号中的特定频率的信号分量的幅值. 在光声光谱中, 光声信号比较微弱, 把前置放大器获得的光声信号与斩波器发出的和光声信号同频率的参考信号同时置入锁相放大器, 此时可以只检出光声信号, 并对其进行相关运算然后放大.

2) 光声光谱的检测

光源发出的一束连续光经某频率调制后以脉冲的形式照射到样品, 样品吸收光能产生声压的周期性变化, 即与调制频率相一致的光声波, 该声波信号连同杂散信号经声敏元件接收后经前置放大器放大, 与斩波器获得的调制频率一起送入锁相放大器, 从锁相放大器的工作原理可知只有与该调制信号频率相一致的光声信号才可获得进一步放大并被输出, 并由计算机采集记录成为光谱信号.

3. 光声光谱的应用

光声光谱的激发基于样品吸收光能, 反射光、散射光等对测量干扰很小, 对于高散射样品、不透光样品、吸收光强与入射光强比值很小的弱吸收样品和低浓度样品同样适用, 而且样品的形态、表面粗糙程度等因素对测定无干扰, 只要能放进光声池中, 都无须特殊制样, 且对样品无破坏, 也无须消耗试样, 这是普通光谱技术做不到的. 光声技术可以作为无机和有机化合物、半导体、金属、高分子材料等方面物理化学研究的有力手段, 在物理、化学、生物学、医学、地质学等方面得到广泛应用.

1) 固体、液体及气体的光声光谱及其定量分析

光声光谱技术已成功地用来检测各种形态试样, 透明的或不透明的固体、液体、气体、粉末、胶体、晶体或非晶态物质, 只要取用少量样品, 不需经预处理就可进行测量, 检测方便且灵敏度高, 目前已可测定数百种样品的光声谱, 包括无机材料、半导体材料、有机材料和液体. 同时, 光声技术可利用入射光束和出射声波之

间由于时间延迟而造成的相位差, 即采用锁相放大技术获得由检测光声信号相位角与入射波长之间的光声相位谱. 这种相位谱可用于样品的剖面深度和热学特性的研究, 还可用于区分表面与本体吸收的结构分析. 对于气体样品, 光声技术在检测微量气体时极为有用, 且由于激光的引入获得了很高的检测灵敏度和分辨率, 特别适合于微弱吸收气体的检测. 目前已在大气污染、环境监测等方面取得较多应用, 主要的检测项目包括乙烯、一氧化氮、一氧化碳等.

2) 表面和界面研究

各种表面的研究对于工农业生产过程、基础研究及日常生活都具有重要意义. 传统的研究方法包括反射扫描电镜等, 这些方法对试样表面处理要求严格, 试样必须置于真空条件下, 检测流程复杂. 光声技术的测定是基于物质吸收的光能变为热能而引起的压力大小, 故可理解为对表面的敏感. 试样分析在常压条件就可以进行, 并可调节检测参数获得不同深度上亚表面的信息. 光声技术已广泛应用于涉及表面与界面现象的各种化学分支学科中, 包括表面吸附与表面化学改性、催化研究、光化学研究以及电化学上的应用等.

3) 生物医学上的应用

光声技术的最突出优点是试样可以不经预处理就直接进行光声信号的幅度与相位的测定, 可以保持生物试样的自然状态, 还可进行活体和剖面深度的断层分析. 该技术对于生物体生理过程的研究具有重要意义, 可以获得各种有价值的生理信息. 例如, 用于动物和人体组织及血液的研究, 可以找出组织病理和疾病之间的内在关系, 从而作为疾病早期诊断的工具. 光声光谱技术还可用于研究生物发色团分子、生物分子的光致损伤、生物体内的光热耗散、光活性光谱和生物发光量子效率以及细胞分裂时的形状变异等, 这些信息都是常规光谱方法所无法提供的.

4) 光声显微镜和光声成像系统

研究由不同激发源所产生的光声信号随试样表面或剖面位置的变化, 由此可得到试样物质的成像, 根据这个原理, 可相应制成不同类型的光声显微镜. 目前, 已研制出来的显微镜有光声显微镜 (以激光作为激发源)、电子–声学显微镜 (以电子束作为激发源)、离子–声学显微镜 (以离子束为激发源) 等. 这些显微镜不仅可以给出所感兴趣参数, 还可以给出相应的空间分布, 如肿瘤体组织周围血液浓度分布、软组织的三维结构等, 对于生命科学、医学等基础研究及临床实践具有重要的意义.

5) 荧光量子效率的测量

荧光量子效率是研究受激分子的弛豫过程和光化学历程的重要参数, 对研究光化学反应机理、荧光染料、生物发光以及化学荧光分析等方面有重要的意义. 传统的研究手段一般通过参比的形式进行, 即在相同条件下对未知体系与已知量子产率的体系进行激发, 比较两者荧光强度, 测量需准确控制各种参数, 费时费力且准确度不高. 光声光谱激发过程中, 当物质吸收光能后, 有三种能量转换过程的发生,即无辐射弛豫的热效应、发光衰减过程和化学变化过程. 对荧光物质来说, 在不发生化学反应的场合下, 一旦吸收光能, 通常只有前两个过程发生, 且又存在着相互竞争制约的关系, 而光声效应则是在受激物质通过无辐射弛豫的热效应中产生的现象. 因此, 物质的荧光强度越弱, 则所测到的相应的光声信号就越强; 反之亦然. 通过该关系可以用于荧光量子产率测定, 方法简便, 且测定准确度和精密度较一般方法也高.

6) 与其他分析技术联用

光声技术是一种通用的探测技术, 几乎所有的样品都存在对辐射的吸收, 其适用面非常广泛. 除作为一种光谱技术单独存在外, 还可与其他分析技术相衔接, 从而获得更丰富的样品光热信息, 比较典型的联用包括傅里叶变换红外光声光谱法、光声拉曼光谱、气相或液相色谱的光声检测联用技术、电子顺磁共振波谱的光声联用技术等. 这些联用技术弥补了单一方法信息量的不足, 可以提供更多关于被测体系特性的参数, 从而更准确地进行定性定量分析.

3.2.3 激光感生击穿光谱

激光感生击穿光谱或称激光击穿光谱 (1aser-induced breakdown spectroscopy, LIBS) 是原子发射光谱的一种. 与其他原子发射方法一样, 因吸收能量而处于激发态的原子在退激过程中发射特征原子谱线, 通过对该谱线的测量实现元素的定性定量分析. 激光感生击穿光谱技术的特殊之处在于其激发光源, 其他原子发射光谱技术中采用的激发光源一般有电弧、火花或是电磁感应产生等离子体等, 而激光击穿光谱中采用激光与物质作用产生的等离子体对元素进行激发.

1962 年, Brech 首先提出了用红宝石微波激射器感生等离子体的光谱化学方法, 这也是激光感生击穿光谱的前身, 之后一段时间, 该技术获得较多的研究. 1983 年之后, 激光感生击穿光谱技术成熟, 目前激光感生击穿光谱已经成为一种重要的元素分析方法. 相比较其他原子发射光谱技术, 激光感生击穿光谱具有不需要样品预处理、分析方便、研究对象再污染概率很小、研究分析对象所需的量很小、能同时对多种元素实现真正的快速分析等诸多优点, 目前已广泛应用于环境污染监测、燃烧、冶金领域, 同时也在皮肤和骨骼测量、古艺术品鉴定等领域常见报道, 在生命科学方面也有着广泛应用.

1. 激光击穿过程

激光等离子的产生较复杂, 光源发出的高功率激光被聚焦到被测物体上, 10ns 内的瞬时功率密度可达 $1GW/cm^2$, 样品表面因吸收光子而被加热并熔化, 同时形成自由电子, 在被熔化的样品中包含着原子、分子、离子、团簇等各种类型的粒子, 这些粒子在固体表面快速扩散, 形成一个复杂的云雾 (plume) 状态, 自由电子在激光的作用下加速, 当电子有足够的能量去轰击原子时, 原子电离产生一些新的自由电子, 而这些电子加速后会进一步使原子继续电离, 从而在很短的时间内使电子迅速倍增, 同时也导致原子不断地电离, 最终产生等离子体. 脉冲结束后, 等离子体迅速向周围扩散冷却, 在这期间处于激发态的原子和离子从高能态跃迁到低能态, 并发射出特定频率的光辐射, 通过适当的检测装置可对辐射中各波长能量分布进行测定, 由此可以获得所测材料中元素的种类与量的信息.

等离子体的能级分布与常规原子的能级分布不同, 在靠近基态附近, 是一系列的分立能级, 电子处于束缚态, 而在常规原子的离化限附近却形成一个准连续区和连续区, 电子处于自由态. 因此, 等离子体中可能产生电子从自由态–束缚态、自由态–自由态的跃迁, 产生连续的光子, 在光谱中反映出来就是连续的背景辐射; 同时还存在电子的束缚态–束缚态跃迁, 产生分立的光子, 在光谱中反映出来的就是能代表原子特性的线光谱.

在激光等离子体形成的最初的 100ns 内, 电子跃迁主要以自由态–束缚态、自由态–自由态跃迁为主, 产生很强的连续背景辐射, 把能代表原子特性的线光谱湮没在连续的白光之中. 随着等离子体雾气的形成, 在激光作用 1μs 以后, 等离子内部的辐射以束缚态–束缚态跃迁为主, 线光谱开始逐渐增强, 之后连续背景和线光谱随着激光等离子体的湮灭而消失, 一般等离子体辐射的时间在 30μs 之内, 而等离子体形成时间约 1μs.

在激光击穿光谱中, 一个重要的特点是具有非常强的连续背景. 不过各谱线随时间变化的速率差别很大, 连续背景辐射在激发脉冲之后强度很快降低, 随着连续背景的快速衰减, 各种原子发射特征谱线强度首先迅速增强, 同时特征谱线的宽度变窄, 再之后也逐渐下降, 该时间衰减的特征有利于发射谱线的检测, 可以通过时间分辨的方法来抑制背景发射, 突出特征谱线.

从物质与光子相互作用的角度来看等离子体的形成, 存在两种不同的机理, 其一为逆韧致辐射吸收机理, 在该过程中激发光提供了自由电子的动能, 通过电子与中性粒子的碰撞来传递能量, 使中性粒子受到激发, 实现电离. 其二为光电离机理, 融化的样品雾气直接通过高能激光多光子吸收而实现在高能激光下粒子的多光子电离. 在这两种机理中, 不管中间途径如何, 都存在着多光子吸收并最终形成等离子体.

2. 激光击穿光谱的定量

在原子光谱中, 根据各元素的特征谱线进行元素定性分析, 根据特征谱线的强度进行定量. 在原子发射光谱定量中, 受激原子发射的光子在到达检测器之前有可能被处于同体系中较低能级的原子所吸收, 产生自吸现象, 该现象在激光击穿中同样存在. 由于影响激光等离子体的参数众多以及等离子体内部的自吸收效应的影响, 激光感生击穿光谱的重复性不是很高, 因此直接根据理论计算的定标曲线可以一定程度上克服实验定标带来的误差. 根据不同的实验条件可以采用不同模型进行定量分析.

1) 自由定标模型

不考虑等离子体的自吸收效应, 将该激光等离子体视为一光学薄等离子体, 假定等离子体内原子的组成能真实地反映被测对象的组分并且等离子体处于局部热平衡状态, 则可以较为简化的模型近似等离子内部情形, 从理论上可推导谱线强度 (I) 与特征原子发射谱线强度 (C_s) 之间存在以下关系:

$$\bar{I}_{\lambda}^{ki} = FC_{\mathrm{s}}\frac{g_k A_{ki}\mathrm{e}^{-E_k/k_{\mathrm{B}}T}}{U_{\mathrm{s}}(T)} \tag{3-15}$$

式 (3-15) 表明如等离子体中原子的种类浓度能完全代表分析物质的组成浓度, 则只要确定了等离子体的温度就可以直接计算得到浓度分析的结果, 但是由于试验常数 F 的不确定性, 需要通过归一化方法来确定 F 的值, 根据归一化关系可以得到各分析元素的浓度. 自由定标模型实质上是按照物质的所有元素组成之和是100%来计算的, 并假定元素全部被检测到且其光谱强度真实地反应了对应元素的含量.

自由定标模型存在不少缺点, 一方面归一化方法在实际应用中局限较多, 对于所含元素种类较少、每个元素浓度含量较高的物质, 自由定标模型简单、实用, 而对于组成复杂的混合物, 其所含元素种类较多, 忽略微量元素后会给计算结果带来较大的误差; 另一方面, 自由定标模型是在认为激光等离子体为光学薄等离子体的条件下推出的, 而在实际测量中不可避免地存在着光谱自吸收效应, 忽略自吸收效应也会给计算结果带来较大误差.

2) 自吸收模型

在自吸收模型中, 根据该模型对实验得到的特征谱线的强度进行修正, 修正后得到的谱线强度是考虑了等离子体内部的自吸收效应后得到的, 然后根据修正后的谱线强度代入自由定标模型计算, 得到的测量结果比较准确

$$I_{ji}(\nu) = F\frac{8\pi hc}{\lambda_{ij}^3}\frac{N_j}{N_i}\frac{g_j}{g_i}\int(1-\mathrm{e}^{-k(\nu)l})\mathrm{d}\nu \tag{3-16}$$

3) 罗马金–塞伯定量

自由定标模型和自吸收模型往往用于在测得 LIBS 强度值的条件下进行理论计算, 而在实验测量过程中要实现激光感生击穿光谱的定量测量, 往往采用标准样对谱线数据进行定标, 从而计算得出被测对象中待测元素的浓度含量. 罗马金–塞伯 (Lomakin-Scheibe) 公式是最为常见的光谱定量分析的基本公式, 它是由实验得出的一个经验公式, 表述为

$$I = ac^b \quad 或 \quad \lg I = b\lg c + \lg a \tag{3-17}$$

式中, I 表示所测的光谱线强度; a 和 b 为两个常数. a 的值取决于激发条件, 如分析元素进入激发区的数量、干扰元素的影响等; c 为分析元素的浓度; b 为分析元素本身浓度的函数, 是由原子的自吸收效应引起的, $b = b(c)$, 当 c 很小时 b 接近 1. 式 (3-17) 表明, 当所分析元素的含量很小时, 可以认为对应的光谱线强度与分析元素的浓度成正比. 同时, 只有在固定的工作条件下, a 和 b 才为固定的常数.

4) 内标法定量

它是对罗马金–塞伯公式变形, 利用两条谱线强度的比值来进行定标, 即为内标法. 采用内标法进行光谱定量分析时, 将分析元素的谱线与内标元素的谱线组成分析线对, 并以其相对强度 (即强度之比) 建立定标曲线. 这样, 当分析的特征谱线受外界条件的影响而发生改变时, 可以用内标线强度的相应变化来补偿被分析线强度的变化, 使其相对强度保持稳定不变, 在一定程度上消除波动, 进而使光谱定量分析达到更高的准确度.

在实验测量之前, 首先对事先已知测量对象元素浓度的标准样进行 LIBS 测量, 记录其特征光谱线强度, 并以测量对象的元素浓度和特征谱线强度为坐标轴绘制得到标准定标曲线. 然后通过对被测样品进行 LIBS 测量并记录其特征光谱线强度, 对照事先得到的标准定标曲线可以得出被测元素的浓度. 使用内标法获得待测元素的浓度信息是比较普遍采用的一种元素分析方法.

激光击穿光谱激发与发射原理比较复杂, 相应的影响因素也比较多. 要实现高灵敏的检测, 需要对许多实验参数进行调节, 如激光的功率密度、环境气体的种类和压力、待分析样品的物理和化学性质以及样品表面几何和机械特性、样品的基质效应、分析线的选择、背景信号的抑制、信噪比的提高等. 这些因素对激光击穿光谱的影响以及确定最佳的实验测定条件都在进一步研究.

3. 激光击穿光谱仪器和测试技术

1) 激光击穿光谱仪器

典型的激光击穿光谱仪由激光器、样品室、光谱仪、光检测器及数据采集处理显示单元等组成, 见图 3-6.

(1) 激光器. 激光器的作用是提供高强度的激光, 使样品融化并经多光子吸收形成等离子体, 最常采用掺钕钇铝石榴石 (Nd:YAG) 激光器, 所组成的仪器成本低廉. 激光器产生近红外的光辐射脉冲 (1064nm), 脉冲宽度控制在 10ns 左右, 在汇聚点的功率密度可高达 $1\mathrm{GW/cm^2}$. 使用准分子激光可以获得可见光及紫外区域的辐射.

(2) 样品室. 它是对样品进行激发并形成特征原子谱线发射的区域. 在激光感生击穿光谱中, 由于其作用的特点, 样品室的形式比较灵活, 甚至可以以光纤的形式来达成远距离样品测定, 这也是其相比常规光谱仪器特殊的地方.

(3) 光谱仪. 光谱仪部分由分光器件 (单色器或多色器) 及光电检测器件 (光电倍增管或 CCD) 组成. 单色器主要用于扫描型仪器中, 通过波长扫描的形式对辐射的能量分布进行测定, 从而获得能量的频域信息. 多色器则与阵列型检测器相连接, 比较典型的是使用中阶梯光栅, 将多色光按频率色散到平面上, 再用 CCD 检测器检测, 不需扫描操作即可获得光谱.

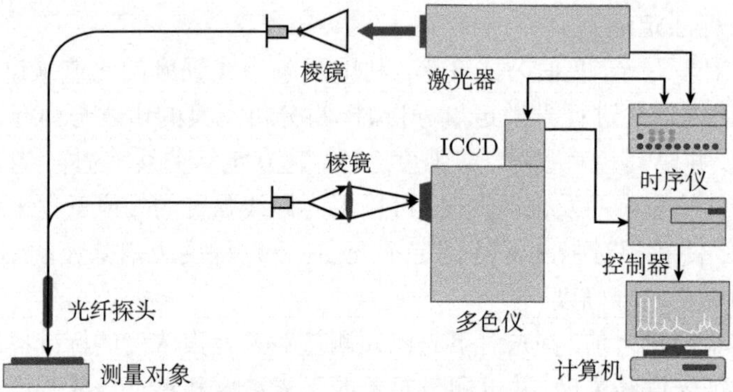

图 3-6　激光击穿光谱仪器结构

光谱仪所采集的波长范围一般很宽, 以尽量多的获得元素的各种辐射谱线, 典型的波长涵盖了从近红外 (~1100nm) 到远紫外 (~170nm) 这一区域. 在这区域中, 所有的元素都具有其特征发射谱线. 光谱仪的分辨率对检测具有重要意义, 高分辨率的仪器可以将相邻的干扰谱线进行区分, 减少对检测的干扰并提高检测的灵敏度, 该特性对于含有多种元素的复杂样品特别重要, 此时的基体效应严重. 在必要时还可以采取时间分辨的方法, 激发后通过控制检测器的采样时间来获得更好的分辨效果.

在图示光谱仪中, 激光通过光纤投射到样品表面对样品进行激发, 退激时发出的元素特征谱线向各个方向发射, 其中部分进入光纤, 通过棱镜汇聚和多色仪分光, 将分光后的各波长投射到阵列型 CCD 检测器上. 脉冲发生器和时间延迟发生器构成一个时序控制器, 可以控制激光脉冲发出和光信号检测之间的延迟时间, 从而有效去除等离子体发出的连续背景光, 使原子的特征谱线突出, 最后根据光谱特征谱线波长得出所分析的元素种类, 并根据对应谱线的强度分析元素浓度.

2) 激光击穿光谱测试技术

(1) 双脉冲激发. 前述的典型 LIBS 检测模式使用同一脉冲对样品进行消融和等离子化, 其缺点是具有较高的背景噪声, 从而使得检测的灵敏度不高, 且重现性差. 双脉冲激发是在单脉冲的基础上发展起来的一种激发技术, 其采用相隔数纳秒至数十微秒的两个激光脉冲作用到样品的同一位置上. 这种双脉冲的模式, 可以获得更多的气化量, 等离子体的温度也更高且分布均匀, 持续时间增长, 由此可以有效地使发射信号强度增加, 降低检测限. 双脉冲可以采用单激光器, 也可使用双激光器. 单激光器构型中激光器在不同时段分别发出两束激光脉冲, 来完成样品的雾化和等离子体化, 双激光器中两步骤则分别由两台独立的激光器来完成. 双激光器光路搭建较容易, 并且不存在两个脉冲时序上的排列问题, 保证了实验的可重复性. 双脉冲激发较多采用垂直模式, 第一束垂直于样品的激光脉冲对样品进行消融, 再使用与样品平行的第二束激光 (与第一束激光垂直) 对第一步消融的样品进一步加热并获得增强的等离子体信号发射.

双脉冲及低压激光击穿光谱用于提高检测方法的灵敏度, 另外还可以减小由于各元素挥发性不同而带来的误差, 明显减少基质效应. 在双脉冲模式中, 第一个脉冲使样品产生云雾, 第二个脉冲使其气化并激发, 因此这种模式可以应用于液体样品, 甚至可用于水下金属的分析. 使用相隔为几十微秒的两束脉冲, 第二束脉冲在固体表面形成泡沫从而产生较强的激发, 产生气体环境下的相互作用, 得到温度极高的等离子体, 对于所分析的元素得到更低的探测极限.

(2) 其他激发模式. 在真空条件下进行烧蚀, 为了维持一定的等离子体环境, 往往需要充入某种气体作为缓冲气体. 在普通真空条件下, 没有等离子中的原子化过程, 分析效率很低, 结果误差大. 缓冲气体的作用是提供样品蒸发、气化及原子化、离子化的介质. 比较典型的是使用 Ar, 激发后提供适当的等离子气氛, 同时还可以防止在激光烧蚀过程中样品的氧化. 根据实验需要提供合适的缓冲气氛, 可以明显提高检测的灵敏度.

(3) 空间分布扫描.

除了对于给定区域进行测定之外, 激光击穿光谱还可以通过扫描模式对元素的空间分布进行测定. 在扫描过程中, 样品一般置于可移动的支架上, 支架一方面可以沿着激光束的方向前后调节, 以使激光束能够准确地汇聚到样品上, 另一方面还可在垂直光束方向移动, 对移动所经过的区域上的元素进行测定, 从而获得样品组成在空间上的分布信息.

3) 激光击穿光谱的特点及优势

(1) 适用范围广, 既能用于导体又能用于非导体, 适用于固体、液体、气体等的检测;

(2) 样品准备简单, 不需要复杂的预处理, 检测过程几乎没有污染;

(3) 所需样品量少 (0.1μg~1mg), 检测对样品的破坏性小, 因此基本上可被视作无损检测;

(4) 适用于复杂体系中的多组分分析, 检测过程简单快速, 物质蒸发和激发可一次性完成;

(5) 与光纤技术衔接, 可远距离进行在线测量, 该特性对于一些特殊的危险、毒害环境下的样品检测具有特别重要的意义.

由于激光击穿光谱的特性, 仪器可以制成便携的小型紧凑型仪器, 这种仪器可以满足现场分析的要求, 如地质探矿、军事、环境监测等特殊场合. 目前很多国家都致力于发展类似的仪器, 特别是对于日益严重的资源短缺、反恐形势及环境污染等问题, 都具有非常重要的意义.

4. 激光击穿光谱的应用

激光击穿光谱可以对包括金属、陶瓷、高聚物等各种不同类型的材料进行多元素痕量分析, 特别是对于难熔元素或是样品, 使用传统仪器很难获得相关信息, 利用高能量的激光束, 可以将光斑聚焦于微小区域, 结合相关的扫描操作, 可以获得各种元素在样品上的空间分布状况. 对于气体样品, 可以利用激光所激发的等离子体中的特定发射, 对其进行元素分析, 激光击穿同样可以产生于液体, 可用于液体样品的元素分析.

激光击穿光谱在检测过程中样品消耗量极少, 检测过程中使用脉冲激光技术, 虽然瞬时功率极高, 但平均功率很低, 因此对样品所产生的整体热效应很低, 可以近似认为是一种无损的检测手段. 激光击穿光谱的另一重要优势是可以获得样品深处的信息, 可以将激光脉冲持续施加到样品上以烧蚀去处表面部分后获得深度信息. 同样, 该技术也可用于沾污的样品, 只需在实际测量之前持续施加几个脉冲除去表面的污染物即可. 另外该方法测量非常迅速, 一般在几秒钟内即可完成, 可进行高通量测定, 非常适于生产流程中的品质控制. 结合光纤技术, 可将信号引导至所感兴趣的区域, 实现远程测量, 方法具有非接触、非侵入的特点, 可用于危险毒害环境甚至是太空等领域.

燃烧和冶金工业工作环境恶劣、噪声大、振动大、背景光强、环境温度高, 这些恶劣的环境给传统的光谱测量方法带来了很大的局限性, 很难实现在线测量. 比较而言, 激光感生击穿光谱在此方面表现出极大的优越性. 在冶金领域, 激光感生击穿光谱的应用主要表现在两个方面, 一是利用它的快速在线测量的优点, 通过对冶金对象在线监测信息的反馈来远程计算机指导冶金过程, 二是通过对矿石分析实现矿石勘测的目的.

激光击穿光谱在皮肤和骨骼测量、古艺术品鉴定等领域也有应用, 主要是利用激光感生击穿光谱分析区域小、空间分辨率高、不破坏分析对象和能分析难熔物质等优点, 能测定牙齿/皮肤/指甲等内部的元素含量, 对细菌等生物体系内的元素进行分析, 通过特征谱线的比较, 甚至可用于细菌种类的确定, 还通过激光击穿光谱方法发现正常组织和肿瘤组织之间的金属元素含量存在明显差异.

激光击穿光谱的缺点是定量准确度不够高, 一般误差在 10%以内, 精度小于 5%. 对于不同元素检测限差异比较大, 与样品形态、所使用设备等条件相关, 比较典型的检测限在 ppm①量级.

3.3 拉曼光谱分析

当用波长比试样粒径小得多的单色光照射气体、液体或透明试样时, 大部分的光会按原来的方向透射, 另外一小部分则按不同的角度散射开来, 产生散射光. 在这些散射光中, 除了与原入射光相同频率的部分外, 还有一系列对称分布的很弱的与入射光频率发生位移的谱线. 光的这种非弹性散射最早在 1923 年即由科学家 Smekal 预测, 但至 1928 年才由印度物理学家拉曼通过实验发现, 进一步的研究表明该频率的改变与产生散射的物质的化学结构相关, 拉曼因此获得 1930 年诺贝尔物理学奖, 相对应的发生频率位移的散射也就称之为拉曼散射.

拉曼散射光谱通过散射线的频率与分子结构之间的关系进行研究, 但由于拉曼散射强度极为微弱, 在较长时间内由于缺乏合适的激发光源并未获得广泛的应用, 直至 20 世纪 60 年代, 由于激光光源的采用, 拉曼光谱技术和相应的仪器才得以推广. 拉曼散射与红外光谱有着某些相似之处, 但两者产生的基本原理在很大程度上不同, 两种方法更多的是起到相互补充的作用, 拉曼光谱目前已经成为一种常规分析手段.

3.3.1 拉曼光谱分析的基本原理

1. 瑞利与拉曼散射

当一定频率的单色光 (ν_{ex}) 照射到样品上, 其中仅有约 0.1%的光子与样品分子发生弹性碰撞, 这些光子的频率未发生改变, 与入射光相同, 该碰撞的结果是发生散射, 称之为瑞利 (Rayleigh) 散射, 瑞利散射的强度与入射光频率的四次方成正比. 但在某些特定条件下, 除了瑞利散射外, 在所有碰撞中还有约有 1×10^{-6} 的很小比例为非弹性碰撞, 即碰撞期间发生能量转移, 相应的散射光子的频率也发生位移, 也就是前面提到的拉曼散射, 这些散射过程涉及的能量变化可由图 3-7 说明.

分子能级图可以帮助理解拉曼和瑞利散射现象. 处于基态振动能级或激发态振动能级下的分子在接受入射光子的能量后, 从基态跃迁到受激激发虚态 (又称准激发态), 该状态为光子对分子的电子构型微扰导致电子云变形而形成的一种新的能级状态. 准激发态下分子很不稳定, 在短时间内回到原先基态振动能级或是原振动能级的激发态能级, 多余的能量以光子的形式释放出来, 光子的能量与原先激发光子相同, 没有频率位移, 这种散射即为瑞利散射. 如果从基态受激发之后的准激发状态分子不是回到基态, 而是返回振动激发态能级, 则释放出的能量相对激发能要小, 相对应产生的拉曼线频率低于入射光, 称为斯托克斯线, 如果处于振动激发态

① 1ppm 一般可改为 "$\times10^{-6}$".

的分子跃迁至准激发态, 而回到基态的振动能级, 此时散射光的能量则要比入射光大, 称之为反斯托克斯线. 斯托克斯线和反斯托克斯线分别位于瑞利线的左侧和右侧. 根据玻尔兹曼分布 (式 (3-18)) 可知, 在常温状态下, 处于振动激发态的分子不足总数的 1%, 因此斯托克斯线强度要大大高于反斯托克斯线.

$$N_{\rm i}/N_0 = g_{\rm i}/g_0 \exp(-\Delta E/kT) \tag{3-18}$$

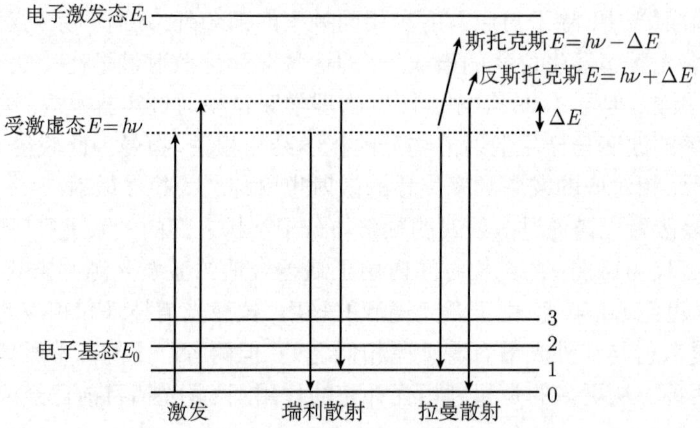

图 3-7　拉曼与瑞利散射的能级示意图

2. 瑞利与拉曼散射的产生原因

与红外光谱类似, 拉曼散射涉及分子的振动能级, 也就与分子结构密切相关, 这也是拉曼分析的基础. 红外光谱也是通过分子振动能级跃迁来对分子进行研究, 但两者产生的机理不同, 在红外光谱中关注的是振动过程中分子体系的偶极矩变化, 而拉曼光谱关注的是分子极化率 (α) 的变化. 极化率是反应分子体系中电子云分布改变的难易程度的一个参数, 是电子云偏移的度量表示, 其数学表示是分子的平均偶极矩 m 与电场强度 E 的比值

$$m = \alpha E \tag{3-19}$$

光是一种振荡电磁场, 其电场部分可以引起化学键电子云的振荡. 在光辐射下, 其所形成的外加电场能使化学键的电子云偏离其平衡位置, 形成电子云的振荡, 而电子云的振荡又导致相应光发射现象. 如果电子云振荡将入射光的能量全部传递至发射光, 则发射光具有与入射光相一致的能量, 没有频率改变发生, 为瑞利散射. 如果在振荡过程中, 极化率发生改变, 则可导致拉曼散射的出现. 入射激发光包含振荡电场:

$$E = E_0 \cos(2\pi\nu_{\rm ex}t) \tag{3-20}$$

式中, E_0 为电场的振幅; $\nu_{\rm ex}$ 为激发光频率, 相对应的导致化学键的偶极矩为

$$m = \alpha E = \alpha E_0 \cos(2\pi\nu_{\text{ex}}t) \tag{3-21}$$

在振荡过程中, 电子云分布偏离其平衡位置, 极化率会产生相应的变化

$$\alpha = \alpha_0 + (r - r_{\text{eq}})\left(\frac{\partial\alpha}{\partial r}\right) \tag{3-22}$$

式中, α 和 α_0 分别为瞬间极化率及平衡时的极化率; r 和 r_{eq} 分别表示瞬间及在平衡时的核间距. 由于受到电磁辐射所带来的电场的影响, 有

$$r - r_{\text{eq}} = r_{\text{m}} \cos(2\pi\nu t) \tag{3-23}$$

式中, r_m 为相对平衡位置最大的核间距, 相应地有

$$\alpha = \alpha_0 + \left(\frac{\partial\alpha}{\partial r}\right) r_{\text{m}} \cos(2\pi\nu_v t) \tag{3-24}$$

可以获得所产生的诱导偶极矩为

$$\begin{aligned} m &= \alpha_0 E_0 \cos(2\pi\nu_{\text{ex}}t) + E_0\left(\frac{\partial\alpha}{\partial r}\right) r_{\text{m}} \cos(2\pi\nu_v t)\cos(2\pi\nu_{\text{ex}}t) \\ &= \alpha_0 E_0 \cos(2\pi\nu_{\text{ex}}t) + \frac{1}{2}E_0\left(\frac{\partial\alpha}{\partial r}\right) r_{\text{m}} \cos[2\pi(\nu_{\text{ex}} - \nu_v)t] \\ &\quad + \frac{1}{2}E_0\left(\frac{\partial\alpha}{\partial r}\right) r_{\text{m}} \cos[2\pi(\nu_{\text{ex}} + \nu_v)t] \end{aligned} \tag{3-25}$$

该式三项中第一项频率与激发光一致, 表示瑞利散射, 后两项分别对应斯托克斯和反斯托克斯散射. 从上述结论中可以看出, 实现拉曼散射要求在振动过程中极化率的变化 $\dfrac{\partial\alpha}{\partial r}$ 必须大于零. 另外虽然拉曼散射的频率与入射光相关, 但其频率位移 ν_v 决定于分子结构本身, 由其振动能级分布决定. 由于能级跃迁的量子化, $\Delta v = \pm 1$ 对应振动的基频, 同时由于系统的非谐性, 也存在着较基频弱得多的倍频.

与红外光谱相比较, 在散射过程中, 受激发光的电场作用, 分子周围化学键电子分布先产生瞬间形变, 当化学键回到其正常形态过程中时将所吸收的辐射重新发出. 在该过程中, 分子经历了产生诱导偶极矩及相应的消失以及光发射等历程. 由于两者产生机理的不同, 拉曼散射的光谱形式与红外有着很大的差异, 如同核双原子分子 (氢气、氮气、氯气等), 在振动过程中不会产生偶极矩, 相对应的也不会有红外吸收现象, 即没有红外活性, 但在分子振动过程中, 其可极化的程度却是有变化的 (当两原子离得最远时最大, 离得最近时最小, 最难极化), 因此可以观察到分子的拉曼散射现象.

如果进一步比较 CO_2 的几种振动模式, 在对称振动中, 没有偶极矩变化, 为非红外活性, 而相对应如上述同核双原子分子, 有拉曼活性. 在非对称振动中, 有偶极矩变化, 有红外活性, 而在该种振动中, 两个 C—O 键中一个极化率变大, 另一个变小, 对于整个分子来说, 其净极化率没有变化, 没有拉曼活性. 在对称分子中, 对某一特定振动模式, 红外和拉曼活性不相容, 称为互不相容原理 (图 3-8).

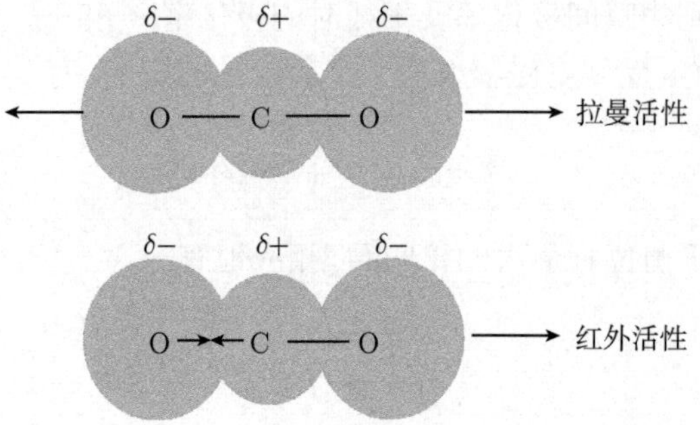

图 3-8　拉曼及红外活性振动模式中的 CO_2 分子电子云模型

对于没有对称中心的分子, 情况则又有不同, 某一振动可能同时具有拉曼和红外活性.

3. 拉曼散射强度

拉曼散射强度受一系列因素影响, 如样品浓度、极化率、激发光强度等. 在没有吸收的情形下, 拉曼散射的强度与激发光频率的四次方成正比, 但较少使用该种方法提高灵敏度, 因为高能量 (频率) 的激发光 (如紫外光) 可能导致样品的光解. 拉曼散射的强度正比于活性物质的浓度, 这点与荧光相类似.

4. 拉曼散射的偏振与退偏振

如果使用平面偏振电磁辐射激发拉曼光谱, 根据检测体系中导致散射的振动形式的不同, 获得的散射光具有不同的偏振特性, 激发光为在 yz 平面内的偏振光, 所获得的具有特定偏振方向的散射光可视作部分与原始激发光偏振方向平行 (yz 平面), 这部分记作 //, 另一部分与其垂直 (xy 平面), 记作 ⊥, 此时定义退偏振程度为

$$\rho = I_{\perp}/I_{//} \tag{3-26}$$

式中, $I_{\perp}$ 和 $I_{//}$ 分别表示垂直与平行激发光偏振方向的拉曼散射的强度.

对于一定的分子振动, 其拉曼散射光的偏振方向代表着振动所引起的电子云极化率变化的方向. 如果入射光引起的电子云在不同方向发生位移, 则散射光就会具有与入射光不同的偏振方向. 退偏振由引起散射的振动模式的对称性决定, 对于一个全对称的振动模式 (呼吸振动), 其退偏振很小, 对非对称振动则有很大的退偏振. 通过退偏振的不同, 可以比较容易地区分散射光谱带所对应的振动模式.

3.3.2 拉曼光谱分析技术与特点

1. 拉曼光谱仪

拉曼光谱仪的作用是提供光源对被检测体系进行激发, 并检测退激过程中发出的拉曼散射信号, 与红外光谱仪类似, 拉曼光谱仪也分为分光型和傅里叶变换两种类型.

1) 分光型拉曼光谱仪

分光型拉曼光谱仪的组成如图 3-9 所示.

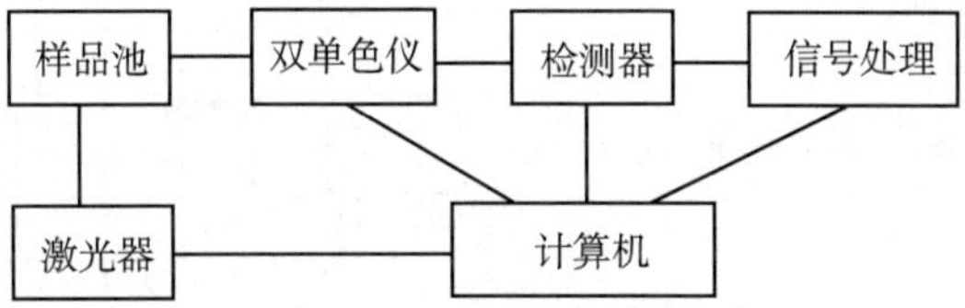

图 3-9 分光型拉曼光谱仪示意图

拉曼光谱仪的光源广泛采用激光, 激光器可用连续激光器或是脉冲激光器, 根据材料类型可分成气体激光器、固体激光器、半导体激光器以及染料激光器等. 固体激光器中以掺钕钇铝石榴石 (Nd:YAG) 最为常见, 不经倍频的激光器提供近红外激光信号 (1064nm), 能量较低, 可以避免大部分荧光信号对拉曼检测的干扰, 另外其体积小, 输出功率高. 半导体激光器体积小, 效率高, 在很多紧凑型甚至是便携型仪器上有较多使用. 染料激光器的特点是输出波长可在很宽的波段范围内进行调谐.

样品可以是液体或气体, 放置于相应的池体或是毛细管中, 也可以是固体, 置于样品架上. 在拉曼光谱仪中, 玻璃材料可以作为光窗、透镜以及其他光学部件, 这比红外光谱仪中要求使用卤化物晶体要简单得多. 由于使用了激光光源, 可以将光束集中于很小的范围, 用很少的样品就可以完成检测.

由于检测光路与激发光路成一定角度, 因此激发光源不会直接进入单色器及检测系统, 但由于瑞利散射强度远大于拉曼散射, 单色器的作用是在滤除杂散光的同时滤除瑞利散射. 传统的单色器一般需要两级甚至三级光栅才能达到这一目的, 现在较多采用基于全息干涉技术的陷波滤光片 (notch filter) 达到这一目的, 陷波滤光片是一种带阻滤波片, 使某特定波段范围内的光无法透过. 使用包含针对瑞利散射的陷波滤光片则不再需要多级光栅, 目前多数仪器广泛采用陷波滤光片与单级光栅组合的单色器. 单色器可以将不同波长的光分散到成像平面的不同位置并滤除干扰信号, 使与激发光波长相近但强度弱得多的拉曼光得以检测.

检测器通过光电转换将光信号转变成电信号, 单通道仪器所采用的光电转换器件通常为光电倍增管, 也可采用电荷耦合器件 (CCD) 及电荷注入器件 (CID) 等实现对各个波长强度的同时检测, 相比较扫描型的单通道仪器速度快得多, 使用增强型 CCD(ICCD) 可以获得更高的检测灵敏度.

2) 傅里叶变换拉曼光谱仪

除色散型拉曼光谱仪, 傅里叶变换拉曼光谱目前也得到广泛应用, 这点与红外光谱仪也很相似. 傅里叶变换技术是一种基于干涉及数据变换的技术, 一般通过迈克耳孙干涉仪实现 (图 3-10).

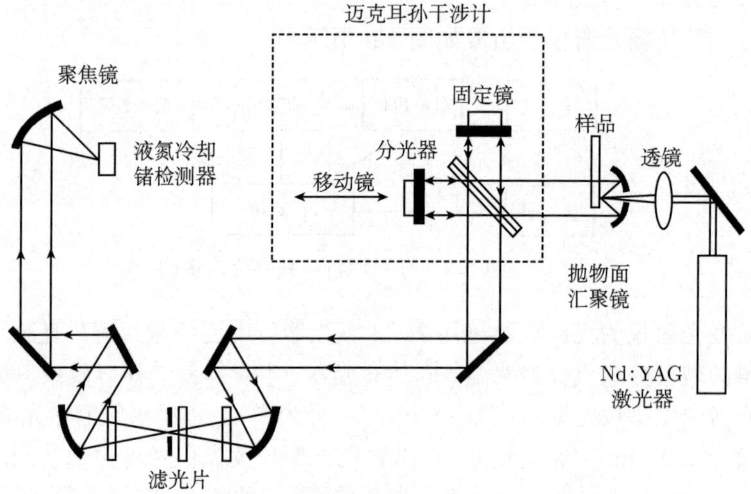

图 3-10 傅里叶变换拉曼光谱仪的结构示意图

迈克耳孙干涉仪系统中包含光源、两个互成 90° 角的镜面 (固定镜与动镜)、光学分光器及检测系统. 动镜在移动过程中始终保持与固定镜的垂直. 分光器与动镜、固定镜均成 45°, 其作用是将入射光分成两束, 其中一半通过, 另一半被反射, 均等的射向动镜与固定镜. 对于射向固定镜上的光束, 其光程固定, 而射至动镜的, 光程随着动镜的移动而改变. 两束光经不同的途径, 最后都投射到检测器上, 也就是说检测器上获得的为两者干涉的结果. 对于检测中使用的连续辐射光源, 获得多色光的干涉图谱 (横轴为光程差或是时间), 经适当的数学处理可以获得正常的谱图 (横轴为波数或是波长).

采用傅里叶变换技术对信号进行收集, 可以通过多次累加来提高信噪比. 激发光源同样也较多使用近红外激光 (Nd:YAG, 1064nm), 即使荧光物质也可以直接使用傅里叶变换拉曼光谱进行分析. 相比较传统色散型仪器, 傅里叶变换技术波长定位准确, 检测精度高. 但需注意的是水在该波段 (>1000nm) 有吸收, 抵消了该方法可应用于水溶液的优点. 可使用更大的激发波长 (Nd:YAG 激光器可提供 1700nm 波长的激光辐射), 但此时传统的光电倍增管或是阵列检测器都不可用, 需采用液氮冷却的 GeSi 或 InGaAs 检测器.

2. 拉曼光谱技术特点

与其他光谱技术相比, 拉曼检测有其特有的优势:

(1) 拉曼光谱检测快速、简单, 对样品无损伤, 无须样品准备, 可直接通过光纤探头或者通过玻璃、石英、光纤测量.

(2) 由于水的拉曼散射很微弱, 拉曼光谱可以直接研究水溶液中的生物样品和化合物, 大大拓展了其应用范围.

(3) 傅里叶变换拉曼光谱分析可以一次同时覆盖 50~4000 波数的区间, 可对有机物及无机物进行快速分析.

(4) 拉曼光谱谱峰清晰尖锐, 更适合定量研究、数据库检索, 以及运用差异分析进行定性研究. 在化学结构分析中, 独立的拉曼区间的强度和功能基团的数量相关.

(5) 因为激光束的直径在它的聚焦部位通常只有 0.2~2mm, 常规拉曼光谱只需要少量的样品就可以得到. 这是拉曼光谱相对常规红外光谱一个很大的优势, 而且拉曼显微镜物镜可将激光束进一步聚焦至 20μm 甚至更小, 可分析更小面积的样品.

(6) 共振拉曼效应可以用来有选择性地增强分子特有发色基团的振动, 这些发色基团的拉曼光强能被选择性地增强 1000~10000 倍.

3.3.3 拉曼光谱技术的应用

与红外光谱不同, 拉曼光谱谱带重叠较少, 其定量分析应用要比红外简单得多. 在检测过程中, 样品的干燥程度或是其中含有少量的水分并不会对检测产生干扰. 由于激光技术可以将激发光聚集在很小的样品区域, 因此该方法非常适于微量样品的定量分析, 拉曼探针技术甚至可以应用于单细胞的分析.

1. 无机分析

相对于红外检测技术, 拉曼方法的一个显著的优点是广泛应用于无机物的分析, 一方面是由于其可以使用水作为溶剂, 另一方面是很多金属–配体体系的振动位于 100~700cm^{-1}, 红外技术很难进行检测, 而拉曼检测则比较容易实现. 通过拉曼光谱可获得物质组成、结构等方面的信息, 如金属氧化物催化剂分析、无机晶体分析、半导体的研究 (半导体的晶格、晶向、晶态) 等.

2. 有机物分析

有机化合物分子由各种基团组成, 与红外光谱相类似, 基团的特征拉曼信号可以帮助用于化合物结构的确定. 对于某些特定化合物, 拉曼光谱给出的信号比红外还要丰富, 如烯烃中的双键伸缩振动由于其导致的偶极矩变化不大, 在红外光谱中强度不高甚至观察不到, 而在拉曼光谱中, 相对应的信号则很强, 且峰位置受取代基及分子构型的影响明显, 由此可以获得很多有用的信息. 有机化合物拉曼光谱的主要特点包括:

(1) 非极性或极性很小的基团振动有较强的拉曼散射, 而强极性基团振动则对应着较强的红外谱带. 但有个别例外, 如 C = N 基团有很强的拉曼谱带, 而在红外光谱通常很弱.

(2) 根据互不相容原理, 具有对称中心的分子, 任何一个振动谱带不可能同时出现在拉曼和红外光谱中.

(3) C-H 伸缩振动: 在脂肪族化合物的拉曼光谱中为强谱带, 而在红外光谱中较弱; 在乙烯基或芳香基的光谱中, 是中等强度的拉曼谱带和较弱的红外谱带; 乙炔的 C-H 伸缩振动在拉曼光谱中是弱谱带, 而在红外光谱中为中等强度.

(4) C-H 变形振动: 脂肪族基团的 C-H 弯曲振动在红外光谱中为中等强度的谱带, 而在拉曼光谱中为弱谱带; 不饱和系统 (乙烯基, 芳香化合物) 的 C-H 变形振动只在红外光谱中为强谱带.

(5) OH 和 NH 基因是极性基团, 在红外光谱中是强谱带, 而在拉曼光谱中是很弱的谱带.

(6) C-C、N-N、S-S 和 C-S 等单键在拉曼光谱中产生强谱带, 而在红外光谱中为弱谱带.

(7) C=C、C=N、N=N、C=C 和 C ≡ N 等多重键的伸缩振动在拉曼光谱中多为很强的谱带, 在红外光谱中为很弱的谱带; 而 C=O 伸缩振动在红外光谱中有很强的谱带, 而在拉曼光谱中仅为中等强度的谱带.

(8) 环状化合物在拉曼光谱中有一个很强的谱带, 是环的全对称 (呼吸) 振动的特征, 这个振动频率由环的大小所决定.

(9) 芳香族化合物在拉曼和红外光谱中都有一系列尖锐的强谱带.

(10) H-C-H 和 C-O-C 类型的基团有一个对称伸缩振动和一个反对称伸缩振动. 前者对应很强的拉曼谱带, 而后者为较强的红外谱带.

(11) 各种振动的倍频及合频谱带在红外光谱中比在拉曼光谱中强, 在拉曼光谱中经常很弱, 难以检测.

影响谱带的因素主要包括分子结构的空间配置、邻近基团的诱导效应和内消旋效应、费米共振等, 另外物质的物理状态, 所处介质的极性以及形成氢键也会影响到散射谱带.

3. 在生物化学中的应用

由于拉曼光谱与水溶液的兼容性, 可以实现生化样品的检测, 同时拉曼技术样品消耗低, 适应一般生化样品低量的实际情况. 通过共振拉曼利用某些金属溶胶在分子表面的表面增强拉曼现象, 可以对特定分子进行标记, 以获得高的检测灵敏度.

3.3.4 拉曼光谱新技术

1. 表面增强拉曼光谱技术

1974 年, Fleischmann 等发现吸附在粗糙化的 Ag 表面的吡啶分子具有显著的拉曼散射现象, 同时由于活性载体表面选择性吸附分子对荧光发射的抑制作用, 这就使得激光拉曼光谱分析的信噪比大大提高, 这种表面增强效应被称为表面增强拉曼散射 (surface enhanced Raman scattering, SERS). 除了 Ag 之外, 表面增强拉曼光谱技术还见于 Au、Cu 等金属良导体. 实际应用一般采用这些金属的胶体, 可以获得 $10^3 \sim 10^6$ 量级的散射信号增强. 表面增强拉曼光谱技术克服了常规拉曼光谱法灵敏度低的缺点, 且由于其为一种表面效应, 可提供吸附于或靠近金属表面分子的结构信息, 故可用于界面与表面吸附分子的排列取向及结构研究. 在几种金属中, Ag 的增强效果最佳, 所以以胶体银最为常用. 该方法广泛应用于金属表面研究、生物分子体系研究以及新兴的纳米材料研究等领域.

2. 高温拉曼光谱技术

高温激光拉曼技术被应用于冶金、玻璃、地质化学、晶体生长等领域, 用它来研究固体的高温相变过程、熔体的键合结构等, 为高温工艺过程、地学和材料制备等领域的结构研究和应用提供了一种新的原位检测手段. 在高温下进行测试, 须对常规拉曼仪进行技术改造, 一般须将显微镜与光谱仪联用, 再配备以显微热台. 另一种是采用累积时间分辨技术, 从时间域上将拉曼散射信号与绝大部分背景热辐射分离开来, 用脉冲激光代替连续激光, 并在信号的收集上也与激光脉冲峰值保持一致, 在此期间同步记录拉曼散射和相应的背景辐射, 在两个相邻脉冲的间隙期中则关闭探测器 (CCD 或 PMT). 通过累积多次脉冲期间的拉曼信号便可获得质量较好的拉曼谱图.

3. 共振拉曼光谱技术

激光共振拉曼光谱 (resonance Raman scattering, RRS), 当激光频率与待测分子的某个电子吸收峰接近或重合时, 这一分子的某个或几个特征拉曼谱带强度会急剧增强, 可达到正常拉曼谱带的 $10^4 \sim 10^6$ 倍, 一些在正常拉曼效应中难以出现的泛音及组合振动光谱也可以观察得到, 这种现象称为共振拉曼效应. 与正常拉曼光谱相比, 共振拉曼光谱灵敏度高. 将共振拉曼与表面增强技术相结合, 可以进一步提高检测灵敏度, 甚至可实现单分子水平的检测.

4. 共聚焦显微拉曼光谱技术

显微拉曼光谱技术是将拉曼光谱分析技术与显微分析技术结合起来的一种应

用技术. 与其他传统技术相比, 更易于直接获得大量有价值信息, 共聚焦显微拉曼光谱不仅具有常规拉曼光谱的特点, 还有自己的独特优势. 在高倍光学显微镜帮助下, 具有微观、原位、多相态、稳定性好、空间分辨率高等特点, 可实现逐点扫描, 获得高分辨率的三维图像, 近几年共聚焦显微拉曼光谱在肿瘤检测、文物考古、公安法医学等领域有着广泛的应用.

5. 固体光声拉曼技术

光声拉曼技术是通过光声方法来直接探测样品中因相干拉曼过程而存储能量的一种非线性光存储技术. 光声拉曼信号正比于固体介质三阶拉曼极化率的虚部, 与非共振拉曼极化率无关, 因而完全避免了非共振拉曼散射的影响, 并且克服了传统的光学法受瑞利散射、布里渊散射干扰的缺点, 具有高灵敏度 (能探测到 10^{-6}cm^{-1} 的拉曼系数) 、高分辨率和基本上没有光学背景等优点, 在气体、液体样品的检测分析中获得了理想的效果. 由于不像相干斯托克斯拉曼过程那样有比较严格的相位匹配角要求, 因而它也很适用于研究固体介质特性.

6. 拉曼光谱与其他仪器联用技术

拉曼光谱与其他微区分析技术的联用可实现微米级分辨率 (受制于光衍射) 的拉曼光谱成像, 如拉曼与扫描电镜联用 (Raman-SEM)、拉曼与原子力显微镜/近场光学显微镜联用 (Raman-AFM/NSOM)、拉曼与红外联用 (Raman-IR)、拉曼与激光扫描共聚焦显微镜联用 (Raman-CLSM) 等, 这些联用的着眼点是微区的原位检测, 通过联用可以获得更多的信息, 并提高可靠度.

3.4 荧光光谱分析

当用一种波长的光 (通常波长较短, 如紫外光) 照射到某物之上时, 该物质会在极短的时间之内发出另一波长 (通常波长较入射光要长) 的光, 这种现象即为荧光 (fluorescence), 该物质为荧光物质. 该过程中物质吸收的光称为激发光 (excitation light, ex), 而发出的光称为发射光 (emission light, em). 如果该物质在较长时间内发射出波长较长的光, 则称之为磷光 (phosphorescence). 荧光和磷光现象, 特别是前者, 均在现代仪器分析中有着较多应用, 两者的区别在于其发生的过程及导致的一系列差异.

3.4.1 荧光分析基本原理

荧光现象早在 16 世纪就被人们发现, 但其发生原理的研究及具体的应用直到 19 世纪才逐渐展开. 爱尔兰物理学家斯托克斯认为荧光是物质吸光后重新发光的过程, 以与直接的反射或散射相区别. 分子受到一定能量的辐射后, 会受到激发

(excitation) 跃迁到相应的激发状态, 对于波长位于紫外或是可见光区的辐射, 所对应能量能够引起分子外层电子的能级跃迁, 即外层电子跃迁到较高能级的电子轨道, 这一跃迁过程非常迅速, 耗时在 10^{-15}s 量级, 形成激发态的受激分子. 处于较高能级状态的受激分子在该状态下不稳定, 会通过各种途径释放出多余的能量, 回到初始状态, 这一过程称之为退激 (de-excitation).

1. 荧光过程中的能量变化

受激分子的激发态的多重态用 $2S+1$ 表示, 其中 S 为电子自旋角动量量子数之和, 其可能值为 1 或者 0. 如果分子中的所有电子均为自旋配对, 则 $S=0$, 该分子处于单重态, $2S+1=1$, 表示作 S (singlet), 如果电子跃迁过程中伴随着自旋方向的改变, 则整个分子中有两个自旋不配对的电子, 即 $S=1$, 分子处于激发三重态, 用符号 T (triplet) 表示. 加上相应的下标可以表示位于不同激发能级的单重态或是三重态, 如基态单重态表示为 S_0, 第一激发单重态 S_1, 第一激发三重态 T_1 等 (图 3-11).

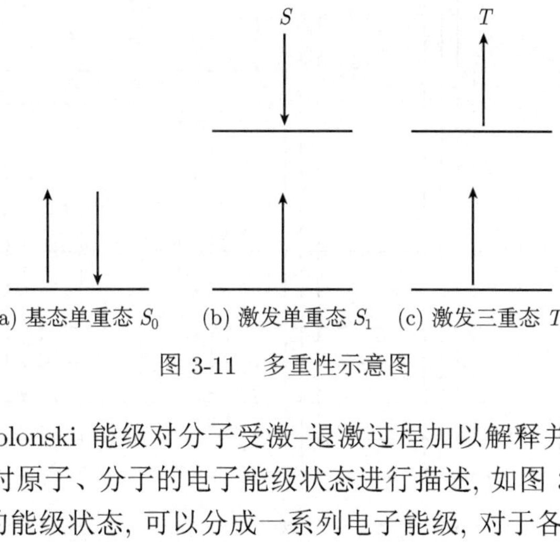

(a) 基态单重态 S_0　(b) 激发单重态 S_1　(c) 激发三重态 T_1

图 3-11 多重性示意图

可以借助 Jablonski 能级对分子受激–退激过程加以解释并理解荧光与磷光. Jablonski 能级图对原子、分子的电子能级状态进行描述, 如图 3-12 所示. 分子由于外层电子所处的能级状态, 可以分成一系列电子能级, 对于各个电子能级, 由于其振动状态的不同, 还可以细分出一系列的振动能级.

处于激发态的分子需要通过某种途径释放多余的能量, 如果能量以光辐射的形式发出, 则可能产生荧光或是磷光. 除此之外, 还有一些非辐射的衰变过程, 包括振动弛豫、内转换、系间跨越及外转化等. 在同一电子能级中, 存在着一系列的更小的振动能级, 处于较高振动能级的受激分子可以通过碰撞的形式将多余的能量传递给介质而回到该电子能级的最低振动能级, 该过程称之为振动弛豫 (vibrational relaxation, VR). 振动弛豫发生非常迅速, 约为 10^{-12}s, 释放的能量最终导致系统内的热效应, 即温度的升高. 内转换 (internal conversion, IC) 指具有相同多重态的两个电子能级状态之间的跃迁. 当两个能级的能量相当或者重叠时, 该种跃迁发生的可能性大, 如处于 S_2 的较低振动能级能量与 S_1 的某较高振动能级能量重叠, 则容易发生该种跃迁. 内转换发生时间在 10^{-12}s, 内转换既可以发生在单重态之间, 也可以发生在三重态之间. 外转换 (external conversion, EC) 是指受激发分子与所处体系的溶剂或是其他分子相互实现能量转移、释放能量的过程. 该现象的一个明显的结果即所谓溶剂效应. 通常外转换会导致荧光或是磷光强度降低甚至是完全消失. 系间跨越 (intersystem crossing, ISC) 是指不同多重态之间的两个电子态之间的跃迁, 最经常出现的是从单重态到三重态 ($S \to T$). 与内转换非常类似, 出现该种跃迁也要求相关能级之间存在着重叠. 需要注意的是由于振动弛豫的快速, 系间跨越的初始态一般为前一电子能级的最低振动能级 ($S_1 \to T_1$), 如图中所示的 S_1 的最低振动能级.

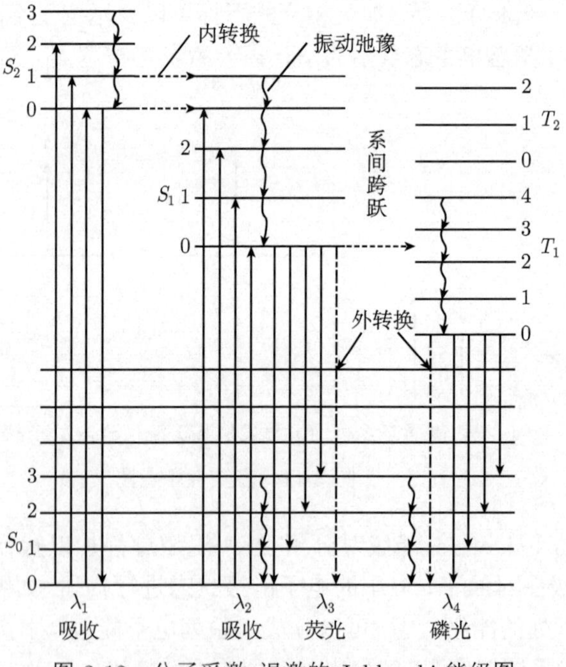

图 3-12 分子受激–退激的 Jablonski 能级图

当分子处于第一激发单重态的最低振动能级时, 分子返回基态所需时间比振动弛豫及内转换要长得多, 这期间就可能以光子的形式释放能量, 跃迁到基态的各个振动能级上, 该释放光子的过程称之为荧光发射. 荧光发射过程耗时一般在 10^{-8}s 量级. 磷光发射则是一种出现于不同多重态之间的跃迁过程, 电子由基态单重态直接激发至第一激发三重态的可能性很低, 为禁阻跃迁. 但是分子可以通过第一激发单重态的最低振动能级以系间跨越的形式到达第一激发三重态, 接着经由振动弛豫回到该能级的最低振动能级, 再由该状态回到基态, 在这一系列过程的最后一步 ($T_1 \rightarrow S_0$), 能量以光辐射的形式释放, 即为磷光. 该跃迁过程同样为禁阻跃迁, 发光速率很低, 通常在 10^{-4}~10^2s 量级, 这也是在很多场合当移去激发光源后磷光物质仍能较长时间发光的原因.

由于内转换、外转换等竞争途径的效率较高, 出现磷光的概率很低, 一般只在低温高黏度体系或是使用特殊方法维持三重态稳定的情形下才可以观察到. 另外从能级图上可以看出, 由三重态回到基态所释放出的能量通常较由第一激发单重态回到基态所释放出的能量要低, 相对应的磷光的波长也就较荧光要长.

2. 荧光光谱及其特点

1) 荧光光谱

对于荧光物质, 在某一时刻使用单色光对其进行激发, 可以观察到其荧光发射的状况, 这一结果可以使用荧光光谱进行描述, 有多种光谱信号可用于物质的荧光研究.

(1) 荧光激发光谱. 固定发射波长, 用不同波长的激发光激发样品, 记录下相应的荧光发射强度, 即得激发光谱. 激发光谱反映了在特定发射波长下不同激发波长激发的荧光相对效率. 激发光谱在荧光测定中可用于选择恰当的激发波长 λ_{ex}, 也可用于荧光物质鉴定.

(2) 荧光发射光谱. 固定激发波长, 记录在不同波长所发射的荧光的相对强度, 即得发射光谱, 这也是通常所说的荧光光谱. 该光谱反映在相同激发条件下荧光分子在不同波长下的相对发射强度. 荧光发射光谱可用作荧光测定时波长 λ_{em} 的选择, 以获得较高的灵敏度, 也可以用于荧光物质的鉴定.

(3) 同步荧光光谱. 在前面两种光谱中, 固定激发或是发射波长而对另一波长做扫描. 在同步光谱中, 同时扫描激发与发射波长, 并保持两者之间特定关系, 由此获得同步荧光光谱. 一般扫描有几种类型：① 恒波长同步荧光光谱, 在扫描过程中使激发与发射波长保持特定间隔, 即 $\lambda_{em} - \lambda_{ex}$ = 常数. ② 恒能量同步荧光光谱, 在扫描过程中使激发光与发射光能量或波数保持特定间隔, 即 $\nu_{ex} - \nu_{em}$ = 常数. ③ 可变波长同步扫描荧光光谱, 使激发与发射单色器在扫描过程中以不同的速率同时扫描. ④ 恒基体同步荧光光谱, 扫描路线在等高线图中表现为一曲线.

在简单扫描荧光光谱中, 往往出现光谱重叠的现象, 谱图的分析应用困难. 使用同步扫描可以简化光谱, 使谱带变窄, 减小荧光谱带重叠现象, 减少散射光的影响, 但同时在同步扫描的过程中也损失部分谱带信息.

(4) 三维荧光光谱. 前面的几种荧光光谱都为二维光谱, 只能获得在一个波长下的发射荧光. 20 世纪 80 年代以来, 三维荧光技术得到较快的发展, 在该光谱中以激发和发射波长同时作为变量得到谱图. 三维荧光光谱一般有两种表示方式, 三维曲线光谱图和平面的等强度线光谱图. 三维光谱图含有的信息量比二维光谱大得多, 可以分别获得激发、发射、同步等光谱信息, 故又称之为总发光光谱 (图 3-13).

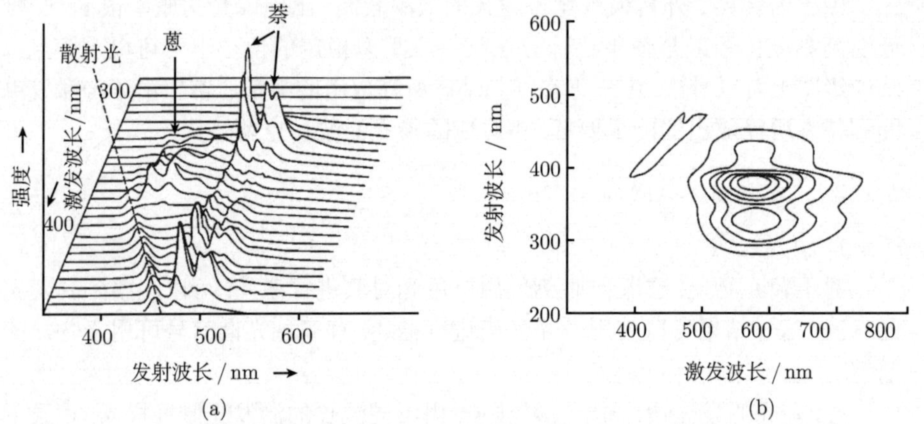

图 3-13　三维曲线光谱图和平面等强度线光谱图

2) 荧光光谱的特点

(1) 激发光谱和发射光谱的对称性. 荧光的激发光谱与吸收光谱的形状极为相似, 并且呈镜像对称关系. 这是因为荧光发射一般都产生于第一激发单重态的最低振动能级在向基态各能级跃迁的过程中, 而吸收光谱产生于基态分子向第一激发单重态各振动能级跃迁的能量吸收, 由于在不同电子能级中不同振动能级之间的能量差相似, 因此出现这种对称关系, 如图 3-14 所示. 需要注意的是这种对应关系来源于能级差的类似, 因此要获得对称的谱图需要以能量 (可以是频率或者是波数) 作为横轴.

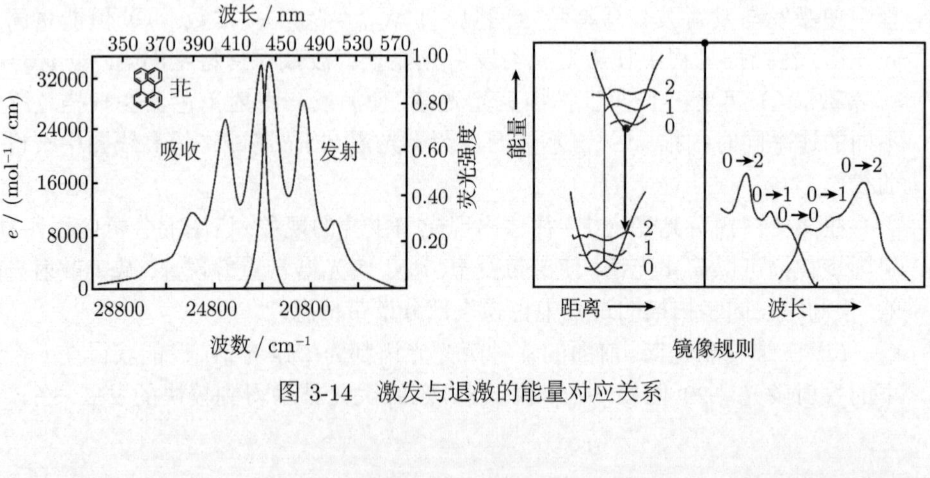

图 3-14　激发与退激的能量对应关系

(2) 斯托克斯位移 (Stokes shift). 处于溶液状态的分子荧光中, 发射荧光的波长通常要比其相应吸收的光 (激发光) 波长要长, 这种现象由斯托克斯于 1852 年首次观察到. 从能级图上可以看出, 处于激发态的分子自身可以通过振动弛豫损失部分能量, 同时溶剂及体系中其他分子的弛豫现象会使其能量进一步降低, 因此发射光的能量会较激发光要低, 发射光谱移向长波方向.

(3) 荧光发射光谱的形状与激发光波长无关. 一般情况下, 使用不同波长的激发源激发荧光分子, 可以获得形状相同的荧光发射光谱. 当荧光分子受激发时, 无论其到达哪种激发状态, 都会通过振动弛豫及内转换等过程回到其分子第一激发态的最低振动能级, 荧光的发光则由该能级回到基态的各振动能级过程中发出, 该过程与激发光的波长无关.

3.4.2 荧光性质与参数

1. 主要的荧光参数

1) 量子产率

荧光现象的效率与荧光的激发/发射强度密切相关, 称之为量子效率或是量子产率 (quantum efficiency/quantum yield), 为荧光物质吸光后所发射的荧光光子数与所吸收的激发光光子数之比, 以 Φ 表示. 在受激分子的退激过程中, 除了辐射跃迁还存在着一系列非辐射跃迁形式, 量子产率可以看成荧光发射与非辐射跃迁竞争的一个结果, 即在整个衰变中, 非辐射跃迁所占的比率越低, 则量子产率越高, 越接近于 1, 荧光量子产率可表示为

$$\Phi = \frac{K_{\mathrm{f}}}{(K_{\mathrm{f}} + \Sigma K_{\mathrm{i}})} \tag{3-27}$$

式中, K_{f} 为荧光发射的速率; ΣK_{i} 表示包含系间转换、内转换等各种非辐射去激过程的速率常数之和. 在特定的环境下, 量子产率是与荧光物质自身性质相关的一个常数, 一般荧光分析体系量子产率为 0.1~1.

荧光量子产率的测定多用参比方法, 使用已知量子产率的标准物质与未知物进行对照测定, 对两者在相同激发条件下的稀溶液的发射光强度进行积分, 根据两者之间的比值即可计算出未知物的量子产率.

2) 荧光强度与溶液浓度的关系

荧光发射的强度与溶液吸收的光强度及物质的荧光量子产率相关

$$I_{\mathrm{f}} = \Phi_{\mathrm{f}} I_{\mathrm{a}} \tag{3-28}$$

式中, I_{a} 为吸收光强, 是入射光强与透射光强之差, 根据朗伯–比尔定律得

$$I_{\mathrm{f}} = \Phi_{\mathrm{f}} I_0 (1 - \mathrm{e}^{-\varepsilon bc}) \tag{3-29}$$

如溶液浓度较低, εbc 非常小 ($\varepsilon bc \ll 0.05$), 可近似得到

$$I_{\rm f} = \Phi_{\rm f} I_0 \varepsilon bc \tag{3-30}$$

可见在较低浓度下, 所测溶液的荧光强度与荧光物质的浓度成正比, 此即为荧光分析法的定量基础. 浓度较高时荧光强度与荧光物质浓度之间偏离线性关系.

3) 荧光寿命

荧光分子受激发之后, 经过一系列衰变到达第一激发单重态的最低振动能级, 当激发停止后, 分子的荧光强度降至激发时最大强度的 $1/e$ 所需的时间称为荧光寿命, 用 τ 表示. 该参数表示荧光分子处于第一激发单重态 S_1 的平均时间. 荧光寿命的测定可以获得关于荧光分子碰撞失活过程、能量转移及激发态粒子反应的信息. 除此之外, 在有多种发光物质的复杂体系中, 荧光寿命测定可以提高测定的选择性.

4) 荧光各向异性 (fluorescence anisotropy) 与荧光偏振 (fluorescence polarization)

光可以视作由交变电场和磁场组成的电磁波, 两者正交并与电磁波的传播方向垂直. 由图 3-15 所示, 当光从 x 轴方向射入偏振荧光体, 以 $I_\perp$ 表示激发偏振器与发射偏振器相平行的垂直偏振发射光强, $I_{/\!/}$ 表示激发偏振器与发射偏振器相垂直时的水平偏振发射光强.

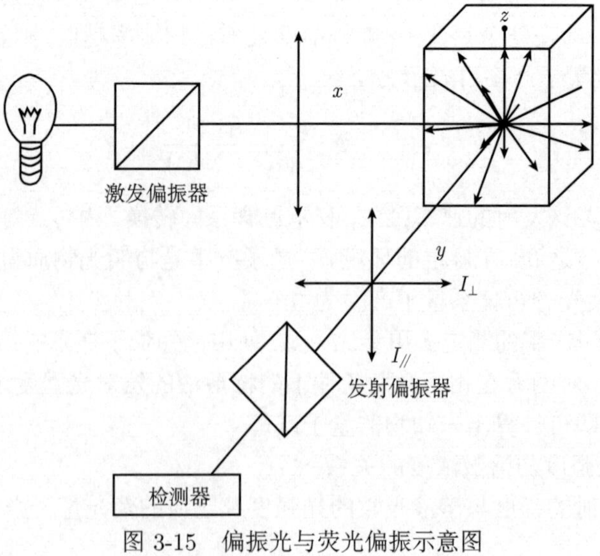

图 3-15　偏振光与荧光偏振示意图

荧光偏振可定义为

$$P = \frac{(I_{/\!/} - I_\perp)}{(I_{/\!/} + I_\perp)} \tag{3-31}$$

在荧光偏振中, 分子可被视作振荡偶极子, 有内在的吸收偶极矩和发射偶极矩. 由

于荧光分子的基态和激发态电子分布的差异,荧光分子的吸收偶极矩和发射偶极矩通常并不共线. 当用偏振光激发荧光分子时,将优先激发那些吸收偶极矩与光子电矢量平行的荧光分子,这种现象称之为光选择.

从光源发出的一束光线经垂直起偏器后成为垂直偏振光,样品被垂直偏振光激发而产生偏振荧光,此荧光经检偏器后可测出与样品浓度有关的水平或垂直方向的荧光偏振光强度. 当荧光分子受到平面偏振光的激发,如果在该过程中荧光分子始终保持静止位置,则发射光也将保持该平面偏振状态;如果荧光分子在激发态期间发生转动偏离该平面,则发射光也将偏离该激发光平面. 如果使用垂直偏振光激发荧光分子,可以从垂直和水平平面上监测发射光强,两者光强的比例与荧光分子所产生的移动相关. 若分子比较大,产生的移动相对较小,分子仍保持较高的极化状态;若分子比较小,则转动与翻转明显,会导致分子的去极化现象. 荧光偏振可以实现实时的动力学分析,检测信号对浓度不敏感,不需要分离洗涤等步骤可以实现均相体系中的测定.

2. 荧光内滤效应

当荧光体系中存在着能吸收荧光的激发光或是发射光的物质时,这些物质会使体系的荧光减弱,这种现象称之为内滤作用. 一般对于荧光物质本身来说,荧光物质自身的荧光发射光谱与其吸收光谱有重叠,当荧光物质的浓度较高时,基态的荧光物质会吸收体系荧光发射,从而导致荧光的降低,这也是内滤效应的一种表现.

3. 荧光猝灭

荧光猝灭 (quenching) 是指由于荧光分子与溶剂或体系中其他溶质之间发生相互作用而导致的荧光强度下降的现象. 这类相互作用可以是物理效应也可以是化学效应,而与荧光分子作用引起这种猝灭效应的物质称之为荧光猝灭剂 (quencher). 荧光猝灭过程的实质是在发光过程中因为竞争作用而导致发光分子激发态寿命缩短. 猝灭过程可分为静态猝灭和动态猝灭,前者是指猝灭过程发生于猝灭剂与基态荧光分子之间,荧光分子与猝灭剂形成不发荧光的配合物导致荧光的降低,而动态猝灭则发生于猝灭剂与处于激发态的荧光分子之间,受激分子以无辐射跃迁的形式返回基态而使荧光猝灭.

1) 动态猝灭与静态猝灭

Stern-Volmer 方程用于研究荧光猝灭过程

$$I_{\mathrm{f}}^0/I_{\mathrm{f}} = 1 + k_{\mathrm{q}}\tau_0[Q] \tag{3-32}$$

式中,I_{f}^0 为无猝灭剂存在下的荧光强度;τ_0 为此条件下的荧光寿命;I_{f} 为有猝灭剂存在下的荧光强度;τ 为相应条件下的荧光寿命;k_{q} 为猝灭过程的猝灭常数;$[Q]$ 为猝灭剂浓度. 从这可以看到,对于动态猝灭而言,$I_{\mathrm{f}}^0/I_{\mathrm{f}}$ 与 $[Q]$ 之间存在着线性关系, 其斜率即为 $k_q\tau_0$. 在静态猝灭中由于形成无荧光活性的配合物, 因此可用相应的配合物形成常数代替猝灭常数. 在该过程中, 荧光物质本身的荧光寿命并没有变化, 这可以看成与动态猝灭相区别的一个重要特征. 另外, 动态猝灭受到溶液体系中扩散、温度等条件的影响, 一般随温度升高动态猝灭加剧, 而对于静态猝灭, 配合物由于温度升高而稳定性下降, 导致形成常数降低, 出现相反的减小趋势.

2) 能量转移猝灭

以辐射能形式进行能量转移, 类似于体系中的激发光的吸收与再激发, 即荧光分子发出的光子被体系中的能量受体所吸收, 并导致能量受体被激发. 这种现象出现要求前者的发射光谱与后者的吸收谱有着较大的重叠.

相对于辐射的再激发形式, 共振能量转移比较特殊. 如果供体分子的基态与第一激发态之间的振动能级间的能量差与受体分子基态与第一激发态之间能级差相当, 即使当供体与受体空间距离较大 (远大于供体–受体碰撞直径), 仍可以发生从供体到受体的非辐射形式的能量转移. 这种非辐射形式的能量转移, 通过两者之间分子的偶极–偶极耦合作用形成. 形成这种能量转移的可能性与供体的发射光谱同受体的吸收光谱的重叠程度密切相关. 能量转移的速率与供体–受体的距离、两者光谱重叠程度、跃迁概率、供体发射的量子产率及供体激发态寿命等因素相关.

4. 影响荧光光谱的因素

1) 大 π 共轭体系

在荧光分子当中, 一般都具有大的共轭键结构, 该体系中的共轭程度越高, 则其中非定域电子越容易被激发, 容易产生荧光现象, 荧光光谱向长波长方向移动. 通常荧光物质中会含有芳香环或是杂环.

2) 分子平面刚性

具有荧光的分子大多具有刚性的平面结构, 例如, 荧光素和酚酞, 结构非常类似, 只是荧光素比酚酞多出一个桥连的氧, 由此导致分子刚性的不同, 一个量子产率很高 (荧光素量子产率 0.92), 而另一分子没有荧光活性 (图 3-16).

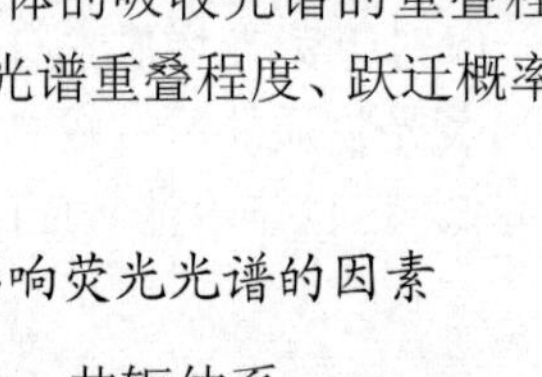

(a) 荧光素

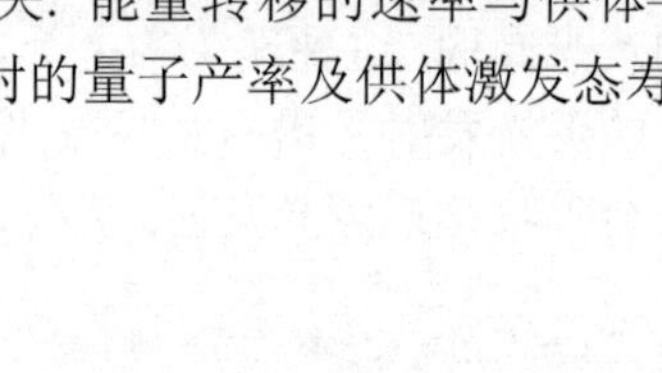

(b) 酚酞

图 3-16 荧光素与酚酞的分子结构

3) 取代基对芳香族化合物荧光的影响

按照其效应可以分为三类:

(1) 给电子取代基. 这类基团包括 $—NH_2$、—OH、—OR 和 —CN 等, 包含这类基团的荧光分子中, 这些基团含有的 n 电子云与芳香环上的共轭 π 轨道平行, 可视为参与扩大了共轭体系, 其效应与前面提到的大共轭体系类似, 因此其荧光强度要比相应无取代的芳香化合物荧光要强 (量子效率高), 发射波长更长.

(2) 得电子取代基. 这类基团包括 —CO—、—COOH 和 $—NO_2$ 等, 这类基团含有 n 电子, 但是其电子云与芳环上的 π 电子轨道不平行, 无法实现共轭 π 键的共享. 另外, 其跃迁到非键的激发多为禁阻, 发生概率低. 同样的取代基, 其位置对荧光也有着较强的影响, 位于邻位、对位的取代基能够增强荧光, 而间位取代则会抑制荧光, —CN 取代基例外.

(3) 重原子效应. 重原子一般指卤素 (Cl、Br、I 等), 当荧光分子中出现重原子取代, 荧光减弱, 而同时会出现磷光增强. 重原子的出现使得荧光体系中的电子自旋–轨道耦合作用增强, 从而使 S_1 到 T_1 的系间跨越出现概率增加, 出现相应荧光减弱磷光增强的结果.

5. 环境因素对荧光的影响

从前面提到的荧光发射过程可知, 从激发光的吸收到荧光发射存在着一系列可能的能量损失过程, 包括振动弛豫等, 这些因素会通过荧光物质所处环境影响其荧光.

1) 溶剂效应

溶剂的介电常数 ε 和折射率 n 会影响荧光物质的荧光光谱, 这种效应普遍存在, 一般称之为溶剂效应. 另外, 溶剂可以通过与荧光物质分子形成氢键配合物的形式来影响其荧光行为, 这种效应称之为特殊溶剂效应.

2) 有序介质对荧光行为的影响

一些特殊的介质, 如表面活性剂或是环糊精等, 对分子发光行为有着显著的影响. 表面活性剂为同时含有亲水与亲油部分的两亲分子, 在低浓度的水溶液中主要以单体形式存在, 当其浓度达到临界胶束浓度 (critical micelle concentration, CMC) 时, 表面活性剂会形成动态的聚集体, 称为胶束 (micelle). 在水相溶液中, 胶束内部为亲油基团, 而外部为极性的亲水基团, 非极性溶剂中的情形则正好相反, 称为 "反相胶束"(reverse phase micelle). 对于极性小而难溶于水的荧光物质, 可以使用胶束水溶液增加其在体系中的分散量, 以提高荧光测定的灵敏度, 这主要是因为荧光分子在胶束微环境中被束缚在胶束内核或是位于水溶液界面上, 这样使其活动自由度大大降低, 同时也受到来自胶束的保护作用, 与溶剂或是其他分子发生碰撞的概率大大降低, 减小了通过非辐射途径退激发的速率, 另外胶束的保护使所处微环境的黏度增加, 减小了氧对荧光的猝灭作用, 这些因素都使得荧光量子效率得以提高, 同时表面活性剂对荧光的增强有较强的选择性.

环糊精 (cyclodextrin) 类分子具有一个亲水的环形外缘和疏水的空腔, 该空腔能与很多化合物形成主–客体包合物, 如果分子大小合适, 该包合物可以具有较高的稳定常数, 与胶束类似的, 通过这种包合作用, 也可以增强荧光强度.

3) 温度因素的影响

通常溶液中荧光物质的量子产率和荧光强度会随着温度的升高而降低, 并出现光谱红移现象, 这是由于当温度比较低时介质的黏度较高, 溶剂的弛豫现象比较弱, 而随着温度升高, 碰撞的频率增加, 这使得通过外转换方式退激的可能性增加.

3.4.3　荧光分析仪器和荧光方法的应用

1. 荧光分析仪器

获得物质荧光光谱最常用的是荧光分光光谱仪 (spectrofluorometer, fluorophotospectrometer) 及荧光光度计 (fluorometer). 荧光光谱仪一般由光源、激发光单色器 (第一单色器)、样品池、发射光单色器 (第二单色器)、检测器及数据记录仪组成, 其基本结构组成如图 3-17 所示.

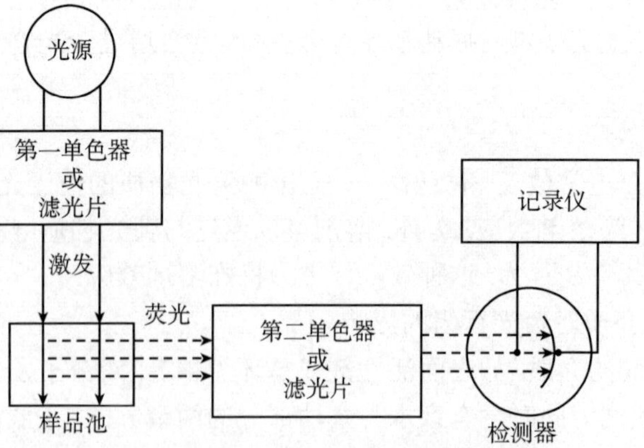

图 3-17　荧光光谱仪器结构示意图

1) 光源

荧光测定需要单色性较高的激发光, 通常会在光束进入样品之前经单色器分光, 保留所感兴趣的激发波长或波段. 较常见的单色器为棱镜或是光栅, 在一些简易的荧光系统中也可使用滤波片. 在该系统中, 由激发光源发出的光经激发单色器分光获得特定波长的激发光, 然后射入样品池, 激发荧光物质的荧光发射. 荧光分光光度计与荧光光度计的区别在于两者之间的分光系统, 前者可以采用色散型单色器, 可对入射和发射光波长进行选择, 可进行入射/发射波长扫描, 多见于大型通用仪器; 后者采用滤光片, 具有固定的光谱通带, 一般用于专用仪器中.

光源通常为汞灯 (mercury vapor lamp) 或氙灯 (xenon lamp). 汞灯是早期荧光计中常用光源, 有低压与高压汞灯两种, 前者可以发出分立的线状谱带, 而后者谱带呈带状. 高压氙灯能提供 200~700nm 的高强度辐射, 功率达 100~500W, 另外使用脉冲技术还可以提供高达数十千瓦的峰值功率, 而平均功率仅几瓦, 高压氙灯是目前应用最广泛的荧光光源. 激光器作为激发光源在荧光仪器中也获得越来越多的应用, 激光具有单色性高、光强度大等一系列优点.

2) 样品池

荧光中的样品池用于盛放测定样品, 通常采用石英材料, 以保持对紫外光通透. 由于在荧光中要求入射光与发射光相垂直, 石英池一般为四面透光, 这点与紫外可见吸收所使用的池体相区别.

3) 检测器

荧光通过第二色散单元分光后由检测器进行检测. 在单通道扫描型仪器中普遍采用光电倍增管作为检测器, 具有较高的检测灵敏度, 目前越来越多的仪器采用电荷耦合器件 (CCD) 作为检测器. 与光电倍增管相比, CCD 为线阵列或是面阵列型, 其检测通量得到极大提高, 可以快速获得丰富的信息, 物质的荧光经分光之后以连续谱带的形式投射到 CCD 上, 经信息读取之后可以一次性被转换成相应光谱信息, 如果对入射光进行扫描并连续输出信号, 可获得三维荧光谱图 (图 3-18).

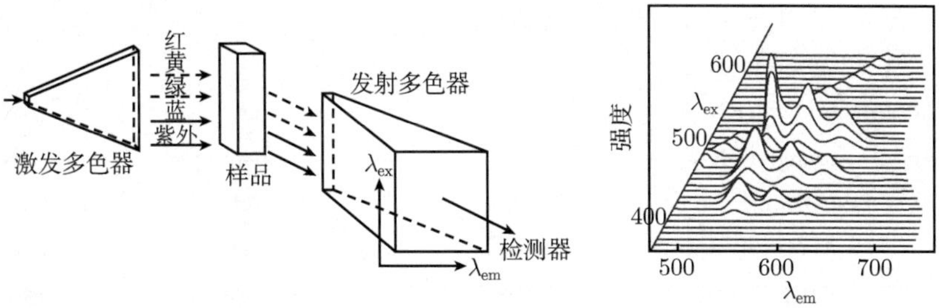

(a) (b)

图 3-18 三维荧光光谱图的获得

2. 荧光方法的应用

1) 直接荧光测定法

对于具有荧光活性的物质, 可以直接通过其荧光行为对其进行定性、定量分析. 某些元素如铍、镓、锡及稀土元素, 可与适当的配体形成具有荧光活性的配合物, 通过这些配合物来实现对元素的分析. 很多有机化合物, 特别是芳香族化合物, 具有共轭的不饱和体系, 可用荧光方法进行测定, 另外胺类、维生素及许多药物等都可以通过荧光方法测定.

2) 间接荧光测定法

(1) 荧光标记与探针技术 (fluorescence probe). 在实际分析应用中, 相对于数量庞大的已知及未知的分子体系, 自身就具有荧光 (称之为内源荧光) 的体系并不多, 大多数人们感兴趣的分子并不具有荧光活性, 荧光标记技术的发展及大量荧光探针的出现使这些物质的分析能够实现. 荧光标记技术的核心是通过适当的化学键及其他分子间相互作用将具有高量子产率的荧光基团结合到所感兴趣的目标分子体系当中, 形成的复合物具有荧光活性, 通过对该复合物荧光行为的分析, 可以获得目标分子的定性定量信息. 特别是在生命科学研究中, 这项技术有着广泛的应用. 根据分析的要求, 目前有大量商品化荧光探针可供选择 (表 3-2), 这也是荧光技术得以广泛应用的一个重要因素.

表 3-2　一些生命科学研究中常用的荧光探针

名称	最大激发波长/nm	最大发射波长/nm	应用
FITC	488	525	蛋白质
PE	488	575	蛋白质
Texas red	610	630	蛋白质
Cy3	540	575	蛋白质
Cy5	640	670	蛋白质
APC	630	650	蛋白质
DAPI	359	461	核酸
Ethidium bromide	526	604	核酸
Acridine orange (RNA)	460	650	RNA
Acridine orange (DNA)	502	636	DNA
BODIPY	505	511	细胞高尔基体
DiO	488	500	细胞膜
DPH	350	420	细胞膜

(2) 荧光增敏或荧光猝灭. 间接检测除了通过荧光标记的方法来进行外, 荧光猝灭及荧光增敏也是一种被广泛采用的手段. 在这类体系中, 猝灭剂或是增敏剂自身虽没有较强的荧光活性, 但是其可以导致荧光体系荧光信号的抑制或是增强, 通过这种荧光行为的改变可以对相应的目标体系进行研究.

(3) 分子信标技术. 分子信标 (molecular beacon, MB) 是基于荧光猝灭效应的典型应用. 分子信标是一种新型的荧光标记的核酸探针, 是共振能量转移的一个重要应用. 分子信标包含识别部分、信标茎部、荧光供体 F、荧光受体 Q 及连接臂,如图 3-19 所示.

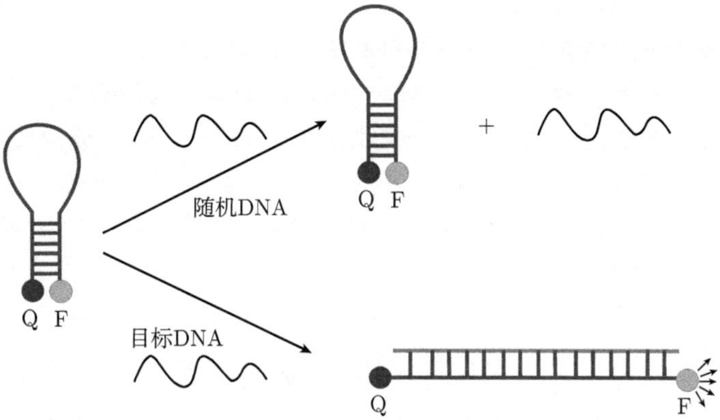

图 3-19 分子信标工作模式

分子信标处于自由状态 (无识别) 时, 荧光供体 F 与受体 Q 相互靠近, 产生共振能量转移, 荧光信号几乎被完全猝灭, 此时只能获得很低的荧光背景信号. 当存在与探针部分互补的核酸序列靶分子时, 两者之间的双链杂交可以使信标茎部的互补被打开, 分子信标被展开, 荧光供体与受体之间距离扩大, 共振能量转移的效率大大降低, 荧光供体自身的荧光得以恢复, 发出较强的荧光. 分子信标技术灵敏度高, 特异性好, 检测在均相体系中进行, 不需进行分离. 可以实时给出检测信号, 已在 PCR 扩增、点突变检测等方面获得较多应用.

(4) 荧光寿命的测定. 时间分辨荧光技术有基于时域和基于频域两种测量方法, 以前者应用为主, 又有基于时域的脉冲法与基于频域的相移法.

使用脉冲激光光源进行激发获得荧光强度–时间曲线, 该方法一般采用单光子计数法 (time-correlated single-photon counting, TCSPC), 其基本原理是在某一时间 t 检测到发射光子的概率, 与该时间点的荧光强度成正比. 令每一个激发脉冲最多只得到一个荧光发射光子, 记录该光子出现的时间, 并在坐标上记录频次, 经过大量的累计, 即可构建出荧光发射光子在时间轴上的分布概率曲线, 即荧光衰减曲线.

相分辨的方法则是利用体系中各混合物荧光寿命的差异, 结合激发光与荧光之间相角和去调制因素计算荧光寿命. 当物质被激发产生荧光时, 激发光和荧光同时被调制可以获得激发态电子的运动过程 (即荧光动力学) 的信息.

(5) 荧光偏振分析. 荧光偏振现象与分子吸收激发光后的转动相关, 也可用于分析, 典型应用为荧光偏振免疫分析. 其基本原理是荧光物质经单一平面偏振激发光照射后, 吸收光能跃入激发态, 随后回复至基态, 并发出单一平面的偏振发射荧光. 偏振荧光的强弱程度与荧光分子的大小呈正相关, 与其受激发时转动的速度呈负相关. 该方法常用于药物、激素等的测定, 在具体实验中使用荧光标记的目标分子与未标记的抗体相互作用, 游离的目标分子由于其分子较小转动容易, 导致在同一平面内的发射偏振光减弱, 而结合抗体的分子转动困难, 可以抑制这种偏振光减弱现象, 最终荧光偏振程度与待测抗原浓度呈反比关系.

(6) 荧光成像技术. 除了获得单一或者复杂体系内的荧光信息外, 在现代科学研究中, 荧光方法还广泛地应用于提供更丰富的信息, 荧光成像技术就是其中一项重要的应用. 使用荧光技术, 可以提供二维甚至三维的荧光图像, 结合特定的分子识别技术如免疫识别、核酸杂交等, 可以获得生命科学体系中某些组分的空间及时间分布, 是一项强有力的研究工具.

3.5 化学发光分析

发光是客观存在的一种自然现象, 如太阳即是人类在宇宙中观察到的最近最熟悉的发光天体, 在大气层中发生的闪电、燃烧的火焰、萤火虫以及很多海洋生物的发光, 都是不同形式的发光行为. 人们在生产生活中也观察到许多人为的发光现象, 如用电流驱动的照明光源、钢铁冶炼时的发光、焊接时产生的强烈发光等. 在人类掌握了原子和分子结构的基础上, 不难理解这些发光行为实质上是基于能量和物质的相互作用, 当热能或电场等各种能量作用于原子或分子的外层电子导致其激发, 在退激过程中即可能以光的形式辐射出能量. 在分析技术方法中, 有很多就是基于这样的原理而建立起来的, 如原子发射光谱、原子荧光、分子荧光以及各种散射光谱等. 一些在其他能量方式作用下产生的发光也可被用于分析目的, 如通过化学反应产生的化学发光 (chemiluminescence) 及一些更为特殊的发光行为. 化学发光很早就为人们所熟悉, 最早被观察到的化学发光发生在生物体系内, 如萤火虫的化学发光, 为了将其与普通的化学发光相区别, 现在这种发光一般称之为生物发光 (bioluminescence). 随着近代科学技术的发展, 更多侧重于人工合成有机化合物的化学发光, 1928 年发现的鲁米诺 (luminol) 的化学发光得到了极为广泛的应用, 相应的反应机理也得到深入研究. 在相关仪器设备的发展促进及研究者的努力下, 20 世纪 60 年代, 化学发光作为一种检测手段被引入分析化学领域, 建立了化学发光分析方法. 在短短的几十年中, 化学发光分析技术的发展突飞猛进, 新的发光体系不断建立, 化学发光技术的应用领域也逐步拓展. 目前化学发光分析已经在基础研究、科学测量、环境监测及临床医学等方面获得了广泛的应用.

3.5.1 化学发光基本原理

化学发光作为一种发光现象, 也是受激发分子以辐射的形式 (发光) 释放多余能量的过程, 这一点与荧光、磷光现象类似. 在分子轨道理论中, 处于分子单重基态中的电子对的自旋方向相反, 当分子吸收能量之后, 其中的一个电子被激发, 通常跃迁至第一激发态的单重态轨道上，也可能跃迁至更高能级的单重态状态. 如果跃迁至第一激发态三重态轨道上，则属于 "禁阻跃迁"，但激发单重态电子也有可能转至能级水平相同的激发三重态. 单重态和三重态的区别在于电子自旋方向不同，及激发三重态的能级稍低一些 ($E_{T_1} < E_{S_1}$).

在单重激发态中，电子的自旋方向仍然与处于基态轨道的电子配对，为自旋反平行，而在三重激发态中，两个电子自旋平行. 单重态分子具有抗磁性，根据理论计算和实验观测可以知道，其激发态的平均寿命大约为 10^{-8}s，三重态分子具有顺磁性，其激发态平均寿命约为 10^{-4}s. 处于激发态的电子通常以辐射跃迁或无辐射跃迁方式再回到基态. 辐射跃迁主要涉及荧光、延迟荧光或磷光的发射，无辐射跃迁则指以热运动的形式辐射其多余的能量，包括振动弛豫、内部转移、系间蹿跃及外部转移等几种不同的方式. 化学发光过程中激发态的退激过程大多类似于荧光，同样可用 Jablonski 能级图表示.

1. 化学发光反应的特殊性

与荧光、磷光体系中的光学激发产生激发态物质不同，化学发光体系的激发态分子来源于化学反应，即反应所释放的化学能将体系中的分子激发至激发态，在激发态分子跃迁回基态的过程中以光子的形式释放能量. 要形成高效的化学发光需具备以下条件：

(1) 化学反应要能够提供足够的能量使反应体系中某分子受到激发. 该能量一般来源于反应焓，与可见光范围相对应，其所对应的能量反应焓 $-\Delta H$ 大致为 150~400kJ/mol. 许多氧化还原反应所提供的能量与此值大致相当，因此很多化学发光反应为氧化还原反应.

(2) 要有有利的化学反应历程，反应能够生成大量处于激发态的粒子.

(3) 要达到较高的发光效率，要求激发态粒子在退激的过程中主要以光子的形式释放能量. 对于相当一部分化学反应来说，其退激主要通过振动弛豫等其他形式来实现，退激过程中多余的能量最终转化为体系分子的平动能，宏观表现为体系温度的升高，而非辐射发光.

要实现高效的化学发光，上述三个条件缺一不可，这也就限定了在数目庞大的化学反应中，能够观察到产生化学发光现象的只占很小比例.

2. 化学发光反应的定量关系

在一个实际的化学发光反应中，发出的总光子数目与化学反应消耗试剂的量存在一定关系，以量子产率 Φ_{CL} 表示，该定义与荧光分析方法中相近，表示产生光子数与消耗试剂分子数目之间的比值. 在一定条件下，对于特定的化学发光反应其量子产率为一常数，典型值为 0.01~0.20.

在分析过程中化学发光的强度为

$$I_{\mathrm{CL}} = \varPhi_{\mathrm{CL}}\left(-\frac{\partial c}{\partial t}\right) \tag{3-33}$$

式中, $\left(-\frac{\partial c}{\partial t}\right)$ 表示在某时刻样品浓度随时间的变化; 负号表示样品的消耗. 对于一个持续的发光过程, 如果其发光反应只受到发光试剂自身的影响, 则对其发光强度进行积分可以获得

$$\int I_{\mathrm{CL}}\mathrm{d}t = \int \varPhi_{\mathrm{CL}}\frac{\mathrm{d}c}{\mathrm{d}t}\mathrm{d}t = \varPhi_{\mathrm{CL}}C \tag{3-34}$$

影响化学发光的因素比较多. 在实际过程中, 如果保持激发和检测的条件一致, 可以获得重现的化学发光信号, 因此该方法具有较好的稳定性.

3.5.2 化学发光类型及常见化学发光体系

1. 化学发光类型

1) 直接化学发光与间接化学发光

化学发光反应按其反应历程可分为直接化学发光和间接化学发光. 直接化学发光体系中, 反应物直接参与化学发光反应, 生成激发态的产物分子, 该激发态分子在回到基态的过程中释放出光子, 其反应历程可以简单描述为

$$\mathrm{A + B \longrightarrow C^* + D}$$

$$\mathrm{C^* \longrightarrow C} + h\nu$$

式中, C^* 为 A 与 B 反应的产物 C 的激发态, 该反应历程比较简单.

在间接化学发光中, 反应物反应所产生的中间体分子并不直接发光, 而是将其能量转移给其他分子, 生成另一激发态分子, 该激发态分子以释放光子的形式实现退激, 可简单描述为

$$\mathrm{A + B \longrightarrow C^* + D}$$
$$\mathrm{C^* + F \longrightarrow C + F^*}$$
$$\mathrm{F^* \longrightarrow F} + h\nu$$

2) 液相与气相化学发光

如果以化学发光产生的体系的状态不同, 可分成气相化学发光与液相化学发光等.

2. 常见的化学发光体系

1) 气相化学发光体系

气相化学发光有一氧化氮、臭氧等物质, 比较常见的应用是大气中某些污染物的监测, 如

$$NO + O_3 \longrightarrow NO_2^* + O_2$$
$$NO_2^* \longrightarrow NO_2 + h\nu$$

通过该反应可对 NO 进行检测, 其检测限可达 1ng/cm^3.

臭氧可以与乙烯反应产生光, 过程如下:

$$2O_3 + C_2H_4 \longrightarrow 2HCHO^* + 2O_2$$
$$HCHO^* \longrightarrow HCHO + h\nu$$

在该反应中, 激发态的甲醛为化学发光物质, 可用于臭氧的检测, 线性范围 1ng/cm^3 ~1μg/cm^3.

常见的火焰化学发光也属于气相化学发光范畴. 对于温度在 300~400°C 的火焰, 其热辐射程度很低, 某些物质可以从化学反应中吸收化学能而被激发, 从而产生火焰化学发光. 火焰化学发光现象可用于硫、磷、氮和卤素的测定.

2) 液相化学发光体系

相比于气相发光体系, 液相化学发光受到了更多的关注. 液相化学发光体系众多、应用范围广、检测灵敏, 已经成为分析化学研究中的一种重要工具.

(1) 酰肼类有机化合物. 酰肼类有机化合物中最典型的代表是鲁米诺. 早在 1928 年 Albrecht 等就发现在碱性条件下, 加入过氧化氢的鲁米诺或其衍生物溶液会发出微弱的蓝色光. 目前, 比较公认的鲁米诺的化学发光机理大致如图 3-20 所示.

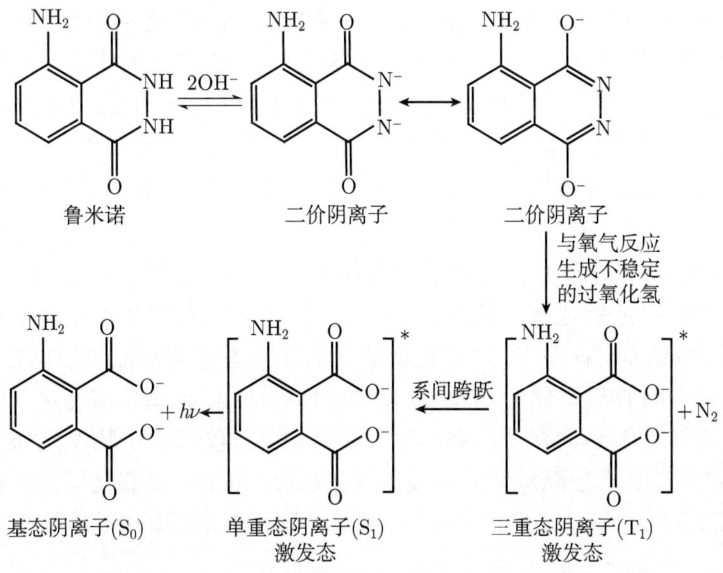

图 3-20 鲁米诺的化学发光机理

鲁米诺水溶性好、性质稳定、合成工艺简单, 其最大发光波长在 425nm, 发光量子产率为 1%~2%. 体系中常用的氧化剂包括过氧化氢、次氯酸盐、高锰酸钾等, 其中以过氧化氢应用最普遍. 鲁米诺–过氧化氢体系反应速度较慢, 但某些催化剂如过渡金属离子 (Cu(II)、Co(II) 等) 可以对反应起到催化作用以获得高的化学发光强度. 比较典型的应用是刑侦中对痕量血迹的检测, 血红素中结合的铁离子对鲁米诺的化学发光有很强的催化效应, 可产生长达数十分钟的强发光作为血迹的检出信号, 该现象也用于这些催化性离子的检测. 除催化效应外, 一些物质对化学发光反应还具有增敏或抑制作用, 从而可以通过这种增敏或抑制作用实现对这些增敏剂、抑制剂的检测. 底物在酶体系如辣根过氧化物酶及碱性磷酸酶的作用下可以催化产生化学发光所必需的过氧化氢, 因而该检测体系也可用于这些底物的检测.

(2) 吖啶酯类. 吖啶酯类化合物是另一类广泛使用的化学发光试剂, 以光泽精 (lucigenin) 为代表, 其基本结构如图 3-21 所示. 在碱性 H_2O_2 溶液中, 分子受到过氧化氢离子进攻时, 生成不稳定的二氧乙烷, 二氧乙烷进一步分解为 CO_2 和处于电子激发态的 N- 甲基吖啶酮, 当激发态的 N- 甲基吖啶酮回到基态时发出最大发射波长为 430nm 的光子. 吖啶酯类化合物的优点主要有背景发光低、信噪比高、干扰因素少、光子释放快速集中、发光效率高、发光强度大. 光泽精的一个重要应用就是用于氧化作用体系的检测, 如生物体系中超氧阴离子的检测. 除了氧化途径外, 光泽精还可以在还原条件下产生发光, 应用于还原性物质的检测.

除了检测直接与其作用的体系外, 吖啶酯类更多的是通过标记的方法作为化学发光探针. 吖啶酯易于与蛋白质等生物分子连接, 连接后光子产率不减少, 且标记稳定性好 (在 2~8°C 下可保存数月之久). 该类试剂作为一种高效的化学发光标记物, 较多地应用于抗体、核酸等生物分子的标记, 已经在很多商品化的免疫化学发光产品 (试剂盒) 中获得实际应用. 与鲁米诺的化学发光类似, 某些体系对光泽精的发光也有着明显的催化效应, 如 Sn^{4+}、Fe^{2+} 等, 可用于这类离子的痕量检测.

(3) 过氧草酸酯类. 过氧草酸酯体系比一般化学发光体系稍为复杂, 由荧光剂、草酸酯、过氧化氢、催化剂等组成, 其化学发光的基本原理是在合适的荧光化合物 (增敏剂) 存在下, 过氧化氢诱导氧化芳香基草酸酯放出能量, 而由化学发光染料分子吸收后转化为光能, 以光辐射形式放出. 过氧草酸酯化学发光体系最突出的特点是非常高的量子产率, 可达 20%~30%, 仅次于生物发光而远高于鲁米诺体系. 应用过氧草酸酯检测具有较高的灵敏度, 可用于过氧化氢和一些荧光基团的分析. 最常见的体系是 (2, 4, 6- 三氯苯) 草酸酯 (TCPO), 其发光历程如图 3-22 所示.

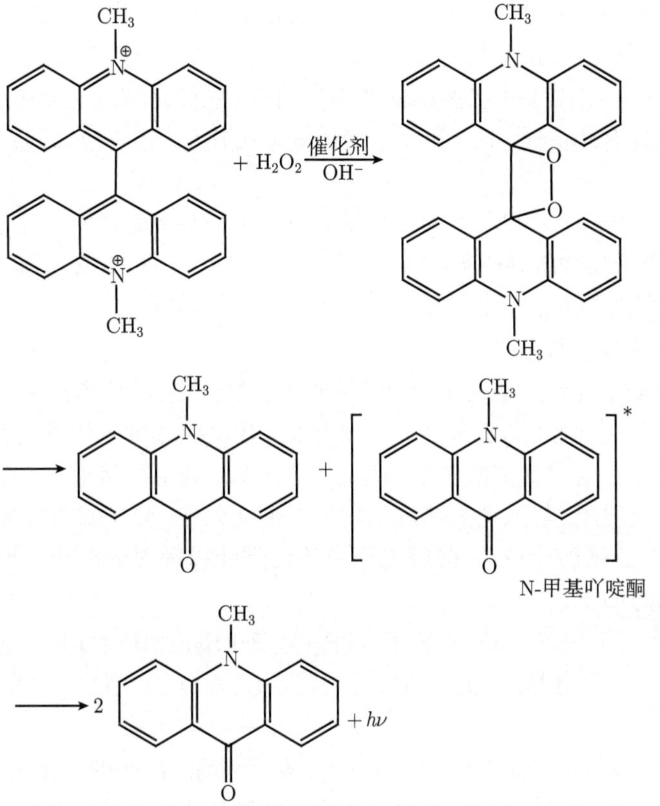

图 3-21 光泽精结构及发光机理

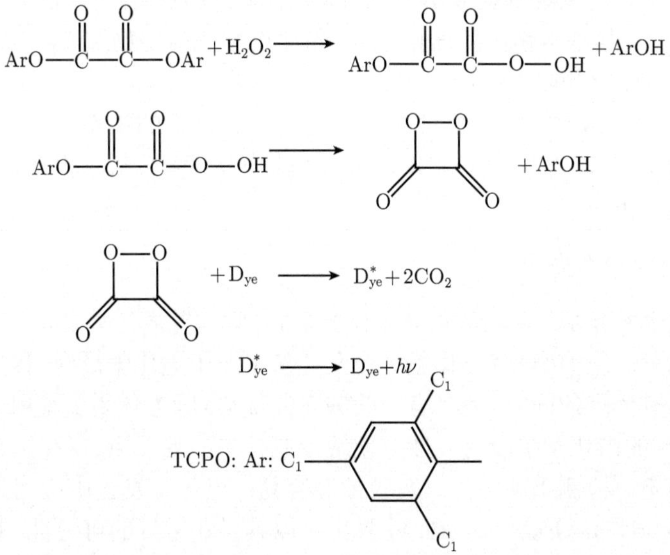

图 3-22 (2, 4, 6- 三氯苯) 草酸酯发光机理

(4) 联吡啶钌 (II). 联吡啶钌 (II)($Ru(bpy)_3^{2+}$) 及其衍生物也是常用的化学发光试剂, 常使用氧化剂进行化学激发, 如四价铈离子、二氧化铅等, 可将其氧化至 $Ru(bpy)_3^{3+*}$, 由于该状态稳定性不高, 使其直接化学发光应用受到限制. 目前联吡啶钌 (II)($Ru(bpy)_3^{2+}$) 及其衍生物更多地用作电化学发光试剂, 具有较高的量子产率.

除此之外, 还存在众多的化学发光体系如酸性高锰酸钾化学发光体系, 在酸性介质中, 由于高锰酸钾的强氧化性, 大部分有机化合物 (如酚类和氨基等) 可以与其发生氧化还原反应, 以化学发光的形式实现能量转移.

3) 生物发光体系

生物发光实际上是人们接触最早的化学发光现象, 特指在生物体内通过化学反应产生的发光现象. 与普通化学发光相比, 其反应通过生物酶的作用而形成, 产生的生物发光有着非常高的量子产率 (高于 50%, 甚至可接近 100%). 比较典型的萤火虫的发光现象, 其原理是通过生物酶的催化效应, 荧光酶在有 Mg^{2+} 存在的条件下, 将腺苷三磷酸 (ATP) 降解过程中的化学能以辐射的形式释放, 形成生物发光, 其简单示意如下：

$$\mathrm{LH_2 + E + ATP \longrightarrow E{:}LH_2{:}AMP + PP}$$

$$\mathrm{E{:}LH_2{:}AMP + O_2 \longrightarrow E + L = O^* + CO_2 + AMP}$$

$$\mathrm{L{=}O^* \longrightarrow L = O} + h\nu$$

式中, LH_2 为萤火虫荧光素; L═O 为氧化荧光素; E 为萤火虫荧光素酶; PP 为焦磷酸盐; AMP 为腺苷单磷酸, 通过生物体内的化学反应将化学能转化为光子. 现代科学技术可以将生物酶提取出来, 脱离生物体, 在生物体之外的人造模拟环境中进行发光, 由于其基本作用原理相一致, 因此也称之为生物发光. 该反应可直接用于 ATP 的检测, 检测限可达 10^{-14}μg.

除了用于 ATP 的检测, 生物发光也是一种高效的生物学研究工具, 如作为基因探针的研究等. 生物发光在各种医学、药物及环境分析中也获得较多应用, 还可用于成像分析.

3.5.3 电化学发光

电化学发光是一种特殊的化学发光形式, 它与普通化学发光中化学反应提供激发能量相对应, 电化学发光体系中激发能量来源于电化学反应. 该方法在保留了化学发光固有优点的同时, 还具有一些独有的优势, 因为体系中使用电化学反应进行激发, 灵活的电化学手段可以较方便地控制体系中的反应进程, 因此检测过程中电生试剂稳定、检测重现性好、实验控制容易. 电化学发光中应用最多的联吡啶钌 (II)($Ru(bpy)_3^{2+}$), 联吡啶钌 (II) 的氧化还原具有非常好的可逆性, 其在激发电位下分别氧化还原, 氧化态和还原态湮灭, 形成激发态分子, 再以发光的形式退激

$$Ru(bpy)_3^{2+} \longrightarrow Ru(bpy)_3^{3+} + e$$

$$Ru(bpy)_3^{2+} \longrightarrow Ru(bpy)_3^{+} - e$$

$$Ru(bpy)_3^{+} + Ru(bpy)_3^{3+} \longrightarrow Ru(bpy)_3^{2+} + Ru(bpy)_3^{2+*}$$

$$Ru(bpy)_3^{2+*} \longrightarrow Ru(bpy)_3^{2+} + h\nu$$

在常规电化学体系中, 通过该历程产生电化学发光效率不高 (有研究者使用特殊构型的叉指阵列电极实现高效的发光). 但在有某些特殊试剂的情形下发光历程会受到极大促进, 比较典型的如叔胺类等, 以三丙胺为例, 其反应历程如下:

$$Ru(bpy)_3^{2+} - e^- \longrightarrow Ru(bpy)_3^{3+}$$

$$TPrA - e^- \longrightarrow [TPrA\cdot]^+ \longrightarrow TPrA\cdot + H^+$$

$$Ru(bpy)_3^{3+} + TPrA\cdot \longrightarrow Ru(bpy)_3^{2+*} + products$$

$$Ru(bpy)_3^{2+*} \longrightarrow Ru(bpy)_3^{2+} + h\nu$$

除了叔胺类化合物之外, 草酸体系、丙酮酸、过硫酸根等众多体系都被报道能够参与并促进联吡啶钌 (II) 的电化学发光过程, 由此可以用电化学发光来对相应体系进行检测.

鲁米诺也用于电化学发光研究, 其机理见图 3-23, 鲁米诺在碱性介质中与 OH^- 作用, 继而在电极上被氧化成 (III), 在 (III) 中 —N ═ N— 键级增大, 而 C—N 键级减小, 这样有利于 C—N 键的断裂和 —N ═ N— 以 N_2 形式脱离母体, 产物为激发态的 3- 氨基邻苯二甲酸根, 从而导致发光.

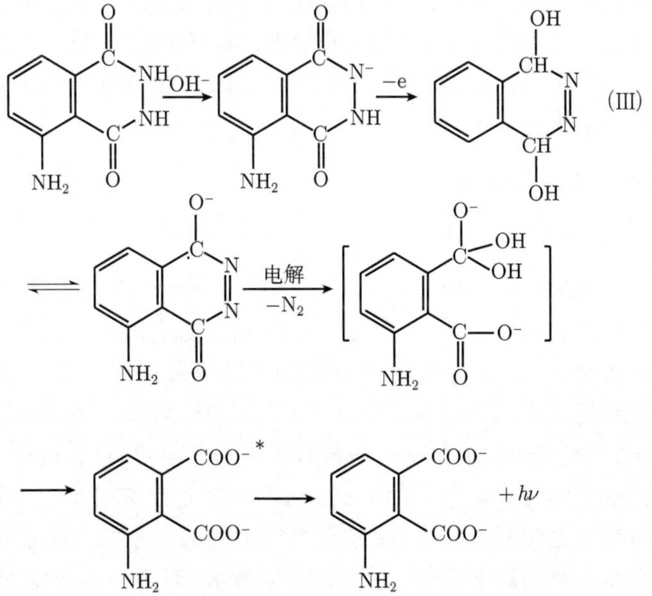

图 3-23 鲁米诺的电化学发光机理

电化学发光分析法作为一种特殊的化学发光方法, 除了具有一般化学发光方法的灵敏度高、线性范围宽 (3~6 个数量级) 和仪器简单的特点外, 还具有以下优势:

(1) 发光反应的可控程度高. 由于在电化学发光反应中, 发光试剂是在电极表面或附近即时电化学激发产生的, 其形成的速度和发光反应的历程、速率等受激发信号所控制, 发光集中在电极表面附近, 因而电化学发光具有较高的稳定性和重现性.

(2) 灵敏度更高. 在电化学发光反应中, 发光反应是在电极表面附近的扩散层中进行的. 在一定的电化学信号激发下, 邻近电极表面扩散层中发光物质的浓度很高, 因此, 电化学发光的灵敏度要高于化学发光法.

(3) 选择性高. 当体系中多种离子共存相互影响时, 可施加不同的波形、利用不同强度的电位进行电化学激发实现富集和分离, 这不仅可以提高方法的选择性, 而且还可以利用富集的方法来提高灵敏度.

(4) 应用范围广泛. 参加发光反应的反应物是在电极表面现场 (in situ) 产生的, 因而很多不稳定的反应试剂 (如高活性自由基等), 可以通过电化学激发手段在线、稳定地获得, 并应用于发光分析. 另外, 就被测组分形态而言, 有些没有发光活性的组分经电化学作用后, 可以被修饰成具有发光活性的物质, 或者低发光活性的物质在经电化学氧化或还原后形成发光活性更高的反应物, 由此使得电化学发光的分析范围和灵敏度被进一步拓宽.

(5) 试剂可循环再生. 某些发光试剂在电极表面进行可再生的氧化还原反应, 典型的试剂就是联吡啶钌, 这类试剂在电化学发光过程中往复作用, 并无实际消耗, 因此可将此类发光物质通过一定的方式固定化, 在检测过程中重复使用, 减少试剂的用量, 提高试剂的发光效率, 提高检测的灵敏度, 并简化实验装置, 同时试剂流失及对环境的污染也得以降低.

3.5.4　化学发光分析的应用

1. 化学发光检测的优势

对化学发光进行大量研究始于 20 世纪初, 至 60 年代, 由于现代电子技术和高灵敏度的光电传感器的发展, 提供了许多研究和测定化学发光的新手段. 一些新的研究领域如生命科学、环境科学和材料科学的兴起, 也推动了化学发光应用研究. 化学发光检测是基于相应的发光反应, 这类反应一般具有很好的选择性, 对发光信号的干扰较少, 发光的检测是基于暗背景产生的光信号, 在该过程中不需激发光, 因此没有残留激发信号和杂散光的干扰 (这点与荧光方法相异), 背景信号低, 检测具有非常高的灵敏度和低检测限. 化学发光检测的另一个特点就是检测设备简单. 化学发光具有非常宽的线性范围, 可达 6 个数量级, 对于不同浓度的待测体系有着非常好的兼容性. 这几点优势使得化学发光检测得到了众多的实际应用.

2. 化学发光定量分析

典型的化学发光信号随着化学发光反应的开始, 信号随时间增长, 当到达最高值后将逐渐下降, 一般通过将一段时间内的信号积分, 与相同条件下的标准所产生的信号相比较, 以获得定量数据. 除此之外, 峰高在很多场合下也作为定量依据. 化学发光的信号简单, 与被分析体系之间线性关系良好, 是一种优秀的定量分析工具.

3. 化学发光分析仪器

相比其他光谱检测设备, 化学发光检测对仪器的要求低很多. 在化学发光过程中, 样品物质量与发光过程产生光子数目相关, 而不论这些光子的具体能量 (波长) 分布, 因此检测中只需对发出的光信号强度 (光子数) 进行测定 (或积分), 不需要对波长进行选择. 从仪器构型上来看, 避免了复杂的分光系统, 检测中使用简单的光信号收集和检测装置即可, 这同时也使到达检测器的光通量大大提高, 有利于更灵敏的检测. 对于发光信号, 一般选用光电倍增管来进行信号采集, 能够达到令人满意的检测结果, 除此之外一些半导体器件, 如硅光电池、电荷耦合器件 (CCD) 等也可用于检测. 为了保证化学发光信号的重现性, 一般在检测过程中使用现场混合的模式, 即在开始检测之后再加入发光体系中的某一组分, 启动化学发光, 因此一般还与流动体系相衔接. 一般的化学发光检测系统如图 3-24 所示.

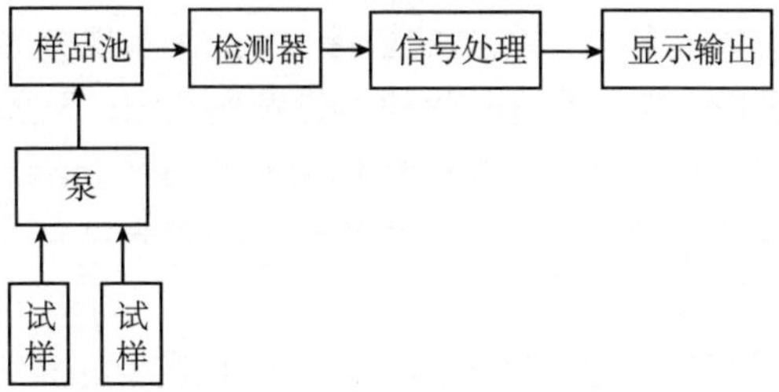

图 3-24 化学发光检测装置

电化学发光检测中发光检测部分与常规化学发光相同, 区别之处在于需引入电化学激发系统, 比较典型的构型如图 3-25 所示, 电化学激发通常使用三电极体系和电化学仪组成, 通过计算机来控制电化学激发过程.

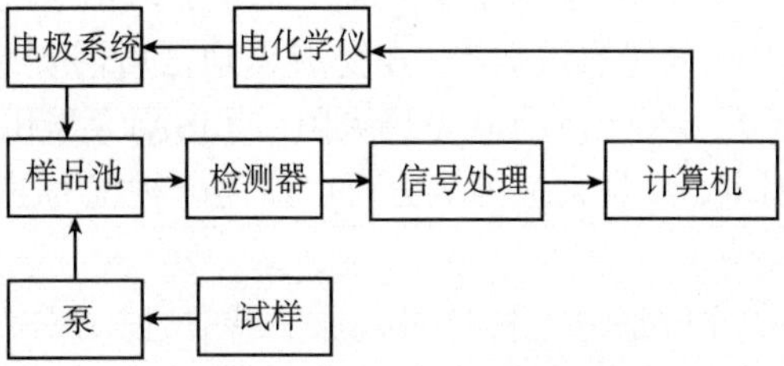

图 3-25 电化学发光检测装置

4. 化学发光的应用体系

根据化学发光的机理及其过程, 化学发光分析测定的对象一般可以分为三类: 第一类物质是化学发光的反应物; 第二类物质是化学发光反应中的催化剂、增敏剂或抑制剂; 第三类物质是耦合反应中的反应物、催化剂或者增敏剂等. 前两类对这些参与化学发光反应的物质可直接检测, 但总的来说, 这两类物质的数目比较有限, 更广泛的是使用采用耦合的方法间接进行检测.

1) 化学发光作为分离体系的检测器

对于鲁米诺及吖啶酯的化学发光, 一些金属离子能够起到非常明显的催化效应, 从而获得发光的增强, 这种效应可以应用于这些离子的检测. 最常见的是与分离方法, 如高效液相色谱 (HPLC-CL)、毛细管电泳 (CE-CL) 及新近发展起来的微流控芯片分离方法 (microfluidic chip-CL) 联用, 可以对不同的离子进行分离分析. 根据保留时间或迁移速率进行离子定性, 根据峰面积或是峰高来定量.

另外, 胺类物质、草酸、丙酮酸、过硫酸根等能够增敏 $Ru(bpy)_3^{2+}$ 的电化学发光, 因此这些物质也可以用电化学发光方法来检测. 与前述金属离子的化学发光分析相类似的, 这些体系也可以作为分离系统的检测器, 相应的建立起高效液相色谱和毛细管电泳的电化学发光检测体系.

这些联用技术主要涉及流动系统与发光系统的连接, 也就是两者之间的接口技术. 典型的以化学发光与液相色谱的衔接为例, 在实现分离 (液相色谱或是毛细管电泳) 之后, 不同组分按照保留时间的差异顺序流出, 各流出组分在分离柱末端与化学发光试剂混合, 产生化学发光信号作为检测信号. 该结构的关键是在抑制柱末端样品峰展宽 (以获得高柱效) 的同时使样品与发光试剂充分混合, 获得高的发光信号 (提高检测灵敏度).

另外在电化学发光与毛细管电泳相联用时还需要注意将毛细管电泳的高压 (可高达 10~20kV) 与电化学发光的激发电压 (一般 $< 2V$) 相隔离, 避免前者对后者的干扰, 一般可采用柱端 (end-column) 或是制作高压隔离装置的离柱 (off-column) 检测模式.

2) 化学发光免疫和核酸分析

化学发光另一个重要的应用是在特异性分子识别领域, 包括抗体对抗原的识别、核酸探针对互补序列的识别等. 在完成识别之后需要给出检出信号, 比较典型的如荧光 (免疫荧光)、吸光 (酶联免疫吸附, ELISA) 等. 化学发光方法由于其背景信号低、线性范围宽、检测灵敏等优势可以作为一种优秀的特异性识别信号读出手段.

化学发光免疫分析是通过抗体对抗原的特异性识别来完成对目标体系的检测的, 比较常用的是基于双抗体的夹心法 (sandwich 模式), 其反应历程如图 3-26 所示. 在载体表面固定化的抗体可以识别抗原 (目标物质), 经洗涤后加入带有化学发光底物标记的另一或同一抗体, 经过第二次免疫识别使得发光标记物引入基质表面, 加入化学发光的底物或是试剂对化学发光反应进行激发, 即可获得化学发光信号. 而对于无抗原的情形, 则无法固定化学发光标记于固体表面, 即使经后续的激发也不会有发光信号产生. 比较常见引入酶体系即酶标抗体, 如使用辣根过氧化物酶 (HRP) 或是碱性磷酸酶 (ALP) 对第二个抗体 (Ab_2) 进行标记, 通过这些酶的催化产生的过氧化氢对化学发光进行激发. 在实际操作中还需加入封闭 (抑制非特异性相互作用)、洗涤 (除去游离的未反应试剂)、孵育等步骤. 除了夹心法, 竞争法在免疫识别中也可以采用.

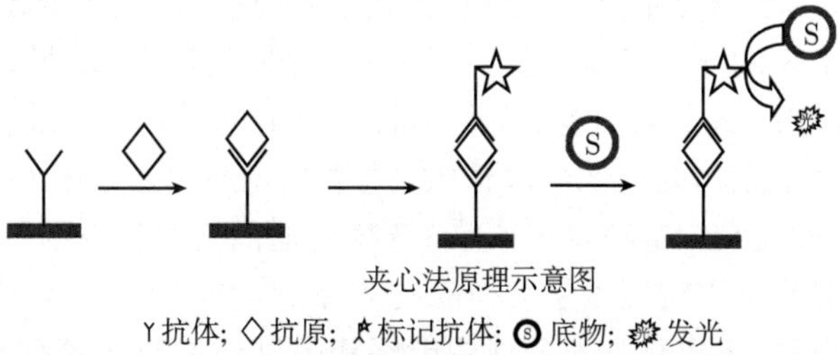

图 3-26 化学发光免疫双抗体夹心法

化学发光在核酸分析中的应用模式与免疫识别中类似. 同样的也有夹心法及竞争法等模式, 相对应于免疫中的抗原–抗体相互作用, 通过碱基序列的互补杂交可以将化学发光探针引入识别体系, 在适当条件下激发化学发光信号, 实现对特定序列的高灵敏度、高特异性的识别和检测.

相对应于普通化学发光, 电化学发光技术在特异性分子识别中也有较多应用. 在商品化仪器中采用比较多的是磁微球富集技术, 如对应免疫分析使用固定了抗体的磁微球对抗原及经电化学发光标记 (一般为联吡啶钌 (II) 的衍生物) 的抗体进行富集, 经清洗后再由电极激发产生电化学发光信号. 该技术的一个优势是其发光的能量来源于外界的供给 (电化学能), 电化学发光试剂在发光过程中并无实际消耗, 因此可以反复激发对信号进行累计, 以提高信噪比, 免疫电化学技术由此可以获得优于常规化学发光的检测性能. 在核酸的识别上电化学发光也有类似的应用. 目前化学发光和电化学发光作为分子识别的信号读出技术在生命科学基础研究、临床检验等领域已取得众多应用.

3) 化学发光传感器

化学发光传感器是以化学发光为检出信号的传感器, 其分子识别的形式与普通传感器类似, 只是在信号检出部分是以对化学发光信号的检测来实现. 比较特殊的是电化学发光传感器, 在电化学发光机理, 特别是联吡啶钌 (II) 的电化学发光机理中, 电化学发光试剂并没有实际消耗, 因此可以将其固定于电极表面, 从而制成可反复使用的电化学发光传感器. 固态电化学发光由于结合了电化学激发与发光检测两种技术, 电化学激发使得信号的重现性提高, 同时对发光信号的采集在信号稳定程度、抗干扰等方面也优于传统的电化学传感器. 电化学发光传感器的核心是固定化技术, 其关键是在保持固定化效率的同时维持与被测体系的高反应活性和高响应信号. 目前常见的固定化方法包括溶胶–凝胶技术、Nafion 膜固定化技术、壳聚糖、聚电解质技术等.

4) 化学发光成像研究

将化学发光与荧光染料相结合, 比较典型的如过氧化草酸–咪唑–过氧化氢–荧光探针体系, 以化学发光为光源激发荧光信号. 这种模式用于成像研究避免了传统荧光成像技术中的光学背景干扰, 从而获得更低的检测限. 另外, 传统发光成像受限于光穿透能力 (激发光和发射光两方面), 只能用于表层或浅层的成像 (如对生物切片试样), 对于载体的成像难度较大, 化学发光成像体系中, 不需激发光源, 如果选择长波长 (如近红外) 的发光体系 (选择合适的发光体系及荧光染料), 则可利用其穿透能力强的特点实现深层次样品的成像, 具有非常高的使用价值. 目前研究处于起步阶段, 相信未来化学发光成像能够获得进一步的发展和重要应用.

3.6 核磁与电子顺磁共振

磁共振是指所谓自旋磁共振 (spin magnetic resonance) 现象, 包含有核磁共振 (nuclear magnetic resonance, NMR) 及电子顺磁共振 (electron paramagnetic resonance, EPR, 或称电子自旋共振, electron spin resonance, ESR). 1945 年, Bloch 和 Purcell 同时独立的观察到核磁共振, 他们因此荣获 1952 年诺贝尔物理奖. 1991 年诺贝尔化学奖授予 Ernst 教授, 以表彰他对二维核磁共振理论及傅里叶变换核磁共振的贡献. 2002 年瑞士科学家 Kurt Wuthrich 因为其开创了将三维核磁共振技术用于生物大分子的分析而获得诺贝尔奖. 另外, 作为核磁共振的一个典型应用, 磁共振成像 (magnetic resonance imaging, MRI) 在临床诊断方面有着重要的应用. 在化学、材料、医学等研究领域, 核磁共振广泛应用于化合物, 特别是有机化合物的结构确定.

电子顺磁共振是一种微波吸收光谱技术, 用来检测和研究含有未成对电子的顺磁性物质. EPR 现象首先是由前苏联物理学家 Yevgeny Zavoisky 于 1944 年从 $MnCl_2$、$CuCl_2$ 等顺磁性盐类发现的. 物理学家最初用这种技术研究某些复杂原子的电子结构、晶体结构、偶极矩及分子结构等问题. 随后化学家根据 EPR 测量结果, 阐明了复杂的有机化合物中的化学键和电子密度分布以及与反应机理有关的许多问题. 美国的康芒纳等于 1954 年首次将 EPR 技术引入生物学领域中, 他们在一些植物与动物材料中观察到有自由基存在. 20 世纪 60 年代以来, 由于仪器不断改进和技术不断创新, EPR 技术至今已在物理学、半导体、有机化学、络合物化学、辐射化学、化工、海洋化学、催化剂、生物学、生物化学、医学、环境科学、地质探矿等许多领域内得到广泛的应用, 1976 年, Zeller 等首次将该技术用于地质样品的断代.

3.6.1 核磁共振基本原理

1. 原子核的磁性与能级能量

原子核由中子和质子所组成, 有相应的质量数和电荷数, 很多种同位素的原子核都具有磁矩, 这样的原子核称为磁性核, 可以作为核磁共振的研究对象, 原子核的磁矩取决于原子核的自旋角动量 P, 其大小为

$$P = \sqrt{I(I+1)}\frac{h}{2\pi} \tag{3-35}$$

式中, I 为原子核的自旋量子数; h 为普朗克常量.

原子核可按 I 的数值分为以下三类:

(1) 中子数、质子数均为偶数, 则 $I=0$, 如 ^{12}C、^{16}O、^{32}S 等, 此类原子核没有核磁共振行为.

(2) 中子数与质子数其一为偶数, 另一为奇数, 则 I 为半整数, 如:

$I=1/2$. ^{1}H、^{13}C、^{15}N、^{19}F、^{31}P、^{37}Se 等.

$I=3/2$. ^{7}Li、^{9}Be、^{11}B、^{33}S、^{35}Cl、^{37}Cl 等.

$I=5/2$. ^{17}O、^{25}Mg、^{27}Al、^{55}Mn 等.

更高的核的自旋量子数还可以有 $I=7/2$、$9/2$ 等.

(3) 中子数、质子数均为奇数, 则 I 为整数, 如 $^{2}H(D)$、^{6}Li、^{14}N 等 $I=1$; ^{58}Co, $I=2$; ^{10}B, $I=3$.

I 值非零的原子核即具有自旋角动量 P, 也就具有磁矩 μ, μ 与 P 之间的关系为

$$\mu = \gamma P \tag{3-36}$$

式中, γ 称为磁旋比, 为原子核自身的重要属性.

对于具有不同自旋量子数的原子核, 其核具有 $(2I+1)$ 个状态, 可能具有的磁量子数取值为 $I, I-1, \cdots, -I+1, -I$. 在无外加磁场的条件下, 所有这些原子具有相同的能量, 处于简并状态. 第二类中的 $I=1/2$ 的原子核具有两种量子态, 其电荷均匀分布于原子核表面, 其核磁共振谱线窄, 最宜于核磁共振检测 (其他核为非球形, 如 $I=3/2$ 的核为椭球形). 当原子核位于外加磁场中, 原先处于简并状态的具有不同磁量子数的原子核出现能级裂分. 以自旋量子数为 1/2 的原子核为例, 当

将其置于强度为 B_0 的外加磁场中, 由于其磁量子状态的不同而出现两种不同的磁动量的方向, 在两种不同的方向其原子核的能量可用下式表示:

处于较低能级状态 $m = 1/2$

$$E_{+1/2} = -\frac{\gamma h}{4\pi}B_0 \tag{3-37}$$

处于较高能级状态 $m = -1/2$

$$E_{-1/2} = \frac{\gamma h}{4\pi}B_0 \tag{3-38}$$

两者之间的能级差异

$$\Delta E = \frac{\gamma h}{2\pi}B_0 = 2\mu B_0 \tag{3-39}$$

与其他光谱学技术类似, 原子核可以吸收与能级差相对应的辐射, 实现能级的跃迁, 从而产生对特定辐射的吸收, 对应原子核在磁场中产生能级跃迁的电磁辐射为射频波段.

2. 核磁共振的经典描述

在外磁场中自旋的原子核会产生磁场, 该磁场与外加磁场相互作用, 使得原子核除了自旋之外, 还同时存在着以外磁场为轴方向的回旋运动, 称之为 Larmor 进动, 使得整个原子核的运动与陀螺类似, 除了围绕自己的轴方向转动 (自旋) 外, 还与重力场成一定夹角做摇头圆周运动 (进动). Larmor 进动的能量与磁矩在磁场方向的分量以及磁场强度相关, 如图 3-27 所示.

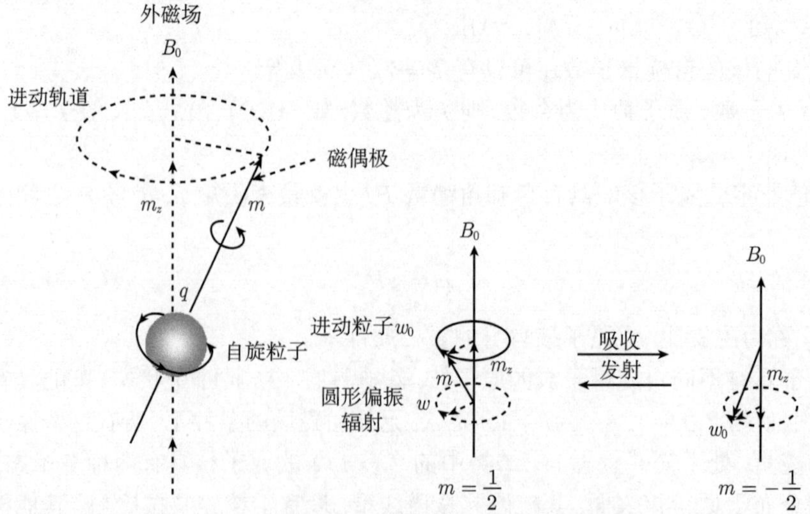

图 3-27　Larmor 进动与能级跃迁

要实现能量的吸收实现磁动量方向的翻转, 从原先与较低的自旋进动方向与外磁场相一致 (低能级) 转换为与磁场方向相反 (高能级), 需要有相应的辐射, 实现偶极的翻转, 当辐射频率与原子核进动频率相一致时, 能够符合该要求.

3. 不同磁量子态核的分布与弛豫

在无外加磁场的情况下, 具有不同磁量子数的原子核具有相同的能量, 相对应的具有磁量子数 $m = 1/2$ 与 $m = -1/2$ 的核具有相同的数目, 当体系被置于外加磁场中, 原子核产生特定的取向, 不同磁量子的原子核数目的分布可根据玻尔兹曼分布获得

$$\frac{N_i}{N_0} = \exp(-\Delta E/kT) \tag{3-40}$$

近似为

$$\frac{N_i}{N_0} = 1 - \frac{\nu h}{2\pi kT} B_0 \tag{3-41}$$

由此可以看出, 两者之间的比例与外加磁场的强度 B_0 相关, 磁场强度越高, 温度越低, 则处于高低能级的核数目之间差异越大.

在外加磁场中, 当原子核置于一适当辐射条件下, 处于低能级的原子核吸收特定频率的辐射到达较高能级. 由于高低能级数目分布的差异非常小 (对于氢核, 差别在百万分之几量级), 这种吸收很容易使两能级间数目相等, 此时原子核无法进一步吸收辐射, 这种状态称之为 “饱和”. 为了获得持续可检测的电磁吸收信号, 需要避免饱和现象的出现, 要求体系中高能级状态以一定的速度释放多余的能量, 实现高能级状态的退激. 由于激发的频率较低 (射频波段), 激发后以再发射实现退激的概率很低, 因此退激主要通过非辐射的形式进行, 称之为 “弛豫”. 弛豫要与吸收射频辐射的速度相当或是更大, 以保持持续吸收的进行. 在核磁共振体系中, 弛豫过程按照其能量传递的方式不同, 可分成两大类：自旋–晶格弛豫与自旋–自旋弛豫.

自旋–晶格弛豫又称为纵向弛豫. 不管样品的状态如何, 高能级的原子核总是处在有其他粒子所组成的环境中, 特别是气态及液态环境中, 原子核存在着剧烈的平动、振动以及转动运动, 这些运动形成了复杂的能级状态. 高能级的原子核可以将多余的能量传递给周围的原子核, 所引起的是这些核运动幅度的增大, 最终表现为体系温度非常微量的变化. 自旋–晶格弛豫以指数的形式衰变, 用弛豫时间 T_1 来表示高能级原子核的平均寿命.

自旋–自旋弛豫又称之横向弛豫. 在磁场中, 相邻的两个处于不同能级的原子核 (磁量子数不同) 如果具有相同的进动频率, 两者的磁场相互作用, 可以实现能量的交换, 两者的能级状态也发生交换, 高能量的核实现退激. 自旋–自旋弛豫以弛豫时间 T_2 来表征. 在该过程中总的高低能级原子核数目的分布没有改变, 但对于特定的高能量原子核来说, 其平均寿命缩短了.

对于弛豫过程, 根据 Heisenberg 测不准原理可知, 粒子激发态能量 ΔE 与处于激发态上的平均时间成反比, 而与谱线宽度 $\Delta\nu$ 存在以下关系:

$$\Delta E = h\Delta\nu \tag{3-42}$$

从中可以看出, 对于核磁共振过程处于激发态的平均时间长 (弛豫时间长), 则信号的谱线窄, 相反则谱线宽. 对于气体及低黏度液体样品, 自旋–晶格弛豫占主导, 弛豫时间适当, 可以获得较窄的谱线. 对于固体及高黏度液体样品, 其运动受到限制, 容易实现自旋–自旋弛豫, T_2 小, 获得的谱线宽度大, 因此普通高分辨核磁共振测定要求在低黏度液体样品中进行.

4. 核磁共振参数

1) 化学位移与自旋–自旋耦合

忽略其他影响因素, 当原子核置于外磁场中, 其存在着特定的共振吸收频率, 在谱图上表现为一吸收峰, 不同原子核的特征吸收频率不同. 然而原子核总是处在其分子结构所形成的特定的电磁环境中, 这些环境因素包括周围电子及原子核, 它们都影响到原子核对射频辐射的吸收, 同时这种影响也反过来反映了相关的分子结构信息, 即使简单的分子也能给出丰富的波谱信息, 使核磁共振技术成为一种非常有效的确定分子结构的工具.

(1) 化学位移 δ. 如图 3-28 所示, 在分子中, 原子核并非独立存在, 原子核外的电子在外加磁场的作用下感应产生对抗磁场, 使得相比裸原子核, 其实际受到的磁场作用 B' 比外加磁场 B_0 要低, 这种现象称之为屏蔽现象, 以屏蔽常数 σ 描述屏蔽程度的大小

$$\sigma = 1 - \frac{B'}{B_0} \tag{3-43}$$

屏蔽常数是个很小的数值, 与原子核外电子密度及其空间分布相关. 原子核是通过化学键与其他原子相连, 原子核外化学键的存在使得其所受的电子云的屏蔽作用有所不同, 屏蔽程度的差异可以反映出原子核所处的化学环境, 从而与分子的结构相关联. 屏蔽作用使得实际施加于原子核的磁场强度发生改变, 相应的引起共振射频辐射频率的改变. 这种改变一般采用相对值, 选择一特定化合物作为参比, 对于氢核最常见的参比物为四甲基硅烷 ($(CH_3)_4Si$, TMS), 定义为化学位移 δ

$$\delta = \frac{\nu' - \nu_s}{\nu_s} \times 10^6, \quad \nu' = \frac{\gamma(1-\sigma)}{2\pi}B_0 \tag{3-44}$$

式中, ν'、ν_s 分别表示样品和参比物的共振频率.

质子的化学位移与所处的化学环境密切相关, 典型的影响因素包括电负性、共轭效应、各向异性等. 如电负性影响, 相邻的原子或基团电负性大, 则质子周围的

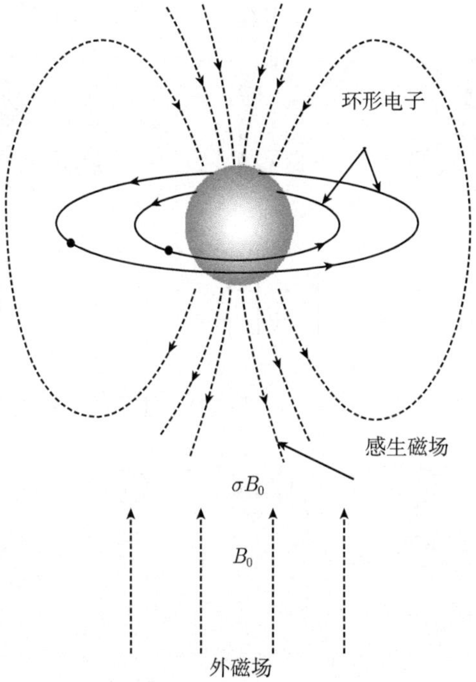

图 3-28 屏蔽效应的产生

电子云密度就小, 屏蔽程度减小, 该质子的共振信号移向低场, 化学位移 δ 值增大. 共轭效应总体效果是使电子云密度的平均化, 对化学位移也有着重要影响, 其作用途径与电负性类似. 由于分子空间结构的因素, 出现电子云分布的各向异性, 由此导致分子所在空间各处的屏蔽效应不一致, 出现屏蔽区和去屏蔽区, 质子如果位于屏蔽区内, 则化学位移小, 移向高场, 位于去屏蔽区内则化学位移增大, 移向低场 (图 3-29).

(2) 自旋–自旋耦合与耦合常数. 原子核外电子的影响可以通过化学位移得到表示, 除此之外核磁共振往往呈现出谱峰的分裂情况, 这种峰的裂分产生于原子核磁矩之间的相互作用, 称为自旋–自旋耦合. 以 ^{1}H 为例, 由于质子的电荷, 每一个质子都可视作一个自旋的小磁体, 在外加磁场 B_0 中, 自旋产生的磁场有两种取向, 与外磁场方向相一致 (ΔB_0) 或是相反 ($-\Delta B_0$), 这两种趋势出现的概率基本相等. 以图 3-30 所示 AB 两质子为例, 对于 B 质子, 其所承受的磁场强度由于 A 质子磁场的作用而发生改变, 同时 A 产生磁场的两种取向使得 B 所受实际磁场强度出现两种可能取值 ($B_0 + \Delta B_0$ 及 $B_0 - \Delta B_0$), 相应的, 在核磁共振波谱上的吸收峰出现裂分, 表现为两峰, 分别出现在原峰的左右. 自旋–自旋耦合源于临近质子自旋所产生的磁场的作用, 该种作用与外加磁场的强度无关, 与化学位移不同.

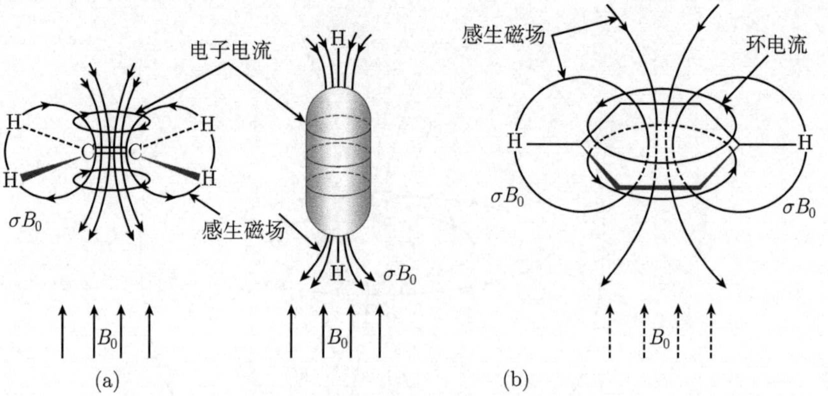

图 3-29　乙炔和芳环分子中的各向异性

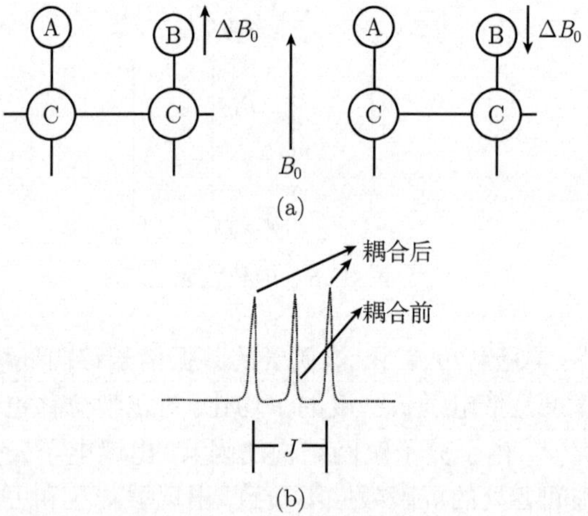

图 3-30　自旋–自旋裂分示意图

谱线裂分所产生的裂距是相等的, 该距离反映了核之间耦合作用的强弱, 称为耦合常数 J, 以 Hz 为单位. 耦合常数的大小与两核之间的化学键数目密切相关, 一般在 J 的左上方标以两核相距的化学键数目, 以下标表示作用的两核, 如 ^{13}C—^{1}H 之间的耦合常数标为 $^{1}J_{CH}$, 而 ^{1}H—^{12}C—^{12}C—^{1}H 中两个 ^{1}H 之间的耦合常数标为 $^{3}J_{HH}$. 对于质子之间的耦合作用, 两氢核相距三个化学键的作用 ($^{3}J_{HH}$) 最重要, 在结构鉴定中能够给出非常有用的化学信息, 两氢核相距四根键以上为远程耦合, 一般比较弱.

基于自旋–自旋耦合作用, 产生的谱线数目为 $2nI+1$, 称为 $2nI+1$ 规律. 对于 $I=1/2$, 则为 $n+1$ 规律, n 表示产生耦合的原子核 (其自旋量子数为 1/2) 的数目, 产生的裂分谱线数为 $n+1$. 如果一质子 A 与两组质子 B、C(质子数目分别为 m 和

m 个) 耦合, 且两耦合常数相等 ($J_{AB}=J_{AC}$), 则共振信号分裂成 $m+n+1$ 重峰. 若两组质子的耦合常数不等 ($J_{AB}\neq J_{AC}$), 则共振信号分裂成 $(m+1)(n+1)$ 重峰.

2) 化学全同与磁全同

在同一分子中, 具有相同化学位移的质子称为化学全同质子, 化学全同的质子具有相同的化学环境. 如果有一组质子为化学全同, 当其与组外的任意磁核耦合时, 其耦合常数相等, 则这组质子为磁全同质子.

3) 积分线与峰面积

在核磁共振谱中, 对吸收峰的面积进行积分可以获得积分曲线, 一般呈水平阶梯状. 积分线的高度 (峰面积) 与所对应的原子核数目呈线性相关关系, 因此峰面积直接反映各官能团上氢原子的数目. 除了可用于结构鉴定外, 对于具有不同化学位移的化合物, 还可以利用该性质进行定量分析.

3.6.2 核磁共振波谱仪及核磁共振应用

1. 核磁共振谱仪

核磁共振波谱仪主要有连续波核磁共振波谱仪 (CW-NMR) 和傅里叶变换核磁共振波谱仪 (FT-NMR) 两大类. 连续波核磁共振波谱仪是通过固定电磁波频率, 连续扫描静磁感强度来实现 (扫场), 或是固定静磁感强度, 连续扫描电磁波频率 (扫频) 实现. 这样的谱仪检测速度慢、效率低、信号难于累加, 不易实现核磁共振新技术, 逐步被脉冲–傅里叶变换核磁共振波谱仪取代.

傅里叶变换核磁共振波谱测定的要点是在很短时间内对所有检测对象进行激发, 使各部分都产生相应的信号并采集 (时域信号), 然后通过计算机对这些信号进行处理, 转换成按频率分布的频域信号. 较广泛采用的是自由诱导衰减模式 (free induced decay, FID), 通过石英晶体振荡器可以产生稳定的高频电磁辐射, 电磁辐射经调制后以脉冲形式施加到感应线圈, 对被测物在高磁场作用下进行短时间照射 (一般小于 10μs), 停止照射后, 受激原子核在弛豫过程中将多余的能量以辐射的形式释放出来并由射频接收线圈采集. 每一个脉冲中都包含了完整的核磁共振谱图信息, 经多次照射, 可以获得 FID 干涉图, 经由计算机数据处理后可以将时域图转换为频域图.

1) 磁体

核磁共振波谱仪的核心是磁体, 对于高分辨仪器, 目前普遍采用的是超导螺旋线圈, 常用材料为含铌合金, 使用液氦–液氮体系冷却, 在低温下, 将电流导入线圈并将线圈闭合, 其超导性质可维持稳定的电流并产生高达 23.5T 的磁场强度 (对应 1000MHz 氢核磁共振). 高质量的磁体在产生高强度磁场的同时, 还要保证磁场高度的稳定性和均匀性, 为使磁力线均匀、方向固定, 设置有两大组匀场线圈, 每大组匀场线圈又由多组线圈构成, 后者每组线圈产生一组特殊的磁力线, 由它们的综合作用, 产生均匀的磁场. 还可在样品管上部安装一个涡轮转子, 用压缩空气切向带动涡轮转子和样品管一起转动, 测试溶液样品的核磁谱仪, 其转速为 20~50 周/s, 此速度要高于由于磁场不稳定所带来的磁场强度变动频率, 从而抵消磁场变动的影响.

2) 探头

探头是核磁谱仪的核心部件, 它固定于磁体中心, 探头中心放置装载样品溶液的样品管. 探头对样品发射产生核磁共振的射频波脉冲并检测核磁共振信号, 这两个功能常可由同一个线圈来完成. 在此线圈之外有去耦线圈, 以测得去耦的谱图. 为了补偿磁场强度的波动, 在商品化仪器中经常采用锁场–锁频装置.

3) 谱仪

除磁体和探头外, 核磁共振谱仪还包括多个部件, 如射频发生器、接收器、前置放大器等. 傅里叶变换分析仪器还必须有相应的计算机硬件软件. 典型的核磁共振谱仪结构见图 3-31.

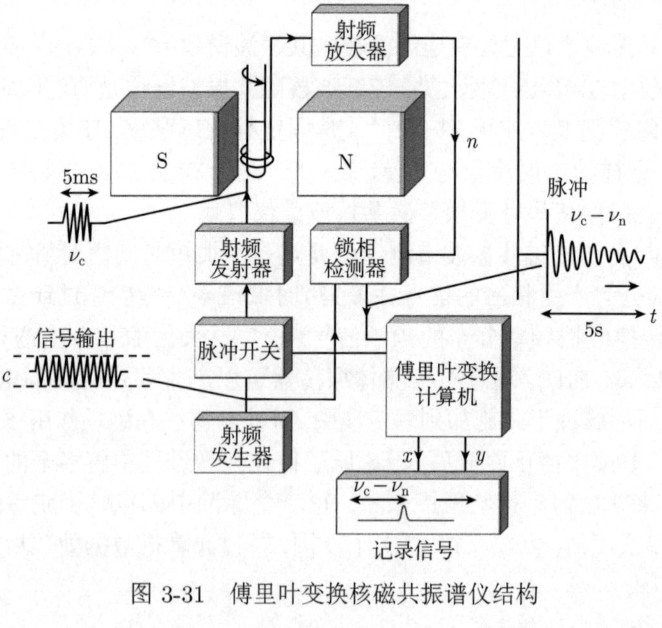

图 3-31　傅里叶变换核磁共振谱仪结构

2. 核磁共振分析信号激发及采集

信号发生器使用高精度的晶体振荡器产生射频信号, 射频载频 ν_c 经调制后以脉冲形式输出, 放大后经发射线圈施加到样品上, 该激发信号的波长、振幅及相位等参数可以通过仪器设置调节, 所产生的信号 ν_n 由同一线圈采集, 并经放大后送入锁相检测器, 输出感生信号与载频信号之间的差频 $(\nu_c-\nu_n)$. 该差频信号位于音频区间, 信号被采集后经数字化并进行傅里叶变换, 最终输出频域的核磁共振谱图.

在测试样品时, 选择合适的溶剂配制样品溶液, 样品的溶液应有较低的黏度, 对于低浓度样品可以直接测试, 否则会降低谱峰的分辨率. 若溶液黏度过大, 应减少样品的用量或升高测试样品的温度 (通常是在室温下测试), 一般控制浓度为 5%~10%. 在核磁共振氢谱测量中采用氘代试剂作为溶剂以避免产生干扰信号. 氘代试剂中的氘核又可作核磁谱仪锁场之用, 所得谱图分辨率较好, 特别是在微量样品需作较长时间累加时, 可以边测量边调节仪器分辨率. 对低、中极性的样品, 最常采用氘代氯仿作溶剂, 其溶解性能强, 且价格低. 极性大的化合物可采用氘代丙酮、重水等. 针对一些特殊的样品, 可采用氘代苯 (适用于芳香化合物、芳香高聚物)、氘代二甲基亚砜 (用于某些在一般溶剂体系中难溶的物质)、氘代吡啶 (用于难溶的酸性或芳香化合物) 等. 核磁共振碳谱测量的意义也非常明确, 为兼顾氢谱的测量及锁场的需要, 一般仍采用相应的氘代试剂. 为测定化学位移加入基准物质有两种方式, 直接加在样品溶液中称为内标. 若出于溶解度或化学反应性等考虑, 基准物质不能加在样品溶液中, 可将液态基准物质 (或固态基准物质的溶液) 封入毛细管再插到样品管中, 称为外标.

3. ^{13}C 的核磁共振

^{13}C 的核磁共振有其特殊的意义, 是除 ^{1}H 之外在核磁共振中应用最多的原子核, 两者原理基本相同, 但具体特点又有所区别, 主要表现为: ① ^{13}C 主要反映化合物特别是有机化合物 C 骨架信息, 而 ^{1}H 核磁共振反映质子所处化学环境; ② ^{13}C 的天然丰度及磁旋比均低于 ^{1}H, 检测灵敏度较低; ③ ^{13}C 核磁共振化学位移范围宽, 谱带重叠概率低, 化学位移范围一般为 0~250ppm, 对周围化学环境敏感, 在一些化合物的碳谱上, 可以获得各个碳的吸收峰; ④ 由于其天然丰度较低, ^{13}C—^{13}C 耦合概率很小, 但 ^{13}C—^{1}H 耦合概率高, 耦合常数 $^{1}J_{CH}$ 在 100~250Hz 范围, 且与远程质子之间也可形成耦合, 峰裂分谱图复杂. 为了对谱图进行简化, 需通过质子去耦技术进行处理, 给出清晰的分子 C 骨架信息. 目前普遍采用的去耦技术有双照射技术和偏共振技术.

双照射技术是指除用脉冲照射样品外, 同时采用第二个较强的特定宽带射频频率对样品进行照射, 使所有质子吸收各自共振频率后在磁场中迅速改变自旋方向, 从而不再产生特定的局部磁场, 从而使其与 ^{13}C 的耦合作用平均化而不出现耦合裂分, 由此得到的谱图称为全去耦谱. 全去耦谱图中碳原子吸收峰信号尖锐、分辨率高, 对于研究复杂大分子具有重要的意义. 需要注意的是该谱图中与质子的耦合可以得以消除, 但是与邻近的 ^{19}F、^{31}P 等核的耦合作用仍然存在, 出现裂分的情形.

质子全去耦具有谱图简化的特点, 但同时也丧失了 ^{13}C—^{1}H 耦合裂分所带来的丰富结构信息, 采用偏共振技术可以加以改进. 其方法与质子全去耦类似, 同样采用双照射技术, 不过质子去耦用单一频率去耦, 它的值选择为偏离质子共振频率几百赫兹, 由于偏离了中心频率, 产生不完全的质子去耦共振谱, 并可选择一定的去耦能量, 使远程耦合完全消失而仅观察到直接相连的 $^{13}C—^{1}H$ 耦合的残余裂分, 此时每个 ^{13}C 信号的多重性与相连质子数有关, 这样得到的谱图, 远程耦合不存在, 只留下耦合最强的信号, 并且耦合常数减小 (称为表观耦合常数), 在简化谱图的同时提供更多的化学信息. 表观耦合常数的大小与去耦功率和去耦频率偏离共振点的位置有关.

常规核磁共振采集的信号是一个时域函数, 经傅里叶变换成为频域函数, 若在一维测量基础上再增加一个时间变量, 使信号成为两个时间的变量, 经傅里叶变换成两个频域函数, 从而形成二维核磁共振谱图. 二维 NMR 谱图可以获得比一维更多的信息, 可以用于分析复杂化合物、多肽、蛋白等结构.

4. 核磁共振波谱的应用

1) 化合物结构分析

核磁共振谱反映磁共振核所处的化学环境, 因此其最重要的应用在于化合物的结构鉴定. 对于质子共振谱图, 反映的是质子所处的化学微环境, 一般从谱图中可以获得以下信息:

(1) 共振吸收峰的数目, 其表示非磁全同的质子的种类数;

(2) 峰的面积或积分曲线高度, 为峰所对应的质子数目;

(3) 吸收峰的化学位移, 表示质子所处的化学环境, 也就是所受核外电子云屏蔽程度的不同, 与结构相关;

(4) 自旋耦合裂分的数目, 与邻近质子数目相关;

(5) 耦合常数, 决定于化合物的结构.

对于一些结构较简单的化合物, 通过核磁共振谱图即可判断其分子结构. 对氢谱的分析是核磁共振技术最典型的应用. 对于 ^{13}C 谱图, 全去耦的谱图能够清晰地给出有机物分子 C 骨架的信息, 而偏振去耦方法还可以获得与邻近质子耦合的信息, 这些信息都对结构确定具有重要意义. 结合通过其他方式获得的信息, 可以对化合物的结构进行推断, 通过排除、确证等方式最终确定化合物结构. 如果仅通过上述信息仍无法最终进行确认, 可以辅助其他结构解析方法 (如红外光谱、质谱等) 以获得更多信息.

除定性分析外, 核磁共振也可以用于定量. 在质子共振图谱中, 积分线的高度与相应质子的量直接相关, 因此如果加入内标物质的量已知, 待测化合物某吸收峰的面积与内标物某吸收峰面积之比即是两峰所对应的质子数目 (总的物质的量) 之比, 如果已知各峰所对应化合物结构式中质子数, 则可直接算出未知物的含量.

2) 核磁共振成像

磁共振成像 (magnetic resonance imaging, MRI) 是核磁共振技术在临床医学上的最重要最广泛的应用. 由于人体组织内含有大量的水, 这些水分子各自状态不同, 所处的化学微环境也不尽相同, 其质子自旋密度、弛豫时间 T_1 及 T_2 也就存在差异. 正常组织在发生病变之后水的状态会发生改变, 相应的核磁状态也发生改变. 在操作中, 使用恒定的主磁场和线性的梯度磁场对线性区间进行扫描, 由于线性梯度磁场的磁场强度随着距离线性增加, 因此各空间位置所受磁场强度不同, 其核磁共振频率存在差异, 利用翻转或是回旋波法, 以合适的脉冲序列可以得到不同空间上不同强度的核磁共振信号, 再经数学变换后可以得到磁共振信号在空间上的分布情况, 也就是磁共振成像. 该方法对于软组织及脑部的断层扫描具有重要意义.

3) 固体核磁共振

对于固体样品, 由于其弛豫时间短, 在普通核磁共振中信号宽 (通常在千赫兹量级), 并且由于固态中磁极耦合位置呈现刚性, 表现各向异性, 偶极–偶极耦合的谱线宽度也在千赫兹量级, 使所获得的谱带掩盖了化学位移及自旋–自旋耦合等有价值的信息. 获得固体高分辨核磁共振谱的方法是人为地使自旋核运动, 从而抑制核与核之间的偶极–偶极相互作用及核四极相互作用, 使得谱线宽度变窄, 比较典型的方法包括使用魔角旋转法, 样品的旋转轴与磁场方向成 $54°44'$ 角快速旋转, 固体试样绕魔角旋转的速度是几千赫兹, 高速旋转使得相互作用平均化, 实现谱带窄化的目的. 除了魔角旋转外, 其他还包括交叉极化和 MAS (cross polarization/magic angle spinning) 方法. 固体核磁存在的另一问题是自旋–自旋弛豫时间 T_2 很短, 使得信号自由衰减很快, 检测灵敏度不高, 可以通过使用高功率脉冲进行辐照, 以获得良好的谱线形状.

3.6.3 电子自旋共振

电子自旋共振 (electron spin resonance, ESR) 考察的是电子自旋能级的共振跃迁吸收, 与核磁共振中核自旋能级跃迁相对应, 其方法原理和实验技术很大程度上也与核磁共振类似. 电子自旋共振是自旋量子数为 1/2 的电子在磁场中的磁共振现象, 因利用到电子的顺磁性, 故又称电子顺磁共振 (electron paramagnetic resonance, EPR).

1924 年, 泡利 (Pauli) 首先提出电子自旋的概念. 1944 年由实验获得证明, 根据泡利不相容原理, 每个分子轨道上不能存在两个自旋态相同的电子. 对于有成对电子的轨道, 两个电子的自旋运动方向必然相反, 其产生的磁矩相互抵消, 表现为总体零磁矩. 在某轨道上存在未成对电子的物质具有永久磁矩, 在外磁场中呈现顺磁性. 电子顺磁共振研究的对象就是具有未配对电子的物质, 如具有奇数个电子的原子、分子, 内电子壳层未被充满的离子, 受辐射作用产生的自由基及半导体、金属等. 通过对共振吸收谱的研究, 可以获得有关分子、原子及离子中未偶电子的状态及其周围环境方面的信息, 从而得到有关物质结构和化学键的信息. 电子顺磁共振是一种重要的近代物理实验技术, 在物理、化学、生物、医学等领域有广泛的应用.

1. 电子自旋共振原理

1) 电子顺磁共振基本理论

与原子核非常类似, 电子自旋相对应的自旋角动量为

$$P_{\mathrm{s}} = \sqrt{S(S+1)}\frac{h}{2\pi} \tag{3-45}$$

式中, S 为自旋量子数, $S = 1/2$. 自旋时电子具有自旋磁矩为

$$\mu_{\mathrm{s}} = \frac{e}{m}P_{\mathrm{s}} = g\mu_{\mathrm{B}}P_{\mathrm{s}}/h \tag{3-46}$$

式中, g 为朗德因子, 对自由电子 $g = 2.00232$; e 为电子电荷; m 为电子质量; μ_{B} 为玻尔磁子

$$\mu_{\mathrm{B}} = \frac{e}{2m}h \tag{3-47}$$

其值为 $0.927\times10^{-23}Agn^2$. 若电子处于外磁场 B (沿 z 方向) 中, 由于 B 与自旋磁矩 μ_{s} 的作用, 其自旋角动量 P_{s} 将对 z 轴发生类似原子核的进动. 据量子力学的观点, P_{s} 在空间的取向是量子化的, P_{s} 在 z 方向的投影 P_z 为

$$P_z = mh \tag{3-48}$$

式中, m 为磁量子数,$m = S, S-1, \cdots, -S$, 故 m 可取值为 $+1/2$ 或 $-1/2$, 磁矩 μ_{s} 与外磁场 B 的相互作用能为

$$E = -\ \mu_{\mathrm{s}}gB = -g\mu_{\mathrm{B}}P_xB/h\ = mg\mu_{\mathrm{B}}B/2 \tag{3-49}$$

在外磁场中, 电子自旋能级分裂成高低两个能级, 高低能级之间能量差为

$$\Delta E = g\mu_{\mathrm{B}}B/2 - (-g\mu_{\mathrm{B}}B/2) = g\mu_{\mathrm{B}}B \tag{3-50}$$

对由大量原子组成的样品, 在热平衡下, 电子数满足玻尔兹曼分布, 两个能级上的电子数 N_2、N_1 的比值为

$$N_2/N_1 = \exp[-(E_2 - E_1)/kT] \tag{3-51}$$

式中, k 为玻尔兹曼常量; T 为热力学温度; $\Delta E = E_2 - E_1$, 为高低能级之间的能量差, 类似原子核高低能级分布, 可以近似获得

$$N_2/N_1 = 1 - \Delta E/kT = 1 - g\mu_{\mathrm{B}}B/kT \tag{3-52}$$

由式 (3-52) 可以看出, 外加磁场越强, 温度越低, 两个能级上的粒子数差越大, 该趋势与核磁共振中相一致. 以典型值来看, 室温 25°C 时 (298K) 高低能级

电子数目的比值约为 0.998, 即低能级比高能级约高出 0.2%, 远远高于核磁共振中 ppm 量级的差异.

2) 共振吸收的产生

若在垂直于外磁场 B 的平面上施加一频率为 ν 的旋转磁场 B_1, 当 ν 满足

$$h\nu = g\mu_{\mathrm{B}}B \tag{3-53}$$

此时电子吸收该旋转磁场 B_1 的能量, 实现从低能级到高能级的跃迁, 产生电子自旋共振, 之后处于高能级的电子会自发地辐射能量跃迁回低能级. 由于 $N_2 < N_1$, 低能级上的粒子数多于高能级的粒子数, 激发跃迁占主要趋势.

电子自旋共振一般发生在微波波段, 但由于电子磁矩比较大, 因而共振信号较强. 即使在 1mT 的弱磁场下, 也能观察到共振信号, 此时共振频率在射频范围. 因此, 反过来可以通过电子顺磁共振来测量弱磁场, 具有较高的准确度.

2. 电子自旋共振主要参数和性能

1) 谱线宽度

电子自旋共振系统内存在的自旋–晶格作用使自旋粒子的能级寿命缩短, 因而共振谱线有一定宽度. 对于大多数自由基来说, 主要的是自旋–自旋相互作用, 它包括未耦电子与相邻原子核自旋之间以及两个分子的未耦电子之间的相互作用, 电子不仅处于外磁场中, 而且其周围的电子会提供一个局部磁场. 由于热运动, 这个局部磁场在一定范围内变动, 使总磁场在小范围内变化, 增加了共振谱线的宽度, 因此谱线宽度反映了粒子间相互作用的信息, 它是电子自旋共振谱的一个重要参数.

2) g 因子

g 因子是顺磁共振测量中的重要参量, 表征着磁场共振的位置, 提供化学键和分子或原子结构的信息. 对于无轨道角动量的分子, 其 g 因子刚好等于自由电子的自旋值 $g_{\mathrm{e}} = 2.00232$, 而对于只含 C、H、N 和 O 的自由基, g 值非常接近 g_{e}, 其增加只有千分之几. 过渡金属离子及其化合物的 g 值却偏离自由电子的 g_{e} 值, 原因是它们的原子中轨道磁矩的贡献很大. g 值不仅与样品结构, 而且与其相态有关, 液相时 g 因子各向同性, 固体粉末或单晶时 g 因子各向异性, 即与外磁场和单晶间的相对取向有关.

3) 超精细分裂

未成对电子与具有磁性的原子核之间有磁相互作用, 作用的结果使单一的共振谱线分解成许多较狭的超精细谱线, 这点与核磁共振中自旋–自旋耦合裂分类似. 超精细分裂提供了未配对电子的活动范围及所处环境的重要的信息. 设 n 为磁性核的个数, I 为它的核自旋量子数, 原来的单峰波谱便分裂成 $2nI+1$ 条谱线, 相对强度服从于一定规律. 在化学和生物学中最常见的磁性核为 ^{1}H 及 ^{14}N, 它们的 I

各为 1/2 及 1. 如有 n 个 ^{1}H 原子存在, 即得 $n+1$ 条谱线, 如有 n 个 ^{14}N 原子存在, 即得 $2n+1$ 条谱线. 超精细结构对于自由基的鉴定具有重要价值.

4) 自旋浓度

共振吸收曲线下所包含的面积可通过积分求得, 与含已知数的单电子标准样品作比较, 可测出试样中单电子的含量, 即自旋浓度.

5) 电子顺磁共振与核磁共振的差异

电子顺磁共振与核磁共振在原理方面有很大的相似, 也存在一些差异, ESR 是研究电子磁矩与外磁场的相互作用, 即通常认为的电子塞曼效应, 而 NMR 是研究核在外磁场中的塞曼能级间的跃迁. ESR 的共振频率在微波波段, NMR 的共振频率在射频波段. ESR 的灵敏度比 NMR 的灵敏度高, ESR 检出所需自由基的绝对浓度约在 10^{-8}M 数量级, 而 NMR 灵敏度较差, 基本上只用于定性分析.

3. 电子顺磁共振仪器

微波 ESR 谱仪通常采用固定微波频率 ν 而改变磁场强度 B 来达到共振条件 (扫场). 在仪器设计上, 需要兼顾到微波频率和磁场强度这两个参数, 若 ν 太低, 则所用波导管尺寸要加大, 仪器尺寸变大, 加工不便, 成本提高. 而 ν 过高, 则磁场强度 B 必须相应提高, 同样存在体积、成本方面的问题. ESR 仪器结构见图 3-32.

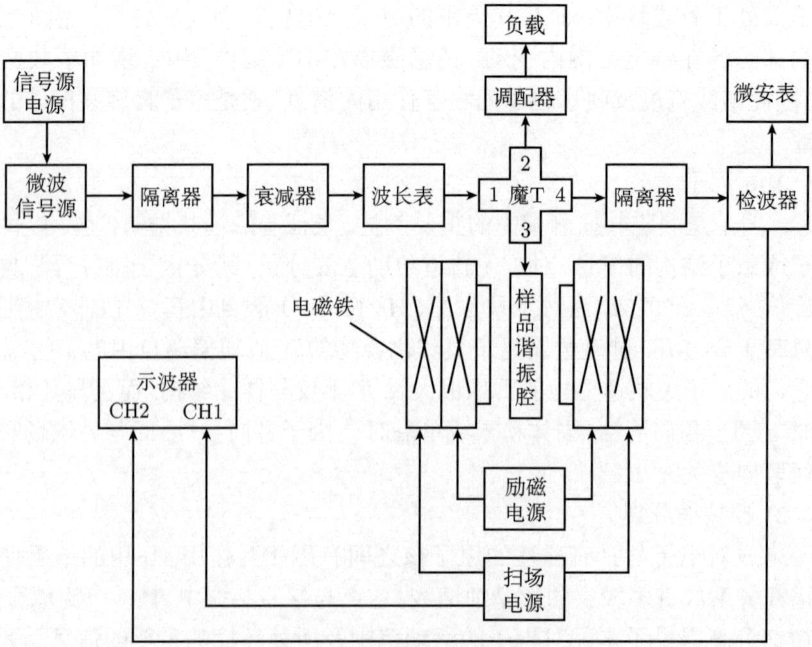

图 3-32　ESR 仪器结构

1) 微波源

微波源是顺磁共振波谱仪的心脏, 目前大多数谱仪采用速调管作为微波功率源. 由于固态微波源寿命长、使用简单、输出微波频率较稳定, 是最常用的一种微波信号发生器.

2) 可调的矩形谐振腔

谐振腔是谱仪部分的核心部件, 样品放置在谐振腔内, 顺磁共振现象在谐振腔中发生, 产生的 EPR 信号从谐振腔中反射到晶体检波器. 可调的矩形谐振腔的末端是可移动的活塞, 调节其位置可以改变谐振腔的长度.

3) 魔 T

魔 T 的作用是分离信号, 并使微波系统组成微波桥路. 按照其接头的工作特性, 当微波从任一臂输入时, 都进入相邻两臂, 而不进入相对臂.

4) 晶体检波器

晶体检波器又称为超高频检波晶体, 用它可从微波中检出电子顺磁共振信号及其他有用的控制信号.

5) 信号处理系统

信号处理系统主要包括调制、接收、放大、相敏检波等电子学单元, 该系统的功能是将弱的直流 ESR 吸收信号调制成高频交流信号, 经高频放大、相敏检波后得到原吸收信息的一次微分信号 (ESR 谱).

6) 电磁铁与磁场控制系统

该系统由电磁铁、磁铁电源及磁场控制单元组成. 其功能是提供一个均匀、稳定并能连续可变的直流磁场.

4. 电子顺磁共振技术应用

电子顺磁共振现象发现以来, 理论不断发展, 仪器技术日益完善, 实验方法时有创新. 特别是在电子技术和计算机技术突飞猛进的今天, ESR 波谱仪的结构和性能都得到了很大的发展, 最新的 ESR 谱仪具有高灵敏度、高分辨率且性能稳定, 操作简单方便. 为适应实际发展需要, 目前 ESR 仪器发展的趋势是朝着低频或高频方向发展, 在高频 ESR、双共振技术、时间分辨、脉冲傅里叶变换及 ESR 成像等方面都取得了不少新进展.

电子顺磁共振方法测量样品时, 不会破坏研究对象的结构, 也不会影响正在进行的化学、物理过程, 从而可以得到有意义的物质结构和动态信息. 它在化学、物理、材料、环境、生命科学和医学等领域的应用十分广泛. 除了用于基础理论研究外, 在生产工艺流程中的质量控制和检测方面也得到了很好的应用. 电子顺磁共振技术作为一类生物物理技术已经深入到生命科学的许多重要研究领域, 越来越受到科学家的重视, 已经成为研究生物大分子结构、运动、与功能的关系乃至医学诊断的重要工具.

1) 电子顺磁共振研究对象

电子顺磁共振的研究对象要求具有顺磁活性, 典型的被分析对象包括:

(1) 自由基、双基 (biradical) 或多基 (polyradical), 分别指在分子中含有一个、两个以及两个以上未成对电子的物质, 其中双基或多基中未成对电子距离较远, 相互作用弱;

(2) 三重态分子, 化合物的分子轨道中含有两个未成对电子, 但两个未成对电子相距很近, 彼此之间存在很强的相互作用, 如氧分子;

(3) 过渡金属离子和稀土离子, 在原子轨道中出现未成对电子;

(4) 固体中的晶格缺陷, 一个或多个电子或空穴陷落在缺陷中或其附近, 形成了一个具有单电子的物质;

(5) 具有奇数电子的原子, 如氢、氮、碱金属原子.

2) 自旋捕集技术

电子自旋共振可直接检测研究生物自由基 (包括生物体内的自由基、过渡金属离子复合物等), 是研究自由基最直接有效的技术, 但是自由基本身的特点是活泼和反应性强, 大部分自由基是不稳定的, 而且要达到一定浓度才能用 ESR 技术检测和研究, 因此直接使用 ESR 技术进行检测的场合比较有限.

生物体系和化学反应中产生的自由基大部分是不稳定的, 如羟基自由基的寿命大约为 10^{-6}s, 使用常规 ESR 波谱仪无法检测. 为了克服 ESR 技术的这一局限性, 发展了自旋捕集技术. 所谓自旋捕集技术就是为了检测和辨认短寿命自由基, 将一种不饱和的抗磁性物质 (称自旋捕集剂, 一般为氮酮和亚硝基化合物) 加入要研究的反应体系, 生成寿命较长的自旋加合物, 可以用 ESR 检测. 目前已经合成上百种自旋捕集剂, 最常用的自旋捕集剂有 tNB (nitroso-tert-butane)、DMPO (5,5-dimethyl-1-pyrroline-l-oxide)、PBN (phenyl-tert-butynitrone) 等, 它们和自由基反应都可以生成氮氧自由基.

3) 自旋标记和自旋探针技术

ESR 的最大局限性是只能检测顺磁性物质, 但是大部分生物物质如细胞膜、蛋白质、核酸等都不是顺磁性的, 这就大大限制了 ESR 的应用范围. 1965 年, 研究者提出引入自旋标记的概念和方法, 为 ESR 应用开辟了一个新天地.

自旋标记法是将一种稳定的顺磁性基团用共价键合的方式引入到被研究体系分子的特定部位, 利用其 ESR 波谱特性来反映该顺磁性分子所处相关环境的物理、化学性质. 可以用作自旋标记的化合物应具备如下性质: ① 该物质必须是足够稳定的顺磁性化合物, 在使用过程中, 无论处于固态还是溶液状态, 它在光、热和氧气存在的条件下都应保持化学稳定性; ② 应能与被研究体系的分子在某些专一的位置上以一定的方式结合, 且对体系的干扰很小; ③ 该自旋标记产生的 ESR 谱应能灵敏地反映环境的信息, 且谱图较简单并易于解析; ④ 该标记化合物还应在所用的溶剂中有良好的溶解性, 便于制备实验所需的样品.

目前用得最多的自旋标记化合物是氮氧自由基, 主要是因为: ①比较稳定, 便于合成, 并可根据需要与多种母体分子相结合, 以适用于各种不同的体系, 且结合之后对母体分子影响小; ②其 ESR 波谱具有很高的灵敏度, 只需很低的浓度, 即可得到很强的信号; ③所产生的 ESR 谱能够灵敏地反映环境体系的多种信息, 而且便于分析.

自旋探针法与自旋标记方法类似, 其目的同样是将顺磁性的探针分子导入被测体系, 只不过自旋标记法中使用化学键合的方式, 而自旋探针使用非价键结合方式.

自由基捕获、自旋标记以及自旋探针等方法使得电子自旋共振波谱方法的应用领域极大拓展, 特别是在生命科学研究领域. 比较典型的应用包括生物分子相互作用 (蛋白、核酸及与药物分子等) 的研究、细胞膜的研究、心血管疾病的基础研究等.

推 荐 书 目

林金明. 2004. 化学发光基础理论与应用. 北京：化学工业出版社.
刘建学. 2008. 实用近红外光谱分析技术. 北京：科学出版社.
陆同兴, 路轶群. 2009. 激光光谱技术原理及应用. 合肥：中国科学技术大学出版社.
陆婉珍, 袁洪福, 徐广通. 2007. 现代近红外光谱分析技术. 北京：中国石化出版社.
毛希安. 2000, 现代核磁共振实用技术及应用. 北京: 科学技术文献出版社.
彭采尔, 等. 1985. 分子发光分析法 (荧光法和磷光法). 祝大昌, 陈剑鋐译. 上海：复旦大学出版社.
许金钩, 王尊本. 2006. 荧光分析法. 北京：科学出版社.
许禄. 1995. 化学计量学. 北京：科学出版社.
杨序纲, 吴琪林. 2008. 拉曼光谱的分析与应用. 北京：国防工业出版社.
曾繁清, 杨业智. 2000. 现代分析仪器原理. 武汉：武汉大学出版社.
赵敏光. 1991, 晶体场和电子顺磁共振理论. 北京: 科学出版社.
朱自莹, 顾仁敖, 陆天虹. 1998. 拉曼光谱在化学中的应用. 沈阳：东北大学出版社.

第 4 章　现代质谱分析

质谱分析法 (mass spectrometry, MS) 已有较长的发展历史, 1898 年, Wien 就发现了带正电荷的离子束在磁场中运动发生偏转的现象. 1910 年, Thompson 使用简单的电场–磁场组合装置, 获得了抛物线族的质谱, 证明了 ^{20}Ne、^{22}Ne 两种同位素的存在. 1918 年, Dempster 采用电子轰击技术使分子离子化. 1919 年, Aston 研制了第一台速度聚焦质谱仪, 用这台装置发现了多种元素同位素, 从而肯定了同位素的普遍存在. 同时根据对同位素的研究, 他还提出了元素质量的整数法则, 并因此荣获 1922 年诺贝尔化学奖. 早期的质谱仪主要用来进行同位素测定和无机元素分析, 20 世纪 40 年代以后开始用于有机物分析, 60 年代出现了气相色谱–质谱联用仪, 使质谱的应用领域大大扩展, 开始成为有机物分析的重要仪器. 80 年代以后又出现了一些新的质谱技术, 如快原子轰击电离源、基质辅助激光解吸电离源、电喷雾电离源、大气压化学电离源, 以及随之而来的比较成熟的液相色谱–质谱联用仪、电感耦合等离子体质谱仪、傅里叶变换质谱仪等, 进一步促进了质谱分析技术的发展和应用, 尤其是一些软电离技术的发展大大促进了质谱分析技术在大分子如蛋白质研究中的应用, 现已成为蛋白质组学研究中必不可少的科学工具. 目前质谱分析法已发展成为各种分析仪器中最高效灵敏的定性定量方法之一, 尤其需要指出质谱是目前极少可以测定分子质量的分析方法之一. 由于质谱分析具有灵敏度高、样品用量少、分析速度快、可同时进行分离和鉴定等优点, 广泛地应用于化学化工、材料、环境、地质、地球和宇宙化学、原子能与其他能源、药物、刑侦、生物化学及生命科学、运动医学、固体物理、冶金、电子、航天等各个领域.

质谱分析法是通过对被测样品离子的质荷比的测定来进行分析的一种分析方法. 离子化的被分析样品在电场或磁场中的运动行为不同, 按离子质荷比 (m/z) 分开而得到质谱, 通过质荷比对样品进行定性、通过丰度信息对样品进行定量, 因此从本质上说, 质谱是一种根据质荷比对物质进行分离的技术, 同时具有很高的检测灵敏度. 很多人都会把质谱和其他谱学技术联系起来, 实际上, 从分析原理来看, 质谱和其他谱学技术完全没有关系, 我们通常所谓的谱学技术包括原子光谱、分子光谱、核磁共振、电子顺磁共振以及晶体衍射等, 其工作原理都是基于物质和电磁辐射之间的相互作用, 而质谱则与此不同, 它研究的只是荷电粒子在磁场或电场中由于受到磁力或静电力的作用而改变运动轨迹, 并且这种改变和其质量与荷电量是相关的.

4.1 质谱分析概论

对质谱分析法在科学发展史中的贡献的认识, 我们仍然需要回溯到它发展的早期. 质谱仪的使用和对同位素的研究解决了一个人们长期争论而又迷惑不解的问题. 自 1815 年英国医生兼化学家普劳特 (Prout) 提出所有元素的原子量均为氢原子量的整数倍的假说后, 人们对此一直半信半疑, 对原子量精确测定的结果使那些认为它有道理的化学家垂头丧气. 当门捷列夫 (Mendeleev) 提出元素周期律揭示了元素间存在内在联系的规律后, 一些化学家重提普劳特假说, 认为它可能是正确的. 当时英国物理学家、化学家克鲁克斯 (Crookes) 就在一篇题为《元素的产生》的论文中提出 "所谓元素或单质实际上都是复合物, 所有元素都是由一种原始物质逐步凝聚成的". 然而比利时化学家斯塔 (Stas) 关于原子量的精确测定再次否定了普劳特的假说, 科学界并不能接受克鲁克斯的观点. 直到 20 世纪初, 在可以信赖的门捷列夫化学元素周期律中, 为什么钾和氩、钴和镍、碲和碘的排列不是按原子质量的大小而是颠倒顺序排列的, 大家仍然不得其解. 直到阿斯顿运用质谱仪完成了对众多元素的同位素研究, 证明了元素质量的整数法则, 上述疑问才得以解释, 证明普劳特的假说和门捷列夫周期律都是正确的. 他不仅指出几乎所有的元素都存在同位素, 而且还证实自然界中的某元素实际上是该元素的几种同位素的混合体, 因此该元素的原子质量也是依据这些同位素在自然界占据不同比例而得到的平均原子质量. 所以大多数元素的原子质量并不是整数, 原因就在这里. 随着原子结构秘密被揭开, 质子、中子等基本粒子被揭示, 元素质量存在整数法则的原因也就明了了.

在质谱发展历程中一系列重大的进展是令世人瞩目的, 除 Aston 因利用质谱大规模研究非放射性同位素获 1922 年诺贝尔化学奖外, Joseph Thomson 因气态离子导电理论和实验获 1906 年诺贝尔物理奖, Frederick Soddy 因为对放射性物质和同位素的研究获 1921 年诺贝尔化学奖, 1989 年, Hans G. Dehmelt 和 Wolfgang Paul 因发明离子阱质谱而同获诺贝尔物理奖, Curl Jr.、Kroto 和 Smally 因利用质谱发现富勒烯同获 1996 年诺贝尔化学奖, Hohn Fenn、Koichi Tanaka 和 Kurt Wuthrich 因发展了可用于生物大分子分析的软电离方法而同获 2002 年诺贝尔化学奖. 到 21 世纪初, 随着人类第一张基因序列草图的完成和发展, 生命科学的研究将进入一个崭新的后基因组学即蛋白质组学时代. 正如基因草图的提前绘制得益于大规模全自动毛细管电泳测序技术一样, 后基因组研究也必将会借助于现代生物质谱技术等得到迅猛发展.

4.1.1 质谱技术的基本特征

质谱是原子、分子电离所形成的离子或带电分子碎片按质荷比大小顺序排列的图谱. 质谱仪是一类能使物质粒子离解成离子并通过适当的电场、磁场将它们按空间位置或时间先后实现质荷比分离, 并检测其强度进行物质分析的仪器. 质谱仪主要由分析系统、电学系统和真空系统组成. 通过质谱分析, 我们可以获得所分析样品的分子质量、分子式、分子中同位素构成和分子结构、元素和分子含量等多方面信息. 从质谱仪所用的质量分析器的不同, 一般把质谱仪分为双聚焦质谱仪、四极杆质谱仪、飞行时间质谱仪、离子阱质谱仪、傅里叶变换质谱仪等. 根据现有质谱技术分别可适用于无机、同位素、有机和生物分子的分析, 因此形成了几大类质谱分析技术, 同时还形成一些特殊的质谱技术如气体分析质谱仪, 主要有呼气质谱仪、氦质谱检漏仪等.

1. 无机质谱

质谱分析法的特点是测试速度快、结果精确. 无机质谱主要应用于无机元素微量分析和同位素分析等, 广泛用于地质学、矿物学、地球化学、核工业、材料科学、环境科学、医药卫生、食品化学、石油化工以及空间技术和公共安全等各种样品的测定. 依据其离子化技术的不同, 无机质谱有很多不同的类型并各具特色, 常见的有电感耦合等离子体质谱、激光电离质谱和共振电离质谱、火花源质谱、辉光放电质谱、二次离子质谱、热电离同位素稀释质谱法等. 火花源质谱仪不仅可以进行固体样品的整体分析, 而且可以进行表面和逐层分析甚至液体分析; 激光探针质谱仪可进行表面和纵深分析; 辉光放电质谱仪分辨率高, 可进行高灵敏度、高精度分析, 适用范围包括元素周期表中绝大多数元素, 分析速度快, 便于进行固体分析; 电感耦合等离子体质谱谱线简单易认, 灵敏度与测量精度均很高, 是目前最为常用的无机质谱分析方法, 其灵敏度是目前各种无机元素分析方法中最高的之一, 如图 4-1 所示.

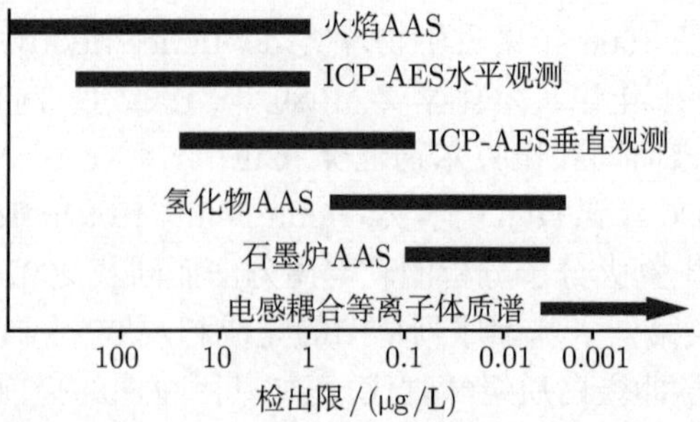

图 4-1 电感耦合等离子体质谱与其他元素分析方法灵敏度比较

2. 同位素质谱

同位素质谱分析是质谱分析法中一个特别的领域, 它是质谱发展的原始动力,而且至今稳定同位素测定依然十分重要，只不过不再是单纯的元素分析而已. 该方法的特点是测试速度快、结果准确、样品用量少 (μg)，能准确测定元素的同位素比，广泛应用于核科学、地质年代测定、同位素稀释质谱分析和同位素示踪分析等. 分子的同位素标记对有机化学和生命化学领域中化学机理和动力学研究十分重要，而进行这一研究前必须测定标记同位素的量，同位素质谱法是最常用的方法之一. 其他涉及标记同位素探针、同位素稀释及同位素年代测定等工作都可以用同位素离子峰来进行检测，后者是地质、考古等工作中经常进行的质谱分析，一般通过测定 $^{36}Ar/^{40}Ar$ 的离子峰相对强度之比求出 ^{40}Ar 丰度从而推算出年代.

3. 有机质谱

用质谱解析有机化合物结构是质谱分析法应用中一个重要的方面，然而由于有机物往往成分复杂较难提纯，因此用质谱进行分析多是采用与分离技术联用的思路，通过分离技术可获得纯的有机物组分，并在设定条件下引入质谱系统进行检测，根据所研究对象是否易于气化等特点，会采用不同的分离手段，目前气相色谱和液相色谱是最常用的有机质谱研究模式，根据所采用的质量分析器的不同，分别形成了气相色谱–质谱联用技术，包括气相色谱–四极杆质谱、气相色谱–飞行时间质谱、气相色谱–离子阱质谱等以及液相色谱–质谱联用技术，同样包括液相色谱–四极杆质谱、液相色谱–离子阱质谱、液相色谱–飞行时间质谱等，以及各种各样的液相色谱–质谱–质谱联用技术. 同样，基质辅助激光解吸–飞行时间质谱 (MALDI-TOF-MS) 和傅里叶变换质谱仪 (FT-MS) 也在有机质谱分析中发挥重要作用. 有机质谱中使用较多的电离源是电子电离源，这种电离源具有较高的能量，能够把有机物轰击成碎片，然后可依据裂解规律来推测有机物结构.

4. 生物质谱

电喷雾电离技术和基质辅助激光解吸电离技术是诞生于 20 世纪 80 年代末期的两项典型的软电离技术，这两项技术的出现使传统的主要用于小分子物质研究的质谱技术发生了革命性的变革，它们具有高灵敏度和高质量检测范围，使得在 pmol/L(10^{-12}mol/L) 甚至 fmol/L(10^{-15}mol/L) 的水平上准确地分析分子质量高达几万到几十万的生物大分子成为可能，从而使质谱技术真正走入了生命科学的研究领域，并得到迅速的发展. 快原子轰击电离也是一种软电离技术，是用快速惰性原子轰击存在于底物中的样品，使样品离子溅出进入质量分析器，这种软电离技术适用于极性强、热不稳定的化合物的分析，特加适用于多肽和蛋白质等的分析研究，可以确定样品的元素组成和分子式. 而快原子轰击 MS-MS 串联技术的应用可以提供样品更为详细的分子结构信息，从而使其在生物医学分析中迅速发展起来. 近年来同位素质谱技术也被应用于医学领域，由于某些病原菌具有分解特定化合物的能力, 该化合物又易于用同位素标记, 于是用同位素标记质谱检测其代谢物中同位素的含量, 可达到检测该病原菌的目的.

4.1.2 质谱仪性能指标

衡量质谱仪性能的指标很多, 主要包括灵敏度、分辨率、质量范围和质量稳定性及质量精度等, 而且对于具体方法其性能指标的含义也略有不同.

1. *灵敏度*

质谱仪的灵敏度可以表示为绝对灵敏度、相对灵敏度和分析灵敏度, 绝对灵敏度指仪器能够检测的最小质量, 相对灵敏度指仪器可以同时检测的大小组分含量之比, 分析灵敏度则指所检测样品量与检测器输出信号的比值.

2. *分辨率*

质谱仪的分辨率表示质谱仪把相邻两个质量分开的能力, 常用 R 表示. 假定有两个相等高度的质谱峰, 质量较小者为 M, 两个峰质量差为 ΔM, 如果两峰之间的分离状况满足两峰间的 "峰谷" 是峰高的 10%(每个峰提供 5%, 图 4-2), 则定义该质谱仪的分辨率为

$$R = \frac{M}{\Delta M} \tag{4-1}$$

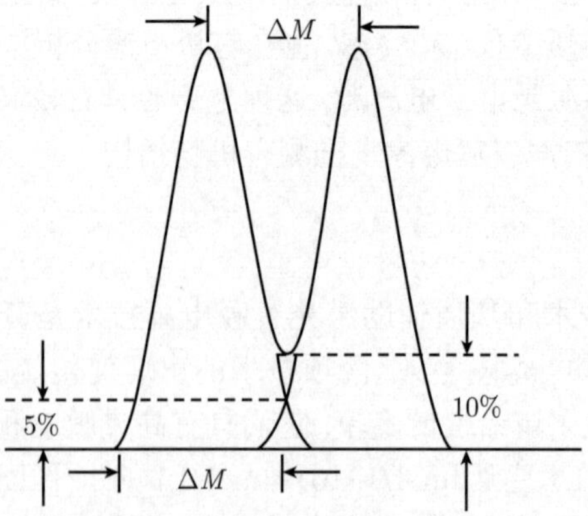

图 4-2 质谱分辨率定义

而在实际测量时很难找到恰好分开满足上述条件的两个峰, 而且也很难保证两个峰的高度为一致, 所以也经常用峰高 5%处的宽度来代替 ΔM, 所以分辨率又可表示为

$$R = \frac{M}{W_{0.05}} \tag{4-2}$$

3. 质量范围

质量范围是指质谱仪所能测定的离子质荷比的范围, 对于多数离子源, 电离得到的离子为单电荷离子, 因此质量范围实际上就是可以测定的分子质量范围, 在精密的测量中, 采用原子质量单位 (unified atomic mass unit) 表示, 一个原子质量单位 (u) 为处于基态的 ^{12}C 原子质量的 1/12, 即 $1u=1.66054\times10^{-24}g$, 而在非精确测定场合, 通常采用原子核中质子和中子的总数即 "质量数" 来表示. 质量范围的大小一般取决于质量分析器, 然而对于电喷雾离子源, 由于形成的离子带有多电荷, 所以尽管质量范围只有几千, 但可以测定的相对分子质量可达 10 万以上. 四极杆质量分析器的质量范围上限一般在 1000 左右, 也有的可达 3000, 而飞行时间质量分析器可达几十万. 对质谱仪而言并不是要求质量范围越宽越好, 而是需要根据使用目的确定合适的质量范围, 如气相色谱–质谱联用分析的对象是挥发性有机物, 其相对分子质量一般不超过 500, 最常见的是 300 以下, 因此质量范围达到 800 应该就足够了, 如果是液相色谱–质谱联用质谱仪, 因为分析的较多是生物大分子, 就要求质量范围更宽一些.

4. 质量稳定性和质量精度

质量稳定性是指质谱分析仪器测定质量随时间的稳定情况, 通常用一定时间内质量值漂移的程度来表示, 0.1amu/12h 即表明所用的质谱分析仪测定的质量在 12h 之内漂移不超过 0.1amu, 当然质量漂移的程度越小表明设备性能越高. 质量精度是指质量测定的精确程度, 用相对值表示, 常用 ppm 为单位来衡量, 一般通过对已知质量分子的测定来确定, 显然数值越小精度越高. 质量精度是高分辨质谱仪的一项重要指标, 低分辨质谱仪则基本没有此项指标要求.

表 4-1 列举了几种常用质谱仪的质量范围和分辨率指标.

表 4-1 几种典型质谱仪性能比较

类型	近似质量范围	近似分辨率
单聚焦	1~1400	2500
	2~700	500
	2~150	100
双聚焦	2~5000	1000~2000
	1~240	1000~2500
四极杆	2~100	100
	2~80	20~50
飞行时间	1~700	150~250
	1~250	130

4.1.3 有机质谱研究分子结构的一般原则

利用质谱进行有机化合物结构解析是质谱的主要功能之一, 化合物的质谱包含着有关化合物结构的丰富信息, 很多情况下基于质谱信息即可确定化合物的分子质量、分子式和分子结构, 有机物结构质谱解析主要涉及以下几个方面.

1. 分子质量确定

分子离子的质荷比就是化合物的分子质量, 因此在解释质谱时首先要确定分子离子峰, 判断分子离子峰的主要依据:

(1) 分子离子峰一定是质谱中质量数最大的峰, 它应处在质谱的最右端.

(2) 分子离子峰应具有合理的质量丢失, 即在比分子离子小 4~14 及 20~25 个质量单位处不应有离子峰出现, 否则所判断的质量数最大的峰就不是分子离子峰. 因为一个有机化合物分子不可能失去 4~14 个氢而不断键, 如果断键, 失去的最小碎片应为 CH_3, 它的质量是 15 个质量单位. 同样也不可能失去 20~25 个质量单位.

(3) 分子离子应为奇电子离子, 它的质量数应符合氮规则. 所谓氮规则是指在有机化合物分子中含有奇数个氮时, 其分子质量应为奇数. 含有偶数个 (包括 0 个) 氮时, 其分子质量应为偶数. 这是因为组成有机化合物的元素中, 具有奇数价的原子具有奇数质量, 具有偶数价的原子具有偶数质量, 因此, 形成分子之后, 分子质量一定是偶数. 而氮则例外, 氮有奇数价而具有偶数质量, 因此, 分子中含有奇数个氮, 其分子质量是奇数, 含有偶数个氮, 其分子质量一定是偶数.

如果某离子峰完全符合上述三项判断原则, 那么这个离子峰可能是分子离子峰, 如果三项原则中有一项不符合, 这个离子峰就肯定不是分子离子峰. 应该特别注意的是, 有些化合物容易出现 $M-1$ 峰或 $M+1$ 峰, 或者在分子离子峰很弱时容易和噪声峰相混, 所以, 在判断分子离子峰时要综合考虑样品来源、性质等其他因素. 如果经判断没有分子离子峰或分子离子峰不能确定, 则需要采取其他方法得到分子离子峰, 常用的方法有:

① 降低电离能量. 通常 EI 源所用电离电压为 70V, 电子的能量为 70eV, 在这样高能量电子的轰击下, 有些化合物很难得到分子离子. 这时可采用 12eV 左右的低电子能量, 虽然总离子流强度会大大降低, 但有可能得到一定强度的分子离子峰.

② 制备衍生物. 有些化合物不易挥发或热稳定性差, 这时可以进行衍生化处理. 例如, 有机酸可以制备成相应的酯, 酯类容易汽化而且容易得到分子离子峰, 可以由此再推断有机酸的分子质量.

③ 采取软电离方式. 软电离方式很多, 如化学电离源、快原子轰击源、场解吸源及电喷雾源等, 可根据样品特点选用不同的离子源. 软电离方式得到的往往是准分子离子, 然后由准分子离子推断出真正的分子质量.

2. 分子式确定

利用一般的 EI 质谱较难确定分子式, 利用分子离子峰的同位素峰可在一定程度上确定分子组成, 由于不同分子的元素组成不同, 不同化合物的同位素丰度也不同, Beynon 将各种化合物 (包括 C、H、O、N 的各种组合) 的 M、$M+1$、$M+2$ 的强度值编成质量与丰度表, 如果知道了化合物的分子量和 M、$M+1$、$M+2$ 的强度比, 即可查表确定分子式. 这种确定分子式的方法要求同位素峰的测定十分准确, 而且只适用于分子质量较小、分子离子峰较强的化合物, 目前更多采用计算机检索方式确定有机物分子式而极少使用查表方式.

利用高分辨质谱仪可以提供分子组成, 只要能精确测定化合物的分子质量, 根据碳、氢、氧、氮的精确原子质量可以由计算机轻而易举地计算出所含不同元素的个数. 目前傅里叶变换质谱仪、双聚焦质谱仪、飞行时间质谱仪等都能给出化合物的元素组成.

3. 分子结构的确定

化合物分子电离生成的离子质量和强度与该化合物分子的本身结构有密切关系, 也就是说化合物的质谱带有重要的结构信息, 通过对化合物质谱的解释, 可以确定分子质量、验证某种结构、确认某元素的存在, 也可以用来对完全未知的化合物进行结构鉴定. 质谱图一般的解释步骤如下:

(1) 由质谱的高质量端确定分子离子峰, 求出分子质量, 初步判断化合物类型及是否含有 Cl、Br、S 等元素.

(2) 根据分子离子峰的高分辨数据, 给出化合物的组成式.

(3) 由组成式计算化合物的不饱和度, 即确定化合物中环和双键的数目. 不饱和度表示有机化合物的不饱和程度, 计算不饱和度有助于判断化合物的结构.

(4) 质谱高质量端离子峰是由分子离子失去碎片形成的, 从分子离子失去的碎片, 可以确定化合物中含有哪些取代基. 常见的离子碎片见表 4-2.

表 4-2 常见离子碎片

M-15(CH_3)	M-17(OH, NH_3)	M-19(F)
M-27(HCN, C_2H_3)	M-29(CHO, C_2H_5)	M-31(CH_2OH, OCH_3)
M-35(Cl)	M-43(CH_3CO, C_3H_7)	M-45(OC_2H_5, COOH)
M-79(Br)	M-16(O, NH_2)	M-18(H_2O)
M-26(C_2H_2)	M-28(CO, C_2H_4)	M-30(NO)
M-32(S, CH_3OH)	M-42(CH_2CO, CH_2N_2)	M-44(CO_2, CS_2)
M-46(NO_2, C_2H_5OH)	M-127(I)	

(5) 研究低质量端离子峰, 寻找不同化合物断裂后生成的特征离子和特征离子系列, 根据特征离子系列可以推测化合物类型.

通过上述各方面的研究, 提出化合物的结构单元. 再根据化合物的分子质量、分子式、样品来源、物理化学性质等, 提出一种或几种最可能的结构, 必要时可根据红外和核磁数据得出最后结果. 由此得出的化合物结构还需进行验证, 将所得结构式按质谱断裂规律分解, 看所得离子和所给未知物谱图是否一致. 或者检索该化合物的标准质谱图, 看是否与未知谱图相同. 在可能条件下, 按照推测结构测定标样的质谱图, 并与未知物谱图进行比较, 观察其是否一致.

4.2　质谱分析主要功能部件

质谱系统的主要功能单元包括进样、离子源、质量分析器和检测器及真空系统.

4.2.1　进样单元

质谱进样可以有多种方式, 大致可以分为两大类, 第一类是质谱作为独立的分析设备直接进样, 第二类是在质谱联用技术中其前端设备兼作为质谱的进样装备. 直接进样方式按照样品的形态不同, 又分为气态、液态和固态进样方式, 通常气态和液态样品是利用毛细管导入质谱仪的, 固态样品则通过进样杆直接导入.

1. 进样杆进样

这是最简单的一种进样方式, 样品由进样杆直接送入离子源, 操作简单, 图 4-3 为一种典型的进样装置.

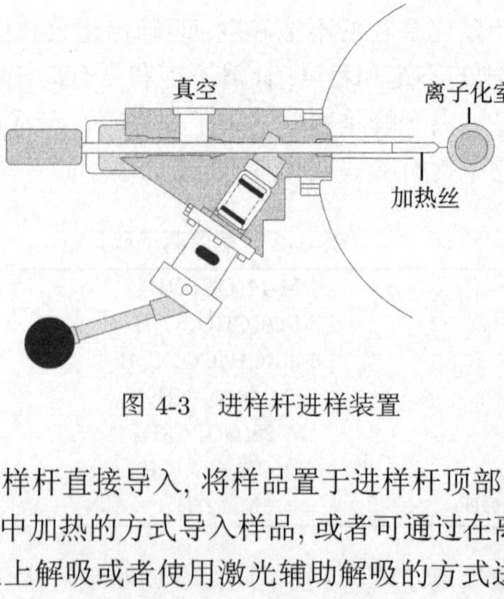

图 4-3　进样杆进样装置

固体样品常用进样杆直接导入, 将样品置于进样杆顶部的小坩埚中, 通过在离子源附近的真空环境中加热的方式导入样品, 或者可通过在离子化室中将样品从一可迅速加热的金属丝上解吸或者使用激光辅助解吸的方式进行. 这种方法可与电子轰击电离、化学电离以及场电离结合, 适用于热稳定性差或者难挥发物的分析.

2. 间歇式进样

图 4-4 所示为一种典型的间歇式进样系统, 可用于气体、液体和中等蒸气压固体样品的进样, 少量试样 (10~100μg) 通过试样管引入试样储存器, 在低压和加热条件下试样挥发为气态, 由于进样系统压力大于离子源, 样品分子通过带有针孔的玻璃或金属膜的分子漏隙进入离子源.

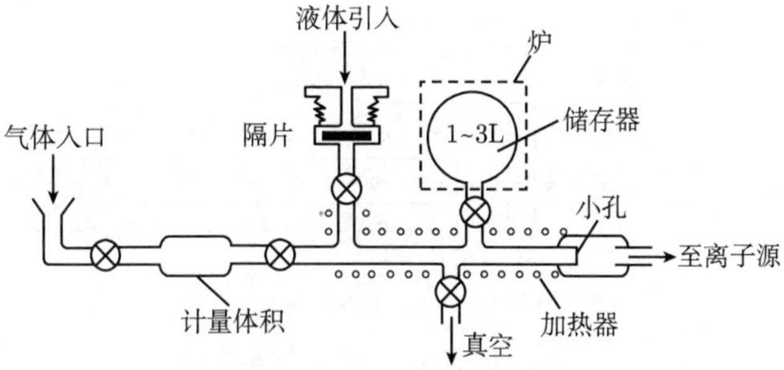

图 4-4 典型的间歇式进样装置

3. 接口式进样

质谱中使用多种接口进样方式, 这些接口既可用于直接进样, 也可用于与其他设备的连接, 有些实际上和电离源合为一体.

1) 液体直接导入接口

1972 年, Tal'roze 等提出了直接将色谱柱出口导入质谱的思想, 当时称之为毛细管入口界面, 1980 年这种液质接口已经用于商业化生产. 为了避免非挥发溶剂的污染, 使用一个小的横隔膜对这一接口进行了改进, 研制成了液体直接导入接口 (direct liquid introduction interface) 技术. 该接口是将液相色谱的流动相沿着进样杆流动, 然后通过一个直径为 3~5μm 的针孔, 使液体射入质谱计的化学电离离子源中. 液体直接导入接口的优点是接口简单、造价低廉, 可将非挥发性和热不稳定性的化合物温和地转化成气态, 样品以溶液状态进入质谱形成了化学电离条件, 可得到分子质量信息. 缺点是分流过程中需要减少大量的流动相, 使用的隔膜经常堵塞.

2) 热喷雾接口

热喷雾接口 (thermo spray interface) 是从 20 世纪 70 年代中期开始在美国休斯敦大学实验室立项研究, 旨在解决在液相和质谱之间传送 1mL/min 流速水溶液流动相的难题, 可使用电子电离源和化学电离源两种离子化源. 最初的设计非常复杂, 直到 1987 年后的五年内它才得到突飞猛进的发展. 该接口是将液相色谱的流动相通过一根电阻式加热毛细管进入一个加热的离子室, 毛细管内径约 0.1mm, 比液体直接导入接口的取样孔大很多. 毛细管的温度调节到溶剂部分蒸发的程度, 产生蒸汽超声喷射, 在含有水溶剂的情况下, 喷射中含有夹带荷电小液滴的雾状物. 由于离子室是加热的, 并由前级真空泵预抽真空, 当液滴经过离子源时继续蒸发变小, 有效地增加了荷电液滴的电场梯度. 最终使其成为自由离子而从液滴表面释放出去, 通过取样锥内的小孔离开热喷雾离子源. 热喷雾接口适用于含有大量水的样品, 可用于测定各种极性化合物. 由于在溶剂挥发时需要利用较高温度加热, 因此待测物有可能受热分解 (图 4-5).

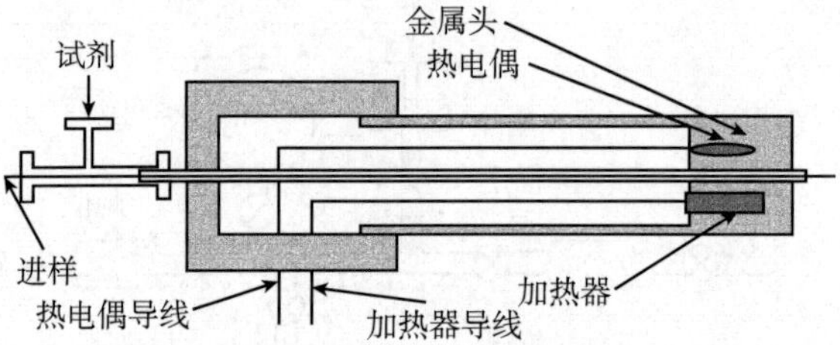

图 4-5 一种热喷雾接口

热喷雾接口的优点是可以减少进入质谱的溶剂量, 对不挥发的分析物分子也可电离, 可以接受的溶剂流量大致范围为 0.5~2.5mL/min, 但不允许有不挥发性缓冲溶液. 缺点是该接口技术的重现性较差, 受溶剂成分、取样杆温度及离子源温度的影响. 相应的是一种软电离技术, 在谱图中只有分子离子峰, 碎片非常少, 对分析物要求有一定的极性, 流动相中要有一定量的水, 对热稳定性差的化合物有明显的分解作用.

3) 电喷雾接口

带有样品的溶液通过一个带有数千伏高压的针尖喷口喷出, 生成带电液滴, 经干燥气除去溶剂后, 带电离子通过毛细管或者小孔直接进入质量分析器. 传统的电喷雾接口只适用于流动相流速为 1~ 5μL/min 的体系, 因此电喷雾接口主要适用于微柱液相色谱. 同时离子可以带多电荷, 这使得高分子物质的质荷比落入大多数四极杆或磁质量分析器的分析范围 (质荷比小于 4000), 从而可分析分子质量高达几十万道尔顿 (Da) 的物质.

4) 离子喷雾接口

在电喷雾接口基础上, 利用气体辅助进行喷雾, 可提高流动相流速达到 1mL/min. 电喷雾和离子喷雾技术中使用的流动相体系含有的缓冲液必须是挥发性的.

5) 粒子束接口

粒子束接口 (particle-beam interface, PB) 是从单分散气溶胶界面发展来的, 该接口将液相色谱的流动相在常压下借助气动雾化产生气溶胶, 气溶胶扩展进入加热的去溶剂室, 此时待测分子通过一个动量分离器与溶剂分离, 然后经一根加热的传送管进入质谱. 分析物粒子在离子源与热源室的内壁碰撞而分解, 溶剂蒸发后释放出气态待测分子即可进行离子化. 粒子束接口的优点是分析范围比热喷雾接口更宽, 将电离过程与溶剂分离过程分开, 更适合于使用不同的流动相、不同的分析物质. 主要用于分析非极性或中等极性、相对分子质量小于 1000 的化合物, 在药残、药物代谢分析、化工方面有许多应用. 其缺点是灵敏度变化范围大、线性响应的浓度范围较窄, 两种化合物的协同洗脱会对响应产生不可预测的效应, 使用高速氦气成本太高, 离子化手段仍然是电子轰击, 不适于分析热不稳定的化合物.

6) 解吸附技术

将微柱液相色谱与粒子诱导解吸技术 (快原子轰击等) 结合, 一般使用的流速为 1~10μL/min, 流动相须加入微量难挥发液体 (如甘油). 混合液体通过一根毛细管流到置于离子源中的金属靶上, 经溶剂挥发后形成的液膜被高能原子或者离子轰击而离子化.

4.2.2 离子源

离子源 (ion source) 的功能是将进样系统引入的样品分子电离得到带有样品信息的离子. 由于离子化所需要的能量随分子不同差异很大, 因此对于不同的分子应选择不同的电离方法. 通常称能给样品较大能量的电离方法为硬电离方法, 而给样品较小能量的电离方法为软电离方法, 后一种方法适用于易破裂或易电离的样品. 目前常用的离子源主要有以下类型.

1. 电子电离源

电子电离 (electron ionization, EI) 源是应用最为广泛的离子源, 主要应用于挥发性样品的电离, 其结构原理见图 4-6, 样品以气体形式进入离子源, 由灯丝发出的电子与样品分子发生碰撞使样品分子电离.

一般情况下灯丝与接收极之间的电压为 70V, 所有的标准质谱图都是在 70eV 下获得的. 在 70eV 电子碰撞作用下, 有机物分子可能吸收能量电离掉一个电子形成分子离子, 也可能会发生化学键的断裂形成碎片离子. 电子电离源是一种硬电离源, 对一些不稳定的化合物, 在 70eV 的电子轰击下严重裂解, 不易得到分子离子, 可采用较低如 10~20eV 的电子能量, 不过此时灵敏度将大为降低, 需要加大样品的进样量, 而且所得质谱图也不是标准质谱图.

电子电离源主要适用于易挥发有机样品的电离, 气相色谱–质谱联用仪中较多采用这种离子源. 其优点是工作稳定可靠、结构信息丰富、有标准质谱图可以检索. 缺点是只适用于易气化的有机物样品分析, 并且对有些化合物得不到分子离子.

2. 化学电离源

有些化合物稳定性差, 用电子电离源方式不易得到分子离子, 因而也就得不到分子质量. 为了得到分子质量可以采用化学电离 (chemical ionization, CI) 源电离

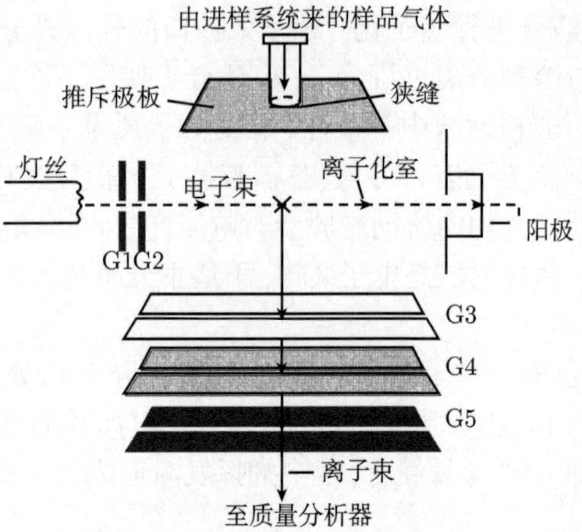

图 4-6　电子电离源结构原理

方式. 化学电离源和电子电离源在结构上没有很大差别, 主体部件是共用的, 其主要差别是化学电离源工作过程中要引进一种反应气体. 反应气体可以是甲烷、异丁烷、氨等小分子质量的气体或裂解后产生小质荷比碎片的分子, 以避免对质谱分析产生影响. 反应气的量比样品要大得多, 灯丝发出的电子首先将反应气电离, 然后反应气离子与样品分子进行离子–分子反应并使样品分子电离.

如以甲烷作为反应气, 在电子轰击下, 甲烷首先被电离生成若干种碎片离子 CH_4^+、CH_3^+、CH_2^+、CH^+、C^+ 和 H^+, 甲烷离子与分子进行反应生成加合离子 CH_5^+ 和 $C_2H_5^+$ 并继续与样品分子反应

$$CH_5^+ + XH \longrightarrow XH_2^+ + CH_4$$

$$C_2H_5^+ + XH \longrightarrow X^+ + C_2H_6$$

生成的 XH_2^+ 和 X^+ 比样品分子 XH 多一个 H 或少一个 H, 可表示为 $(M\pm1)^+$, 称为准分子离子. 事实上, 以甲烷作为反应气, 除 $(M+1)^+$ 之外, 还可能出现 $(M+17)^+$、$(M+29)^+$ 等离子, 同时还出现大量的碎片离子. 化学电离源是一种软电离方式, 有些用 EI 方式得不到分子离子的样品, 改用化学电离后可以得到准分子离子, 因而可以求得分子质量. 对于含有很强的吸电子基团的化合物, 检测负离子的灵敏度远高于正离子的灵敏度, 因此, 化学电离源一般都有正化学电离和负化学电离, 可以根据样品情况进行选择. 由于化学电离得到的质谱不是标准质谱, 所以不能进行库检索.

3. 快原子轰击源

快原子轰击 (fast atomic bombardment, FAB) 源是另一种常用的离子源, 它主要用于极性强、分子质量大的样品分析, 其工作原理如图 4-7 所示.

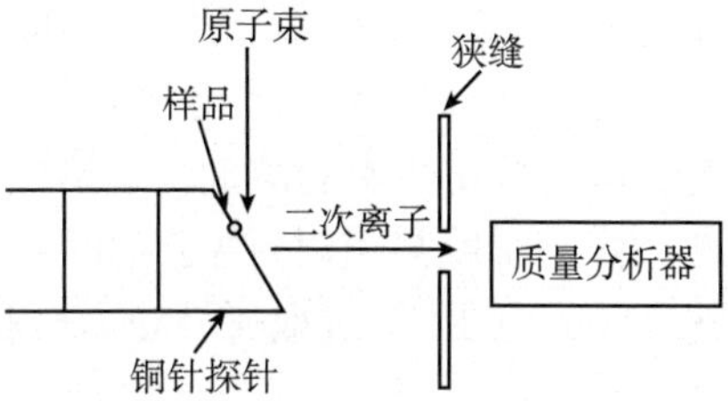

图 4-7 快原子轰击电离源原理

其基本作用过程是使氩气在电离室依靠放电产生氩离子, 高能氩离子经电荷交换得到高能氩原子流, 氩原子打在样品上产生样品离子. 样品置于涂有底物 (如甘油) 的铜靶上, 原子氩打在样品上使其电离后进入真空, 并在电场作用下进入质量分析器. 电离过程中不必加热气化, 因此适合于分析大分子质量、难气化、热稳定性差的样品如肽类、低聚糖、天然抗生素、有机金属络合物等. 快原子轰击源得到的质谱不仅有较强的准分子离子峰, 而且有较丰富的结构信息. 但它与电子电离源得到的质谱图很不相同, 其一是它的分子质量信息不是分子离子峰 M, 而往往是 $(M{+}\mathrm{H})^+$ 或 $(M{+}\mathrm{Na})^+$ 等准分子离子峰; 其二是碎片峰比电子电离谱要少. FAB 源主要用于双聚焦质谱仪.

4. 电喷雾电离源

电喷雾技术作为质谱的一种进样方法起源于 20 世纪 60 年代末 Dole 等的研究, 直到 1984 年, Fenn 对这一技术的研究取得了突破性进展, 1985 年电喷雾进样与大气压离子源成功连接, 1987 年, Bruins 等发展了空气压辅助电喷雾接口, 解决了流量限制问题, 随后第一台商业化生产的带有 API 源的液–质联用仪问世. 电喷雾电离 (electron spray ionization, ESI) 的大发展主要源自于使用电喷雾离子化蛋白质的多电荷离子在四极杆质谱上分析大分子蛋白质, 大大拓宽了分析化合物的分子质量范围.

电喷雾电离源主要由五部分组成: ① 流动相导入装置; ② 真正的大气压离子化区域, 通过大气压离子化产生离子; ③ 离子取样孔; ④ 大气压到真空的界面; ⑤ 离子光学系统, 该区域的离子随后进入质量分析器. 在电喷雾电离中, 离子的形成是分析物分子在带电液滴的不断收缩过程中喷射出来的, 即离子化过程是在液态下完成的 (图 4-8). 液相色谱的流动相流入离子源, 在氮气流下汽化后进入强电场区域, 强电场形成的库仑力使小液滴样品离子化, 离子表面的液体借助于逆流加热的氮气分子进一步蒸发, 使分子离子相互排斥形成微小分子离子颗粒, 这些离子可能是单电荷或多电荷, 取决于分子中酸性或碱性基团的体积和数量.

电喷雾电离主要应用于液相色谱–质谱联用仪, 既作为液相色谱和质谱仪之间的接口装置, 同时又是电离装置. 它的主要部件是一个由多层套管组成的电喷雾喷嘴, 最内层是液相色谱流出物, 其喷射管道上加有高压, 外层是喷射气, 常采用大流量的氮气, 其作用是使喷出的液体容易分散成微滴. 另外, 在喷嘴的斜前方还有一个补助气喷嘴, 补助气的作用是使微滴的溶剂快速蒸发. 在微滴蒸发过程中表面电荷密度逐渐增大, 当增大到某个临界值时, 离子就可以从表面蒸发出来. 离子产生后, 借助于喷嘴与锥孔之间的电压, 穿过取样孔进入分析器.

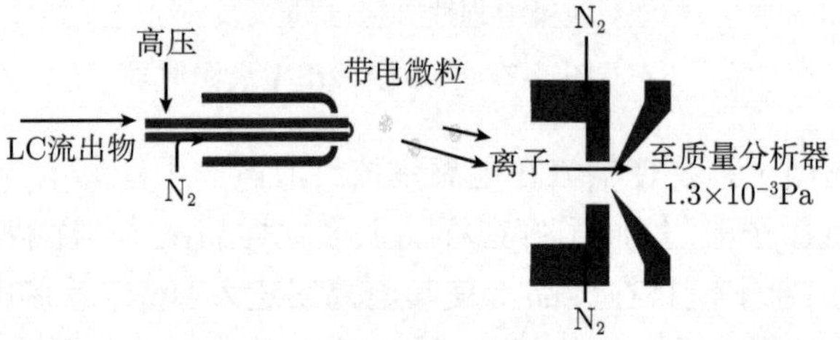

图 4-8　电喷雾电离源结构

加到喷嘴上的电压可以是正也可以是负, 通过调节极性可以得到正或负离子的质谱. 其中值得一提的是电喷雾喷嘴的角度, 如果喷嘴正对取样孔, 则取样孔易堵塞. 因此有的电喷雾喷嘴设计成喷射方向与取样孔不在一条线上, 而错开一定角度. 这样溶剂雾滴不会直接喷到取样孔上, 使取样孔比较干净、不易堵塞. 产生的离子靠电场的作用引入取样孔, 进入质量分析器.

电喷雾电离源是一种软电离方式, 即便是分子质量大、稳定性差的化合物也不会在电离过程中发生分解, 它适合于分析极性强的大分子有机化合物如蛋白质、肽、糖等. 电喷雾电离源的最大特点是容易形成多电荷离子, 这样一个分子质量为 10000Da(1Da=1.66054×10^{-27}kg) 的分子若带有 10 个电荷, 则其质荷比只有 1000Da, 进入了一般质谱仪可以分析的范围之内. 根据这一特点, 目前采用电喷雾电离可以测量分子质量在 300000Da 以上的蛋白质.

电喷雾离子化技术的突出特点是可以生成高度带电的离子而不发生碎裂, 可将质荷比降低到各种不同类型的质量分析器都能检测的程度, 通过检测带电状态可计算离子的真实分子质量, 同时, 解析分子离子的同位素峰也可确定带电数和分子质量. 另外, 电喷雾电离可以很方便地与其他分离技术连接, 如液相色谱、毛细管电泳等, 可方便地纯化样品用于质谱分析, 因此在药残、药物代谢、蛋白质分析、分子生物学研究等诸多方面得到广泛的应用. 其主要优点是离子化效率高、离子化模式多, 正负离子模式均可以分析; 对蛋白质的分析相对分子质量测定范围高达 10^5 以上, 对热不稳定化合物能够产生高丰度的分子离子峰, 可与大流量的液相联机使用, 通过调节离子源电压可以控制离子的断裂, 给出结构信息.

5. 大气压化学电离源

大气压化学电离 (atmospheric pressure chemical ionization, APCI) 源的结构与

电喷雾源大致相同, 不同之处在于大气压化学电离喷嘴的下游放置一个针状放电电极, 通过放电电极的高压放电, 使空气中某些中性分子电离产生 H_3O^+、N_2^+、O_2^+ 和 O^+ 等离子, 溶剂分子也会被电离, 这些离子与分析物分子进行离子–分子反应使分析物分子离子化, 这些反应过程包括由质子转移和电荷交换产生正离子, 质子脱离和电子捕获产生负离子等, 图 4-9 是大气压化学电离源的示意图.

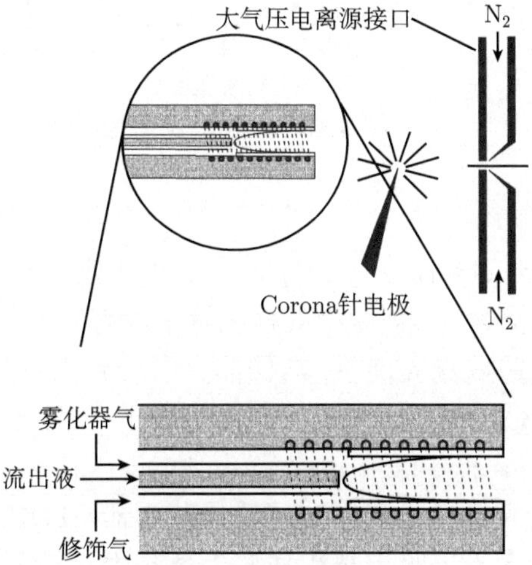

图 4-9 大气压化学电离源结构

大气压化学电离源主要用来分析中等极性的化合物. 有些分析物由于结构和极性方面的原因, 用电喷雾电离不能产生足够强的离子, 可以采用大气压化学电离方式增加离子产率, 可以认为大气压化学电离是电喷雾电离的补充. 大气压化学电离主要产生的是单电荷离子, 所以分析的化合物分子质量一般小于 1000Da. 用这种电离源得到的质谱很少有碎片离子, 主要是准分子离子.

6. 场电离源和场解吸电离源

利用强电场诱发样品分子电离的方式为场电离 (field ionization, FI) 源, 一般采用高曲率半径的针尖阳极, 在正负两极间施加高达 10kV 的电压, 两极间电压梯度可达 $10^7 \sim 10^8$V/cm, 当具有较大偶极矩或高极化率的样品分子通过两极间时, 受到电场力的作用而发生电离, 如图 4-10 所示.

场电离源也是软电离源, 其优点包括: ①能得到分子量信息; ②能得到某些有价值的结构信息. 但也有缺点如: ①灵敏度低、结构信息少; ②不适用于不挥发的及对热不稳定的样品.

场解吸电离 (field desorption, FD) 源原理同场电离, 但样品是沉积在电极上, 是相对最“软”的电离源, 其优点包括: ①固态时就能使样品分子电离, 适合于难汽化和热不稳定样品; ②有丰富的分子离子或准分子离子 (甚至是基峰), 但同样有缺点如碎片离子极少、灵敏度一般不及电子电离和化学电离.

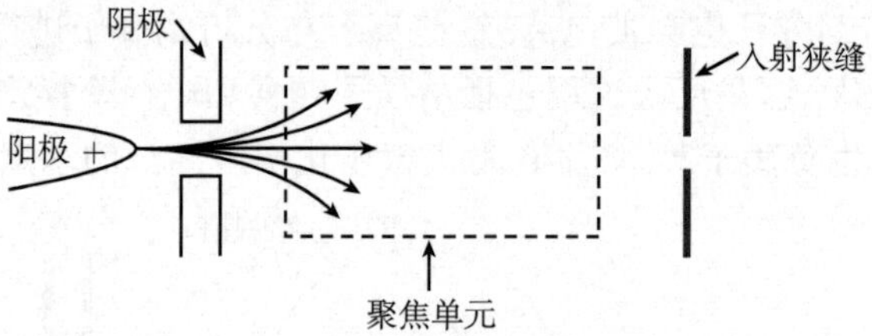

图 4-10 场电离源结构原理

7. 激光解吸源

激光解吸 (laser desorption, LD) 源是利用一定波长的脉冲式激光照射样品使样品电离的一种电离方式. 被分析的样品置于涂有基质的样品靶上, 激光照射到样品靶上时基质分子吸收激光能量, 与样品分子一起蒸发到气相并使样品分子电离. 激光电离需要有合适的基质才能得到较高的离子产率, 因此又常称为基质辅助激光解吸电离 (matrix assisted laser desorption ionization, MALDI), 见图 4-11. 基质辅助激光解吸电离特别适合于飞行时间质量分析器 (TOF), 构成所谓 MALDI-TOF 质谱仪. 基质辅助激光解吸电离也属软电离技术, 比较适合于分析生物大分子如肽、蛋白质、核酸等. 得到的质谱主要是分子离子和准分子离子, 碎片离子和多电荷离子较少. 基质辅助激光解吸电离常用的基质有 2, 5 二羟基苯甲酸、芥子酸、烟酸、α-氰基-4-羟基肉桂酸等.

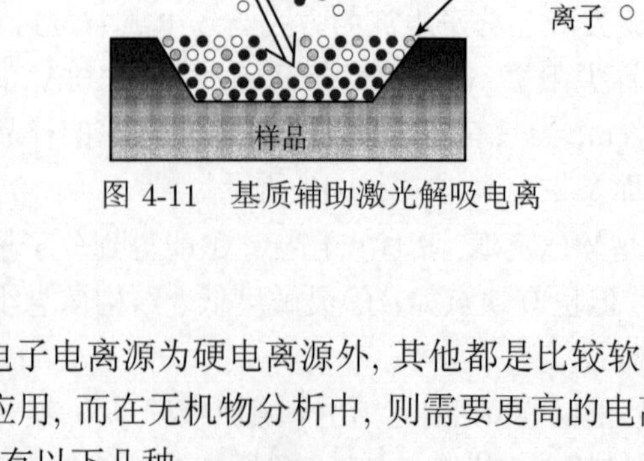

图 4-11 基质辅助激光解吸电离

8. 其他电离源

以上介绍的除电子电离源为硬电离源外, 其他都是比较软的电离源, 更多用于生物大分子分析的应用, 而在无机物分析中, 则需要更高的电离能量, 因此使用到多种硬电离源, 主要有以下几种.

1) 火花电离源

对于金属合金或离子型残渣之类的非挥发性无机试样, 必须使用不同于上述离子化源的火花源. 火花源类似于发射光谱中的激发源, 向一对电极施加约 30kV 的脉冲射频电压, 电极在高压火花作用下产生局部高热, 使试样仅靠蒸发作用产生原子或简单的离子, 经适当加速后进行质量分析, 适用于无挥发性的无机样品, 如金属、半导体、矿物的离子化. 其特点是电离效率高、能量分散大, 故一般需使用双聚焦质量分析器, 可进行定性和半定量分析.

2) 辉光放电电离源

辉光放电质谱法 (GD-MS) 被认为是目前对固体导电材料直接进行痕量及超痕量元素分析最有效的手段. 由于其可以直接固体进样, 近 20 年来已广泛应用于高纯金属、合金等材料的分析. 辉光放电离子源利用惰性气体 (一般是氩气, 压强为 10~100Pa) 在上千伏电压下电离产生的离子撞击样品表面使之发生溅射, 溅射产生的样品原子扩散至等离子体中进一步离子化, 进而被质量分析器收集检测. 辉光放电属于低压放电, 放电产生的大量电子和亚稳态惰性气体原子与样品原子频繁碰撞, 使样品得到极大的溅射和电离. 同时由于 GD 源中样品的原子化和离子化分别在靠近样品表面的阴极暗区和靠近阳极的负辉区两个不同的区域内进行, 也使基体效应大为降低. GD 源对不同元素的响应差异较小 (一般在 10 倍以内), 并具备很宽的线性动态范围 (约 10 个数量级), 因此即使在没有标样的情况下也能给出较准确的多元素半定量分析结果, 十分有利于超纯样品的半定量分析. GD 源就其供电方式而言可分为直流辉光放电、射频辉光放电和脉冲辉光放电, 目前主要应用的是前者, 20 世纪 80 年代中期推出的高分辨辉光放电质谱仪采用反向双聚焦质量分析器, 常规质量分辨率为 4000, 最高可达到 10000, 元素典型检出限可达 0.01ng/g. 辉光放电离子源结构见图 4-12.

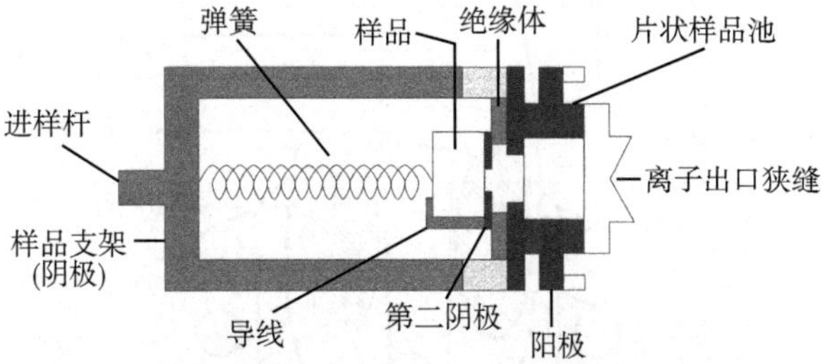

图 4-12 辉光放电离子源结构

3) 电感耦合等离子电离 (inductively coupled plasma ionization, ICP) 源

电感耦合等离子体是一种高效的无机电离方式, 将其应用于质谱离子源有效地解决了多数无机元素的分析, 利用电感耦合等离子体作为离子源进行质谱分析的主要优点有: ①试样在常压下引入; ②温度很高使试样完全蒸发和解离; ③试样原子

电离的百分比很高, 80%可测元素的电离百分比在 75%以上; ④产生的主要是一价离子; ⑤离子能量分散小; ⑥属外部离子源, 并不处于真空中; ⑦离子源处于低电位, 可配用简单的质量分析器; ⑧低检测限、高选择性和好的精度和准确度; ⑨可检测周期表中 90%元素. ICP 离子源结构见图 4-13.

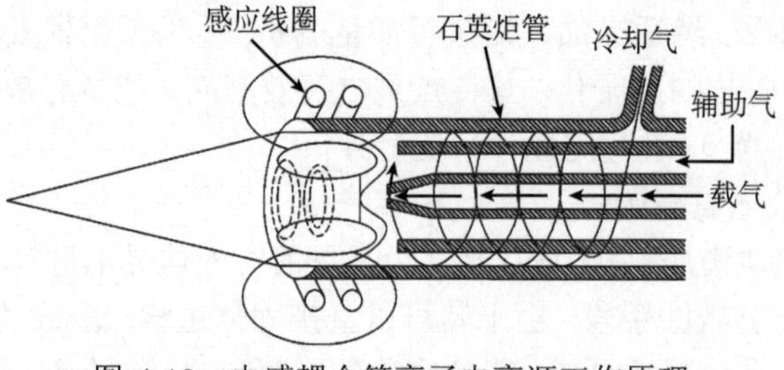

图 4-13　电感耦合等离子电离源工作原理

当有高频电流通过线圈时产生轴向磁场, 这时用高频点火装置产生火花引发少量气体电离, 所形成离子和电子在磁场作用下与其他原子碰撞进一步引发电离并积累更多的离子和电子以至气体电导率迅速上升, 当电导率足够大时便在垂直于磁场方向上形成感应 (电) 涡流, 强大的涡流导致高热将气体加热并瞬间形成高温的等离子炬, 此时被载气携带的样品进入等离子炬被加热并电离, 等离子炬的温度分布见图 4-14.

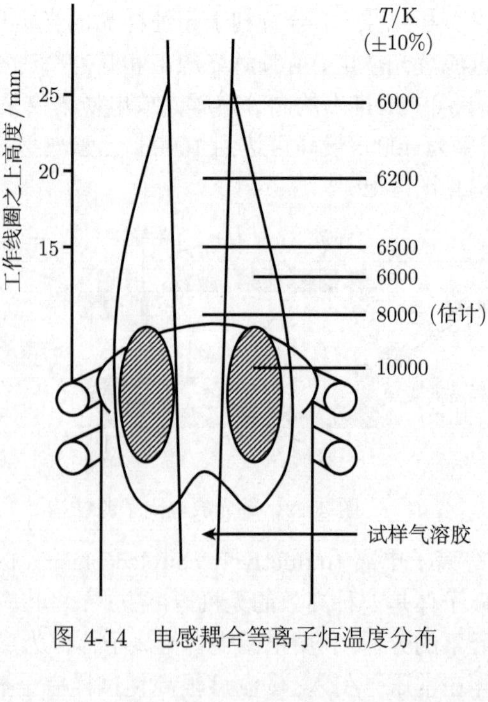

图 4-14　电感耦合等离子炬温度分布

目前电感耦合等离子体质谱是无机元素分析最有力的工具之一.

4) 二次离子

是利用高能量初级粒子 (一次离子) 轰击表面产生二次离子的电离方式, 再对由此产生的二次离子进行质谱分析称为二次离子质谱, 是一种较典型的表面分析技术, 将在表面分析部分介绍.

5) 激光烧蚀等离子体源

激光烧蚀等离子体微区分析技术是近年来十分活跃的研究热点, 尤其是在地学研究领域得到了极大的关注. 激光烧蚀等离子体技术具有原位、实时、快速的分析优势和灵敏度高、空间分辨率较好的特点. 由于该技术将固体样品直接导入, 不仅避免了湿法消解样品的种种困难和缺点, 而且消除了水和酸所致的多原子离子干扰, 还提高了进样效率, 增强了实际检测能力, 可用于整体分析 (低空间分辨率) 和局部分析 (蚀穴直径为 4~80μm). 该技术目前在地球科学和环境科学领域得到了实际应用, 成为从微观角度研究物质的内在组成及分布特征的分析测试手段, 该方法是目前颗粒锆石定年中发展最快的一种方法, 能揭示复杂锆石内部微区年龄信息. 锆石是岩浆岩、变质岩、沉积岩和月岩中最重要的副矿物, 由于锆石具有特殊的矿物性质, 能够用来研究岩石成因和地质事件的形成时代. 同时激光等离子体质谱也逐步发展成熟为可应用于材料科学、生物学、考古学、医药学以及法学领域的常规技术.

4.2.3 质量分析器

质量分析器是质谱分析的核心, 其作用是将离子源产生的离子按 m/e 顺序分开并排列成谱, 常用的质量分析器有磁式双聚焦分析器、四极杆质量分析器、飞行时间质量分析器、离子阱质量分析器、傅里叶变换离子回旋共振分析器等.

1. *磁偏转和双聚焦分析器*

双聚焦分析器 (double focusing analyzer) 是在单聚焦 (磁偏转) 分析器的基础上发展起来的. 单聚焦分析器的主体是处在磁场中的扇形真空腔体, 离子进入分析器后, 由于磁场的作用, 其运动轨道发生偏转改作圆周运动, 见图 4-15.

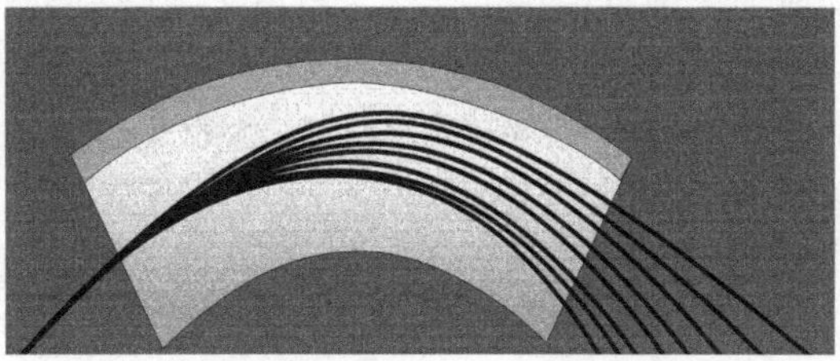

图 4-15 不同质荷比的离子在扇形磁场中的运动

磁偏转质量分析器是最经典的一种质量分析器, 也是质谱早期发展的代表性类型, 其原理比较清楚, 一般在讨论质量分析原理时均以这种质量分析器作为模型. 其基本理论是建立在荷电粒子在磁场中所受的磁场力的作用, 当荷电粒子被电场加速时, 其所获得的动能为

$$\frac{1}{2}mv^2 = eV \tag{4-3}$$

因此当其飞行进入质量分析器时的初速度为

$$v = [(2V)/(m/e)]^{1/2} \tag{4-4}$$

在荷电离子进入磁场后, 受到磁场的作用力而按曲线轨迹飞行, 根据力的平衡原理可计算得其飞行半径为

$$R = \frac{(mv)}{eB} \tag{4-5}$$

据此可得质谱方程式

$$m/e = \frac{B^2R^2}{2V} \tag{4-6}$$

式中, m 为离子质量 (amu); V 为加速电压; B 为磁场强度.

由式 (4-6) 可知, 在一定的 B、V 条件下, 不同 m/e 的离子其运动半径不同, 这样由离子源产生的离子经过质量分析器后可实现质量分离. 如果检测器位置不变 (即 R 不变), 连续改变 V 或 B 可以使不同 m/e 的离子顺序进入检测器, 实现质量扫描, 得到样品的质谱图. 单聚焦质量分析器可以是 180° 的, 也可以是 90° 或其他角度, 故又称为磁扇形分析器. 单聚焦质量分析器结构简单、操作方便, 但分辨率较低, 不能满足有机物分析要求, 目前只用于同位素质谱仪和气体质谱仪.

单聚集质谱仪分辨率低的主要原因在于离子初始能量的分散性, 其原因是在离子源中产生离子时, 本身也获得了一定的动能, 具有一定的初速度, 而且这一初速度是发散的, 具有一定的分布, 而且其初始飞行方向是各向同性的, 因此当在加速电压作用下到达质量分析器入口时, 即使相同质荷比的离子所获得的初速度也存在一定分布, 因而这些离子在磁场中的偏转半径也存在一定分布而得不到很好的聚焦, 从而影响质量分析的分辨率.

在扇形磁场前加一扇形电场可在一定程度上消除离子能量分散对分辨率的影响, 此即所谓双聚焦质量分析器. 扇形电场是一个能量分析器, 不起质量分离作用, 能量不同的离子在静电场中受到电场作用, 也会改变运动方向, 其在原有动能和电场力的共同作用下, 离子运动同样是一个圆形偏转的轨迹, 初始能量不同, 则偏转半径也不同, 即静电场有能量色散作用, 在离子源中产生并经加速后到达扇形电场的离子, 在经过静电场后被分散成在空间上的能量分布, 利用狭缝即可取出中间部分能量最集中同时又具有最大份额的离子, 这部分离子具有非常接近的初始能量,

因而可在很大程度上提高质量分析器的分辨率, 缺点是扫描速度慢, 操作、调整比较困难, 而且仪器造价也比较昂贵.

2. 四极杆质量分析器

四极杆质量分析器 (quadrupole mass filter/analyzer, QMF 或 QMA, 又称四极滤质器), 由四根电极组成, 见图 4-16, 电极材料是镀金陶瓷或钼合金, 四根电极可以是双曲面也可以是圆柱形的电极. 分别于 x、y 方向施加两组高压高频射频, 即相对两根电极间加有电压 $(U - V_0\cos\omega t)$, 另外两根电极间加有 $-(U - V_0\cos\omega t)$, 四个棒状电极形成一个四极电场. 高压高频信号提供了离子在分析器中运动的辅助能量, 这一能量是选择性的, 只有符合一定条件的离子才能够顺利通过四极杆分析器.

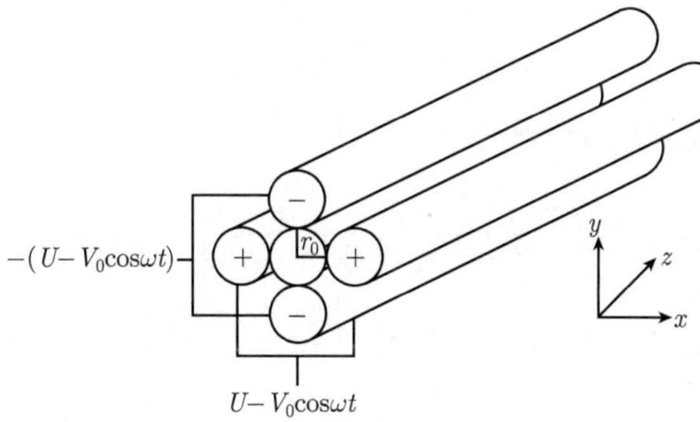

图 4-16 四极杆质量分析器结构

四极杆是一种古老的技术, 20 世纪 50 年代德国物理学家 Wolfgang Paul 指出四个双曲面围成的电场可以筛选离子. 条件是双曲线的渐近线处于 45° 的位置, 电极的外形沿着 x 轴和 y 轴对称, 四个电极的形状完全一致. 当幅度相同、相位相差 180° 的高压高频射频信号分别加载在水平和垂直的两对电极上, 则四个电极的内部电势可以计算, 在每一个瞬间, 四极杆内每一点的电势为

$$\phi_{x,y} = A(x^2 - y^2) + C \tag{4-7}$$

因为射频电压伴随着时间而改变, 所以四极杆电场的强度和相位也随时间发生着变化

$$\phi_0 = 2(U + V\cos\omega t) \tag{4-8}$$

U 是四极杆电极上的最大直流电压, 而 V 是电极上的最大射频交流电压, 离子就在这一变化的电场中运动. 这个电场的特点是: ①沿着 x 和 y 轴对称; ②等电势面是一个马鞍面; ③ (0, 0) 点电势为 0V, 而且是等电势马鞍面的鞍点; ④ 带电粒子在其中受到的 x 方向的作用力与粒子和 x 轴的距离成正比. 上述特点表明四极杆

内部的电场在 x 或者 y 的方向具有像弹簧一样的回复力, 可以限制离子的运动范围, 这点也可通过数学计算得以证明.

在理想的双曲面四极场中, 离子在 x 方向感受到的电场可以表示为

$$\left(\frac{\mathrm{d}\phi}{\mathrm{d}x}\right)_y = \frac{\phi_0 x}{r_0^2} \tag{4-9}$$

这样离子受到的电场力可以表示为

$$F_x = -e\left(\frac{\mathrm{d}\phi}{\mathrm{d}x}\right)_y = -e\frac{\phi_0 x}{r_0^2} \tag{4-10}$$

结合牛顿第二定律

$$F_x = ma_a = m\left(\frac{\mathrm{d}^2 x}{\mathrm{d}t^2}\right) = -e\frac{\phi_0 x}{r_0^2} \tag{4-11}$$

将电场和加速度展开后整理得

$$\left(\frac{\mathrm{d}^2 x}{\mathrm{d}t^2}\right) + \left(\frac{2eU}{mr_0^2} + \frac{2eV\cos\omega t}{mr_0^2}\right)x = 0 \tag{4-12}$$

这就是描述离子在双曲面四极杆电场中 x 方向的运动公式, 同样也可推导出在 y 方向的运动公式, 可以统一表示为 Mathieu 方程

$$\frac{\mathrm{d}^2 u}{\mathrm{d}t^2} + (a + 2q\cos\omega t)u = 0 \tag{4-13}$$

同时, 离子进入四极杆时具有一定的初始动能, 在四极杆内部保持 z 方向匀速飞行, 可表示为

$$\frac{\mathrm{d}^2 z}{\mathrm{d}t_2} = 0 \tag{4-14}$$

在上述三种作用力的共同作用下, 离子将会以一定的轨迹在四极杆内进行螺旋式的向前飞行, 其中 a 和 q 是重要的参数

$$a = \frac{2eU}{mr_0^2\omega^2} \tag{4-15}$$

$$q = \frac{4eV_0}{mr_0^2\omega^2} \tag{4-16}$$

数学分析表明, 在 a、q 取某些数值时, 运动方程有稳定的解, 稳定解的图解形式通常用 a、q 参数的稳定三角形表示, 见图 4-17.

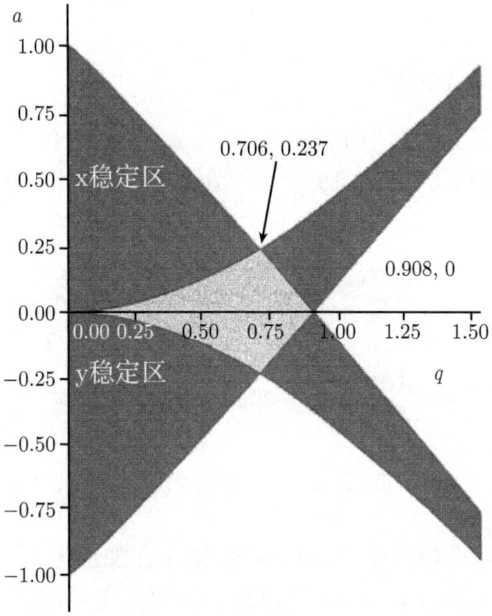

图 4-17 a、q 稳定三角形

当离子的 a、q 值处于稳定三角形内部时, 这些离子振幅是有限的, 因而可以通过四极场达到检测器, 而如果离子的 a、q 参数不在上述稳定三角形内部时, 则运动轨迹不受限制逐步变大, 直至碰撞到极杆上, 如图 4-18 所示.

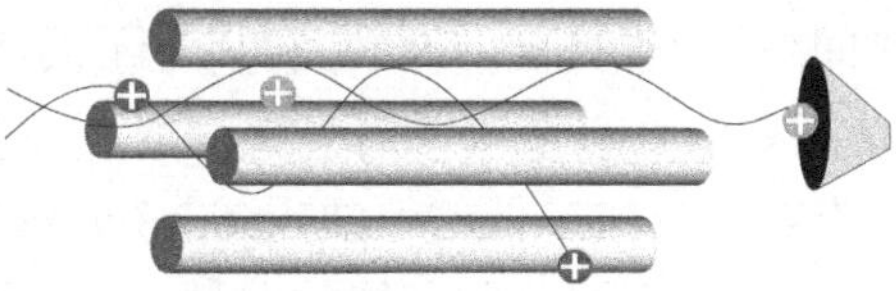

图 4-18 不同质荷比的离子在四极杆中的运动轨迹

从图中可以看出, 由于离子具有不同的质荷比, 因此运动轨迹不同, 有些可以顺利通过四极杆, 而有些则会碰撞上四极杆而不能通过. 通过连续变化射频电压或直流电压, 就可以让离子逐个通过四极杆, 完成质量分析的扫谱的功能. 这种扫描可以是连续的, 也可以是跳跃式的. 所谓跳跃式扫描是只检测某些质量的离子, 故称为选择离子监测 (select ion monitoring, SIM). 当样品量很少, 而且样品中特征离子已知时, 可以采用选择离子监测. 这种扫描方式灵敏度高, 而且通过选择适当的离子使干扰组分不被采集, 可以消除组分间的干扰. 选择离子监测适合于定量分析, 但因为这种扫描方式得到的质谱不是全谱, 因此不能进行质谱库检索和定性分析.

双曲面极杆加工比较困难, 现在的四极杆一般采用圆形极杆, 通常极杆半径取四个电极内接圆半径 r_0 的 2 倍, 长度一般在 r_0 的 50 倍左右, 这样四个极杆之间的空隙视角仅有 1°.

3. 飞行时间质量分析器

飞行时间质量分析器 (time of flight analyzer, TOF) 的主要部分是一个离子漂移管 (也称真空漂移管), 图 4-19 是这种分析器的原理图, 实质上就是提供一段空间距离让离子自由飞行.

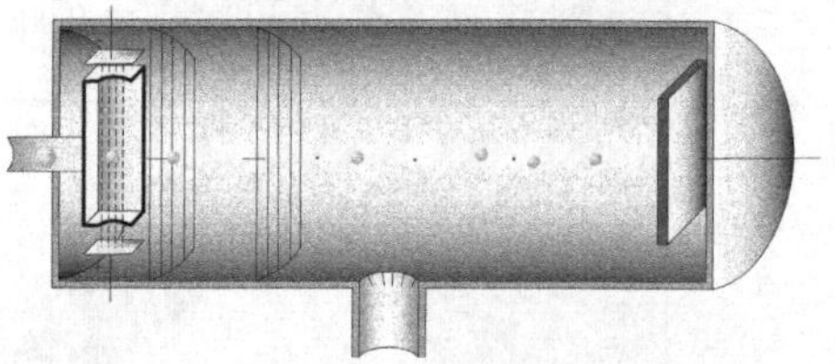

图 4-19 飞行时间质量分析器结构

在单聚焦质量分析器中已经讨论过, 离子在加速电压 V 的作用下获得动能, 具有一定的初速度 (式 (4-4)), 当离子以这一初速度飞入漂移管后, 飞行通过漂移管所消耗的时间可以计算得

$$T = L(m/e2V)^{1/2} \tag{4-17}$$

由式 (4-17) 可以看出, 离子在漂移管中飞行的时间与离子质荷比的平方根成正比, 也即对于能量相同的离子, 离子的质荷比越大, 达到接收器所用的时间越长, 质荷比越小, 所用时间越短, 根据这一原理, 可以把不同质荷比的离子分开.

飞行时间质量分析器的特点是质量范围宽、扫描速度快、既不需电场也不需磁场, 但是长期以来一直存在分辨率低这一缺点, 造成分辨率低的主要原因在于离子进入漂移管前的时间分散、空间分散和能量分散. 这样即使是质荷比相同的离子, 由于产生时间的先后、产生空间的前后和初始动能的大小不同, 到达检测器的时间就不同, 而降低了分辨率. 适当增加漂移管的长度可以增加分辨率, 更好的方法是采取激光脉冲电离方式、离子延迟引出技术和离子反射技术, 可以在很大程度上克服上述三个原因造成的分辨率下降. 目前飞行时间质谱仪的分辨率已达 20000 以上, 最高可检质量超过 300000Da, 并且具有很高的灵敏度. 飞行时间质量分析器已广泛应用于气相色谱–质谱联用、液相色谱–质谱联用以及基质辅助激光解吸飞行时间质谱中, 图 4-20 为基质辅助激光解吸飞行时间质谱仪的结构原理.

4. 离子阱质量分析器

离子阱质量分析器 (ion trap analyzer) 的结构如图 4-21 所示, 其主体是一个环电极和上下一对端盖电极, 环电极和上下两端盖电极都是绕 Z 轴旋转的双曲面, 并

满足 $r_0^2 = 2Z_0^2$(r_0 为环形电极的最小半径, Z_0 为两个端盖电极间的最短距离). 直流电压 U 和射频电压 V_{rf} 加在环电极和端盖电极之间, 两端盖电极都处于地电位.

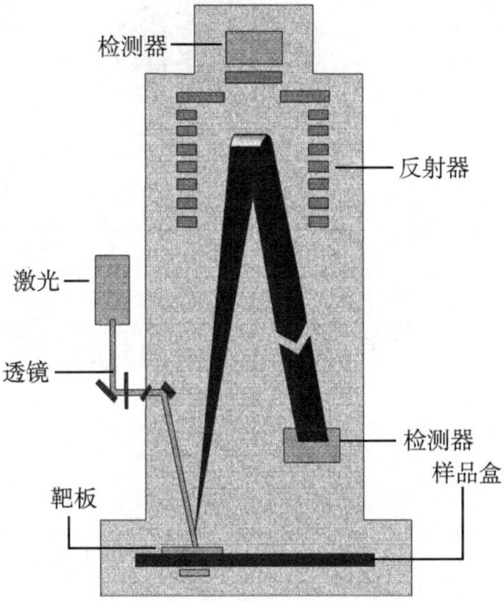

图 4-20 基质辅助激光解吸飞行时间质谱仪结构原理

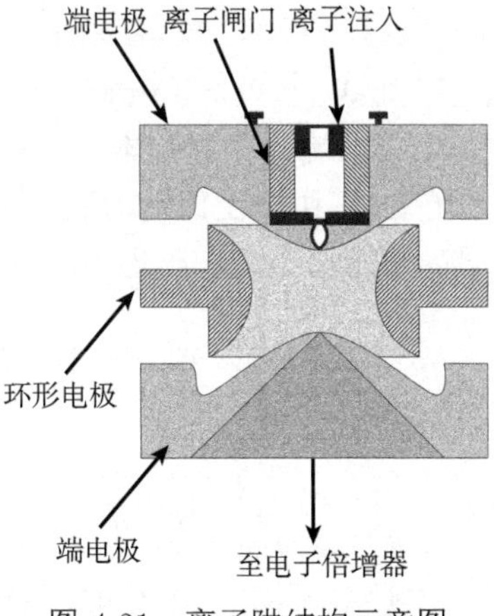

图 4-21 离子阱结构示意图

与四极杆分析器类似, 离子在离子阱内的运动也遵守 Mathieu 方程, 在稳定区内的离子, 轨道振幅保持一定大小, 可以长时间留在阱内 (图 4-22), 不稳定区的离子振幅很快增长, 撞击到电极而消失. 对于一定质量的离子, 在一定的 U 和 V_{rf} 下处在稳定区, 改变 U 或 V_{rf} 的值, 离子可能处于非稳定区. 如果在引出电极上加负电压, 可以将离子从阱内引出, 由电子倍增器检测. 因此, 离子阱的质量扫描方式与四极杆类似, 是在恒定的 U/V_{rf} 下, 扫描 V_{rf} 获取质谱. 离子阱的特点是结构小巧、质量轻、灵敏度高, 而且还有多级质谱功能, 可以用于气相色谱–质谱联用, 也可以用于液相色谱–质谱联用.

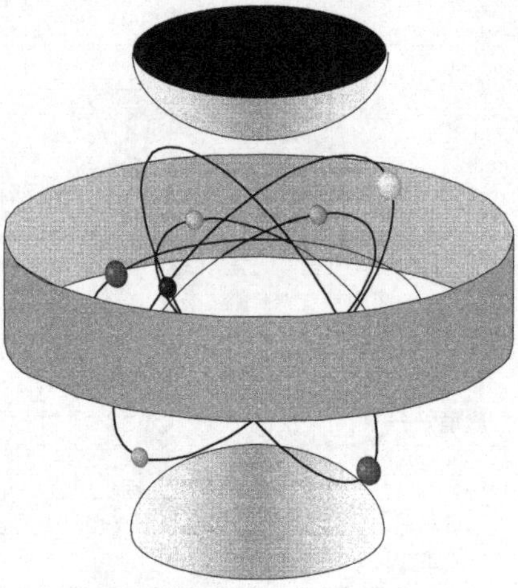

图 4-22 离子阱工作原理示意图

5. 傅里叶变换离子回旋共振分析器

傅里叶变换离子回旋共振分析器 (Fourier transform ion cyclotron resonance analyzer, FTICR) 是由 Marshall 和 Comisarow 二位学者于 1974 年在离子回旋共振分析器基础上发明的. 离子回旋共振的基本原理是当一定质荷比 m/e 的离子进入磁感应强度为 B 的磁场中时, 由于受磁场力的作用, 离子做圆周运动, 如果没有能量的损失和增加, 圆周运动的离心力和磁场力相平衡, 即

$$mv^2/R = Bev \quad 或 \quad v/R = Be/m \tag{4-18}$$

此式可进一步表达为

$$f = Be/m \tag{4-19}$$

式中, f 为离子运动的回旋频率 (rad/s), 由此可以看出, 离子的回旋频率与离子的质荷比呈线性关系, 当磁场强度固定后, 只需精确测得离子的共振频率, 就能准确地得到离子的质量. 测定离子共振频率的办法是外加一个射频辐射, 如果外加射频频率等于离子共振频率, 离子就会吸收外加辐射能量而改变圆周运动的轨道, 沿着阿基米德螺线加速, 离子收集器放在适当的位置就能收到共振离子. 改变辐射频率, 就可以接收到不同的离子, 这种离子回旋质量分析器结构见图 4-23.

但普通的回旋共振分析器扫描速度很慢、灵敏度低、分辨率也很差. 傅里叶变换离子回旋共振分析器采用的是线性调频脉冲来激发离子, 即在很短的时间内进行快速频率扫描, 使很宽范围的质荷比的离子几乎同时受到激发 (图 4-24), 因而扫描速度和灵敏度比普通回旋共振分析器高得多.

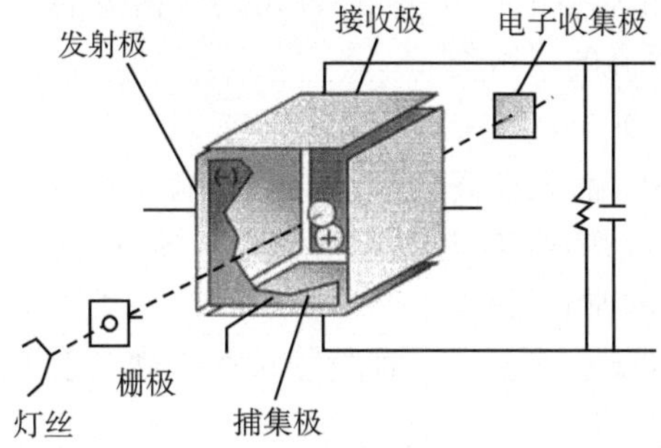

图 4-23 离子回旋质量分析器结构

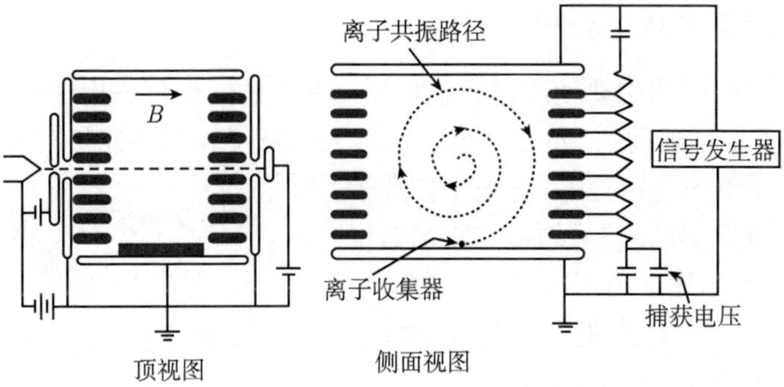

图 4-24 傅里叶变换离子回旋共振质量分析器结构

质量分析室是一个立方体结构 (彭宁阱, Penning trap), 它是由三对相互垂直的平行板电极组成, 置于高真空和由超导磁体产生的强磁场中. 第一对电极为捕集极, 它与磁场方向垂直, 电极上加有适当正电压, 其目的是延长离子在室内滞留时间; 第二对电极为发射极, 用于发射射频脉冲; 第三对电极为接收极, 用来接收离子产生的信号. 样品离子引入分析室后, 在强磁场作用下被迫以很小的轨道半径做回旋运动, 由于离子都是以随机的非相干方式运动, 因此不产生可检出的信号. 如果在发射极上施加一个很快的扫频电压, 当射频频率和某离子的回旋频率一致时共振条件得到满足, 离子吸收射频能量, 轨道半径逐渐增大, 变成螺旋运动, 经过这种相互作用, 所有离子都做相干运动. 做相干运动的离子运动至靠近接收极的一个极板时, 吸收此极板表面的电子, 当其继续运动到另一极板时, 又会吸收另一极板表面的电子, 这样便会感生出 “象电流”, 是一种正弦形式的时域信号, 正弦波的频率和离子的固有回旋频率相同, 其振幅则与分析室中该质量的离子数目成正比. 如果分析室中各种质量的离子都满足共振条件, 那么实际测得的信号是同一时间内做相干轨道运动的各种离子所对应的正弦波信号的叠加, 这种信号被称为自由感应衰减

(FDI), 是一种由许多重叠的正弦波组成的瞬态或干涉图. 将测得的时域信号重复累加、放大并经模数转换后输入计算机进行快速傅里叶变换, 便可检出各种频率成分, 然后利用频率和质量的已知关系, 便可得到常见的质谱图, 可达 100 万以上的高分辨率 (可) 和很高的灵敏度.

FTICR 的优点如下:

(1) 分辨率极高, 而且在高分辨率下不影响灵敏度. 而双聚焦质量分析器为提高分辨率必须降低灵敏度. 同时测量精度非常好, 能达到百万分之几, 这对于得到离子的元素组成是非常重要的.

(2) 分析灵敏度高, 离子是同时激发同时检测, 因此比普通离子回旋共振质谱高 4 个量级.

(3) 可以和任何离子源相连.

4.2.4 检测器和真空系统

质谱仪的检测主要使用电子倍增器 (图 4-25), 也可使用法拉第筒或闪烁计数器. 对电子倍增器而言, 从质量分析器出来的离子打到高能打拿极产生电子, 电子经电子倍增器产生电信号, 记录不同离子的信号即得到质谱. 信号增益与倍增器电压有关, 提高倍增器电压可以提高灵敏度, 但同时会降低倍增器的寿命, 电子倍增器放大倍数一般为 $10^5 \sim 10^8$ 倍.

图 4-25 电子倍增器原理

为了保证离子源中灯丝的正常工作, 保证离子在离子源和分析器中正常运行, 消除不必要的离子碰撞、散射效应、复合反应和离子–分子反应, 减小本底与记忆效应, 质谱仪的离子源和质量分析器都必须处在优于 10^{-5} mbar 的真空中才能工作. 也就是说, 质谱仪都必须有真空系统. 一般真空系统由机械真空泵和扩散泵或涡轮分子泵组成, 机械真空泵能达到的极限真空度为 10^{-3}mbar, 不能满足要求. 扩散泵是常用的高真空泵, 其性能稳定可靠, 缺点是启动慢, 从停机状态到仪器能正常工作所需时间长. 涡轮分子泵则相反, 仪器启动快, 但使用寿命不如扩散泵. 由于涡轮分子泵使用方便, 没有油的扩散污染问题, 因此近年来生产的质谱仪大多使用涡轮分子泵, 涡轮分子泵直接与离子源或质量分析器相连, 抽出的气体再由机械真空泵排到体系之外.

4.3 质谱联用技术

质谱是一种性能非常优异的定性定量技术, 对无机元素来说有很强的定性能力, 可同时确定元素周期表中多数元素, 并且有很高的灵敏度, 采用合适的离子化技术可实现多元素的同时检测, 这是质谱应用的一个重要方面, 目前较为典型的无机质谱联用技术是 ICP-MS. 元素分析是化学分析的一个重要组成部分, 传统的元素分析方法包括分光光度法、原子吸收法 (火焰与石墨炉)、原子荧光光谱法、电感耦合等离子发射光谱法等. 这些方法都各有其优点, 但也有其局限性, 如样品前处理复杂, 需萃取、浓缩富集或抑制干扰, 不能进行多组分或多元素同时测定, 耗时费力, 检出限或灵敏度达不到指标要求等. 电感耦合等离子体质谱联用是几乎克服了传统方法的大多数缺点、并在此基础上发展起来的更加完善的元素分析法, 因而被称为当代分析技术的重大发展.

对有机化合物而言, 质谱可以通过对碎片的检测而有效地确定其分子组成和结构, 但对混合物的分析则无能为力, 因此如果需要用质谱解析有机化合物结构, 就需要对样品先进行纯化. 而色谱是一种很好的分离技术, 但定性能力较差, 二者结合起来, 则能发挥各自优势, 使分离和鉴定同时进行. 因此, 早在 20 世纪 60 年代就开始了气相色谱–质谱联用技术的研究, 并出现了早期的气相色谱–质谱联用仪, 到 70 年代末, 这种联用仪器已经达到很高的水平, 同时开始研究液相色谱–质谱联用技术. 到 80 年代后期, 大气压电离技术的出现使液相色谱–质谱联用水平提高到一个新的阶段. 目前, 在有机质谱仪中, 除激光解吸电离–飞行时间质谱仪和傅里叶变换质谱之外, 所有质谱仪都是和气相色谱或液相色谱组成联用仪器. 这样, 使质谱仪无论在定性分析还是在定量分析方面都十分方便. 同时, 为了增加未知物分析的结构信息、增加分析的选择性, 串联质谱法 (质谱–质谱联用) 也是目前质谱发展的一个方向, 也就是说, 目前的质谱更多是以各种各样的联用方式工作.

1. 电感耦合等离子体质谱联用技术

在电感耦合等离子体质谱联用技术中, 电感耦合等离子电离作为质谱的高温离子源 (7000K 以上), 样品在通道中完成蒸发、解离、原子化、电离等过程, 离子通过采样锥和离子传输系统进入高真空的 MS 部分, MS 部分常用四极快速扫描质谱仪, 通过高速顺序扫描分离测定所有离子, 在这种联用技术中, 样品提供方式可以是多样化的, 从而大大拓宽了应用途径, 见图 4-26.

电感耦合等离子体质谱测定的元素质量数范围一般可从 6 到 260, 浓度线性动态范围达 9 个数量级, 可从 ppq 到 1000ppm 直接测定, 因此, 与传统无机分析技术相比, 电感耦合等离子体质谱技术提供了最低的检出限、最宽的动态线性范围、干扰最少、分析精密度高、分析速度快、可进行多元素同时测定以及可提供精确的同位素信息等分析特性, 具体比较见表 4-3.

电感耦合等离子体质谱谱线简单、检测模式灵活多样, ①可通过谱线的质荷比进行定性分析; ②通过谱线全扫描测定所有元素的大致浓度范围, 即半定量分析, 不需要标准溶液, 多数元素测定误差小于 20%; ③用标准溶液校正而进行定量分析,

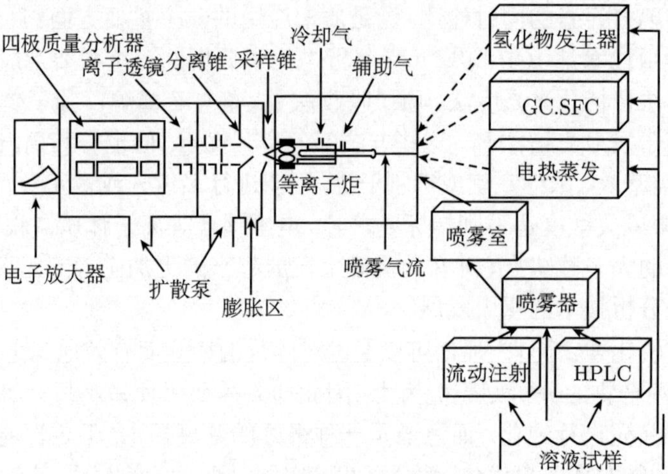

图 4-26　电感耦合等离子体质谱联用方式及结构

表 4-3　电感耦合等离子体质谱与其他无机元素分析技术比较

项目	FL-AAS	GF-AAS	ICP-AES	ICP-MS
可分析元素	较少	较少	较多	几乎所有元素
灵敏度	低	高	低	最高
检出限	ppb	ppt~ppb	ppb	ppq~ppt
同位素分析	无	无	无	有
线性范围(数量级)	2~3	2~3	4~6	8~9
干扰	很大	较小	大	极小
分析速度	快	慢	快	快
同时分析	单元素	单元素	多元素	多元素

这是在日常分析工作中应用最为广泛的功能; ④同位素比测定是电感耦合等离子体质谱的一个重要功能, 可用于地质学、生物学及中医药学研究上的追踪来源的研究及同位素示踪. 电感耦合等离子体质谱可分析几乎地球上所有元素, 这主要是因为在 ICP 源中大多数元素的电离效率达 75%以上, 见图 4-27.

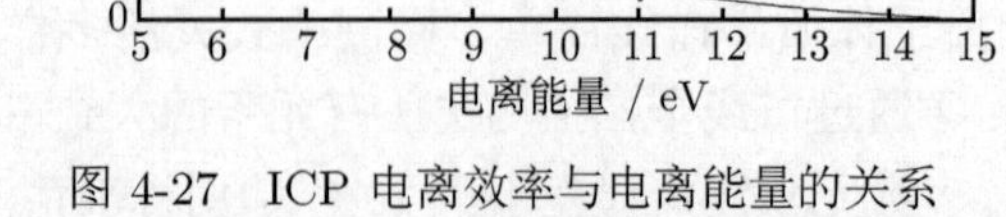

图 4-27　ICP 电离效率与电离能量的关系

电感耦合等离子体质谱技术的分析能力不仅可以取代传统的无机分析技术,如电感耦合等离子体光谱技术、石墨炉原子吸收进行定性、半定量、定量分析及同位素比值的准确测量等,还可以与其他技术,如 HPLC、HPCE、GC 等联用进行元素的形态、分布特性等的分析. 随着这项技术的迅速发展,它已被广泛地应用于环境、半导体、医学、生物、冶金、石油、核材料分析等领域.

2. 气相色谱–质谱联用

气相色谱–质谱联用 (gas chromatography-mass spectrometer, GC-MS) 主要由色谱部分、质谱部分和数据处理系统三部分组成,色谱部分和一般的色谱仪基本相同,包括有柱箱、汽化室和载气系统,也带有分流/不分流进样系统、程序升温系统、压力、流量自动控制系统等,利用质谱仪作为色谱的检测器. 在色谱部分,混合样品在合适的色谱条件下被分离成单个组分,然后进入质谱仪进行鉴定.

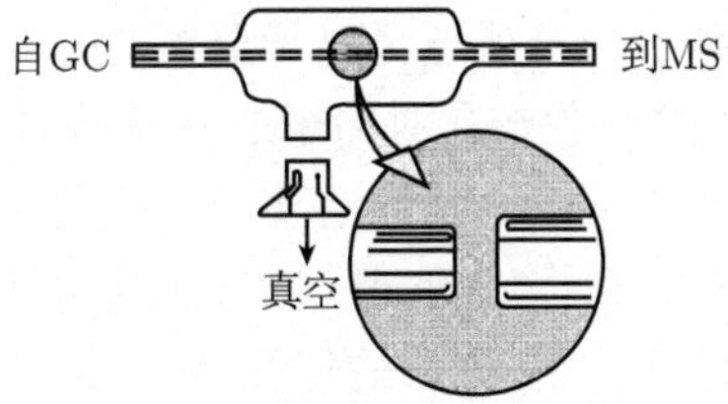

图 4-28 分子分离器

色谱仪是在常压下工作,而质谱仪需要高真空,因此,如果色谱仪使用填充柱,必须经过一种接口装置分子分离器 (图 4-28),将色谱载气去除,使样品气进入质谱仪. 如果色谱仪使用毛细管柱,则可以将毛细管直接插入质谱仪离子源,因为毛细管载气流量比填充柱小得多,不会破坏质谱仪真空.

气相色谱–质谱联用的质谱仪部分可以是磁偏转质谱仪、四极杆质谱仪,也可以是飞行时间质谱仪和离子阱,目前使用最多的是四极质谱仪,离子源主要是电子电离源和化学电离源. 气相色谱–质谱联用的另外一个组成部分是计算机系统,一个混合物样品进入色谱仪后,在合适的色谱条件下,被分离成单一组分并逐一进入质谱仪,经离子源电离得到具有样品信息的离子,再经分析器、检测器即得每个化合物的质谱,这些信息都由计算机储存,根据需要,可以得到混合物的色谱图、单一组分的质谱图和质谱的检索结果等.

色谱条件包括色谱柱类型 (填充柱或毛细管柱)、固定液种类、气化温度、载气流量、分流比、温升程序等需依据分析目标进行设置,一般情况下较多使用毛细管柱,极性样品使用极性毛细管柱,非极性样品采用非极性毛细管柱,未知样品可先用中等极性的毛细管柱试用后再调整. 质谱条件包括电离电压、电子电流、扫描速度和质量范围等也需根据样品情况进行设定.

有机混合物样品用微量注射器由色谱仪进样口注入,经色谱柱分离后进入质谱仪离子源被电离成离子,经质量分析器和检测器之后即成为质谱信号输入计算机. 样品由色谱柱不断地流入离子源,离子由离子源不断地进入质量分析器,并不断地得到质谱,只要设定好分析器扫描的质量范围和扫描时间,计算机就可以采集到各个组分的质谱, 并且计算机可以自动将每个质谱的所有离子强度相加, 显示出总离子强度, 总离子强度随时间变化的曲线就是总离子色谱图, 总离子色谱图的形状和普通的色谱图是相一致的, 它可以认为是用质谱作为检测器得到的色谱图.

质谱仪有全扫描和选择离子扫描两种扫描方式, 全扫描是对指定质量范围内的离子全部扫描并记录, 得到的是正常的质谱图, 这种质谱图可以提供未知物的分子质量和结构信息, 可以进行库检索. 计算机把采集到的每个质谱的所有离子相加得到的总离子色谱图, 可用于定量. 由气相色谱–质谱联用得到的总离子色谱图与一般色谱仪得到的色谱图基本上是一样的, 只要所用色谱柱相同, 样品出峰顺序就相同. 其差别在于, 总离子色谱图所用的检测器是质谱仪, 而一般色谱图所用的检测器是氢焰、热导等, 两种色谱图中各成分的校正因子不同. 由总离子色谱图可以得到任何一个组分的质谱图. 一般情况下, 为了提高信噪比, 通常由色谱峰峰顶处得到相应质谱图. 但如果两个色谱峰有相互干扰, 应尽量选择不发生干扰的位置得到质谱, 或通过扣本底消除其他组分的影响. 选择离子扫描或选择离子监测是只对选定的离子进行检测而不记录其他离子, 它的最大优点之一是对离子进行选择性检测, 只记录特征的、感兴趣的离子, 干扰离子统统被排除; 二是选定离子的检测灵敏度大大提高. 由于选择离子扫描只检测有限的几个离子, 不能得到完整的质谱图, 因此不用来进行未知物定性分析. 但是如果选定的离子有很好的特征性, 也可以用来表示某种化合物的存在. 选择离子扫描方式最主要的用途是定量分析, 由于它的选择性好, 可以把由全扫描方式得到的非常复杂的总离子色谱图变得十分简单, 消除其他组分造成的干扰.

得到质谱图后可以通过计算机检索对未知化合物进行定性. 检索结果可以给出几个可能的化合物, 并以匹配度大小顺序排列出这些化合物的名称、分子式、分子质量、结构式和匹配程度等, 使用者可以根据检索结果和其他信息, 对未知物进行定性分析. GC-MS 的数据系统有几套数据库, 主要有 NIST 库、Willey 库、农药库、毒品库等, 应用最为广泛的是 NIST 库和 Willey 库, 前者目前有标准化合物谱图 13 万张, 后者有近 30 万张. 利用计算机进行库检索是一种快速、方便的定性方法. 但是在利用计算机检索时应注意以下几个问题：①数据库中所存质谱图有限, 如果未知物是数据库中没有的化合物, 检索结果也会给出几个相近的化合物, 显然这种结果是错误的. ②由于质谱法本身的局限性, 一些结构相近的化合物其质谱图也相似, 这种情况也可能造成检索结果的不可靠. ③由于色谱峰分离不好以及本底和噪声的影响, 使得到的质谱图质量不高, 这样所得到的检索结果也会很差. 因此, 在利用数据库检索之前, 应首先得到一张很好的质谱图, 并利用质量色谱图等技术判断质谱中有没有杂质峰, 得到检索结果之后, 还应根据未知物的物理、化学性质以及色谱保留值、红外、核磁谱等综合考虑, 才能给出定性结果.

总离子色谱图是将每个质谱的所有离子加合得到的. 同样, 由质谱中任何一个质量的离子也可以得到色谱图, 即质量色谱图. 质量色谱图是由全扫描质谱中提取一种质量的离子得到的色谱图, 因此, 又称为提取离子色谱图. 假定作质量为 m 的离子的质量色谱图, 如果某化合物质谱中不存在这种离子, 那么该化合物就不会出现色谱峰. 一个混合物样品中可能只有几个甚至一个化合物出峰. 利用这一特点可以识别具有某种特征的化合物, 也可以通过选择不同质量的离子作质量色谱图, 使正常色谱不能分开的两个峰实现分离, 以便进行定量分析. 由于质量色谱图是采用一种质量的离子作色谱图, 因此进行定量分析时也要使用同一离子得到的质量色谱图测定校正因子.

气相色谱–质谱联用定量分析方法类似于色谱法定量分析. 由气相色谱–质谱联用得到的总离子色谱图或质量色谱图, 其色谱峰面积与相应组分的含量成正比, 若对某一组分进行定量测定, 可以采用色谱分析法中的归一化法、外标法、内标法等不同方法进行. 这时, 气相色谱–质谱联用法可以理解为将质谱仪作为色谱仪的检测器, 其余均与色谱法相同. 与色谱法定量不同的是, 气相色谱–质谱联用法可以利用总离子色谱图进行定量之外, 还可以利用质量色谱图进行定量, 这样可以最大限度地去除其他组分干扰. 值得注意的是, 质量色谱图由于是用一个质量的离子作出的, 它的峰面积与总离子色谱图有较大差别, 在进行定量分析过程中, 峰面积和校正因子等都要使用质量色谱图.

3. *液相色谱–质谱联用*

液相色谱–质谱联用 (liquid chromatography-mass spectrometer, LC-MS) 仪主要由高效液相色谱、接口装置 (经常同时也是电离源)、质谱仪组成. 高效液相色谱与一般的液相色谱相同, 其作用是将混合样品分离. 液相色谱–质谱联用的关键是 LC 和 MS 之间的接口装置, 接口装置的主要作用是去除溶剂并使样品离子化. 早期曾经使用过的接口装置有传送带接口、热喷雾接口、粒子束接口等十余种, 这些接口装置都存在一定的缺点, 因而都没有得到广泛推广. 20 世纪 80 年代, 大气压电离源用作 LC 和 MS 联用的接口装置和电离装置之后, 使得液相色谱–质谱联用技术提高了一大步, 目前几乎所有的液相色谱–质谱联用仪都使用大气压电离源作为接口装置和离子源, 大气压电离源包括电喷雾电离源和大气压化学电离源两种, 以电喷雾源应用最为广泛. 除了这两种接口之外, 极少数仪器还使用粒子束喷雾和电子轰击相结合的电离方式, 这种接口装置可以得到标准质谱并可以库检索, 但只适用于小分子, 应用也不普遍, 此外还有超声喷雾电离接口等.

作为液相色谱–质谱联用仪的质量分析器种类很多, 最常用的是四极杆质量分析器 (Q), 其次是离子阱 (trap) 分析器和飞行时间分析器 (TOF). 因为液相色谱–质谱主要提供分子量信息, 为了增加结构信息, 液相色谱–质谱大多采用具有串联质谱功能的质量分析器, 串联方式很多, 如 Q-Q-Q、Q-TOF 等.

LC 分析条件的选择要考虑两个因素, 使分析样品得到最佳分离并得到最佳电离. LC 可选择的条件主要有流动相的组成和流速, 由于要考虑喷雾雾化和电离, 因此有些溶剂不适合于作流动相, 包括无机酸、不挥发的盐 (如磷酸盐) 和表面活性剂. 不挥发性的盐会在离子源内析出结晶, 而表面活性剂会抑制其他化合物电离. 在液相色谱–质谱分析中常用的溶剂和缓冲液有水、甲醇、甲酸、乙酸、氢氧化铵和乙酸铵等, 对于选定的溶剂体系, 通过调整溶剂比例和流量以实现好的分离. 值得注意的是对于 LC 分离的最佳流量, 往往超过电喷雾允许的最佳流量, 此时需要采取柱后分流, 以达到好的雾化效果.

质谱条件的选择主要是为了改善雾化和电离状况、提高灵敏度. 调节雾化气流量和干燥气流量可以达到最佳雾化条件, 改变喷嘴电压和透镜电压等可以得到最佳灵敏度. 对于多级质谱仪, 还要调节碰撞气流量和碰撞电压及多级质谱的扫描条件.

与气相色谱–质谱类似, 液相色谱–质谱也可以通过采集质谱得到总离子色谱图, 此时得到的总离子色谱图与由紫外检测器得到的色谱图可能不同, 因为有些化合物没有紫外吸收, 用普通液相色谱分析不出峰, 但用液相色谱–质谱分析时会出峰. 由于电喷雾是一种软电离源, 通常很少或没有碎片, 谱图中只有准分子离子, 因而只能提供未知化合物的分子质量信息, 不能提供结构信息, 很难用来做定性分析. 为了得到未知化合物的结构信息, 必须使用串联质谱仪, 将准分子离子通过碰撞活化得到碎片离子谱, 然后解释碎片离子来推断结构. 主要依靠标准样品定性, 对于多数样品, 保留时间相同、碎片离子谱也相同, 即可定性.

4. 串联质谱法 (tandem mass spectrometry)

为了得到更多的有关分子离子和碎片离子的结构信息, 早期的质谱工作者把亚稳离子作为一种研究对象. 所谓亚稳离子 (metastable ion) 是指离子源出来的离子, 由于自身不稳定, 前进过程中发生了分解, 丢掉一个中性碎片后生成的新离子, 这个新的离子称为亚稳离子, 新生成的离子在质量上和动能上都不同于原有离子, 由于是在行进途中形成的, 它也不处在质谱中应有的质量位置, 研究亚稳离子对搞清离子的母子关系, 进一步研究结构十分有用. 于是在双聚焦质谱仪中设计了各种各样的磁场和电场联动扫描方式, 以求得到子离子、母离子和中性碎片丢失. 尽管亚稳离子能提供一些结构信息, 但是由于亚稳离子形成的概率小、亚稳峰太弱、检测不容易, 而且仪器操作也困难, 因此逐步发展成在磁场和电场间加碰撞活化室, 人为地使离子碎裂, 设法检测子离子、母离子, 进而得到结构信息, 这是早期的质谱–质谱串联方式. 随着仪器的发展, 串联的方式越来越多, 尤其是 20 世纪 80 年代以后出现了很多软电离技术, 如电喷雾电离、大气压化学电离、快原子轰击、基质辅助激光解吸电离等, 基本上都只有准分子离子, 没有结构信息, 更需要串联质谱法得到结构信息, 因此近年来串联质谱法发展十分迅速.

串联质谱法可以分为空间串联和时间串联两类, 空间串联是两个以上的质量分析器联合使用, 两个分析器间有一个碰撞活化室, 目的是将前级质谱仪选定的离子打碎, 由后一级质谱仪分析. 而时间串联质谱仪只有一个分析器, 前一时刻选定离子, 在分析器内打碎后, 后一时刻再进行分析.

1) 空间串联

(1) 磁扇型串联方式, 如 BEB、EBE、BEBE 等.

(2) 四极杆串联方式, 如 Q-Q-Q(称为三重四极杆) 等.

(3) 混合型串联方式, 如 BE-Q、Q-TOF 和 EBE-TOF 等.

2) 时间串联

(1) 离子阱质谱仪.

(2) 离子回旋共振质谱仪.

无论是哪种方式的串联, 都必须有碰撞活化室, 从第一级 MS 分离出来的特定离子, 经过碰撞活化后, 再经过第二级 MS 进行质量分析, 以便取得更多的信息.

利用软电离技术 (如电喷雾和快原子轰击) 作为离子源时, 所得到的质谱主要是准分子离子峰, 碎片离子很少, 因而也就没有结构信息. 为了得到更多的信息, 最好的办法是把准分子离子 "打碎" 之后测定其碎片离子. 在串联质谱中采用碰撞活化分解 (collision activated dissociation, CAD) 技术把离子 "打碎". 碰撞活化分解也称为碰撞诱导分解 (collision induced dissociation, CID), 碰撞活化分解在碰撞室内进行, 带有一定能量的离子进入碰撞室后, 与室内惰性气体的分子或原子发生碰撞, 离子发生碎裂. 为了使离子碰撞碎裂, 必须使离子具有一定动能, 对于磁式质谱仪, 离子加速电压可以超过 1000V, 而对于四极杆、离子阱等, 加速电压不超过 100V, 前者称为高能碰撞活化分解, 后者称为低能碰撞诱导分解. 二者得到的子离子谱是有差别的.

3) 典型空间串联质谱的工作方式和主要信息

三重四极杆质谱仪有三组四极杆, 第一组四级杆用于质量分离 (MS1), 第二组四极杆用于碰撞活化 (CAD), 第三组四极杆用于质量分离 (MS2), 见图 4-29.

三重四极杆有四种扫描方式, 并提供不同的信息: ① 第一种为子离子扫描方式, 这种工作方式由 MS1 选定一质量, CAD 碎裂之后, 由 MS2 扫描得子离子谱. ② 第二种为母离子扫描方式, 在这种工作方式, 由 MS2 选定一个子离子, MS1 扫描, 检测器得到的是能产生选定子离子的那些离子, 即母离子谱. ③ 第三种是中性丢失谱扫描方式, 这种方式是 MS1 和 MS2 同时扫描. 只是二者始终保持一定固定的质量差 (即中性丢失质量), 只有满足相差一固定质量的离子才得到检测. ④第四种是多离子反应监测方式, 由 MS1 选择一个或几个特定离子, 经碰撞碎裂之后, 由其子离子中选出一特定离子, 只有同时满足 MS1 和 MS2 选定的一对离子时才有信号产生, 用这种扫描方式的好处是增加了选择性, 即便是两个质量相同的离子同时通过了 MS1, 仍可以依靠其子离子的不同将其分开, 这种方式非常适合于从很多复杂的体系中选择某特定质量, 经常用于微小成分的定量分析.

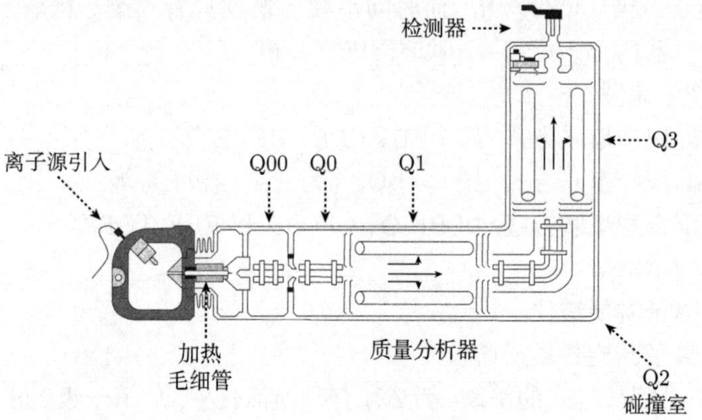

图 4-29　三重四极杆结构

图 4-30 为 Q-TOF 串联质谱结构, 工作原理类似.

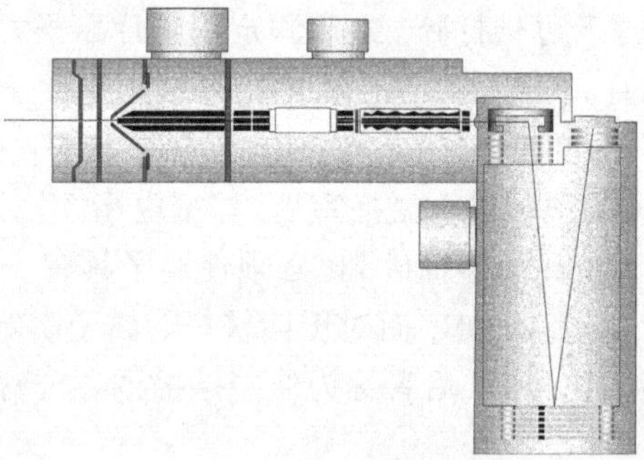

图 4-30　Q-TOF 串联质谱结构

4) 时间串联质谱原理

(1) 离子阱质谱仪 MS-MS 工作方式和主要信息. 离子阱质谱仪的 MS-MS 属于时间串联型, 在第一阶段打开电子门, 此时基础电压置于低质量的截止值, 使所有的离子被阱集, 然后利用辅助射频电压抛射掉所有高于被分析母离子的离子. 进入第二阶段后, 增加基频电压, 抛射掉所有低于被分析母离子的离子, 以阱集即将碰撞活化的离子. 在第三阶段, 利用加在端电极上的辅助射频电压激发母离子, 使其与阱内本底气体碰撞. 在第四阶段, 扫描基频电压, 抛射并接收所有碰撞诱导分解过程形成的子离子, 获得子离子谱. 以此类推, 可以进行多级 MS 分析. 由离子阱的工作原理可以知道, 它的 MS-MS 功能主要是多级子离子谱, 利用计算机处理软件, 还可以提供母离子谱、中性丢失谱和多反应监测 (MRM).

(2) 傅里叶变换质谱仪的 MS-MS 功能. 傅里叶变换质谱仪的扫描方式是依据快速扫频脉冲对所有离子“同时”激发, 具有 MS-MS 功能的傅里叶变换质谱仪, 其快速扫频脉冲可以选择性地留下频率“缺口”, 用频率“缺口”选择性地留下欲分析的母离子, 其他离子被激发并抛射到接收极. 然后使母离子受激, 使其运动半径增大又控制其轨道不要与接收极相撞, 此时母离子在室内与本底气体或碰撞气体碰撞产生子离子, 然后再改变射频频率接收子离子, 还可由子离子谱中选一个离子再作子离子谱, 由于离子损失很少, 因此傅里叶变换质谱仪可以做到 5~6 级子离子谱.

(3) 飞行时间质谱仪的源后裂解. 离子在飞行过程中如果发生裂解, 新产生的离子仍然以母离子速度飞行, 因此在直线型漂移管中观测不到新生成的离子. 如果采用带有反射器的漂移管, 因为新生成的离子与其母离子动能不同, 可在反射器中被分开, 这种操作方式称为源后裂解 (post source decomposition, PSD), 通过源后裂解操作可以得到结构信息, 因此可以认为反射型 TOF-MS 也具有 MS-MS 功能, 另外 TOF-TOF 串联质谱仪也已经出现.

4.4 现代质谱技术应用

近年来质谱技术发展迅速, 应用领域也越来越广. 由于质谱分析具有灵敏度高、样品用量少、分析速度快、分离和鉴定同时进行等优点, 因此广泛应用于化学、化工、环境、能源、医药、运动医学、刑侦科学、生命科学和材料科学等各个领域.

1. 电感耦合等离子体质谱联用的应用

保护环境、实现可持续发展, 正成为全世界的共识. 世界各国政府及组织纷纷通过各种环境保护法规, 对环境分析化学提出了越来越高的要求, 环境分析化学样品多种多样, 包括大气、水、岩石、砂土、泥土、污泥以及和生态环境相关的各种植物样品, 世界各国的法规对这些样品的浓度范围均作出了严格的规定. 为了保证所测定的结果的准确性, 对于这些环境样品的分析所采用的分析仪器、分析方法、采样方法等也作了严格的法规规定, 其中最典型的就是美国国家环保局的相关规定, 如饮用水、地表水、地下水各种元素的 EPA method 200.8 和用于废水、固体废弃物、沉积物、泥土等样品中各种元素分析的 EPA method 6020. 随着环境法规对一些有毒有害元素的检测限的要求提高, 对分析技术也提出了越来越多的需求, 如建设部《城市供水业 2000 年技术进步发展规划》新增水质指标, 要求检测的金属和非金属元素共有 23 种 (新增 12 种): Fe、Mn、Cu、Zn、As、Se、Hg、Cd、Cr(VI)、Pb、Ag、Al、Na、Ca、Mg、Si、Ba、B、Be、Ni、Sb、V、Co 等. 这些元素的浓度范围大到数十甚至数百 ppm(如 Na、Ca、Mg、Si 等), 小至 ppt① 级 (如 Hg). 由于检测项目大

① 1ppt 一般可改为“$\times10^{-12}$”.

量增加, 而且它们的基准和检测限都非常低, 传统的分析方法如 ICP-AES 技术对 Se、Hg、Be、As、Pb 等元素不能达到检测限要求, 必须采用石墨炉原子吸收 (GF-AAS) 和汞冷原子吸收 (CV-AAS) 等技术才能达到大部分元素的分析要求. 而电感耦合等离子体质谱联用技术的出现, 在某种程度上可以取代 ICP-AES、GF-AAS 和 CV-AAS 等分析, 且可以测定它们均不能分析的饮用水标准中特殊要求的 U 和 Tl, 同时电感耦合等离子体质谱联用技术还可以直接测定海水中与环境污染或水文变化相关的多种元素.

电感耦合等离子体质谱联用与其他技术的联用及其在生命科学研究中的应用也是近年来快速发展的一个应用方向, 随着生命科学研究发展的需要, 对环境卫生规划的要求也不断提高, 要求对元素分析的检测限也越来越低, 对元素存在的形态要求也越明确, 因为元素的形态不同, 其作用机理完全不同, 因此, 如果仅研究体系中元素的总含量, 已经不足以研究该元素在体系中的生理和毒理作用. 如 Cr(Ⅲ) 对人体有益, 而 Cr(Ⅵ) 则会引起皮肤病、肺癌等, 电感耦合等离子体质谱联用技术与离子色谱技术联用分别测定 Cr(Ⅲ) 和 Cr(Ⅵ) 已经是十分成熟的方法, 其检测限可以达 ppt 级, 每个样品的测定时间不超过 7min. 氢化物发生与电感耦合等离子体质谱联用技术 (HG-ICP-MS) 应用于海水中超痕量污染物如 As、Se、Sb 等易受干扰难测元素的分析具有优越性. GC-ICP-MS 技术已被用于多种污染物的形态分析, 如船用涂料中有机 Sn 的影响使牡蛎大量死亡, 用 GC-ICP-MS 技术可分离出不同形态的有机锡代谢产物, 从而推动了船用涂料的改进. 在低泥中也曾用 GC-ICP-MS 联用技术分离测定二甲基铅、二乙基铅等多种有机铅形态, 推动汽车污染的环境迁移研究. 生物对 Hg 的甲基化及富集作用是 GC-ICP-MS 技术的另一个应用.

高效毛细管电泳 (CE) 技术是目前最强有力的分离技术之一, CE 与电感耦合等离子体质谱联用是最有潜力的应用领域. 与环境化学、毒理学等生命科学研究关系最密切的应用当属高效液相色谱分离 (HPLC) 与电感耦合等离子体质谱联用技术. 高效液相色谱分离是一种高效的分离技术, 尤其适用于热稳定性差、分子质量大、极性较强的物质的分离. 高效液相色谱分离与具有极低的检测限、宽的动态线性范围、干扰少、分析精密度高、速度快和可测定多元素等优点的电感耦合等离子体质谱联用, 可用于研究中草药、藻类、鱼类、人类等生物体内所含的各种元素如 Cd、Se、As、Cu、Zn、Pb 等与多种氨基酸、多肽和蛋白质结合的机理以及某些元素对酶的位点的作用过程. 另外, 某些维生素大环化合物和 DNA 片断与金属元素的作用也在 HPLC-ICP-MS 的联用技术发展中得到研究. 能在复杂的基体中准确地分析微量、痕量元素同位素, 同时将电感耦合等离子体质谱联用用作高效液相色谱分离的检测器跟踪被测元素同位素在各形态中的信号变化, 使得色谱图变得简单, 有助于元素形态的确认及进行定量分析.

在我国加入 WTO 后, 新一轮的市场竞争将对国有产品提出新的挑战, 无论是产品的质量、生产、加工、包装到商标等, 都必须与国际法规接轨, 否则我们的产品将面临淘汰. 为了适应新一轮的市场竞争的需求, 让我们的产品走向国际市场, 产品的质量控制必须提供和世界检测水平相符的可靠数据. 不管是农业、医药、环保、食品, 还是工业产品等, 用电感耦合等离子体质谱联用进行这些产品中多元素的分析测定, 可称之为是目前国际上在这一领域检测水平最高的分析技术, 可为产品提供可靠的、国际认可的实验数据. 因此, 电感耦合等离子体质谱联用在未来的经济发展和科学研究中将发挥更为积极而重要的作用.

2. 气相色谱–质谱联用和液相色谱–质谱联用技术的应用

质谱仪种类繁多, 不同仪器应用特点也不同, 一般在 300°C 左右能气化的样品, 可以优先考虑用气相色谱–质谱联用进行分析, 因为毛细管柱的分离效果好, 同时气相色谱–质谱联用使用电子电离源, 得到的质谱信息多, 且可以进行谱库检索. 如果在 300°C 左右不能汽化, 则需要采用液相色谱–质谱联用分析, 此时主要得到分子质量信息, 如果是串联质谱, 还可以得到一些结构信息. 如果是生物大分子, 主要利用液相色谱–质谱联用和 MALDI-TOF 分析, 主要得到分子质量信息. 对于蛋白质样品, 还可以测定氨基酸序列. 高分辨质谱可以提供化合物组成式, 这对于结构测定非常重要, 如双聚焦质谱仪、傅里叶变换质谱仪、带反射器的飞行时间质谱仪等都具有高分辨功能.

质谱分析法对样品有一定的要求, 进行气相色谱–质谱联用分析的样品应是有机溶液, 水溶液中的有机物一般不能测定, 须进行萃取分离或采用顶空进样技术. 有些化合物极性太强, 在加热过程中易分解, 如有机酸类化合物, 可进行酯化处理, 将酸变为酯再进行气相色谱–质谱联用分析, 由分析结果可以推测酸的结构. 如果样品不能气化也不能酯化, 就只能进行液相色谱–质谱联用分析, 进行液相色谱–质谱联用分析的样品最好是水溶液或甲醇溶液, 流动相中应不含不挥发盐. 对于极性样品, 一般采用电喷雾电离源, 对于非极性样品可采用大气压化学电离 (APCI) 源.

同位素检测也是一个很重要的应用方面, 大多数元素都是由具有一定自然丰度的同位素组成, 这些元素形成化合物后, 其同位素就以一定的丰度出现在化合物中, 因此这些化合物的质谱中就会有不同同位素形成的离子峰, 通常把由重同位素形成的离子峰称为同位素峰. 例如, 天然碳有两种同位素 ^{12}C 和 ^{13}C、二者丰度之比为 100:1.1, 如果由 ^{12}C 组成的化合物质量为 M, 那么由 ^{13}C 组成的同一化合物的质量则为 $M+1$. 同样一个化合物生成的分子离子会有质量为 M 和 $M+1$ 的两种离子. 如果化合物中含有一个碳, 则 $M+1$ 离子的强度为 M 离子强度的 1.1%, 如果含有两个碳, 则 $M+1$ 离子强度为 M 离子强度的 2.2%, 这样根据 M 与 $M+1$ 离子强度之比, 可以估计出碳原子的个数. 这样如果知道了同位素的元素个数, 可以推测各同位素离子强度之比, 同样如果知道了各同位素离子强度之比, 可以估算出元素的个数.

3. 质谱技术在现代中药与天然产物分析中的应用

在中药化学成分的快速筛选、药材品种鉴定、质量控制方法以及体内代谢等方面, 液质联用技术将液相色谱的高分离效能与质谱强大的结构鉴定功能和定量功能结合起来, 已逐渐成为中药现代化研究的强有力手段.

1) 中药及植物药化学成分的快速筛选

常规方法鉴定中药的活性成分需进行大量的提取、分离和纯化后再进行四谱测定以确定化学结构, 而且往往因目标化合物信息少等原因, 分离得到的成分并不是感兴趣的化合物, 整个过程耗时长、繁琐、目的性差. HPLC-MS 分析则是将中药提取物经过 HPLC 分离后得到质谱图 (一级乃至多级), 可解析流出组分的部分结构 (如化合物类型、特征取代基等). 这样仅需几十分钟即可获得待测样品的大量化学信息, 包括化合物的可能结构 (对于有些裂解规律明确的化合物, 甚至可以确定其确切结构) 以及相对含量, 由于 MS 的高灵敏度, 传统检测中容易被忽略的微量或痕量成分很容易被检测到.

2) 中药材品种鉴别

中药材历来存在品种多、来源多的问题, 同属不同种、不同产地、不同采摘时间的植物的化学成分往往比较接近, 采用传统的 TLC 或 HPLC 方法有时难以找到明显的鉴别特征. 而 HPLC-MS 因能提供大量特征性强的结构信息, 可用于不同品种的鉴别.

3) 中药质量标准研究

经典的中药质量控制主要是对一些主要成分或特征性成分进行定性鉴别及含量测定, 但大量研究表明, 中药的药效并非是某几个 “指标成分” 或 “主要成分” 在起作用, 而是多成分共同作用的结果. 因此对中药进行更为 “全面” 的成分分析是中药质量控制研究的必然趋势, 中药指纹图谱技术即是基于此观点而兴起的一种半定量分析技术. 然而采用 HPLC/UV 分析方法很难对其中的大多数指纹峰进行指认, 导致指纹图谱难以与药物的活性直接联系起来, 亦难以用于指导制剂工艺的优化. 在应用 HPLC-MS 技术之前, 色谱峰的指认必须有对照品, 而大多数中药化学成分的对照品是很难获得的, HPLC-MS 技术则可以提供未知色谱峰丰富的结构信息, 据此推测其可能的化学结构, 从而很好地解决这一问题.

4) 中药代谢研究

中药代谢的研究包括药物及其在各种复杂的样品基质 (全血、血浆、尿、胆汁及生物组织) 中代谢物的分离、结构鉴定以及痕量分析测定. 利用 HPLC-MS 技术不仅可以避免复杂、繁琐、耗时的分离纯化代谢物样品的工作, 而且能分离鉴定以往难于辨识的痕量药物代谢物, 从而迅速、方便地解决问题. 由于 MS 具有很强的选择性, 可以利用 HPLC-MS-MS 及多反应监测 (multiple reaction monitoring, MRM) 等技术排除样品中其他成分的干扰、提高分析的专一性、改善信噪比, 从而实现对原型药物及其代谢产物的定性定量分析.

4. 质谱技术在生命科学中的应用

生命科学被誉为 21 世纪最前沿的科学之一, 随着人类第一张基因序列草图的完成和发展, 生命科学的研究也将进入一个崭新的后基因组学, 即蛋白质组学时代. 正如基因图的提前绘制得益于大规模全自动毛细管测序技术一样, 后基因组研究也将会借助于现代生物质谱技术等得到迅猛发展.

质谱分析法是 2002 年诺贝尔化学奖表彰的两项成果之一, 其原因就是利用质谱开展了生物大分子的研究, 生物质谱技术的出现具有里程碑的意义, 所有生命现象 (包括遗传、健康、疾病等) 的执行体都是蛋白质, 过去在基因、核酸水平分析生命现象, 认为核酸水平的变化能代表蛋白质的变化, 而实质上蛋白质的变化远比核酸的变化要复杂得多. 质谱技术问世之前没有任何手段能对蛋白质进行快速、高通量的分析, 用传统方法分析、鉴定未知的蛋白质, 必须先分离纯化, 对一个蛋白质的分析, 就需要若干年的时间. 而质谱技术的出现, 能对蛋白质的复杂性进行分析, 一天可能完成上千个样本的分析, 这大大缩短了时间, 从而使对蛋白质进行大规模分析鉴定成为可能.

生物质谱技术在工业制药领域也十分重要, 人类在健康或疾病状态下基因是不变的, 只是蛋白质有了些微小的变化, 质谱技术提供了一种发现和鉴定在疾病作用下表达异常的蛋白质的方法. 这种蛋白质可以作为药物筛选的作用靶点, 即通过对疾病发生的不同阶段蛋白质的变化进行分析, 发现一些疾病不同时期的蛋白标志物, 这样不仅可以为疾病的早期发现提供重要的诊断指标, 还对药物的研发具有指导意义. 药物靶标具有巨大的潜在商业价值, 目前世界上各大制药公司都投入大量人力、物力进行药物靶标的筛选, 与肿瘤、糖尿病、老年痴呆等多种疾病相关的药物靶标的筛选已经进行, 大量有价值的蛋白质靶标的发现已经成为新一轮的生命资源争夺战.

随着质谱技术的不断改进和完善, 质谱的应用范围已扩展到生命科学研究的许多领域, 特别是质谱在蛋白质、医学检测、药物成分分析及核酸等领域的应用, 不仅为生命科学研究提供了新方法, 同时也促进了质谱技术的发展.

1) 蛋白质组学中的质谱技术

质谱已经成为蛋白质组分析领域中的主要分析工具, 将其用于蛋白质和肽的分析已经有多年的历史. 大约自 20 世纪 90 年代初开始蛋白质组分析以来, 其需求发展迅速, 包括高灵敏度、高准确度、高通量、无人监管的多模式选择等. 鉴定一个生物学样品中所有可能的蛋白质不同于明确搜寻差异表达的蛋白质形式, 也不同于寻找出现的一些蛋白质的翻译后修饰的形式. 在蛋白质组学中, 主要采用的是电喷雾电离和基质辅助激光解吸电离两种离子源, 电喷雾质谱技术使分析物以单电荷或多电荷离子的形式进入气相, 其特点是产生高电荷离子而不是碎片离子, 使质量电荷比 (m/z) 降低到多数质量分析器都可以检测的范围, 因而大大扩展了分子量的分析范围, 离子的真实分子质量可以根据质荷比及电荷数算出, 其主要优势是可以方便地与多种分离技术联合使用. 基质辅助激光解吸电离质谱技术所产生的多为单电荷离子, 因而质谱图中的离子与多肽和蛋白质的质量有对应关系. 基质辅助激光解吸电离产生的离子常用飞行时间质量分析器进行质谱检测, MALDI-TOF 质谱很适合对蛋白质、多肽、核酸和多糖等生物大分子的研究. 这两项技术的出现使传统的主要用于小分子物质研究的质谱技术发生了革命性的变革, 它们具有高灵敏度和高质量检测范围, 使得在 pmol(10^{-12}) 甚至 fmol(10^{-15}) 水平上准确地分析分子量高达几万到几十万的生物大分子成为可能, 从而使质谱技术真正走入了生命科学的研究领域, 并得到迅速的发展.

组合质谱和串联质谱通过为母离子提供更多的结构信息而提高了蛋白质鉴定的水平. 蛋白质类生物大分子分子质量的测定有着十分重要的意义, 如对均一蛋白质一级结构的测定, 既要测定蛋白质的分子质量, 又要测定亚基和寡聚体的分子质量及水解、酶解碎片的分子质量. 常规的分子质量测定主要有渗透压法、光散射法、超速离心法、凝胶层析及聚丙烯酰胺凝胶电泳等, 这些方法存在样品消耗量大、精确度低、易受蛋白质的形状影响等缺点. MALDI-MS 技术以其极高的灵敏度、精确度很快在生物医学领域得到了广泛的应用, 特别是在蛋白质分析中的应用, 至今已被分析的蛋白质已有数百种之多, 不仅可测定各种亲水性、疏水性及糖蛋白等的分子质量, 还可直接用来测定蛋白质混合物的分子质量, 也能被用来测定经酶等降解后的混合物, 以确定多肽的氨基酸序列, 可以认为这是蛋白质分析领域的一项重大突破.

蛋白质组是指一个基因组、一个细胞或组织所表达的全部蛋白质成分, 蛋白质组的研究是从整体水平上研究细胞或有机体内蛋白质的组成及其活动规律, 包括细胞内所有蛋白质的分离、蛋白质表达模式的识别、蛋白质的鉴定、蛋白质翻译后修饰的分析及蛋白质组数据库的构建. 质谱技术作为蛋白质组研究的三大支撑技术之一, 除了用于多肽、蛋白质的质量测定外, 还广泛地应用于肽指纹图谱测定以及氨基酸序列测定等. 肽指纹图谱 (peptide mass fingerprint, PMF) 测定是对蛋白酶解或降解后所得多肽混合物进行质谱分析的方法, 对质谱分析所得肽片与多肽蛋白数据库中蛋白质的理论肽片进行比较, 从而判别所测蛋白是已知还是未知. 由于不同的蛋白质具有不同的氨基酸序列, 因而不同蛋白质所得肽片具有指纹特征. 采用肽指纹谱的方法已对酵母、大肠杆菌、人心肌等多种蛋白质组进行了研究. 对大肠杆菌经 PVDF 膜转印的蛋白质的研究表明, 三个肽片即可达到对蛋白质的正确识别. 研究显示, 肽指纹谱方法比氨基酸组成分析更为可靠, 这是因为基质辅助激光解吸电离测定肽质量的准确度为 99.9%, 而氨基酸组成分析的准确度仅为 90%. 另外基质辅助激光解吸电离可以耐受少量杂质的存在, 对于纯度不是很高的样品也能得到理想的结果. 对肽序列的测定往往要通过串联质谱技术才能达到分析目的, 它采用不同的质谱技术选择具有特定质荷比的离子, 并对其进行碰撞诱导解离, 通过推断肽片的断裂, 即可导出肽序列.

2) 生物质谱技术应用展望

现代质谱技术自诞生以来在多肽及蛋白质的研究中获得了极大的成功, 于是人们开始尝试着将质谱技术用于核酸的研究工作, 近年来合成寡核苷酸及其类似物在病毒感染和一些癌症的治疗方面有着良好的前景, 寡核苷酸作为药物其结构特征必须进行确证. 常规的色谱或电泳技术只能对其浓度和纯度进行分析, 而对其碱基组成、序列等结构信息却无能为力. 电喷雾电离和基质辅助激光解吸电离质谱技术的出现为寡核苷酸及其类似物的结构和序列分析提供了强有力的方法, 它是将被测寡核苷酸样品先用外切酶从 3' 或 5' 端进行部分降解, 在不同时间内分别取样进行质谱分析, 获得寡核苷酸部分降解的分子离子峰信号, 通过对相邻两个碎片分子质量进行比较, 可以计算出被切割的核苷酸单体分子质量, 将其与四个脱氧核苷酸的标准分子质量进行对照, 就可以读出寡核苷酸的序列, 由于基质辅助激光解吸电离的分辨率, 使其更适合于减基数较少的短链核酸的分析.

如何获得高分辨率的 DNA 质谱图一时间成为了研究的热点问题, DNA 的化学结构存在着不同于蛋白质的结构特征使得 DNA 样品存在某些特殊性, 一是其结构中存在着磷酸基团, 有形成钠磷化合离子的趋势; 二是在激光解吸离子化过程中它的结构不如蛋白质稳定, 易形成碎片, 这导致峰宽和分子离子的强度变弱, 从而使得分辨率下降. 1995 年, Vestal 等把离子延迟引出 (ion delayed extraction, DE) 技术应用于 MALDI-MS 中, 不但提高了 MALDI-MS 的分辨率, 而且也开创了质谱应用于 DNA 研究领域的新局面.

除了应用于蛋白质和核酸研究以外, 质谱还以其灵敏度和高分辨率在临床医学检查中得到了广泛的应用, 如对药物代谢产物的动态分析、癌细胞蛋白质的鉴定、同位素标记物的检测等. 其中用同位素 ^{14}C 标记的 ^{14}C- 尿素呼吸试验和 ^{15}N 标记的 ^{15}N- 排泄试验已成为临床检测幽门螺旋杆菌 (HP) 的有效手段.

随着生物工程技术的发展, 大量的生物工程产品不断出现, 需要更有效的测定分子质量及纯度的方法, 基质辅助激光解吸–飞行时间质谱取得了很好的效果, 如对多种基因工程产品进行了测定, 获得了准确的分子质量信息及纯度信息, 为基因工程产品的检测研究开辟了一条新途径. 质谱与生物技术的结合开创了质谱应用的新领域, 已成为生命科学研究中非常重要的工具, 其研究成果也将大大丰富人类基因组的研究, 并将使人类对生命的本质及其发生发展过程的认识达到一个前所未有的新高度.

推 荐 书 目

2005~2010. 质谱技术丛书 (共八册). 北京：化学工业出版社.

陈耀祖, 涂亚平. 2001. 有机质谱原理及应用. 北京：科学出版社.

丛浦珠, 李笋玉. 2003. 天然有机质谱学. 北京：中国医药科学技术出版社.

丛浦珠. 1987. 质谱学在天然有机化学中的应用. 北京：科学出版社.

何美玉. 2002. 现代有机与生物质谱. 北京：北京大学出版社.

江祖成, 胡斌. 2005. 色谱–原子光谱/质谱联用技术及形态分析. 北京：科学出版社.

刘炳环. 1983. 质谱学方法与同位素分析. 北京：科学出版社.

王世俊. 1998. 质谱学及其在核科学技术中的应用. 北京：原子能出版社.

周华. 1986. 质谱学及其在无机分析中的应用. 北京：科学出版社.

第 5 章　显微成像技术

随着现代科学技术的发展, 现代分析科学技术逐步向信息多维化和空间微型化的方向发展. 所谓信息多维化指从早期的单个数据的测试向多维数据的获取和信息处理的方向发展. 如传统的物理或化学的测试仅能提供诸如密度、熔点、含量、折光率等单个的数据, 而随着谱学技术的发展, 逐步形成了多种光谱、波谱以及色谱等技术, 这些技术的特点是由二维数据来表达物质的性质、成分等信息. 但二维信息仍然不能完全满足对客观物质多方面性能的表征, 因此更高维的信息获取技术就成为理化测试技术中一个重要的发展方向, 图像技术即是多维信息技术的一种代表. 所谓量测技术向微型化空间发展, 是由于人们越来越深刻地认识到微观世界巨大的诱惑力和对科技发展的重要意义, 如现有研究表明纳米材料独特的性能可能是宏观材料所无法比拟的. 作为兼备这两方面特性于一身的方法, 显微成像技术在过去的一个多世纪发展迅速.

作为显微技术的肇始者, 光学显微镜是人们认识微观世界最初的科学工具, 原始的光学显微镜是一个高倍率的放大镜, 在 16 世纪末, 荷兰眼镜商 Zaccharias Janssen 发明了第一台简易的由两片透镜构成的显微镜. 1610 年, 伽利略制造出具有物镜、目镜及镜筒的复式显微镜观察昆虫的复眼. 1611 年, 开普勒阐明了显微镜的原理, 然而显微镜 “microscope” 这一名词是在 1625 年由法布尔提出的, 并一直沿用至今. 1665 年, 胡克制造出放大 140 倍的显微镜, 提出 “细胞” 的概念, 其后荷兰博物学家 Antonievan Leeuwenhoek(1632～1723) 第一次用光学显微镜观察微生物, 此后显微镜就一直是生物学家从事研究工作、探寻生命奥秘必不可少的利器. 1684 年惠更斯制造出双透镜目镜. 19 世纪德国物理学家和数学家阿贝提出显微镜的完整理论. 德国化学家肖特成功地研制出供制作透镜的优质光学玻璃. 1902 年, 艾夫斯建立了双目镜系统. 1935 年, 泽尼克发现了相衬原理, 并因此获得诺贝尔奖. 从 19 世纪后期至 20 世纪 60 年代, 许多类型的光学显微镜, 如偏光显微镜、暗视场显微镜、相差显微镜、干涉显微镜、荧光显微镜、倒置显微镜等得以发展, 20 世纪 80 年代后期, 一种共聚焦激光显微镜 (LSCM) 问世, 结合图像处理, 可以直接观察活细胞的立体图, 是光学显微镜的一大进展. 全反射显微镜 (TIRF) 和受激发射损耗 (STED) 显微镜也是最近发展起来的显微镜技术.

然而由于光学显微镜的放大能力有限, 因此在光学显微镜的时代, 人们对微观世界的认识只能停留在微米的水平. 而电子技术的发展、电子显微镜的出现, 为人类进入纳米的世界提供了可能性, 由图 5-1 可以看出, 对微观世界的研究为我们带来了多么奇妙的收获.

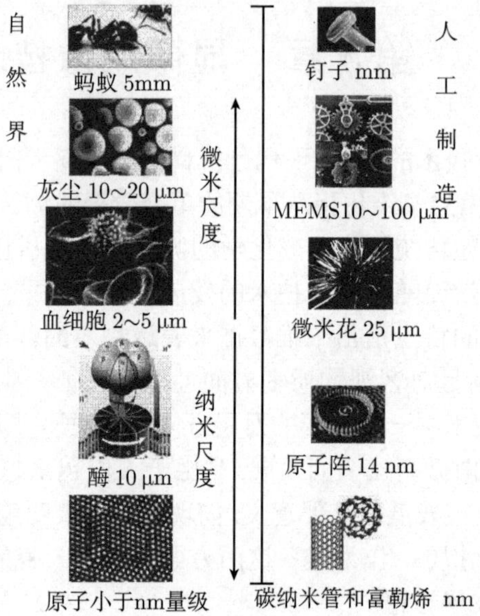

图 5-1　显微的世界

电子显微成像大致可以分为透射电子显微、扫描电子显微以及扫描探针显微技术等几个类型, 其中透射电子显微技术是直接建立在光学显微原理之上的, 而扫描电子显微技术则可以描述为一种利用电子与物质表面相互作用时产生的信号进行成像记录的技术, 更大程度上类似于一种表面分析方法, 而扫描探针显微技术则是建立在所谓探针和表面之间所产生的物理效应而记录表面特征的一类新的显微成像技术.

5.1　光学显微技术

人眼是人类自然进化形成的一种视觉成像器官, 能清晰看清视场区域对应的双眼视角约为横向 35° 和纵向 20°. 人眼对所观察物体 (图像) 的细节的分辨能力是一个特定的性能, 定义为目视分辨率 (ε). 只有当物体 (图像) 对人眼的张角 (分辨角, θ) 不小于某一值时, 肉眼才能区别其细部, θ 值可由下式求得: $\tan(\theta/2) = d/2L$, 其中 d 为人眼的分辨力, 约 0.2mm, L 为对应的最佳距离, 约为 0.688m, 由此可以求得 θ 约为 $1.5'$. 在最佳条件 (中等亮度, 50~70lx) 及适当的对比度时, θ 最小可达到 $1'$, 一般将 $2'$ 作为平均目视分辨率, 当观测视角小于 $1'$ 的物体时, 裸眼已不具备条件, 必须借助放大装置, 典型的视觉放大装置即为光学显微镜.

光学显微现象在公元前一世纪就为人类发现, 通过球形透明物体去观察微小物体时可以获得放大的像, 并逐步认识到了球形玻璃使物体放大成像的规律. 古典的光学显微镜只是光学元件和精密机械元件的组合, 以人眼作为接收器来观察放大的像. 其后在显微镜中加入了摄影装置, 以感光胶片作为可以记录和存储的接收器. 现代又普遍采用光电元件、电视摄像管和电荷耦合器件 (CCD) 等作为显微镜的接收器, 配以微型电子计算机后构成完整的图像信息采集和处理系统, 这些显微镜又称为视频显微镜, 可用于动态过程的观察.

5.1.1 光学显微成像原理

光线在均匀的各向同性介质中以直线传播, 由于光在不同介质中的传播速度不同, 在不同密度介质的透明物体界面发生折射现象, 光线在其界面改变方向, 并和法线构成折射角. 基于光线的这种折射现象, 利用特殊加工的光学元件可以实现光线传播方向的改变以及光束的汇聚或发散等, 这样的光学元件有透镜等. 透镜是组成光学显微系统的基本光学元件, 有凸透镜 (正透镜) 和凹透镜 (负透镜) 两大类. 光线通过凸透镜后成倒立实像, 通过凹透镜后则成正立虚像.

凸透镜可以理解为由两个球冠叠合而成, 视球冠高度可区分为 “厚透镜” 或 “薄透镜”. 两个球冠的叠合面称为 “透镜主平面”, 通过主平面中心并垂直于主平面的直线称为 “主光轴”. 当一束平行于主光轴的光线通过凸透镜后相交于一点, 这个点称 “焦点”, 通过焦点并垂直于主光轴的平面, 称 “焦平面”. 焦点有两个, 在物方空间的焦点, 称 “物方焦点”, 该处的焦平面, 称 “物方焦平面”; 反之, 在像方空间的焦点, 称 “像方焦点”, 该处的焦平面, 称 “像方焦平面”. 凸透镜光学成像规律主要可用以下几点来概述, 并分别描述于图 5-2 中.

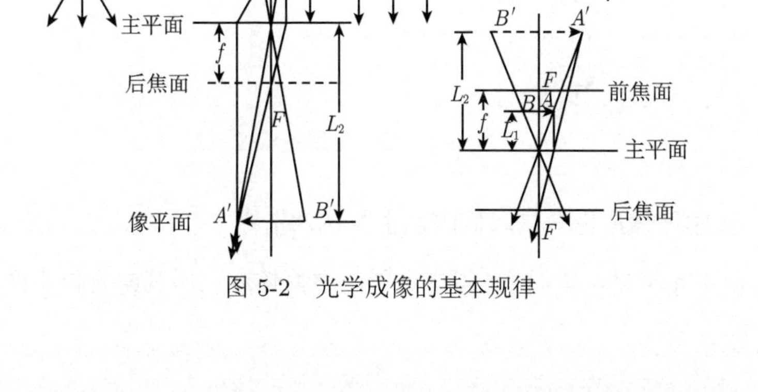

图 5-2 光学成像的基本规律

(1) 通过透镜中心的光线 (垂直于透镜平面为主光轴, 其余为副光轴) 不发生折射.

(2) 平行于主光轴的光线汇聚于后焦点.

(3) 前焦点发出的光线经过透镜后成为一束平行于主光轴的平行光.

(4) 一束平行于副光轴的平行光经过透镜后汇聚在此副光轴与后焦面的交点上.

(5) 当物体位于透镜物方二倍焦距以外时, 则在像方二倍焦距以内、焦点以外形成缩小的倒立实像.

(6) 当物体位于透镜物方二倍焦距上时, 则在像方二倍焦距上形成同样大小的倒立实像.

(7) 当物体位于透镜物方二倍焦距以内, 焦点以外时, 则在像方二倍焦距以外形成放大的倒立实像.

(8) 当物体位于透镜物方焦点上时, 则像方不能成像.

(9) 当物体位于透镜物方焦点以内时, 则像方也无像的形成, 而在透镜物方的同侧比物体远的位置形成放大的直立虚像.

(10) $1/L_1$(物距)$+1/L_2$(像距)$=1/f$(焦距), β(放大倍率)$=L_2/L_1$.

图 5-3 是显微镜成像原理图. 物镜 L_1 和目镜 L_2 均以单块透镜表示. 物体 AB 位于物镜前方, 离开物镜的距离在物镜的焦距和两倍物镜焦距间, 经物镜形成一个倒立的放大的实像 $A'B'$. $A'B'$ 位于目镜的物方焦点或很靠近的位置上, 经目镜再次放大为虚像 $A''B''$, 若 $A'B'$ 严格位于物方焦点上, 则虚像 $A''B''$ 的位置可以在无限远处, 也即在任何位置均可观察到清晰的图像.

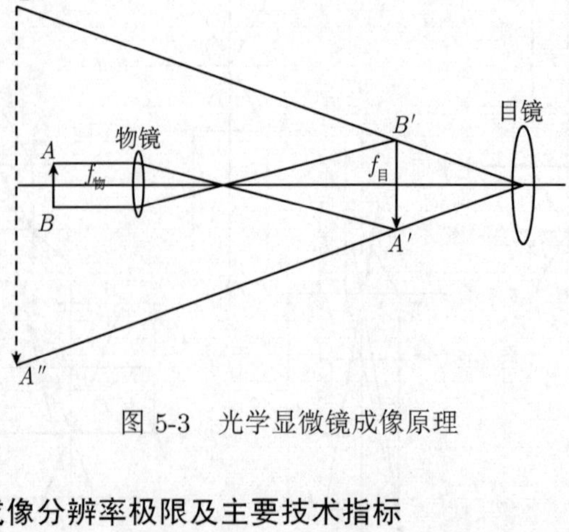

图 5-3 光学显微镜成像原理

5.1.2 光学显微成像分辨率极限及主要技术指标

在使用光学显微镜时, 光源透过所观察物体或在所观察物体表面反射, 这些透过或反射光经光学透镜成像作用形成放大的图像. 按前面的讨论, 如果能加工出足够放大倍数的透镜, 并选取有利的工作状态, 则可以获得任何所需要的放大倍率, 但在实际应用中, 并不能无限制地获取高的放大倍数. 也就是说, 光学显微镜的放大能力是有限的, 只是在一定的放大倍数范围内, 可以获得清晰的图像. 而进一步放大, 则所获得的图像将是模糊的, 也就是说此时再放大是没有意义的. 通过光学显微镜究竟能够获得多大的放大倍率, 关键性的因素并不在于透镜的放大倍数有多大, 而在于光学成像过程的分辨率究竟有多高. 为此, 必须了解光学成像所涉及的技术参数以及对分辨率的影响因素.

1. 数值孔径

数值孔径简写为 NA, 是物镜的主要技术参数, 是判断其性能高低的重要标志. NA=$n\sin u/2$, n 是物镜前透镜与被检物体之间介质 (称为物方介质) 的折射率, u 为孔径角 ($u/2$ 又称为孔径半角, 常用 α 表示), 孔径角是物镜光轴上的物体点与物镜前透镜的有效直径所形成的角度. 孔径角越大, 进入物镜的光通亮就越大, 它与物镜的有效直径成正比, 与焦点的距离成反比.

显微镜观察时, 若想增大 NA 值, 孔径角是无法增大的, 唯一的办法是增大介质的折射率 n 值, 基于这一原理, 就产生了水浸物镜和油浸物镜.

2. 分辨率

显微镜的分辨率是指能被显微镜清晰区分的两个物点的最小间距, 是决定显微镜放大倍数的决定因素, 只有在分辨率足够的条件下, 才能进行放大.

光学透镜的分辨率可按下式计算:

$$r_{\mathrm{d}} = 0.61\lambda/\mathrm{NA} \tag{5-1}$$

式中, r_{d} 为最小分辨距离; λ 为光线的波长; NA 为物镜的数值孔径. 可见物镜的分辨率是由物镜的 NA 值与照明光源的波长两个因素决定. NA 值越大, 照明光线波长越短, 则 r_{d} 值越小, 分辨率就越高.

通常情况下, 光学透镜的孔径角最大可为 140° ~150°, 如果使用的物方介质为油类, 其 n 值可达到 1.5 或更高些, 可见光的波长范围为 390~760nm, 那么可以计算到光学显微镜能够分辨的物体上的最小细节约为 200nm, 此即为光学显微镜的分辨率极限.

为什么光学透镜的分辨率存在这一极限, 原因在于对光学行为的研究表明, 在光学成像过程中, 投射到像平面上的光束之间存在干涉现象, 由于干涉, 即使是从一个点光源 (理论上的点光源是没有体积的, 但在实际中并不存在) 发出的光, 在其形成像时, 就不再是一个点了, 而是干涉作用形成的一个衍射图形, 衍射图形是由一个中心亮斑和若干明暗交替的圆环组成, 如图 5-4 所示.

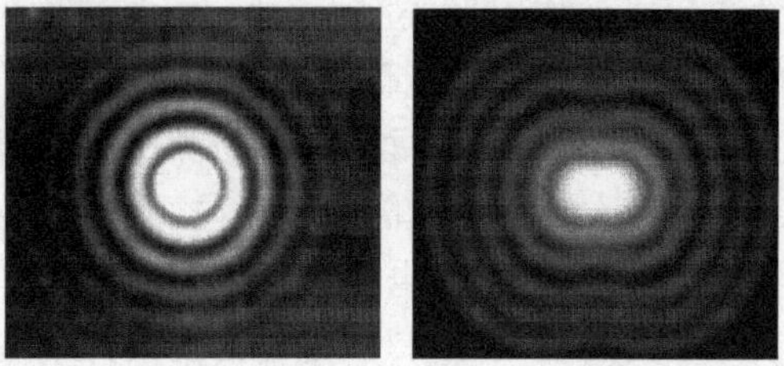

(a) (b)

图 5-4 单个光点 (a) 和两个相邻光点 (b) 的衍射图样

这个衍射图样称为艾里 (Airy) 斑, 其大小用第一暗环的半径描述. 当物上的两个点之间距离较远时, 其艾里斑彼此相隔一定距离, 人眼有足够的分辨能力, 并不影响观察. 当物上两个点之间距离靠近时, 艾里斑会发生重叠, 当两个相同大小的艾里斑之间的距离恰好是其半径时, 重叠处的光强比其中心光强低约 20%, 一般认为, 人眼或照相底片对 20%的光强差是可以分辨的, 所以, 瑞利就将艾里斑的半径规定为能够分辨两个细节的最小中心距, 即光学显微成像的分辨率极限, 如图 5-5 所示, 这就是光学透镜的分辨率极限.

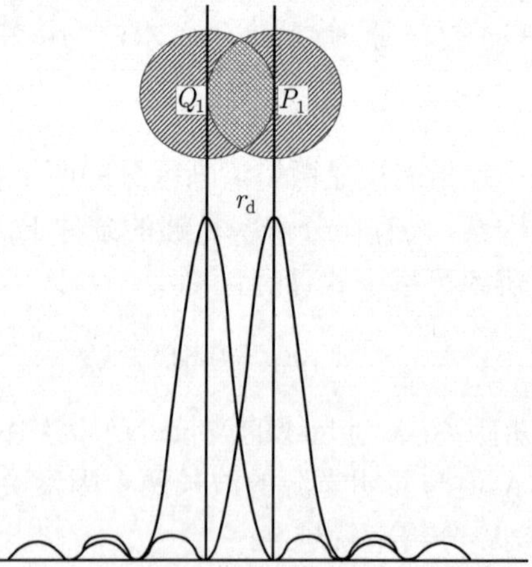

图 5-5 瑞利定义的光学透镜分辨率极限

3. 放大率和有效放大率

由于经过物镜和目镜的两次放大, 所以显微镜总的放大率 Γ 应该是物镜放大率 β 和目镜放大率 Γ_1 的乘积: $\Gamma = \beta\Gamma_1$. 显然, 与放大镜相比, 显微镜可以具有高得多的放大率, 并且通过调换不同放大率的物镜和目镜, 能够方便地改变显微镜的放大率. 放大率是显微镜的重要参数, 但正如前面所讨论, 并非放大率越高越好, 而是存在一个最大的放大倍率, 这是与分辨率有关的, 显微镜放大倍率的极限即有效放大倍率. 一般可参照 $500\text{NA} < \Gamma < 1000\text{NA}$ 确定合适的放大倍率. 当选用的物镜

数值孔径不够大, 即分辨率不够高时, 显微镜不能分清物体的微细结构, 此时即使过度地增大放大倍率, 得到的也只能是一个轮廓虽大但细节不清的图像, 称为无效放大倍率. 反之如果分辨率已满足要求而放大倍率不足, 则显微镜虽已具备分辨的能力, 但因图像太小而仍然不能被人眼清晰视见. 所以为了充分发挥显微镜的分辨能力, 应使数值孔径与显微镜总放大倍率合理匹配.

4. 焦深

焦深为焦点深度的简称, 即在使用显微镜时, 当焦点对准被观察物体某一位置时, 不仅位于该平面上的各点都可以看清楚, 而且在此平面的上下一定厚度范围内, 都能得到清晰的图像, 即显微成像可以观察一定空间深度范围内物体的形貌信息, 这个深度就是焦深. 焦深大, 可以看到被检物体的立体方向的信息, 而焦深小, 则只能看到被观察物体的一薄层, 焦深与其他技术参数有以下关系:

(1) 焦深与总放大倍数及物镜的数值孔径成反比.

(2) 焦深大, 分辨率降低.

5.1.3 光学显微镜结构

光学显微镜包括光学系统和机械装置, 由机架、目镜筒、物镜转换器、载物台、调焦机构和聚光器调节机构等构成, 如图 5-6 所示. 如是数码显微镜则还包括数码摄像系统. 数码摄像系统包括摄像头、图像采集卡和软件等. 光学系统是显微镜的核心, 包括物镜、目镜、聚光镜和照明方式等.

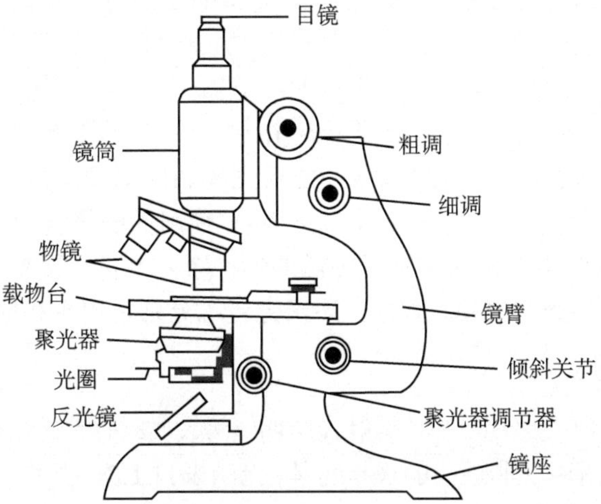

图 5-6 光学显微镜结构

1. 物镜

物镜是光学显微镜最重要的部件, 对被观察物体第一次成像, 由于需校正像差,由一个透镜组构成. 对物镜的具体要求包括合轴和齐焦, 合轴是衡量不同物镜所成图像的中心偏离程度的指标, 齐焦是指当用不同倍率的物镜观察图像时, 保持清晰度的能力. 物镜的主要技术参数包括放大率 β 和数值孔径 NA 等. 物镜的基本类型有：① 消色差物镜 (achromatic objective); ② 复消色差物镜 (apochromatic objective); ③ 半复消色差物镜 (semi apochromatic objective); ④ 平视场物镜 (plan objective); ⑤ 单色物镜; ⑥ 特种物镜等.

所谓 "特种物镜" 是在上述物镜的基础上, 专门为达到某些特定的观察效果而设计制造的, 主要有：① 带校正环物镜 (correction collar objective); ② 带虹彩光阑的物镜 (iris diaphragm objective); ③ 相衬物镜 (phase contrast objective); ④ 无罩物镜 (no cover objective); ⑤ 长工作距离物镜 (倒置显微镜的专用物镜) 等.

2. 目镜

目镜是一个放大镜, 其作用是把物镜放大的实像再次放大, 并把物像映入观察者的眼中或其他成像设备上. 显微镜的分辨率决定于物镜, 目镜只起放大作用, 而不能提高分辨率. 目镜由一组透镜组成, 按照所能看到的视场大小, 可分为视场较小的普通目镜和视场较大的大视场目镜 (或称广角目镜) 两类. 较高档显微镜的目镜上还装有视度调节装置.

3. 聚光镜

载物台下方的聚光镜可提供足够的光量并适当改变光源性质, 将光线聚焦于被检物体上以得到最好的照明效果. 聚光镜的结构有：① 阿贝聚光镜 (Abbe condenser), 由德国光学大师恩斯特 · 阿贝 (Ernst Abbe) 设计. 阿贝聚光镜由两片透镜组成, 有较好的聚光能力, 多用于普通显微镜上. ② 消色差聚光镜 (achromatic aplanatic condenser), 又名 "消球差聚光镜" 或 "齐明聚光镜", 它由一系列透镜组成, 它对色差球差的校正程度很高, 能得到理想的图像, 常配置于高级研究型显微镜. ③ 摇出式聚光镜 (swing out condenser), 使用低倍物镜 (如 4X) 时, 可将聚光镜的上透镜从光路中摇出而使视场充满照明. 除上述明场聚光镜外, 暗视场聚光镜、相衬聚光镜、偏光聚光镜、微分干涉聚光镜等分别适用于相应的观察方式.

4. 照明方式

分为 "透射式照明" 和 "落射式照明" 两大类. 前者适用于透明或半透明的被检物体, 后者适用于非透明的被检物体, 光源来自上方, 又称 "反射式照明".

1) 透射式照明

(1) 临界照明 (critical illumination), 光源经过聚光镜后, 成像于物平面上, 若忽略光能的损失, 则光源像的亮度与光源本身相同, 因此, 这种方法相当于在物平面上放置光源. 在临界照明中, 光源表面亮度不均匀或明显地表现出细小的结构, 可在光源的前方放置乳白和吸热滤色片, 使照明变得较为均匀和避免光源的长时间照射而损伤被观察物体. 用透射光照明时, 物镜成像光束的孔径角, 被聚光镜像方光束的孔径角所决定, 为使物镜的数值孔径得到充分利用, 聚光镜应有与物镜相同或稍大的数值孔径.

(2) 柯拉照明, 临界照明中物面光照度不均匀的缺点, 在柯拉照明中可以消除. 在光源与聚光镜之间加一辅助聚光镜, 由于不是直接把光源, 而是把被光源均匀照明了的辅助聚光镜 (柯拉镜) 成像在被观察物体上, 所以物镜的视场得到均匀的照明.

2) 落射式照明

在观察不透明物体时, 如通过金相显微镜观察金属磨片, 往往是采用从侧面或者从上面加以照明的方式. 此时, 像的产生是靠进入物镜的反射或散射光线.

3) 用暗视场来观察微粒的照明方法

用暗视场方法可以观察超显微质点. 所谓超显微质点是指那些小于显微镜分辨极限的微小质点. 暗视场照明的原理是不使主要的照明光线进入物镜, 能够进入物镜成像的只是由微粒所散射的光线. 因此, 在暗的背景上给出了亮的微粒的像, 虽然不能观察到微粒的细部结构, 但能看到微小物体 (大小在 0.004μm 以上) 的存在与运动, 视场背景虽暗, 但衬度 (对比) 很好, 可以使分辨率提高. 暗视场照明又有单向和双向之分, 单向暗视场照明对物体细节的再现能力较差, 存在" 失真" 的现象, 而双向暗视场照明可以消除这一失真缺点. 一种较为典型的暗视场照明方式为中心遮光法, 原理见图 5-7. 用中央遮光板 (暗视场光挡) 遮去中央光束, 使聚集在聚光器焦点的直接照明光线的中央光束遮掉, 视野基本黑暗, 而保证侧面斜射过来的光照亮被检物.

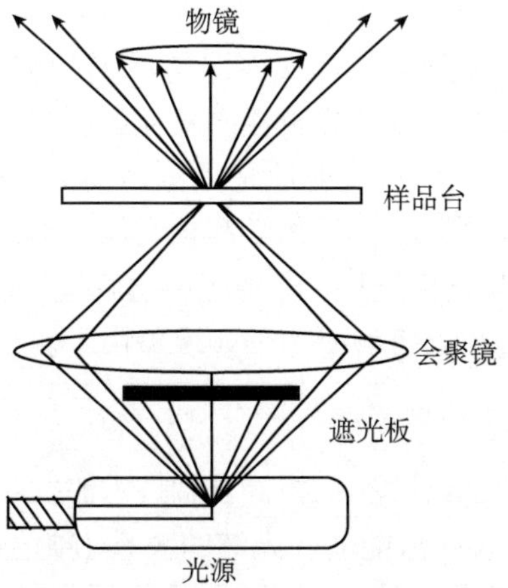

图 5-7 中心遮光暗视场照明原理

5.1.4 现代光学显微技术

在光学显微镜的发展中形成了多种新颖的显微技术, 按图像是否有立体感可分为立体视觉和非立体视觉显微镜, 按光学原理可分为偏光、相衬和微分干涉对比显微镜等, 按光源类型可分为普通光、荧光、紫外光、红外光和激光显微镜等, 按接收器类型可分为目视、数码 (视频) 显微镜等.

1. 双目体视显微镜

双目体视显微镜又称 "实体显微镜" 或 "解剖镜", 是一种具有正像立体感的目视显微镜, 在生物、医学领域广泛用于切片操作和显微外科手术; 在工业中用于微小零件和集成电路的观测、装配、检查等工作. 这种显微镜有一个共用的初级物镜, 对物体成像后的光束被两组中间物镜 (变焦镜) 分成一体视角再经各自的目镜成像, 双目镜筒中的左右两光束有一定的夹角 (体视角, 一般为 $12^\circ \sim 15^\circ$), 为左右两眼提供一个具有立体感的图像. 它实质上是两个单镜筒显微镜并列放置, 两个镜筒的光轴构成相当于人们用双目观察一个物体时所形成的视角, 以此形成三维空间的立体视觉图像. 同时由于在目镜下方使用棱镜把像倒转过来, 从而获得直立的像, 虽然这种显微镜放大率不如常规显微镜, 但其工作距离很长、焦深大、视场直径大.

2. 金相显微镜

金相显微镜是专门用于观察金属和矿物等不透明物体金相组织的显微镜. 这些不透明物体无法在普通的透射光显微镜中观察, 故金相和普通显微镜的主要差别在于前者以反射光, 而后者以透射光照明. 在金相显微镜中照明光束从物镜方向射到被观察物体表面, 被物面反射后再返回物镜成像.

3. 偏光显微镜

将普通光改变为偏振光进行观察即是所谓的偏光显微镜 (polarizing microscope), 主要用于研究透明与不透明各向异性的材料, 凡具有双折射性的物质在偏光显微镜下都能分辨清楚. 双折射性是晶体的基本特性, 因此, 偏光显微镜被广泛地应用在矿物、化学等领域, 在生物学和植物学也有应用. 偏光显微镜必须具备起偏镜、检偏镜、补偿器或相位片、专用无应力物镜、旋转载物台等附件, 并最好采用单色光, 因为光的速度、折射率和干涉现象由于波长的不同而有差异.

4. 相衬显微镜

在光学显微镜的发展过程中, 相衬显微技术的发明成功是近代显微镜技术中的重要成就. 我们知道, 人眼只能区分光波的波长 (颜色) 和振幅 (亮度), 对于无色透明的生物标本, 当光线通过时, 波长和振幅变化不大, 在明场观察时很难观察到标本. 相衬显微镜 (phase contrast microscope) 利用被检物体的光程差进行观察, 也就是有效地利用光的干涉现象, 将人眼不可分辨的相位差变为可分辨的振幅差, 即使是无色透明的物质也清晰可见, 这大大便利了对活体细胞的观察, 因此相衬显微广泛应用于倒置显微镜中.

5. 微分干涉对比显微镜

微分干涉对比显微镜 (differential interference contrast, DIC) 出现于 20 世纪 60 年代, 它不仅能观察无色透明的物体, 而且图像呈现出浮雕般的立体感, 并具有相衬显微术所不能达到的某些优点, 观察效果更为逼真. 微分干涉对比显微术是利用特制的渥拉斯顿棱镜来分解光束, 分裂出来的光束的振动方向相互垂直且强度相等, 光束分别在距离很近的两点上通过被观察物体, 在相位上略有差别. 由于两光束的裂距极小, 而不出现重影现象, 使图像呈现出立体的三维感觉.

6. 倒置显微镜

倒置显微镜 (inverted microscope) 是为了适应生物学、医学等领域中的组织培养、细胞离体培养、浮游生物、环境保护、食品检验等显微观察需要而发展起来的一种显微技术. 由于上述样品特点的限制, 被检物体均放置在培养皿 (或培养瓶) 中, 这样就要求倒置显微镜的物镜和聚光镜的工作距离很长, 能直接对培养皿中的被检物体进行显微观察和研究. 因此, 物镜、聚光镜和光源的位置都颠倒过来, 故称为 "倒置显微镜". 如果有特殊需要, 也可以选配相关附件完成微分干涉、荧光及简易偏光等观察.

7. 数码 (视频) 显微镜

数码显微镜是以摄像头作为接收元件的显微镜. 在显微镜的实像面处装入摄像头取代人眼作为接收器, 通过这种光电器件把光学图像转换成电信号的图像或视频, 这类显微镜可以与计算机联用, 这便于实现检测和信息处理的自动化.

5.1.5 荧光显微与激光共聚焦显微技术

荧光显微镜和激光共聚焦显微镜也是现代光学显微技术领域中发展比较迅速和应用广泛的显微镜装置, 尤其是研究型的高端机型不仅提供了显微观察功能, 还可以解决部分定性、半定量问题.

1. 荧光显微镜原理

荧光显微镜 (fluorescence microscope) 是一种具有荧光功能、在生物医学等领域具有非常广泛应用的光学显微镜, 其基本原理是利用短波长的光线照射用荧光素染色过的被检物体, 使之受激发后而产生长波长的荧光, 从而用于对样品结构或其组分进行定性、定位、定量观察检测. 荧光显微镜使用汞灯或氙灯光源产生紫外线.

紫外线进入显微镜后在分色镜上反射到样本, 紫外线激发样本分子的荧光. 物镜采集样本发出的荧光, 并通过另一分色镜和阻挡滤镜消除荧光以外的波长, 使荧光到达物镜形成图像, 其结构原理见图 5-8.

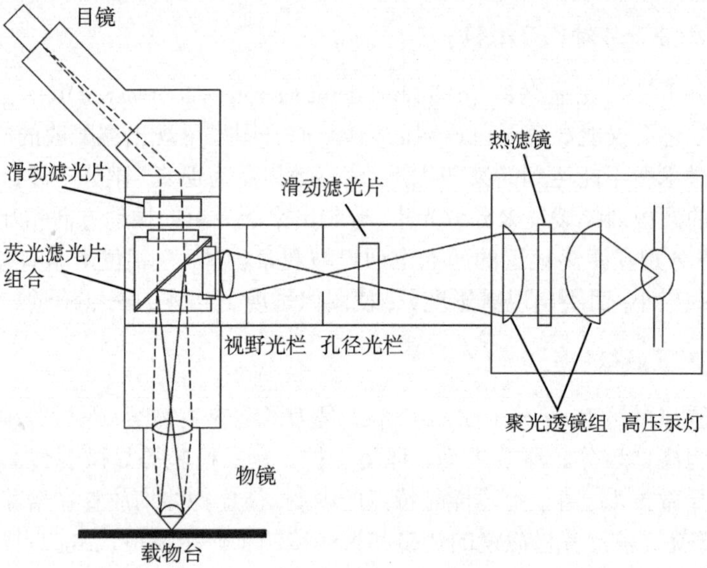

图 5-8　荧光显微镜结构

样本内的荧光分子可以是样品自身具备或人工引入. 常用的荧光分子及相应的激发、发射波长见表 5-1.

表 5-1　常用的荧光素和相应激发、发射波长

荧光素	DAPI	AMCA	Hoechst 33258	FITC	吖啶橙	吖啶黄	CY3	ARITC	碘化丙啶
激发波长	372	350	365	490	490	470	552	541	530
发射波长	456	450	465	520	590	550	565	572	615

荧光显微镜的照明方式有透射式和落射式两种, 透射式的激发光来自被检物体的下方, 聚光镜为暗视野聚光镜, 使激发光不进入物镜, 而使荧光进入物镜. 它在低倍情况下明亮, 而高倍时则较暗. 透射式不适用于非透明的被检物体, 目前几乎被淘汰, 新型的荧光显微镜多为落射式 (倒置荧光显微镜, 结构见图 5-9), 光源来自被检物体的上方, 在光路中具有分光镜, 所以对透明和不透明的被检物体都适用. 由于物镜起了聚光镜的作用, 不仅便于操作, 而且从低倍到高倍, 可以实现整个视场的均匀照明. 倒置荧光显微镜配有长工作距离平场消色差物镜、大视野目镜、双目观察, 同时还配有特长工作距离聚光镜、相衬装置及长工作距离平场相衬物镜, 具有在培养瓶或培养皿内进行显微观察的特点. 倒置荧光显微镜特别适用于对活体

细胞和组织、流质、沉淀物等进行显微研究, 是生物学、细胞学、肿瘤学、遗传学、免疫学等研究工作的重要科学仪器.

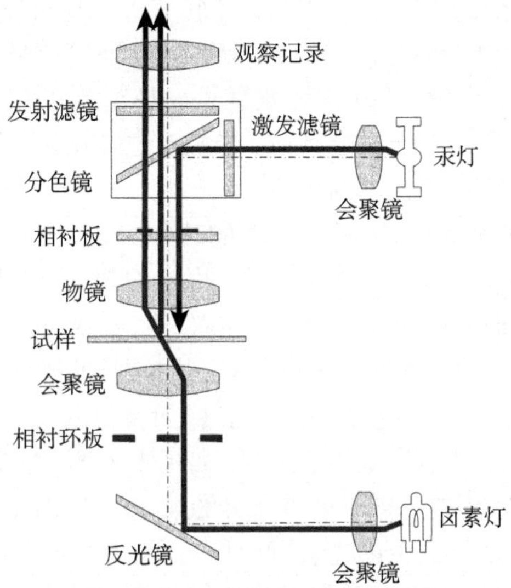

图 5-9 倒置荧光显微镜光路结构

2. 荧光显微镜应用

荧光显微镜主要用于生物样品的观察, 可完成对细胞结构或组分的定性、定位、半定量研究. 荧光分子主要用作为生物大分子筛选与鉴定的标记物, 使用荧光物质标记细胞中的特定成分或结构, 不仅图像对比度增强, 而且由于许多荧光显微镜的光源使用短波长的紫外光, 大大提高了分辨率. 除表 5-1 所示的各种荧光分子外, 一些染料分子在和生物样品作用后会产生荧光, 也可用于进行荧光显微分析. 如钙黄绿素 -AM(钙黄绿素乙酰甲酯, Calcein-AM) 即是一种可对活细胞进行荧光标记的细胞染色试剂, Calcein-AM 由于在 Calcein 的基础上加强了疏水性, 因此能够穿透活细胞膜. 当其进入到细胞质后, 酯酶会将其水解为 Calcein 留在细胞内, 发出强绿色荧光. Calcein 的激发和发射波长分别为 490nm 和 515nm. 而死细胞则没有这种酶, 因此, 活细胞可以发出绿色荧光, 而死细胞却不会发出荧光. 另一种作为核染色染料的碘化丙啶 (PI) 则不能穿过活细胞的细胞膜, 它会穿过死细胞膜的无序区域而到达细胞核, 并嵌入细胞的 DNA 双螺旋从而产生红色荧光 (激发波长 535nm, 发射波长 617nm), 因此 PI 仅对死细胞染色. 由于 Calcein 和 PI-DNA 都可被 490nm 激发, 因此可用荧光显微镜同时观察活细胞和死细胞, 而用 545nm 激发, 则仅可观察到死细胞. 根据以上特点, Calcein-AM 和碘化丙啶 (PI) 经常被结合用来作为活细胞和死细胞的双重染色. 这种双染色技术可用于毒物学研究, 以确定施用杀虫剂等环境化学品时, 所杀死细胞数量的百分比.

荧光显微术有助于观察活细胞的结构以及衡量活细胞中的生理和生物化学活动. 不同的荧光指示剂, 可以用于研究众多具有重要生理作用的化学物, 如 DNA、钙、镁、钠、pH 和酶. 此外, 各种生物分子特有的抗体可以与荧光分子化学结合, 用于对细胞内的特定结构着色. 目前许多新兴生物研究领域也应用到荧光显微镜, 如基因原位杂交 (FISH) 等. 近年来还发展了一些超高分辨率荧光显微技术如受激发射减损显微镜、饱和结构光学显微镜、光敏定位显微镜、随机光学重建显微镜等.

1) 荧光显微镜标本制作要求

载玻片厚度应为 0.8~1.2mm, 太厚的玻片, 一方面光吸收大, 另一方面不能使激发光在标本上聚集. 载玻片必须光洁、厚度均匀、无明显自发荧光. 有时需用石英玻璃载玻片. 盖玻片厚度在 0.17mm 左右, 光洁. 为了加强激发光, 也可用干涩盖玻片, 这是一种特制的表面镀有若干层对不同波长的光起不同干涉作用的物质 (如氟化镁) 的盖玻片, 它可以使荧光顺利通过, 而反射激发光, 这种反射的激发光可激发标本. 组织切片或其他标本不能太厚, 如标本太厚, 激发光大部分消耗在标本下部, 而物镜直接观察到的上部不能被充分激发. 而且, 对于较厚的样品标本, 普通荧光显微镜不仅接收焦平面上的光量, 而且来自焦平面上方或下方的散射荧光也被物镜接收, 由于大多数生物学标本是层次区别的重叠结构, 这些来自焦平面以外的荧光使观察到的图像反差和分辨率大大降低, 使所得荧光图像结构模糊、发虚. 封裱剂, 必须无自发荧光, 无色透明, 荧光的亮度在 pH8.5~9.5 时较亮, 不易很快褪去. 所以, 常用甘油和 0.5mol/L pH9.0~9.5 的碳酸盐缓冲液的等量混合液作封裱剂. 一般用暗视野荧光显微镜和油镜观察标本时, 必须使用镜油. 最好使用特制的无荧光镜油, 也可用上述甘油代替, 液体石蜡也可用, 只是折光率较低, 对图像质量略有影响.

2) 荧光图像的记录方法

荧光显微镜所看到的荧光图像, 一是具有形态学特征; 二是具有荧光的颜色和亮度, 在判断结果时, 必须将二者结合起来综合判断. 结果记录根据主观指标, 即凭工作者目力观察. 用细胞分光光度计、图像分析仪等设备可以更为客观地记录图像, 但这些仪器记录的结果, 也必须结合主观的判断.

荧光显微镜摄影技术对于记录荧光图像十分必要, 由于荧光很易褪色减弱, 需及时摄影记录结果. 方法与普通显微摄影技术基本相同, 一般研究型荧光显微镜都有半自动或全自动显微摄影系统装置.

3) 使用荧光显微镜的注意事项

(1) 应在暗室中进行检查. 进入暗室后, 接上电源, 点燃超高压汞灯 5~15min, 待光源发出强光稳定后再开始观察标本.

(2) 检查时间每次以 1~2h 为宜, 超过 90min, 超高压汞灯发光强度逐渐下降, 荧光减弱. 标本受紫外线照射 3~5min 后, 荧光也明显减弱, 所以每个样品标本的观察时间也不宜过长, 暂时不观察时, 应用挡板遮盖激发光.

(3) 荧光显微镜光源寿命有限, 标本应集中检查, 以节省时间、保护光源. 灯熄灭后欲再启用时, 须待灯泡充分冷却后才能点燃. 一天中应避免数次点燃光源.

(4) 标本染色后应立即观察, 因时间久了荧光会逐渐减弱. 若将标本放在聚乙烯塑料袋中 4°C 保存, 可延缓荧光减弱时间, 防止封裱剂蒸发.

3. 激光共聚焦显微镜的成像原理

激光共聚焦显微镜 (又称激光共聚焦扫描显微镜, laser scanning confocal microscope, LSCM) 是 20 世纪 80 年代发展起来的结合激光束的扫描功能和数字技术形成的一种新型光学显微技术, 与其他光学显微技术的显著不同在于此种显微技术并不完全采用光学透镜的成像原理, 而是采用扫描激发荧光的方式, 对单点上的荧光进行检测再还原成显微图像的工作模式. 与传统光学显微镜相比, 它具有更高的分辨率, 实现多重荧光的同时观察并可形成清晰的三维图像等优点. 所以它问世以来在生物学的研究领域中得到了广泛应用.

激光共聚焦显微镜主要有: ① 显微镜光学系统; ② 扫描装置; ③ 激光光源; ④ 检测系统四部分组成. 采用激光光源照射标本, 在焦平面上形成一个轮廓分明的小的光点, 该点被照射后发出的荧光被物镜收集, 并沿原照射光路回送到由双向色镜构成的分光器, 分光器将荧光直接送到探测器. 光源和探测器前方都各有一个针孔, 分别称为照明针孔和探测针孔, 两者的几何尺寸一致, 100~200nm, 相对于焦平面上的光点, 两者是共轭的, 即光点通过一系列的透镜, 最终可同时聚焦于照明针孔和探测针孔. 这样, 来自焦平面的光, 可以会聚在探测孔范围之内, 而来自焦平面上方或下方的散射光都被挡在探测孔之外而不能成像. 通过反射镜的偏转可以使激光逐点扫描样品, 探测针孔后的光电倍增管也逐点获得对应光点的共聚焦图像, 转为数字信号传输至计算机, 最终还原成清晰的整个焦平面的共聚焦图像, 其光学原理见图 5-10.

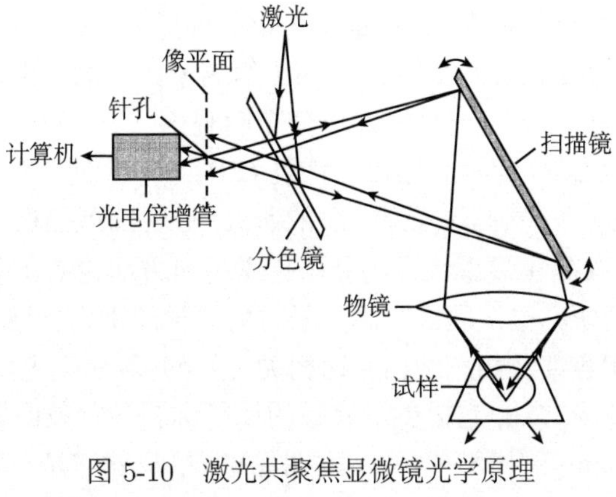

图 5-10 激光共聚焦显微镜光学原理

激光共聚焦显微与其他光学显微技术的差异还在于其三维成像的能力, 每一幅焦平面图像实际上是标本的光学横切面, 称为光学薄片, 由于焦点处的光强远大于非焦点处的光强, 而且非焦平面上的荧光被针孔滤去, 因此共聚焦系统的景深近似为零. 通过光学系统可使激光光源的焦平面沿 Z 轴方向改变而实现光学断层扫描, 即在 Z 轴的不同位置形成待观察样品的二维光学切片. 把 XY 平面 (焦平面) 扫描与 Z 轴 (光轴) 扫描相结合, 通过累加连续层次的二维图像, 经过专门的计算机软件处理, 可以获得样品的三维图像. 激光共聚焦显微镜采用的光源可以是紫外、可见和近红外波段的激光光源, 光源以逐点扫描方式作用于样品并激发出荧光, 同样以逐点成像的方式形成可观测的数字化图像, 可以进行图像处理和定量分析, 尤其适合于多重染色样品的观察.

4. *激光共聚焦显微镜的应用*

激光共聚焦显微镜在生命科学研究中的应用非常广泛, 主要可完成的工作包括: ① 细胞生物学研究, 如细胞结构、细胞骨架、细胞膜结构、流动性、受体、细胞器 结构和分布变化、细胞凋亡等; ② 生物化学研究, 如酶、核酸、FISH、受体分析等; ③ 药理学研究, 如药物对细胞的作用及其动力学等; ④ 生理学研究, 如膜受体、离子通道、离子含量、离子分布、离子动态等; ⑤ 遗传学和组胚学研究, 如细胞生长、分化、成熟变化以及细胞的三维结构、染色体分析、基因表达、基因诊断等; ⑥ 神经生物学研究, 如神经细胞结构、神经递质的成分、运输和传递等; ⑦ 微生物学和寄生虫学研究, 如细菌、寄生虫形态结构等; ⑧ 病理学及病理学临床应用研究, 如活检标本的快速诊断、肿瘤诊断、自身免疫性疾病的诊断等; ⑨ 生物学、免疫学、环境医学和营养学研究, 如免疫荧光标记的定位、细胞膜受体或抗原的分布、微丝、微管的分布、两种或三种蛋白的共存与共定位、蛋白与细胞器的共定位等. 比较先进的激光共聚焦显微镜还能完成多重荧光标记信号检测, 对活细胞和组织或切片进行连续扫描, 获得精细的单个细胞或一群细胞的各个层面结构三维图像. 可进行发射光谱扫描取图, 对重叠光谱进行拆分, 实现荧光共定位的应用. 利用荧光标记, 测定细胞内如钠、钙、镁、pH 等离子浓度的比率及动态变化, 能对信号进行快速和精确的定位、定时和定位分布的观察. 还可配备光刺激扫描单元, 实现荧光衰减分析 (FLIP) 和荧光漂白后恢复 (FRAP)、荧光共振能量转移 (FRET)、解笼锁 (UNCAGE) 等光刺激 (光漂白) 的研究, 进行细胞损伤、细胞间通信等研究.

同样, 激光共聚焦显微镜在高分子化学材料方面也有了非常广泛的应用. 聚合物多组分体系的研究已发展成为高分子材料科学的重要领域, 而其材料性能又与体系中各组分的相容性及相态结构密切相关. 激光共聚焦荧光显微技术是一种无损的多层形态观测的新方法, 它提供了有效的途径弥补各种表面分析手段的不足. 其检测深度可达 100μm, 制样简单、快速、图像直观. 虽然它是一种光学显微方法, 分辨率较电镜为低, 但在荧光标记后通过共聚焦成像, 并采用光电倍增管作为检测装置, 因此可得到比普通荧光显微镜更高分辨率、更高灵敏度的图像. 通过光学切片或断层扫描, 在无须破坏样品的条件下获得的图像信息通过相关软件的帮助可对标本各深度层的信息进行三维重建, 可以得到表面及内部结构都非常清晰的三维图像. 因此激光共聚焦显微镜在高分子材料、胶体化学 (如研究胶体分散相中乳胶颗粒的分布、排列、热运动及器壁效应等) 等领域同样有广泛的应用.

5.2 透射电子显微镜

采用可见光作为光源的光学显微镜, 由于其分辨率的极限约为 200nm, 因此能够达到的放大倍数大致在 1000 倍的水平, 对于观察更为细节的物体形貌, 光学显微镜显然无能为力. 随着人类对微观世界研究的不断深入, 尤其是纳米材料研究的蓬勃兴起, 光学显微镜已不能满足需要, 目前人们对显微技术的要求已经达到纳米的水平, 因此, 需要能够有提供较光学显微镜高 100~1000 倍的显微放大技术, 电子显微镜正是能满足这种需求的重要科学仪器. 经典的电子显微技术主要包括透射电子显微镜 (transmission electron microscope, TEM) 和扫描电子显微镜 (scanning electron microscope, SEM). 实际上透射电子显微和扫描电子显微是两种完全不同的技术, 但是由于都利用了电子束, 都具有观察微小细节的能力, 因此共同构成了电子显微技术的主要基础.

1897 年, Thomson 发现了电子, 1924 年, Louis de Broglie(1929 年诺贝尔物理奖得主) 提出电子具有波动的物理特性; 1926 年, Busch 发现电子可像光线经过玻璃透镜一样在电磁场中发生折射; 1932 年, Ruska 发明了以电子束为光源的透射电子显微镜, 并于 1986 年与证明扫描电子显微镜理论的 Knoll 因为在电子显微技术上的杰出贡献而同获诺贝尔奖.

5.2.1 透射电子显微镜结构和成像原理

透射电子显微镜与光学显微镜的成像原理基本一样, 所不同的是前者用电子束作光源, 用电磁场作透镜, 放大倍数最高可达近百万倍.

1. 透射电子显微镜结构

透射电子显微镜由电子照明系统、电磁透镜成像系统、真空系统、记录系统、电源系统等构成. 透射电子显微镜的典型结构见图 5-11, 其电子光路见图 5-12.

1) 电子照明系统

(1) 电子枪.

透射电子显微镜以电子束代替光束完成放大和成像, 因此一般也把产生电子束

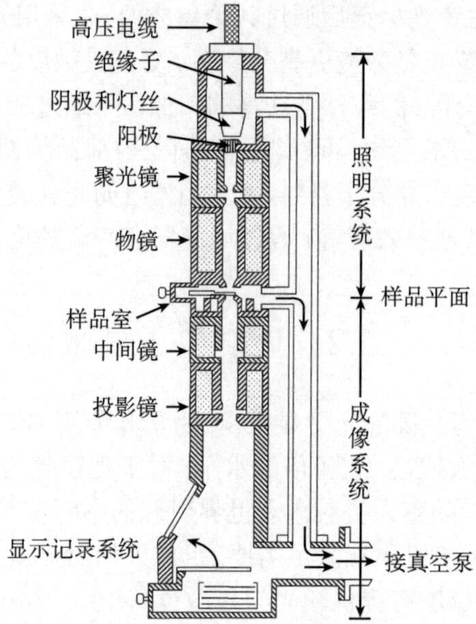

图 5-11　透射电子显微镜结构

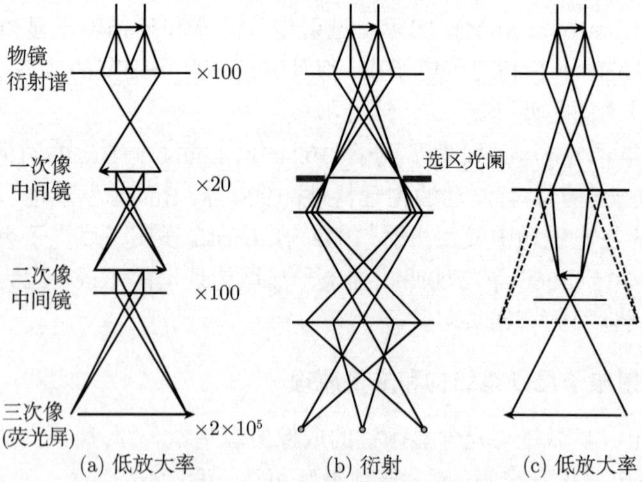

图 5-12　透射电子显微镜的电子光路

的装置称为电子照明系统, 以便与光学显微镜相对比, 透射电子显微镜中使用的电子源是一种称为电子枪的装置, 可以发射出所需的电子. 常用的是热阴极三极电子枪, 它由发夹形钨丝阴极、栅极和阳极组成, 图 5-13(a) 为电子枪的自偏压回路, 可以起到限制和稳定束流的作用. 图 5-13(b) 是电子枪结构原理图. 在阴极和阳极之间的某一地点, 电子束会集成一个交叉点, 这就是通常所说的电子源, 交叉点处电子束直径约几十微米.

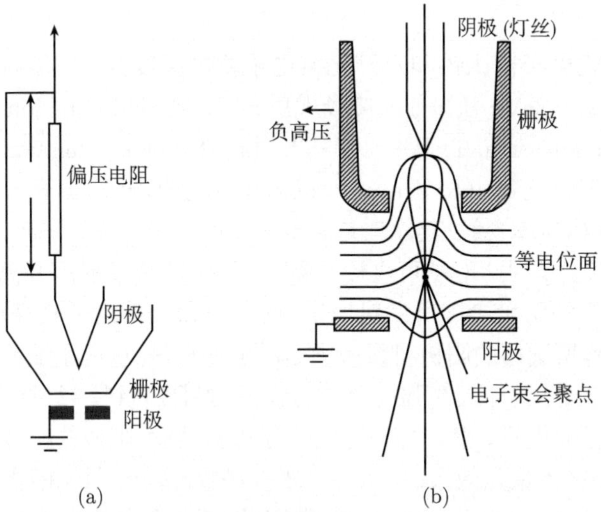

图 5-13 热发射电子枪

热阴极电子枪使用的另一种材料为 LaB_6, 其电子发射效率较钨丝高很多, 其电流强度较钨丝大约一个数量级. 热发射电子枪的缺点是发射面积较大, 不易控制. 目前更具优势的电子枪是场发射电子枪, 见图 5-14. 通过外加电场将电子从枪尖处

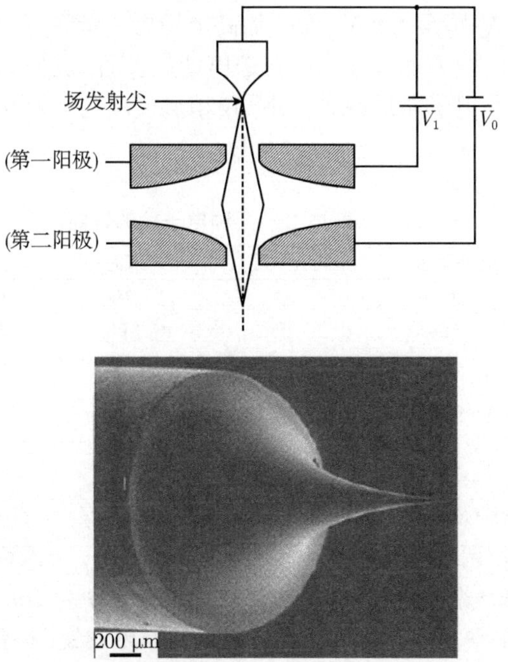

图 5-14 场发射电子枪

拉出, 越是尖锐处电子越易脱出, 所以电子基本只在枪尖处发出, 缩小了发射面积, 较易控制.

场发射式电子枪比钨和六硼化镧电子枪的亮度高 10~100 倍, 同时电子能量分布仅为 0.2~0.3eV. 可细分成冷场发射式 (cold field emission, FE)、热场发射式 (thermal field emission, TF) 和肖特基发射式 (Schottky emission, SE) 三种. 当在真空中的金属表面受到 108V/cm 大小的电子加速电场时, 会有可观数量的电子发射出来, 此过程称为场发射, 其原理是高电场使电子的电位障碍产生肖特基效应, 亦即使能隙宽度变窄, 因此电子可直接 "隧穿" 通过此狭窄能隙并离开阴极. 场发射电子是从很尖锐的阴极尖端所发射出来, 因此可得极细而又具高电流密度的电子束. 场发射电子枪所选用的阴极材料必须是高强度材料, 以能承受高电场所加在阴极尖端的高机械应力, 钨即因高强度而成为较佳的阴极材料. 场发射枪通常以上下一组阳极来产生吸取电子、聚焦及加速电子等功能. 利用阳极的特殊外形所产生的静电场, 能对电子产生聚焦效果, 所以不再需要栅极. 第一 (上) 阳极主要是改变场发射的吸取电压 (extraction voltage), 以控制针尖场发射的电流强度; 而第二 (下) 阳极主要是决定加速电压, 以将电子加速至所需要的能量. 冷场发射式最大的优点为电子束直径最小、亮度最高, 因此成像分辨率最优. 热场发射式电子枪是在 1800K 温度下操作, 其电子能量散布比冷场式大 3~5 倍, 成像分辨率较差, 不常使用. 肖特基发射式的操作温度为 1800K, 它是在钨 (100) 单晶上镀 ZrO 覆盖层, ZrO 将功函数从纯钨的 4.5eV 降至 2.8eV, 而外加高电场更使带隙变窄, 使得电子很容易以热能的方式跳过带隙 (并非隧穿效应), 逸出针尖表面. 其发射电流稳定度佳, 而且发射的总电流也大, 电子能量散布很小, 仅稍逊于冷场发射式电子枪, 几种电子枪性能见表 5-2.

表 5-2 几种电子枪的性能

电子枪类型	电子束直径	能量分散度/eV	总束流/μA	真空度/Pa	寿命/h
发夹型热钨丝	30μm	3	100	1.33×10^{-2}	50
LaB_6 热阴极	5~10nm	1	50	2.66×10^{-4}	100
场发射枪	5~10nm	0.3	50	1.33×10^{-4}	1000
				1.33×10^{-6}	>2000

(2) 聚光镜.

在照明系统中还包括聚光系统, 聚光镜用来会聚电子枪射出的电子束, 以最小的损失照明样品, 调节照明强度、孔径角和束斑大小. 一般都采用双聚光镜系统, 如图 5-15 所示. 第一聚光镜是强激磁透镜, 束斑缩小率为 10~50 倍, 将电子枪第一交叉点束斑缩小为 1~5μm. 而第二聚光镜是弱激磁透镜, 适焦时放大倍数为 2 倍左右, 结果在样品平面上可获得 2~10μm 的照明电子束斑.

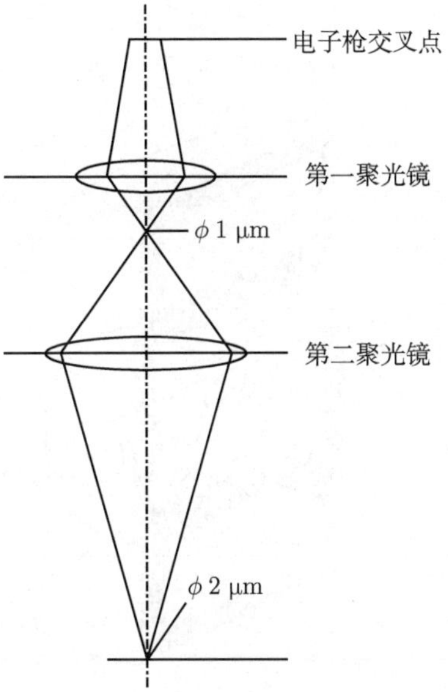

图 5-15 电子照明系统中的聚光系统

2) 电磁透镜和电磁透镜成像

电磁透镜是透射电子显微镜的核心部件, 主要依靠电磁透镜的汇聚作用实现电子束的放大和成像功能, 电磁透镜的典型结构见图 5-16.

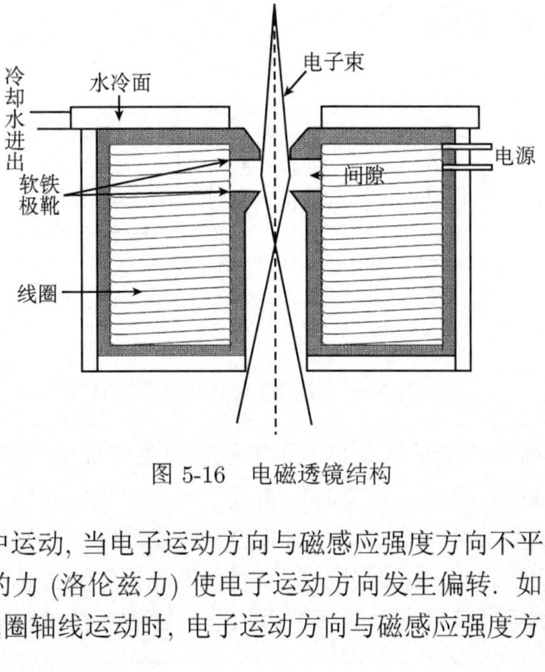

图 5-16 电磁透镜结构

电子在磁场中运动, 当电子运动方向与磁感应强度方向不平行时, 将产生一个与运动方向垂直的力 (洛伦兹力) 使电子运动方向发生偏转. 如图 5-17 和图 5-18 所示, 当电子沿线圈轴线运动时, 电子运动方向与磁感应强度方向一致, 电子不受力, 以直线运动通过线圈. 当电子运动偏离轴线时, 电子受磁场力的作用, 运动方向发生偏转, 最后会聚在轴线上的一点. 电子运动的轨迹是一个圆锥螺旋曲线.

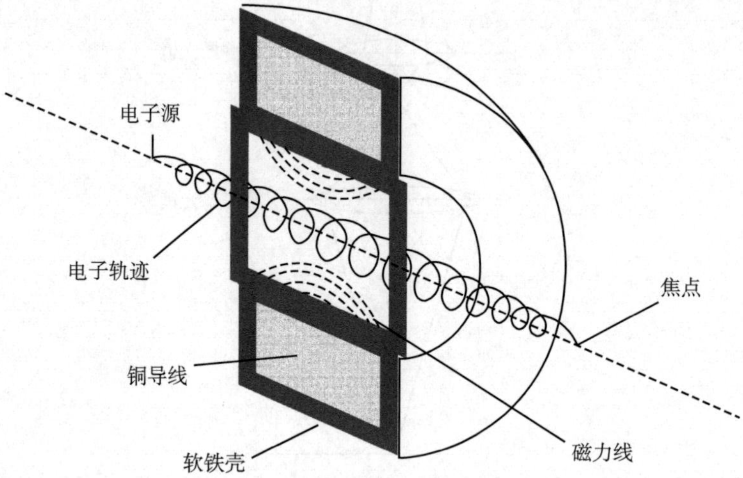

图 5-17　电子在磁场中的运动

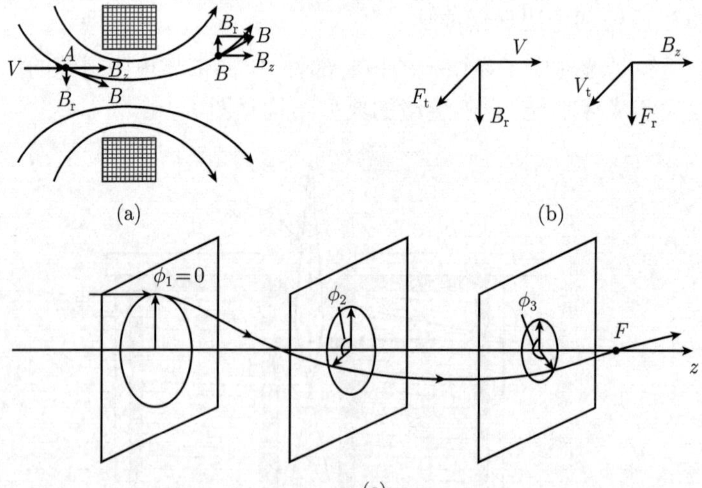

图 5-18　电子在磁场中所受的作用力

短线圈磁场中的电子运动显示了电磁透镜聚焦成像的基本原理. 实际电磁透镜中为了增强磁感应强度, 通常将线圈置于一个由软磁材料 (纯铁或低碳钢) 制成的具有内环形间隙的壳子里. 此时线圈的磁力线都集中在间隙内, 磁感应强度得以加强. 狭缝的间隙越小, 磁场强度越强, 对电子的折射能力越大. 为了使线圈内的磁场强度进一步增强, 可以在电磁线圈内加上一对磁性材料的锥形环, 这一装置称为极靴. 增加极靴后的电磁线圈内的磁场强度可以有效地集中在狭缝周围几毫米的范围内.

利用电磁透镜放大成像的原理与光学透镜相似, 所不同的是, 光学透镜的焦距是固定不变的, 而电磁透镜的焦距是可变的. 电磁透镜焦距 f 常用的近似公式为

$$f \approx K\frac{U_{\mathrm{r}}}{(\mathrm{IN})^2} \tag{5-2}$$

式中, K 为常数; U_{r} 为经相对论校正的电子加速电压; IN 为电磁透镜的激磁安匝数. 由式 (5-2) 可以发现, 改变激磁电流可以方便地改变电磁透镜的焦距. 而且电磁透镜的焦距总是正值, 这意味着电磁透镜不存在凹透镜, 只是凸透镜. 可以利用光学凸透镜的成像原理来理解电磁透镜的放大成像作用.

2. 透射电镜的像衬度

理解透射电子显微镜成像原理的另一重要方面是对衬度形成的认识, 像衬度是图像上不同区域间明暗程度的差别. 正是由于图像上不同区域间存在明暗程度的差别即衬度, 才能观察到各种具体的图像. 只有了解像衬度的形成机理, 才能对各种具体的图像给予正确解释, 这是进行电子显微分析的前提. 衬度主要是由于电子的散射引起, 电子以一定方向进入样品后, 由于和物质的作用而改变运动方向, 这一现象称为散射. 电子受到带正电荷的原子核的吸引发生向内偏转, 受到核外电子的库仑排斥力向外偏转, 称为卢瑟福散射. 只改变运动方向而不损失能量称为弹性散射, 既改变运动方向又改变能量则为非弹性散射. 非弹性散射和弹性散射的比例由原子序数 Z 决定, 其值为 $1/Z$, 表明原子序数越大, 弹性散射的比例越高, 由于散射现象导致的图像衬度即为散射衬度.

设 I_0 是无试样时像平面上的电子束强度, I 是经厚度为 t 的试样散射后像平面上的电子束强度, 则

$$I = I_0\mathrm{e}^{-Qt} \tag{5-3}$$

式中, Q 为每立方厘米试样中 N 个原子的散射总截面

$$Q = N\sigma_{\mathrm{a}} \tag{5-4}$$

σ_{a} 为原子散射截面积. 经推导可得

$$\frac{I}{I_0} = \mathrm{e}^{-N_0/A\sigma_{\mathrm{a}}\rho t} \tag{5-5}$$

N_0 为阿伏伽德罗常量, 并可计算得散射衬度为

$$C = \frac{\Delta I}{I} = 1 - \mathrm{e}^{-Q\Delta t} \tag{5-6}$$

在透射电镜成像中, 散射衬度又可分为几种不同的机理, 并分别来自于各种不同结构的样品.

1) 非晶体显微成像 —— 质厚衬度

非晶样品透射电子显微图像衬度是由于样品不同微区间存在的原子序数或厚度的差异而形成的, 即质量厚度衬度 (质量厚度定义为试样下表面单位面积以上柱体中的质量), 也称为质厚衬度. 质量厚度数值较大的, 对电子的吸收散射作用强, 使电子散射到光阑以外的要多, 对应较暗的衬度. 质量厚度数值小的, 对应较亮的衬度 (图 5-19).

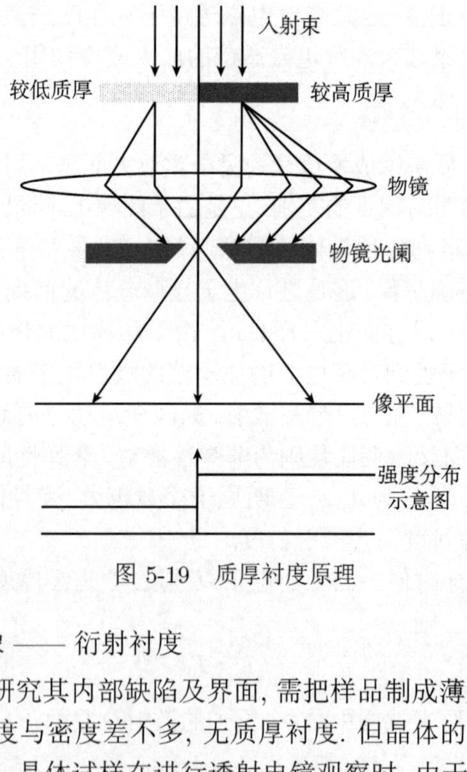

图 5-19　质厚衬度原理

2) 晶体显微成像 —— 衍射衬度

对于晶体, 若要研究其内部缺陷及界面, 需把样品制成薄膜, 这样, 在晶体样品成像的小区域内, 厚度与密度差不多, 无质厚衬度. 但晶体的衍射强度却与其内部缺陷和界面结构有关, 晶体试样在进行透射电镜观察时, 由于各处晶体取向不同和(或) 晶体结构不同, 满足布拉格条件的程度不同, 使得对应试样下表面处有不同的衍射效果, 从而在下表面形成一个随位置而异的衍射振幅分布, 这样形成的衬度, 称为衍射衬度. 这种衬度对晶体结构和取向十分敏感, 当试样中某处含有晶体缺陷时, 意味着该处相对于周围完整晶体发生了微小的取向变化, 导致了缺陷处和周围完整晶体具有不同的衍射条件, 将缺陷显示出来. 可见这种衬度对缺陷是敏感的, 基于这一点, 衍衬技术被广泛应用于研究晶体缺陷.

衍衬成像, 操作上是利用单一透射束通过物镜光阑成明场像, 或利用单一衍射束通过物镜光阑成暗场像. 如图 5-20 所示, 设想晶体薄膜里有两个晶粒 A 和 B, 它们之间的唯一的差别在于它们的晶体学位向不同, 其中 A 晶粒内的所有晶面组与入射束不成布拉格角, 强度为 I_0 的入射束穿过试样时, A 晶粒不产生衍射, 透射束强度等于入射束强度, 即 $I_A = I_0$, 而 B 晶粒的某 (hkl) 晶面组恰好与入射方向成精确的布拉格角, 而其余的晶面均与衍射条件存在较大的偏差, 即 B 晶粒的位向满足 "双光束条件", 此时 (hkl) 晶面产生衍射, 衍射束强度为 I_{hkl}, 如果假定对于足够薄的样品, 入射电子受到的吸收效应可不予考虑, 且在所谓 "双光束条件" 下忽略所有其他较弱的衍射束, 则强度为 I_0 的入射电子束在 B 晶粒区域内经过散射之后, 将成为强度为 I_{hkl} 的衍射束和强度为 $I_0 - I_{hkl}$ 的透射束两个部分. 如果让透射束进入物镜光阑, 而将衍射束挡掉, 在荧光屏上, A 晶粒比 B 晶粒亮, 就得到明场像. 如果把物镜光阑孔套住 (hkl) 衍射斑, 而把透射束挡掉, 则 B 晶粒比 A 晶粒亮, 就得到暗场像.

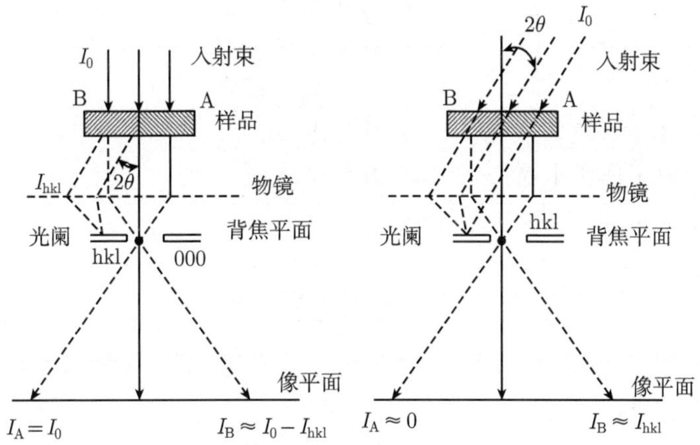

图 5-20 衍射衬度原理

3) 相位衬度

如果所用试样厚度小于 100nm, 甚至小于 30nm, 让多束衍射光束穿过物镜光阑彼此相干成像, 像的可分辨细节取决于入射波被试样散射引起的相位变化和物镜球差、散焦引起的附加相位差的选择. 一束单色平行的电子波射入试样内, 与试样内原子相互作用, 发生振幅和相位变化. 当其逸出试样下表面时, 成为不同于原入射波的透射波和各级衍射波. 由于试样很薄, 衍射波振幅甚小, 透射波振幅基本上与入射波振幅相同, 非弹性散射可忽略不计. 衍射波与透射波间的相位差为 $\pi/2$. 如果物镜没有像差, 且处于正焦状态, 而光阑也足够大, 使透射波与衍射波得以同时穿过光阑相干. 相干结果产生的合成波其振幅与入射波相同, 只是相位位置稍许不同. 由于振幅没变, 因而强度不变, 所以没有衬度. 要想产生衬度, 必须引入一个附加相位, 使所产生的衍射波与透射波处于相等的或相反的相位位置, 这样, 透射波与衍射波相干就会导致振幅增加或减少, 从而使像强度发生变化, 相位衬度得到了显示.

5.2.2 透射电子显微镜的分辨率及主要性能

1. 透射电子显微镜的分辨率极限

根据德布罗意 (de Broglie) 的观点, 运动的电子除了具有粒子性外, 还具有波动性, 这一点上与可见光相似. 电子波的波长取决于电子运动的速度和质量, 即

$$\lambda = \frac{h}{mv} \tag{5-7}$$

式中, h 为普朗克常量, $h = 6.626 \times 10^{-34}\text{J·s}$; m 为电子质量; v 为电子运动速度, 它与加速电压 U 之间存在如下关系:

$$\frac{1}{2}mv^2 = eU \tag{5-8}$$

即

$$v = \sqrt{\frac{2eV}{m}} \tag{5-9}$$

式中, e 为电子所带电荷, $e = 1.6 \times 10^{-19}\text{C}$.

将式 (5-9) 和式 (5-7) 整理得

$$\lambda = \frac{h}{\sqrt{2emU}} \tag{5-10}$$

加速电压较低时, 电子运动速度远小于光速, 其质量近似于其静止质量, 由式 (5-10) 可计算得

$$\lambda = \frac{1.225}{\sqrt{U}} \tag{5-11}$$

而当加速电压较高 (100~200kV) 时, 电子运动速度较大, 其质量不等于其静止质量, 因此需加于校正

$$\lambda = \frac{1.225}{\sqrt{U(1 + 0.9788 \times 10^{-6}U)}} \tag{5-12}$$

根据以上讨论, 可以得出在不同加速电压时电子的运动速度为表 5-3 中所示.

2. 影响透射电子显微镜分辨率的因素

按上述讨论, 对于电磁透镜来说, 目前还远没有达到其理论分辨率的极限. 因此需要理解导致这样结果的原因. 电磁透镜和光学透镜一样, 除了衍射效应对分辨率的影响外, 还有像差对分辨率的影响, 像差的存在使电磁透镜的分辨率低于理论值. 电磁透镜的像差包括球差、像散和色差. 但是和光学显微镜存在不同, 光学透

表 5-3 常见电磁辐射波长范围和不同加速电压下电子的运动速度

波段	可见光	紫外光	X 射线	α 射线
波长/nm	390~760	13~390	0.05~13	0.005~1
电子束	加速电压/kV	波长/nm	加速电压/kV	波长/nm
	0.1	0.123	100	0.00371
	10	0.0122	120	0.00334
	20	0.00859	160	0.00285
	40	0.00601	200	0.00251
	60	0.00487	500	0.00142
	80	0.00418	1000	0.00087

镜有凸透镜和凹透镜两种, 因此当凸透镜产生球差时, 可以用凹透镜进行校正, 因此球差现象不影响分辨率. 但电磁透镜只有类似于光学凸透镜的汇聚作用, 因此无法实现对球差的校正. 像散可以通过消像散器消除, 色差的影响是电压波动和样品厚度不均造成, 也可尽量消除.

1) 球差

球差是因为电磁透镜近轴区域磁场和远轴区域磁场对电子束的折射能力不同而产生的, 见图 5-21. 原来的物点是一个几何点, 由于球差的影响在像平面上成为一个漫散射圆斑, 同时还形成纵向球差 Z_S, 为得到最高的分辨率, 通常选取在纵向球差 3/4 处的最小散射圆斑来成像, 该球差散射圆折算到物平面上的半径 Δr_S 的大小可计算为

$$\Delta r_S = \frac{1}{4} C_S \alpha^3 \tag{5-13}$$

式中, C_S 为电磁透镜的球差系数.

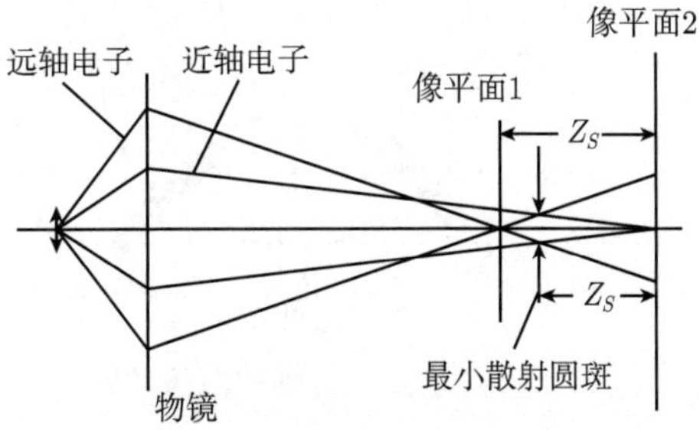

图 5-21 球差产生的原因

2) 像散

像散是由透镜磁场的非旋转对称引起的像差. 极靴内孔不圆、上下极靴的轴线错位、制作极靴的磁性材料的材质不均以及极靴孔周围的局部污染等都会引起透镜的磁场产生椭圆度. 像散导致物点在像平面上得到一个漫散射圆斑, 其折算到物

平面上的半径 Δr_A 为

$$\Delta r_A = \Delta f_A \alpha \tag{5-14}$$

像散是可以消除的像差, 可以通过引入一个强度和方位可调的矫正磁场来进行补偿. 产生这个矫正磁场的装置称为消像散器 (图 5-22).

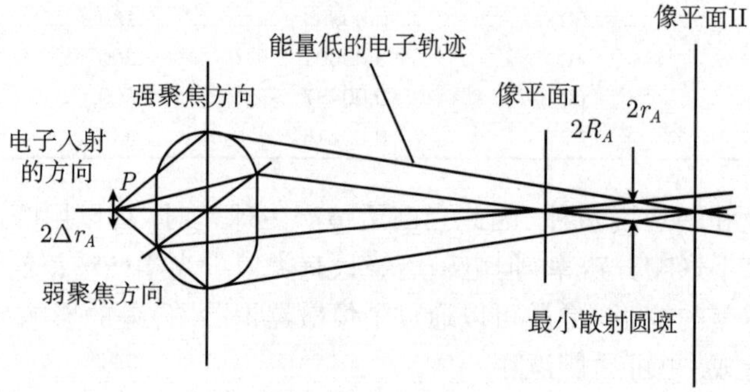

图 5-22　像散产生的原因

像散可通过消像散器消除. 消像散器可以是机械式的或是电磁式的. 机械式的是在电磁透镜的磁场周围放置几块位置可以调节的导磁体, 用它们来吸引一部分磁场, 把固有的椭圆形磁场校正成接近旋转对称的磁场 (图 5-23). 电磁式的是通过电磁极间的吸引和排斥来校正椭圆形磁场.

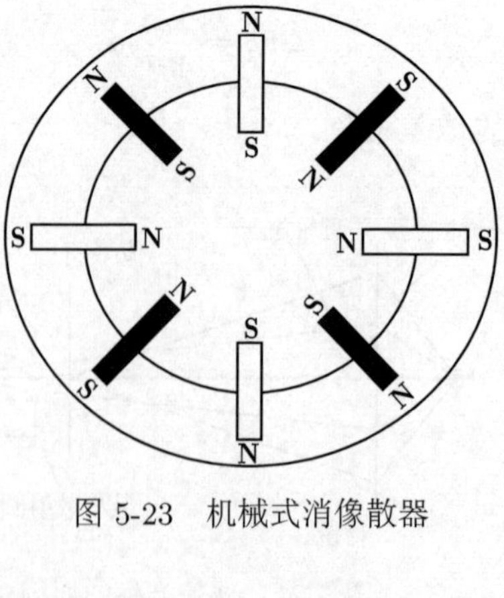

图 5-23　机械式消像散器

3) 色差

色差是由于成像电子的能量不同或变化从而在透镜磁场中运动轨迹不同以致不能聚焦在一点而形成的像差 (图 5-24). 折算到物平面上的色差散焦圆斑的半径 Δr_C 由下式来确定:

$$\Delta r_C = C_C \alpha \left| \frac{\Delta E}{E} \right| \tag{5-15}$$

引起电子能量波动的原因有两个, 一是电子加速电压不稳, 致使入射电子能量不同; 二是电子束照射试样时和试样相互作用, 部分电子产生非弹性散射, 致使能量变化.

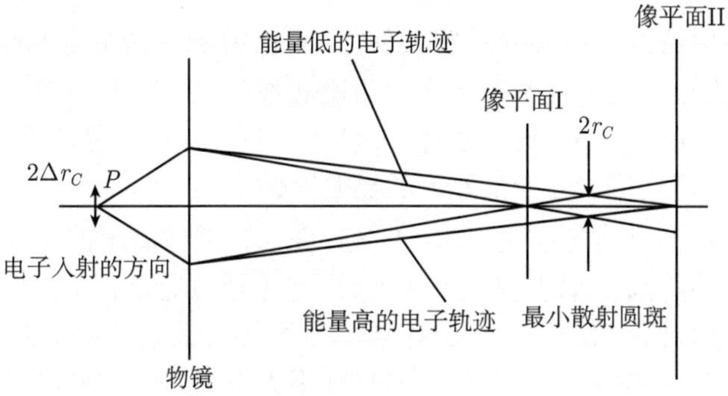

图 5-24 色差

比较式 (5-1) 和式 (5-13), 可以发现孔径半角 α 对衍射效应的分辨率和球差造成的分辨率的影响是相反的. 提高孔径半角 α 可以提高分辨率 Δr_{d}, 但却大大降低了 Δr_{S}. 因此电镜设计中必须兼顾两者. 唯一的办法是让 $\Delta r_{\mathrm{S}} = \Delta r_{\mathrm{d}}$, 考虑到电磁透镜中孔径半角 α 很小 ($10^{-2} \sim 10^{-3}$rad), 则

$$\Delta r_{\mathrm{d}} = \frac{0.61\lambda}{n\sin\alpha} \approx 0.61\frac{\lambda}{\alpha} \tag{5-16}$$

那么

$$\alpha_0 = 0.67\left(\frac{\lambda}{C_{\mathrm{S}}}\right)^{\frac{1}{4}} \tag{5-17}$$

可由此式来确定所应采用的最佳孔径半角, 此时对应的最小分辨距离为

$$\Delta r_{\mathrm{th}} = 1.2C_{\mathrm{S}}^{1/4}\lambda^{3/4} \tag{5-18}$$

按照这一关系, 目前所采用的技术参数条件下, 透射电镜的分辨率极限约在 0.1nm 水平.

3. 透射电子显微镜的景深和焦长

电磁透镜的景深是指当成像时像平面不动 (像距不变), 在满足成像清晰的前提下, 物平面沿轴线前后可移动的距离. 当物点位于 O 处时, 电子通过透镜在 O' 处会聚. 让像平面位于 O' 处, 此时像平面上是一像点; 当物点沿轴线渐移到 A 处时, 聚焦点则从 O' 沿轴线移到了 A' 处, 由于像平面固定不动, 此时位于 O' 处的像平面上逐渐由像点变成一个散焦斑. 如果衍射效应是决定电磁透镜分辨率的控制因素, 那么散焦斑半径 r_{d} 折算到物平面上的尺寸只要不大于 Δr_{d}, 像平面上就能成一幅清晰的像. 轴线上 AB 两点间的距离就是景深 D_{f}, 由图 5-25 的几何关系可推导出景深的计算公式为

$$D_{\mathrm{f}}=\frac{2\Delta r_{\mathrm{d}}}{\tan\alpha}\approx\frac{2\Delta r_{\mathrm{d}}}{\alpha} \tag{5-19}$$

在透射电镜的一般参数设置条件下, 可以得到其景深为 200~2000nm, 这一点很重要, 因为一般在进行透射电子显微镜观察时, 要求把试样加工成几十纳米的薄片以保证电子的透过率, 这种条件下, 就可以保证整个样品的厚度均在其景深范围内, 从而透镜可获得试样全部厚度的显微图像.

焦长是指物点固定不变 (物距不变), 在保持成像清晰的条件下, 像平面沿透镜轴线可移动的距离. 当物点位于 O 处时, 电子通过透镜在 O' 处会聚. 让像平面位于 O' 处, 此时像平面上是一像点; 当像平面沿轴线前后移动时, 像平面上逐渐由像点变成一个散焦斑. 只要散焦斑的尺寸不大于 r_{d}(折算到物平面上的尺寸不大于 Δr_{d}), 像平面上将仍是一幅清晰的像. 此时像平面沿轴线前后可移动的距离为 D_{L}, 由图 5-26 中几何关系得

$$D_{\mathrm{L}}=\frac{2r_{\mathrm{d}}}{\tan\beta}=\frac{2\Delta r_{\mathrm{d}}M}{\tan\beta}\approx\frac{2\Delta r_{\mathrm{d}}M}{\beta}=\frac{2\Delta r_{\mathrm{d}}}{\alpha}M^2 \tag{5-20}$$

透射电镜的焦长可达 10~20cm, 这为图像显示和记录提供了极大的方便.

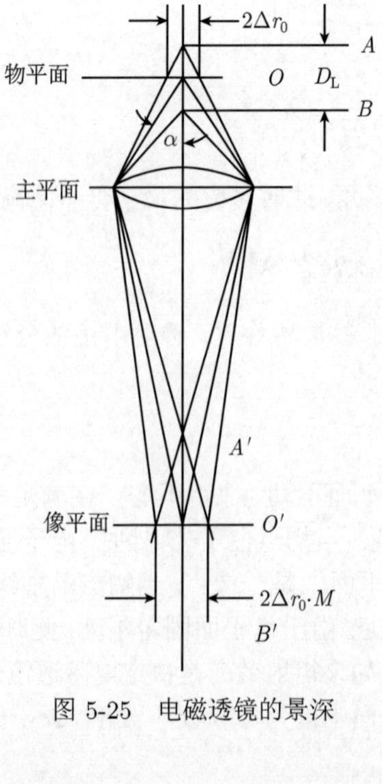

图 5-25 电磁透镜的景深

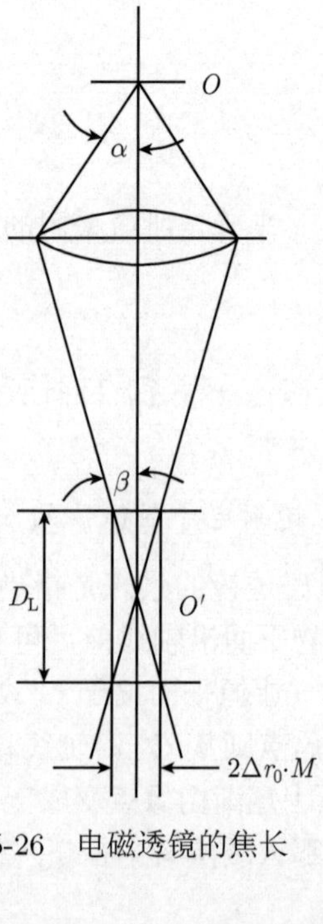

图 5-26 电磁透镜的焦长

5.2.3 透射电子显微镜的发展和应用

1. 透射电镜的最新发展

早期的透射电子显微镜功能主要是观察样品形貌,其后发展到可以通过电子衍射原位分析样品的晶体结构.具有形貌和晶体结构原位观察两个功能是其他结构分析仪器(如光学显微镜和X射线衍射分析仪)所不具备的.透射电子显微镜增加附件后,其功能还可以从原来的样品内部组织形貌观察(TEM)和原位的电子衍射分析(diff)等发展到进行原位成分分析(能谱仪EDS、特征能量损失谱EELS)、表面形貌观察(二次电子像SED、背散射电子像BED)和透射扫描像(STEM).

结合将样品台设计成高温台、低温台和拉伸台,透射电子显微镜还可以在加热状态、低温冷却状态和拉伸状态下观察样品动态的组织结构、成分的变化,使得透射电子显微镜的功能进一步拓宽.透射电子显微镜功能的拓宽意味着一台仪器在不更换样品的情况下可以进行多种分析,尤其是可以针对同一微区位置进行形貌、晶体结构、成分(价态)的全面分析.利用电子束与固体样品相互作用产生的物理信号开发的多种分析附件,大大拓展了透射电子显微镜的功能.由此产生了透射电子显微镜的一个分支——分析型透射电子显微镜.提高透射电子显微镜分辨率的关键在于物镜的制造和上下极靴之间的间隙,舍弃各种分析附件可以使透射电子显微镜的分辨率进一步提高,由此产生了透射电子显微镜的另一个分支——高分辨透射电子显微镜(HRTEM).当然随着电子显微镜制造技术的提高,高分辨透射电子显微镜也在增加各种分析附件,完善其分析功能.

2. 透射电镜样品制备

在进行透射电镜观察时,将样品制备成适合观察的形态是决定能否成功获得所需信息的关键步骤.透射电镜的样品制备是一项较复杂的技术,它对能否得到好的TEM像或衍射谱是至关重要的.透射电镜是利用样品对入射电子的散射能力的差异而形成衬度的,这要求制备出对电子束“透明”的样品,并要求保持高的分辨率并不发生失真.电子束穿透固体样品的能力主要取决于加速电压、样品的厚度和原子序数.对100~100kV的透射电镜,一般样品厚度为50~100nm,对高分辨率透射电镜则要求样品厚度约15nm.对不同的样品有不同的制备方法.

1) 粉末样品

因为透射电镜样品的厚度一般要求在100nm以下,如果样品粒度大于100nm,则先要用研钵把样品的尺寸磨到100nm以下,然后将粉末样品分散在无水乙醇中,用超声方法将样品尽量分散,然后用支持网(载网)捞起或滴加在支持网上即可,支持网有商品销售,较常用的是铜网,也有用镍网、钼网、金网、尼龙网等.

单独使用载网,也称“裸网”,主要应用在生物制样中,加样后进行喷碳或喷金处理, 然后进入电镜观察. 经常在透射电镜制样时, 为了确保样品能搭载在 "载网" 上, 会在 "载网" 上覆盖一层有机膜, 称为 "载网支持膜", 当样品接触载网支持膜时, 会很牢固地吸附在支持膜上而较为稳定. 也可在支持膜上喷碳以提高支持膜的导电性、达到良好的观察效果, 这种经过喷碳的 "载网支持膜" 简称 "碳支持膜", 一般膜厚度为 7~10nm.

"微栅支持膜" 是支持膜的一个品种, 它是在制作支持膜时制作微孔, 一般膜厚度为 15~20nm, 主要是为了能够使样品搭载在支持膜微孔的边缘, 以便使样品 "无膜" 观察以提高图像衬度. 观察管状、棒状、纳米团聚物等常用 "微栅支持膜", 尤其是进行高分辨透射显微观察时. 超薄碳膜也是支持膜的一种, 它是在微栅的基础上, 叠加了一层很薄的碳膜, 一般为 3~5nm, 这层超薄碳膜把微孔挡住以负载 10nm 以下分散性很好的样品, 以防从微孔中漏出或者积聚于微栅孔边缘而由于膜厚影响观察.

2) 薄膜样品

透射电子显微镜较多用于薄膜样品静态观察, 如金相组织; 析出相形态、分布、结构及与基体取向关系; 错位类型、分布、密度等, 也可以进行动态原位观察, 如相变、形变、位错运动及其相互作用. 制备薄膜样品分四个步骤:

(1) 将样品切成 100~200μm 厚度的薄片, 对韧性材料 (如金属) 可用线锯切割, 对脆性材料可用刀具解理或用金刚石圆盘锯切割, 或用超薄切片法直接切割.

(2) 从材料薄片上用超声钻或冲孔器切割出 ϕ3mm 的圆片.

(3) 预减薄, 使用凹坑减薄仪可将薄圆片磨至 10μm 厚, 或用研磨机 (或使用砂纸) 可磨至几十微米厚.

(4) 终减薄, 对于导电的样品如金属, 可采用电解抛光减薄, 该方法速度快、无机械损伤, 但可能改变样品表面的电子状态. 对非导电的或其他样品如陶瓷、复合物、半导体、合金、界面样品、甚至纤维和粉末样品等, 可采用离子减薄. 用离子轰击样品表面, 使样品材料溅射出来, 以达到减薄的目的. 离子减薄过程中会发生温升 (100~300°C), 需用液氮冷却.

对于软质的生物和高分子样品, 可用超薄切片法将样品切成小于 100nm 的薄膜.

3) 表面复型

把试样表面形貌用适宜的非晶薄膜复制下来, 然后对这个复制膜 (称为复型) 进行透射电镜观察与分析. 复型适用于金相组织、断口形貌、形变条纹、磨损表面、第二相形态及分布、萃取和结构分析等.

制备复型的材料本身必须是"无结构"的, 即要求复型材料在高倍成像时也不显示其本身的任何结构细节, 这样就不至于干扰被复制表面的形貌观察和分析. 常用的复型材料均为非晶态物质, 如塑料和真空蒸镀碳膜等. 常用的复型方式包括:

① 塑料一级复型, 分辨率为 10~20nm; ② 碳一级复型, 分辨率 2nm; ③ 塑料–碳二级复型, 分辨率 10~20nm; ④ 萃取复型, 把待分析粒子从基体中提取出来, 分析时不受基体干扰. 除萃取复型外, 其余复型只不过是试样表面的一个复制品, 只能提供有关表面形貌的信息, 而不能提供内部组成相、晶体结构、微区化学成分等本质信息, 除萃取复型外, 其他复型目前已较少使用.

3. 透射电镜在生物材料研究中的应用

由于电子束的穿透力较弱, 因此用于电镜的标本须用超薄切片机制成厚度约 50nm 的超薄切片. 标本制作的基本要求是尽可能保持材料的结构和某些化学成分的状态, 并保证标本的厚度一致. 对于生物组织和细胞等生物材料, 超薄切片时用液态树脂单体浸透和包埋并固化成塑料块后再进行超薄切片以获得较好的分辨率和足够的反差, 并采用电子染色、细胞化学、免疫标记及放射自显影等方法提高生物样品散射电子的能力以显示各种超微结构、各种化学物质的部位及其变化. 对生物大分子 (蛋白质、核酸)、细菌、病毒和分离的细胞器等颗粒材料, 常用投影、负染色等技术以提高反差, 显示颗粒的形态和微细结构. 此外还有以冷冻固定为基础的冷冻断裂、冰冻蚀刻、冷冻置换、冷冻干燥等技术.

1) 样品的固定

选用适宜的物理或化学方法迅速杀死组织和细胞, 力求保持组织和细胞的正常结构, 并使其中各种物质的变化尽可能减小, 这一过程称为样品的固定, 它能提高细胞承受包埋、切片、染色以及电子束轰击的能力. 现用的固定方法有物理 (冷冻) 和化学方法之分.

(1) 快速冷冻. 用制冷剂 (如液氮、液体氟利昂、液体丙烷等) 或其他方法使生物材料急剧冷冻, 使组织和细胞中的水只能冻结成体积极小的冰晶甚至无定形的冰–玻璃态. 这样, 细胞结构不致被冰晶破坏, 生物大分子可保持天然构型, 酶及抗原等能保存其生物活性, 可溶性化学成分 (如小分子有机物和无机离子) 也不致流失或移位. 用冷冻的组织块, 可进行切片、冷冻断裂、冷冻干燥和冷冻置换等处理. 用此法固定的样品既可提供组织、细胞结构的形态学信息, 又可提供相关的细胞化学信息.

(2) 化学固定. 固定剂有凝聚型和非凝聚型两种, 前者如光学显微术中常用的乙醇、二氯化汞等, 常可使大多数蛋白质凝聚成固体, 但结构发生重大变化, 常导致细胞的细微结构出现畸变. 非凝聚型固定剂包括戊二醛、丙烯醛和甲醛等醛类固定剂和四氧化锇、四氧化钼等, 适用于电子显微. 它们对蛋白质有较强的交联作用, 可以稳定大部分蛋白质而不使之凝聚, 避免了过分的结构畸变. 它们与细胞蛋白质有较强的化学亲和力, 固定处理后, 固定剂成为被固定的蛋白质的一部分. 有些固定剂本身也是良好的电子染色剂, 可增强散射电子的能力, 提高结构的反差.

2) 样品脱水、浸透和包埋

固定后的材料浸于乙醇、丙酮等有机溶剂中以除去组织中的游离水. 为避免组织收缩, 所用溶剂需从低浓度逐步提高到纯有机溶剂以实现逐级脱水. 脱水后用适当的树脂单体与硬化剂的混合物 (包埋剂) 逐步替换组织块中的脱水剂, 直至树脂均匀地浸透到细胞结构的一切空隙中. 之后将组织块放于模具中, 注入树脂单体与硬化剂等混合物, 通过加热等方法使树脂聚合成坚硬的固体. 用作包埋剂的树脂有甲基丙烯酸酯、聚酯和环氧树脂等, 它们具有良好的维持样品特性、低收缩率和较强的耐电子轰击能力等优点.

3) 切片、染色和投影

超薄切片机和切片刀是专用于超薄切片的科学工具. 将树脂包埋块中含有生物材料的部分, 用刀片在立体显微镜下修整成细小的金字塔形, 再用超薄切片机切成厚度适中的超薄片, 所得切片一般形成切片带漂浮于切片机水槽的水面上. 用解剖显微镜可监控切片过程, 切片的实际厚度可用荧光灯照射切片产生的干涉光颜色来判断. 切片用敷有薄的支持膜的特制金属载网从水面上捞取. 快速冷冻固定的生物材料可用冷冻超薄切片装置制成切片. 超薄切片术与生物化学技术、免疫技术等结合使用可进行超微结构水平上的蛋白质、核酸、酶及抗原等生物活性物质的定位甚至定量研究, 即电镜细胞化学技术和电镜免疫细胞化学技术.

透射电子显微镜主要依赖散射电子成像, 为了增强细胞结构的电子反差, 需要对切片进行染色. 染色是依据各种细胞结构与染色剂 (重金属盐) 结合的选择性, 而形成不同的电子散射能力, 从而产生借以区别各种结构的反差. 电子染色方法分块染色和切片染色两种, 块染色法是在脱水剂中加入染色剂, 在脱水过程中对组织块进行电子染色, 而切片染色法是目前最常用的方法, 通过将载有切片的金属载网漂浮或浸没在染色液中来完成染色. 也可使用有微处理机控制的染色机进行自动染色. 一般切片染色所使用的染色剂为金属铀盐和铅盐的双重染色. 为显示某种特殊结构, 则可采用与该结构有特异性结合的选择性染色剂.

负染色技术是研究以蛋白质为主要成分的颗粒状材料的最常用方法, 以某些在电子束轰击下稳定而又不与蛋白质相结合的重金属盐类作为染色剂, 使之在支持膜上将颗粒材料包围, 形成具有高电子散射能力的背景, 形成低电子散射能力颗粒的形态细节衬度. 其所形成的电子显微像的反差与常规电子染色相反, 所获得颗粒的电子显微图像反差强, 分辨率也高于超薄切片, 广泛用于研究蛋白质分子、细菌鞭毛、蛋白质结晶, 以及生物膜及分离的细胞的细微结构, 特别适用于蛋白质大分子及病毒颗粒结构的三维重建研究. 常用的负染色剂有醋酸铀、磷钨酸钠或磷钨酸钾、硅钨酸、钼酸铵及甲酸铀等. 用液滴或喷雾方式将颗粒材料的悬液加在载网的支持膜上, 然后滴加负染色剂溶液, 或将颗粒的悬液与负染色剂按一定浓度混合滴加或喷撒到支持膜上, 吸去多余液体, 待干燥后, 即可用电镜观察. 一般染色剂的

pH 应在中性偏酸范围 (pH5~7), 但对不同种类的颗粒材料和染色剂, 最适 pH 也不尽相同.

投影技术也是形成显微图像衬度的一种有效方法, 采用真空镀膜技术在载有颗粒材料的载网支持膜表面上镀上一层金属薄膜, 而背蒸发源的一面及附近区域形成无金属沉积的 "阴影", 并且由于各部位散射电子能力存在着差别, 就能构成具有强烈反差和立体感的电子显微图像. 常用于投影的蒸发材料有金、铬、铂、钯以及铂–铱、铂–钯、铂–碳等金属或合金, 还可利用电子枪投影装置使钨、钽等高熔点金属以极微细颗粒蒸发, 从而获得高分辨率投影.

4) 其他技术

用超薄切片术与放射性同位素标记技术相结合的电镜放射自显影术可获得同位素标记的化合物在组织细胞内的存在部位, 以及在代谢过程中物质的合成、分解、转运及分泌的信息.

蛋白质展膜技术是一种用电子显微镜研究核酸分子常用的方法. 某些碱性球蛋白, 如细胞色素 c, 可以在低浓度盐溶液或蒸馏水表面展成单分子层. 在展开过程中, 能为蛋白质的碱性氨基酸侧链基团所吸附的、带负电荷的核酸分子同时展开成完整的线状分子. 然后用带有支持膜 (有机膜或碳膜) 的载网捞起这些蛋白质–核酸展膜, 用染色或金属投影法提高核酸分子的反差, 可在电镜下直接观察核酸分子的形态、DNA 的双螺旋结构, 并可通过分子长度的测量来计算核酸分子质量.

冷冻断裂和冰冻蚀刻技术是尤其适合研究细胞超微结构, 特别是生物膜结构的一种独特的样品制备技术. 利用快速冷冻方法固定的生物组织块具有刚性和脆性. 在对其施加外力后, 组织即在结构上结合最薄弱的部位发生 "脆性断裂", 这就是 "冷冻断裂". 对于生物膜, 断裂沿膜内部疏水区发生, 从而暴露出膜的内部结构. 利用投影和复型技术, 制备断裂面的复型, 然后将组织腐蚀掉, 并用载网捞起复型膜, 就可用电镜来研究组织断裂表面所显示的细胞的或生物膜内部的超微结构. 在高于 10^{-5}mmHg 真空度和 $-100°$C 温度下, 冷冻组织的断裂表面上的冰升华为水蒸气, 而使原表面高度下降, 即谓之 "冰冻蚀刻". 由于组织各部分结构的含水量不同, 冰的升华造成各部分结构的表面高度下降程度有差异, 因此冰冻蚀刻的断裂表面的投影、复型所显示的断裂表面形态具有很强的立体感. 冷冻断裂和冰冻蚀刻技术为细胞超微结构特别是关于细胞连接、细胞融合、细胞分化以及生物膜的通透性的研究, 提供了许多重要信息.

5.3 扫描电子显微镜

虽然透射电子显微镜由于利用电子束作为照明获得了较光学显微镜高千倍水平的放大倍率, 为我们了解纳米尺度的微观世界创造了条件, 但透射电子显微镜在使用上仍然存在重要的限制, 由于电子束的透过能力有限, 因此透射电子显微镜在其发展的初期主要是应用于生物材料的观察, 而且需要配合切片技术以获得较薄的观察样片, 在其应用于透过性能更差的金属等固体样品的观察时, 则需要配合更为复杂的样品制备技术以获得极薄的样片. 当前, 透射电子显微镜较多用于观察纳米材料等的形貌和尺度, 则需要一些特殊制备的支撑材料来负载被观察样品, 而且所能观察的也主要是纳米材料的外形轮廓, 对其表面形貌的表达不够充分, 这些都是透射电子显微镜还不能很好解决的问题.

在透射电子显微技术之后, 扫描电子显微技术为我们创造了另一条通往微观世界的道路. 从字面上看, 两者都称为电子显微镜, 但实际上两者除了都利用到电子束和电磁透镜外, 在工作原理上是截然不同的. 正如我们在前面讨论的, 透射电子显微镜完全承袭了光学显微镜的放大原理, 而扫描电子显微镜则并非依靠透镜的放大成像作用来形成放大的图像, 它是一种基于电子与表面相互作用产生信号的技术, 更大程度上类似于表面分析技术, 因而其图像不仅能够反映样品表面的显微形貌特征, 还可能提供密度、元素分布等更有意义的信息.

1935 年, Max Knoll 证明了扫描电子显微镜的理论; 1938 年, von Ardenne 发明了第一台扫描电子显微镜; 1939 年, Ruska 和 von Borries 在西门子公司制造了第一台商用的扫描电子显微镜; 1960 年, Everhart 和 Thornley 发明二次电子侦测器. 扫描电镜可直接利用样品表面材料的物质性能进行微观成像. 扫描电镜的优点是: ① 有较高的放大倍数和范围、在 20~20 万倍连续可调; ② 有很大的景深, 视野大, 成像富有立体感, 可直接观察各种试样凹凸不平表面的细微结构; ③ 试样制备简单. 目前扫描电镜较多配有 X 射线能谱仪装置, 这样可以同时进行显微形貌观察和微区成分分析, 是十分有用的科学研究仪器.

5.3.1 扫描电子显微镜成像原理

扫描电子显微镜的工作原理是利用一束极细的电子束扫描样品, 在样品表面激发出某种可测的信号, 其信号强度与样品表面形貌结构或物质构成等有某种相关, 这些信号被检测放大器转变为电信号再还原为亮度信号, 显示出与电子束同步的扫描图像.

1. 入射电子和样品表面的相互作用

了解电子束与物质表面接触时究竟发生怎样的相互作用对理解扫描电子显微镜的放大成像原理是十分重要的, 当一束高能电子束轰击样品表面时, 其发生的主要相互作用方式如图 5-27 所示, 基于这些作用产生的信号可形成多种成像方式, 见表 5-4.

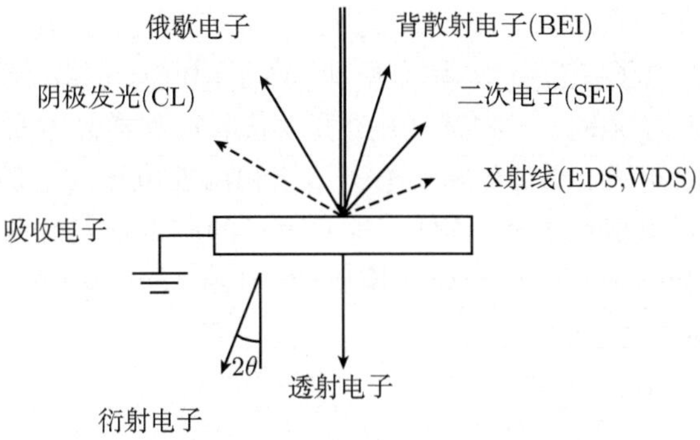

图 5-27 电子与样品表面的作用方式

表 5-4 SEM 各种成像方式所利用的信号和作用

显微成像方式	信号来源	作用
SEI(secondary electron image)	二次电子	表面形貌
BEI(backscattered electron image)	背散射电子	原子序数对比
EDS(energy dispersive spectrum)	X 射线	元素分析
WDS(wavelength dispersive spectrum)	X 射线	高解析元素分析
EBSP (electron backscattering diffraction pattern)	衍射电子及前向散射电子	颗粒取向
CL(cathodoluminescence)	阴极发光	半导体及绝缘体缺陷或杂质

由此可见, 当一细束聚焦的电子轰击试样表面时, 会激发出能反映试样形貌、

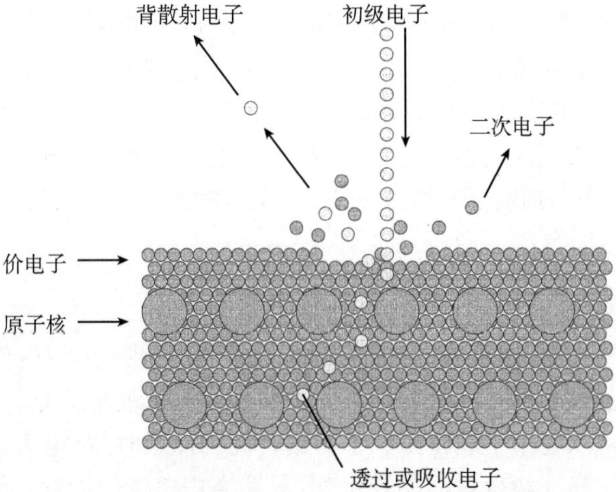

图 5-28 入射电子和样品表面原子核和电子之间的相互作用

结构和组成的各种信息, 包括二次电子、背散射电子、特征 X 射线、连续 X 射线、俄歇电子、吸收电子、透射电子等. 除此之外, 在可见、紫外、红外光区域也会产生电磁辐射, 产生电子–空穴对、晶格振动 (声子)、电子振荡 (等离子体) 等. 原则上讲, 利用电子和物质的上述相互作用, 可以获取被测样品本身的各种物理、化学性质信息如形貌、组成、晶体结构、电子结构和内部电场或磁场等. 其中二次电子和背散射电子在显微成像中尤为重要, 这些电子的产生是入射电子与试样的原子核和核外电子产生弹性或非弹性散射作用所致, 见图 5-28. 从原子结构的角度可得到更明确的理解, 见图 5-29.

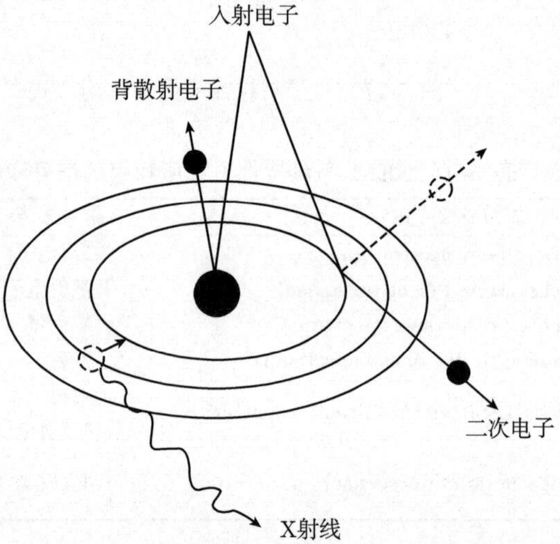

图 5-29　从原子结构角度理解入射电子与样品的作用

上述各种信息发生的深度和范围也是不同的, 见图 5-30 和表 5-5. 由图可见, 俄歇电子的发射深度最浅, 其次是二次电子, 而且两者的发射广度基本等于入射电子束的宽度, 因此应该具有最高的分辨率, 再次则为背散射电子. 俄歇电子的发射与表面原子性质相关, 由此建立了一种俄歇电子能谱分析方法, 可实现材料表面的元素分析, 而在扫描电子显微技术中, 则主要利用二次电子与背散射电子信号.

2. 扫描电镜利用的主要电子信号

1) 二次电子

入射电子在轰击样品表面时, 使样品原子的较外层电子 (价带或导带电子) 电离并逸出样品表面, 称二次电子. 这是由于原子核和外层价电子间的结合能较小, 当这些电子从入射电子获得了大于其结合能的能量时, 可电离成为自由电子. 如果这一过程发生在比较接近样品表层处, 只要自由电子的能量大于材料逸出功, 这些自由电子便可从样品表面逸出, 成为真空中的自由电子. 图 5-31 说明了二次电子

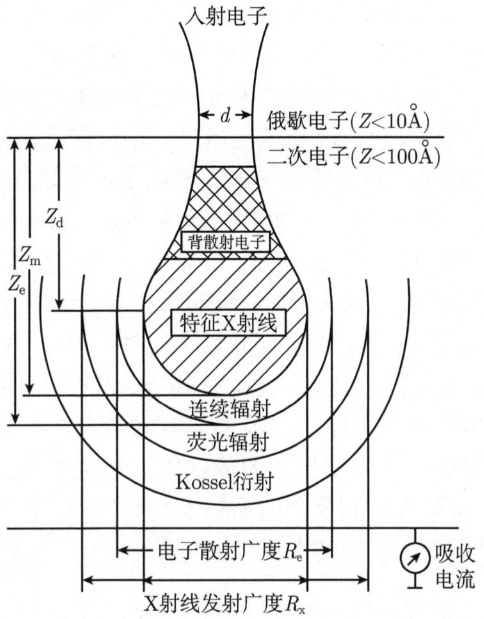

图 5-30　各种作用信号发射的深度和范围

表 5-5　各种作用方式的宽度和深度 (入射电子束直径 5nm)

参数 / 方式	能量/eV	横向范围/nm	作用深度/nm
入射电子	20k	5	10^4
俄歇电子	$10^{2\sim3}$	5	1
二次电子	<50	5	10
背散射电子	10～20k	～100	100
特征 X 射线	1～15k	10^3	5×10^3

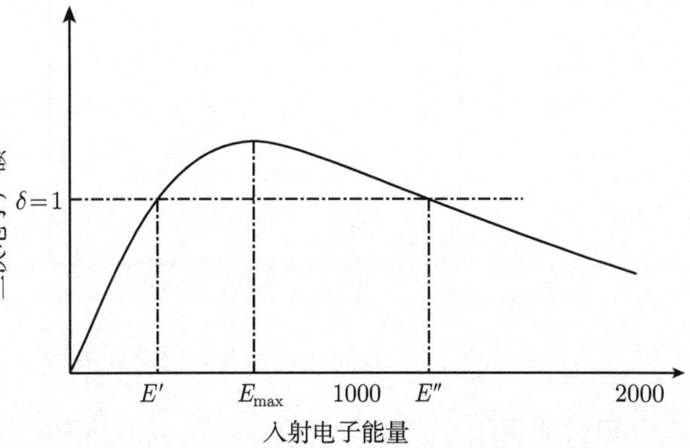

图 5-31　二次电子产额与入射电子能量的关系

产额与入射电子能量的关系, 入射电子能量 E 较低时, 随束能增加二次电子产额 δ 增加, 而在高束能区, δ 随 E 增加而逐渐降低. 这是因为二次电子数量随一次电子能量增加的同时, 一次电子进入到试样内部的深度增加而导致产生的低能二次电子在向表面运动的过程中被吸收. 在低能区, 一次电子能量的增加主要提供更多的二次电子发射, 而在高能区则主要是增加入射电子的穿透深度. 对于金属材料, $E_{\max}$ 为 100~800eV, $\delta_{\max}$ 为 0.35~1.6; 而对绝缘体, $E_{\max}$ 为 300~2000eV, $\delta_{\max}$ 为 1~10.

二次电子能量较低, 一般小于 50eV, 而且仅在样品表面 5~10nm 的深度内才能逸出表面, 它对表面形貌非常敏感, 能有效地显示试样表面的微观形貌. 而且由于它发自试样表层, 入射电子还没有被多次反射, 所以产生二次电子的面积与入射电子的面积没有太大区别, 分辨率较高, 扫描电镜的分辨率一般就是指二次电子分辨率. 同时, 二次电子产率与原子序数关系不大.

利用二次电子信号形成的显微图像称为二次电子像, 它主要反映样品表面形貌, 由于入射电子束可聚焦到极小的面积上, 而二次电子产额对微区表面的方向十分敏感, 它与入射电子入射角的关系为

$$\delta \propto K/\cos\theta \tag{5-21}$$

式中, K 为常数; θ 为入射电子与样品表面法线之间的夹角, θ 角越大, 二次电子产额越高, 见图 5-32. 这是因为随 θ 角的增大入射电子束在样品表层范围内运动的总轨迹增长, 引起价电子电离的机会增多, 其次随着 θ 角增大入射电子束作用体更靠近表面层, 作用体内产生的大量自由电子离开表层的机会增多, 从而二次电子的产额增大.

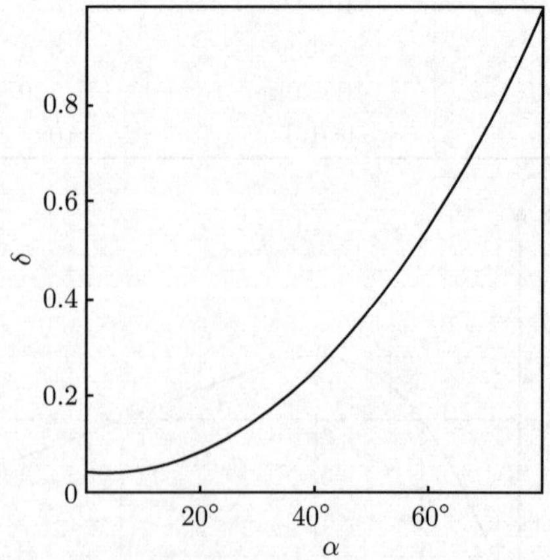

图 5-32 二次电子产额与入射角的关系

所以二次电子像适用于显示形貌衬度, 见图 5-33. 根据这一原理, 当实际样品表面存在凹凸, 同一入射电子束与不同部位的法线夹角是不同的, 这样就会产生二

次电子强度的差异. 当样品中存在凸起小颗粒或尖角时对二次电子像衬度会有很大影响, 其原因是在这些部位处电子离开表层的机会增多, 即在电子束作用下产生比其余部位高得多的二次电子信号, 所以在显微图像上可以有异常亮的衬度.

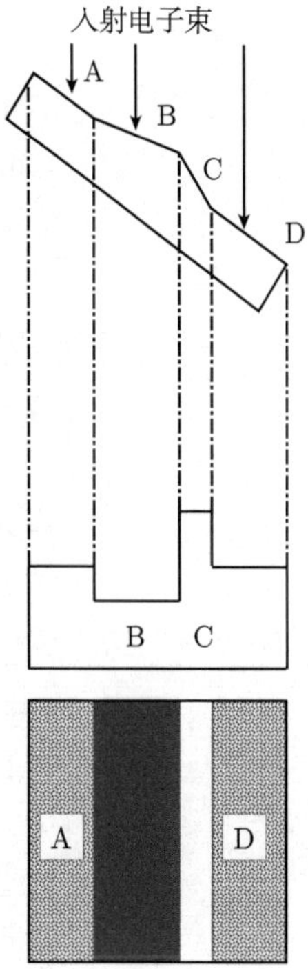

图 5-33 二次电子像衬度与表面形貌的关系

2) 背散射电子

背散射电子是指入射电子与样品相互作用 (弹性和非弹性散射) 之后, 再次逸出样品表面的高能电子, 其中弹性背散射电子是指被样品中原子核反射回来的那些入射电子, 其能量基本上没有变化, 可达数千到数万电子伏, 非弹性背散射电子是入射电子和核外电子撞击后产生非弹性散射, 不仅能量变化, 而且方向也发生变化, 其能量范围很宽, 从数十电子伏到数千电子伏. 从数量上看, 弹性背散射电子远比非弹性背散射电子所占的份额多. 背散射电子成像分辨率较二次电子像差一些, 一般为 50~200nm.

背散射电子的产额随样品的原子序数增大而增加, 所以背散射电子信号的强度与样品的化学组成有关, 即与组成样品的各元素平均原子序数有关. 利用背散射电子作为成像信号可以用来显示原子序数衬度, 进行定性成分分析. 背散射电子的信号强度 I 与原子序数 Z 的关系为

$$I \propto Z^{2/3\sim 3/4} \tag{5-22}$$

式中, Z 为平均原子序数, 与该微区内所含的元素种类和百分含量有关

$$\overline{Z} = \sum_i C_i Z_i \tag{5-23}$$

背散射电子发射系数 ($\eta = I_B/I_0$) 随原子序数增大而增大, 见式 (5-24) 和图 5-34.

$$\eta = \frac{\ln Z}{6} - \frac{1}{4} \tag{5-24}$$

背散射电子像的形成, 就是因为样品表面上平均原子序数 Z 大的部位产生较强的背散射电子信号而形成较亮的区域, 而平均原子序数较低的部位则产生较少的背散射电子, 形成较暗的区域, 这样就形成了原子序数衬度.

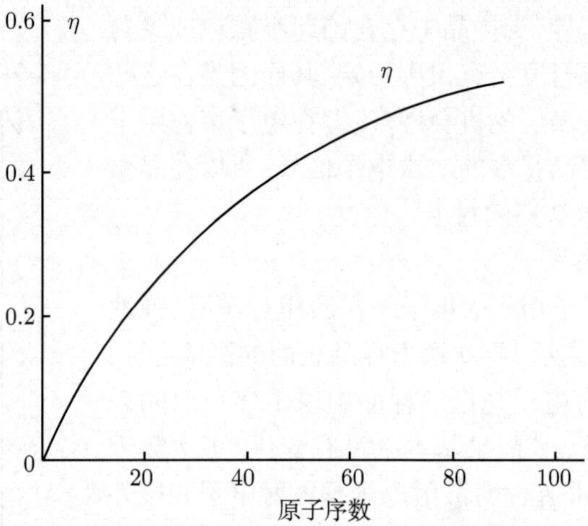

图 5-34　背散射系数和原子序数的关系

另外, 当试样表面倾角增大时, 作用体积增大而显著增加发射系数. 背散射电子在试样上方有一定的角分布, 垂直入射时为余弦分布, 见图 5-35.

$$\eta_\phi = \eta_0 \cos\phi \tag{5-25}$$

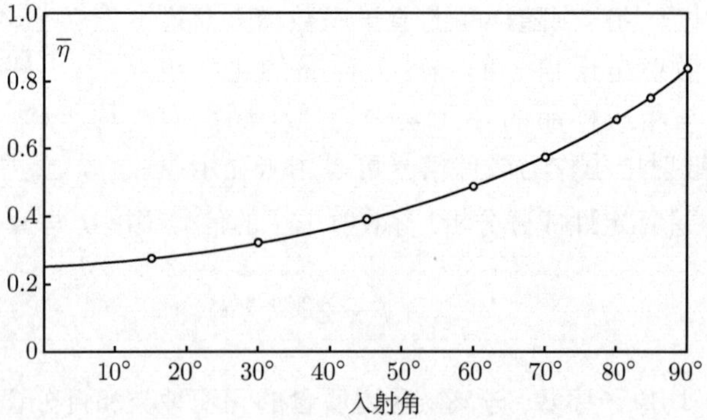

图 5-35　背散射系数与入射角关系

从背散射电子的上述特点可知, 背散射电子发射系数和试样表面倾角以及试样的原子序数二者均有关, 背散射电子信号中包含了试样表面形貌和原子序数信息, 像的衬度既有形貌衬度, 也有原子序数衬度, 因此可利用背散射电子像来研究样品表面形貌和成分分布. 由于背散射电子离开样品表面后沿着直线运动, 检测到的电子信号强度要比二次电子低得多, 所以粗糙表面的原子序数衬度往往被形貌衬度所掩盖. 为了避免形貌衬度对原子序数衬度的干扰, 被分析的样品需要进行抛光.

3) 吸收电子

吸收电子也是对样品中原子序数敏感的一种物理信号. 入射电子与样品相互作

用形成的电流可表示为

$$i_{\mathrm{I}} = i_{\mathrm{B}} + i_{\mathrm{A}} + i_{\mathrm{T}} + i_{\mathrm{S}} \tag{5-26}$$

式中, i_{I} 为入射电子电流; i_{B}、i_{T} 和 i_{S} 分别代表背散射电子、透射电子和二次电子电流; i_{A} 为吸收电子电流. 当样品厚度足够大时, 入射电子不能穿透样品, 所以透射电子电流为零. 由于二次电子信号与原子序数 ($Z > 20$ 时) 无关, 即设 $i_{\mathrm{S}} = C$, 则此时吸收电子电流为

$$i_{\mathrm{A}} = (i_{\mathrm{I}} - C) - i_{\mathrm{B}} \tag{5-27}$$

在一定条件下, 入射电子束电流是一定的, 所以吸收电流与背散射电流存在互补关系, 也即吸收电子像与背散射电子像是互补的.

3. SEM 的放大倍率

SEM 的放大倍率可在几十到几十万倍间连续可调, 但放大倍率不是越大越好, 而是由分辨率制约的, 要根据有效放大倍率和分析样品的需要进行选择. 基于人眼自然分辨率为 0.2mm, 若显微镜的分辨率为 5nm, 则有效放大倍率 $M = 0.2\times10^6\text{nm}\div5\text{nm}=40000$(倍), 如果选择高于 40000 倍的放大倍率, 不会增加图像细节, 只是虚放, 一般无实际意义.

扫描电镜的分辨率与光学显微镜和透射电子显微镜中讨论的一致, 也即利用高速电子束可获得短的波长从而可获得高的分辨率, 也即是电子束形成的“艾里”斑的半径是其分辨率的理论极限, 但实际上扫描电镜的分辨率远未达到其理论分辨率极限, 原因是电子束的束斑还难于控制到如此小的面积, 而扫描电子显微技术中分辨率较高的二次电子像的分辨率基本等于电子束束斑半径, 目前钨灯丝热发射的 SEM 分辨率可达到 3~6nm, 场发射源 SEM 分辨率可达到 1nm.

4. 扫描电镜的景深

扫描电子显微镜的景深特性也是决定其性能的一个重要参数, 景深大的图像立体感强. SEM 的景深 Δf 可以用下式表示:

$$\Delta f = \left(\frac{0.2}{M} - d\right)\frac{D}{a} \tag{5-28}$$

式中, D 为工作距离; a 为物镜光阑孔径; M 为放大倍率; d 为电子束直径. 影响景深的主要是电子束入射半角和工作距离, 其原理可分别由图 5-36 和图 5-37 所示.

可以看出, 长工作距离、小物镜光阑、低放大倍率能得到大景深图像. 一般情况下, SEM 景深比 TEM 大 10 倍, 比光学显微镜大 100 倍.

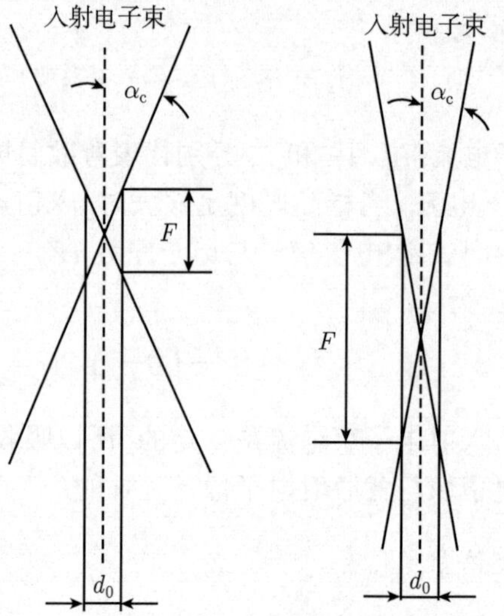

图 5-36　电子束入射半角对景深的影响

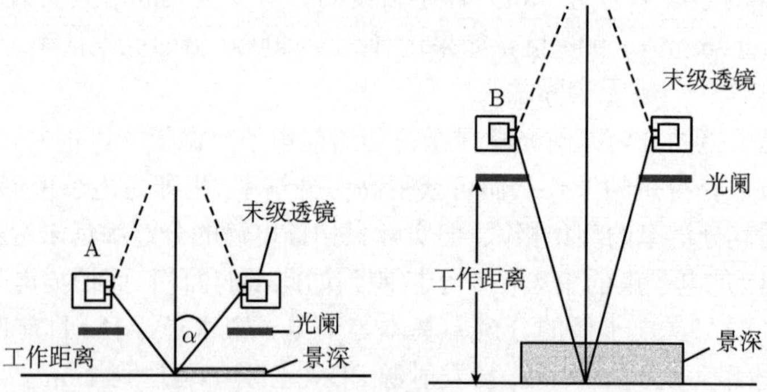

图 5-37　工作距离对景深的影响

5.3.2　扫描电子显微镜结构

1. 扫描电子显微镜结构原理

扫描电子显微镜结构见图 5-38, 与透射电子显微镜有部分类似之处, 主要表现在都利用了电子束和电磁透镜, 但成像机理是不同的, 图 5-39 说明了扫描电镜的工作原理.

扫描电子显微镜的结构主要包括电子照明系统、电子光学系统、样品舱和检测系统、视频系统和真空系统等.

电子照明系统和电子光学系统类似于透射电子显微镜. 由三极电子枪发出的电子束经栅极静电聚焦后成为直径为 50nm 的电子光源, 经过二级或三级聚光镜在样

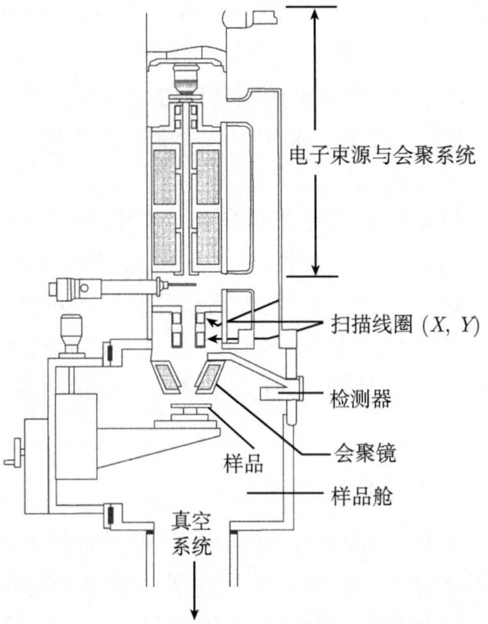

图 5-38 扫描电子显微镜基本结构

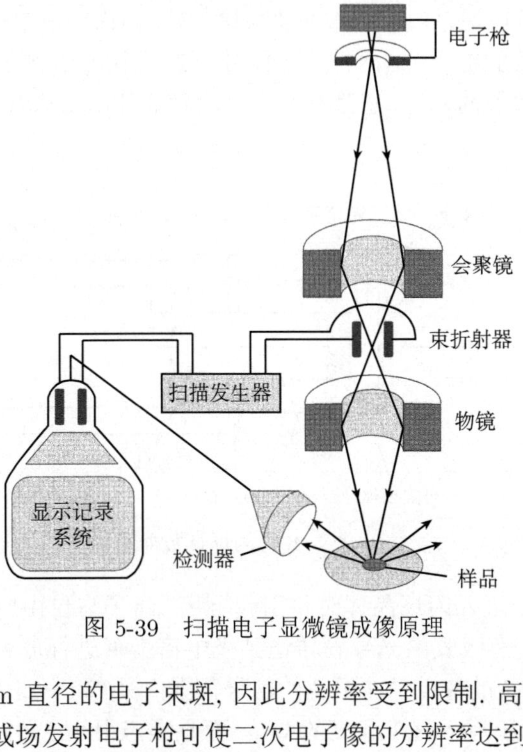

图 5-39 扫描电子显微镜成像原理

品表面形成 5~7nm 直径的电子束斑，因此分辨率受到限制. 高分辨扫描电镜采用六硼化镧 (LaB_6) 或场发射电子枪可使二次电子像的分辨率达到 1~2nm, 但这种电子枪要求很高的真空度, 使用场发射电子枪时可不需要电磁透镜进行聚焦.

扫描电镜的末级电磁透镜上装有扫描线圈, 在它的调制下, 电子束可按要求发生偏转而在试样表面扫描, 并同步控制阴极射线管内电子束在荧光屏上的扫描或控制计算机的成像. 改变入射电子束在样品表面扫描步幅, 可获得所需放大倍率的扫描像.

高能电子束与样品物质相互作用产生二次电子、背散射电子、X 射线等信号, 这些信号分别被不同的接收器接收, 经放大后用来调制荧光屏的亮度, 或者经过数字变换技术转换为数字化的衬度信号, 直接在计算机屏幕上还原显微图像. 扫描电镜是采用逐点成像的图像分解法进行的, 光点成像的顺序是从左上方开始到右下方, 直到最后一行最右方的像元扫描完毕就完成一帧图像, 这种扫描方式称为光栅扫描.

2. 扫描电镜的检测原理

扫描电镜的成像方式与透射电镜不同, 是采用对单个扫描点上产生的相应信号进行检测并通过光栅扫描方式形成显微图像, 因此需要能够对单个扫描点上产生的电子或电流进行检测的装置, 为提高扫描电镜的分辨率, 需要用尽可能细的入射电子束, 所以扫描点的面积很小, 产生的信号微弱, 需要灵敏的检测元件. 除吸收电子产生的微电流可以通过电子放大而实现检测外, 扫描电镜中最主要需检测的信号是二次电子和背散射电子. 这两种电子信号一般可用同一个检测元件实施检测, 是一种称为闪烁计数器的元件, 它是在光电倍增管的基础上结合闪烁晶体构成的, 其结构见图 5-40.

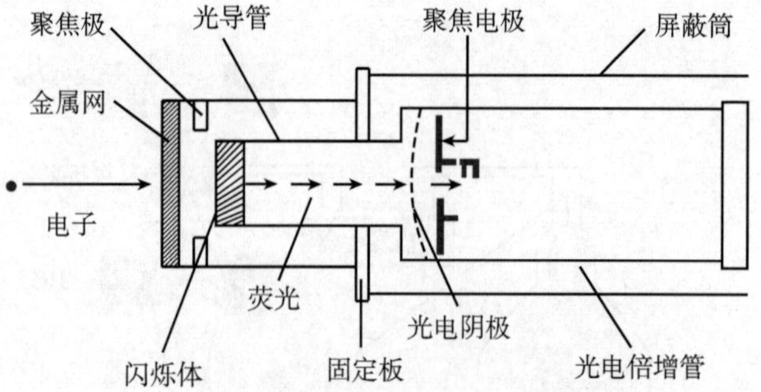

图 5-40 闪烁计数器结构

当信号电子进入闪烁晶体时将引起电离, 离子与自由电子复合时便产生可见光. 光子沿着没有吸收的光导管传送到光电倍增管进行放大并转变成电流信号输出. 这种检测系统的特点是在很宽的信号范围内具有正比于原始信号的输出, 具有很宽的频带 (10Hz~1MHz) 和高的增益, 而且噪声很小. 如何用同一个检测器实现二次电子和背散射电子的分别成像, 关键在于收集电子的方式. 此外, 由于二次电子探测器的位置固定, 样品表面不同部位相对于探测器的方位角不同, 从而被检测到的二次电子信号强弱不同, 可能产生阴影, 也是需要解决的问题. 上述问题一般可通过在检测器前方加上不同的电压来实现, 见图 5-41. 由于背散射电子从样品表面发射时强度较大, 因此其飞行方向为直线方向, 在检测器前方加上一定的负电压, 不至于改变其运动方向, 仍然能够到达闪烁晶体而被检测, 而此时二次电子由于能量较弱, 在电场作用下发生偏转, 不能到达闪烁晶体, 因此所得图像为纯净的背散射电子像. 如果在电子倍增管前方加上一定大小的正电压, 则二次电子被大量吸入检测器, 即使在阴影面上的二次电子也会被吸引进入检测器, 因此也可以得到阴影面上的形貌衬度, 但是, 虽然背散射电子不至于会被吸引过来, 其原来发射方向上的部分电子仍然会被检测到, 所以这种检测方式所得的二次电子像中含有一定程度的背散射衬度.

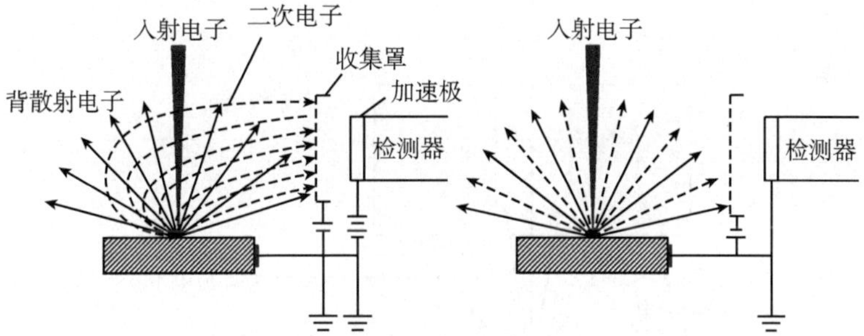

图 5-41 用一个检测器分别获得二次电子和背散射电子信号

对有些既要进行形貌观察又要进行成分分析的样品, 可采用一种新型的背散射电子检测器. 它由一对硅半导体组成, 以对称于入射束的方位装在样品上方. 将左右两个检测器各自得到的电信号进行加减便能得到单一信息. 对于原子序数信息来说, 进入左右两个检测器的信号, 其大小和极性相同, 而对于形貌信息, 两个检测器得到的信号绝对值相同, 其极性恰恰相反. 根据这种关系, 两个检测器信号相加便得到样品的组成衬度像, 相减便得到形貌衬度像, 见图 5-42. 而二次电子检测器则安装在样品的侧方, 通过施加收集电压可获得基本没有背散射衬度的二次电子像, 见图 5-43.

5.3.3 扫描电镜的应用

适合用扫描电镜观察的样品范围很宽, 可以是自然面、断口、块状、粉体等, 一般只需用导电胶黏贴在样品支架上即可送入样品舱进行观察, 对不导电的样品需蒸镀一层 20nm 的金或碳导电膜. 对样品有一定要求, 不能有挥发或爆碎的现象, 以

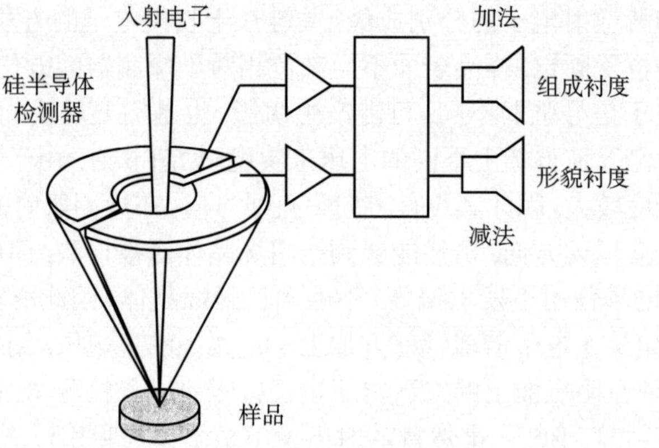

图 5-42 利用背散射电子分别形成成分衬度和形貌衬度

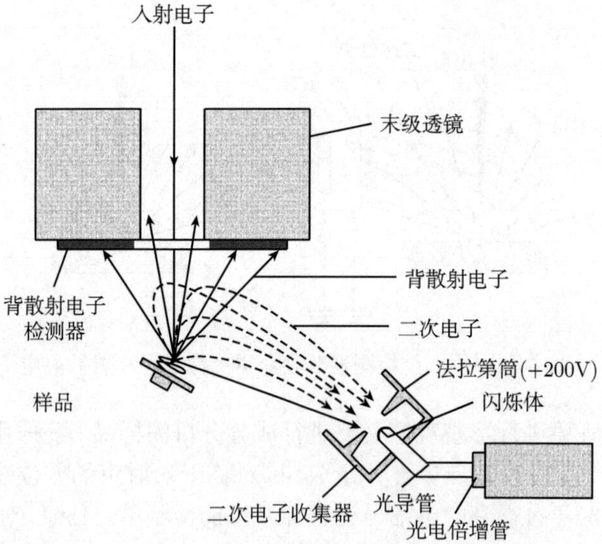

图 5-43 背散射电子和二次电子的分别检测

免污染真空腔体. 含水分及挥发性液体需先干燥. 以高电压观察时, 须确定待测物能够承受高速电子的撞击, 不会有融化变形、蒸发或爆裂发生. 在扫描电镜发展过程中形成了一系列新型的方法, 不仅突破了传统扫描电镜存在的一些限制, 还大大拓宽了扫描电镜的功能和应用.

1. 分析型扫描电镜

所谓分析型扫描电镜即是指将扫描电镜配备多种附加设备, 以便对被测试样进行多种信息的分析, 其附件一般有如下几种.

1) 能谱仪附件

X 射线能量色散谱仪 (EDS) 自 20 世纪 70 年代末以来首先是在扫描电镜和电子探针分析仪上得到应用, 其优点是可在不影响图像分辨率的前提下分析材料表面微米区域的化学成分, 分析方式有定点定性分析、定点定量分析、元素的线分布和面分布等, 以完成夹杂物的成分分析、两个相中元素的扩散深度、多相颗粒元素的分布情况等研究, 分析元素范围为硼至铀, 可测质量分数 0.01%以上的重元素并且不用标样. 能谱仪可一次收集全部可测元素的谱线, 因而分析速度快. 在扫描电镜所观察的微观区域中一般并不要求所测成分具有很高精度, 所以无标样分析已能达到预期目标. 最先进的采用超导材料生产的能谱仪的分辨率达到 5 ~ 15eV.

2) 背散射电子衍射附件

背散射电子衍射 (EBSD) 现象于 20 世纪 70 年代中期在扫描电镜上发现, 由于这些衍射花样与所测单晶体的晶体结构有关, 便可将其用作材料的结构研究. 背散射电子衍射分析技术于 90 年代中期逐步成熟, 可实现无应力单晶体的物相分析, 同时提供花样质量、置信度指数、彩色晶粒图等, 可完成单晶体的空间位向测定、两颗单晶体之间夹角的测定, 可作特选取向图、共格晶界图、特殊晶界图等, 同时提供不同晶界类型的绝对数量和相对比例, 即多晶粒夹角的统计分析、晶粒取向的统计分析以及它们的彩色图和直方统计图, 还可作晶粒尺寸分布图, 将多颗单晶的空间取向投影到极图或反极图上可做二维结构分析, 也可做三维结构即 ODF 分析. 背散射电子的信息来自于试样表层几十纳米的深度、几微米的宽度, 因而 EBSD 只能做几微米大小晶粒的分析. 而 X 射线衍射分析仪主要是针对大块试样和粉末压块试样, 并且对有应力的试样仍可进行物相分析和结构分析, 可测定应力的大小, 这是 EBSD 力所不及的.

3) 波谱仪附件

X 射线波长色散谱仪 (WDS) 是电子探针谱仪的核心部件, 可用作成分分析. 成分分析的原理可用 $\lambda = (d/R)L$ 公式表示. λ 是电子束激发试样时产生的 X 射线波长, 与元素有关; d 是分光晶体的面间距, 为已知数; R 是波谱仪聚焦圆的半径, 同样为已知数; L 是 X 射线发射源与分光晶体之间的距离. 对于不同的 L 则有不同的 X 射线波长, 根据 X 射线波长即可确定元素种类, 因此波谱仪通过机械装置的运动改变距离 L 来实现成分分析. 将波谱仪装在扫描电镜上利用电子探针的成分分析功能可获得高检测灵敏度. 当然在扫描电镜上应用波谱仪受到电子束流、X 射线取出角及样品表面形貌等方面的局限, 还不能代替电子探针分析的功能.

2. 现代扫描电镜的发展

扫描电镜的发展主要是在二次电子像分辨率上取得了较大的进展, 但对不导电或导电性能不太好的样品还需喷镀金膜后才能达到理想的图像分辨率. 随着材料科学的发展特别是半导体工业的需求, 要尽量保持试样的原始表面在不做任何处理的条件下进行分析. 至 20 世纪 90 年代末在技术上逐步成熟, 形成了低真空和低电压扫描电镜技术. 近几年又出现了模拟环境工作方式的扫描电镜, 即环境扫描电镜.

1) 低电压扫描电镜

低电压是指电子束流加速电压在 1kV 左右, 减小了对未经导电处理的非导体试样的充电效应, 电子对试样的辐照损伤小且二次电子产额高, 成像信息对表面状态更加敏感, 边缘效应更加显著, 能够适应半导体和非导体分析工作的需要. 但低加速电压导致物镜的球差效应增加而降低图像的分辨率.

2) 低真空扫描电镜

采用压差光阑实现了两级真空, 在保证电子枪和聚焦透镜处于高真空条件的同时, 样品室处在低真空状态. 当聚焦的电子束进入低真空样品室后, 与残余的空气分子碰撞并将其电离, 电离的气体分子在一个附加电场的作用下向充电的样品表面运动并与样品表面充电的电子中和, 这样就消除了非导体表面的充电现象, 从而实现了对非导体样品自然状态的直接观察, 在半导体、冶金、化工、矿产、陶瓷、生物等材料的分析方面有着比较突出的作用.

3) 环境扫描电镜

上述低真空扫描电镜样品室最高低真空压力为 400Pa, 最新技术表明可使样品室的低真空压力达到 2600Pa, 也就是在样品室有更多气体分子. 如果向样品室输送水蒸气或混合气体, 可得到环境条件下试样的变化情况, 这就是最新发展的环境扫描电镜 (ESEM).

环扫的核心技术是采用了两级压差光栏和气体二次电子探测器, 能达到 3.5nm 的二次电子图像分辨率. ESEM 的特点是：① 非导电材料不需喷镀导电膜直接观察, 分析简便迅速, 不破坏原始形貌. ② 可保证样品在 100%湿度下观察, 即可进行含油含水样品的观察, 能够观察液体在样品表面的蒸发和凝结以及化学腐蚀行为. ③ 可进行样品热模拟及力学模拟的动态变化实验研究, 也可研究微注入液体与样品的相互作用等. 因为这些过程中有大量气体释放, 只能在环扫状态下进行观察. 环境扫描电镜技术拓展了电子显微学的研究领域, 是扫描电子显微镜领域的一次重大技术革命, 是研究材料热模拟、力学模拟、氧化腐蚀等过程的有力工具, 具有广阔的应用前景.

4) 高温样品台及动态拉伸装置

利用高温台在环境模式下对样品进行加热并采集二次电子信号可进行实时动态观察, 而在普通高真空扫描电镜和低真空扫描电镜中只能对极少数特殊样品在高温状态下进行观察, 并要求在加热过程中不能产生气体、不能发出可见光和红外辐射, 否则会破坏电镜的真空而无法成像. 高温台配有专用陶瓷气体二次电子探头 (GSED), 可在环境模式下在高达 1500°C 温度下正常观察样品的二次电子像. 环扫电镜的专用探测器可保证在成像时抑制热噪声并对样品在高温加热时产生的光信号不敏感.

最新的动态拉伸装置配有内部马达驱动器、旋转译码器、线性位移传感器等,由计算机进行控制和数据采集,配合视频数据采集系统可实现动态观察和记录. 可观察材料表面在动态拉伸条件下的滑移、塑性形变、起裂、裂纹扩展 (路径和方向) 直至断裂的全过程等. 该装置还具有弯曲功能,从而可以研究板材在弯曲状态下的形变、开裂直至断裂的情况. 动态拉伸装置可配合多种扫描电镜工作.

3. 扫描电镜在材料研究中的应用

1) 显微结构分析

材料及其制品的显微形貌、孔隙大小、晶界和团聚程度等将决定其最后的性能. 扫描电子显微镜可以清楚地反映和记录这些微观特征,是观察分析样品微观结构方便、易行的有效方法,样品无须制备,直接放入样品室内即可放大观察. 同时扫描电子显微镜可以实现试样从低倍到高倍的定位分析,在样品室中的试样不仅可以做三维空间移动,还能够根据观察需要进行空间转动以利于对感兴趣的部位进行连续、系统的观察分析. 扫描电子显微镜拍出的图像真实、清晰,并富有立体感,在三维显微组织形态的观察研究方面获得了广泛的应用.

由于扫描电子显微镜可用多种物理信号对样品进行综合分析,并具有可以直接观察较大试样、放大倍数范围宽和景深大等特点,扫描电子显微镜在微观结构分析研究方面同样显示出极大的优势,主要表现为可进行:① 力学加载下的微观动态 (裂纹扩展) 研究;② 加热条件下的晶体合成、气化、聚合反应等研究;③ 晶体生长机理、生长台阶、缺陷与位错的研究;④ 成分的非均匀性、壳芯结构、包裹结构的研究;⑤ 晶粒相成分在化学环境下差异性的研究等.

2) 纳米尺度的研究

纳米材料是纳米科学技术最基本的组成部分,纳米材料的一切独特性主要源于它的纳米尺寸,因此必须首先确切地测定其尺寸,否则对纳米材料的研究及应用便失去了基础. 高分辨扫描电子显微镜在纳米级别材料的形貌观察和尺寸检测方面因具有简便、可操作性强的优势被大量采用. 另外如果将扫描电子显微镜与扫描隧道显微镜结合起来,还可使普通的扫描电子显微镜升级为超高分辨率的扫描电子显微镜.

3) 现代扫描电镜技术的应用

扫描电镜结合上述各种最新发展的技术和附件,其应用范围更宽,可完成包括断裂失效分析、产品缺陷原因分析、镀层结构和厚度分析、涂料层次与厚度分析、材料表面磨损和腐蚀分析、耐火材料的结构与蚀损分析等.

利用高温样品台,可以观察材料在加热过程中组织转变的过程,研究不同材料在热状态下转变的差异. 结合能谱仪和 EBSD 可以分析材料的物相. 利用拉伸样品台有益于材料断裂韧性的研究. 也可研究夹杂物对其他材料形变行为的影响. 还可将试样经过不同介质的腐蚀研究腐蚀条件对材料力学性能的影响. 利用 EBSD 装置可使研究扩展到晶体学的层次. 新一代环境扫描电镜与能谱仪和 EBSD 配合, 可在得到较好的试样形貌像的前提下同时得到成分信息和晶体学的信息. 最近几年实现了拉伸台与计算机的完美结合, 形成了比较完善的材料动态拉伸扫描电镜.

4. 扫描电镜用于生物样品观察

大多数生物样品都含有水分而且比较柔软, 因此在进行扫描电镜观察前要对样品作相应的处理. 扫描电镜样品制备的主要要求是, 尽可能使样品的表面结构保存好, 没有变形和污染, 样品干燥并且有良好的导电性能.

1) 样品的初步处理

取材的基本要求与透射电镜样品制备相同, 但可以稍大些, 面积可达 8mm×8mm, 厚度可达 5mm. 对于易卷曲的样品可固定在滤纸或卡片纸上以充分暴露待观察的组织表面. 由于样品取自活体组织, 其表面常有血液、组织液或黏液附着, 因此在样品固定之前需进行清洗. 清洗的方法有: ① 用等渗的生理盐水或缓冲液清洗; ② 用 5%的苏打水清洗; ③ 用超声振荡或酶消化的方法进行处理. 清洗干净的样品需进行固定, 固定所用的试剂和透射电镜样品制备相同, 常用戊二醛及锇酸双固定, 也可用快速冷冻固定. 由于样品体积较大, 固定时间应适当延长. 固定好的样品经漂洗后用逐级增高浓度的酒精或丙酮脱水.

2) 样品的干燥

扫描电镜观察样品要求在高真空中进行, 因此样品在用电镜观察之前必须进行干燥. 干燥的方法有: ① 空气干燥法, 最大优点是简便易行和节省时间, 主要缺点是在干燥过程中会由于脱水剂挥发时表面张力的作用而产生组织收缩变形, 因此该方法一般只适用于表面较为坚硬的样品. ② 临界点干燥法, 利用物质在临界状态时表面张力为零的特性使样品中液体完全汽化达到干燥目的, 是最为常用的干燥方法. ③ 冷冻干燥法, 将经过冷冻的样品置于高真空中, 通过升华除去样品中的水分或脱水剂. 水分从固态直接转化为气态, 不经过中间的液态, 不存在气相和液相之间的表面张力对样品的作用, 从而减轻在干燥过程中对样品的损伤.

3) 样品的导电处理

生物样品经过脱水、干燥处理后, 其表面不带电, 导电性能也差. 用扫描电镜观察时, 当入射电子束打到样品上, 会在样品表面产生电荷的积累, 形成充电和放电效应, 影响对图像的观察和记录. 因此在观察之前要进行导电处理, 使样品表面导电. 常用的导电方法包括:

(1) 金属镀膜法, 采用特殊装置将电阻率小的金属 (如金、铂、钯等) 蒸发后镀覆在样品表面, 不仅可以防止充放电效应, 还可以减少电子束对样品的损伤作用, 增加二次电子的产生率, 获得良好的图像. 具体有真空镀膜法、离子溅射镀膜法等. 与真空镀膜法相比, 离子溅射镀膜法具有以下优点: ① 由于从阴极上飞溅出来的金属粒子的方向是不一致的, 因而金属粒子能够进入到样品表面的缝隙和凹陷处, 使样品表面均匀地镀上一层金属膜, 对于表面凹凸不平的样品, 也能形成很好的金属膜, 且颗粒较细. ② 受辐射热影响较小, 对样品的损伤小. ③ 消耗金属少. ④ 所需真空度低, 节省时间.

(2) 组织导电法, 又称导电染色法, 利用对离子的结合使样品表面离子化或产生导电性能好的金属盐类化合物, 从而提高样品耐受电子束轰击的能力和电导率. 常用的有碘化钾导电染色法、碘化钾–醋酸铅导电法、丹宁酸–锇酸导电法等.

4) 几种特殊的样品制备技术

(1) 细胞内部结构冷冻割断法, 用冷冻树脂或二甲基亚砜冷冻割断法将细胞打开, 用扫描电镜观察细胞的内部结构, 该方法简便、结构清晰, 已得到广泛应用.

(2) 铸型技术, 为研究空腔脏器特别是血管系统复杂的立体分布, 先向腔内注射某种成形物质, 待该物硬化后再把组织腐蚀去掉, 剩下的成形物即能显示该系统的立体分布. 常用的铸型剂有甲基丙烯酸酯、聚苯乙烯及其共聚物以及 ABS 等. ABS 为丙烯腈、丁二烯和苯乙烯的三元共聚物树脂, 被认为是比较理想的铸型剂.

(3) 盐酸化学消化法, 为研究被观察细胞的基底面及深层细胞表面, 可采用盐酸化学消化法制备样品.

5.4 扫描探针显微技术

自 1933 年 Ruska 和 Knoll 等在柏林制成第一台电子显微镜以来, 有许多用于表面结构研究的现代分析仪器先后问世, 如透射电子显微镜、扫描电子显微镜、场电子显微镜 (FEM)、场离子显微镜 (FIM)、低能电子衍射 (LEED)、俄歇电子能谱 (AES)、光电子能谱 (ESCA)、电子探针等, 这些技术在表面科学各领域的研究中起着重要的作用. 但任何一种技术在应用中都存在局限性, 光学显微镜和扫描电子显微镜的分辨率不足以分辨出表面原子, 高分辨透射电子显微镜主要用于薄层样品的体相和界面研究, 场电子显微镜和场离子显微镜只能探测在半径小于 100nm 的针尖上的原子结构和二维几何性质, 且制样技术复杂, 低能电子衍射及 X 射线衍射等方法要求样品具备周期性结构, X 射线光电子能谱 (XPS) 等只能提供空间平均的电子结构信息. 此外, 上述一些分析技术对测量环境也有特殊要求, 如真空条件等. 因此, 人们一直在不断地追求更为有效而简便的表面显微分析技术, 扫描探针显微镜正是通过这些努力而实现的.

5.4.1　扫描探针显微镜概述

1982 年, 国际商业机器公司 (IBM) 苏黎世实验室的葛 · 宾尼 (Gerd Binnig) 博士和海 · 罗雷尔 (Heinrich Rohrer) 博士及同事们共同研制成功了世界上第一台新型的表面分析仪器扫描隧道显微镜 (scanning tunneling microscope, STM), 它的出现使人类第一次能够实时地观察单个原子在物质表面的排列状态和与表面电子行为有关的物理、化学性质, 在表面科学、材料科学、生命科学等领域的研究中有着重大的意义和广阔的应用前景, 被国际科学界公认为 20 世纪 80 年代世界十大科技成就之一, 1986 年, 宾尼和罗雷尔被授予诺贝尔物理学奖. 在扫描隧道显微镜出现以后, 又陆续发展了一系列工作原理相似的新型显微技术, 包括原子力显微镜 (atomic force microscope, AFM)、横向力显微镜 (lateral force microscope, LFM) 等, 这类基于探针对被测样品进行扫描成像的显微镜统称为扫描探针显微镜 (scanning probe microscope, SPM), 其主要类型和作用机制见表 5-6.

表 5-6　扫描探针显微镜类型

名称	检测信号	分辨率	备注
扫描隧道显微镜	探针–样品间的隧道电流	0.1nm(原子级分辨率)	
原子力显微镜	探针一样品间的原子作用力		统称扫描力显微镜 SFM
横向力显微镜	探针–样品间相对运动横向作用力		
磁力显微镜	磁性探针–样品间的磁力	10nm	
静电力显微镜	带电荷探针–带电样品间静电力	1nm	
近场光学显微镜	光探针接收到样品近场的光辐射	100nm	

与其他表面分析技术相比, 扫描探针显微镜所具有的独特优点可归纳如下:

(1) 原子级高分辨率, 如扫描探针显微镜在平行和垂直于样品表面方向的分辨率分别可达 0.1nm 和 0.01nm, 即可以分辨出单个原子.

(2) 可实时地得到实空间中表面的三维图像, 可用于具有周期性或不具备周期性的表面结构研究. 这种可实时观测的性能可用于表面扩散等动态过程的研究.

(3) 可以观察单个原子层的局部表面结构, 而不是体相或整个表面的平均性质. 因而可直接观察到表面缺陷、表面重构、表面吸附体的形态和位置, 以及由吸附体引起的表面重构等.

(4) 可在真空、大气、常温等不同环境下工作, 甚至可将样品浸在水和其他溶液中, 不需要特别的制样技术, 并且探测过程对样品无损伤. 这些特点适用于研究生物样品和在不同试验条件下对样品表面的评价, 例如对于多相催化机理、超导机制、电化学反应过程中电极表面变化的监测等.

(5) 配合扫描隧道谱 STS(scanning tunneling spectroscopy) 可以得到有关表面结构的信息, 如表面不同层次的态密度、表面电子阱、电荷密度波、表面势垒的变化和能隙结构等.

扫描探针显微镜与电子显微镜、场离子显微镜等相比在性能上的优越性见表 5-7.

表 5-7 扫描探针显微镜与其他显微镜技术的性能指标比较

性能指标 各种显微镜	分辨率	工作环境 样品环境	温度	对样品破 坏程度	检测深度
扫描探针 显微镜	原子级 (0.1nm)	实环境、大气、 溶液、真空	室温或低温	无	100μm 量级
透射电镜	点分辨 (0.3～0.5nm) 晶格分辨 (0.1～0.2nm)	高真空	室温	小	一般小于 100nm
扫描电镜	1～5nm	高真空	室温	小	1μm(10000 倍时)
场离子 显微镜	原子级	超高真空	30～80K	有	原子厚度

此外, 在技术本身, 扫描探针显微镜具备设备相对简单、体积小、价格便宜、对安装环境要求较低、对样品无特殊要求、制样容易、检测快捷、操作简便等特点, 同时扫描探针显微镜的日常维护和运行也相对简单, 因此, 扫描探针显微镜技术一经发明, 就带动了纳米科技快速发展, 随着纳米科技时代的来临, 纳米测量技术、纳米材料技术以及纳米模型技术是三个主要的技术基础, 各种极其敏锐的测量方法与工具不断被开发出来. 2004 年, 纳米级分辨率的透射电子显微镜与扫描探针显微镜被指定为发展纳米测量技术的两大核心, 扫描探针显微技术已成为关键检测技术.

自扫描隧道显微镜问世 20 多年来, 扫描探针显微技术已广泛运用于测量分析电、光、热、力、磁等各方面的表面微观物理性质, 甚至应用于纳米加工与制造领域, 并衍生出应用于表面磁性分析的扫描磁力显微镜技术 (magnetic force microscopy, MFM), 应用于表面电场分布的扫描静电力显微镜技术 (electrostatic force microscopy, EFM), 应用于表面光学特性分析的扫描近场光学显微镜技术 (scanning near-field optical microscopy, SNOM), 应用于表面电性分析的扫描电流显微镜技术 (conductive atomic force microscopy, C-AFM)、扫描展阻显微镜技术 (scanning spreading resistance microscopy, SSRM) 与扫描电容显微镜技术 (scanning capacitance microscopy, SCM), 以及应用于表面硬度分布的原子力声波显微镜技术 (atomic force acoustic microscopy, AFAM) 等.

当然任何事物都不会是十全十美的, 扫描探针显微镜也有令人遗憾的地方. 由于其工作原理是控制具有一定质量的探针进行扫描成像, 因此扫描速度受到限制, 检测效率较其他显微技术低. 由于压电效应在保证定位精度前提下运动范围很小 (目前难以突破 100μm 量级), 而机械调节精度又无法与之衔接, 故不能做到像电子显微镜的大范围连续变焦, 定位和寻找特征结构比较困难. 目前扫描探针显微镜中最为广泛使用的管状压电扫描器的垂直方向伸缩范围比平面扫描范围一般要小一个数量级, 扫描时扫描器随样品表面起伏而伸缩, 如果被测样品表面的起伏超出了扫描器的伸缩范围, 则会导致系统无法正常工作甚至损坏探针, 因此扫描探针显微镜对样品表面的粗糙度有较高的要求. 由于系统是通过检测探针对样品进行扫描时的运动轨迹来推知其表面形貌, 因此探针的几何宽度、曲率半径及各向异性等可能会引起成像的失真.

5.4.2 扫描隧道显微镜

1. *扫描隧道显微原理*

扫描隧道显微镜的工作原理是基于量子力学中的隧道效应, 在经典物理学中, 当一个粒子的动能 E 低于前方势垒的高度 V_0 时, 它不可能越过此势垒, 即透射系数等于零, 粒子将完全被弹回. 而按照量子力学原理, 其透射系数并不等于零, 也就是说粒子可以穿过比它能量更高的势垒 (图 5-44), 这个现象称为隧道效应.

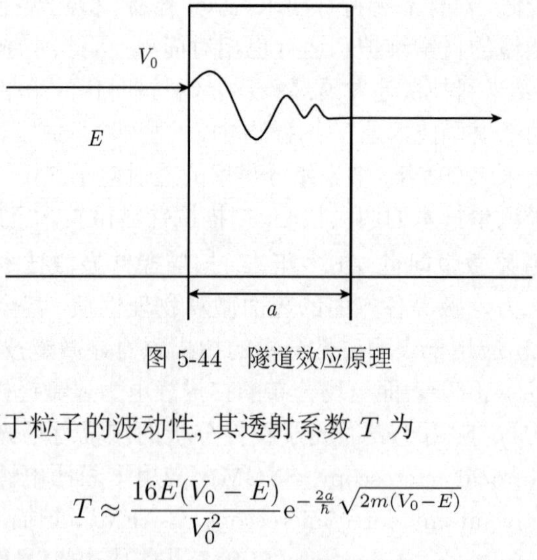

图 5-44 隧道效应原理

隧道效应是源于粒子的波动性, 其透射系数 T 为

$$T \approx \frac{16E(V_0 - E)}{V_0^2} \mathrm{e}^{-\frac{2a}{\hbar}\sqrt{2m(V_0-E)}} \tag{5-29}$$

由式 (5-29) 可见, T 与势垒宽度 a、能量差 $(V_0 - E)$ 以及粒子的质量 m 有着敏感的关系. 随着势垒厚 (宽) 度 a 的增加, T 将指数衰减, 因此在一般的宏观实验中很难观察到粒子隧穿势垒的现象.

扫描隧道显微镜的基本原理是将原子线度的极细探针和被研究物质的表面作为两个电极, 当样品与针尖的距离非常接近 (通常小于 1nm) 时, 针尖与样品上相近原子的电子云重叠, 在外加电场的作用下, 电子会因为隧穿势垒现象而穿过两个电极之间的势垒流向另一电极.

隧道电流 I 是电子波函数重叠的量度, 与针尖和样品之间距离 S 以及平均功函数 Φ 有关

$$I \propto V_{\mathrm{b}} \exp(-A\Phi^{1/2}S) \tag{5-30}$$

式中, V_{b} 为所加的偏置电压; S 为两者之间距离; Φ 为两种材料的平均功函数

$$\Phi \approx \frac{1}{2}(\Phi_1 + \Phi_2) \tag{5-31}$$

式中, Φ_1 和 Φ_2 分别为针尖和样品的功函数; A 为常数, 在真空条件下约等于 1. 隧道探针一般采用直径小于 1mm 的细金属丝, 如钨丝、铂–铱丝等, 被观测样品应具有一定的导电性才可以产生隧道电流.

2. 隧道扫描显微镜测量方式

有两种方式可以实现扫描隧道显微测量.

1) 恒电流法

利用电子反馈线路控制隧道电流的恒定, 并用压电陶瓷材料控制针尖在样品表面的扫描, 则探针在垂直于样品方向上的高低变化就反映出了样品表面的起伏, 见图 5-45.

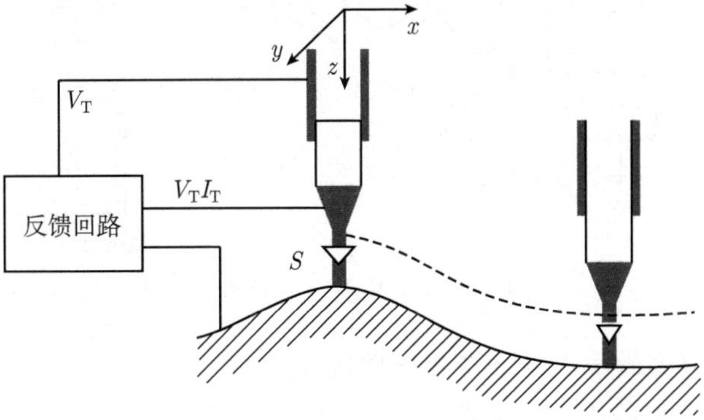

图 5-45 恒电流法原理

2) 恒高度法

对于表面起伏不大的样品, 可以在控制针尖高度恒定的条件下进行扫描, 通过记录隧道电流的变化而得到表面形态信息. 这种扫描方式的特点是扫描速度快, 能够减少噪声和热漂移对信号的影响, 但一般不能用于观察表面起伏大于 1nm 的样品, 见图 5-46.

3. 扫描隧道显微镜结构

扫描隧道显微镜结构如图 5-47 所示.

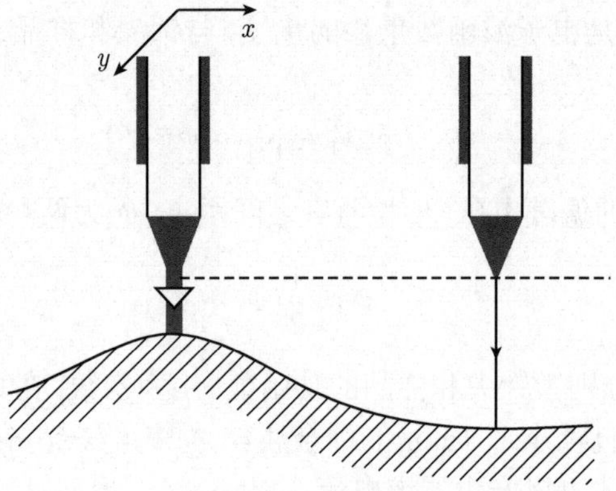

图 5-46　恒高度法原理

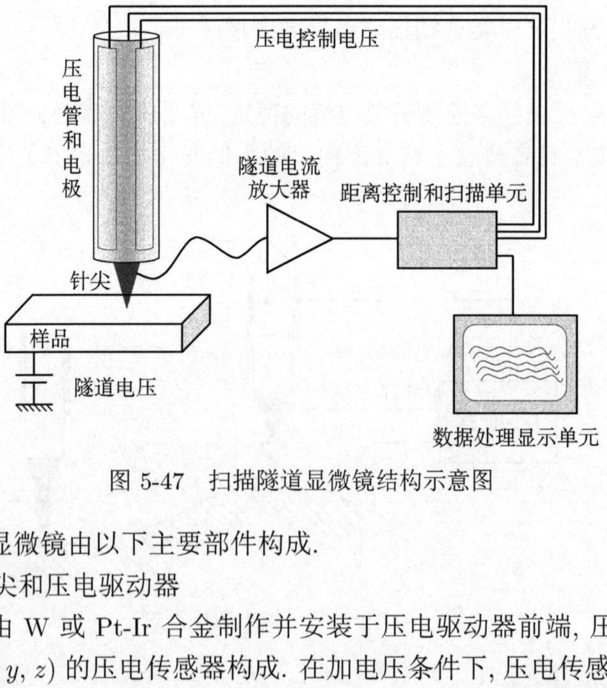

图 5-47　扫描隧道显微镜结构示意图

扫描隧道显微镜由以下主要部件构成.

1) 探测针尖和压电驱动器

探针通常由 W 或 Pt-Ir 合金制作并安装于压电驱动器前端, 压电驱动器由三个相互垂直 (x, y, z) 的压电传感器构成. 在加电压条件下, 压电传感器膨胀或收缩, 即可带动针尖在极小范围内移动. 如在 x 压电元件上加一锯齿形电压, 而 y 压电元件上加一斜坡电压, 针尖就在 xy 平面内扫描. 运用粗定位器和 z 压电元件, 把针尖带到与样品距离为几埃之内, 针尖与样品之间加上偏压即形成隧道电流.

对恒电流测定方式, 隧道电流经电流放大器放大并转换成电压, 并与参考值作比较. 其差值再次放大以驱动 z 压电元件. 通过选择放大器的相位以提供负反馈, 若隧道电流大于参考值, 则电压加在 z 压电元件上使针尖从样品表面后撤, 反之亦然, 由此通过反馈回路建立 z 的平衡位置. 当针尖沿 xy 平面扫描时, 依据 z 平衡位置描绘相同隧道电流面的轮廓图, 如显示的是灰度像, 一般亮点表示高的 z 值 (突起), 而暗点表示低的 z 值 (凹陷). 或者直接测定隧道电流并放大转换后进行数字成像, 即为恒高度测定方式.

2) 三维扫描控制器

三维扫描的核心部件是压电陶瓷元件, 由于需控制针尖在样品表面进行高精度的扫描, 用普通机械控制是很难达到要求的, 目前普遍使用压电陶瓷材料作为 xyz 扫描控制器件. 许多化合物的单晶如石英等都具有压电性质, 但广泛采用的是多晶陶瓷材料, 如钛酸锆酸铅 [Pb(Ti,Zr)O_3](简称 PZT) 和钛酸钡等. 压电陶瓷材料能以简单的方式将 1mV~1000V 的电压信号转换成十几分之一纳米到几微米的位移. 用压电陶瓷材料制成的三维扫描控制器主要有三脚架型、单管型和十字架配合单管型等几种.

(1) 三脚架型, 由三根独立的长棱柱型压电陶瓷材料以相互正交的方向结合在一起, 针尖放在三脚架的顶端, 三条腿独立地伸展与收缩, 使针尖沿 xyz 三个方向运动.

(2) 单管型, 陶瓷管的外部电极分成面积相等的四份, 内壁为一整体电极, 在其中一块电极上施加电压, 管子的这一部分就会伸展或收缩 (由电压的正负和压电陶瓷的极化方向决定), 导致陶瓷管向垂直于管轴的方向弯曲. 通过在相邻的两个电极上按一定顺序施加电压就可以实现在 xy 方向的相互垂直移动. 在 z 方向的运动是通过在管子内壁电极施加电压使管子整体收缩实现的. 管子外壁的另外两个电极可同时施加相反符号的电压使管子一侧膨胀, 相对的另一侧收缩, 增加扫描范围, 亦可以加上直流偏置电压, 用于调节扫描区域.

(3) 十字架配合单管型, z 方向的运动由处在十字形中心的一个压电陶瓷管完成, x 和 y 扫描电压以大小相同、符号相反的方式分别加在一对 x、$-x$ 和 y、$-y$ 上. 这种结构的 xy 扫描单元是一种互补结构, 可以在一定程度上补偿热漂移的影响.

而压电陶瓷只能完成极小距离范围内的扫描, 针尖定位过程中还需要一套粗调装置, 主要也有以下三种:

(1) 爬行方式. 利用静电力、机械力或磁力, 并配合压电陶瓷材料的膨胀或收缩, 使样品架或针尖向前爬行.

(2) 机械调节方式. 利用一个或多个高精度的差分调节螺杆, 配合减速原理靠机械力调节样品的位置, 可以手动或步进电机等方式驱动.

(3) 螺杆与簧片结合方式. 用一个高精度调节螺杆直接顶住一个差分弹簧或簧片系统来调节.

第一种方式常在真空条件下使用, 第二种方式在大气环境中用的较多, 而在低温条件下, 多采用第三种方式.

3) 减振系统

由于进行扫描成像时针尖与样品的距离一般小于 1nm, 同时隧道电流与隧道间隙成指数关系, 因此任何微小的振动都会对成像质量产生显著影响, 必须隔绝振动和冲击这两类扰动, 其中隔绝振动是最主要的. 外界振动频率一般为 1~100Hz, 因此隔绝振动的方法主要是靠提高仪器的固有频率和使用振动阻尼系统. 扫描隧道显微镜的底座通常采用金属板 (或大理石) 和橡胶垫叠加的方式, 其作用主要是降低大幅度冲击振动所产生的影响, 其固有阻尼一般是临界阻尼的十分之几甚至是百分之几. 对探测部分一般采用弹簧悬吊方式, 金属弹簧的弹性常数小, 共振频率较小 (约为 0.5Hz), 但其阻尼小, 常常要附加其他减振措施. 一般情况下, 以上两种减振措施基本上能够满足扫描隧道显微镜仪器的减振要求, 某些特殊情况对仪器性能要求较高时, 还可以配合诸如磁性涡流阻尼等其他减振措施. 测量时, 探测部分 (探针和样品) 通常罩在金属罩内, 金属罩的作用主要是对外界的电磁扰动、空气振动等干扰信号进行屏蔽, 提高探测的准确性.

4) 电子学控制系统

电子学控制系统也是扫描隧道显微镜的一个重要部分. 扫描隧道显微镜要用计算机控制步进电机的驱动, 使探针逼近样品、进入隧道区, 而后要不断采集隧道电流, 在恒电流模式中还要将隧道电流与设定值相比较, 再通过反馈系统控制探针的进与退, 从而保持隧道电流的稳定. 所有这些功能, 都是通过电子学控制系统来实现的. 该电子反馈系统一般采用的是模拟反馈系统, 即针尖与样品之间的偏压由计算机数模转换通道给出, 再通过 x、y、z 偏压控制压电陶瓷三个方向的伸缩, 进而控制针尖的扫描. 电子学控制系统中的一些参数, 如隧道电流、针尖偏压的设定值、反馈速度的快慢等, 都随着不同样品而异, 因而在实际测量过程中, 这些参量是可以调节的.

4. 扫描隧道显微镜针尖制备及安装

隧道针尖的结构是扫描隧道显微技术要解决的主要问题之一. 针尖的大小、形状和化学同一性不仅影响着扫描隧道显微镜图像的分辨率和图像的形状, 而且也影响着测定的电子态. 针尖的宏观结构应使得针尖具有高的弯曲共振频率, 从而可以减少相位滞后, 提高采集速度. 当针尖的尖端只有一个稳定的原子而不是有多重尖端时, 隧道电流就会很稳定, 而且能够获得原子级分辨的图像. 不论哪一种针尖, 其表面往往覆盖着一层氧化层, 或吸附一定的杂质, 这经常是造成隧道电流不稳、噪声大和扫描隧道显微图像的不可预期性的原因. 如针尖表面有氧化层时, 其电阻可能会高于隧道间隙的阻值, 从而导致针尖和样品间产生隧道电流之前, 二者就发生碰撞. 因此, 每次测定前, 都要对针尖进行处理, 一般用化学法清洗, 去除表面的氧化层及杂质, 保证针尖具有良好的导电性. 目前制备针尖的方法主要有机械成型法、电化学腐蚀法等.

1) 机械成型法

一般取 2cm 长 Pt-Ir 合金丝作为针尖材料, 所有材料和工具均需用丙酮清洗, 在丙酮挥发后, 用针尖剪刀在探针一端 2mm 处以 $30^\circ \sim 40^\circ$ 夹角快速剪下, 同时伴有角度一致的向前拨离冲力, 完成后用放大镜仔细观察探针的尖端, 如果尖端基本成三角形即可使用, 否则可重复进行直至满意. 用小镊子弯折探针另一端 5mm 处呈 45° 角, 此端插入 STM 探头针导管内, 使针尖露出针导管 4~6mm.

2) 电化学腐蚀法

钨针尖的制备常用电化学腐蚀法, 阴极为铜丝, 阳极为钨丝, 在 2mol/L NaOH 电解液中进行直流电解, 发生的电化学反应为

$$W + 2OH^- + 2H_2O \longrightarrow WO_4^{2-} + 3H_2$$

在腐蚀过程中, 阳极产生的 WO_4^{2-} 会因重力作用沿着钨丝下移, 包裹在钨丝下部的表面, 防止钨丝进一步溶解, 因此在液面处的钨丝腐蚀最快, 当腐蚀到一定程度时, 此处会因液面下部钨丝的重力作用而被拉断, 形成针尖结构, 此时需立即切断电解电源. 此法所制备针尖其前端一般为圆锥状 (图 5-48), 用其进行扫描隧道电流测量所得图像更接近于样品真实情况, 一般不需要进行软件矫正, 图像处理难度较低. 但针尖制备较为复杂, 所制备钨针尖容易氧化, 利用率较低.

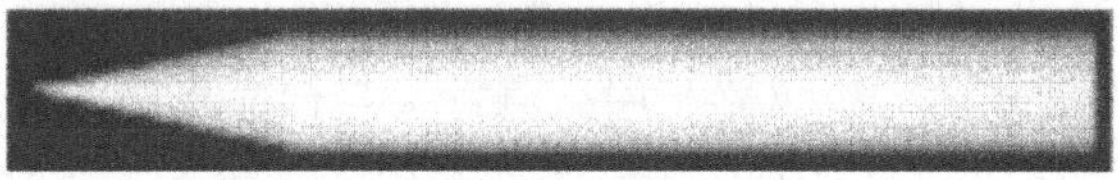

图 5-48 电化学腐蚀制备的针尖

制备针尖的其他方法还有离子束铣削法、电子束沉积法、场致蒸发法等.

5. 扫描隧道显微镜实验技术和应用

扫描隧道显微镜不仅可以直接观测到材料表面的单个原子和原子在表面上的三维结构图像, 而且还可以在观测材料表面原子结构的同时得到材料表面的扫描隧道谱, 从而研究材料表面的化学结构和电子状态. 另外, 扫描隧道显微镜还可以在多种环境中进行, 如大气、惰性气体、超高真空或液体 (包括绝缘和液氮、液氦等低温液体, 甚至电解液), 工作温度可以从绝对零度到上千摄氏度. 这些是以往任何一种显微技术都无法实现的.

扫描隧道显微镜不但可直接观察到物质表面的原子及其结构并进而分析物质表面的化学和物理性质, 还可以在纳米尺度上进行材料加工处理, 甚至可以操纵单个原子. 这一特定的应用将会使人类从微米尺度的加工技术跨入到纳米尺度和原

子尺度, 成为未来器件加工 (纳米分子学) 和分子切割 (纳米生物学) 的一个重要手段.

使用扫描隧道显微镜进行单原子操纵较为普遍的方法是在针尖和样品表面之间施加数十毫秒宽的电压脉冲, 电压值一般为几伏, 由于针尖和样品之间的距离非常接近, 因此该电压脉冲在针尖和样品之间产生一个强度为 $10^9 \sim 10^{10}\mathrm{V/m}$ 数量级的电场, 表面原子被强电场蒸发沉积于针尖表面而留下原子空穴, 而沉积在扫描隧道显微镜针尖上的原子也可在强电场的蒸发下而沉积到样品表面, 这样就实现了原子的提取、移动和放置.

利用扫描隧道显微镜进行原子表面修饰和单原子操纵使原子尺度器件的应用成为可能, 可望应用于单分子、单原子和单电子器件制作、大幅度提高信息存储量、生命科学中的物种再造以及材料科学中的新原子结构材料创制等. 运用单原子操纵可以实现两种不同方式的单原子存储, 其基本原理就是利用对原子的放置或移除作为存储方式, 即用单个原子作为一个比特来存储信息, 其储存容量相当巨大.

扫描隧道显微镜为人类认识和改造微观世界提供了一种极其重要的新型工具, 在单原子操纵和纳米技术等诸多研究领域得到越来越广泛的应用, 并必将极大地促进纳米技术不断发展, 渗透到表面科学、材料科学、生命科学等各个科学技术领域中.

5.4.3 原子力显微镜

1986 年, 诺贝尔奖获得者宾尼等继发明扫描隧道显微镜后又发明了原子力显微镜, 这种新型的表面分析仪器利用探测针尖与样品表面微弱的原子间作用力的变化来观察表面结构, 以空前的高分辨率探测原子和分子的形状, 其横向分辨率可达 0.1~0.2nm, 纵向分辨率高达 0.01nm, 并可用于研究物体的电、磁与机械特性, 甚至能确定温度变化情况. 它不仅可以观察导体和半导体的表面形貌, 而且可以观察非导体的表面形貌, 弥补了扫描隧道显微镜只能直接观察导体和半导体的不足. 原子力显微镜不会导致试样的变化, 也不涉及破坏性的高能辐射作用.

1. 原子力显微镜基本原理

原子力显微镜实现原子级分辨显微成像的基本原理是基于原子之间的相互作用, 如图 5-49 所示, 当原子之间有一定距离时, 表现为相互吸引作用, 而当原子之间相互靠近至一定程度时, 则表现为相互排斥作用. 原子之间相互作用方式和作用程度的大小完全决定于相互之间的距离, 见图 5-50.

当 r 降低到某一程度时其能量为 $+E$, 代表在空间中两个原子相当接近且能量为正值, 若假设 r 增加到某一程度时, 其能量就会为 $-E$, 说明空间中两个原子之

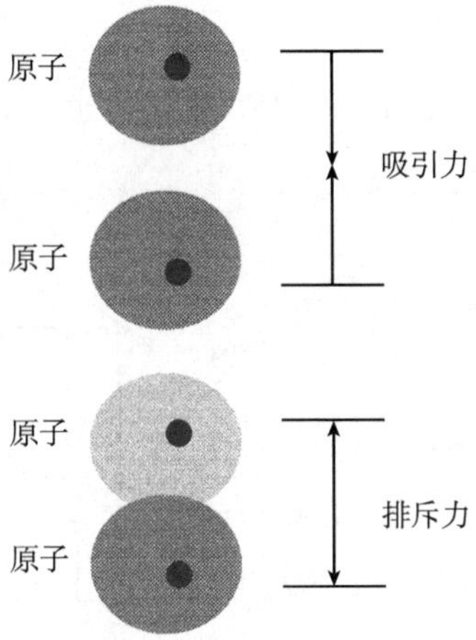

图 5-49 原子之间的相互作用

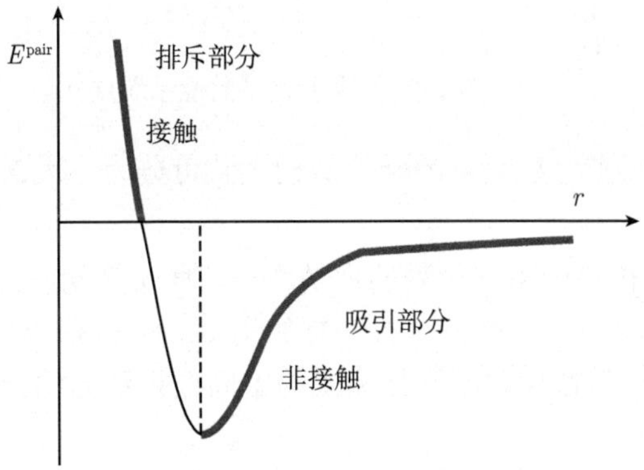

图 5-50 原子之间相互作用与距离的关系

间距离相当远且能量为负值. Lennard-Jones 公式定量描述了能量 E 和距离 r 之间的关系

$$E^{\text{pair}}(r) = 4\varepsilon\left[\left(\frac{\sigma}{r}\right)^{12} - \left(\frac{\sigma}{r}\right)^{6}\right] \tag{5-32}$$

这种能量关系也可用力的大小加以描述, 这就是胡克定律

$$F = kx \tag{5-33}$$

式中, k 为原子力显微镜所使用的安装针尖的微悬臂材料的力常数; x 为针尖与表面原子之间的距离. 通过对此力或在此力作用下微悬臂发生的形变的测量即可获得物质表面的显微形貌或其他信息.

2. 原子力显微镜结构

激光检测原子力显微镜 (laser-AFM) 是原子力显微镜中最常采用的方式, 其基本结构可由图 5-51 所示.

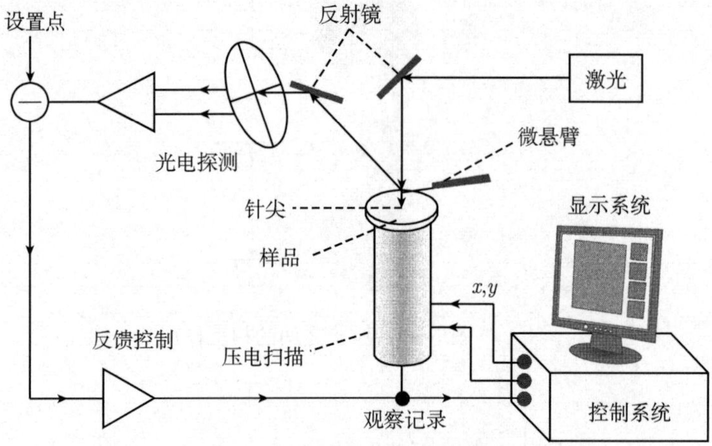

图 5-51　原子力显微镜系统结构

由图可见, 原子力显微镜的硬件结构大致可分为三大部分.

1) 力检测

在原子力显微镜中所要检测的力是原子与原子之间的范德华力, 通过微悬臂来检测原子之间力的变化. 微悬臂有一定的规格, 如长度、宽度、弹性系数以及针尖的形状, 需依照样品特性以及操作模式的不同选择不同的类型. 典型的微悬臂和探针如图 5-52 所示.

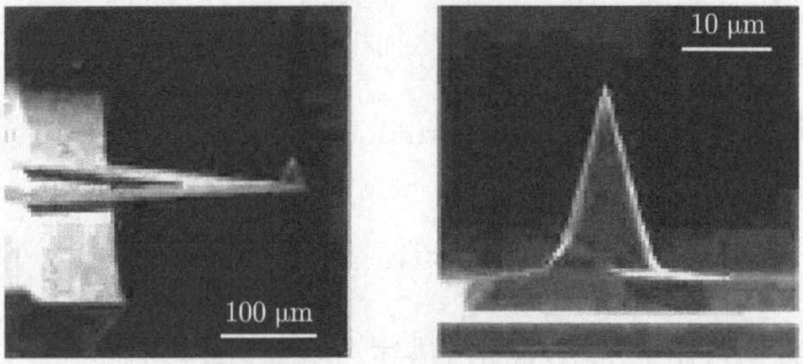

图 5-52　微悬臂和探针

二极管激光器 (laser diode) 发出的激光束经过光学系统聚焦在微悬臂背面, 并从微悬臂背面反射到由光电二极管构成的光斑位置检测器, 当针尖与样品之间存在力的作用时会使微悬臂摆动, 所以当激光照射在微悬臂末端时, 其反射光的位置也会有所改变, 造成偏移量的产生, 这种方式见图 5-53.

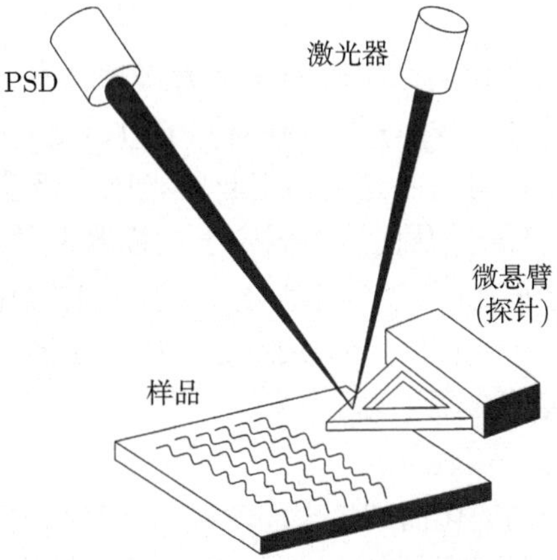

图 5-53 微悬臂与激光检测原理

2) 位置检测

位置检测方式是依靠激光光斑位置检测器将偏移量记录下并转换成电信号, 以供控制器作信号处理. 检测原理见图 5-54, 检测器由等分的四个光学检测元件 (光电二极管) 构成一个正交坐标系, 通过控制系统将反射激光光斑调整在坐标原点, 这时四个象限上接受的光强份额相等, 因此检测器输出为零, 以此为参考, 当探针与样品原子间发生作用力, 微悬臂发生形变, 从而激光束的反射方向发生改变, 光斑在检测器上的位置发生位移, 导致四个检测元件上的光照强度不同, 通过对四个检测元件上获得的光强信号进行计算即可确定微悬臂发生形变的程度和方向, 并由此计算出原子间的距离和相对位置.

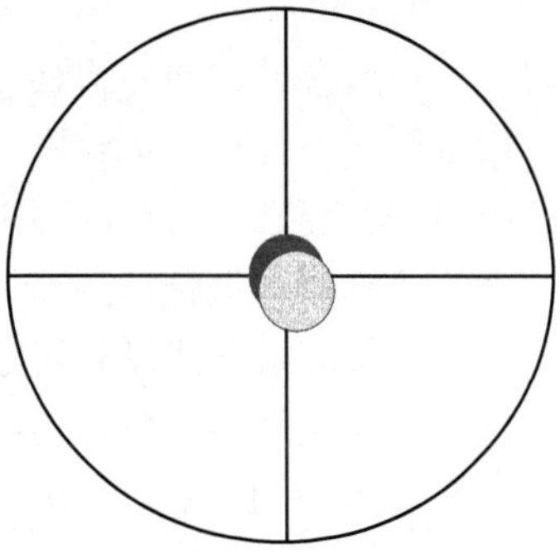

图 5-54 激光检测器检测原理

3) 反馈系统

在原子力显微镜检测成像全过程中, 探针和被测样品间的距离始终保持在纳米量级, 距离太大不能获得样品表面的信息, 距离太小会损伤探针和被测样品, 反馈回路的作用就是通过由探针得到的探针–样品相互作用强度来改变加在样品扫描器垂直方向的电压, 调节探针和被测样品间的距离, 反过来控制探针–样品相互作用的强度, 实现反馈控制, 因此是 AFM 的主要核心单元.

3. 原子力显微镜工作模式

原子力显微镜利用斥力或吸引力发展出接触式和非接触式两种主要的操作模式, 其后又发展了轻敲式和侧向式的测定模式.

1) 接触式

利用原子斥力的变化而产生表面轮廓为接触式原子力显微镜 (contact AFM), 探针与试样的距离约数个埃. 早期研制的原子力显微镜多为接触式, 它包括恒力模式和恒高模式. 前者利用反射光位移引起的光电二极管输出电压的变化构成反馈回路控制压电陶瓷管伸缩, 从而调节固定于扫描器上样品的位置, 保持样品和探针间作用力 (微悬臂弯曲度) 不变, 测量每一点高度的变化. 后者保持样品和探针间的距离不变, 测量每一点作用力的大小, 这种模式在调节探针与样品距离前即可直接观测微悬臂弯曲度的改变.

2) 非接触式

利用原子吸引力的变化而产生表面轮廓为非接触式原子力显微镜 (non-contact AFM), 探针与试片的距离约数十到数百埃. 在非接触模式中, 针尖始终处于样品上方并不会与样品接触, 所检测的是范德华力和静电力等对样品无破坏的长程作用力, 这种工作模式灵敏度较高, 但当针尖与样品距离较大时, 分辨率会降低、成像不稳定, 通常不适用于在液体中成像.

3) 轻敲式

轻敲式原子力显微镜于 1993 年研制发明, 扫描过程中微悬臂在恒定驱动力作用下以近似共振频率振动, 探针与样品表面以间歇式轻轻接触, 当针尖刚接触样品时, 微悬臂振幅会减小, 通过反馈回路调节压电陶瓷管的位置以使微悬臂振幅增加并恢复到原有振幅, 这样即可通过记录压电陶瓷管的位移得到样品表面形貌.

尽管轻敲模式没有接触模式的分辨率高, 但是因为可利用其振幅来克服针尖与样品表面接触时在针尖–样品间存在的黏附力, 可在一定程度上减小样品对针尖的黏滞现象. 并且由于轻敲模式作用力是垂直的, 材料表面受横向摩擦力和剪切力的影响都比较小, 减小扫描过程中针尖对样品的损坏. 所以轻敲模式是对较软或黏附性较大样品的首选模式.

4) 侧向式

侧向式原子力显微镜即所谓的横向力显微镜 (LFM), 工作原理与接触模式类似, 当探针在样品上方扫描时, 针尖与样品表面的相互作用导致微悬臂发生形变, 其垂直方向发生的形变即是接触式探测模式所获得的样品表面形貌, 而在水平方向发生的形变, 则是由于材料表面特性所导致的摩擦系数不同的反映, 摩擦力越大则微悬臂发生扭曲也越大, 而摩擦力大小主要决定于样品的组成, 因此横向力显微镜可获得原子级的样品表面组成图像. 当然样品形貌在一定程度上也会导致微悬臂的水平扭曲, 因此一般同时测定两种图像并进行校正.

4. 原子力显微镜应用

原子力显微镜诞生的最初一段时间主要应用于电化学、材料科学等领域. 相对于扫描电子显微镜, 原子力显微镜具有许多优点. 不同于电子显微镜只能提供二维图像, 原子力显微镜提供真正的三维表面图. 同时, 原子力显微镜不需要对样品的任何特殊处理如镀铜或碳. 电子显微镜需要运行在高真空条件下, 而原子力显微镜在常压下甚至在液体环境中都可以良好工作. 与扫描电子显微镜相比, 原子力显微镜的缺点在于成像范围太小、速度慢、受探头的影响大. 原子力显微镜已广泛应用于半导体、纳米功能材料、生物、化工、食品和医药研究等领域中, 成为纳米科学研究的基本工具. 原子力显微镜与扫描隧道显微镜相比, 由于能观测非导电样品, 因此具有更为广泛的适用性.

根据针尖与样品材料的不同及针尖–样品距离的不同, 针尖与样品之间的作用力可以是原子间斥力、范德华力、吸引力、弹性力、黏附力、磁力和静电力以及针尖在扫描时产生的摩擦力. 通过控制并检测针尖与样品之间的这些作用力, 原子力显微镜已经发展成为扫描探针显微镜家族, 不仅可以高分辨率表征样品表面形貌, 还可分析与作用力相应的表面性质, 如摩擦力显微镜可分析研究材料的摩擦系数; 磁力显微镜可研究样品表面的磁畴分布, 成为分析磁性材料的强有力工具; 静电力显微镜可分析样品表面电势、薄膜的介电常数和沉积电荷等. 另外, 原子力显微镜还可对原子和分子进行操纵、修饰和加工, 并设计和创造出新的结构和物质.

1) 原子力显微镜在材料研究中的应用

(1) 表面形貌的观测. 通过检测探针与样品间的作用力可表征样品表面的三维形貌, 这是原子力显微镜最基本的功能.

由于表面的高低起伏状态能够准确地以数值的形式获取, 原子力显微镜对表面整体图像进行分析可得到样品表面的粗糙度、颗粒度、平均梯度、孔结构和孔径分布等参数, 也可对样品的形貌进行丰富的三维模拟显示, 使图像更适合于人的直观视觉. 如在半导体加工过程中经常需要测量高纵比结构, 如沟槽和孔洞, 以确定刻蚀的深度和宽度, 这些在扫描电子显微镜下只有将样品沿截面切开才能测量, 用原子力显微镜则可进行无损测量.

(2) 粉体材料的分析. 粉体材料大量地存在于自然界和工业生产中, 但目前对粉体材料的检测方法比较少, 制样也比较困难. 原子力显微镜提供了一种新的检测手段, 它制样简单、容易操作, 将粉末在酒精溶液中超声分散, 然后置于新鲜的云母片上, 挥干后即可进行原子力显微镜观察.

(3) 纳米材料的分析. 原子力显微镜能够有效地表征和评价纳米材料的粒径、形貌、分散和团聚状况.

(4) 成分分析. 原子力显微镜虽不能进行元素分析, 但它在相位图像模式下可以根据材料的某些物理性能的不同来提供成分的信息.

2) 原子力显微镜在膜技术中的应用

随着膜技术的蓬勃发展, 人们力图通过控制膜的表面形态结构、改进膜的制备方法进而提高膜的性能. Albrecht 等首次将原子力显微镜应用于聚合物膜表面形态观测. 原子力显微镜在膜技术中的应用相当广泛, 它可以在大气环境下和水溶液环境中研究膜的表面形态, 精确测定其孔径及孔径分布, 还可在电解质溶液中测定膜表面的电荷性质, 定量测定膜表面与胶体颗粒之间的相互作用力. 原子力显微镜在膜技术中的应用与研究主要包括以下几个方面:

(1) 膜表面结构的观察与测定. 利用原子力显微镜图像进行孔径和孔径分布分析, 可以认为是膜表面观察的首选技术.

扫描电子显微镜和透射电子显微镜的测定值都偏小, 因为扫描电子显微镜要求在样品表面覆盖一层导电层, 透射电子显微镜要求制备样品的复制品, 这些对试样的预处理都会带来测量上的偏差. 同时膜也有可能被电子束破坏. 另外膜的操作环境同样会对测量结果产生影响.

(2) 膜的表面粗糙度研究. 原子力显微镜利用其先进的扫描技术和分析方法可以对膜的表面图像进行分析, 得到其粗糙度参数, 对膜的性能与表面形态之间的关系研究提供了极大的方便.

(3) 膜表面污染程度研究. 原子力显微镜可以通过测量微悬臂的弯曲程度来测量膜表面与探针针尖之间的相互作用力. 假设将针尖的硅/二氧化硅换以一球形颗粒附着在微悬臂上, 测量其与膜表面之间的作用力, 便可知其在膜上的黏附程度, 从而表征膜表面的污染状况, 这种技术称为 "胶粒探针"(colliod probe) 技术. 利用 "胶粒探针" 技术定量分析膜表面与各种材料之间的相互作用力, 使得快速评估不同颗粒在膜表面的污染状况成为可能, 简化了膜的研制过程, 并在膜材料的选择方面提供理论指导依据, 从而推动低污染或无污染膜的快速发展.

(4) 成膜机理研究. 高分子膜结构与相分离机理紧密相关, 尤其是非晶形聚合物, 相分离过程对膜的表面形态和结构影响极大. 原子力显微镜对膜表面形态与结构的成像与分析, 对于膜制备过程中的成膜机理研究也带来了极大的帮助.

3) 原子力显微镜应用于生命科学研究

利用原子力显微镜纳米级的高空间分辨率进行生命科学研究和应用也越来越引起关注, 可对生物样品进行纳米水平的观测及显微操作, 它不但能够对生理状态下的样品成像, 而且可以实时动态地研究样品结构和功能的关系, 主要可实现以下观测功能.

(1) 形态结构. 原子力显微镜实现了接近自然生理条件下对生物样品的观察. 这主要由于它具备以下几个特点: ① 样品制备过程简便, 可以不需染色、包埋、电镀、电子束的照射等处理过程. ② 除对干燥固定样品的观察外, 还能对液体中样品成像. ③ 可以根据观察者的要求调节样品所处的温度、湿度、大气、真空等观察条件. 目前原子力显微镜已广泛地应用于细胞及蛋白、多糖、核酸等生物大分子结构的研究. 对一个细胞而言, 原子力显微镜不但能够提供长度、宽度、高度等形态方面的信息, 还可以满足人们对膜上的离子通道、丝状伪足、细胞间连接等细微结构的研究, 甚至还可清楚地观察到膜的骨架结构, 后者对细胞表面与表面下结构相互作用的进一步研究非常有利. 特定的生理生化反应会引起生物样品空间结构的变化, 利用原子力显微镜对这些变化的观察, 为细胞结构及结构调节的生理意义等研究提供更多有价值的信息.

(2) 力学特性. 利用原子力显微镜对扫描各点高度及作用力的测量, 可以获取生物样品的表面形态和三维结构, 以及其表面硬度、黏弹性、摩擦力等力学特性图谱.

(3) 分子间力. 将很高的空间分辨率与敏感且准确的力学感应性相结合, 是原子力显微镜的一个极为显著的特点. 通过将探针连接在弹性系数很小的悬臂上, 原子力显微镜对力的测量敏感性可达到 pN 水平. 到目前为止, 原子力显微镜已经广泛地运用于测量溶液中生物分子间相互作用, 如与生物反应有关的水合力的研究, 利用这些研究结果有助于对生物分子结构和机械性能的分析. 另外, 原子力显微镜还能够测量单个分子间微弱的非共价力.

(4) 显微操作. 通过在纳米级水平调控探针的位置和施加力, 原子力显微镜可以实现对生物分子如 DNA 及生物膜等进行物理操作如切割、转移等, 在一定的范围调整施加力, 原子力显微镜在成像的同时即可对样品进行操作.

(5) 染色体研究. 原子力显微镜可对染色体结构进行研究, 随着染色体制备方法的改善和原子力显微镜成像技术的提高, 表明原子力显微镜是辐射诱发染色体畸变的结构研究中十分有用的工具, 还可作为一种纳米操纵工具用于纳米切割染色体、提取 DNA 制作 FISH 实验探针等.

5.4.4 几种新型扫描探针显微镜

1) 激光力显微镜

激光力显微镜 (LFM) 的探针是一根长半毫米的钨丝或硅探针, 其尖端直径至少在 50nm 以下, 在探针的底端装有一个压电能量转换器, 将交流电转化为探针的振动, 当探针的振动频率接近其共振频率时, 由于探针的共振, 对驱动信号起放大作用. 把这种受迫振动的探针调节到试样表面时 (2~20nm), 探针与试样表面之间会产生微弱的吸引力, 使探针的共振频率降低, 驱动频率和共振频率的差距增大, 探针的尖端振幅减小. 将这种振幅的变化用光学测量法探测出来, 可推出样品表面的起伏变化.

2) 磁力显微镜

磁力显微镜 (MFM) 也是使用一种受迫振动的探针来扫描样品表面, 所不同的是这种探针是沿着其长度方向磁化了的镍探针或铁探针. 当这一振动探针接近一块磁性样品时, 探针尖端就会像一个条状磁铁的北极或南极那样, 与样品中磁畴相互作用而感受到磁力, 并使其共振频率发生变化, 从而改变其振幅. 这样检测探针尖端的运动, 就可以进而得到样品表面的磁特性.

3) 静电力显微镜

在静电力显微镜 (EFM) 中, 针尖和样品起到一个平板电容器中两块极板的作用. 当针尖在样品表面扫描时, 其振动的振幅受到样品中电荷产生的静电力的影响. 利用这一现象, 就可以通过扫描时获得的静电力图像来研究样品的表面信息.

4) 弹道电子发射显微镜

弹道电子发射显微镜 (BEEM) 是在扫描隧道显微镜的基础上发展起来的, 它所用的样品是由金属/半导体或半导体/半导体构成的肖特基势垒异质结. 当针尖被调节到接近异质结表面时通过真空隧道效应, 针尖向金属/半导体发射弹道电子. 通过观察针尖扫描时各点的基极–集电极电流 $I_{\rm C}$ 和 Z 电压 V_z, 可以直接得到表面下界面结构的三维图像和表面形貌.

5) 扫描离子电导显微镜

扫描离子电导显微镜 (SICM) 是由 Hansma 等设计的一种用于生物学和电生理学研究的微观探测仪器. 它是将一个充满电解液的微型滴管当作探针, 非导电样品放在一个电解液存储池底部, 将滴管探针调节到样品表面附近, 监测电解液电极和存储池中另一电极之间的电导变化. 当微型滴管接近表面时, 允许离子流过的空间减少, 离子电导也随之减小. 在滴管探针 (或样品) 横向扫描时, 通过反馈控制电路使探针 (或样品) 上下移动以保持电导守恒, 则探针运动的轨迹代表了样品的表面形貌.

6) 扫描热显微镜

扫描热显微镜用于探测样品表面的热量散失, 可测出样品表面温度在几十微米尺度上小于万分之一度的变化. 扫描热显微镜的探针是一根表面覆盖有镍层的钨丝, 镍层与钨丝之间是绝缘体, 在尖端二者相连, 这一钨/镍接点起热电偶的作用. 探针移动到样品表面后, 向结点通直流电加热, 针尖的温度稳定下来时要比周围环境温度高. 由于样品是固体, 导热性能比空气好, 所以当加热后的针尖向样品表面靠近时, 针尖的热量向样品流失使针尖的温度下降. 通过反馈回路调节针尖与样品间距, 从而控制恒温扫描, 获得样品表面起伏的状况.

7) 扫描隧道电位仪

扫描隧道电位仪 (scanning tunneling potentiometry, STP) 用于研究电子通过凝聚态物质时的迁移. 它可以同时测定表面形貌的电势分布, 因而可以用来研究通过颗粒结构、缺陷和界面的电导. 扫描隧道电位仪是在扫描隧道显微镜的样品表面又加了一个电极, 样品与针尖之间加一交流电压, 反馈系统利用这一交流电压产生的交流隧道电流来控制在扫描时隧道间隙的恒定.

8) 光子扫描隧道显微镜

光子扫描隧道显微镜 (photon scanning tunneling microscope, PSTM) 是用光学探针探测样品表面附近被内全反射光所激励的瞬衰场, 从而获得表面结构的信息, 即是利用光子的隧道效应.

9) 扫描近场光学显微镜

扫描近场光学显微镜 (scanning near-field optical microscope, SNOM) 使用一个孔阑限制的光纤探针去探测样品附近的辐射. 将光探针以恒高模式在样品表面扫描, 可以得到光的显微图像. 如果用电子反馈线路调节探针的高度来保持光强的恒定, 则得到样品表面的形貌.

推 荐 书 目

白春礼. 1991. 扫描隧道显微术及其应用. 上海：上海科学技术出版社.

付洪兰. 2004. 实用电子显微镜技术. 北京：高等教育出版社.

谷祝平. 1985. 光学显微镜. 兰州：甘肃人民出版社.

郭素枝. 2008. 电子显微镜技术与应用. 厦门：厦门大学出版社.

胡小唐. 2009. 微纳检测技术. 天津：天津大学出版社.

黄孝英. 2009. 电子显微镜图像分析原理与应用. 北京：宇航出版社.

彭昌盛, 宋少先, 谷庆宝. 2007. 扫描探针显微技术理论与应用. 北京：化学工业出版社.

邵淑娟. 2007. 实用电子显微镜技术. 长春：吉林人民出版社.

舍英, 伊力奇, 呼和巴特尔. 1997. 现代光学显微镜. 北京：科学出版社.

田国辉, 汪成, 历荣. 2007. 电子显微分析技术与应用. 哈尔滨：哈尔滨地图出版社.

王中林. 2006. 纳米技术中的显微学手册. 第 1 卷: 光学显微学、扫描探针显微学、离子显微学和纳米制造. 北京：清华大学出版社.

徐柏森, 杨静. 2008. 实用电镜技术. 南京：东南大学出版社.

杨勇骥. 2003. 实用生物医学电子显微镜技术. 上海：第二军医大学出版社.

姚琲. 2009. 扫描隧道与扫描力显微镜分析原理. 天津：天津大学出版社.

曾毅, 吴伟, 高建华. 2009. 扫描电镜和电子探针的基础及应用. 上海：上海科学技术出版社.

第 6 章　表面分析技术

表/界面在化学、物理学以及材料科学等领域的研究意义已经十分明确, 所谓界面是指被研究体系中存在的某种特性随空间距离发生突变的区域, 这种突变性包括密度、晶体结构以及化学组成等, 表面是界面的一种特例, 即界面的一侧为空间, 也就是说表面是物质本体和空间之间的过渡区域, 它在一般意义上包含了物体最外层的数层原子和一些外来的原子或分子, 涉及从埃到几纳米的空间范围. 固体表面的性质有其特殊性, 因为在表面的一侧不存在原子, 导致表面两侧不具有对称性, 所以往往表面原子的排列结构与其本体不同, 同样表面区的化学组成、电子结构和运动等也都和本体表现出显著的差异, 从而导致表面的电荷分布不均, 形成表面偶极层, 这种表面偶极层对粒子在表面的运动、外来原子 (分子) 和表面的键合以及外来粒子和表面的电子互作用等都会产生重要的影响. 人们对表/界面研究产生浓厚兴趣的原因正是因为发现了物体的某些性质其实并非完全决定于其本体的性质, 而是在很大程度上取决于表面的性质. 譬如当前作为材料研究热点的纳米材料, 之所以具有巨大的诱惑力, 就是因为在纳米尺度上表面所展现的性质占据了主要部分, 可以获得较本体材料更为显著的性能, 所以对表面开展研究是现代科学技术中一个十分重要的领域. 表面分析的基本原理都可以看成由一次束 (电子束、离子束、光子束等) 辐照于固体样品使之产生二次束 (电子、离子、X 射线等), 通过对含有样品信息的二次束的检测, 实现对样品的分析. 由于样品本身的吸收作用, 在样品深处产生的二次粒子不能射出固体表面, 只有在表面或表面浅层的 "表层" 样品中产生的粒子才可能被检测到, 因此这类分析方法都称为表面分析方法. 图 6-1 表明了表面分析的基本技术特征, 在表面分析技术领域已经较为广泛采用的一次束的类型可由表 6-1 说明.

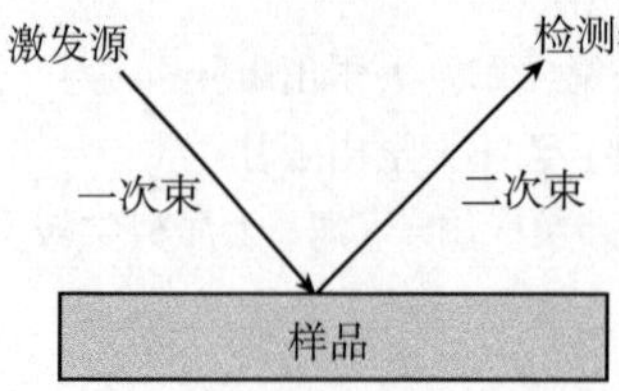

图 6-1　表面分析示意图

表 6-1 所列为常用一次束、二次束类型及可以获得的分析信号, 目前最为常见的表面分析方法包括 X 射线电子能谱法 (X-ray photoelectron spectroscopy, XPS, 或称 electron spectroscopy for chemical analysis, ESCA)、紫外光电子能谱法 (ultraviolet photoelectron spectroscopy, UPS)、俄歇电子能谱法 (auger electron spectroscopy, AES)、二次离子质谱法 (secondary ion mass spectrometry, SIMS)、离子散射光谱

(ion scattering spectrometry, ISS)、激光微探针质谱法 (laser microprobe mass spectrometry, LMMS) 以及电子探针 (electron microprobe, EM) 等.

表 6-1 常用表面分析技术

分析方法	一次束	二次束	获得信息
紫外光电子能谱	紫外光	电子	化合物成分、结构
X 射线电子能谱	X 射线	电子	化合物成分、结构
俄歇电子能谱	电子	电子	化学组成
电子能量损失谱	电子	电子	化学结构、结合吸附物
电子微探针	电子	X 射线	化学成分
二次离子质谱	离子	离子	化合物成分、结构
离子散射光谱	离子	离子	化学组成、原子结构
激光微探针质谱	光子	离子	化合物成分、结构
表面等离子体共振	光子	光子	化学结构、表面薄膜浓度
偏振光椭圆率测量	光子	光子	薄膜厚度

6.1 电子能谱分析

电子能谱分析是多种技术的一个总称, 其共同点是采用激发源 (单色光源, 如 X 射线、紫外光, 或粒子, 如高能量的电子、离子、原子等) 去冲击样品, 使样品中电子受到激发、电离并逸出物体表面而发射出来, 然后测量这些电子的产额 (强度) 对其能量的分布, 从中获得样品的有关信息. 电子能谱与光谱在检测对象上明显不同, 它探测的不是被样品激发后出射的电磁波, 而是被入射能量从样品中击出的电子的能量分布、强度分布和空间分布等信息. 电子能谱主要包括 X 射线电子能谱、紫外光电子能谱及俄歇电子能谱等. 几种能谱技术的主要区别在于激发源及发射电子能量分布所对应的信息, 就形成发射电子的激发源而言, 紫外光电子能谱和 X 射线电子能谱都使用光子作为一次束, 故又都属于光电子能谱. 这其中的能量关系见图 6-2.

电子能谱所探测的信号深度主要决定于所产生电子的非弹性碰撞平均自由程 (λ), 它与电子能量相关 (图 6-3), 电子运动超过 λ 距离后, 发生非弹性碰撞而改变能量, 失去原携带的信息, 对具有 E 为 10eV~2keV 的电子, 其 λ 的范围为 0.4~2nm.

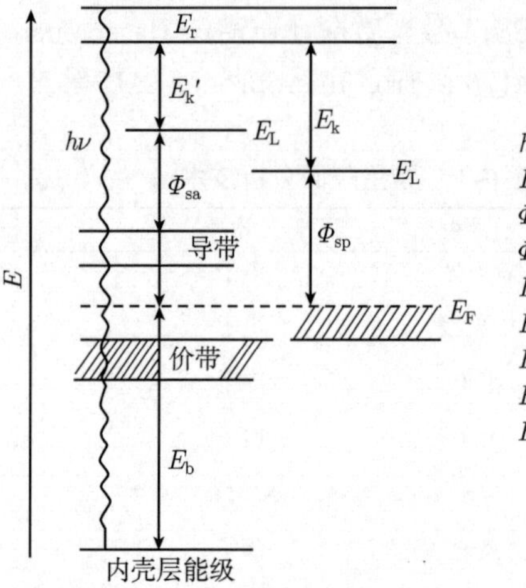

图 6-2 光电过程的能量关系

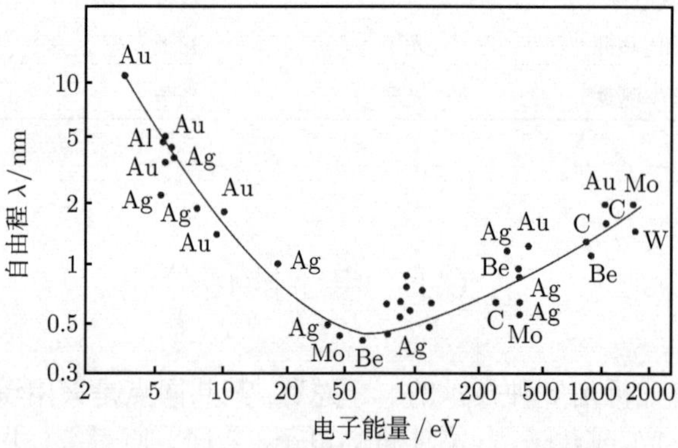

图 6-3 电子能谱探测深度和电子能量的关系

6.1.1 X 射线电子能谱分析

1. 光电子能谱原理

用具有一定能量的光辐照分子, 使光子与分子发生碰撞, 光子可能会被分子吸收而导致电子从分子中发射出来, 发射出来的电子为光电子, 分子失去了电子而成为阳离子, 这种现象称为光电效应. 光电效应可以是只简单地吸收一个光子而发射出一个自由电子, 称为单电子过程, 也有分子吸收一个光子会涉及两个电子的变化, 如果同时有两个电子发射出来, 或者发射出一个电子的同时放出荧光等, 称为双电子过程. 光电子能谱学研究的是单电子的光电子激发过程 (双电子过程为禁阻过程, 实现跃迁的概率远远低于单电子过程). 光电效应首先由德国物理学家 Hertz 于 1887 年发现. 1905 年, 爱因斯坦对该现象给予了解释. 20 世纪 60 年代, 瑞典物理学家 Siegbahn 将该现象用于分析, 开展了光电子能谱的先驱研究工作, 并因此获得 1981 年诺贝尔物理学奖. 光电子能谱学是把光电效应应用到研究自由分子 (或固体表面) 的电子结构的学科, 目前已经在基础研究、物质元素结构分析等众多方面得到应用.

在光电子能谱技术中, 主要区别在于激发源, 紫外光电子能谱仪中为真空紫外光, X 射线电子能谱仪的激发源为 X 射线, 除此之外其他部分基本相同, 检测的都是光电子的能量分布. 进行相应的光电子能谱分析所使用的仪器设备结构也大体类似, 在多数仪器上可同时备有这两种光源.

在光对样品分子进行激发的过程中, 被束缚在各分子轨道上的电子具有一定的结合能 E_b, 若激发光子的能量 $h\nu$ 超过 E_b, 就有可能将电子击出形成光电子, 同时产生分子的正离子

$$M + h\nu \longrightarrow M^{+*} + e$$

式中, M 代表分子或原子; M^* 代表激发态的分子离子或离子.

在分子中的一个电子电离时, 假设分子中其余电子的运动状态不发生变化, 被限制在原来占据的轨道, 则 Koopmans 定理成立, 即按分子轨道理论, 在冻结假设下, 从分子中电离出某个电子所需要的电离能等于这个电子所占据的分子轨道能量的负值.

在通常条件下, 绝大多数分子处于运动的基态, 即处在能级最低态, 对于分子的电子运动和振动尤其如此, 此时的能量为基态能量 $E(M)$. 对于在某一个确定状态的离子 (包括电子运动、振动和转动等状态) 也有一个确定的能量 $E(M^+)$, 但离子不一定处于基态状态, 它可以处于某一个特定的电子运动状态、特定的振动状态和转动状态, 可以是某一个激发的状态, 对应于某一个特定的能级状态. 因此, 激发能需要将电子从基态激发至该状态, 相应的电离能就可以分为三部分, 即电子运动激发能 E_e、振动激发能 E_v 和转动激发能 E_r, 分别代表分子在电离时电子运动、振动和转动能量的改变, 电离能可以表示为

$$I = E_e^* + E_v^* + E_r^* \tag{6-1}$$

电子运动、振动和转动三种能级处在不同的数量级, 对于价电子, E_e^* 约为 10eV, E_v^* 要小得多, 约为 0.1eV, E_r^* 更低, 约为 0.001eV, 相比较起来, 后两者远远低于电子能级, 因此可以近似忽略, 因而相应的有

$$I \approx E_e^* \tag{6-2}$$

对于各种光电离过程, 总体能量守恒, 则有

$$E(M) + h\nu = E(M^+) + E_k \tag{6-3}$$

E_k 代表发射出的光电子所具有的动能, 则有

$$E_k = h\nu - [E(M^+) - E(M)] \tag{6-4}$$

式 (6-4) 方括号中代表离子 M^+ 和分子 M 间的能量差, 即分子电离所需要的能量 —— 电离能

$$I = E(M^+) - E(M) \tag{6-5}$$

由此可得

$$E_k = h\nu - I \tag{6-6}$$

在实验中使用单色光, 激发光子具有固定的能量 $h\nu$, 从式 (6-6) 可以看出, 光子的能量除花费在价电子电离 (I) 外, 所剩余的能量表现为光电子的动能 (E_k). 因此, 只要测定出光电子的动能 E_k, 就可以计算出对应的电离能 I, 反之亦然.

这一过程中所获得的光电子动能 E_k 为

$$E_k = h\nu - E_b \tag{6-7}$$

按照分子轨道理论, 每一个占据在分子轨道上的电子实现光电离并发射出来时, 具有确定的动能, 即激发能与电离能之差, 在光电子能谱谱图中出现特征谱带. 电子所处的分子轨道能级越低, E_b 就越大, 击出这个电子耗费的能量就越多, 所获得的光电子具有的动能 E_k 就越低; 反之, 从一个能级较高的分子轨道上击出被束缚得较松的电子, 其具有的 E_k 就较大.

在原子或分子中, 电子的能级呈量子化分布, 如果使用单色的光源进行激发 (具有相同的能量 $h\nu$), 所获得的光电子也就有相应的动能分布, 非连续而由一系列分立能带组成. 不同动能的光电子通过能量分析器被区分开来, 经检测、放大、记录, 得到信号强度, 即光电子数 $n(E)$. 以电子结合能 E_b, 或光电子动能 E_k 为横坐标, 单位时间内发射的光电子数为纵坐标, 记录的谱图即为光电子能谱. 该谱图反应了原子或分子中电子能级的分布情形, 因此可以获得检测区域的化学及结构等信息.

2. X 射线电子能谱分析的基本原理

X 射线电子能谱是使用 X 射线作为一次激发束的电子能谱技术, 它可以同时给出样品的元素组成以及化合物的结构和氧化态等信息, 故该技术又被称为化学分析电子能谱, 其基本原理见图 6-4.

具有较高能量的 X 射线照射到样品表面, 与待测物质发生作用, 可以使待测物质原子中的电子脱离原子成为自由电子. 对于固体样品, 计算结合能的参考点不是选真空中的静止电子, 而是选用费米能级, 由内层电子跃迁到费米能级消耗的能量

为结合能 E_b, 由费米能级进入真空成为自由电子所需的能量为功函数 Φ, 剩余的能量成为自由电子的动能 E_k, 则有

$$h\nu = E_k + E_b + \Phi \quad \text{或} E_b = h\nu - E_k - \Phi \quad (6\text{-}8)$$

仪器材料的功函数 Φ 是一个定值, 约为 4eV, 入射 X 射线能量已知, 此时如果测出电子的动能 E_k, 便可得到固体样品电子的结合能 E_b. 各种原子、分子的轨道电子结合能是一定的, 因此通过对样品产生的光子能量的测定, 就可以了解样品中元素的组成.

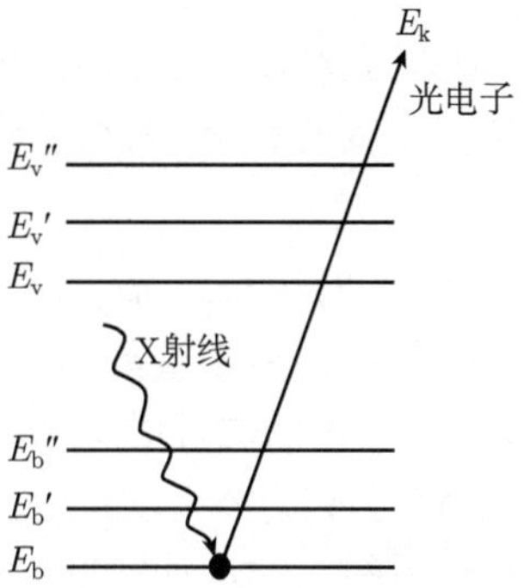

图 6-4 XPS 原理图

元素所处的化学环境不同, 其结合能会有微小的差别, 这种由化学环境不同引起的结合能的微小差别称为化学位移, 由化学位移的大小可以确定元素所处的状态. 例如, 某元素失去电子成为离子后, 其结合能会增加, 如果得到电子成为负离子, 则结合能会降低. 因此, 利用化学位移值可以分析元素的化合价和存在形式.

X 射线电子能谱法提供的是样品表面的元素含量与形态, 而不是样品整体的成分. 其信息深度为 3~5nm. 如果利用离子作为剥离手段, 利用 X 射线电子能谱法作为分析方法, 则可以实现对样品的深度分析. 对于固体样品, 除了氢、氦之外的所有元素都可以使用 X 射线电子能谱法进行分析.

3. X 射线电子能谱分析仪器

电子能谱仪具有相似的系统组成, 如图 6-5 所示, 一般都含有激发源、电离室、真空系统、电子能量分析器、检测器及记录系统, 有些为了方便不同样品的检测, 包含进样或是加样系统. 激发源可以是光子, 也可以是粒子, 在 X 射线电子能谱和紫

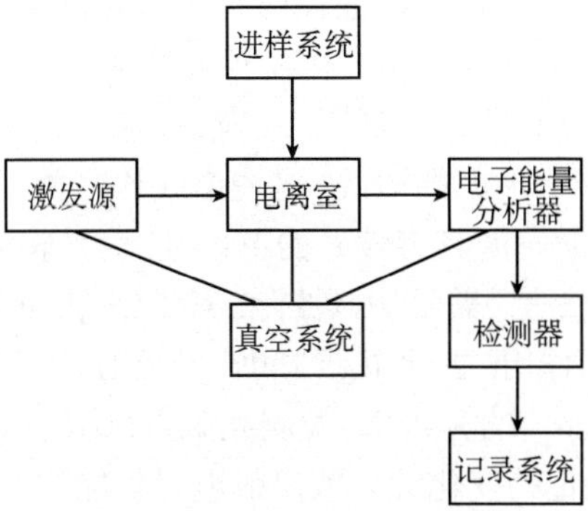

图 6-5 电子能谱仪结构框图

外光电子能谱中, 分别为 X 射线和紫外光, 俄歇电子能谱仪中为电子. 激发源投射到电离室中的样品上, 使之产生二次电子, 二次电子进入电子能量分析器, 对不同能量的电子加以区分, 检测器对各种能量电子的数量进行检测, 最终将检测结果汇总, 通过记录系统最终输出电子能谱图, 作为分析的依据. 真空系统的作用是保持系统内高度的真空, 以利于检测.

1) 激发源

(1) X 射线激发源. 各种能谱仪最主要的区别在于激发源的不同. 在 X 射线电子能谱仪中为能量较高的 X 射线. 使用高速运动的带电粒子撞击到物体时会产生 X 射线 (由德国物理学家 Roentgen 发现, 故又称 Roentgen 射线), X 射线管即基于该原理. 阴极灯丝 (以钨最为常见) 受热后发出热电子, 电子在管内的高压电场作用下获得很高的运动速度, 并与阳极靶相撞, 该过程中高能电子可以激发阳极靶发射 X 射线, 其结构如图 6-6 所示. 该激发过程效率不高, 一般只有 1%左右的能量转化成 X 射线, 其余大部分转化成热能.

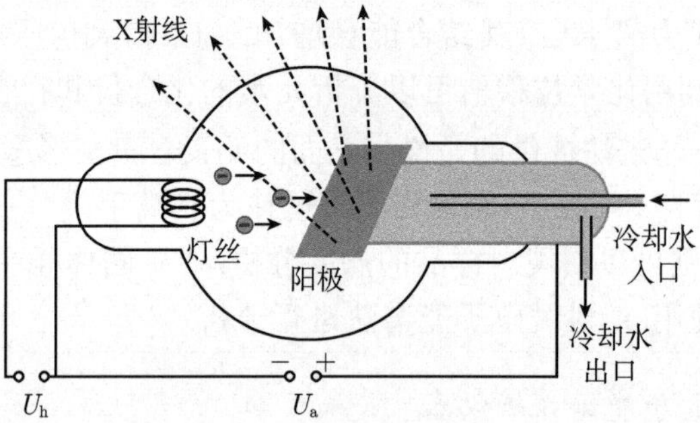

图 6-6　X 射线管结构

X 射线管所产生的辐射有两种类型, 即连续辐射和特征辐射. 连续辐射的产生与初级电子能量相关, 具有不同的波长和强度, 又称之为韧致辐射 (bremsstrahlung) 或白 X 射线 (white X ray). 特征辐射来源于靶原子内部的能级跃迁, 对于特定的阳极靶, 具有固定的辐射波长. 传统仪器都采用 Al K_α (1485.6eV) 和 Mg K_α (1253.6eV) 为 X 射线源, 即双阳极靶. 在发射谱中, 除了这两条谱线外, 相应的还会产生由多重电子跃迁所形成的谱线, 这些谱线称之为卫星线 (satellite lines). 对于能谱分析过程, 希望激发源具有较好的单色性, 背景辐射和卫星线会对实验带来干扰, 使光源的单色性变差, 需要加以滤除. 对于铝靶, 可在其后放置一个铝窗口, 能够起到类似滤光片的作用, 去除 K_β 线和背景辐射. 使用 X 射线单色器可以改善干扰的状况, 获得约 0.3eV 的分辨率, 检测光束得以缩小至 50μm. 从电子动能关系式可知, 入射 X 射线能量的变化会导致出射电子动能的改变, 目前已有研究使用单色化的 Al 阳极靶以提高能量分辨率.

表 6-2 常用 X 射线源的能量

X 射线光源	E/eV	X 射线光源	E/eV
Mg K_α	1253.6	Crk_α	5415
Al K_α	1486.6	Mok_α	17479.8
Na K_α	1041.0	He2^1S	20.61
Ag K_α	22162.9	2^3S	19.81
Cu K_α	8040.0		

(2) 同步辐射源. 另一种非常有用的光源为同步辐射光源. 加速运动的电子会发出辐射能, 在加速器和存储环内运动的高能电子和正电子能够给出高能量、高强度的连续辐射, 沿着荷电粒子的瞬间飞行方向以很小的角度发射 (图 6-7). 同步辐射可提供波长范围 40~600Å的高强度辐射, 经过单色化后用来激发样品. 同步辐射的另一特点是高度偏振, 且光子通量、角分布和能谱等均可精确计算. 将介于能量较低的紫外线与能量较高的软 X 射线之间的同步辐射光源应用于电子能谱分析, 具有非常广阔的前景.

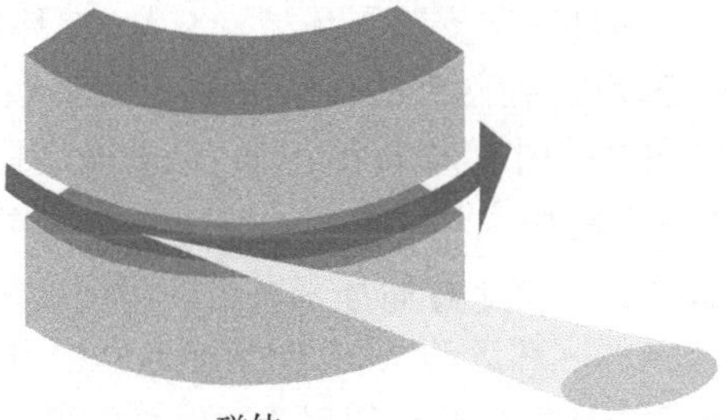

图 6-7 同步辐射现象示意图

同步辐射现象是 1947 年在美国通用电器公司的一台 70MeV 的同步加速器中首次观察到的, 但对同步辐射的研究与认识并非从此开始, 高速运动的电子在速度改变时会发出辐射的现象早就被人们所认识, 并经历了长期的理论研究, 但实验上观察到这种辐射需要有以近光速运动的高能量电子, 所以电子加速器的发展成为获得同步辐射的技术基础. 同步辐射电子加速器可使高能电子加速到兆电子伏乃至吉电子伏的能量范围, 主要有以下几种类型:

a. 直线加速器.

加速电子 (或其他带电粒子) 到高速度、高能量的简单且直接的方法是高压型加速, 增大加速电压就能使电子加速到很高的速度或能量, 这种加速过程需要在高真空或超高真空条件中进行. 对于电子, 其带电量为一个电子电荷 e, 如要将电子加速到几万电子伏的能量就要用几万伏的电压, 以此类推, 在更高的电压条件下, 为避免高压击穿须采用强烈的电感应来加速, 而且必须在合适的相位范围内使相位相同, 否则不仅不能加速还会减速. 这种用高频高电压加速的粒子流是脉冲式的很窄的粒子流, 成为一个个束团. 为了利用高电压来加速, 人们把多个中空的金属筒有间隙地排列在一条直线上, 并将高压高频交流电源间隔的耦合到各个圆筒上, 各个圆筒之间存在高电压, 相位轮流相反, 电子在圆筒之间被加速.

b. 回旋加速器和电子感应加速器.

如果要用直线加速器得到很高的电子能量, 整个加速器要做得很长, 很不经济. 到了 20 世纪 20 年代, 回旋加速器 (cyclotron) 和电子感应 (betatron) 相继发明, 有了把电子加速到极高能量的可能. 回旋加速器是利用高频感应电压给电子加速增能和用磁场使带电粒子做圆周运动. 电子感应加速器是利用电子绕圈内的磁通量变化所感应出的电场来加速电子, 电子在圆形环中运动, 所运行的轨道半径一步一步增加, 每绕一圈就加速一回, 由于电子的速度很快, 在不长的时间内绕的圈数很多, 故能够得到很高的能量.

c. 同步加速器.

1945 年, McMillan 和 Veksler 发明了同步加速装置. 同步加速器由许多 C 形磁铁环状排列而成, 在磁铁中部安装了环型真空盒, 在环的某一段安装了高频高压加速器, 电子就在真空盒内, 在磁铁的作用下做环状运动, 经过高频时得到加速. 为使加速后的电子仍以相同的半径做环形运动, 就要改变同步 C 形磁铁造成的约束磁场, 这就是同步加速器的由来. 到了 20 世纪 70 年代中期, 人们进一步认识到在高能物理中用于对撞实验的电子存储环来发生同步辐射更合适, 因为电子在存储环中以一定的能量做稳定的回环运动, 这与同步加速器中电子能量不断改变的情况不同, 因而能长时间地稳定地发出同步辐射光. 随着电子存储环能量的提高, 所得同步辐射的波长不断缩短, 从紫外线或软 X 射线一直扩展到硬 X 射线.

插入在储存环两个弯转磁铁组件之间的直线段称为插入件, 电子经过插入件时, 在磁场的作用下, 将沿一条近似为正弦曲线的轨道运动, 这样就可以从插入件引出同步光. 采用永磁体磁铁可将插入件磁铁周期缩短到几厘米, 大大增加了插入件中磁铁的周期数. 在低磁场大周期数的情况下, 电子穿过插入件时, 其轨道只做轻微起伏, 因而被称为 “波荡器”(undulator). 电子在波荡器中运动轨道的曲率半径很大, 一般地, 波荡器是不能使同步光谱向高能方向移动的, 但由于电子的偏转角小, 从波荡器中不同的磁极上发射出来的光子在很大的程度上相干地叠加, 干涉效应使得同步光谱中出现一系列尖峰. 也就是说, 波荡器给出一系列近乎单色的同步光, 而且在这些波长上的同步光的亮度要增强 N^2 倍以上. 在波荡器中产生的同步光的发射角是很小的, 近似地只有弯转磁铁上产生的同步光的发射角的 $1/N$.

同步辐射较之常规光源有许多优点, 比如它频谱宽, 从红外一直到硬 X 射线, 是一个包括各种波长光的综合光源, 可以从其中得到任何所需波长的光. 其中最突出的优点是亮度大, 第一代光源的亮度即可达 $10^{14} \sim 10^{15}$, 较之转靶 X 射线发生

器的特征谱的亮度 10^{11} 高出三四个数量级. 高亮度的光强可以做空前的高分辨率(空间分辨、角分辨、能量分辨、时间分辨) 的实验, 这些都是用常规光源无法完成的. 还有同步辐射发散角小, 光线是近似平行的, 其利用率、分辨率均大大提高, 另外还有时间结构、偏振特性、有一定的相干性和可准确计算等. 正因为有以上各种优点, 它在科学、技术、医学等众多方面解决了一批常规实验室无法解决的问题, 做出了重大贡献, 世界各国特别是发达国家对此都十分重视, 纷纷建立了自己的同步辐射实验中心.

同步辐射光是一个连续的波谱, 为相关科学研究提供高亮度、高准直性的优质光源. 同步辐射在环境科学、化学化工、物理学、材料科学、生命科学、地质考古、农业、工业及国防等众多领域有着广泛的应用.

同步辐射应用主要涉及：① 与物质的相互作用, 包括吸收、散射、二次粒子发射等. ②空间分辨实验 -X 射线显微术, 包括物质的形态研究、结构研究、成分研究等. ③时间分辨实验, 包括分子振动、有序–无序转变、酶作用、蛋白–蛋白相互作用、质子/电子迁移效应等方面, 尤其在探索生物大分子 (蛋白质) 的结构及了解生命过程, 从结构研究进入到功能研究等方面发挥巨大作用, 因为蛋白质动力学的不少领域的时间尺度是落在第三代同步辐射光源的时间分辨阈中的, 如分子间振动 (fs-μs)、有序–无序转变 (ns-ms)、酶作用 (ms)、蛋白质–蛋白质相互作用 (ps-ms)、质子/电子迁移反应 (ps-ms)、金属–配体结合 (ps-ms) 等 (图 6-8).

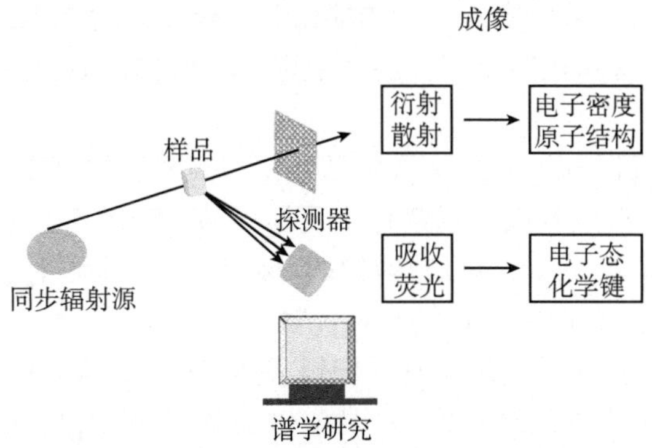

图 6-8 同步辐射应用于物质结构研究

同步辐射另一个重要应用的例子是在 LIGA 技术中的应用, 它是德文 Lithogrsphie(光刻)、Galvanoformung(电铸成型) 和 Abformung(塑铸成型) 三个字的字头, 它由深层同步辐射光刻、电铸成型及塑铸成型这三个工艺过程组成. LIGA 技术原理与全息记录的大规模复制相仿. 同步辐射提供立体的光刻, 要增加刻蚀深度, 必须使用波长比紫外光短得多的 X 射线. 如果要做几十微米到几百微米深度的光刻,所使用的光应是波长为 2~10Å的 X 射线, 除波长之外还有两个重要的因素, 就是光的功率密度和准直性, 这些都是同步辐射特有的优势, 用 LIGA 技术可生产出可植入人体的微型电机, 其直径只约为 1mm, 厚度为 1.9mm, 质量为 0.1g, 转速为 10^5r/min, 直径细如发丝的齿轮的精度达微米的量级, 微马达和微照明灯具已被应用于非剖开性的人体内部外科手术.

2) 真空系统

真空系统是能谱仪乃至整个表面分析技术中都非常重要的一个部件. 表面分析仪器中如果没有足够高的真空度, 清洁的样品表面很快会被残余气体分子所覆盖, 对于固体样品, 其激发所获得的二次束来源于非常浅层的表面, 如果气态分子撞击表面并被吸附的话则可能形成表面污染, 影响到样品的检测, 这样就不能得到准确的分析结果. 另外, 激发过程中光电子信号一般很弱, 能量也很低, 过多的残余气体分子与光电子碰撞, 可能使得光电子能量损失而得不到检测, 发射过程中气体有可能与发出的光电子相互作用, 同样影响到检测结果. 因此, 超高真空对于包括电子能谱仪在内的表面分析设备必不可少. 一般要求检测体系达到 $10^{-7} \sim 10^{-8}$torr(1torr=1mmHg, 约 133.2Pa) 的真空度. 为了达到这么高的真空度, 电子能谱仪的真空系统由多级泵系统形成, 首先使用机械泵使真空度至 10^{-1}torr, 再经由分子涡轮泵、离子溅射泵和钛升华泵等进一步获得所需的真空度.

3) 样品室

样品室可同时放置几个样品, 同时还要使得一次束可以对样品进行激发, 并且激发获得的二次束可以进入后续的能量分析器或是检测器. 另外为了满足实验检测的条件, 有些操作还需要在样品室中进行, 如对样品进行加热、冷却、蒸镀和刻蚀等.

经常用的进样分析方式是将样品附在探头或进样杆上, 再将它们插到样品室内. 这种做法是在恢复大气压条件下更换样品, 其最明显的缺点就是工作时间长, 但在换样过程中污染少, 可以获得比较 "纯净" 的表面, 对于某些表面清洁需花费很长时间的样品, 在时间上反倒具有优势.

另一种操作上稍方便的是真空闭锁或插入闭锁. 这种构型允许快速换样, 在将样品导入到检测平台的过程中, 样品室仍保持真空, 因此可以避免重复放气–抽真空的操作, 换样速度快. 这种模式通常用于常规分析.

一般情况下, 电子能谱仪对固体样品可直接进行分析. 如果是粉体样品, 可以采用压片法制成薄片, 也可以用黏胶带把样品固定在样品台上. 样品中不能含有挥发性物质, 以免破坏真空. 样品表面若有污染, 必须用溶剂清洁干净, 或利用离子枪对表面进行清洁处理.

4) 电子能量分析器

电子能量分析器是能谱仪的核心部分, 其功能是测量从样品中发射出来的电子的能量分布. 一个性能优异的能量分析器, 一方面应该对即使很微量的电子都能够给予检出分析, 即高灵敏度; 另一方面需要对具有微小能量差异的电子予以区分, 即高分辨率. 对 X 射线电子能谱法而言, 如果要求分辨率在 1000eV 时约为 0.2eV, 则对应分辨率 ($E/\Delta E$) 为 5000, 这个分辨能力对于所有其他电子能谱的应用已足够. 高灵敏度和高分辨率往往相互矛盾, 必要时为了实现高灵敏度的检测, 为了增加必要的灵敏度, 还需要降低分辨率.

能量分析器按照其工作原理可分为减速场型和偏转型. 减速场型是通过光电子在飞向收集端中间设置减速栅极, 只允许能量高于栅极减速电位的电子通过并到达检测器. 设置的减速电位越高, 则通过电子具有的初始动能就越高. 这种类型的分析器又可进一步分成筒形栅极和球形栅极两类. 减速场分析器对于不同能量的电子具有相同的灵敏度, 且检测立体角大, 收集效率高, 结果以积分谱形式给出, 分辨率受限.

图 6-9 所示为半球形电子能量分析器示意图, 通过改变两球面间的电位差, 可以使不同能量的电子依次通过分析器, 被探测器检测到, 类似于光谱中单色器的扫描作用. 这种能量分析器的分辨率较高, 但分析速度受限.

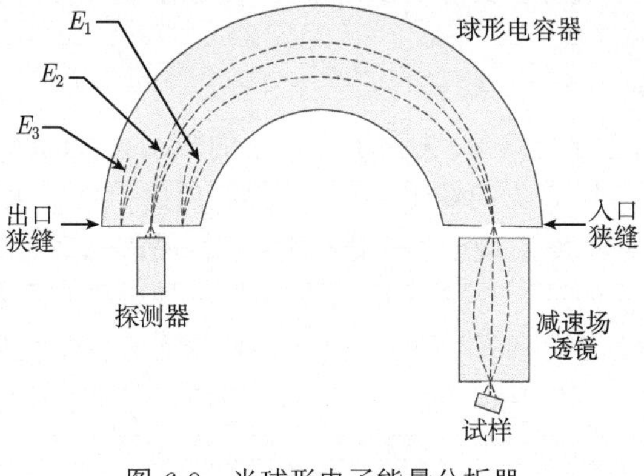

图 6-9 半球形电子能量分析器

偏转型分析器类似于质谱中的磁偏转型质量分析器, 具有不同能量的光电子在磁场和电场中有不同的偏转, 利用该特性可以将它们分开, 从而实现空间分辨, 类似于光谱仪器中的色散元件, 又称为色散式分析器. 在电子能量较高时, 具有较好的分辨率. 球形静电能量分析器, 其工作原理与平板电极类似, 只不过将其弯成圆筒状, 形成一个几乎球形的静电场, 以有效俘获电子并获得较好的聚焦.

5) 检测器

经能量分析之后具有合适动能的电子进入检测器, 最终被转换成电流形式的检测信号. 对于电子能谱仪, 一般配以偏转型分析器, 其输出电流非常微弱, 在 $10^{-13}\sim10^{-19}$A(相当于每秒 $10^6\sim1$ 个电子), 因此需要对电流加以放大才能检出. 大多数电子能谱仪器采用电子倍增管为检测器, 由于串级碰撞放大作用, 可获得 $10^6 \sim 10^8$ 倍的增益, 在倍增器末端输出电流脉冲, 脉冲经进一步放大后送至多道分析器并由计算机处理并显示.

另外一种检测器为振动电容式静电计, 其中含有法拉第杯, 电子可由该杯收集. 这种类型的检测器响应速度慢, 同时灵敏度也不如电子倍增管, 其优势是可以与减速场分析器联用, 可对分散范围很广的电子进行收集, 同时还具有积分的功能, 可长时间收集后给出积分信号, 一般只限于一些电子倍增管使用困难的场合.

多道分析器 (multichannel analyzer, MCA) 是检测器应用的最新趋势, 该分析器由并列的多重检测器组成, 形式类似于其他分析方法的阵列检测器. 多道检测器可以安装到能量分析器末端的焦平面上, 此时不同的位置 (检测通道) 对应着不同的电子能量, 由此可对具有不同能量的电子进行计数. 相比传统扫描型的能谱检测, 多道分析器具有快速高效的特点.

4. X 射线电子能谱仪的应用

X 射线电子能谱仪又被称为化学分析电子能谱, 它能够提供丰富的被测体系的信息, 既可用于定性分析又可用于定量分析, 除了能够检出所含元素外, 还能给出元素状态和结构信息.

1) 定性分析

对于不同元素的能谱峰, 主量子数 n 小的峰比 n 大的峰强, 具有相同主量子数 n 的元素, 角量子数 L 大的峰比 L 小的峰强, 内量子数 J 大的峰比 J 小的峰强.

使用高分辨率 X 射线电子能谱, 可以对样品的元素组成进行确定, 如果使用 Al 或 Mg 的 K_α 源进行激发, 则除了氢和氦之外所有的元素 (氢和氦没有内层能级, 没有办法对其进行激发) 都会发出具有特定结合能的内层电子, 一般动能范围为 250~1500eV, 相对应结合能 0~1250eV. 周期表上元素若具有一个或多个能级位于上述区间, 则可获得相应的检测信号. 根据光电子能量, 可以标识出是从哪个元素的哪个轨道激发出来的电子, 如 Al 的 2s、2p 等. 在大多数情况下, 所有的峰可以较好的分开, 如果元素浓度高于 0.1%, 则可在该区间获得确定的峰形. 在某些情况下会出现峰重叠的情形, 这时可以通过对能谱区间该元素其他的特征峰来加以分辨. 在大多数情况下, 俄歇电子的能谱峰在该区间也会出现, 可使用两种激发源 (双阳极靶) 获得的谱图对比加以区分, 因为俄歇电子的动能不随激发源能量的改变而改变, 也就是说, 在两张能谱图上其出现的位置相一致, 而不同 X 射线源激发获得的能谱结果则有差异.

X 射线电子能谱中, 由于受到样品本身吸收的影响, X 射线电子能谱法检测到的只是表面浅层辐射出的光电子, 一般认为取样深度 $d = 3\lambda$, 在三倍波长之内, 对于金属样品吸收较强, 位于 0.5~2nm, 氧化物的吸收相对较弱, 位于 1.5~4nm, 有机物和高分子更弱, 采样深度可达 4~10nm. 分析过程中, 对样品的激发使用了高能量的光子, 虽然原子内层的电子受激发逸出, 但所产生的离子状态并不稳定, 总会获取电子达到电平衡, 在整个过程中, 样品的化学状态、形貌等都没有改变, 因此是一种优良的无损表面分析技术.

2) 定量分析

X 射线电子能谱法作为定量手段目前正受到越来越多的重视. 如果固体样品均一, 则对于单位时间内发射的光电子数目 I 有

$$I = n\Phi\sigma\varepsilon\eta ATl \tag{6-9}$$

式中, n 为单位体积内原子的数目; Φ 为入射 X 射线的通量 (光子/(cm$^2\cdot$s)); σ 为原子光截面积的大小 (cm^2/原子); ε 为仪器的角度效率因子; η 为产生光电子的效率 (光电子/激发光子); A 为获取光电子的面积; T 为检测光电子的效率; l 为光电子在样品中的平均自由程.

对于给定的体系, 式 (6-9) 中后 6 项均为常数, 可简化为原子灵敏度因子 $S(S=\sigma\varepsilon\eta ATl)$. 对于给定的谱仪, 通过实验方法可获得各元素的原子灵敏度因子 S 值. 对于未知样品检测获得的光电子强度 I 与 S 因子之间的比值正比于单位体积内原子的数目 (即浓度或是含量), 该关系可以用于相应元素的定量. 在实际工作中, 一般使用峰面积进行定量工作, 并且使用内标方法, 该方法的检测精度在 5%左右. 因为该方法分析的实际对象是表面或表面浅层, 因此使用的一个重要的前提就是表面和整体的组成相一致, 否则可能导致较大的误差. 要对元素进行检测, 一般要求其含量在 0.1%以上, 用于定量计算一般典型含量在 5%左右.

3) 化学位移和氧化态的研究

内层电子的结合能受到其所处的化学环境的影响, 因为不同的化学结合状态改变了原子核的力场, 使得元素的电子结合能发生化学位移 (chemical shift), 与核磁共振中相类似. 以硫元素中的 2p 电子为例, 正常的结合能为 165eV, 但在 SO_4^{2-} 和 RSH 中, 结合能则分别为 168eV 和 162eV. 化学位移值一般较小, 且获得的值与很多因素相关, 重现性不佳, 需要经过一系列校正才可使用. 化学位移的值可以使用其具体结合能或是相对某峰的参比值, 峰面积也大致相等于具有相应化学环境的原子数目.

6.1.2 紫外光电子能谱分析

紫外光电子能谱分析的原理与 X 射线电子能谱基本相同, 其基础仍然是光电效应, 只不过激发源使用的是比 X 射线能量相对较低的紫外光. 1962 年 Turner 等首先使用紫外激发方法用于气相自由分子的光电子能谱进行分子结构研究.

1. 紫外光电子能谱的基本原理

紫外光电子能谱与前面提到的光电子能谱原理基本一致, 只不过相比较 X 射线, 真空紫外光的能量要低得多, 小于 41eV(X 光电子能谱大于 1000eV), 当用它照射分子时, 只能使分子的价电子, 即分子内占据较高能级的电子, 才有可能被激发出去, 形成电离. 能量为 $h\nu$ 的入射光子从分子中激发出一个电子以后, 留下一个离子, 这个离子可以振动、转动或其他激发态存在. 如果激发出的光电子的动能为 E_{k}, 则

$$E_{\mathrm{k}} = h\nu - E_{\mathrm{b}} - E_{\mathrm{r}} - E_{\mathrm{v}} - E_{\mathrm{t}} \tag{6-10}$$

式中, E_{v} 为振动能; E_{r} 为转动能; E_{t} 为平动能. E_{v} 的能量在 0.1eV 量级, E_{r} 的能量更小, 大约是 0.001eV 量级, 因此 E_{v} 和 E_{r} 比 E_{b} 小得多. 使用目前已有的高分辨紫外光电子谱仪 (分辨能力为 10~25meV), 容易观察到振动精细结构. 这点是 X 射线电子能谱不具备的. 在 X 射线光电子能谱中, 气体分子中原子的内层电子激发出来以后, 留下的离子也存在振动和转动激发态, 但是内层电子的结合能比离子的振动能和转动能要大得多, 而且 X 射线的自然宽度比紫外线大得多, 所以通常不能分辨出振动精细结构, 更无法分辨出转动精细结构.

2. 紫外光电子能谱仪

紫外光电子能谱仪的结构与前面述及的 X 射线电子能谱仪类似, 结构相近. 一定量的样品置于样品室, 受到单色紫外光光子的碰撞发生电离, 电离过程中发射的光电子进入电子动能分析器, 在电子动能分析器中, 具有不同动能的电子在穿过电场时得到分离, 经电子探测器检测, 并经数据处理记录系统获得光电子能谱图. 最重要的区别在于激发源部分.

紫外光电子能谱仪中普遍采用的激发源是惰性气体放电灯, 最常用的是氦共振灯. 用针阀调节灯内纯氦压力, 当压力大约在 0.1torr 时, 用直流放电或微波放电可以使惰性气体电离. 这时灯内产生带特征性的发光等离子体, 并发射出 He I 共振线. 该线来源于激发态 He 1s2p(^{1}p) 向基态 He 1s(^{1}s) 的跃迁, 光子能量为 21.22eV. 该辐射的单色性好 (自然宽度仅约 0.005eV), 强度高, 连续本底低, 它是目前应用最广泛的紫外能谱辐射线. He I 线优点明显, 其缺点是能量偏低, 它不能用于激发能量大于 21eV 的分子轨道价电子. 一种可行的改进方法是调节氦灯的放电条件, 例如, 采用较高的电压和降低氦气的压力, 这时除 He I 线外还产生能量更高的 He II 共振线 (40.8eV), 用这种光源激发样品, 记录到的光电子谱图实际是由含有样品分子同时与 58.4nm(21.22eV) 及 30.4nm(40.8eV) 这两种波长光子相互作用所产生的谱带结果, 对此在谱图分析时需要加以区分. 除了氦之外, 其他一些稀有气体如氖、氩、氙及氪也可作为放电介质, 用于光电子的激发 (表 6-3).

表 6-3 常用的紫外光源和能量

真空紫外线光源	E/eV	真空紫外线光源	E/eV
He(I)	21.1	Ar(I)	11.62
			11.83
He(II)	40.8	Xe(I)	9.55
			8.42
Ne(I)	16.65	Kr(I)	10.02
	16.83		10.63

仪器的能谱仪部分与 X 射线能谱仪类似, 因此很多仪器中同时安装两种光源, 兼具紫外光电子能谱法和 X 射线电子能谱法的分析功能.

3. 紫外光电子能谱在表面分析中的应用

紫外光电子能谱中使用的激发源为真空紫外光, 其辐射能量不高, 该能量区间的辐射对应于原子、分子的外层电子跃迁, 只能激发外层价电子或固体中的价带电子, 不能深入原子的内层区域. 该方法的优势在于紫外线的单色性比 X 射线好得多, 因此紫外光电子能谱的分辨率比 X 射线电子能谱要高得多. 紫外光电子能谱通过测量价层光电子的能量分布得到各种信息, 最初主要用来测量气态分子的电离研究分子轨道的键合性质以及定性鉴定化合物种类, 近年来其应用已扩大到固体表面领域, 用于研究固体表面以及吸附物质的电子结构.

1) 紫外光电子能谱法在理论研究方面的应用

用紫外光电子能谱可测量低于激发光子能量的电离电位, 与其他方法相比较, 紫外光电子能谱法的测量结果比较精确. 紫外光子的能量减去光电子的动能便得到被测物质的电离电位. 对于气态样品来说, 测得的电离电位相应于分子轨道的能量. 分子轨道的能量的大小和顺序对于解释分子结构、研究化学反应是重要的. 在量子化学方面, 紫外光电子能谱对于分子轨道能量的测量已经成为各种分子轨道理论计算的有力验证依据. 研究谱图中各种谱带的形状可以得到有关分子轨道成键性质的某些信息, 特别是具有精细结构的紫外光电子能谱图, 反映的是分子的振动能级信息, 可起到类似红外光谱的作用, 帮助用于结构鉴定. 将含精细结构的谱图与标准图谱对照, 作为一种结构判定的依据, 它的分辨率高, 可以分辨分子的振动精细结构, 表现在光电子能谱上为距离很近的双峰. 图中的横坐标为光电子的动能或结合能, 结合能由 He I 激发源的光子能量减去光电子的动能得到, 使用不同的激发源, 在光电子动能的坐标上可得不同数值, 但所得结合能值则相同. He Iα 线是真空紫外区中应用最广的激发源, 其自然宽度仅几毫电子伏, 没有其他显著干扰, 可不用单色仪.

在 X 射线光电子能谱中, 当原子的化学环境改变时一般都可以观察到内层电子峰的化学位移. 紫外光电子能谱主要涉及分子的价层电子能级, 成键轨道上的电子往往属于整个分子, 它们的谱峰很宽, 在实验上测量化学位移很困难. 但是, 对于非键或弱键轨道中电离出来的电子, 它们的谱峰很窄, 其位置常与元素的化学环境有关, 这是由于分子轨道在该元素周围被局部定域.

根据谱图中谱带的数目, 可推测特定原子、双键和原子团的存在, 使用的方法和红外光谱的解释类似. 首先根据谱带的位置和形状识别谱中的峰, 然后推测电子接受或给予原子或原子团的影响, 接着找出轨道的相互作用 (劈裂). 根据前面几个因素考虑峰强度和峰的重叠等因素, 可以对谱图作出解释. 紫外光电子能谱还能反映分子的外壳层分子轨道的特性, 而 X 射线光电子能谱则能反映内壳层分子轨道的特性. 这两方面的信息为量子化学中用分子轨道描述分子性质提供了有力的支持.

2) 定量分析

相比较 X 射线电子能谱, 紫外光电子能谱的定量分析能力较弱. 当用 X 射线作为激发源时, 谱中峰的相对强度通常正比于分子中原子的相对数目. 采用紫外光激发时, 虽然峰的相对强度也与原子的相对数目有关, 但影响谱线强度的因素众多, 很难直接获得信号强度与元素含量之间的定量关系. 一般说来, 直接使用紫外光电子能谱法进行元素定量分析是比较困难的, 一般只用于定性或者半定量分析.

3) 固体表面研究

将紫外光电子能谱法用于清洁表面的研究, 所获得的光电子能谱包含了表面元素价电子带的电子结构信息. 光电子产生于所研究材料表面的几个原子层之中, 若采用小角度测量, 则主要提供表面状态信息, 来自深度的分析信息较少. 表面如果发生化学或者物理吸附现象, 则获得的光电子能谱会发生较大的改变, 因此紫外光电子能谱的一个重要的应用领域就是固体表面研究, 如研究表面吸附和表面能态等. 在研究表面吸附时, 除要了解吸附物质的性质外, 还希望了解吸附物质与表面是否发生相互作用以及相互作用的程度, 如判断吸附的类型, 是化学吸附还是物理吸附, 紫外光电子能谱能够帮助解决这类问题. 用紫外光电子能谱研究表面吸附时, 必须把吸附分子的谱与自由分子的谱加以比较, 主要困难是它们的参考能级不一样, 气体分子的价电子能级的电离电位使用自由电子能级作为参考, 而对于吸附态则是用费米能级作参考, 吸附分子的电离电位应加上一个合理的功函数值才可与自由分子相比较.

6.1.3 俄歇电子能谱分析

1. 俄歇电子能谱原理

俄歇过程是法国科学家 Auger 首先发现并于 1923 年提出, 1953 年 Lander 首次使用了电子束激发的俄歇电子能谱探讨了俄歇效应应用于表面分析的可能性, 之后俄歇电子能谱方法得以建立. 与前面述及的光电子能谱 (紫外光电子能谱和 X

射线电子能谱) 不同, 俄歇电子能谱的产生过程有较大差异, 俄歇电子的形成分成两步, 首先是通过电子束 (某些时候也可是 X 射线) 激发产生激发态的离子 A^{+*}

$$A + e^- \longrightarrow A^{+*} + e'^- + e_A^-$$

式中, e^- 和 e'^- 分别表示入射激发电子; e_A^- 表示从样品 A 内部射出的俄歇电子.

对于激发态的离子 A^{+*}, 其退激形式可以有

$$A^{+*} \longrightarrow A^{++} + e_A^-$$

或是

$$A^{+*} \longrightarrow A^+ + h\nu_f$$

式中, $h\nu_f$ 表示荧光光子, 荧光光子位于 X 射线区, 其能量与入射能量无关 (对应光谱技术为 X 荧光光谱, X ray fluorescence spectroscopy, XFS). 俄歇过程是三电子过程, 终态原子双电离与入射激发源独立, 不与光电发射竞争. 初始空穴可由 X 射线产生 (前面提到的 X 射线电子能谱中的俄歇峰), 也可由电子束 (最常用于俄歇电子能谱) 产生, 见图 6-10.

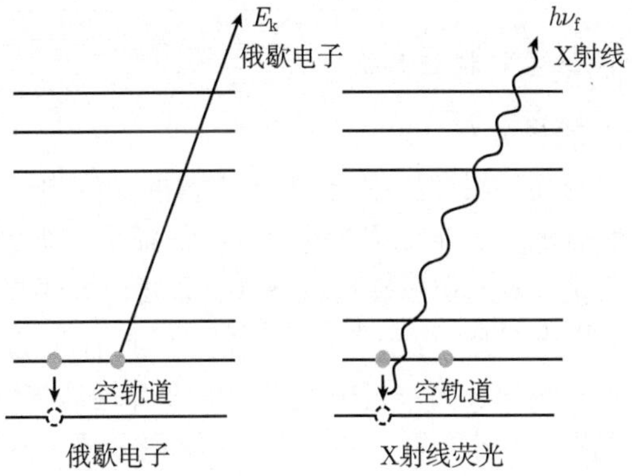

图 6-10 俄歇电子与 XFS 产生原理

俄歇电子的动能 (E_k) 来源于激发离子退激的能量 ($E_b - E_b'$) 与使电子脱离轨道形成二次电子所需的能量之差 (E_b')

$$E_k = (E_b - E_b') - E_b' = E_b - 2E_b' \tag{6-11}$$

从上面的结果可以看到, 俄歇电子所具有的能量与激发电子束的能量无关, 这也是俄歇电子能谱与光电子能谱的一个重要区别.

俄歇电子的产生可使用轨道能级跃迁来进行描述, 如 KLL 俄歇跃迁过程中, 首先 K 电子被移去, 接着一个 L 电子跃迁进入空着的 K 轨道, 与此同时另一 L 电子发射出 (俄歇电子), 见图 6-11. 类似的跃迁还包括 LMM、MNN 等类型.

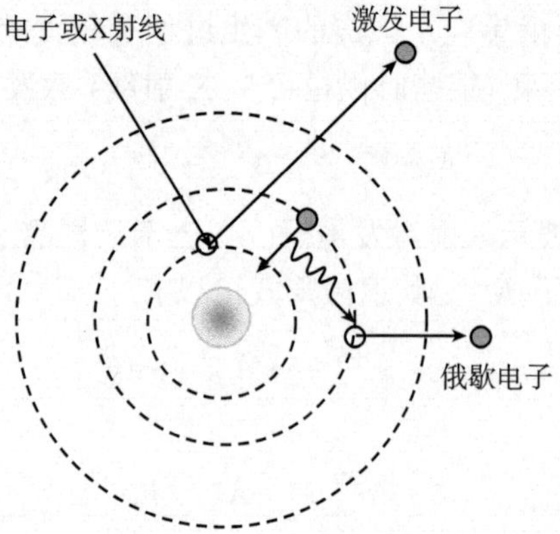

图 6-11　俄歇电子的产生

俄歇电子能谱所使用的仪器设备与 X 射线电子能谱类似, 只不过其激发源使用的是电子枪而不是 X 射线管. 电子枪所产生的电子束经 1~10kV 加速后聚焦于样品表面, 俄歇电子能谱分析的优点是具有较好的空间分辨率, 通常电子束的直径为 5~500μm.

2. 俄歇电子能谱主要特征参数

1) 俄歇电子的能量分布

在电子与固体相互作用过程中, 会产生大量的二次电子, 均包含有相关信息, 如弹性散射电子、俄歇电子、能量损失电子 (特征损失和非特征损失)、二次电子等. 俄歇电子的信号很弱, 因此在所获得图谱中, 需要对非俄歇电子峰加以区别. 对于弹性散射峰, 能量保持不变, 等于入射电子能量; 具有较低动能的宽峰为入射电子激发的二次电子在逃逸到表面过程中所产生的非弹性碰撞的损失峰; 而处在该两峰之间的小峰, 其位置与入射能量无关, 即为俄歇电子峰. 另外还存在特征能量损失峰, 随入射能量而变化, 也可与俄歇电子峰相区别.

2) 俄歇电子的动能

俄歇电子的动能是俄歇电子能谱中识别元素的依据, 因此准确了解俄歇电子的能量对俄歇电子能谱的解析是非常重要的. 通常有关元素的俄歇电子能量可以从俄歇手册上直接查得, 不需要进行理论计算.

3) 俄歇电子的强度

俄歇电子的强度是俄歇电子能谱进行元素定量分析的基础. 但俄歇电子在固体中激发过程的复杂性, 使目前还难以用俄歇电子能谱来进行绝对的定量分析. 俄歇电子的强度除与元素的存在量有关外, 还与原子的电离截面、俄歇产率以及逃逸深度等因素有关.

4) 俄歇电子的激发电位

在常规分析中, 电子束的加速电压一般采用 3kV, 此能量足以激发所有元素的特征俄歇电子. 在实际分析中, 为了减少电子束对样品的损伤或降低样品的荷电效应, 也可以采取更低的激发能. 对于有些元素, 由于特征俄歇电子的能量较高, 可采用较高的激发源能量如 5keV. 如果需要进行高空间分辨率的微区分析时, 为了保证具有足够的空间分辨率, 也常用 10keV 以上的激发能量.

5) 俄歇电子跃迁概率与峰强度

在激发原子的去激发过程中, 存在两种不同的退激发方式, 一种是发射出俄歇电子, 另一为 X 射线荧光, 两者之间为竞争关系, 即两者发生的概率之和一定 ($P_A + P_X=1$), 其中 P_A 和 P_X 分别为俄歇电子和 X 射线荧光发生的概率. 对于 K 能级激发, 轻元素 (原子序数小于 19) 出现俄歇电子的概率较高, 大于 90%, 到原子序数 33, 两者概率相等, 之后 X 射线荧光占主导, 见图 6-12.

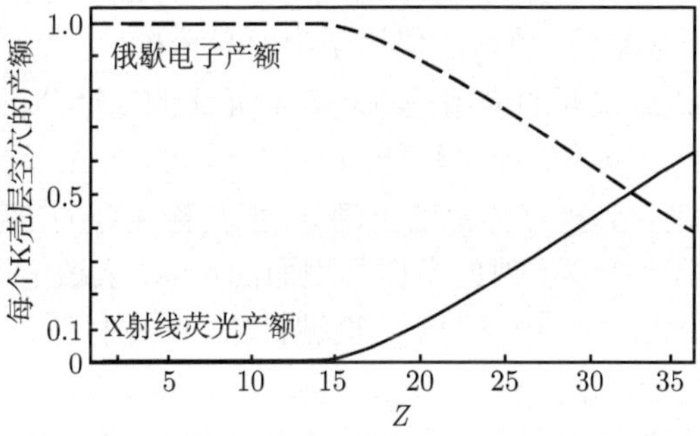

图 6-12 俄歇电子产额与原子序数的关系

俄歇电子的强度与俄歇电子的发射概率 (P_A) 相关, 同时还与电离截面相关

$$I_A = KQ_i \cdot P_A \tag{6-12}$$

式中, Q_i 为电离截面, 与束缚电子的能量 (E_i) 和入射电子束的能量 (E_p) 有关, 入射电子束的能量低于束缚能量时, 电离不能发生, 此时俄歇电子产额为零. 实验发现, 当入射电子束的能量差不多等于三倍束缚能量时, 可以获得较大的俄歇电子峰强度.

6) 俄歇电子能谱中的化学位移

与 X 射线电子能谱类似, 俄歇电子能谱法中也存在着化学位移. 俄歇电子的动能主要由元素的种类和跃迁轨道所决定, 由于原子内部外层电子的屏蔽效应, 内能级轨道和次外层轨道上的电子的结合能在不同的化学环境中是不一样的, 有一些微小的差异, 这种轨道结合能上的微小差异可以导致俄歇电子能量的变化, 这种变化就称为元素的俄歇化学位移, 它取决于元素在样品中所处的化学环境. 一般来说, 由于俄歇电子涉及三个原子轨道能级, 其化学位移要比 X 射线电子能谱的化学位移大得多. 利用这种俄歇化学位移可以分析元素在该物种中的化学价态和存在形式. 但是俄歇电子能谱的分辨率低, 且很难找到化学位移的标准数据, 因此谱图的解释比较困难, 要判断价态必须依靠自制的标样进行.

3. 俄歇电子能谱的应用

与 X 射线电子能谱类似, 俄歇电子能谱在 20~1000eV 范围内具有典型的峰, 两者提供了类似的信息, 但两者功能互补而非竞争性. 俄歇电子能谱的优势在于其对低原子序数原子灵敏, 且由于使用电子束, 较 X 射线更容易汇聚在较小的范围内而有高的空间分辨率. 与 X 射线电子能谱不同, 俄歇电子能谱较少用于定量分析, 因为俄歇电子强度很弱, 直接使用电子能谱图不直观, 因此较多地使用微分图谱, 用记录微分峰 ($\mathrm{d}N/\mathrm{d}E$) 的办法可以从大的背景中分辨出俄歇电子峰, 得到的微分峰十分敏锐, 很容易识别, 但其峰与元素含量之间无直接联系, 另一方面是存在精细结构峰, 影响定量, 故一般仅用于半定量分析.

俄歇电子能谱最主要的应用是进行表面元素的定性分析. 俄歇电子能谱的范围一般为 20~1700eV, 电子的能量较低, 仅可穿透 0.3~2nm 的厚度, 因此尽管电子枪加速的电子可以进入到样品内部的更深处, 但是检测到的出射电子仅来源于表面或是浅层四五个原子厚度, 反映的是样品表面的信息. 俄歇电子适合于纳米薄膜材料的分析, 在金属、半导体、电子材料、机械材料、陶瓷材料、薄膜催化材料等方面有重要的作用, 适合于微区分析.

由于俄歇电子能谱仪的初级电子束直径很细, 如果使用小直径的电子束 (5μm), 除了进行常规的俄歇电子能谱分析外, 还可以在样品上扫描用于固体表面元素组成分布分析, 该技术被称为俄歇微探针技术, 可以进行定点分析、线扫描、面扫描和深度分析. 在进行定点分析时, 电子束可以选定某分析点或通过移动样品使电子束对准分析点以分析该点的表面成分、化学价态和元素的深度分布. 电子束也可以沿样品某一方向扫描, 得到某一元素的线分布, 并且可以在一个小面积内扫描得元素的面分布图. 利用氩离子枪对固体样品表面进行刻蚀剥离, 在剥离的过程中进行俄歇电子能谱分析, 由于剥蚀深度与剥蚀的时间相关, 通过记录时间分布的俄歇电子能谱图, 可获得样品元素的深度分布信息. 由于它的采样深度比 X 射线电子能谱浅, 因此俄歇电子能谱可以有比 X 射线电子能谱更好的深度分辨率, 进行深度分析也是俄歇电子能谱仪的最有用功能, 对腐蚀化学、催化行为、半导体结特性等研究具有重要的意义.

6.2 探 针 技 术

能谱技术的核心是使用某种能量源对样品进行激发, 检测逸出电子的能量分布, 而探针技术与之有类似之处, 是使用某种粒子轰击样品, 对出射的粒子或是光子进行检测. 探针分析主要涉及三种技术: ① 电子探针, 使用高能电子进行激发, 检测特征 X 射线; ② 离子探针, 使用离子激发, 检测离子的散射; ③ 二次离子质谱, 同样使用离子激发, 检测产生的二次离子的质量分布.

6.2.1 电子探针技术

电子探针技术是在电子光学和 X 射线光谱学基础上建立发展起来的一项分析技术, Hiller 在 20 世纪 40 年代末提出了电子探针的设想, 之后结合电子显微镜使该设想得以实现. 目前电子探针较多出现在扫描电子显微平台上, 配合 X 射线能谱仪 (energy dispersive spectrometer, EDS) 即可构成电子探针分析装置. 在某些场合下, 为了克服能谱仪在定量能力方面的不足, 还可再加上 X 射线波谱仪 (wavelenght dispersive spectrometer, WDS) 同时进行定性定量分析.

1. 电子探针分析原理

当具有较高能量的电子撞击到样品表面时, 会发生弹性与非弹性作用, 前者维持能量不变, 电子发生偏转或衍射, 在非弹性碰撞中, 电子的部分动能通过与靶体系的相互作用, 转化为其势能, 使入射电子的方向和能量发生改变, 有些电子甚至消失, 产生重新发射或产生其他粒子等现象. 对于弹性碰撞情形, 电子只发生方向的改变, 无能量变化, 这种现象是电子衍射及相应成像技术的基础, 对于其他情形, 电子的能量和方向都发生改变, 损失的能量转化后以其他形式释放, 如热、光、X 射线、二次电子发射等, 这些非弹性碰撞是扫描电镜、能谱分析等技术的基础.

如果入射电子具有足够的能量, 射到原子内壳层如 K 层, 将一个电子打出, 使原子电离, 留下一个空穴. 该状态不稳定, 外层具有较高能量的电子会跳下填充这个空穴, 该过程两电子能级的能量差以辐射的形式释放出来, 形成特征 X 射线 (图 6-13). 该 X 射线与所激发原子的电子壳层相关, 因此携带了原子的信息, 建立起相应的分析技术即电子探针分析, 或称电子探针 X 射线分析.

1) 原子的壳层模型

20 世纪初英国物理学家 Rutherford、Geiger 和 Marsden 等合理地解释了原子的结构, 阐明了原子内有体积小、质量大的中心核的存在, Rutherford 因为在物质结构和对放射性物质特性的研究成果而获得 1908 年诺贝尔化学奖, 并据此于 1911 年提出了一个类似于太阳系结构的原子有核结构模型. 两年后, 丹麦物理学家玻尔发表了《论原子和分子的组成》一文, 合理地解释了核外电子沿轨道运行的稳定性问题. 因此, 人们把原子有核结构模型称为卢瑟福–玻尔原子模型. 在电子由较高能级的轨道跃迁到较低能级轨道的同时, 又会有另一个电子从更高能级跃至该较高能级的轨道, 同样也会发射出一种具有不同能量的特征 X 射线. 例如, 当 L 壳层上的电子跃迁到 K 壳层上时, 同时可能有一个电子从 M 壳层跃迁到这个 L 壳层上. 以次类推. 因此, 在重原子遭到电子轰击时, 可能会产生一系列的特征 X 射线.

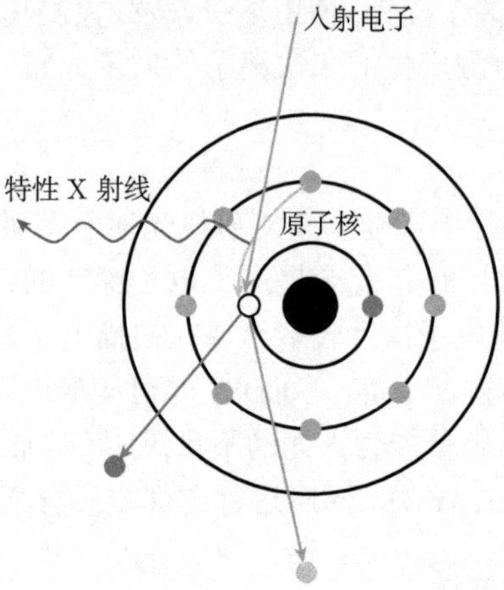

图 6-13　特征 X 射线发射示意图

2) 特征 X 射线的能量与原子序数的关系

对于特定的原子来说, 由于其外部电子的壳层结构, 可能会产生一系列的电子能级跃迁, 相应的会产生众多 X 射线, 见图 6-14. 在这些射线中, 并不是所有的都能被探测到, 只有那些强度最高、即发射次数最多的谱线最容易探测到. 通常将这些最容易探测到的 X 射线作为元素的特征谱线. 实际上, 最强的谱线是电子从 L 壳层跃迁到 K 壳层时发射出的 X 射线, 即 K 线. 从 M 壳层跃迁到 L 壳层时发射出的 X 射线强度次之, 从 N 到 M 壳层再次之.

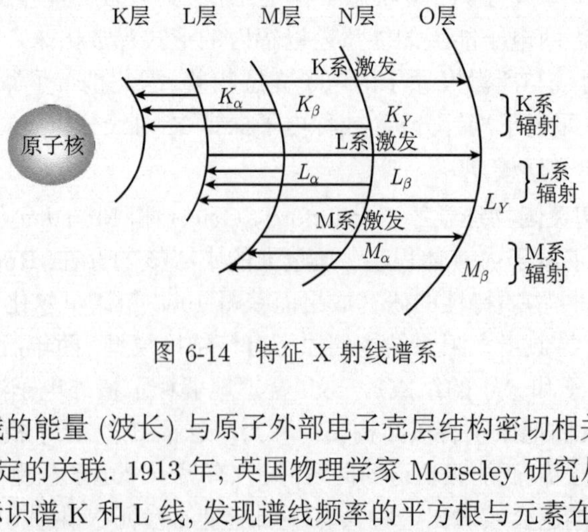

图 6-14　特征 X 射线谱系

特征 X 射线的能量 (波长) 与原子外部电子壳层结构密切相关, 相应的也就与元素之间存在特定的关联. 1913 年, 英国物理学家 Morseley 研究从铝到金的 38 种元素的 X 射线标识谱 K 和 L 线, 发现谱线频率的平方根与元素在周期表中排列的

序号呈线性关系, 即

$$\sqrt{f} = k_1(Z - K) \tag{6-13}$$

式中, f 为 X 射线的频率; Z 为元素的原子序数; k_1 和 K 为与谱线类型相关的常数. 或者表示为

$$\lambda = K/(Z - \sigma)^2 \tag{6-14}$$

式中, λ 为特征 X 射线的波长; σ 为屏蔽因子. Morseley 据此测量各元素 X 射线标识谱, 把各元素按原子序数排列, 与元素化学、物理性质周期律一致. 其后量子力学理论证明, 描述元素 X 射线标识谱规律的 Morseley 定律是一种理论上的近似. 目前元素周期表中所有元素的特征 X 射线的能量都已测定可供对照, 因此在分析中只要测量出元素所发射出的 X 射线的能量, 就可以鉴定出该元素.

3) 特征 X 射线的强度

所发射特征 X 射线的强弱与样品中被入射电子撞击产生特征 X 射线的原子数目即该元素在样品中的浓度成正比, 此外还与 X 射线的荧光产额以及电离截面成正比.

入射电子进入物质后, 激发原子产生 X 射线, 但并不是所有的 X 射线都能从原子中发射出来, 它们有可能在该物质中与轨道电子相互作用而失去能量, 同时发射出一个电子 (俄歇电子), X 射线本身则被吸收而不能发射出来. 因此, 入射电子引起的电离只有部分能发射出特征 X 射线, 人们把这种发射 X 射线的概率称为 X 射线的产额, 或称为荧光产额.

产额的大小与被电子轰击的原子的原子序数、临界激发能以及入射电子的能量有关. 它随着原子序数的增加而增加, 如原子序数为 11 的 Na, 其荧光产额为 0.02, 而到原于序数为 30 的 Zn, 则迅速增加到 0.45. 除原子序数外, 荧光产额还与入射电子在被轰击物质中引起的电离概率, 即入射电子中有多少能引起原子电离有关, 可以使用电离截面来描述电离概率, 电离截面越大, 电离概率越大.

当入射电子撞击到轨道电子时会产生特征 X 射线, 如果入射电子不是撞击到轨道电子而是靠近原子核通过, 这些电子在原子核周围的电场中有可能失去其部分或全部能量, 这些能量也以 X 射线光子的形式释放出来. 这种电子在电场中失去的能量范围可以从 0 到入射电子的初始能量 E 整个能量范围内变化, 因此释放出的 X 射线光子也具有各种不同的能量, 从而得到连续 X 射线谱, 这种辐射称为连续辐射或韧致辐射或白辐射 (white radiation), 该连续辐射是 X 射线背景的主要来源.

初级电子进入样品后, 会在样品内扩散, 在扩散过程中逐渐失去其能量, 直至耗尽为止. 一束电子在样品中扩散的径迹呈梨形, 我们把它称为初级电子在样品中的激发体积 (图 5-30). 在该激发体积内, 入射电子会与组成样品的各种元素的原子

相互作用, 它们都会产生连续 X 射线. 因此连续辐射强度是样品中 X 射线激发体积内各种元素总的原子数目的函数, 而不像特征 X 射线那样, 仅是某一特定元素的原子.

2. 电子探针所使用的仪器

电子探针仪器的整体结构可由图 6-15 表示.

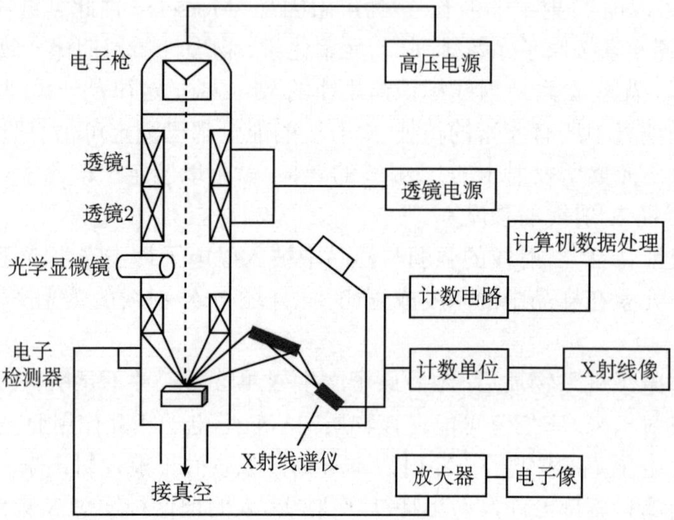

图 6-15　电子探针仪器结构

1) 电子源

为电子探针分析提供具有足够高的入射能量、足够大的束流和在样品表面轰击点处束斑直径尽可能小的电子束, 作为 X 射线的激发源. 一般也采用钨丝热发射电子枪和两三个聚光镜的结构. 为了提高 X 射线的信号强度, 电子探针必须采用较扫描电镜更高的入射电子束流 (在 10^{-9} ~10^{-7}A 范围), 常用的加速电压为 10~30kV, 束斑直径约为 0.5μm.

采用的电子枪同样还有高亮度的六硼化镧单晶灯丝, 通过加热使灯丝发射热电子, 经过相应的加速电场形成定向电子束流, 场发射电子枪在电子探针技术中亦有应用, 为了达到足够的电流密度并且能在表面聚焦, 电子枪需要加上 5~50kV 的高压, 发射的电子被阳极电压加速后, 经过电磁透镜聚焦于样品的特定区域.

2) 镜筒

电子探针在镜筒部分与扫描电镜明显不同之处是有光学显微镜, 它的作用是选择和确定分析点. 利用能发出荧光的材料 (如 ZrO_2) 置于电子束轰击下, 这时就能观察到电子束轰击点的位置, 通过样品移动装置把它调到光学显微镜目镜十字线交叉点上, 这样就能保证电子束正好轰击在分析点上, 同时也保证了分析点处于 X 射线分光谱仪的正确位置上. 在电子探针上使用的光学显微镜大多是同轴反射式物镜, 其优点是光学观察和 X 射线分析可同时进行, 放大倍数为 100~500 倍.

3) 特征 X 射线的检测

利用被聚焦到微小区域的高能电子束对试样进行激发, 经过 X 射线波谱仪或是 X 射线能谱仪, 对所产生的特征 X 射线的波长和强度进行分析, 从而获得测量微区的定性定量信息, 特征 X 射线的检测由 X 射线谱仪完成 (图 6-16). 谱仪的作用是把具有不同波长的 X 射线分开, 一般有两种方法, 一种是波长色散法, 另一种是能量色散法.

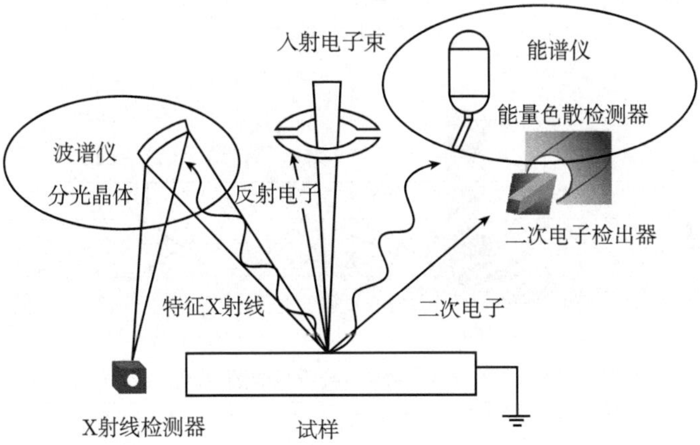

图 6-16 X 射线谱仪

(1) 波长色散谱仪. 利用晶体转到一定的角度来衍射特定波长的 X 射线, 通过读取晶体不同的衍射角来获得 X 射线波长信息, 其结构和检测原理见图 6-17 和图 6-18, 从而确定试样中元素的含量, 采用这种谱仪的仪器称之为波长色散谱仪, 或波谱仪.

波谱仪中采用一款已知晶面间距的单晶体作为分光晶体, 对特定波长的 X 射线, 只有从某些特定的入射方向进入晶体当中才能满足布拉格方程, 获得强衍射光束

$$2d\sin\theta = n\lambda \tag{6-15}$$

因此在测定中实验测得衍射角, 根据布拉格公式算出所对应的 X 射线的波长, 从而确定存在的元素. 在这种模式中, 如果使用平面晶体, 需要在不同方向对衍射光束进行测定, 效率较低, 如果使用弯曲的分光晶体, 并使 X 射线源、弯晶表面和检测器位于同一圆上, 可以达到衍射聚焦的目的, 改变晶体和探测器在圆上的位置, 可对各种 X 衍射成分进行测定. 常用的分光晶体类型及基本参数见表 6-4.

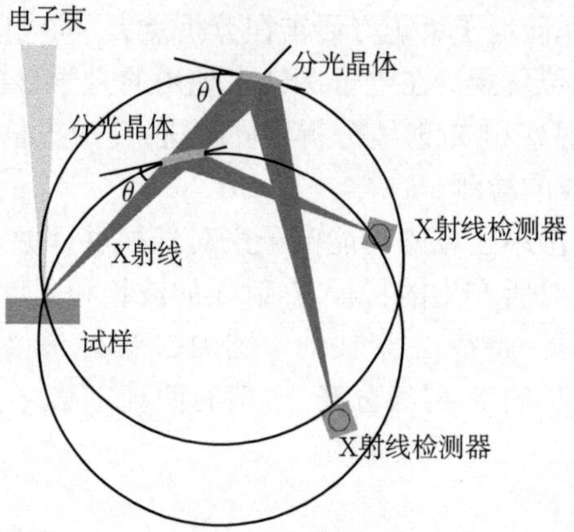

图 6-17　波谱仪结构

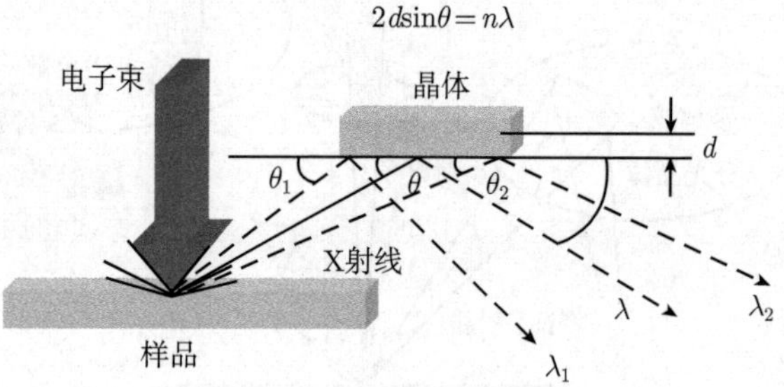

图 6-18　波谱仪检测原理

表 6-4　常用分光晶体基本参数和检测范围

晶体	化学分子式（缩略式）	反射面	晶面间距 d/Å	可检测波长范围/Å	可检测元素范围
氟化锂	LiF	200	2.013	0.89~3.5	K :$_{20}$Ca-$_{37}$Rb L :$_{51}$Sb-92U
异戊四醇	$C_5H_{12}O_4$ (PET)	002	4.375	2.0~7.7	K :$_{14}$Si-$_{26}$Fe L :$_{37}$Rb-$_{65}$Tb M :$_{57}$Hf-$_{92}$U
邻苯二甲酸铷 (或钾)	$C_8H_5O_4Rb$ (RAP) 或KAP	1010	13.06 (13.32)	5.8~23.0	K :$_9$F-$_{15}$P L :$_{24}$Cr-$_{40}$Zr M :$_{57}$La-$_{79}$Au
肉豆蔻酸铅	$(C_{14}H27O_2)_2M$ (MYR)	—	40	17.6~70	K :$_5$B-$_9$F L :$_{20}$Ca-$_{25}$Mn
硬脂酸铅	$(C_{18}H_{25}O_2)_2M$	—	50	22~88	K :$_5$B-$_8$O L :$_{20}$Ca-$_{22}$V
廿四烷酸铅	$(C_{24}H_{47}O_2)_2M$ (LIG)	—	65	29~114	K :$_4$Be-$_7$N L :$_{20}$Ca-$_{21}$Sc
M 代表铅或钡等重金属元素					

(2) 能量色散谱仪. 能量色散法的特点是将检测器接收到的信号放大并对其进行脉冲幅度分析, 通过选择不同脉冲幅度可以确定入射的 X 射线能量, 从而区分不同能量的 X 射线, 其结构见图 6-19, 采用这种能量区分方式的仪器称之为能量色散谱仪, 或能谱仪.

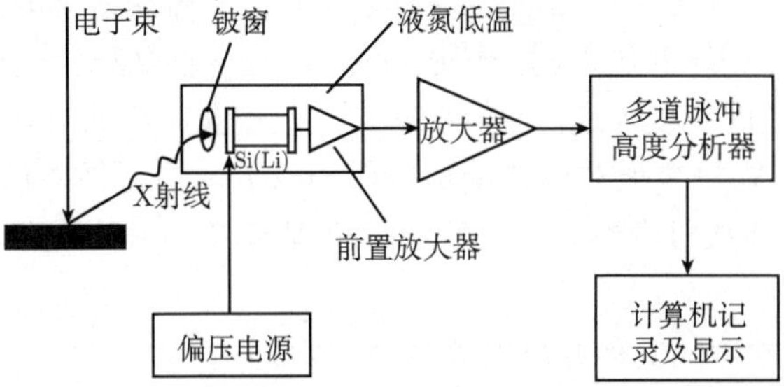

图 6-19 能谱仪结构

(3) 能谱仪检测器. 检测器常采用半导体检测器和多通道脉冲高度分析器. 半导体检测器的作用是将 X 射线光子变成电脉冲信号, 脉冲的幅度正比于 X 射线光子的能量, 比较常见的有锂漂移硅检测器 (Si (Li) 检测器) 和超纯锗检测器. 锂漂移硅检测器为一特殊的半导体二极管, 在管中存在一个厚度约 3mm 的中性区, 为了保持良好的电接触, 二极管后喷镀上 200μm 的金膜. X 射线光子穿过窗口和金膜进入检测半导体, 在中性区被完全吸收, 由于其能量高, 可激发 K 层及其他内层电子的电离, 形成光电子, 同时产生相对应的空穴, 在 pn 结的电场作用下做定向移动, 电子移向 n 区, 空穴移向 p 区, 在二极管上施加反向偏压可以收集电子–空穴对的电荷, 形成电脉冲, 对应入射 X 射线的能量越高, 所获得的电子–空穴对的数目就越多. 为了防止电子–空穴复合湮灭, 在金膜上施加负压让载流子迅速达到检测器两端, 形成电荷流动. Si(Li) 检测器的结构见图 6-20.

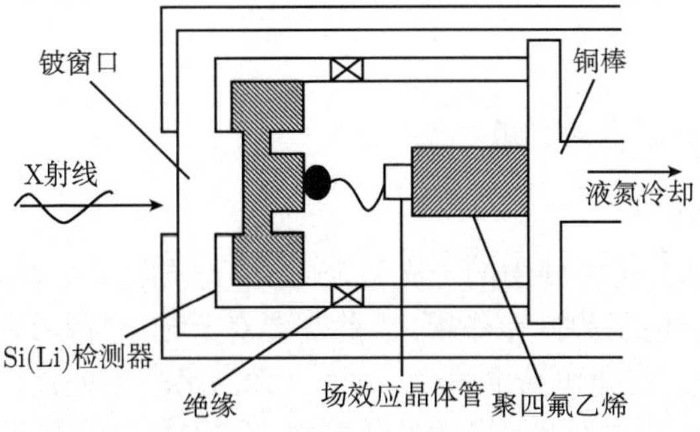

图 6-20 Si (Li) 检测器结构

为了防止散射的高能电子进入检测器而引起噪声, 在检测器前方装有铍窗, 这种检测器可以用于从钠到铀的元素. 对于轻元素, 要求较少吸收, 可使用超薄窗或是不用, 检测器的检测范围可拓展到铍. 为了抑制自身热运动导致的信号漂移及背景噪声, 检测器始终置于低温条件下 (液氮温度), 同时为了防止对探头的污染, 还要将其置于真空条件.

多通道脉冲高度分析器的作用是将经放大的检测器上的脉冲按其高度分成若干档, 脉冲幅度相近的放入同一档进行计数, 每一档又称为一道, 每道都编上号, 成为道址. 每一道的宽度为道宽, 常见的 X 射线能量范围为 0~20.48keV, 如果总的道数为 1024 道, 则每个道对应的能量范围为 20eV, 各道按对应能量大小排列, 实际上每一道上的计数对应着具有相应能量范围的 X 射线出现的概率, 也就是 X 射线的强度.

表 6-5 为常用的其他几种检测器及适用范围.

表 6-5　电子探针常用检测器

检测器类型	波长范围/Å	检测器类型	波长范围/Å
闪烁计数器	0.1~5	超薄窗计数管	20~60
封闭式正比计数管	0.7~5	Li(Si) 固态检测器	0.3~5
Ar-CH_4 气流式正比管	2~20		

能谱仪所用的 Si(Li) 检测器尺寸较小, 可以装在靠近样品的区域, X 射线利用率较高. 使用电子束流小、束斑尺寸小, 对样品的污染作用小、采样体积也较小, 最小可达 0.1μm^3, 而波谱仪大于 1μm^3. 能谱仪分析速度快, 可在 2~3min 完成元素定性全分析. 能谱仪在工作时不需要像波谱仪那样聚焦, 因而不受聚焦圆的限制, 样品的位置可起伏 2~3mm, 适用于粗糙样品表面成分分析, 同时, 能谱仪还可进行低倍 X 射线扫描成像, 得到大视域的元素分布图. 但能谱仪分辨率在 115~133eV, 而波谱仪为 2~20eV, 波谱仪的分辨能力要比能谱仪高出一个数量级. 能谱仪最突出的优势是检测效率高, 分析 (定性) 速度快, 且可以在扫描或是透射电镜上使用, 广泛用于元素分析.

3. 电子探针技术的应用

1) 样品的制备

在电子探针分析中使用的一次束为电子, 为了防止在轰击过程中电子聚集形成电场对后续入射电子的排斥作用, 因此需要对不导电样品进行处理, 一般采用镀金或碳形成导电层, 防止电荷的堆积. 表面处理的另一好处是可以改善表面导热性能, 从而防止持续电子束轰击所导致的热效应. 在波谱仪中, 表面的粗糙将导致 X 射线的方向发生改变, 有可能阻挡掉一部分 X 射线, 使到达探测器的 X 射线强度降低, 从而影响定量分析结果, 准确度变差, 因此要求试样表面平整. 使用能谱仪分析, 对表面凹凸程度的要求则比较低.

2) 分析模式

电子探针的分析可以有点分析、线扫描及面分析等几种. 在第一种模式中, 将电子束集中在所要分析的点上, 使用波谱仪时改变分光晶体和检测器的位置, 可以接受不同元素的 X 射线, 使用能谱仪则不需要改变检测器位置, 在很短时间即可完成区域内元素分析, 这种模式在电子探针中最为常用. 第二种模式中, 将谱仪设置在特定波长位置, 使用马达等机械装置使样品对电子束做相对直线运动, 同时记录 X 射线强度, 由此可以获得特定 X 射线对应元素在该直线上的浓度分布情况. 第三种模式, 与线扫描模式类似, 谱仪的接受波长固定, 机械装置的移动使电子束在选定的面区域上扫描, 完成后将结果进行组合, 可以获得元素在扫描面上的分布图像.

3) 电子探针定性分析

特征 X 射线的波长与所含元素相关, 可直接用于相应元素的定性分析.

4) 电子探针定量分析

电子探针定量分析是基于元素的特征 X 射线强度与该元素在试样中的浓度成正比. 首先测试试样中待测元素的某根谱线的强度 I_{sp}, 然后在相同实验条件下, 测定该元素纯样品所产生的谱线强度 I_{sd}, 将该两强度比较, 可获得样品的含量

$$C_{\mathrm{A}} = K_{\mathrm{A}} = \frac{I_{\mathrm{sp}}}{I_{\mathrm{sd}}} \tag{6-16}$$

在高能电子射入样品时, 除了产生激发 X 射线之外, 还存在着散射、吸收、荧光激发等一系列复杂的物理过程, 这些过程的发生都会影响到 X 射线的强度, 因此需要对 X 射线强度与元素浓度之间的关系进行修正. 一种方法是根据 X 射线产生及传播过程的物理特性对结果进行理论上的修正, 该方法测试过程简单, 但需要使用理论推导进行计算, 且电子激发与 X 射线产生机理复杂, 目前的理论尚无法完全对各环节作出合理的解释, 因此很多推导只能近似处理, 方法存在一定的误差. ZAF 修正是最常用的一种理论修正方式, 其原理是引进修正系数 (k 因子)

$$C_{\mathrm{A}} = kK_{\mathrm{A}} \tag{6-17}$$

$$k = k_{\mathrm{Z}}k_{\mathrm{A}}k_{\mathrm{F}} \tag{6-18}$$

k 有几部分组成, 其中 k_{Z} 为原子序数修正系数, k_{A} 为吸收修正系数, k_{F} 为荧光修正系数. 通过对影响检测 X 射线的因素进行修正之后, 所求的浓度误差可控制到 2%之内, 使得其定量能力大大增强.

(1) 原子序数修正. 由于原子序数不同, 其对不同速度电子的影响也不同, 轻元素上电子从靶体的背散射比较弱, 在提高电子速度时背散射电子能量同样提高, 但

所占比例变化不大. 对于重元素原子, 背散射概率高, 电子速度增加使其散射范围扩大, 从而引进相应的修正系数 k_Z 进行修正.

(2) 吸收效应校正. 在电子探针分析中, 入射电子除了与表层原子碰撞产生 X 射线之外, 部分电子还会深入到靶体内部, 靶体内部同样会产生 X 射线, 这些 X 射线在出射的过程中会受到靶体自身的吸收. 试样和纯标样所包含的元素的种类和含量不同, 基质对 X 射线的吸收也不同, 对此使用系数 k_A 修正.

(3) 荧光修正. 入射电子除了在靶体内直接产生元素的 X 射线外, 靶体内的其他元素的特征 X 射线和靶体所产生的连续 X 射线也可以激发其 X 射线, 这种 X 射线为荧光射线, 类似于荧光发射过程. 荧光效应的作用与吸收效应相反, 使测得的 X 射线强度比实际浓度要高, 相应的修正系数为 k_F.

实际上, 由于元素的特征 X 射线强度与样品浓度之间并不是如上述的简单线性关系, 这种方法只适于进行简单的半定量测定, 准确度不高, 与真实值的误差可达 20%. 在实际操作中, 可以通过各种已知浓度的试样来获得工作曲线, 在相同条件下对未知试样进行测定, 通过标准曲线法来获得未知试样的浓度. 这种方法对于组成类似的样品在工作曲线绘制好之后使用比较简单, 但绘制的过程繁琐, 并且如果样品浓度未知, 需要对很宽浓度范围内的标准样进行测试.

电子探针技术对于微区分析有着很强的定性定量能力, 其可分析元素范围广、灵敏度高、准确快速, 且对样品无损伤, 具有其他化学分析方法无可比拟的优势, 是一种非常重要的材料分析的工具, 在地质、半导体、冶金等众多领域得到广泛的应用.

6.2.2 离子探针技术

离子探针的基本原理是以特定能量的 ($10^2 \sim 10^6$eV) 离子束轰击样品后, 测定所产生的分析信号. 若所使用的离子束质量较小, 如 He^+, 则在进行碰撞时核与核之间弹性碰撞占优势, 离子发生角度改变后以散射的形式散开, 通过检测这期间能量的损失可以进行分析, 相应的方法称离子散射光谱 (ion scattering spectrometry, ISS). 若使用的是中等质量的离子如 O^+、Ar^+ 等, 轰击时核与电子之间的非弹性碰撞导致样品表面化学键断裂, 从而形成离子发射, 对这些离子进行分析的方法称为二次离子质谱法 (secondary ion mass spectrometry, SIMS).

1. 离子散射光谱原理

对于离子散射光谱, 根据离子能量的大小可以分为低能离子散射光谱 (能量小于 10keV, low energy ion spectroscopy, LEIS)、中能量离子散射 (能量介于 10~500keV, medium energy ion spectroscopy, MEIS) 以及高能离子散射 (能量大于 1MeV, high energy ion spectroscopy, HEIS).

当具有一定能量的离子入射进入样品, 由于 He^+ 与样品原子之间存在库仑力而产生相互排斥作用, 这种排斥作用仅存在于当 He^+ 与原子核极其靠近, 小于 K 层的半径的情形下. 在此过程中发生核与核之间的碰撞而引起入射离子的散射, 散射离子将部分能量转移给样品原子核而导致能量的降低, 这种能量损失的大小与样品原子的质量以及散射角相关, 因此从散射离子的能量就可以获得样品表面原子质量及其所处位置的信息. 对于给定的散射角, 在散射离子的能量 (E_1)、轰击离子的能量 (E_0)、轰击离子的质量 (M_1) 及样品质量 (M_2) 及散射角 θ 间存在特定的关系, 根据碰撞过程中能量及动量守恒, 对于轰击离子其能量 (图 6-21):

$$E_0 = M_1 v_0^2/2 \tag{6-19}$$

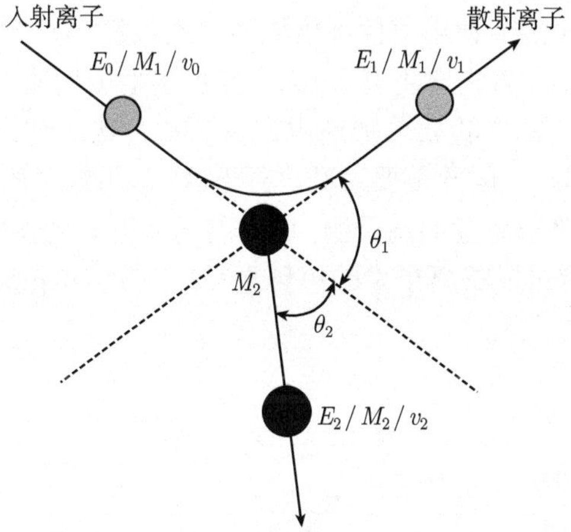

图 6-21 离子散射模型

对于散射离子能量, 有

$$E_1 = M_1 v_1^2/2 \tag{6-20}$$

同时存在动量守恒

$$M_1 v_0 = M_1 v_1 \cos\theta_1 + M_2 v_2 \cos\theta_2, \quad M_1 v_1 \sin\theta_1 = M_2 v_2 \sin\theta_2 \tag{6-21}$$

由此可以获得

$$E_1/E_0 = [(M_2^2 - M_1^2 \sin^2\theta)^{1/2} + M_1 \cos\theta]^2/(M_2 + M_1)^2 \tag{6-22}$$

当 θ 为 90° 时, 式 (6-22) 可以简化为

$$E_1/E_0 = (M_2 - M_1)/(M_2 + M_1) \tag{6-23}$$

只有 $M_1 < M_2$ 时, 式 (6-23) 成立, 故一般轰击采用质量较小的惰性气体离子, 特别是 He、Ne 及 Ar, 可以防止副反应的发生. 以典型的 $^3He^+$ 轰击氧原子为例, 如

果是 ^{16}O, 则可计算得被散射 $^{3}He^{+}$ 的能量应为 0.684 倍入射能量, 若是 ^{18}O, 则为 0.714 倍, 同时基于散射能量分布的丰度, 可以知道这两种氧的同位素的相对含量. 同样的, 对于其他元素也可以根据散射能量和强度进行定性定量分析.

2. 离子散射光谱仪器

离子散射光谱仪器如图 6-22 所示, 包含离子源、真空系统、能量分析器及检测器.

与其他表面分析方法一样, 进行离子散射实验同样需要高真空度, 一方面防止高能粒子的能量损失, 同时防止表面污染.

1) 离子源

最常见的离子源为使用惰性气体特别是氦及氩、氖气体的离子枪 (图 6-23). 通过高能电子束对气体轰击产生离子, 离子经加速电极加速, 并被聚焦到样品表面, 不同的仪器根据不同的实验要求加速电压可从数百伏到数百万伏. 经过加速的离子, 能量和质量均非单一, 因此需要对其进行选择, 常用的手段是使用磁或电偏转装置, 可以获得单能量单一质量的离子源, 这些离子被汇聚到反应室内的样品上, 用于样品的激发. 离子枪可以将离子束的束斑直径控制为 100μm~1mm, 并可以控制离子束的密度.

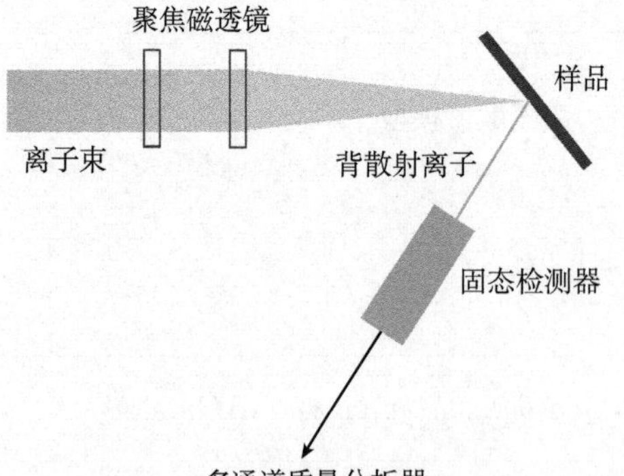

图 6-22　离子散射光谱仪结构

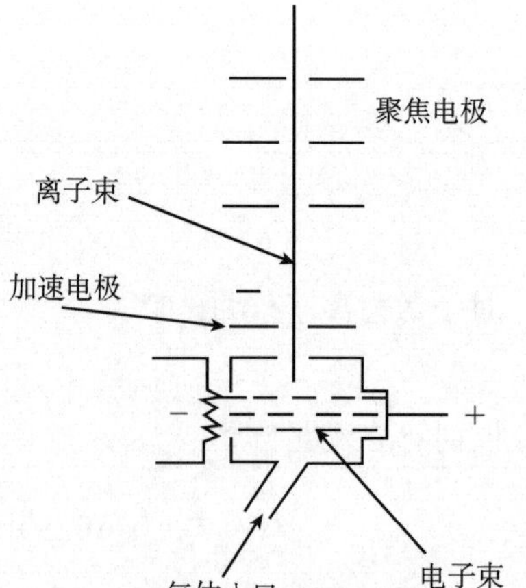

图 6-23　离子枪示意图

除了惰性气体外, 还可以使用碱金属离子进行激发, 相应的技术称之为碱金属离子散射光谱 (alkali ion scattering spectroscopy, AISS). 相比较其他离子, 碱金属离子的稳定性高, 从而可以提高离子的存活概率, 在相同的离子束的束流量下具有较高的检测灵敏度. 或者在保持相同灵敏度的条件下可以使用更低的初级离子密度, 从而减小对样品的破坏, 以获得近似无损检测. 碱金属离子散射方法的缺陷是相比起惰性气体, 可能导致碱金属离子在样品表面的吸附或沉积, 造成样品的污染.

2) 样品室

样品室中包含样品台, 用于放置样品, 使一次离子束可以投射到样品上, 同时还使得发出的离子束能够进入后续的检测装置.

3) 检测器

使特定角度的散射离子进入能量分析器获得分离, 不同能量的离子到达检测器分别获得检测. 在不同表面上对气体离子的散射不同, 具有重原子的表面对重气体离子 (如 Ar) 轰击的响应就要比轻气体离子 (He) 要好. 当轰击离子与目标离子的差距增大时, 此时获得的质量分辨率降低. 离子散射光谱的空间分辨率在 100μm 左右, 低于其他探针技术. 对于低能散射, 可以使用带有法拉第杯的静电分析器, 其装置与电子能谱中类似, 只不过由于检测的是带正电荷的离子而非荷负电荷的电子, 这里使用的静电检测器其极性与电子能谱中正好相反, 其分辨率 ($E/\Delta E$) 为 200~2000. 对于较高能量的散射离子 (如大于 100keV), 一般采用固态半导体检测器, 如带有金窗口的硅检测器, 最小分辨率在 5keV 到几万电子伏.

3. 离子散射光谱的应用

低能离子散射研究的对象是表面, 一般仅限于表层一到两层原子. 因此在测定的过程中, 高度的真空非常重要, 一般需要保持 10^{-10}torr 甚至更低. 在分析的过程中, 部分离子束中的离子会与表面相互作用并在表面沉积下来, 因此 LEIS 更多地被视作一种破坏性的分析方法. LEIS 对于表面层原子非常灵敏, 可以获得表层的组成与结构信息, 可以获得原子间距和关于吸附位点的信息, 所获得的信息与样品的内层基质无关, 该特点使得该方法在研究表面特征时具有独特的意义, 因此在一些表面效应的研究中非常有用, 如热处理、溅射、吸附等处理后的表面. 从光谱中可以获得不同元素的相对信号强度, 可以给出有关吸附分子的排列信息. 离子散射光谱可以检测所有比轰击离子原子序数高的元素, 既可以用于定性, 也可用于定量分析, 检测灵敏度在 1%左右.

中能离子散射和高能离子散射这两种方法很大程度上相似, 它们能够给出元素组成及深度分布的信息. 在进行深度分析时, 其分析的范围可从数十原子层到数十微米量级, 范围较广, 分辨率在数十纳米量级. 对于一些多层或整体的无机物, 通过分析可以给出各成分在深度上的分布结果. 该方法同样适用于生物样品. 与低能离子散射不同, 这两种方法中激发离子并不会对样品产生破化. 对元素检测, 随着原子序数的升高, $\Delta m/m$ 差异变小, 引起相应的散射离子能量差异的降低, 使得对元素的分辨能力下降. 同时, 如果要对高原子序数元素进行定量, 由于相对应的散射离子截面积小, 检测的灵敏度也下降.

6.2.3 二次离子质谱

二次离子质谱 (secondary ion mass spectrometry, SIMS) 同样是一种探针技术, 在该方法中, 用一次离子束轰击表面, 将样品表面的原子溅射出来成为带电的离子, 所特殊的是激发出来的离子用质量分析器分析离子的质/荷比, 以获取表面的成分信息. 20 世纪 40 年代初, Herzog 与 Viehbock 首先在质谱仪中采用溅射离子源, 到 60 年代, 由于相关技术提供的条件, 二次离子质谱技术得到重大发展, 相应的技术如二次离子成像质谱 (SIIMS)、二次离子微探针质谱 (SIMMS) 等得以建立.

二次离子质谱提供的信息揭示了真正表面和近表面原子层的化学组成, 其信息量也远远超过了简单的元素分析, 可以用于鉴定有机成分的分子结构. 其灵敏度非常高, 对某些元素的检测限可达到 ppm 量级, 且可以在数秒内对表面的局部区域进行扫描和分析, 生成一个表面成分图. 该技术广泛应用于微电子技术、化学技术、纳米技术以及生命科学之中. 该方法的缺点是由于各种元素的二次离子产额值相差非常大, 其用于定量分析较为困难.

1. 二次离子质谱技术的基本原理

在二次离子质谱中, 利用具有较高能量 (千电子伏量级) 并会聚的一次离子束对样品进行轰击, 与此同时收集被轰击微区溅射出的二次离子, 用质谱仪对二次离子进行分析. 在分析过程中, 除了可以获得各时间段表面元素信息, 还可以以扫描的方式获得所感兴趣的某元素的空间分布图像信息, 其工作原理如图 6-24 所示.

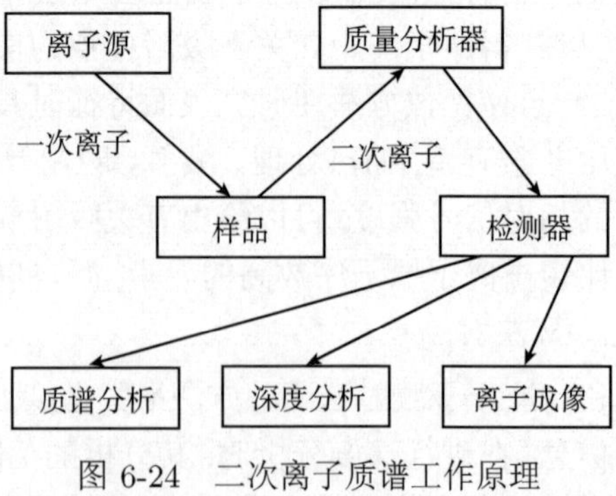

图 6-24 二次离子质谱工作原理

二次离子发射机制比较复杂, 一次离子轰击样品表面微区时, 表层的一部分原子得到较多的能量, 它们能克服表面势垒而逸出. 一次离子能够穿透表面若干原子层到达固体样品的一定深度, 在穿透过程中产生一系列的级联碰撞, 一次离子的部分能量传递给晶格内的原子, 这些原子中有一部分向表面运动, 并把能量的一部分传递给表面粒子使它发射, 这种过程称为粒子溅射过程. 除了上述过程外, 在一次离子束轰击样品时, 还有另外一些物理和化学过程, 如一次离子进入晶格引起晶格畸变、在具有吸附层覆盖的表面上引起化学反应等. 溅射粒子中大部分为中性原子或分子, 小部分为带正、负电荷的离子或分子碎片, 二次离子发射比粒子溅射要复杂, 根据对它的物理基础进行研究所获得的结果, 至今还难以建立起一个具有普遍意义的确切模式, 这使二次离子质谱定量分析在理论上遇到了困难.

2. 二次离子质谱的测量装置

测量装置包括一次离子源、一次离子束聚焦系统、三维平台、质量分析器、真空系统及数据采集处理系统等组成, 其简单结构如图 6-25 所示.

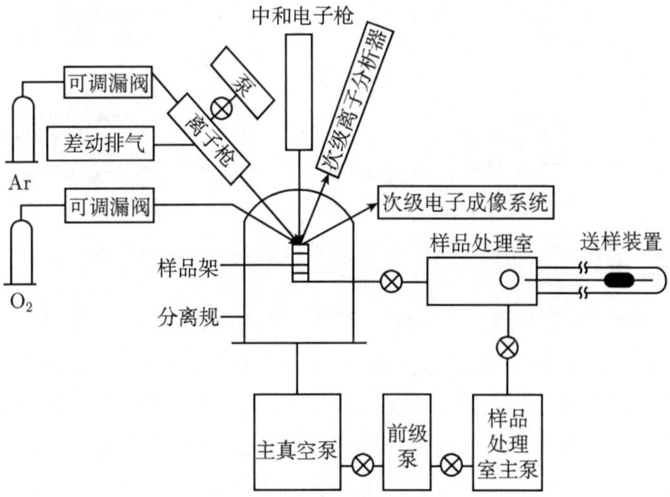

图 6-25 二次离子质谱仪器结构

二次离子质谱又主要有离子探针和离子显微两种工作模式, 其仪器构成原理见图 6-26.

1) 一次离子源

一次离子源用于提供激发样品所需的一次离子束, 一般要求其亮度高、能量分散小、电离效率高、工作状态稳定、使用寿命长. 现在使用的主要有几种离子束枪, 在这些离子束枪中, 气态元素离子通过双等离子管或是电子离子化产生.

(1) 双等离子管离子枪. 双等离子管离子枪的特点是电离效率高、寿命长、中等能量分散, 可使用的气体很广, 在发现氧气离子的增强效应之前, 主要使用 Ar^+. 双等离子管采用冷阴极, 以氧气作为工作气体为最常用, 因为氧气在样品表面可以增强正电元素离子化效率. 氧等离子体中同时存在氧阴离子 (O^-) 和氧气正离子 (O_2^+), 根据实验要求可以使其中一个射出作为一次离子源.

(2) 铯离子枪. 另一种常用的为表面离子源, 以 Cs^+ 最为常用, 液态的 Cs 经多孔钨塞后气化并离子化. 使用特殊的离子枪设计, 可以获得高度聚焦或是大流量的 Cs^+. 当使用铯离子一次离子束轰击样品时, 样品表面逸出功减小, 二次离子产率增加. 铯原子质量数高, 很少产生聚合离子, 可以获得高度的聚焦.

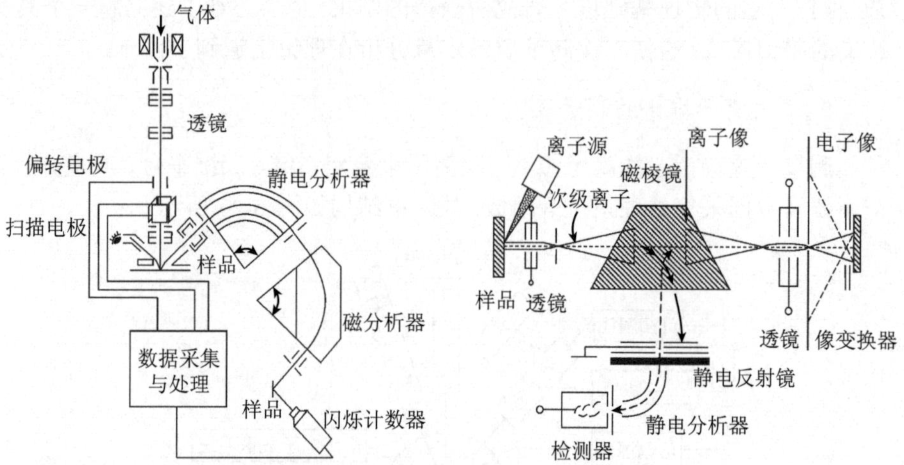

图 6-26　二次离子质谱的两种工作模式

(3) 液态金属离子源. 第三种一次离子源为液态金属离子源 (LMIG), 使用在室温或稍高于室温条件下为液态的金属或是合金材料. 液态金属以镓最为常见, 金–铟–铋合金由于其低熔点也可以在该离子源中使用. 将液态金属覆盖于钨尖端表面, 在外加强电场作用下, 通过形成一个极小的尖端 (泰勒锥), 在液态尖端的电场强度可高达 10^{10}V/m, 形成离子发射. 液态金属离子源可以提供中等强度但会聚程度非常高的离子束 (斑束直径小于 50 nm), 除此之外还可以提供脉冲型的离子束.

离子及离子源类型的选择取决于所需要的束流大小、束流类型 (脉冲或是连续)、离子束的聚焦大小以及被分析物等因素, 当检测电正性元素可以用氧源, 铯离子源可用于检测电负性的元素, 对于静态二次离子质谱, 则只能用液态金属离子源, 但通常与氧源或是铯源联合使用.

2) 一次离子束聚焦系统

为了获得优良的激发信号, 要求离子束束流大、束斑小, 聚焦式离子束技术是利用静电透镜将离子束聚焦至非常小的范围之内. 在保证一定束流的条件下, 要尽量缩小束斑只有两个办法, 其一是提高离子源的亮度, 其二是减小系统的像差. 对于重粒子的聚焦, 只有采用静电透镜和静电偏转系统 (磁透镜的焦距与入射离子质量数的平方根成正比, 要聚焦重离子束需要极强的磁场, 要实现比较困难). 静电透镜的焦距与质量无关, 它和粒子所带的电荷量有关, 采用静电透镜可以缩小体积, 因此在离子探针中几乎都采用静电透镜. 存在的问题是即使在最佳条件下静电透镜的球差系数也比相应的磁透镜大得多.

对离子探针来说, 微束斑的调整是一个很重要的操作, 它直接反映出离子源交叉斑点和亮度的大小、一次束聚焦系统设计得是否合理、透镜加工的好坏和安装得是否正确, 一个好的聚焦系统在得到优于 2μm 的束斑时束流大于 10^{-9}A. 另外还必须注意从离子源引出的离子的能量分散问题. 这个能量分散在没有磁场时约为 10eV, 在有磁场时随着磁场强度的增强而变大, 可达到约 50eV, 这种能量分散会导致在后续的激发中能量的分散, 为了抑制这种能量的不均匀, 应避免使用较强的磁场.

3) 一次离子束的纯化

一次离子束的纯化是非常重要的, 因为即使离子源中输入非常纯的氧气或氩气, 所得到的一次离子谱也是十分复杂的. 如在双等离子源中通进纯氧, 除目标 $^{32}O^+$ 外, 一次离子束内还包含来自双等离子源内壁的杂质离子. 在没有对一次离子束进行质量分离的条件下, 激发过程中离子源直接对准样品, 不仅把大量各种各样的离子都射向样品, 而且会把离子源内射出的各种物质都注入样品中或沉淀在样品上, 这样微量杂质的分析就变得非常困难, 或根本无法进行. 目前最常采用的一次离子束的纯化装置大致有交叉场分析器和均匀或非均匀磁场两种类型.

(1) 交叉场分析器. 由互相垂直的均匀电场和磁场组成, 被加速的高能离子束通过该场时受到方向相反的电场力和磁场力的作用, 当某一质量的离子所受的电场力和磁场力在数值上相等时, 这一质量的离子就可以通过交叉场而不发生偏转, 而其他质量的离子将发生偏转而不能通过. 调节电场和磁场就可以选出激发所需要的特定质量的离子. 交叉场分析器的特点是可以改变离子的色散和聚焦点, 与扇形磁场比较, 它们的传输率是同数量级的, 但交叉场有较大的灵活性, 尤其是其像平面上的质量分离程度是可调的. 另外, 交叉场的磁场可以用永久磁铁来获得, 因而可简化对电源的要求. 交叉场分析器的缺点是其体积较大, 需要较高的电压和磁场强度.

(2) 均匀或非均匀磁场分析器. 非均匀磁场可以在两个方向聚焦, 因而使像散大大减小, 但调试比较困难, 单聚焦的均匀扇形磁场体积可以做得比较小, 但其离子束只是在一个方向聚焦, 势必产生较大的像散. 当把质量分离装置加装在一次离子束聚焦系统上时, 通常会引起能量分散现象. 相对能量分散的范围是从 10^{-4} 到 10^{-3}. 对于微米束来说, 这种情况是不利的, 原先是圆形截面的束通过质量分离之后变成了椭圆形截面的束, 从而导致束流密度减小.

4) 二次离子检测

由二次离子引出装置、质量分析器及二次离子探测器组成.

(1) 二次离子引出装置. 引出装置的作用是将所产生的二次离子导入到质量分析器的有效立体角内, 由于该有效立体角很小, 如果没有引出装置的话, 则进入的量只有总发射离子量的 $10^{-5} \sim 10^{-6}$. 引出装置通常有推极、吸极以及屏蔽电极组成, 见图 6-27. 对于正离子, 推极电位为正且高于样品离子, 由于排斥作用, 可以使较大范围内的离子进入到质量分析器入口的有效立体角内, 从而提高离子俘获的概率, 避免灵敏度的劣化.

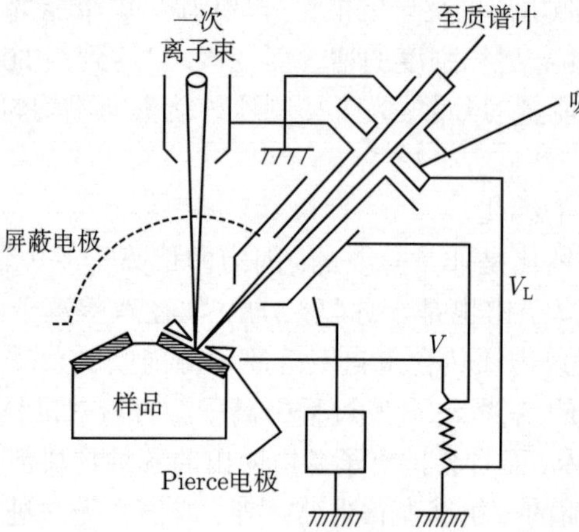

图 6-27　二次离子引出装置

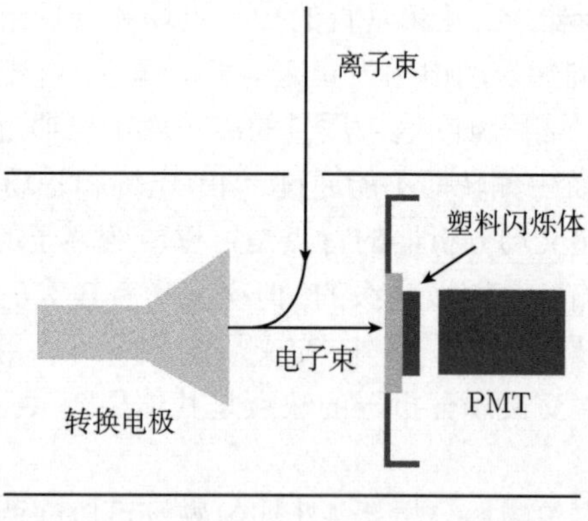

图 6-28　Daly 闪烁探测器示意图

(2) 质量分析器. 二次离子质谱仪中质量分析器的作用与普通质谱类似, 其构型和原理也基本相同. 二次离子质谱最常使用的质量分析器有扇形场、四极杆、飞行时间及离子阱质量分析器等, 在质谱分析部分均有介绍.

(3) 二次离子探测装置. 二次离子探测主要使用二次离子倍增管或 Daly 型闪烁探测器. 二次离子倍增管的工作原理类似电子倍增管, 二次离子轰击到塑料闪烁体所产生的光子通过光电倍增管进行检测, 通过联级放大效应来获得检测电流. Daly 型闪烁探测器由转换电极、塑料探测体光导和光电倍增管组成, 穿过接收缝的离子被转换电极上的高压加速 (15kV), 轰击到由不锈钢做成的转换电极. 一个离子轰击转换电极可产生若干个二次电子,二次电子轰击塑料闪烁体产生的光子,通过光导收集在光电倍增管的光阴极上.通过这种转换,信号一般可放大几十倍,这就降低了对光电倍增管放大倍数的要求,因此倍增管可在较低电压下工作.这种探测器的优点是灵敏度较高,探测极限一般为 10^{-19}A,甚至可低至 10^{-22}A,反应时间在微秒量级.这种探测器的质量歧视效应小,而且不受空气污染的影响,可以探测较大的离子束 (如直径达 40μm 的离子束).另一个突出的优点是通过离子激发产生的光子来进行检测,由此避免了对倍增管的污染,延长检测器的寿命.与电子倍增管相比,Daly 闪烁探测器的缺点是体积大,费用较高.

5) 真空系统

与能谱和探针技术类似,都需要高度真空,以减少一次离子束及二次离子束在激发–检测过程中的损失.根据能量损失一般要求将真空度控制在 $10^{-6} \sim 10^{-7}$torr,但对于某些体系,如离子密度比较低,为了足够抑制表面吸附等因素的影响,要求相应提高到 10^{-10}torr 以下.真空体系一般采用多级泵联用的模式,即先用初级泵获得较低的真空度,再用次级泵进一步提高真空度.

6) 样品的制备及样品台

二次离子分析样品的制备与电子探针分析相类似,对于抛光的表面如金属、矿物、半导体均可进行.对于电子器件样品,可以在保持其原貌的条件下进行分析.如果需要对样品进行抛光处理,则要注意避免抛光材料,如氧化铝等对样品带来的沾污.

为了对一定大小的样品的任何部位都能进行分析,样品台一般都能在 x(左右)、y(前后)、z(上下) 三个方向做精密移动,目前这种移动操作大多通过计算机控制的步进马达来进行,在移动过程中可以对样品进行精确定位.

3. 二次离子质谱的应用

二次离子质谱通过质量分析器可以获得各离子的质量数,是非常有效的元素分析及同位素分析的工具.二次离子质谱可以在超高真空的条件下获得表层样品信息,对于元素分析,可检测包括氢、氦等在内的所有元素以及同位素的检测.对于分子分析,通过碎片离子峰可以获得化合物信息,在软电离条件下,可以准确获得分子量信息.

二次离子质谱仪器的工作状态分为静态二次离子质谱和动态二次离子质谱两种模式.前者分析过程中包含表面原子单层分析,通常包括脉冲型的离子束以及时间飞行质谱分析,检测过程需要高度真空环境.动态二次离子质谱目标不再限于分析物表面浅层,通过溅射离子对样品进行深度分析,对真空度要求较低,轰击样品的离子束密度很高,轰击过程中,表面层约以每秒数十原子层的速度被除去,该方法非常适合表面不同深度界面的分析,通过结合面扫描模式,还可以进行三维的组成分布研究.

二次离子质谱根据检测的目的不同, 可以有几种操作模式, 第一种是定点全谱分析, 即只轰击样品上特定的点, 溅射出二次离子进入质谱计, 通过质谱计来分析所获得二次离子的全谱. 第二种是深度分析, 一次离子束对样品进行轰击, 质谱计检测所获的二次离子, 并调节固定于某一特征质量数, 随着样品不断被剥离, 可以得到某一特定元素的深度分布曲线. 第三种是扫描成像, 使用较小的束斑对某一区域进行扫描, 由此可以获得某一特定质量数元素的表面分布图像.

二次离子质谱是一种重要的微区分析技术, 除具备微区分析技术的共同特点外, 还拥有许多独到的性能, 正是这些性能补充了原有许多微区分析手段的不足, 如其强大的同位素分析能力. 二次离子质谱仪可以实现微米尺度内样品的同位素分析, 对于放射性元素 (如作为核燃料 ^{235}U) 的检测具有重要意义. 对于生命科学及医学研究, 二次离子质谱技术可以给出细胞、组织等的化学信息成像.

二次离子质谱作为一种分析手段, 特别是作为微区分析方法, 有着广泛而重要的应用. 如在微电子领域, 微量的杂质对半导体器件的性能有着决定性的影响, 高灵敏的三维微区元素分布的测量有着非常重要的意义, 由此可以作为产品工艺研究和生产线质量控制的重要手段. 在基础科学研究方面, 二次离子质谱能够提供丰富的元素、分子信息 (软电离获得的分子质量), 对于化学、材料科学、生命科学等领域均有着重要的意义.

相比较其丰富的定性分析应用, 二次离子质谱的定量分析能力相对较弱. 不同成分的二次离子产额差异很大, 同时还与激发区域周围化学环境紧密相关, 基体效应严重, 即使通过标准曲线方法来测定, 也存在着较多的干扰因素, 因此用二次离子质谱进行定量分析较为困难. 二次离子质谱的另一缺陷是在分析过程中持续使用离子对样品进行轰击, 样品表面的组成及结构可能因此改变, 分析过程对样品有一定损伤.

推荐书目

李桐鼎. 1989. 二次离子质谱与离子探针. 北京：科学出版社.

刘发义. 1990. 电子探针 X 射线微区分析技术在生物学中的应用. 北京：科学出版社.

马礼敦, 杨福家. 2000. 同步辐射概论. 上海：复旦大学出版社.

祁景玉. 2006. 现代分析测试技术. 上海：同济大学出版社.

王建祺, 吴文辉, 冯大明. 1992. 电子能谱学引论. 北京：国防工业出版社.

王建祺, 杨忠志. 1988. 紫外光电子能谱学. 北京：科学出版社.

章晓钟. 2006. 电子显微分析. 北京：清华大学出版社.

主要参考文献

安登魁. 1992. 药物分析. 济南：济南出版社.

白春礼, 田芳, 罗克. 2000. 扫描力显微术. 北京：科学出版社.

白春礼. 1992. 扫描隧道显微术及其应用. 上海：上海科技出版社.

白春礼. 1995. 纳米科学与技术. 昆明：云南科技出版社.

曹立新, 闫培生, 孙克宁, 等. 2008. 纳米阵列电极研究. 化学进展, 20(9): 1276–1282.

曹普光. 1982. 俄歇效应和表面结构分析. 仪器仪表学报, 3: 433–441.

查良镇, 桂东, 朱怡峥. 2001. 二次离子质谱学的新进展. 真空科学与技术, 21: 159–165.

陈安宇. 2008. 医用传感器. 北京：科学出版社.

陈成钧 (美). 1996. 扫描隧道显微学引论. 华中一, 朱昂如, 金晓峰译. 北京：中国轻工业出版社.

陈国南, 张帆. 1998. 化学发光与生物发光：理论及应用. 福州：福建科学技术出版社.

陈辉, 蒋国昌, 尤静林, 等. 2007. 高温拉曼光谱技术的实现及应用. 光谱学与光谱分析, 27: 2464–2467.

陈建华, 王均甫, 宋兰英, 等. 1998. 凝胶色谱法测定顺丁橡胶平均分子量及其分布的研究. 色谱, 02: 38–42.

陈锦云. 1990. 光学显微镜的现状与进展. 光仪技术, 11(1): 2–9.

陈耀祖, 涂亚平. 2001. 有机质谱原理及应用. 北京：科学出版社.

陈义. 2005. 毛细管电泳技术及应用. 北京：化学工业出版社.

陈勇, 徐燚, 应汉杰, 等. 2001. 亲和层析研究进展. 离子交换与吸附, 17(03): 276–280.

褚小立, 袁洪福, 陆婉珍. 2004. 近红外分析中光谱预处理及波长选择方法进展与应用. 化学进展, 16: 528–542.

丛浦珠, 李笋玉. 2003. 天然有机质谱学. 北京：中国医药科技出版社.

丛浦珠. 1987. 质谱学在天然有机化学中的应用. 北京：科学出版社.

邓延倬, 何金兰. 2000. 高效毛细管电泳. 北京：科学出版社.

董绍俊, 车广礼, 谢远武. 2003. 化学修饰电极. 北京：科学出版社.

方鸿生, 王家军, 郑燕康, 等. 1993. 材料科学中的扫描隧道显微分析. 北京：科学出版社.

方向, 覃莉莉, 白岗. 2005. 四极杆质量分析器的研究现状及进展. 质谱学报, 26(4): 234–242.

方肇伦. 2003. 微流控分析芯片. 北京：科学出版社.

冯永振, 刘全龙, 唐志列, 等. 2002. 光声光谱技术在医学中的应用. 中国医学物理学杂志, 19: 62–65.

付洪兰. 2004. 实用电子显微镜技术. 北京：高等教育出版社.

古宁宇, 董绍俊. 2001. 超微电极的新进展, 大学化学, 16(1): 26–31.

谷祝平. 1985. 光学显微镜. 兰州：甘肃人民出版社.

郭素枝. 2008. 电子显微镜技术与应用. 厦门：厦门大学出版社.

何丽一. 2005. 平面色谱方法及其应用. 北京：化学工业出版社.

何美玉. 2002. 现代有机与生物质谱. 北京：北京大学出版社.

洪班德, 崔约贤. 1990. 材料电子显微分析实验技术. 哈尔滨：哈尔滨工业大学出版社.

胡小唐. 2009. 微纳检测技术. 天津：天津大学出版社.

黄晓峰, 张远强, 张英起. 2004. 荧光探针技术. 北京：人民军医出版社.

黄孝瑛. 1989. 电子显微镜图像分析原理与应用. 北京：宇航出版社.

黄孝瑛. 2008. 材料微观结构的电子显微学分析. 北京：冶金工业出版社.

贾正根. 2001. 光学显微技术探讨. 光电技术, 42(4): 12–18.

江祖成, 胡斌. 2005. 色谱–原子光谱/质谱联用技术及形态分析. 北京：科学出版社.

鞠熀先. 2006. 电分析化学与生物传感技术. 北京：科学出版社.

李东旭, 许潇, 李娜等. 2008. 时间分辨荧光技术与荧光寿命测量. 大学化学, 23: 1–11.

李楠, 王凤翔, 周春喜. 1998. 荧光探针应用技术. 北京：军事医学科学出版社.

李桐鼎. 1989. 二次离子质谱与离子探针. 北京：科学出版社.

梁汉璞, 赵燕, 张亚利, 等. 2003. 纳米微电极研究进展. 青岛大学学报, 16(2): 67–73.

林秉承, 秦建华. 2006. 微流控芯片实验室. 北京：科学出版社.

林秉承. 1996. 毛细管电泳导论. 北京：科学出版社.

林玉池, 曾周末. 2009. 现代传感技术与系统. 北京：机械工业出版社.

刘炳环. 1983. 质谱学方法与同位素分析. 北京：科学出版社.

刘发义. 1990. 电子探针 X 射线微区分析技术在生物学中的应用. 北京：科学出版社.

刘晗青, 郭寅龙. 2003. 傅里叶变换–离子回旋共振质谱法在蛋白质分析中的应用. 质谱学报, 24(2): 363–369.

刘建学. 2008. 实用近红外光谱分析技术. 北京：科学出版社.

刘文西, 黄孝瑛, 陈玉如. 1989. 材料结构电子显微分析. 天津：天津大学出版社.

刘宪云, 王振亚, 郝立庆, 等. 2008. 激光诱导击穿光谱在生物医学中的应用. 激光技术, 32: 34–136.

刘迎春. 1997. 传感器原理、设计与应用. 长沙：国防科技大学出版社.

芦永军, 曲艳玲, 宋敏. 2007. 近红外相关光谱的多元散射校正处理研究. 光谱学与光谱分析, 27: 877–880.

陆同兴, 路轶群. 2009. 激光光谱技术原理及应用. 合肥：中国科学技术大学出版社.

陆婉珍, 袁洪福, 徐广通. 2007. 现代近红外光谱分析技术 (第 2 版). 北京：中国石化出版社.

吕茂民, 章金刚. 2001. 生物质谱技术及其应用. 生物技术通报, 4: 38–41.

吕泉. 2006. 现代传感器原理及应用. 北京：清华大学出版社.

罗振坤, 王秋华. 1994. 共焦激光扫描显微镜技术进展. 光学技术, 6: 4–8.

洛 C R. 1983. 亲和色谱导论. 刘毓秀译. 北京：科学出版社.

毛希安. 2000. 现代核磁共振实用技术及应用. 北京：科学技术文献出版社.

孟庆昌. 2002. 透射电子显微学. 哈尔滨：哈尔滨工业大学出版社.

牟世芬, 刘克纳. 2000. 离子色谱原理及其应用. 北京：化学工业出版社.

帕拉马尼克, 甘古利, 格罗斯. 2005. 电喷雾质谱应用技术. 蒋宏键, 俞克佳译. 北京：化学工业出版社.

彭采尔等. 1985. 分子发光分析法 (荧光法和磷光法). 祝大昌, 陈剑铉, 朱世盛译. 上海：复旦大学出版社.

彭昌盛, 宋少先, 谷庆宝. 2007. 扫描探针显微技术理论与应用. 北京：化学工业出版社.

祁景玉. 2006. 现代分析测试技术. 上海：同济大学出版社.

钱小红, 盛龙生. 2003. 生物质谱技术与方法. 北京：科学出版社.

钱小红. 1998. 蛋白质组与生物质谱技术. 质谱学报, 19(3): 48–54.

乔志敏, 孙巧, 孙树涛, 等. 2004. BrCl 紫外光电子能谱实验及理论研究. 化学学报, 62: 433–435.

任斌, 李筱琴, 谢泳, 等. 2000. 共焦显微拉曼光谱在界面研究中的应用. 光谱学与光谱分析, 20: 648–651.

邵淑娟. 2007. 实用电子显微镜技术. 长春：吉林人民出版社.

舍英, 伊力奇, 呼和巴特尔. 1997. 现代光学显微镜. 北京：科学出版社.

施良和. 1980. 凝胶色谱的新进展. 化学通报, 12: 1–6.

施良和. 1980. 凝胶色谱法. 北京：科学出版社.

宋葵, 李增发. 1993. 光学显微镜的最新发展. 物理, 22(2): 81–86.

苏立强, 邓永杰. 2009. 色谱分析法. 北京：清华大学出版社.

孙毓庆, 王延琮. 2005. 现代色谱法及其在药物分析中的应用. 北京：科学出版社.

唐玄之, 李明. 1995. 光学显微镜简史. 物理, 24(7): 439–444.

田国辉, 汪成, 历荣. 2007. 电子显微分析技术与应用. 哈尔滨：哈尔滨地图出版社.

童国忠. 2006. 现代涂料仪器分析. 北京：化学工业出版社.

汪尔康, 陈义. 2006. 生命分析化学. 北京：科学出版社.

王大能, 陈勇, 随森芳. 2003. 电子显微学在结构生物学研究中的新进展. 电子显微学报, 22(5): 449–456.

王海潼, 刘斐. 2005. 近场光学显微技术. 应用光学, 26(3): 36–40.

王化祥. 2008. 现代传感技术及应用. 北京：化学工业出版社.

王建祺, 吴文辉, 冯大明. 1992. 电子能谱学引论. 北京：国防工业出版社.

王建祺, 杨忠志. 1988. 紫外光电子能谱学. 北京：科学出版社.

王俊峰, 孟令启. 2006. 现代传感器应用技术. 北京：机械工业出版社.

王世俊. 1998. 质谱学及其在核科学技术中的应用. 北京：原子能出版社.

王中林. 2006. 纳米技术中的显微学手册第 1 卷: 光学显微学、扫描探针显微学、离子显微学和纳米制造. 北京：清华大学出版社.

温垦, 郑继红. 2009. 高分辨率激光共焦显微成像技术新进展. 应用激光, 29(6): 535–539.

吴浚瀚, 杨德亮, 吴浚泓, 等. 2003. 开放式多功能扫描探针显微镜系统. 现代科学仪器, 2: 36–38.

伍林, 欧阳兆辉, 曹淑超, 等. 2005. 拉曼光谱技术的应用及研究进展. 光散射学报, 17: 180–186.

夏锦尧. 1992. 实用荧光分析法. 北京：中国人民公安大学出版社.

谢锦春, 崔志立, 薛峰, 等. 2004. 超微电极技术与应用. 分析测试技术与仪器, 10(2): 101–106.

徐柏森, 杨静. 2008. 实用电镜技术. 南京：东南大学出版社.

徐广通, 袁洪福, 陆婉珍. 2000. 现代近红外光谱技术及应用进展. 光谱学与光谱分析, 20: 134–142.

徐国宝, 董绍俊. 2001. 电化学发光及其应用. 分析化学, 29: 103–108.

徐伟彪. 2005. 离子探针测试方法及其在矿物微区微量元素和同位素分析中的应用. 高校地质学报, 11: 239–252.

许金钩, 王尊本. 2006. 荧光分析法 (第三版). 北京：科学出版社.

许禄, 邵学广. 2004. 化学计量学方法 (第 2 版). 北京：科学出版社.

许屏. 2000. 荧光和免疫荧光染色技术及应用. 北京：人民卫生出版社.

严拯宇. 2009. 中药薄层色谱分析技术与应用. 北京：中国医药科技出版社.

杨松成. 2000. 蛋白质组学中的有机质谱. 现代科学仪器, 5: 9–15.

杨松成. 2009. 有机质谱在生物医药中的应用. 北京：化学工业出版社.

杨序纲, 吴琪林. 2008. 拉曼光谱的分析与应用. 北京：国防工业出版社.

杨勇骥. 2003. 实用生物医学电子显微镜技术. 上海：第二军医大学出版社.

姚琲. 2009. 扫描隧道与扫描力显微镜分析原理. 天津：天津大学出版社.

姚守拙. 2006. 化学与生物传感器. 北京：化学工业出版社.

叶恒强, 王元明. 2003. 电子显微学进展. 北京：科学出版社.

尹会听, 王洁. 2008. 二次离子质谱分析技术及应用研究. 光谱实验室, 25: 180–184.

于清旭, 李少成, 梁秀萍, 等. 2001. 高灵敏度光声光谱仪及其生物学应用研究. 激光技术, 25: 15–18.

于世林. 2008. 亲和色谱方法及应用. 北京：化学工业出版社.

余亮英, 陆继东, 陈文, 等. 2006. 用激光感生击穿光谱对大气进行定量分析. 应用光学, 27: 147–151.

余亮英, 陆继东, 张娟, 等. 2004. 激光感生击穿光谱及研究现状. 激光技术, 28: 103–107.

袁冬青, 周明, 刘长隆, 等. 2008. 激光感生击穿光谱技术 (LIBS) 的原理及影响因素. 光谱学与光谱分析, 28: 2019–2023.

袁欢欣, 欧阳健明. 2007. X 射线光电子能谱在配合物研究中的应用及其研究进展. 光谱学与光谱分析, 27: 395–399.

曾繁清, 杨业智. 2000. 现代分析仪器原理. 武汉：武汉大学出版社.

曾毅, 吴伟, 高建华. 2009. 扫描电镜和电子探针的基础及应用. 上海：上海科学技术出版社.

张德添, 何昆. 2002. 原子力显微镜发展近况及其应用. 现代仪器, 3: 6–9.

张津辉, 蒋中华, 陈惠鹏, 等. 1999. 亲和色谱法的进展. 色谱, 17(3): 253–256.

张强基. 2000. 表面分析技术及其在材料科学中的应用. 理化检验–物理分册, 36: 99–102.

张强基. 2002. 俄歇电子谱术 (续). 理化检验–物理分册, 38: 225–229.

张强基. 2002. 俄歇电子谱术. 理化检验–物理分册, 38: 182–184.

张先恩. 2006. 生物传感器. 北京：化学工业出版社.

张晓萍, 陈金忠, 郭庆林, 等. 2008. 激光等离子体光谱分析技术的发展现状. 光谱学与光谱分析, 28: 656–662.

张祖训. 2000. 超微电极电化学. 北京：科学出版社.

章吉良, 周勇, 戴旭涵. 2005. 微传感器：原理、技术及应用. 上海：上海交通大学出版社.

章晓中. 2006. 电子显微分析. 北京：清华大学出版社.

章育中, 郭希圣. 1990. 薄层层析法和薄层扫描法. 北京：中国医药科技出版社.

赵保路. 2010. 电子自旋共振 (ESR) 技术在生物和医学中的应用. 波谱学杂志, 27: 51–67.

赵敏. 1991. 光晶体场和电子顺磁共振理论. 北京：科学出版社.

质谱技术丛书 (共八册). 2005~2010. 北京：化学工业出版社.

中国材料工程大典, 第 26 卷. 2008. 材料表征与检测技术 (第 10 篇), 电子显微分析. 北京：化学工业出版社.

周华. 1986. 质谱学及其在无机分析中的应用. 北京：科学出版社.

周强, 李金英, 梁汉东, 等. 2004. 二次离子质谱 (SIMS) 分析技术及应用进展. 质谱学报, 25: 113–118.

周同惠. 1989. 纸色谱和薄层色谱. 北京：科学出版社.

周征. 2007. 传感器原理与检测技术. 北京：清华大学出版社; 北京交通大学出版社.

朱广华, 郑洪, 鞠熀先. 2004. 荧光偏振免疫分析技术的研究进展. 分析化学, 32: 102–106.

朱岩, 王少明, 施超欧. 2006. 离子色谱仪器. 北京：化学工业出版社.

朱岩. 2002. 离子色谱原理及应用. 杭州：浙江大学出版社.

朱志良, 郜俊影, 李风亭, 等. 2003. 金属胶体吸附的表面增强拉曼散射研究进展. 光谱实验室, 2: 159–164.

朱自莹, 顾仁敖, 陆天虹. 1998. 拉曼光谱在化学中的应用. 沈阳：东北大学出版社.

左伯莉, 刘国宏. 2007. 化学传感器原理及应用. 北京：清华大学出版社.

左演声, 陈文哲, 梁伟. 2000. 材料现代分析方法. 北京：北京工业大学出版社.

Auroux P A, Iossifidis D, Reyes D R, et al. Micro total analysis systems. 2. analytical standard operations and applications. Anal. Chem., 74(12): 2637–2652.

Brumley W, Latorre E, Kelliher V, et al. 1998. Determination of chlordane in soil by LC/GC/ECD and GC/EC NIMS with comparison of ASE, SFE, and soxhlet extraction. J. Liq. Chromatogr., 21: 1199–1216.

Camel V. 2000. Microwave-assisted solvent extraction of environmental samples. Trends Anal. Chem., 19(4): 229–248.

Chase H A. 1984. Prediction of the performance of macropreparative affinity chromatography. J. Chromatogr, 297: 179–202.

Edmond de Hoffmann, Vincent Stroobant. 2007. Mass Spectrometry: Principles and Applications. 3rd Edition. Chichester, John Wiley & Sons.

Eric Drexler, Chris Peterson, Gayle Pergamit. 1991. Unbounding the Future: the Nanotechnology Revolution. New York: William Morrow and Company, Inc..

Fisher J A, Scarlett M J, Stott A D. 1997. Accelerated solvent extraction: an evaluation for screening of soils for selected U.S. EPA semivolatile organic priority pollutants. Environ. Sci. Technol., 31(4): 1120–127.

Fleischmann M, Hendra P J, McQuillan A J. Raman spectra of pyridine adsorbed at a silver electrode. 1974. Chemical Physics Letters, 26: 163–166.

Forster R J, Bertoncello P, Keyes Tia E. 2009. Electrogenerated chemiluminescence. Annual Review of Analytical Chemistry, 2: 359–385.

Fultz B. 2002. Transmission electron microscopy and diffractometry of materials. Springer.

Funk W, Küpper T, Wirtz A, et al. 1994. Quantitative TLC / HPTLC determination of neomycins A, B and C. J. Planar Chromatogr., 7 (1): 10–17.

Goodhew P J, Humphreys J, Beanland R. 2000. Electron Microscopy and Analysis (3rd Edition). Taylor & Francis.

Haddad P R. 2004. Ion chromatography. Anal. Bioanal. Chem., 379: 341–343.

Harrison D J, Manz A, Fan Z H, et al. 1992. Capillary electrophoresis and sample injection systems integrated on a planar glass chip. Anal. Chem, 64(17): 1926–1932.

Hofstadler S A, Swanek F D, Gale D C, et al. Capillary electrophoresis-electrospray ionization fourier transform ion cyclotron resonance mass spectrometry for the direct analysis of cellular proteins. Anal. Chem., 1995, 67: 1477–1480.

Kirchner J G, Miller J M, Keller G. 1951. Separation and identification of some terpenes by a new chromatographic technique. Anal. Chem., 23: 420–429.

Kneippa K, Kneippa H, Itzkana I, et al. 1999. Felda, surface-enhanced non-linear Raman scattering at the single molecule level. Chemical Physics, 247: 155–162.

Knox J H. 1994. Terminology and nomenclature in capillary electroseparation systems. J. Chromatogr. A, 680(1): 3–13.

Lowry M, Fakayode S O, Geng M L, et al. Molecular fluorescence, phosphorescence, and chemiluminescence spectrometry. 2008. Analytical Chemistry, 80: 4551–4574.

Menon V P, Martin C R. 1995. Fabrication and evaluation of nanoelectrode ensembles. Anal. Chem., 67(13): 1920–1928.

Osamu N. Electroanalysis with interdigitated array microelectrodes. 1995. Electroanal., 7(7): 606–613.

Reyes D R, Iossifidis D, Auroux P A, et al. 2002. Micro total analysis systems. 1. introduction, theory, and technology. Anal. Chem., 74(12): 2623–2636.

Rubinson K A, Rubinson J F. 2003. Contemporary Instrumental Analysis (现代仪器分析)(影印版). 北京：科学出版社.

Sherma J, Fried B. 2003. Handbook of Thin-Layer Chromatography, CRC Press.

Small H, Liu Y, Avdalovic N. 1998. Electrically polarized ion-exchange beds in ion chromatography: eluent generation and recycling. Anal. Chem., 70: 3629–3635.

Smith D P. 1971. Analysis of surface composition with low-energy backscattered ions. Surface Science, 25: 171–191.

Snyder L R. 1978. Classification of the solvent properties of common liquids. J Chromatogr. Sci., 16: 223–234.

Toth G, Lebl M, Hruby V J. 1990. Chiral thin-layer chromatographic separation of phenylalanine and tyrosine derivatives. J Chromatogr., 504: 450–455.

Winzor D J. 2004. Determination of binding constants by affinity chromatography. J. Chromatogr. A, 1037(1-2): 351–367.

Xue B, Sun Y. 2001. Protein adsorption equilibria and kinetics to a poly(vinyl alcohol)-based magnetic affinity support. J. Chromatogr. A, 921(2): 109–119.

Zhu Y, Haddad P R, Fritz J S. 2003. Ion chromatography on reversed-phase materials coated with mixed cationic and nonionic surfactants. J. Chromatogr, A, 985 (1-2): 359–365.